Grundlagen der industriellen Wasserbehandlung

Herausgeber:

DREW AMEROID
Deutschland GmbH

GRUNDLAGEN DER INDUSTRIELLEN WASSER-BEHANDLUNG

bearbeitet von
Dr. G. Greiner

VULKAN-VERLAG ESSEN

Die Deutsche Bibliothek – CIP-Einheitsaufnahme

Drew Grundlagen der industriellen Wasserbehandlung / Hrsg.: Drew Ameroid Deutschland GmbH. Bearb. von G. Greiner. Übers. aus dem Engl.: E. Kempel und P. Wolfram. – 3., überarb. Aufl. – Essen: Vulkan-Verl., 1993

ISBN 3-8027-2529-8

NE: Greiner, Günter [Bearb.]; Kempel, Egon [Übers.]; Drew Ameroid Deutschland GmbH <Hamburg>

DRITTE
ÜBERARBEITETE AUFLAGE — 1993

Übersetzung aus dem Englischen: E. Kempel und P. Wolfram

Produktion: Vulkan-Verlag, Essen

VORWORT

Die Veröffentlichung eines leicht verständlichen Textes über die industrielle Wasserbehandlung, war schon seit längerer Zeit notwendig. Nach zwei Jahrzehnten, in denen vorwiegend nur übernommene und abgeänderte Texte für den Chemiker zur Verfügung standen, haben die Ingenieure und Vertriebsleiter der Drew Chemical Corporation in USA erstmals im Jahre 1977 das Buch „Principles of Industrial Water Treatment" herausgegeben. Die deutsche Übersetzung ist als allgemeine Informationsquelle für unserer Kunden in den deutschsprachigen Ländern gedacht. Die Drew Chemical Corporation hat in diesem Buch die über Jahre gewonnenen Erfahrungen und Erkenntnisse auf dem Gebiet der industriellen Wasserbehandlung dargestellt.

Dieses Buch beinhaltet umfangreiche Informationen, Tabellen, graphische Darstellungen, Bilder und Analysen. Dadurch ist es eine zuverlässige Informationsquelle für den Fachmann, der mit Fragen der industriellen Wasserbehandlung konfrontiert ist. Das besondere Interesse der Herausgeber gilt dem Schutz und der Erhaltung der Umwelt.

Die Drew Chemical Corporation glaubt, mit diesem Buch eine sinnvolle Ergänzung der bisher verfügbaren Fachliteratur geschaffen zu haben. Darüber hinaus stehen Ihnen unsere weltweiten Niederlassungen und Agenturen zur Beantwortung Ihrer Fragen und zur Ausarbeitung von Problemlösungen zur Verfügung.

Inhaltsverzeichnis

Seite

Vorwort V

Kapitel 1

Wasser und seine Verunreinigungen **1**

Kapitel 2

Äußere Wasseraufbereitungsverfahren **4**
Klärung 5
Kalkmilchentcarbonisierung 11
Heißentcarbonisierung 13
Chemikaliendosierung 15
Filtration 15
Kohlefiltration 19
Ionenaustausch 19
Alternatives Entmineralisierungsverfahren 24
Enteisenung 24
Entmanganisierung 26
Verminderung der Alkalität 26

Kapitel 3

Korrosionsschutz in Kühlwassersystemen **30**
Theorie der Korrosion 30
Korrosionsreaktionen 31
Kathodische Polarisation 32
Anodische Polarisation 34
Passivität 34
Chemische Faktoren 34
Zusammensetzung des Wassers 34
Physikalische Faktoren 37
Formen der Korrosion 41
Konstruktionsmaterialien 47
Korrosionsinhibitoren 50
Synergetische Mischungen 57
Vorbehandlung 60
Wirksamkeit der Inhibitoren 60

Kapitel 4

Ablagerungen in Kühlwassersystemen **63**
Wasserseitige Ablagerungen 64
Behandlung von Kühlwasser 68

Kapitel 5

Mikrobiologische Behandlung 79
Mikroorganismen im Kühlwasser ... 79
Schäden durch mikrobiologisches Wachstum ... 86
Messverfahren ... 91
Mikrobiozide ... 93

Kapitel 6

Reinigungsverfahren für industrielle Kühlwassersysteme 106
Physikalische Verfahren ... 106
Chemische Verfahren ... 109

Kapitel 7

Offene Verdunstungssysteme 113
Verdunstungskühlung ... 113
Kühlbecken ... 113
Sprühbecken ... 113
Industrielle Kühlturmanlagen ... 114
Kühlturmbetrieb ... 120
Kühlsysteme in Klimaanlagen ... 129
Großkälteanlagen mit Kompressorbetrieb ... 129
Luftwäscher ... 133

Kapitel 8

Durchlauf-Systeme 142
Korrosionsschutz ... 142
Härtestabilisierung ... 144
Ablagerungen ... 145
Mikrobiologische Behandlung ... 146
Chemikaliendosierung ... 147
Trinkwasseraufbereitung ... 147
Überlegungen zum Umweltschutz ... 148

Kapitel 9

Geschlossene Systeme 149
Korrosion ... 150
Ablagerungen ... 152
Mikroorganismen ... 152
Chemikaliendosierung ... 153
Konstruktive Maßnahmen ... 153

Kapitel 10

Dampferzeugung 154
Bestandteile einer Anlage ... 154
Ziele der Wasseraufbereitung ... 170

Kapitel 11

Korrosionsschutz von Dampferzeugungsanlagen 172
Korrosionskontrolle im Betrieb ... 172
Schutz bei vorübergehender Stillegung ... 190

Kapitel 12

Ablagerungen in Dampferzeugungssystemen **196**
Vorkesselteil 196
Kesselablagerungen 199
Ablagerungsbindemittel 202
Kontrollprogramme 208
Nachgeschaltetes Dampf- und Kondensatsystem 214

Kapitel 13

Das Überreißen von Kesselwasser **216**
Erwägungen zur Auslegung und Konstruktion 217
Betriebliche Auswirkungen 217
Erwägungen zur Chemie 218
Verwendung von chemischen Antischaummitteln 219
Überreißen flüchtiger Substanzen 219
Durch Dampf verursachte Ablagerungen 221
Ablagerungsbeseitigung aus Überhitzern 221
Messung der Unreinheiten im Dampf 222

Kapitel 14

Hochdruckkesselanlagen **228**
Phänomene der Förderung 228
Korrosion unter der Ablagerung 231
Korrosion 231
Hydroxydreduzierung 232
Koordinierte Phosphat-pH-Wert Kontrolle 232
Kongruente Kontrolle 233
Speisewasseraufbereitung 234

Kapitel 15

Einspeisung und Kontrolle von Aufbereitungschemikalien **236**
Konzepte der Dosierung 236
Dosiereinrichtungen für Chemikalien 238
Regelmethoden 243
Kesselchemikaliendosierung 245
Chemikaliendosierung in offenen Rückkühlsystemen 247

Glossar **251**
Anhang **259**
Anerkennung **287**
Bibliographie **289**
Stichwortverzeichnis **302**

KAPITEL 1
WASSER UND SEINE VERUNREINIGUNGEN

Wasser ist für Mensch und Natur seit Anfang der Welt lebensnotwendig. Der Kreislauf des Wassers in der Natur, Verdunstung, Kondensierung, fallen als Regen und fließen über die Erde beherrscht Tier- und Pflanzenleben. Wasser ist jedoch niemals rein, die Wasserverunreinigungen sind es, die die industrielle Wasseraufbereitungstechnik beschäftigen. Wasser bedeckt fast 70 % der Erdoberfläche, der größte Teil davon ist in den Meeren gebunden; der Rest in Flüssen, Seen und im Grundwasser. Diese Wasserreserven sind mittlerweile sehr wichtig für die Umwelt, sie stellen eine potentielle Quelle für Trinkwasser und Mineralien dar.

Wasser nimmt während seines Kreislaufs Verunreinigungen auf, welche die Zusammensetzung der Atmosphäre und der Erdkruste reflektieren. Bevor Regenwasser den Boden erreicht, kann es aus der Atmosphäre Gase, lösliche und unlösliche Stoffe aufnehmen. Das Wasser kann z.B. mit gelöstem Sauerstoff gesättigt sein, Kohlendioxid enthalten, oder mit Abgasen der Industrie wie z.B. Schwefel- und Stickoxiden verunreinigt sein. Regenwasser kann außerdem organische Stoffe mitführen, die aus industrieller Verunreinigung der Atmosphäre oder aus der Vegetation stammen können. Viele Verbindungen in der Erdkruste können durch Regen oder durch versickerndes Wasser gelöst werden. Die ersten 8 Elemente der Tabelle 1-1 bilden in den verschiedensten Verbindungen 98,62 % der Erdkruste. Die Tabelle gibt Durchschnittswerte, die wegen der örtlichen Ablagerung von Kalkstein ($CaCO_3$), Magnesit ($MgCO_3$), Eisenerz, Gips ($CaSO_4 \cdot 2H_2O$), Kupfererz, Schwefel und anderen Verbindungen in jedem Fall verschieden sein kann. Die Menge von Kalkstein, Magnesit und Dolomit ($CaCO_3 \cdot MgCO_3$), die das Wasser lösen kann, hängt von der Kohlendioxidkonzentration im Wasser ab, da diese Verbindungen im Wasser selbst nur schwer löslich sind.

Tabelle 1-1. Die Zusammensetzung der Erdoberfläche

Element	Prozent
Sauerstoff	46,43
Silizium	27,77
Aluminium	8,13
Eisen	5,12
Kalzium	3,63
Natrium	2,85
Kalium	2,60
Magnesium	2,09
Titanium	0,629
Phosphor	0,130
Wasserstoff	0,127
Mangan	0,96
Fluor	0,077
Chlor	0,055
Schwefel	0,052
Barium	0,049
Chrom	0,037
Zirkon	0,028
Kohlenstoff	0,027
Vandadium	0,021
Nickel	0,019
Strontium	0,018
Lithium	0,003
Kupfer	0,002
Cerium	0,0015
Andere seltene Elemente	0,0034
Beryllium	0,001
Kobalt	0,001
Alle anderen	0,0041

Die löslichen anorganischen Verbindungen, die in der industriellen Wasseraufbereitung eine Rolle spielen sind:

Calciumhydrogencarbonat	$Ca(HCO_3)_2$
Magnesiumhydrogencarbonat	$Mg(HCO_3)_2$
Natriumhydrogencarbonat	$NaHCO_3$
Eisenhydrogencarbonat	$Fe(HCO_3)_2$
Manganhydrocarbonat	$Mn(HCO_3)_2$
Calciumchlorid	$CaCl_2$
Magnesiumchlorid	$MgCl_2$
Natriumchlorid	$NaCl$
Calciumsulfat	$CaSO_4$
Magnesiumsulfat	$MgSO_4$
Natriumsulfat	Na_2SO_4
Siliziumdioxid	SiO_2
Natriumsilikat	Na_2SiO_3
Kieselsäure	H_2SiO_3

Die vorstehend genannten Verbindungen sind alle mäßig bis gut löslich, mit Ausnahme von SiO_2, welches in Wasser nur schwer löslich ist. Unterirdisch gelagertes Eisenoxid und Manganoxid wird durch Reaktion mit Kohlendioxid löslich, wobei die entsprechenden Hydrogencarbonate entstehen.

$$2FeO + 4CO_2 + 2H_2O \rightarrow 2Fe(HCO_3)_2$$

Oberflächenwasser ist normalerweise mit gelöstem Sauerstoff gesättigt und enthält nur geringe Konzentrationen von gelöstem Kohlendioxid, da dieses Wasser mit Luft im Gleichgewicht steht, die bekanntlich 20,99 % Sauerstoff und im Mittel 0,03 % Kohlendioxid enthält.

Dagegen können unterirdische Wässer erhebliche Mengen an Kohlendioxid, Methan und Schwefelwasserstoff enthalten, welche bei der Zersetzung organischen Materials entstehen. Die Kohlendioxidkonzentration kann so hoch sein, daß das Wasser beim Fördern schäumt. Die Gegenwart von Schwefelwasserstoff zeigt den charakteristischen Geruch nach „faulen Eiern".

Lösliche organische Verbindungen finden sich häufig im Wasser von Sumpfgebieten. Sie sind aber auch in gewissem Grad in Oberflächenwässern zu finden. Es handelt sich um Abbauprodukte von Flora und Fauna, um Stoffwechselprodukte und auch Inhaltstoffe aus industriellen Abwässern sowie aus der landwirtschaftlichen Anwendung. (Gülle, Herbizide, Pestizide).

Tabelle 1-2. Zusammensetzung verschiedener Wässer

	Angaben in mg/l		
	MAIN IN FRANKFURT	**RHEIN**	**RUHR**
Silikate als SiO_2	7,7	3,0-6,0	8,5
Eisen als Fe	0,035	0,06	0,05
Mangan als Mn	0,1	0,1	0,1
Calcium als Ca	90,8	56	49
Magnesium als Mg	22,6	15	14
Natrium (Na) + Kalium (K)	26,6	40-80	34
Kohlensäure als CO_2	–	–	–
Hydrogenkarbonat als HCO_3	111	74	56
Sulfat als SO_4	92	78	100
Chlorid als Cl	60,4	140-180	65
Stickstoff als NO_3	7,3	8,0-20,0	35
gelöste Feststoffe	1,0-40	1,0-45	1,0-40
Gesamthärte als $CaCO_3$	318,9	197	178
Farbe	18	10-40	10-40
Trübung	9,1	–	–
pH-Wert	7,1	7,2	7,2

Unterirdisches Wasser enthält im allgemeinen relativ geringe Mengen an Schwebstoffen, da die Bodenpassage wie ein Filter wirkt. Die Konzentration von anorganischen Verunreinigungen in unterirdischen Wässern bleibt in der Regel über die Zeit weitgehend konstant. In Oberflächenwässern schwankt die Konzentration der Verunreinigungen stark. Im Uferfiltrat und Flachbrunnen ist ebenfalls mit größeren Schwankungen zu rechnen.

Tabelle 1-2 zeigt die Zusammensetzung verschiedener Wässer.

Wasserprobleme in der Industrie

Die Qualität des Wassers für die Industrie hängt von der Art der Verwendung ab. Für die Hochdruckdampferzeugung ist zum Beispiel hochreines Wasser notwendig, während an Wasser für offene Rückkühlsysteme geringere Anforderungen zu stellen sind.

Die in diesem Kapitel erläuterten Wasserverunreinigungen können im Betrieb ernste Probleme zur Folge haben, z. B. wegen der Bildung von Ablagerungen, Metallkorrosion, Schäumen im Dampferzeuger, mikrobiologischem Wachstum sowie Zerstörung der Holzkonstruktion in Kühltürmen.

Die folgenden Kapitel werden die auftretenden Probleme, ihre Wirkungen und Möglichkeiten ihrer Verhinderung im Detail besprechen.

Tabelle 1-3 gibt einen Überblick über die allgemein auftretenden Probleme für verschiedene Verwendungsarten.

Weitere Einzelheiten über die Terminologie der Wasseraufbereitung werden im Anhang gegeben.

Tabelle 1-3. Allgemeine Probleme verursacht durch Verunreinigung im Wasser

	A	B	C	D	E	F	G	H
Gleichmäßige Korrosion	X	X	X	X	X	X	X	X
Lochfraß	X	X	X	X	X	X	X	X
Spannungskorrosion	–	–	–	–	X	X	–	–
Entzinkung von Messing	X	–	X	X	–	–	X	X
Messing-Ammoniakangriff	–	–	X	X	–	–	–	–
Korrosion ungleicher Metalle	X	X	X	X	–	–	X	X
Chloridangriff von rostfreiem Stahl	X	–	X	–	–	–	X	–
Laugenangriff	–	–	–	–	–	X	–	–
Wasserstoffangriff	–	–	–	–	–	X	–	–
Bildung anorganischer Ablagerungen	X	X	X	X	X	X	X	–
Mikrobiologische Verschmutzung	X	–	X	X	–	–	X	–
Angriff von Kühlturmholz	–	–	X	–	–	–	–	–
Fremdstrom	–	–	–	–	X	X	–	–

A. Durchfluß-System
B. Geschlossenes Kühlwassersystem
C. Offenes Kühlwassersystem
D. Klimaanlagen
E. Niederdruck Dampferzeugung
F. Hochdruck-Dampferzeugung
G. Prozeßwasser
H. Trinkwasser

Kapitel 2
Äußere Wasseraufbereitungsverfahren

Im Jahr 1987 war die Gesamtwasserentnahme in der BRD 44,5 Milliarden m^3. 84 % davon waren Oberflächenwasser, 2 % Uferfiltrat und 14 % Grundwasser. Im Mittel wurde das Wasser 2,2 mal benutzt. Die Aufbereitung des Wassers vor dem Gebrauch ist sehr unterschiedlich.

Als „innere Wasseraufbereitung" werden solche Verfahren definiert, die mittels chemischer Zusätze die Wasserqualität am Ort des Gebrauchs oder innerhalb des Prozesses verändern. Entsprechend werden Verfahren, welche die Wasserqualität vor dem Gebrauch ändern als „äußere Wasseraufbereitung" bezeichnet.

Obwohl das Hauptanliegen dieses Buches die „innere" Aufbereitung ist, gilt das Grundverständnis der „äußeren" Wasserbehandlung als Voraussetzung.

Moderne Wasseraufbereitungsverfahren sind in der Lage, Wasser jeder Qualität so zu behandeln, daß es den für die jeweilige Industrie notwendigen Anforderungen genügt. Manchmal ist dies kostspielig, aber im allgemeinen werden diese Kosten akzeptiert, da sie nur einen Teil der Gesamtproduktions- und Marketingkosten darstellen.

Tab 2-1. Wasserwirtschaftliche Bilanz
(Bundesrepublik Deutschland 1987) in Mill. Kubikmeter.

Wirtschaftsbereich	Wasser-entnahme	ungenutzt abgeleitet	Wasser-einsatz	Wasser-bedarf
Gesamt	44583	935	43648	96527
Landwirtschaft	235		235	235
Wärmekraftwerke	30028	7	30258	57017
Kraftwerke Bergbau und Industrie	X	X	2053	6715
Verarbeitende Ind. und Gewerbe	7391	141	6601	26594
andere Wirtschaftszweige	122	29	135	553
priv. Haushalte und öffentl. Versorg.	4977		4221	3739

Die Addition der einzelnen Bilanzposten über die Wirtschaftszweige ergibt nicht in allen Fällen die Gesamtmenge. Grund sind statistische Differenzen, die nicht einzeln ausgewiesen werden.

Der Verfahrensingenieur für industrielle Wasserbehandlung kann zwischen vielen Methoden der Wasseraufbereitung, je nach den Erfordernissen, wählen. Tabelle 2-1 gibt einen Überblick über die wichtigsten äußeren Behandlungsverfahren und die mögliche Verwendung. Zwölf Methoden für die Kesselspeisewasseraufbereitung und deren relative Wirksamkeit werden in Abb. 2-2 dargestellt.

Die Verfahren der äußeren Wasseraufbereitung konzentrieren die Verunreinigungen auf, wobei ein weiter zu behandelndes Abfallprodukt entsteht. Kläranlagen erzeugen Schlämme aus Rohwasserverunreinigungen und chemischen Additiven. Beim Ionenaustausch entstehen Regenerate mit einem hohen Gehalt an gelösten Stoffen, einschließlich der Regenerierchemikalien. Tabelle 2-3 gibt einen Überblick über Abwässer, die bei den äußeren Wasseraufbereitungsverfahren entstehen. In Abb. 2-1 werden die äußeren Wasseraufbereitungsverfahren in drei Gruppen unterteilt:

VERFAHREN DER GRUPPE A – Das am häufigsten verwendete Vorbehandlungsverfahren für Kühlwasser oder der erste Schritt in der Wasseraufbereitung zu qualitativ besserem Wasser.

VERFAHREN DER GRUPPE B – Filtration oder besondere Adaptionen für die Entfernung von Inhaltstoffen.

VERFAHREN DER GRUPPE C – Ionenaustausch und andere physikalisch-chemische Verfahren, denen keine chemische Fällung zugrunde liegt.

Dieses Fließbild zeigt viele Verfahren, deren Anwendung, einzeln oder in Kombination, von Art und Menge der Verunreinigungen und dem Verwendungszweck abhängen. Weiches Flußwasser, das z.B. zur Kühlung verwendet wird, verlangt in einigen Fällen nur eine Grobsiebung, während für andere Zwecke Klärung und Filtration nötig werden. Soll das gleiche Wasser jedoch als Zusatzwasser in einem Hochdruckdampferzeuger dienen, so muß es weiteren Aufbereitungsschritten unterworfen werden.

Das Gebiet der äußeren Wasseraufbereitung ist vielfältig und kompliziert. Es ist die Absicht dieses Buches, die gebräuchlichen Verfahren zu erörtern und dem Leser einige Hinweise für detaillierte Informationen zu geben.

Klärung

Die wohl älteste bekannte Methode der Wasserreinigung ist wahrscheinlich die Klärung, ein Verfahren, das zur Beseitigung von suspendierten Feststoffen und Kolloiden die Trübung und Färbung verursachen, verwendet wird.

Der Klärprozeß beinhaltet Koagulierung, Flockung und Sedimentierung, wobei jedes ein selbständiges Verfahren darstellt und bei bestimmten Voraussetzungen die gewünschten Ergebnisse bringt. Wenn die Voraussetzungen nur einen der drei Teilschritte nachteilig beeinflussen, fallen die Ergebnisse weniger zufriedenstellend aus. Die Entfernung von Schwebstoffen allein durch Sedimentation, ohne Koagulierung, wird nur sehr selten angewendet.

Die Koagulierung setzt die Zugabe von Flockungschemikalien voraus. Die Chemikalien werden durch intensives Mischen im Wasser verteilt.

Die durch die chemische Reaktion entstehenden sehr kleinen Flocken tragen, wie die eventuell vorhandenen Trübstoffe, Restladungen, die ein Zusammenwachsen zu größeren Flocken behindern. Flockungshilfsmittel neutralisieren diese Restladung. Durch vorsichtiges Rühren werden die kleinen Partikel zu größeren Flokken vereint, die sich dann schneller absetzen. Das Rühren verlangt sorgfältige Überwachung, damit eine Zerstörung der Flocken verhindert wird.

Das Wasser erreicht nun die Sedimentationsphase, den letzten Schritt des Klärverfahrens. Die zusammengeballten Flokken sinken infolge der Schwerkraft ab und das geklärte Wasser steigt aufwärts. Allerdings enthält das so geklärte Wasser meist noch wenige mitgerissene Flocken, bis etwa 1 % der Flockenmasse.

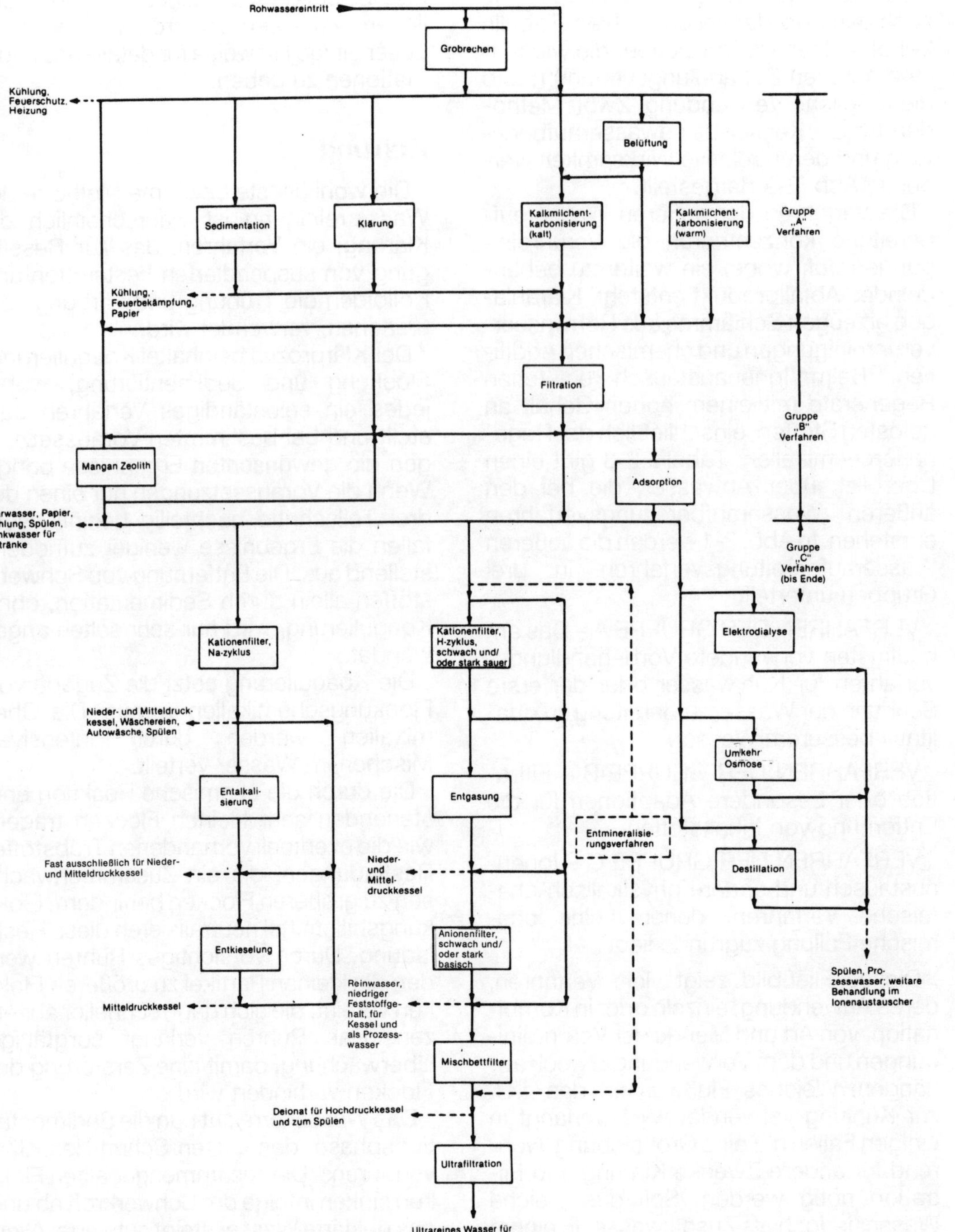

Abb. 2-1. Äußerer Wasseraufbereitungsvorgang

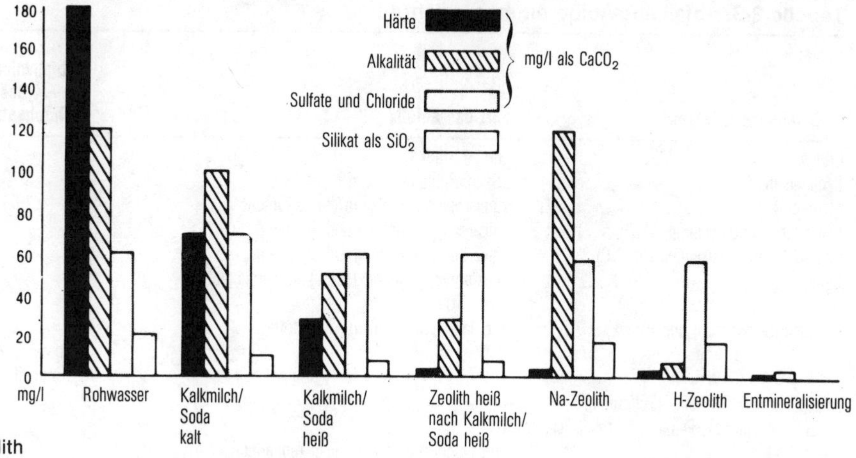

1. Na-Zeolith
2. Na-Zeolith + Säure
3. H-Zeolith + Na-Zeolith
4. H-Zeolith + NaOH
5. Entalkalisierung (Ionenaustausch, Salzregenerierung)
6. Entkieselung (Ionenaustausch, Salz- und Laugenregenerierung)
7. Kaltentkarbonisierung mit Kalkmilch/Soda, mit oder ohne Silikatentfernung durch Eisen- oder Magnesiumverbindungen
8. Kaltentkarbonisierung mit Kalkmilch/Soda plus H/Na-Zeolith, gegebenenfalls mit Silikatentfernung
9. Heißentkarbonisierung mit Kalkmilch und kalzinierter Soda bzw. Gips in einigen Anwendungen, einschließlich Silikatentfernung durch Mg-Verbindungen wie Dolomitkalk oder aktiviertes Mg-oxid.
10. Zweistufige Enthärtung mit Kalkmilch (heiß) und Zeolith (heiß) mit Silikatentfernung in der ersten Stufe
11. Entmineralisierung durch Mehr- oder Mischbettfilter
12. Koagulation und Klärung zur Entfettung von Aluminiumverbindungen, Schlamm, organischen Substanzen etc. als Vorbehandlung für die oben angeführten Verfahren.

Abb. 2-2. Zwölf Grundverfahren zur Speisewasseraufbereitung

Tabelle 2-2 Typische Rohwasseranalysen und Betriebsergebnisse (in mg/l, wenn nicht anders angegeben)

	ausgedrückt als	Rohwasser	Nach Klärung und Filtration	Nach Kaltentkarbonisierung mit Kalkmilch u. Filtration	Nach Klärung Filtration und Enthärtung mit Kationenfilter im Na-Zyklus	Nach Klärung Filtration und Entmineralisierung
Kationen[a]						
Kalzium	$CaCo_3$	51,5	51,5	38,7	1,0	0
Magnesium	"	19,5	19,5	17,5	1,0	0
Natrium	"	18,6	18,6	18,6	87,6	1-2
Kalium	"	1,8	1,8	1,8	1,8	0
Summe-Kationen	"	91,4	91,4	76,6	91,4	1-2
Anionen[a]						
Bikarbonat	"	56,8	47,8	0	47,8	0
Karbonat	"	0	0	33,0	0	0
Hydroxid	"	0	0	0	0	1-2
Sulfat	"	21,8	30,8	30,8	30,8	0
Chlorid	"	12,0	12,0	12,0	12,0	0
Nitrat	"	0,8	0,8	0,8	0,8	0
Summe-Anionen	"	91,4	91,4	76,6	91,4	1-2
Eisen[a]	Fe	0,16	–	–	–	–
Silikat[a]	SiO_2	9,0	9,0	9,0	9,0	0,01
Farbe[a]	Einheiten	15,0	2-5	2-5	–	–
Trübung[a]	Einheiten	100,0	0-2	0-2	–	–
pH-Wert[a]	Einheiten	6,5-7,5	6,0-8,0	9,0-11,0	6,0-8,0	7,0-9,0

[a] korrigiert für Ionengleichgewicht und Bereicherung in $CaCO_3$

Tabelle 2-3. Abfall aus Aufbereitungsverfahren.

Aufbereitungsverfahren[1]	Art des Abfalls	Abfallvolumen % des Durchsatzes	Trockengewicht[2] des Abfalls in kg/m³ Drucksatz
Grobsieb	grobe Stücke		
Sedimentation	Sand, Schlamm	5-10	
Klärung	meist saurer Schlamm und Sediment	2-5	0,13
Kalkmilchentkarbonisierung (kalt)	alkalischer Schlamm und Sediment	2-5	0,17
Kalkmilchentkarbonisierung (100° C)	alkalischer Schlamm und Sediment	2-5	0,17
Belüftung	gasförmig, gegebenenfalls Luft, verschmutzt mit z. B. H_2S		
Filtration (Schwerkraft oder Druck)	Schlamm, suspendierte Feststoffe	2-5 (bei Filterbett-einheiten)	0,01-0,02
Adsorption mit Aktivkohle (Entfernung von Geruch, Geschmack, Farbe und organischen Bestandteilen	belandene Kohle falls nicht regeneriert wird. Geringe Mengen Kohlestaub und andere Feststoffe im im Rückspülwasser. Aktivkohleregenerierung (meist thermisch) wird getrennt durchgeführt und kann Luft-verschmutzung verursachen.		
Manganzeolith zur Eisenentfernung	Eisenoxid, suspendierte Feststoffe	ähnlich wie bei anderen Filtra-tionen	
Verschiedene, z. B. Anschwemmfilter, Membranfilter, Zweibettfilter	wie bei anderen Filtern, ggf. Anschwemmaterial		(plus Anschwemm-material)
Umkehrosmose[3]	suspendierte und 90–99 % der gelösten Feststoffe, sowie chemische Vorbehandlung falls benötigt.		
Elektrodialyse	suspendierte und 80–95 % der gelösten Feststoffe sowie chemische Vorbehandlung falls benötigt.	10-50	0,10-0,20
Destillation	konzentrierte suspendierte und gelöste Feststoffe	10-75	0,15
Ionenaustausch[4]			
Na-zyklus	gelöstes Kalzium-, Magnesium- und Natriumchlorid	4-6	0,13
Zweibettentmineralisierung	gelöste Feststoffe des Zusatzwassers plus Regenerierchemikalien	10-14	0,4-0,5
Mischbettentmineralisierung	gelöste Feststoffe des Zusatzwassers plus Regenerierchemikalien	10-14	0,5
Interne Verfahren	Chemikalien werden direkt während des Betriebs-ablaufs dosiert. Zumindest ein Teil des Betriebs-dampfes, der Chemikalien, gelöste und suspendierte Feststoffe sowie ggf. Prozeßverunreinigungen enthält, kann im Teilstrom abgeschlammt oder behandelt und zurückgeführt werden.		

[1] Die Verfahren werden je nach Bedarf allein oder in verschiedenen Kombinationen eingesetzt.
[2] Die Mengen beziehen sich auf die Behandlung des in Tabelle 2-2 angeführten Rohwassers. Die Werte sind bei Verfahrenskombinationen nur bedingt anwendbar.
[3] Das Rohwasser darf nur geringe Mengen an suspendierten Feststoffen enthalten.
[4] Von den vielen Möglichkeiten sind nur einige der wichtigsten angeführt.

Die abgesetzten Flocken werden als dünnflüssiger Schlamm entfernt. Zur endgültigen Beseitigung muß der Schlamm eingedickt und entwässert werden, ein Verfahren das oft mit größeren Schwierigkeiten verbunden ist, als die Flockung, Koagulierung und Sedimentation.

Für die Klärung sind viele unterschiedliche Anlagen konstruiert worden. Gemeinsam ist bei allen die Schaffung optimaler Bedingungen für jeden der Teilschritte.

Ältere Kläranlagen trennten die Chemikaliendosierung, die Mischzone, die Flokkung und die Absetzeinrichtungen auch apparativ (s. Abb. 2-3). Auch modernere Anlagen arbeiten nach diesem Prinzip, kombiniert mit Plattenabscheidern werden so große Durchsätze auf kleinen Flächen und relativ hohe Schlammkonzentrationen erzielt. Andere Anlagen verbinden alle drei Schritte miteinander in einem Apparat (Abb. 2-4, Schlammwälz- bzw. Schlammkontaktanlage).

Theoretisch liefern Schlammbettanlagen, bei denen das aufsteigende Wasser durch das Schlammbett wie durch ein Filter strömt, besser geklärtes Wasser als die Umwälztypen. In der industriellen Anwendung zeigt sich kaum ein Unterschied.

Ein Klärsystem besteht aus der Kläreinrichtung und einem Dosiersystem, das die notwendigen Chemikalien proportional zum Durchfluß dosiert.

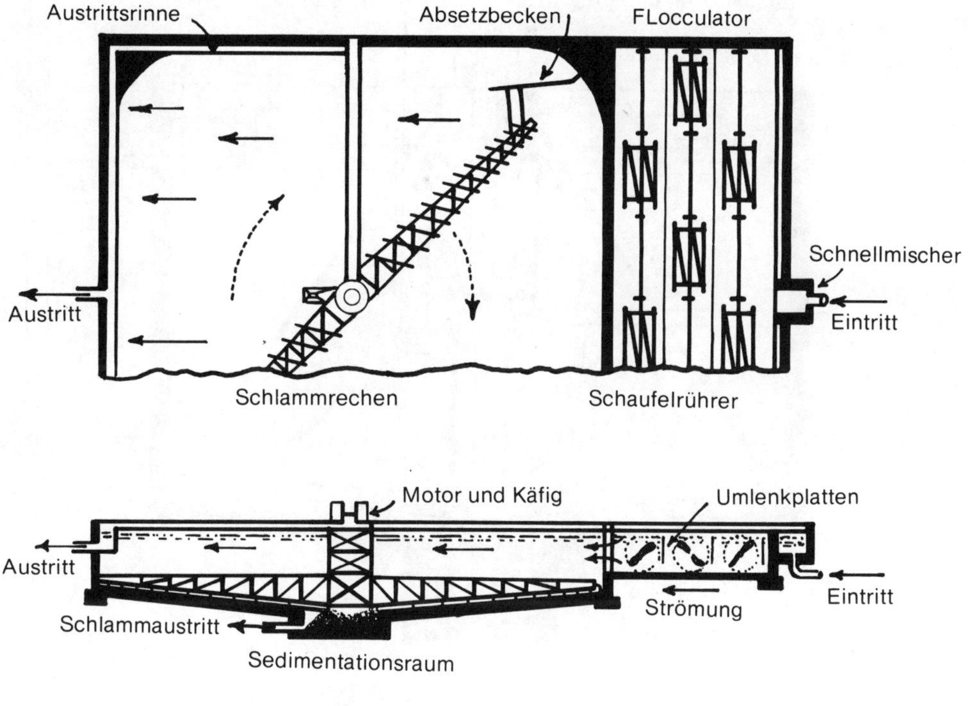

Das rechts eintretende Wasser wird im Schnellrührer mit dem Koagulationsmittel vermischt. Wasser, Koagulant und fein verteilter Niederschlag werden während des Durchgangs langsam durchgemischt, wodurch das Wachstum von kleinen Farb- und Trübeteilchen sowie des Niederschlags zu größeren Flocken gefördert wird, welche sich leichter absetzen. Dieses Gemisch gelangt durch Schlitze unter dem Wasserspiegel in das Absetzbecken. Die Verweilzeit beträgt 2 bis 6 Stunden. Das Becken ist mit einer vertikalen Welle mit Radialarmen und -rechen ausgestattet, welche sich knapp oberhalb des Bodens befinden. Die abgesetzten Feststoffe werden vom Rechen nach innen zu einem zentralen Ablaßrohr befördert und über dieses kontinuierlich abgeschlämmt. Das geklärte Wasser gelangt über den Überlauf in den Sammelkanal links in der Zeichnung.

Abb. 2-3. Klärung durch Schnellmischen, Flockung und Absetzen.

Im Anhang sind chemische Reaktionen und Ergebnisse durch Chemikaliendosierung beschrieben.

Die Größe einer Kläranlage wird durch Aufströmgeschwindigkeit, die Gesamtverweilzeit und durch die Konstruktion bestimmt. Ohne besondere Einbauten muß mit Aufströmraten um 3 $m^3/m^2 \cdot h$ und Verweilzeiten von 90 bis 240 Minuten gerechnet werden. Das Klarwasser enthält dann noch ca. 5 bis 10 mg/l Feststoff und eine Färbung unter 5 APHA Einheiten.

Abb. 2-5 und 2-6 zeigen den Einbau von Röhren in die Kläreinrichtung. Hierdurch wird eine größere Aufströmgeschwindigkeit oder eine geringere Resttrübung bei gleicher Aufströmgeschwindigkeit möglich. Noch größere Durchsatzleistungen, bis 40 $m^3/m^2 \cdot h$, werden mit Parallelplatten- oder Lamellenabscheidern erreicht (siehe Abb. 2-7 und 2-8).

Bei allen angebotenen Kläranlagen hängt der Erfolg von der richtigen Verwendung der Chemikalien und der korrekten Dosierung am richtigen Punkt im System ab. Als Chemikalien werden das Flockungsmittel selbst, eine Substanz zur Einstellung des optimalen pH-Wertes und oft auch ein Flockungshilfsmittel eingesetzt.

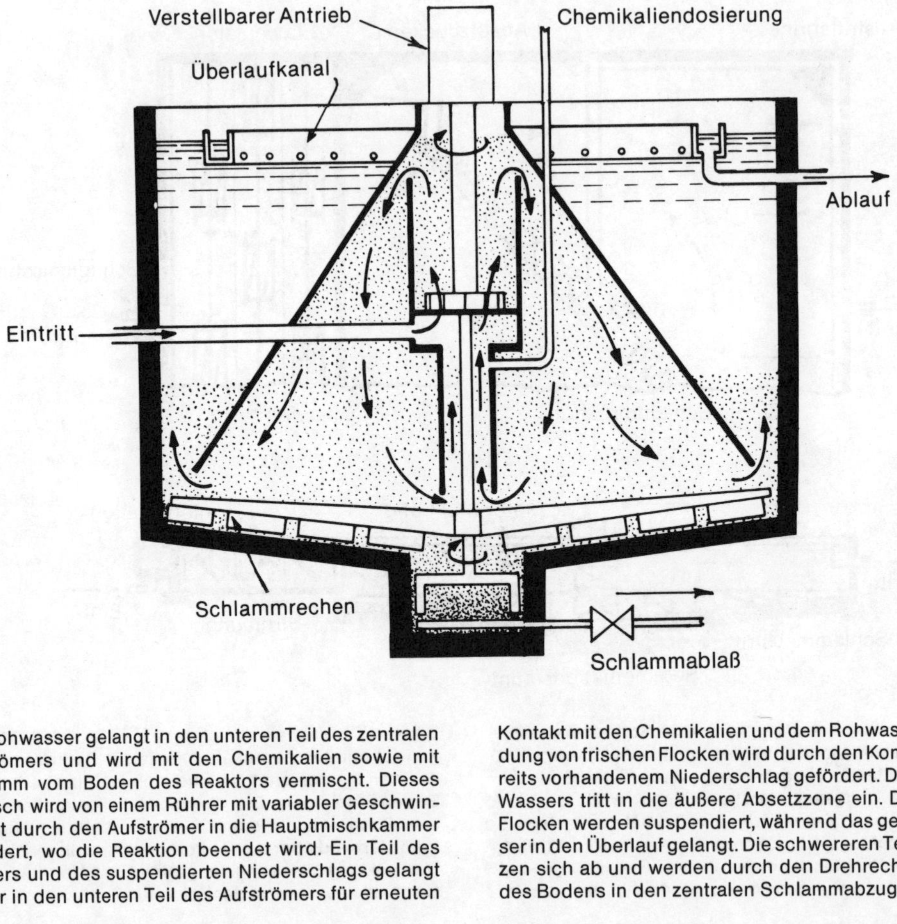

Das Rohwasser gelangt in den unteren Teil des zentralen Aufströmers und wird mit den Chemikalien sowie mit Schlamm vom Boden des Reaktors vermischt. Dieses Gemisch wird von einem Rührer mit variabler Geschwindigkeit durch den Aufströmer in die Hauptmischkammer gefördert, wo die Reaktion beendet wird. Ein Teil des Wassers und des suspendierten Niederschlags gelangt wieder in den unteren Teil des Aufströmers für erneuten Kontakt mit den Chemikalien und dem Rohwasser. Die Bildung von frischen Flocken wird durch den Kontakt mit bereits vorhandenem Niederschlag gefördert. Der Rest des Wassers tritt in die äußere Absetzzone ein. Die leichten Flocken werden suspendiert, während das geklärte Wasser in den Überlauf gelangt. Die schwereren Teilchen setzen sich ab und werden durch den Drehrechen entlang des Bodens in den zentralen Schlammabzug gefördert.

Abb. 2-4. Viele Klärer vereinigen Mischung und Flockung in einer Einheit.

Klärversuche, meist in Mehrfachrührgeräten durchgeführt, ermitteln Daten über den Chemikalienbedarf, die pH-Bedingungen, Misch- und Reaktionszeiten sowie die Reihenfolge der Zugabe der Chemikalien.

Aluminiumsulfat, Eisen(II)sulfat oder Eisen(III)chlorid werden bevorzugt als Flockungsmittel im pH-Bereich zwischen 5.5 und 8.0 verwendet. Eisenverbindungen können bis pH 11 eingesetzt werden. Zugabe von Ton, synthetischen Flokkungsmitteln und Flockungshilfsmitteln helfen bei der Klärung. Tabelle 2-4 zeigt die gebräuchlichsten Flockungsmittel und ihren Einfluß auf die Wasserqualität.

Kalkmilchentcarbonisierung

Die Kalkmilchentcarbonisierung bei normaler Temperatur ist oft der erste Schritt über die Klärung hinaus. Hier werden neben der Entfernung der Trübstoffe auch die gelösten Feststoffe verringert.

Durch Zugabe von Kalkmilch wird das lösliche Calciumhydrogencarbonat als Calciumcarbonat ausgefällt, wobei gleichzeitig die Klärung stattfindet. Um eine optimale Wasserqualität zu erreichen, werden zusätzlich Eisensalze und Flockungshilfsmittel zum besseren Koagulieren und Sedimentieren verwendet. Auch Magnesiumhydrogencarbonat kann

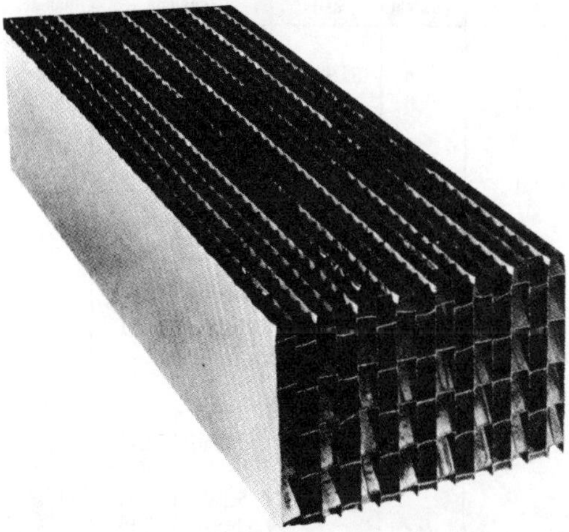

Abb. 2-5. „Neptune Microfloc“ 60° Röhrenabsetzerpaket.

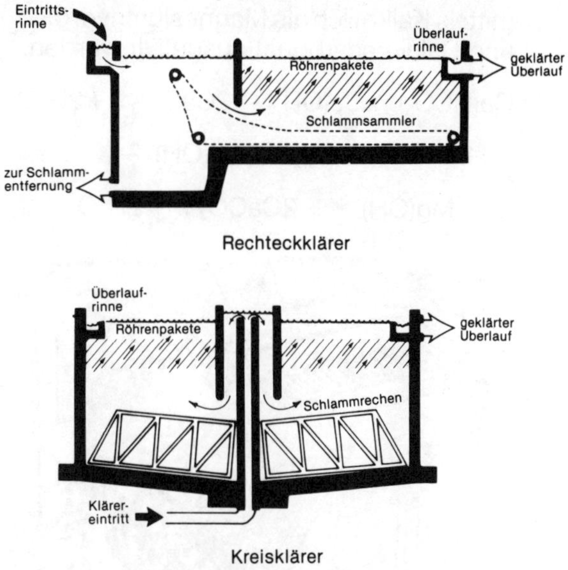

Abb. 2-6. Typischer Röhrenabsetzer.

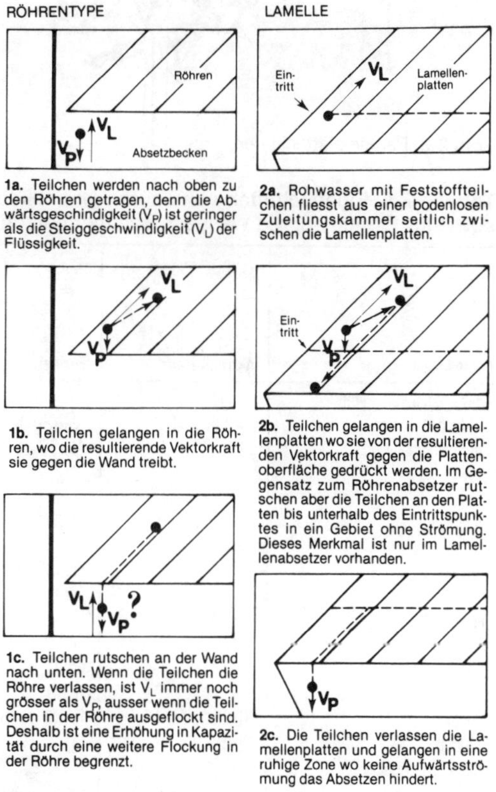
RÖHRENTYPE
LAMELLE
Röhren
V_L
V_P
Absetzbecken
Ein-tritt
Lamellen-platten
1a. Teilchen werden nach oben zu den Röhren getragen, denn die Abwärtsgeschindigkeit (V_P) ist geringer als die Steiggeschwindigkeit (V_L) der Flüssigkeit.
2a. Rohwasser mit Feststoffteilchen fliesst aus einer bodenlosen Zuleitungskammer seitlich zwischen die Lamellenplatten.
1b. Teilchen gelangen in die Röhren, wo die resultierende Vektorkraft sie gegen die Wand treibt.
2b. Teilchen gelangen in die Lamellenplatten wo sie von der resultierenden Vektorkraft gegen die Plattenoberfläche gedrückt werden. Im Gegensatz zum Röhrenabsetzer rutschen aber die Teilchen an den Platten bis unterhalb des Eintrittspunktes in ein Gebiet ohne Strömung. Dieses Merkmal ist nur im Lamellenabsetzer vorhanden.
1c. Teilchen rutschen an der Wand nach unten. Wenn die Teilchen die Röhre verlassen, ist V_L immer noch grösser als V_P, ausser wenn die Teilchen in der Röhre ausgeflockt sind. Deshalb ist eine Erhöhung in Kapazität durch eine weitere Flockung in der Röhre begrenzt.
2c. Die Teilchen verlassen die Lamellenplatten und gelangen in eine ruhige Zone wo keine Aufwärtsströmung das Absetzen hindert.

Abb. 2-7. Vergleich zwischen Lamellen- und Röhrenabsetzern.

mittels Kalkmilch als Magnesiumhydroxid und Calciumcarbonat ausgefällt werden.

$$Ca(HCO_3)_2 + Ca(OH)_2 \rightarrow 2CaCO_3\downarrow + 2H_2O$$

$$Mg(HCO_3)_2 + 2Ca(OH)_2 \rightarrow$$
$$Mg(OH)_2\downarrow + 2CaCO_3\downarrow + 2H_2O$$

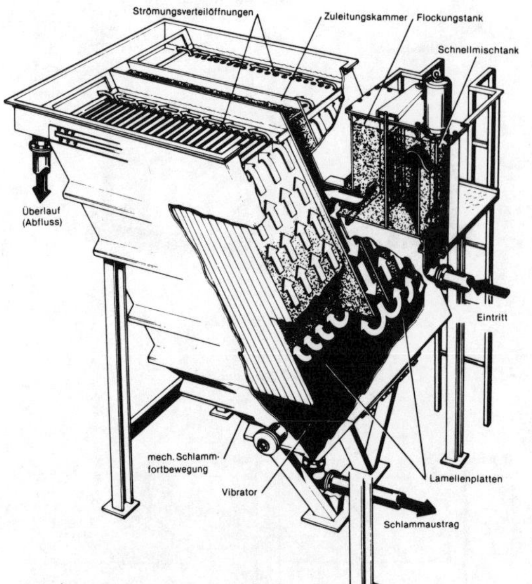

Abb. 2-8. Parallelplattenklärer

Die Reaktionen zeigen, daß im Vergleich zur Calziumhärte bei der Magnesiumfällung die doppelte Menge Kalkmilch nötig ist. Freies Kohlendioxid wird mit Calciumhydroxid als Calciumcarbonat gefällt.

Der Vollständigkeit halber seien hier das Kalk/Soda- und das Natriumhydroxid-Enthärtungsverfahren erwähnt. Auf Grund der relativ hohen Kosten und der beschränkten Anwendungsmöglichkeit spielen diese Verfahren heute nur noch eine geringe Rolle. Mit den Ionenaustauschverfahren wird das gleiche Ziel einfacher erreicht.

Mit Kalk und Soda kann in bestimmten Fällen bei der Brauchwasseraufbereitung gleichzeitig die Carbonathärte und die Nichtcarbonathärte verringert werden.

$$CaSO_4 + Na_2CO_3 \rightarrow CaCO_3\downarrow + Na_2SO_4$$

$$MgSO_4 + Na_2CO_3 + Ca(OH)_2 \rightarrow$$
$$Mg(OH)_2\downarrow + CaCO_3\downarrow + Na_2SO_4$$

Auch die Natriumalkalität des Wasser kann in besonderen Fällen durch Zugabe von Calciumchlorid oder Calciumsulfat als Calciumcarbonat ausgefällt werden.

$$Na_2CO_2 + CaCl_2 \rightarrow CaCO_2\downarrow + 2NaCl$$

Tabelle 2-4. Eigenschaften von sauren Chemikalien, welche zur Wasseraufbereitung verwendet werden, sowie ihr Einfluß auf die Wasserzusammensetzung.

					Änderung der Kationen und Anionen (als ppm $CaCO_3$)		
Chemikalien	**Aktivsubstanz**	**Formel**	**Formelgewicht**	**Reinheit**	**Zunahme**		**Alkalitätsabnahme**
Aluminiumsulfat (Filter-Alaun	14,3 % Al_2O_3	$Al_2(SO_4)_3 \cdot 18H_2O$	666	95-99 %	Sulfat	0,45	0,45
Ammoniumalaun	....	$Al_2(SO_4)_3 \cdot (NH_4)_2SO_4 \cdot 24H_2O$	906	....	Sulfat	0,44	0,33
					Ammonium	0,11	
Kaliumalaun	....	$Al_2(SO_4)_3 \cdot K_2SO_4 \cdot 24H_2O$	949	....	Sulfat	0,421	0,316
					Kalium	0,421	
Eisensulfat	25,2 % Fe^{+2}	$Fe_2(SO_4)_3$	400	94,4 %	Sulfat	0,105	0,71
		$FeSO_4$	152	0,4 %		0,71	
„Ferrifloc"	20,5 % Fe^{+3}						
	0,42 % H_2SO_4	$Fe(SO_4)_3$	400	73,4 %	Sulfat	0,57	0,47
		$FeSO_4$	152	2,04 %			
		H_2SO_4	98	0,42 %			
„Copperas"	19,68 % Fe	$FeSO_4 \cdot 7H_2O$	278	98 %	Sulfat	0,35	0,35
Chlorgas	99,6 % Cl_2	Cl_2	71	100 %	Chlorid	1,41	1,41
chloriertes „Copperas"	....	$8\ FeSO_4 \cdot 7H_2O$					
		$+ 1\ Cl_2$ bei gwt.	....	....	Sulfat	0,31	0,47
					Chlorid	0,15	
Eisen(III)chlorid	60 % $FeCl_3$	$FeCl_3$	162	60 %	Chlorid	0,56	0,56

Der Enthärtung mit NaOH liegt folgende Reaktion zugrunde:

$$Ca(HCO_3)_2 + 2NaOH \rightarrow$$
$$CaCO_3\downarrow + Na_2CO_3 + 2H_2O$$

Anmerkung: Im Anhang finden sich Angaben zur Berechnung der Analyse des aufbereiteten Wassers und des Verbrauchs an Chemikalien für die Grundverfahren.

Die Dosierung der Kalkmilch zur Entcarbonisierung ist dann optimal, wenn im aufbereiteten Wasser der Säureverbrauch bei pH-8,2 (p-Wert) und der Säureverbrauch bei pH-4,3 (m-Wert) sich wie 2p = m verhalten.

Im Fall von Kalkmilch/Soda ist die Soda-Einspeisung dann korrekt, wenn die Calciumkonzentration bei 35 mg/l liegt. Ist dieser Wert niedriger, wird zuviel Soda eingespeist und umgekehrt.

In allen Kaltmilchenthärtungsverfahren erfolgt eine gewisse Silikatreduzierung durch die Einwirkung von Temperatur, Schlammkontakt und die Gegenwart von Magnesiumhydroxidniederschlägen; trotzdem sind sie aber für eine verläßliche Entfernung von Silikaten nicht geeignet.

Eine modifizierte Form der Kaltenthärtung, die „warme" Kalkmilchentcarbonisierung, entfernt die Kieselsäure weitgehend und rascher. Das Wasser wird erwärmt (50–65° C) und mit gebranntem Dolomit (CaO · MgO) versetzt.

Abb. 2-9 zeigt die Kieselsäurereduzierung in kalten und warmen Verfahren.

Die Kalkausfällung verlangt die Verwendung eines Schlammumwälz- bzw. Kontaktschlammreaktors. Das Gewicht des Calciumcarbonatschlamms macht es schwierig, Schlammbettklärer zu benutzen. Das Verfahren wird normalerweise mit 4 $m^3/m^2 \cdot h$ bei einer Gesamtverweilzeit von 60–120 Minuten durchgeführt.

In Stahlbehältern, teilweise mit 1–2 mm $CaCO_3$-Kügelchen gefüllt, kann die Entcarbonisierungsreaktion mit Kalkmilch wesentlich schneller ablaufen. Auf die Kugeln wächst das ausgeschiedene Calciumcarbonat auf. Aus dem Abrieb bilden sich neue Kristallisationskeime. Der Anfall von Schlamm und der Platzbedarf ist wesentlich geringer als beim reinen Fällverfahren. Allerdings kann dieses Verfahren durch Magnesiumionen und Phosphate im zu entcarbonisierenden Wasser gestört werden (Schnellentcarbonisierung).

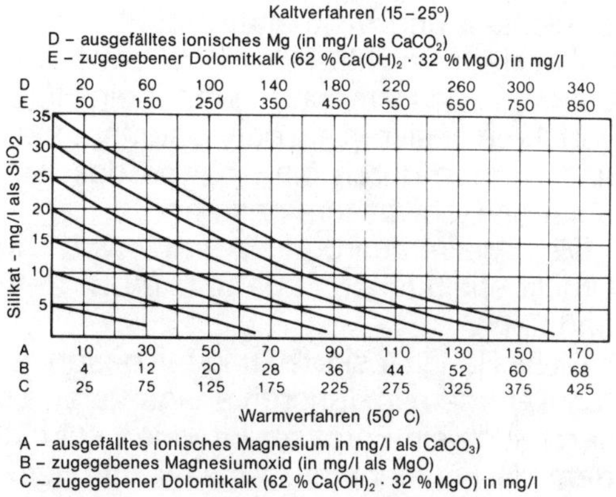

Abb. 2-9. Silikatverminderung bei kalter bzw. Kalkmilchbehandlung.

Heißentcarbonisierung

Die Kalkmilchenthärtung bei erhöhten Temperaturen (über 100° C) ist ein Verfahren, das fast ausschließlich für Kesselspeisewasser Verwendung findet. Es unterscheidet sich auf verschiedene Weise von der Enthärtung bei Normaltemperatur. Apparate und Ausrüstung sind grundlegend anders. Aufbereitetes Wasser wird mit hoher Temperatur und unter Druck angeliefert. Durch die höhere Temperatur und wegen der geringeren Viskosität verläuft die Reaktion wesentlich schneller.

Das ausgefällte Calciumcarbonat und Magnesiumhydroxid hat außerdem eine niedrigere Löslichkeit, und Flockungsmittel sind oft nicht nötig. Kohlendioxid tritt in die Atmosphäre aus und verbraucht keinen Kalk. Eine wesentliche Kieselsäureentfernung kann besonders bei Einsatz von halbgebranntem Dolomit erreicht werden.

Das Wasser wird durch direktes Einleiten von Dampf erwärmt. Kondensierter Dampf (10–20 %) verdünnt das Rohwasser. Der Grad der Verdünnung ist eine Funktion von Betriebstemperatur (Dampfdruck) und Rohwassertemperatur. Die Temperatur allein ist der wichtigste Faktor im Betrieb. Wenn die Betriebstemperaturen nicht erreicht werden, werden Reaktionsraten herabgesetzt, wodurch sich Löslichkeit und Viskosität erhöht und zu hoher Härte und Mitreißen von Feststoffen beiträgt. Alle Berechnungen für ein Heißverfahren basieren auf der Austrittsmenge und werden durch die Analyse des verdünnten Rohwassers bestimmt.

Die Heißentcarbonisierung wird in Druckbehältern durchgeführt (Abb. 2-10 und 2-11).

Diese Behälter sind häufig mit besonderen Kammern im Inneren ausgerüstet. Es kann auch ein Entgaser integriert sein, in dem das aufbereitete Wasser mit Heißdampf entgast wird, und in den gegebenenfalls das *Heißkondensat* zurückgeführt wird.

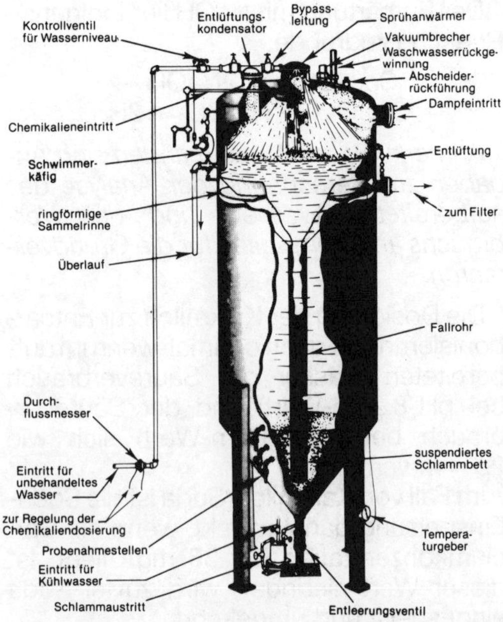

Abb. 2-11. Heißentcarbonisierer im Aufströmverfahren.

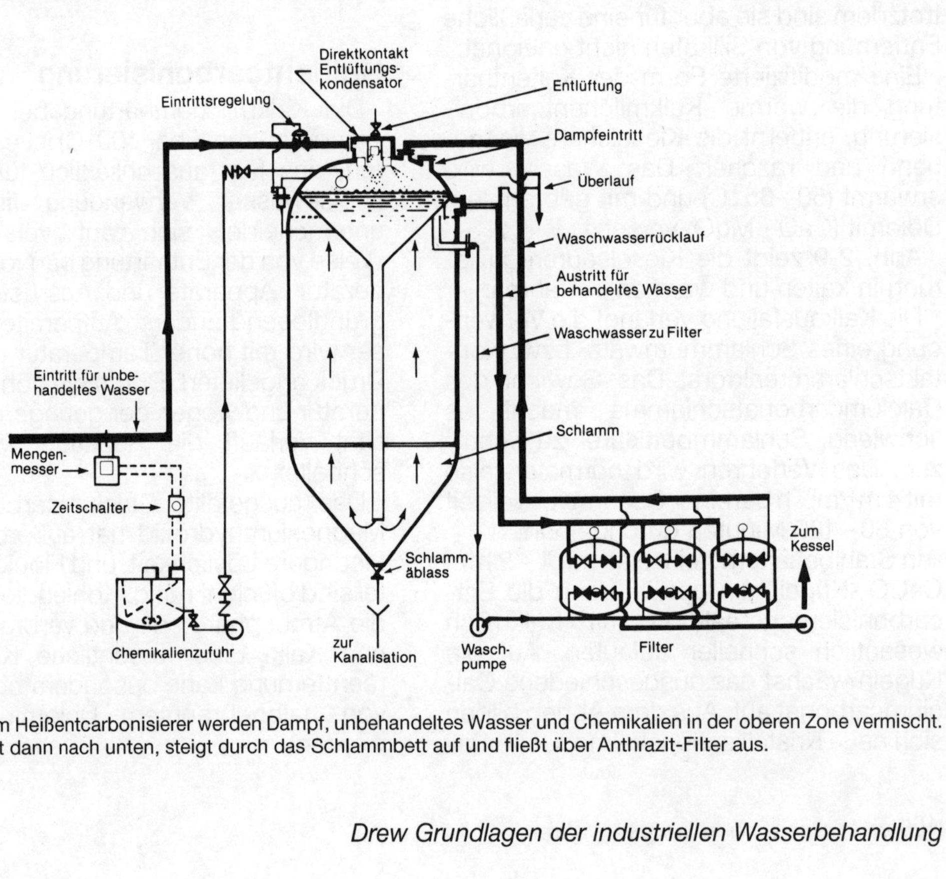

Abb. 2-10. Im Heißentcarbonisierer werden Dampf, unbehandeltes Wasser und Chemikalien in der oberen Zone vermischt. Wasser fließt dann nach unten, steigt durch das Schlammbett auf und fließt über Anthrazit-Filter aus.

Weitere besondere Anlagenteile können sein: Eine Kammer für *sauberes Waschwasser,* in der filtriertes Wasser gesammelt wird, um eine Störung des Schlammbettes zu vermeiden, wenn Wasser für Filter- oder Austauscherharz-Rückspülung benötigt wird.

Eine weitere Kammer für die Rückführung von schmutzigem Waschwasser, das langsam wieder ins System abgelassen wird.

In den meisten Fällen bestimmen wirtschaftliche Erwägungen den Einsatz der Kalkmilchentcarbonisierung mit anschließendem Neutralaustausch. Unter bestimmten Bedingungen kann jedoch Soda oder Calciumchlorid/Calciumsulfat zusammen mit Kalkmilch verwendet werden.

Im Anhang sind die Ergebnisse der Kalkmilchbehandlung zusammengefaßt.

Fast allen Heißreaktoren sind Anthrazit-(Kohle)Filter oder Dolomit-Filter (Magnomasse), nachgeschaltet. Kies wird wegen der Kieselsäurelöslichkeit im heißen alkalischen Wasser nicht eingesetzt. Filter sind entscheidend, weil die mitgerissenen Flocken Calciumcarbonat enthalten und zur Härte und Alkalität des aufbereiteten Wassers beitragen.

Es sollte nicht vergessen werden, daß das Wasser heiß ist und unter Druck steht, und daß jede Druckentlastung zur Dampfbildung führen kann. Daher sollten alle Filterfunktionen unter angemessenem Gegendruck ausgeführt werden.

Chemikaliendosierung

Klärung und chemische Fällung sind Gleichgewichtssysteme: Sie arbeiten am besten bei konstanter Strömung, ohne Änderung der Wasserqualität, Temperatur usw. und verlieren an Wirksamkeit wenn sie nur intermittierend betrieben werden, da die vorhandenen Schlämme nicht ohne Strömung suspendiert gehalten werden können.

Es ist schwierig, die Chemikaliendosierung so einzustellen, daß Änderungen in der Wasserqualität ausgeglichen werden. Messung von Zetapotential, Trübung und Härteanalyse hatten zur Regelung nur gelegentlich Erfolg. Allgemein üblich ist die Dosierung proportional zum Durchfluß. Der Betrieb sollte regelmäßig durch Rührversuche überwacht und die Chemikaliendosierung danach eingestellt werden. Härte und Alkalität des Reaktorablaufs müssen bei der Kalkmilchenthärtung regelmäßig überprüft werden.

Der Regelmechanismus der mengenproportionalen Dosierung muß dem Verhalten der Anlage angepaßt. Beim Einsatz mehrerer Chemikalien ist auf die Reihenfolge und auf den jeweils richtigen Ort der Dosierstelle zu achten.

Filtration

Als Filter dient in der Wasseraufbereitung ein Bett aus granuliertem Material, das Schwebstoffe physikalisch vom durchfließenden Wasser trennt. Die einzige durch die Filterung hervorgerufene Änderung der Wasserqualität ist eine Reduzierung der suspendierten Feststoffe auf weniger als 1 mg/l. Alle Filter arbeiten nur für eine begrenzte Zeit. Wenn der Druckverlust einen bestimmten Wert erreicht hat, ist die Filterleistung herabgesetzt und der Filter muß durch Rückspülung gereinigt werden. Kontinuierlich arbeitende Filter verhalten sich wie Siebe. Die Auslegung der Filter wird von den Anforderungen der Flockung und Koagulation und der gewünschten Wasserqualität bestimmt.

Da kleine Partikel den Filter passieren können, ist die Behandlung des Wassers vor der Filterung sehr wichtig. Klärer-Ablauf oder Wasser nach der Flockung sollte nicht gepumpt werden, da dieser Prozeß oder jede andere starke Bewegung die Flocken zerstört, so daß sie dann den Filter passieren.

Alle Filter brauchen eine Drucksäule, damit das Wasser durch die Anlage fließen kann. Der Ausdruck „Druckfilter" bedeutet, daß eine Pumpe benutzt wird, um das Wasser unter Druck durch den Filter zu fördern. Im ähnlichen Sinne wird ein Schwerkraftfilter so genannt, weil die treibende Kraft eine statische- oder Schwerkraftsäule ist.

Abb. 2-12 zeigt die grundsätzlichen Variationen in Filteranlagen für Oberflächenwasser oder Klärer-Ablauf. Wenn eine Linie zwei Punkte verbindet, dann ist

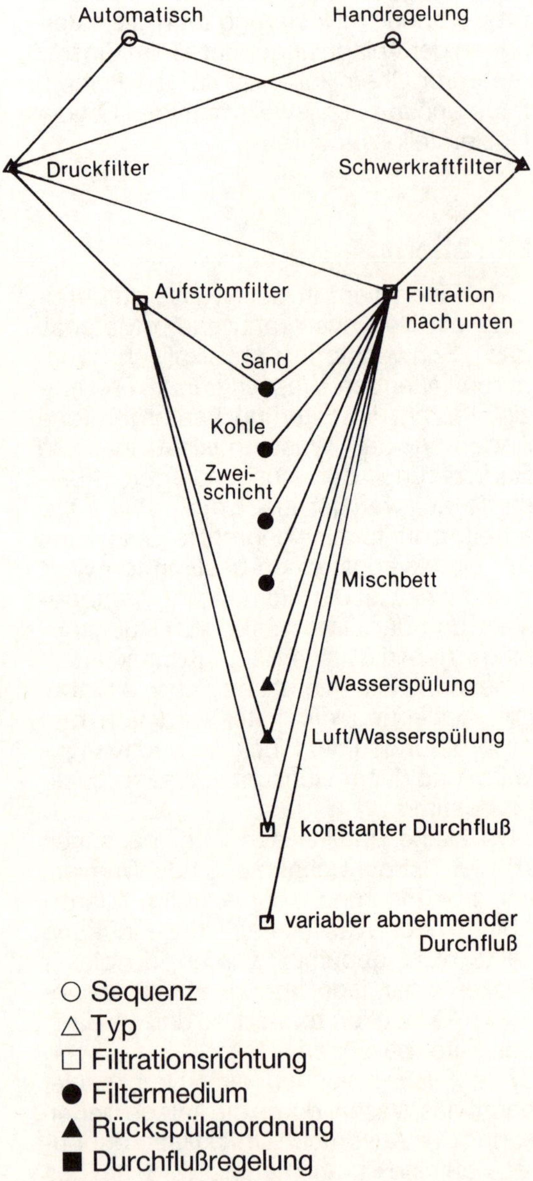

Abb. 2-12. Filterauswahlschema

die Anlage funktionsfähig. Es gibt viele besondere Anwendungsbereiche, die Änderungen in diesen grundsätzlichen Auslegungsmöglichkeiten voraussetzen.

Die folgende Abbildungen zeigen 6 Filtertypen, der hier aufgeführten Möglichkeiten.

○ Sequenz: Bezieht sich auf die Art der Rückspülung, Handbetrieb oder automatische Schaltfolge von Ventilen, Pumpen usw.

△ Typen: Zwei Grundtypen sind im Gebrauch: Geschlossene Filter unter Druck und offene Schwerkraftfilter.

□ Betriebsströmung: Abstrom- oder Aufstrombetrieb. Aufstrombetrieb ist theoretisch günstiger, oft technisch sehr schwierig.

● Medien: Das Filtermedium kann ein einziges Bett von Sand oder Kohle (Anthrazit) sein, ein Doppelbett von Kohle über Sand oder ein Mischbett von Kohle, Sand und Kies.

▲ Rückspülung: Es wird unabhängig von der Betriebsströmung immer von unten nach oben rückgespült. Mit Wasser und Luft nacheinander, gemeinsam oder mit Wasser allein.

■ Durchflußregelung: Der Wasserdurchsatz kann durch Druckregelung des Zuflusses konstant gehalten werden, oder er sinkt mit steigendem Gegendruck im Filter. Druckfilter sind meist druckgeregelt, Schwerkraftfilter durchflußgeregelt.

Vertikale Druckfilter (Abb. 2-13) und die konventionellen Schwerkraftfilter (Abb. 2-14) sind die am häufigsten anzutreffenden Arten.

Abb. 2-16 zeigt den Aufstromfilter bei dem der Sand von einem Gitterboden getragen wird.

Abb. 2-17, 2-18 und 2-19 illustrieren den Schichtaufbau von Mehrschichtfiltern. Für Druck- und Schwerkraftfilter.

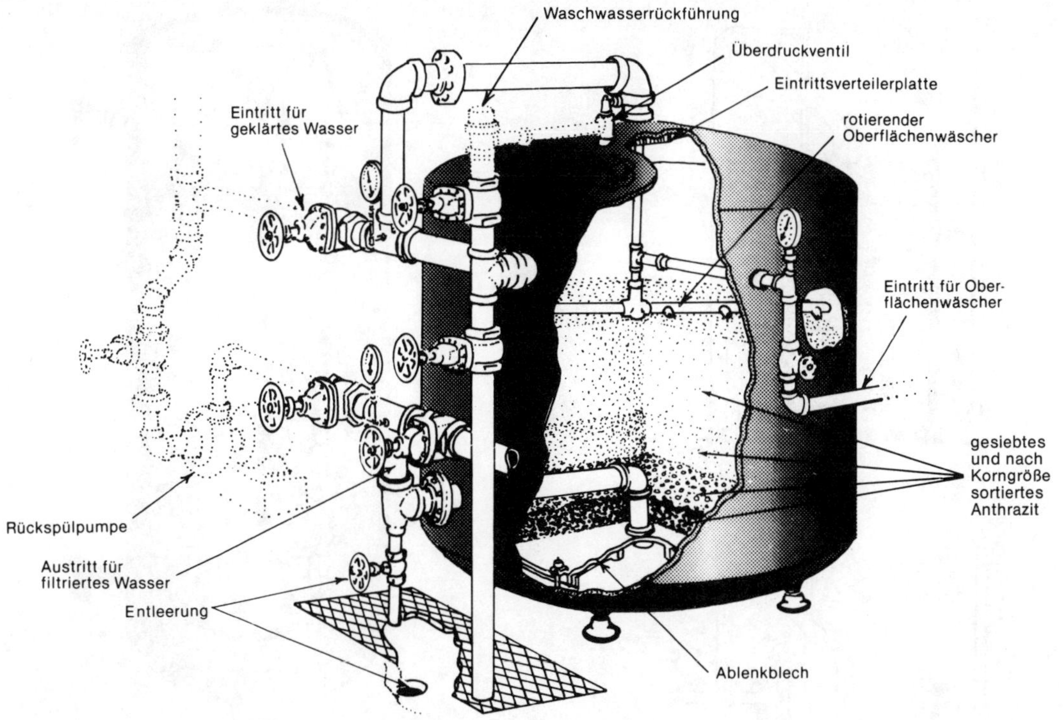

Abb. 2-13. Druckfilter mit Oberflächenwäscher

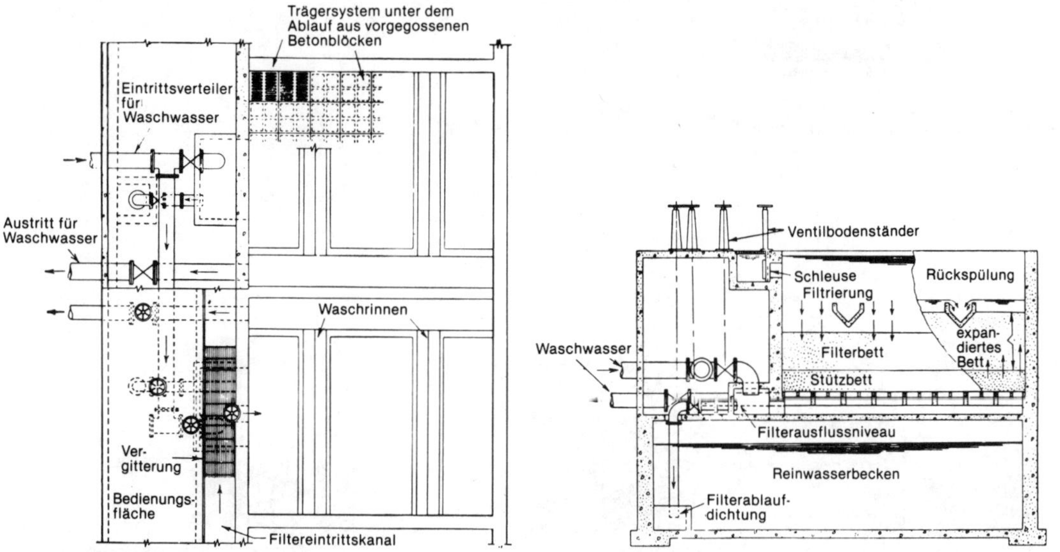

Abb. 2-14. Herkömmlicher Schwerkraftfilter

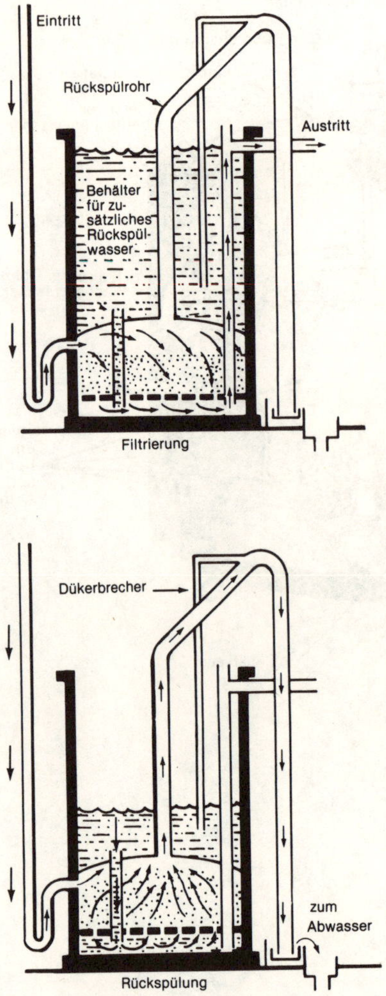

Abb. 2-15. Ventilloser Schwerkraftfilter.

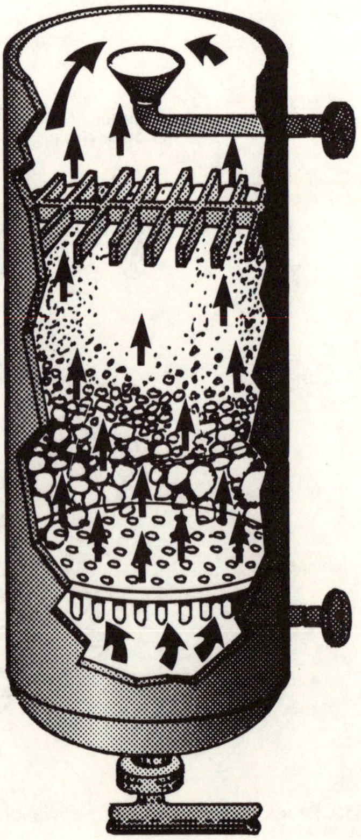

Abb. 2-16. Aufstromfilter.

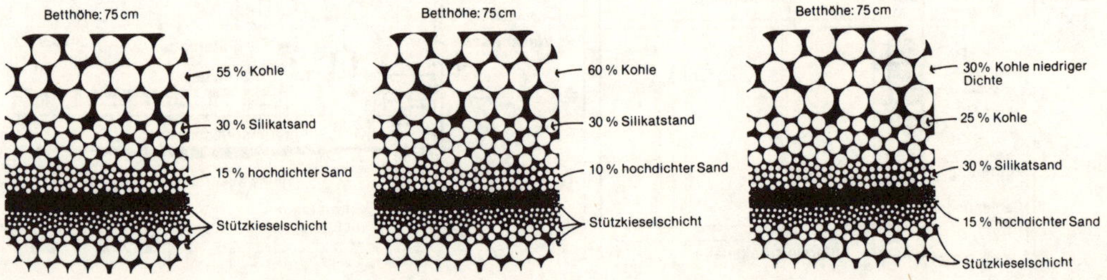

Abb. 2-17. Mehrmedien-Filterbettkonstruktionen

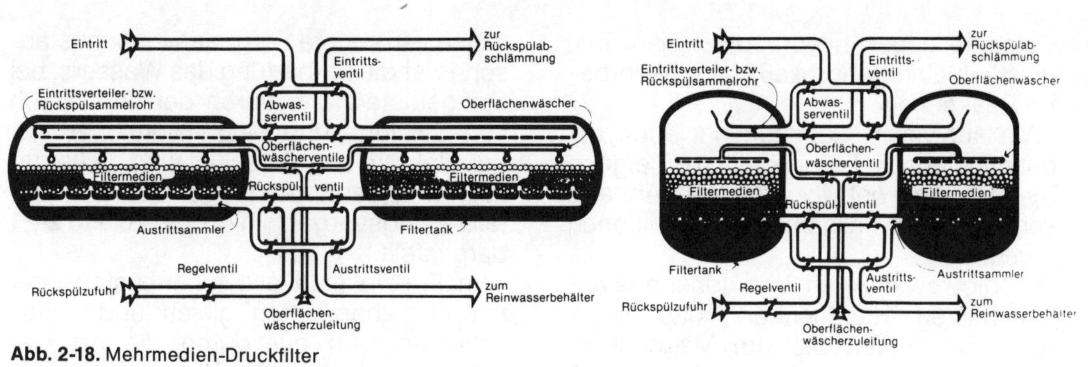

Abb. 2-18. Mehrmedien-Druckfilter

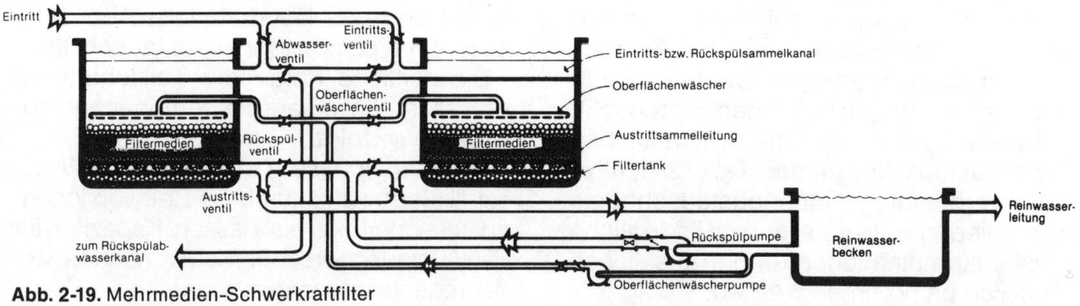

Abb. 2-19. Mehrmedien-Schwerkraftfilter

Kohlefiltration

Gekörnte Aktivkohle wird manchmal als Filtermittel benutzt. Normalerweise sind Sand- oder Anthrazit-Filter den Aktivkohlebetten vorgeschaltet. Die Aktivkohle-Filter schützen die nachfolgenden Ionenaustauscher.

Die Aktivkohle adsorbiert Spuren von Chlor oder anderen Oxydationsmitteln, die das Kationenharz schädigen und organische Materie, die stark basische Anionenharze verschmutzen kann. Kohle kann auch benutzt werden, um Geschmack, Geruch und andere Verunreinigungen zu beseitigen. Aktivkohlefilter werden meist als Abstromdruckfilter mit Wasserrückspülung verwendet.

Wird granulierte Kohle zur Entchlorung verwendet, so ist die Kapazität der Kohle eigentlich unbegrenzt und eine Regenerierung wird nicht notwendig. Regelmäßige Rückspülung ist im allgemeinen ausreichend, um Schwebstoffe zu beseitigen, die aus dem Wasser ausgefiltert wurden, den gebildeten bakteriellen Schleim zu entfernen und frische Oberflächen für den Kontakt mit Chlor freizulegen.

Kohle, die jedoch verwendet wird, um gelöste organische Materie zu beseitigen, hat nur eine begrenzte Kapazität, die durch ihre Eigenschaften und der Art der organischen Materie bestimmt wird. Wenn Granulatkohle erschöpft ist, so wird sie entweder durch neue oder thermisch regenerierte Kohle ersetzt.

Ist die Konzentration der zu beseitigenden organischen Materie nur gering, so kann pulverisierte Aktivkohle dem Klärer kontinuierlich beigegeben werden und wird dann im Schlamm, zusammen mit anderen suspendierten Feststoffen, beseitigt. Die Adsorptionsleistung ist nur gering, aber die Betriebskosten im vorhandenen Klärer können geringer sein als für Festbetten mit Aktivkohle.

Ionenaustausch

Zur Zeit ist der Ionenaustausch immer noch die beste und flexibelste Methode zur Aufbereitung von Wasser für Hochdruckkessel und viele andere Verwendungen. Der Ausdruck Ionenaustausch bedarf keiner näheren Erläuterung. Der Prozeß ersetzt oder tauscht weniger erwünschte gegen bevorzugte Ionen aus. Es ist ein Chargenprozeß mit umkehrbaren Reaktionen.

Wie auf vielen Gebieten hat auch die Ionenaustausch-Technik ihre eigene Terminologie entwickelt, und im Anhang werden einige allgemeine Definitionen angegeben.

Es gibt zwei Arten von Ionenaustauscherharzen: Kationenharz, das einige oder alle Kationen (Calcium, Magnesium, Natrium usw.) gegen Natriumionen oder Wasserstoffionen ausgetauscht und Anionenharz, das einige oder alle Anionen (z.B. Hydrogencarbonat, Chlorid, Sulfat, Kieselsäure) gegen OH-Ionen austauscht.

Tabelle 2-5 zeigt die wesentlichen Ionenaustauschsysteme. Tab. 2-6 führt die verbreiteten Ionenaustauschharze verschiedener Hersteller auf. Mögliche Systemkombinationen können aus diesen Tabellen entnommen werden.

Eine verbreitete Form des Ionenaustausches ist die Enthärtung des Wassers; bei der gelöste Härte durch den Austausch von Calcium- und Magnesiumionen gegen Natriumionen beseitigt wird. Schematisch wird der Enthärtungs- und Entmineralisierungsvorgang in Abb. 2-20 und 2-21 dargestellt.

Im Prinzip sind alle Ionenaustauscher mit Einzelharzbetten gleich und unterscheiden sich nur durch die Art des benutzten Harzes, der Regenerierchemikalien und des Baumaterials. Abb. 2-22 zeigt ein typisches Ionenaustauschfilter.

Die zeitliche Folge der Teilschritte ist bei allen Einzelharz-Fixbettionenaustauschern wie folgt:

Austauschphase: Zu behandelndes Wasser fließt abwärts durch ein Bett von Ionenaustauscherharz bis dessen Kapazität für den Austausch erschöpft ist, wonach es wieder regeneriert werden kann.

Tabelle 2-5. Ionenaustauschharzsysteme.

	kationisch			anionisch		
Typ	**schwach**	**stark**		**schwach**	**stark**	
Zyklus zur Entfernung von	**Wasserstoff** Calcium Magnesium (1)	**Wasserstoff** Calcium Magnesium Natrium	**Natrium** Calcium Magnesium (2)	**Hydroxid** Chlorid Sulfid (3)	**Hydroxid** CO_2 Bicarbonat carbonat	**Chlorid** Bicarbonat Sulfat (4) Chlorid/Sulfat/ Silikat (3)

(1) Nur Härte in Verbindung mit Bicarbonat-Alkalität, (2) Einfache Wasserenthärtung, (3) Nur saure Formen, (4) Entalkalsierung

Tabelle 2-6. Ionenaustauscher-Vergleich.

	Kationenaustauscher		Anionenaustauscher		
	stark sauer	schwach sauer	schwach basisch	stark basisch	
				Typ I	Typ II
Amberlite ①	IR-120 IR-12E (A) 200 (m)	IRC-84	IRA-67 IRA-93 SP (m)	IRA-400 IRA-458 (A) IRA-478 (A) IRA-900 (m)	IRA-410 IRA-910 (m)
Lewatit ②	S 100 (g) S 112 (m) SP 120 (m)	CNP (m)	MP 62 (m) MP 64 (m)	AP 246 (m) M 600 (g) MP 600 (m)	M 504 (g) M 500 (g) MP 500 (m)
Duolite ①	C 20 C 255 (h) C 26 (m)	C 433	A 375 (A) A 378 (m)	A 101 A 113 A 134 (A) A 161 (m)	A 102 A 162 (m)

① eingetragenes Warenzeichen d. Rohm und Haas Company, Philadelphia.
② eingetragenes Warenzeichen der Farbenfabriken Bayer AG., Leverkusen.
(A) = Acryl-Harz, (g) = Gelharz, (h) = hoch vernetzt, (m) = makroporös. (gleichgestellte Harze können sich in Qualität und Leistung unterscheiden).

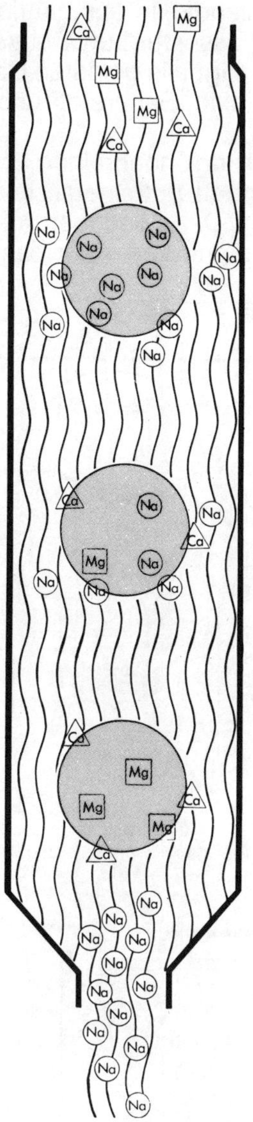

(a) Hartes Wasser – kalzium- und magnesiumionenhaltiges Wasser – wird in die Ionenaustauschkolonne eingelassen.

(b) Bevor sie mit dem Wasser in Berührung kommen, sind die Harzteilchen nur mit beweglichen, ersetzbaren Natriumkationen und festen, unersetzbaren Anionen assoziiert. Natürlich gibt es in einer typischen Austauschereinheit tausende von Teilchen, von denen jedes nicht nur einige, sondern Milliarden von Ionen enthält.

(c) Beginn des Austausches. Manche der Kalzium- und Magnesiumionen werden vom Harz adsorbiert, und das Harz gibt Natriumionen frei. Zwei Natriumionen werden für jedes Kalzium-oder Magnesiumion freigegeben.

(d) Das Harzteilchen hat alle Natriumionen freigegeben und enthält jetzt Kalzium- und Magnesiumionen. In der Praxis verbleiben meist ein paar Natriumionen auf dem Austauscher.

(e) Abfließendes Wasser ist jetzt weich – enthält keine härtebildenden Kationen. Das Harzbett kann jetzt regeneriert werden, indem eine natriumhaltige Lösung zugegeben wird – am häufigsten Natriumchlorid.

Abb. 2-20. Wasserenthärtungsverfahren.

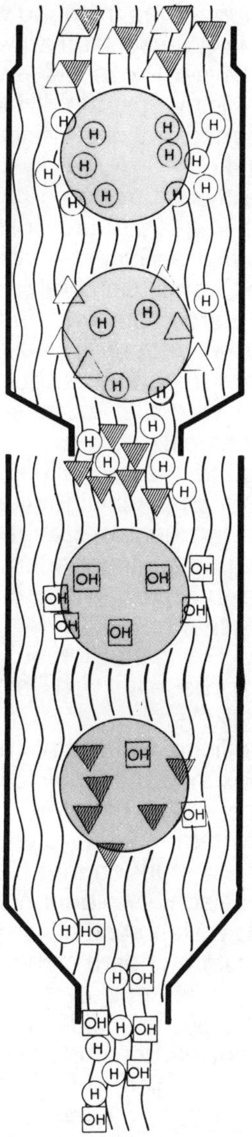

(a) Eine Lösung (meist wässerig), die ionische Stoffe enthält, wird in eine Kolonne mit Kationenaustauschharz eingelassen, die nur mit beweglichen, ersetzbaren Wasserstoffionen und festen, unersetzbaren Anionen assoziiert ist. Aus Übersichtsgründen werden diese Anionen nicht gezeigt.

(B) Während die Lösung durch den Austauscher strömt, werden die Kationen in der Lösung auf den Harzteilchen adsorbiert, und diese Teilchen geben ihre Wasserstoffionen frei.

(c) Der Abfluß aus der Kolonne des Kationenaustauschers besteht aus Wasserstoffionen und den negativen Gruppen – Anionen die ursprünglich in der Lösung anwesend waren. Diese werden jetzt in eine zweite Kolonne von Anionenaustauschharz geleitet, die nur mit beweglichen, ersetzbaren Hydroxylionen und festen, unersetzbaren Kationen assoziiert sind. Aus Übersichtsgründen werden die Kationen hier nicht gezeigt.

(d) Der Austausch beginnt. Die negativen Gruppen in der Lösung werden am Anionenaustauscher adsorbiert und ersetzen die Hydroxylgruppen.

(e) Der Ablauf ist im wesentlichen chemisch reines Wasser. Die Wasserstoffionen haben sich mit den Hydroxylionen unter Bildung von Wasser verbunden.

Abb. 2-21. Vollentsalzung.

Rückspülung: Die Strömung wird umgekehrt und das Wasser läuft aufwärts durch das Harz. Dieser Prozess beseitigt angesammelte Schwebstoffe (Harz ist ein gutes Filtermedium) und Feinharz (gebrochene Harzkörner). Außerdem lockert es das Harzbett auf, um eine gute Verteilung für spätere Phasen zu ermöglichen.

Einspeisung der Regenerierchemikalien: Verdünnte Chemikalien (Salz, Säure, Laugen, usw.) werden abwärts duch das Harz geleitet und entfernen ausgetauschte Ionen die im folgenden abgelassen werden. Damit wird die Austauschkapazität wiederhergestellt.

Verdrängung: Wasser fließt mit niedriger Strömungsgeschwindigkeit abwärts durch das Harz und verdrängt dabei (Kolbenwirkung) die Regenerierungschemikalien. Dieser Prozeß wird oft „langsame Spülung" genannt.

Spülung: Ein schneller Abwärtsstrom des Wassers beseitigt den Rest der Regenerierchemikalien.

Wirtschaftliche Faktoren rechtfertigen die komplexen Entmineralisierungssysteme, da die Arbeit mit dem einfachsten Zweibettsystem durchgeführt werden kann. Auf ein stark saures Kationenharz folgt ein basisches Anionenharz. Mit dem Einsatz von Mehrschicht-, Misch- oder Lagenbettfiltern ändern sich nur die Investitions- und Betriebskosten.

Wenn die Säuren, die im Kationensystem erzeugt werden, mit der Alkalität des Rohwassers reagieren, wird Kohlendioxid freigesetzt. Dieses kann durch Ionenaustausch beseitigt werden, oder physikalisch durch eine Entgasung, wobei die Wahl des Verfahrens wiederum von Kostenfaktoren abhängig ist.

In der Regel wird eine Entgasung bei Durchsätzen über 25 m^3/h und einer Alkalität von über 100 mg/l in Betracht gezogen. Zwischenstufenentgasung in Entmineralisierungssystemen wird durch zwangsbelüftete Entgaser (Abb. 2-23) oder Vakuumentgaser (Abb. 2-24) erreicht.

Zwangsbelüftete Entgaser verwenden keramische oder Kunststoffeinbauten, waschen Kohlendioxid aus, sättigen dabei aber das Wasser mit Luft. Der Vakuumentgaser beseitigt alle gelösten Gase wie z. B. Kohlendioxid, Sauerstoff und Stickstoff.

Zur Herstellung hochreinen Wassers werden Mischbett-Entmineralisierungsfilter verwendet. Das Mischbett (eine einheitliche Mischung von stark basischem

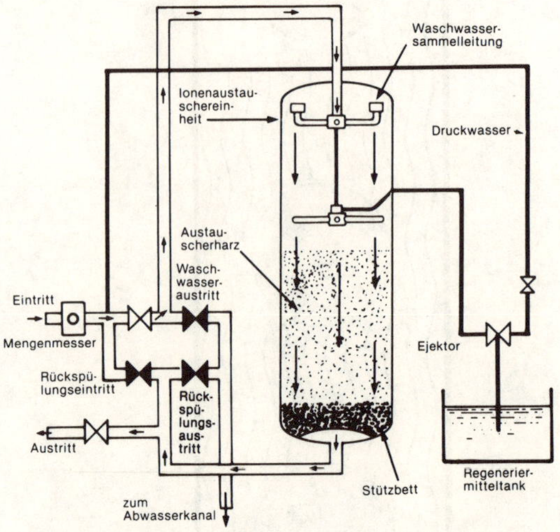

Abb. 2-22. Typischer Ionenaustauscher; gezeigt wird das Fließschema mit der Ventilanordnung für die Regenerierung – Rückspülung, Chemikaliendosierung, Waschen.

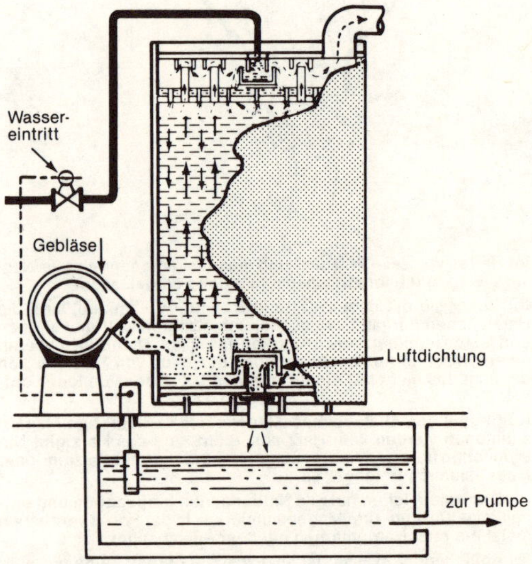

Abb. 2-23. Zwangsbelüfteter Entgaser bläst Luftstrom durch die Füllung im Gegenstrom zum nach unten fließenden Wasser, um CO_2 zu entfernen.

Anionenharz im Hydroxylzyklus) stellt eine unendliche Reihe von Kationen-Anionen-Austauschsystemen dar. Es kann hiermit hochreines Wasser hergestellt werden. In Sonderfällen können Mischbetten auch direkt für die Aufbereitung des Rohwassers benutzt werden. Im allgemeinen wird es dazu verwendet, den Abfluß aus einer Entmineralisierung mit Einzelbett zu verbessern.

Abb. 2-25 und 2-26 zeigen schematisch ein Mischbettsystem und einen typischen Betriebsablauf.

In Entmineralisierungssystemen sind viele Kombinationen möglich. Abb. 2-27 gibt einen Überblick. Das System 2 ist am häufigsten eingesetzt.

In modernen Anlagen wird wegen des geringeren Chemikalienbedarfs zunehmend Aufstrombeladung und Abstromregeneration verwendet.

Ionenaustauscher sind sehr komplexe Systeme. Genaue Aufzeichnungen der Betriebsdaten sind notwendig, um Veränderungen rechtzeitig festzustellen und Störungen vermeiden zu können. In Betracht zu ziehen sind hier vor allem folgende Bereiche:

Durchfluß: Für Betrieb und Regeneration Menge und Geschwindigkeit.

Druck: Druck im Zulauf und zwischen den Filtern (Differenzdruck). Messungen sind von Temperatur und Durchflußgeschwindigkeit abhängig.

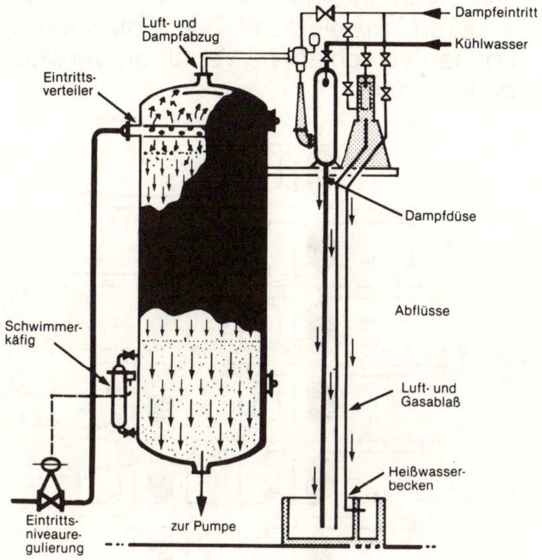

Abb. 2-24. Vakuumentlüfter.

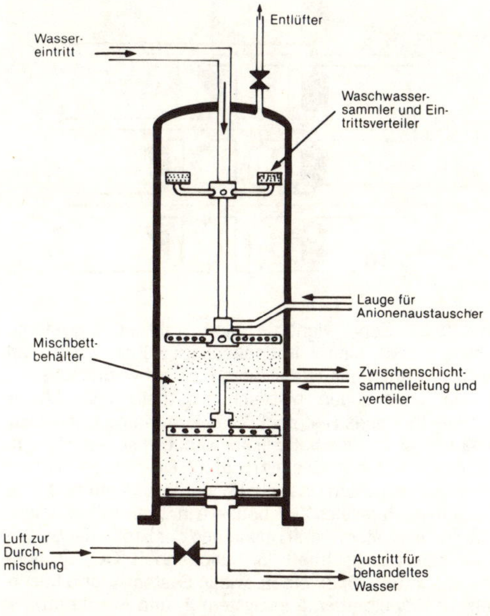

Abb. 2-25. Mischbettvollentsalzer. Enthält ein Gemisch von Kationen- und Anionenaustauscherharz. Luft zur Durchmischung tritt durch Bodenverteiler ein.

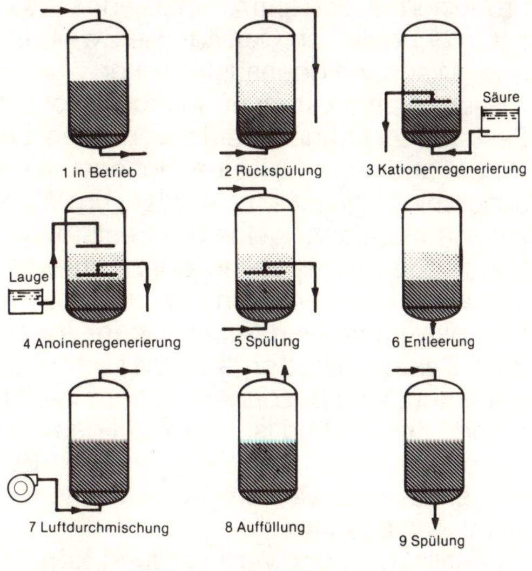

Abb 2-26. Regenerierung des Mischbettes: 2 bis 4 Stunden von erster Rückspülung bis zum Ende der Spülung und Inbetriebnahme.

Harz: Typ, Tiefe des Bettes, Zeitpunkt der Füllung, Resultate früherer Harzanalysen.

Regenerierung: Häufigkeit, Menge der konzentrierten Chemikalien; Zeit, Konzentration beim Harz, Durchflußgeschwindigkeit der konzentrierten Chemikalien und des Verdünnungswassers, Wassermenge und Dauer für das Waschen, die langsame und die normale Spülung.

Wasser: Analyse des Rohwassers, des aufbereiteten Wassers, zwischen den Filtern bei Mehrbetteinheiten.

Auslegungskriterien: Wie sind die ursprünglichen Konstruktions- und Betriebsbedingungen für das System?

Alternative Entmineralisierungsverfahren

Unter bestimmten Voraussetzungen müssen andere Verfahren als der Ionenaustausch für eine Gesamt- oder Teilentmineralisierung in Betracht gezogen werden. Die Obergrenze für wirtschaftlichen Ionenaustausch liegt bei ca. 3000 mg/l Salzgehalt im Rohwasser. Auch bei niedrigeren Konzentrationen kann umgekehrte Osmose oder Elektrodialyse eingesetzt werden. Keines dieser beiden Verfahren produziert jedoch entmineralisiertes Wasser in der gleichen Qualität wie Zweibett- oder Mischbettionenaustauscher.

Besonders bei über 6000 mg/l gelösten Feststoffen können beide Verfahren als Vorbehandlung für eine Ionenaustauscheranlage geschaltet werden, um Wasser mit niedrigem gelöstem Feststoffgehalt für den industriellen oder Trinkwassergebrauch zu erhalten. Die umgekehrte Osmose bietet den zusätzlichen Vorteil, auch Bakterien und organische Materie zu entfernen, was besonders in der Halbleiterindustrie wichtig ist. Die Wahl des Verfahrens wird von den Anlagen- und Betriebskosten sowie von den Umwelterfordernissen bestimmt.

Destillation oder Verdampfung können bei Wasser mit hohem Salzgehalt eingesetzt werden. Allerdings haben Membranverfahren und der Ionenaustausch die Verdampfung in der Aufbereitung von Kesselspeisewasser abgelöst.

Enteisenung

In vielen Gegenden der Welt enthalten Brunnen- und Oberflächenwässer gelöstes Eisen. Die Gegenwart von Eisen führt zu Färbung, Ablagerung und Verschmutzung von Ionenaustauschern sowie zu anderen Problemen. Zur Enteisenung können verschiedene Verfahren Verwendung finden.

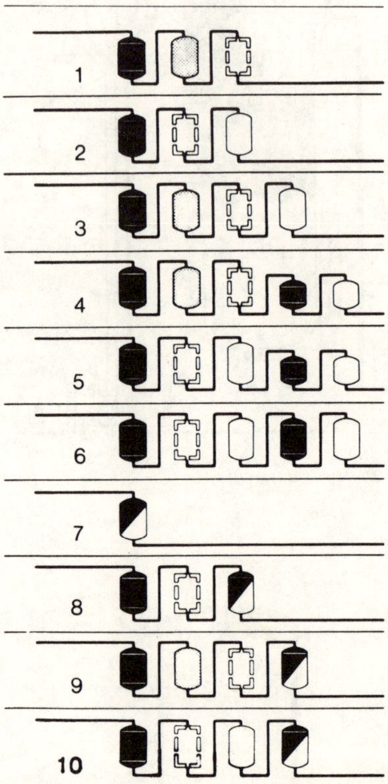

Abb. 2-27. Zehn wichtige Entmineralisierungssysteme: schwarz: stark saurer Kationenaustauscher; weiß: stark basischer Anionenaustauscher; grau: schwach basischer Anionenaustauscher; halb-schwarz, halb-weiß: Mischbett; gestricheltes Rechteck: CO_2-Entfernung oder Vakumentgaser. (1) Zweibett mit schwachbasischem Harz; (2) Zweibett mit starkbasischem Harz; (3) Dreibett; (4) Vierbett, Primärbett schwach basisch; (5) Vierbett, Primärbett stark basisch; (6) Paralleles Zweibett, wie in System 2, oder Vierbett, wie in System 5 (mit Ausnahme der Größe der Sekundäreinheit; (7) Mischbett; (8) Kationenbett, CO_2-Stripper, und Mischbett; (9) Zweibett, wie in System 1, und Mischbett; (10) Zweibett, wie in System 2, und Mischbett. Die Sekundäreinheiten in Systemen 4 und 5, die nur zum Aufpolieren verwendet werden, können wie angegeben kleiner als die Primäreinheiten sein.

Ionenaustausch

Gelöstes Eisen kann im Natrium- oder Wasserstoffzyklus wirksam durch Kationenharz gebunden werden. Probleme können auftreten, wenn das Eisen aus dem Harz beseitigt wird. Eisen führt zu Verschmutzung von Ionenaustauscherharzen. Das Eintrittswasser sollte nicht mehr als 1 bis 2 mg/l Eisen enthalten. Aufbereitetes Wasser enthält bei diesem Verfahren ca. 0,1 mg/l oder weniger gelöstes Eisen.

Kalkmilch oder Kalkmilch/Soda

Bei Kalkmilch oder Kalkmilch/Soda-Enthärtung ist der pH-Wert genügend hoch, um Eisen auszufällen. Wasser mit hohem Eisengehalt muß durch Oxidation vorbehandelt werden. Im filtrierten Ablauf soll weniger als 0,1 mg/l vorhanden sein. In heißen Prozessen ist eine Vorbehandlung selbst bei hohem Eisengehalt nicht notwendig.

Klärung

Konventionelle Klärung garantiert nicht unbedingt eine Enteisenung und ihre Wirksamkeit sollte daher durch Rührversuche überprüft werden. Bestimmte Oberflächenwässer aus Sumpfgebieten, in denen Eisen durch organische Stoffe komplex gebunden ist, können ebenfalls aufbereitet werden. Eisen kann dann auf ca. 0,2 bis 0,1 mg/l reduziert werden.

Oxydation

Eisen-(II)-verbindungen können durch Luft oder chemische Zusätze oxydiert werden. Oft ist eine pH-Einstellung nötig, um die besten Ergebnisse zu erhalten. Das gefällte Eisen kann mit Filtern direkt beseitigt werden, oder die Oxydation kann benutzt werden, den Zufluß zu Kaltenthärtern oder Klärern vorzubehandeln. Das Eisen wird dabei im filtrierten Wasser auf etwa 0,2 mg/l reduziert.

Die Oxidation durch Luft kann in einem zwangsbelüfteten Entgaser, der bei dieser Anwendung Belüfter genannt wird, durchgeführt werden. (Abb. 2-23, 2-28 und 2-29). Alle diese Systeme verwenden gelösten atmosphärischen Sauerstoff, um das Eisen zu oxydieren und dadurch auszufällen.

Chemische Oxidationsmittel sind unter anderem Chlor, Chlordioxid, Permanganat und andere. Die gebräuchlichsten sind Chlor oder Hypochlorit, die allein oder auch zusammen mit der Luftoxydation Verwendung finden.

Manganzeolith

Die Manganzeolithmethode verwendet besonders behandelten Grünsand zur Oxidation von Eisen. Wie beim Ionenaustausch handelt es sich um ein Chargensystem und braucht eine Regenerierung mit Permanganat (siehe Abb. 2-30).

Das kontinuierlich regenerierte System in Abb. 2-31 benötigt nur eine periodische Rückspülung. Es enthält eine Lage Filterkohle über einer Lage Zeolithmaterial. Die Permanganatzufuhr oxydiert das Eisen im Rohwasser, das dann durch Filtration beseitigt wird. Ein Permanganatüberschuß wird durch das Zeolith absorbiert.

Wird kurzzeitig zu wenig Permanganat dosiert, so wird das Eisen vom Zeolith, das als Puffer wirkt, oxydiert.

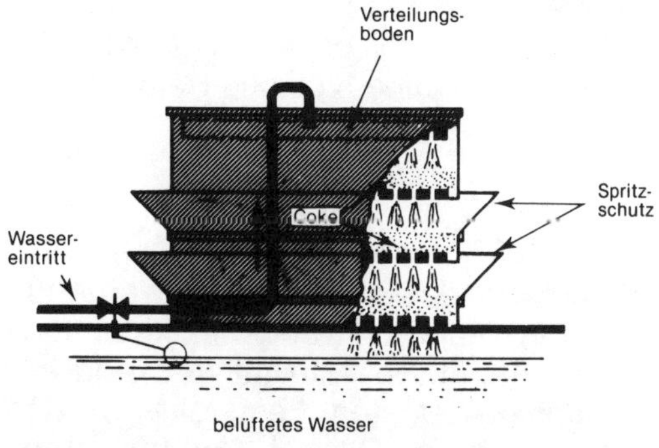

Abb. 2-28. Kokskolonnenbelüfter

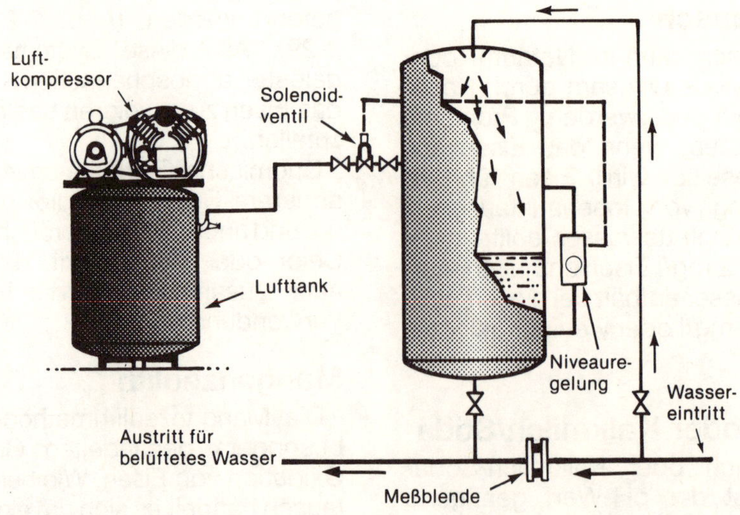

Abb. 2-29. Druckbelüfter liefert Luft zur Oxydierung von löslichem Eisen(II) zur unlöslichen Eisen(III)-Form, die später durch Filtrierung entfernt wird.

Entmanganisierung

Oft sind Mangan und Eisen gleichzeitig vorhanden, wobei die Verfahren zur Enteisenung auch – allerdings weniger wirksam – auf Mangan wirken.

Verminderung der Alkalität

Die Alkalität des Wassers wird durch die besprochene Entcarbonisierungs- und Enthärtungsverfahren reduziert, aber auch durch weitere Methoden.

Säuredosierung

Säure reagiert mit der Alkalität und bildet Kohlendioxid. Eine typische Reaktion mit Schwefelsäure ist:

$$Ca(HCO_3)_2 + H_2SO_4 \rightarrow$$
$$CaSO_4 + 2H_2O + 2CO_2\uparrow$$

Säure wird dosiert und das freiwerdende CO_2 wird mittels zwangsbelüfteter Entgaser entfernt. Die Alkalität wird reguliert, die gesamtgelösten Feststoffe werden nicht vermindert. Der pH-Wert muß sorgfältig überwacht werden.

Kationenaustausch im Wasserstoffzyklus

Es laufen die gleichen Reaktionen ab, wie bei der Säuredosierung. Durch den Ionenaustausch der H-Ionen gegen die Anionen der Hydrogencarbonate findet hier jedoch neben der Verringerung der Alkalität eine Reduktion der gelösten Feststoffe statt. Das Harz kann je nach Wasserqualität schwach oder stark sauer sein. Oft wird ein Teil des Rohwassers mit dem Austauscherablauf vor der Entgasung vermischt. Normalerweise wird der pH-Wert im aufbereitetem Wasser korrigiert.

Geteilte Aufbereitung

Rohwasser kann teilweise über stark saure Kationenaustauscher im Natriumzyklus und im Wasserstoffzyklus geleitet werden. Durch Vermischen der beiden Teilströme wird nach der Entgasung weiches Wasser mit einstellbarer Alkalität erzeugt.

Chlorid-Anionenaustausch

An stark basischem Anionenaustauscher in der Chloridform können Hydrogencarbonat- und Sulfationen gegen Chloridionen ausgetauscht werden. Dieses kostspielige Verfahren wird oft mit vorenthärtetem Wasser durchgeführt. Es muß keine Säure gehandhabt werden und Entgaser werden nicht benötigt.

Zusammenfassend werden in Tabelle 2-7 die wichtigsten Inhaltsstoffe des Wassers aufgeführt. Die Tabelle 2-8 zeigt die Aufbereitungsmethoden für ionische Inhaltstoffe und Tabelle 2-9 führt Verfahren zur Entfernung nichtionischer Stoffe auf. Die Tabelle 2-10 beschreibt die Entgasungsverfahren.

Man kann heute mit Sicherheit sagen, daß mit modernen Wasserbehandlungsverfahren jedes Wasser so aufbereitet werden kann, daß es den von der jeweiligen Industrie geforderten Eigenschaften entspricht.

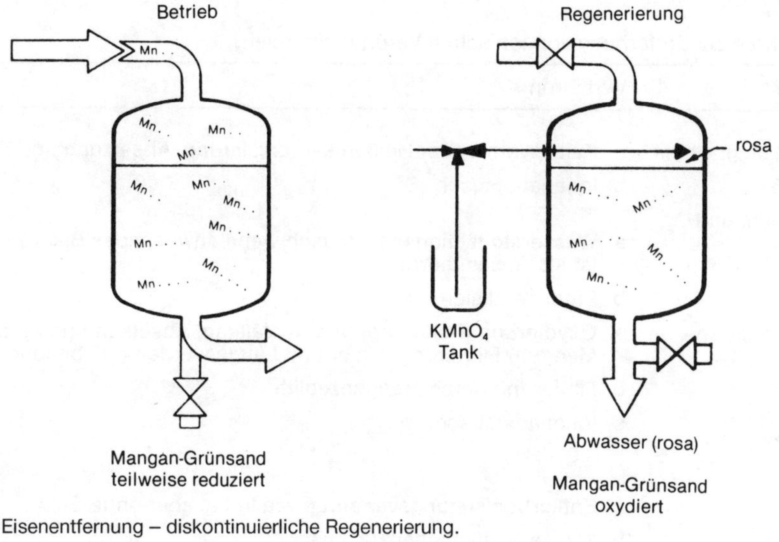

Abb. 2-30. Eisenentfernung – diskontinuierliche Regenerierung.

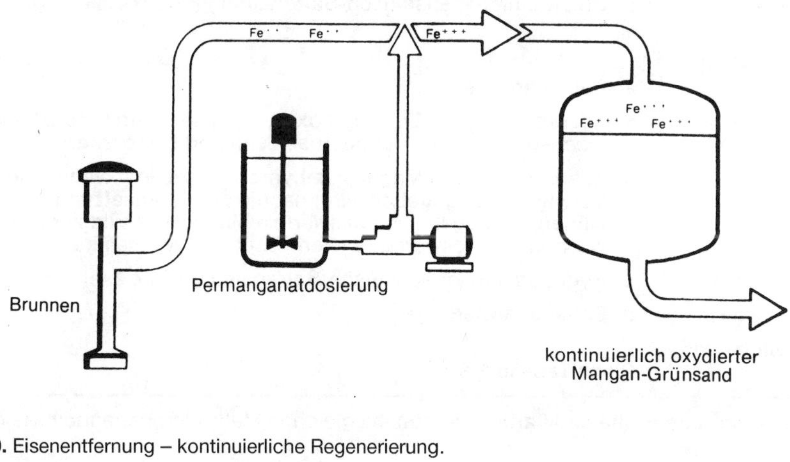

Abb. 2-30. Eisenentfernung – kontinuierliche Regenerierung.

Tabelle 2-7. Hauptverunreinigungen des Wassers.

Ionisch und gelöst			Nichtionisch und gelöst	Gasförmig
Kationen		Anionen		
Kalzium	Alkalität	Bikarbonat	Trübe, Sand, Schlamm, Schmutz	Kohlendioxid
Magnesium	Alkalität	Karbonat	und andere Schwebestoffe	Schwefelwasserstoff
Natrium	Alkalität	Hydroxid	Farbe*	Ammoniak
Kalium		Sulfat	organische Stoffe*	Methan
Ammonium		Chlorid	kolloidale Kieselsäure	Sauerstoff
Eisen		Nitrat	Mikroorganismen, Plankton	Chlor
Mangan		Phosphat	Bakterian	
		Silikat	Öl	
		organische Stoffe*	Korrosionsprodukte (Kondensat)	
		Farbe*		

* organische Stoffe und Farbe erscheinen in beiden Gruppen, weil es davon viele Arten gibt, manche gelöst und ionisch, wie z. B. Humate, und andere kolloidale und nichtionische wie z. B. Tannine. Andere Arten von organischen Stoffen, die gelöst und nichtionisch vorkommen können, sind in dieser Liste nicht angeführt.

Tabelle 2-8. Verfahren zur Entfernung von ionischen Verunreinigungen.

Verunreinigungen	Verfahren
Kationen	
1. Kalzium und Magnesium	a. Kalt-, Warm- oder Heißentkarbonisierung, Absetzung und Filtrierung
	b. Ionenaustausch
2. Natrium, Kalium und Ammonium	a. Wasserstoffkationenaustausch wenn anwesendes Bikarbonat größer ist als Gesamthärte
	b. Entmineralisierung
3. Eisen und Mangan	a. Oxydierung (Belüftung) und Ausfällung, Absetzung (bei großen Mengen) Filtrierung (Chlor und Lauge werden ggf. benötigt).
	b. Filtrierung durch Manganzeolith
	c. Ionenaustausch
Anionen	
4. Alkalität	a. Entkarbonisierungsverfahren wie in 1 a, aber ohne Soda
	b. Wasserstoffkationenaustausch
	c. Chloridanionenaustausch-Salzspaltung (Entalkalisierung)
5. Sulfat, Chlorid, Nitrat und Phosphat	a. Entmineralisierung
6. Silikat	a. Adsorption durch Eisenhydroxyd, ausgefällt durch Zugabe von Eisensulfat; nachfolgende Absetzung und Filtrierung.
	b. Adsorption durch Magnesiumhydroxyd, gebildet wenn Kalk oder Dolomitkalk zugegeben wird; nachfolgende Absetzung und Filtrierung; Zugabe von aktiviertem Magnesiumoxid zur kalkmilch bei Warm- oder Heißverfahren verbessert die Wirksamkeit.
	c. Hydroxidanionenaustausch-Salzspaltung (Entkieselung)
	d. Entmineralisierung
7. Organische Stoffe und Farbe*	Siehe Tabelle 2-9

* Ionische gelöste organische Stoffe und Farben werden mit gleichen Methoden behandelt wie die nichtionischen Arten.

Tabelle 2-9. Verfahren zur Entfernung von nichtionogenen Verunreinigungen.

Verunreinigungen	Verfahren
Kationen	
1. Trübstoffe und suspendierte Feststoffe	a. Filtrierung allein für geringe Trübmengen, Flockenhilfsmittel direkt vor Filtern zugegeben, wenn klarerer Abfluß erwünscht ist. b. Koagulierung, Absetzung und Filtrierung für größere Trübmengen; Vorchlorierung ist meist vorteilhaft; Alkalizugabe wenn nötig für optimalen pH-Wert; Flockungshilfsmittel verbessert oft die Flockung.
2. Farbe	a. Wie in 1 b, aber Zugabe von Ton oder anderen Füllstoffen zur Bildung einer schwereren Flocke, wenn Wasser geringe Mengen von suspendierten Stoffen enhält.
3. Organische Stoffe	a. Wie in 1 b b. Zugabe von Oxydationsmitteln wie Chlor oder Permanganat c. Adsorption durch gepulverte oder körnige Aktivkohle d. Adsorption durch Anionenaustauscher.
4. Kolloidale Kieselsäure	a. Wie in 1 b b. Rückführung der Kesselwasserabschlämmung in die Entsalzung.
5. Plankton und Bakterien	a. Wie in 1 b b. Chlorierung
6. Öl	a. Wie in 1 b b. Zugabe von Aluminiumhydroxidflocken
7. Korrosionsprodukte im Kondensat	a. Filtrierung mit Zellulosefilter und b. Kationenaustauscher c. Ammoniakalischer Kationenaustauscher für Heizungsabschlämmung d. Gleichzeitige Filtrierung und Ionenaustausch mit Mischbettentmineralisierung.

Tabelle 2-10. Verfahren zur Entfernung von gasförmigen Verunreinigungen.

Verunreinigungen	Verfahren
1. Kohlendioxid	a. Belüftung; offener Belüfter b. Belüftung; Entgaser (CO_2-Stripper) oder Druckbelüfter c. Vakuumentlüfter d. Heißentlüfter für Kesselspeisung
2. Schwefelwasserstoff	a. Belüftung wie in 1 a oder 1 b b. Chlorierung c. Belüftung plus Chlorierung
3. Ammoniak	a. Wasserstoffkationenaustausch wenn Ammoniak als ionisches NH_4 anwesend ist
4. Methan	a. Belüftung wie in 1 a oder 1 b
5. Sauerstoff	a. Vakuumentlüfter b. Heißentlüfter c. Zugabe von Natriumsulfit oder Hydrazin d. Anionenaustausch regeneriert mit Natriumsulfit, Hydrogensulfit und Hydroxid
6. Überschüssiges Chlor	a. Entchlorierung durch Zugabe von Reduktionsmitteln wie Natriumsulfit, Hydrazin oder schwefeliger Säure b. Adsorption durch gepulverte oder körnige Aktivkohle c. Filtrierung durch körniges Kalziumsulfit

Kapitel 3
Korrosionsschutz in Kühlwassersystemen

Es ist eine Notwendigkeit, unerwünschte Wärme in industriellen Produktionsverfahren und großen Klimaanlagen zu beseitigen.

Wärme wird z. B. durch Abstrahlung beim Abkühlen heißgewalzter Stahlbrammen abgegeben oder auch durch Konvektion in luftgekühlten Wärmeaustauschern in Raffinerien oder durch Ableitung in wassergekühlten Oberflächenkondensatoren in Kraftwerken.

Dabei ist Wasser das am häufigsten benutzte Medium, um diese unerwünschte Wärme zu beseitigen. Folglich werden auch große Mengen Wasser für industrielle und andere Kühlzwecke benötigt. Man erwartet ein Ansteigen des Wasserbedarfs mit dem Wachstum der Industrie, so daß Rückkühlsysteme an Bedeutung gewinnen; diese Tendenz wird sich aller Voraussicht nach fortsetzen. Mit den strengeren Auflagen der Umweltschutzbehörden, welche die Abgabe von Wärme und anderer Produktionsabfälle in Flüsse und Seen festlegen, werden nun auch vermehrt Reinigungsanlagen eingesetzt, um diese umweltverschmutzenden Industrieabwässer aufzubereiten.

Durch wasserseitige Korrosion, Ablagerungen und mikrobiologisches Wachstum wird die Betriebsleistung der Industrieanlagen reduziert und die Wartungskosten werden erhöht. Viele dieser Probleme können durch wirksame, wohldurchdachte und gut konzipierte Wasserbehandlungsprogramme zwar nicht ganz beseitigt, so doch besser in Griff gebracht werden. Damit ist der Zweck der Kühlwasserbehandlung und das Thema der nächsten Kapitel bestimmt.

Theorie der Korrosion

Seit über einem Jahrhundert wird intensiv an einem besseren Verständnis der Korrosionsmechanismen gearbeitet. Heute wissen wir, was in vielen Korrosionsprozessen vor sich geht, aber damit ist die Forschung noch nicht beendet; es bleiben noch viele Gebiete unerforscht oder werden zu wenig verstanden. Unser heutiges Wissen um die Vorgänge in Korrosionsprozessen genügte jedoch bislang in den meisten Fällen, um wirksame Mittel und Methoden zur aktiven Korrosionsbekämpfung zu entwickeln.

Korrosion ist ein elektrochemischer Vorgang, bei dem eine elektrische Potentialdifferenz zwischen zwei Metallen oder zwei verschiedenen Teilen des gleichen Metalls entsteht. Meßbar wird diese Spannung wenn ein Metall elektrisch an eine Normalelektrode angeschlossen wird. Das elektrische Potential des Metalls ist entweder größer oder kleiner als das der Normalelektrode und die Spannung wird dann als „positiv“ oder „negativ“ bezeichnet. Durch diese Potentialdifferenz fließt ein Strom durch das Metall und löst dabei Reaktionen an anodischen und kathodischen Stellen aus. Wie in Abb. 3-1 gezeigt, bildet sich an dieser Stelle eine *Korrosionszelle.* Die Anode ist ein Bereich

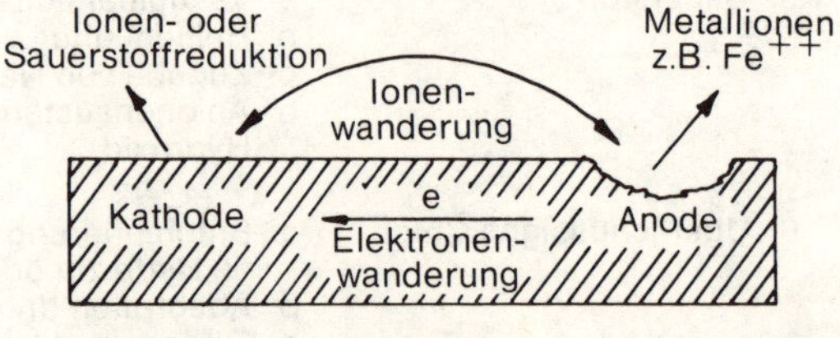

Abb. 3-1. Einfache Korrosionszelle.

geringeren Potentials, während die Kathode ein höheres Potential hat. Metallionen gehen an der Anode in Lösung. Es kann ganz allgemein festgestellt werden, daß bei niedrigerem Anodenpotential die Geschwindigkeit der Metallauflösung und damit auch die Korrosion zunimmt.

Das Ausmaß der Korrosion ist auch eine Funktion der Fähigkeit der Ionen und Elektroden, durch die Wasserphase zu wandern und an chemischen Reaktionen teilzunehmen. Wasser mit einem hohen Gehalt an gelösten Feststoffen ist leitfähiger und verursacht somit schwierigere Korrosionsprobleme. Daher ist Meerwasser auch ganz allgemein korrosiver als salzärmere Wässer.

Jedes in Wasser getauchte Metall entwickelt schnell ein meßbares Potential. Erwartungsgemäß korrodieren Metalle mit niedrigem Potential schneller und intensiver als solche mit höherem Potential. Wenn man also zwei Metalle miteinander verbindet, kann man theoretisch annehmen, daß das Metall mit niedrigerem Potential anodisch wird und somit aktiv korrodiert. Abb. 3-2 zeigt die galvanische Reihe, die für Metalle in Meerwasser entwickelt wurde. Wenn man zwei Metalle (siehe Abb. 3-2) verbindet, kann erwartet werden, daß jenes Metall korrodiert, das niedriger in der galvanischen Reihe steht.

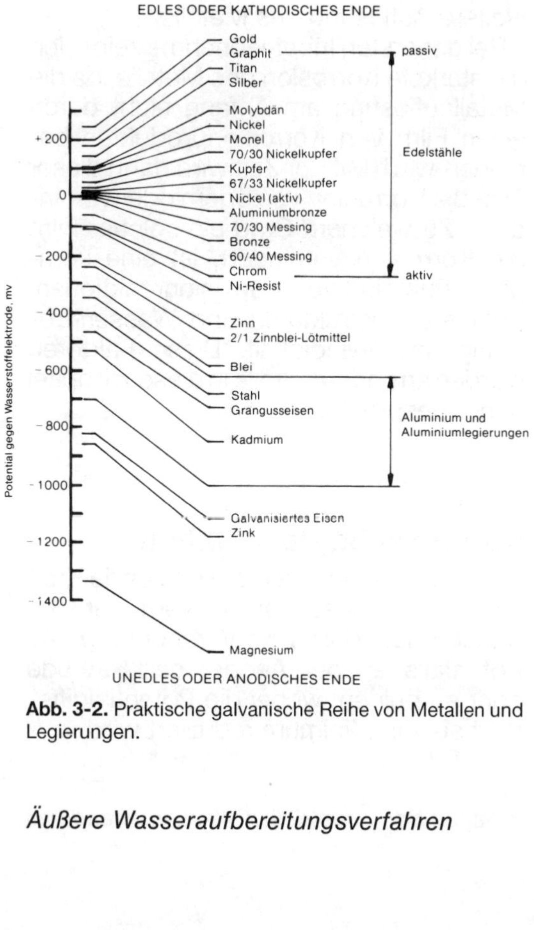

Abb. 3-2. Praktische galvanische Reihe von Metallen und Legierungen.

Es soll hier festgestellt werden, daß die in der Abbildung gezeigten Potentiale unter spezifischen Bedingungen der Wasserzusammensetzung, Temperatur und Fließgeschwindigkeit gemessen wurden, und daß diese Bedingungen natürlich in *praktischer Anwendung* anders sein können.

Wenn in der Praxis zwei Metalle von unterschiedlichem Potential verbunden werden, kann man damit rechnen, daß in diesem System Korrosionsprobleme auftreten werden. Es wird schon schwieriger das Ergebnis einer Verbindung zweier Metalle mit einem ähnlichen Potential vorauszusagen. Viele andere Faktoren müssen mit in Betracht gezogen werden, bevor gesicherte Annahmen gemacht werden können. Einige dieser Faktoren werden im Folgenden besprochen.

Korrosionsreaktionen

Es ist nachgewiesen worden, daß Potentialdifferenzen in einem Metall oder zwischen zwei Metallen chemische Reaktionen an der Anode und der Kathode verursachen. Anodische Reaktionen führen üblicherweise zur Auflösung von Eisen:

$$Fe^{\pm 0}\ Fe^{2+} + 2e^-$$

Andere Metalle zeigen vergleichbare Reaktionen. Die Elektronen wandern durch das Metall zur Kathode, wo sie dann eine der vielen möglichen Reaktionen auslösen. Typische Kathodenreaktionen sind z. B. folgende:

a) Wasserstoffionenreduktion

$$2H^+ + 2e^- \rightarrow H_2\uparrow$$

Wichtig in sauren Lösungen

b) Reduktion von Wasser

$$2H_2O + 2e^- \rightarrow H_2\uparrow + 2OH^-$$

Tritt normalerweise in natürlichen Wässern auf.

c) Sauerstoffreduktion

$$O_2 + 4H^+ + 4e^- \rightarrow 2H_2O$$

in belüfteten sauren Lösungen.

d) Sauerstoffreduktion des Wassers

$$O_2 + 2H_2O + 4e^- \rightarrow 4OH^-$$

Wichtig in natürlichen, belüfteten Wässern.

e) Eisen(III)ionenreduktion

$$Fe^{3+} + e^- \rightarrow Fe^{2+}$$

Unter sauren, turbulenten Bedingungen (z. B. Säurereinigung)

f) Sulfationenreduktion

$$4H_2 + SO_4^{2-} \rightarrow S^{2-} + 4H_2O$$

In Gegenwart von sulfatreduzierenden Bakterien.

g) Metallionenreduktion (Metallabscheidung)

$$M^{1N} + Ne^- \rightarrow M^0$$

Bei edleren Metallen in Lösung.

Die am häufigsten auftretenden kathodischen Reaktionen sind a), b), c) und d).

Negativ geladene Ionen wie z. B. Hydroxylionen, die an der Kathode gebildet werden, wandern zur Anode der Korrosionszelle. Positiv geladene Ionen wandern zur Kathode. Diese Wanderung der Ionen kann zu zusätzlichen Reaktionen an der Anode führen.

Hydroxyl-Ionen verbinden sich mit den durch die Metallauflösung entwickelten Eisenionen:

$$Fe^{2+} + 2OH^- \rightarrow Fe(OH)_2$$

Das gebildete Eisen(II)hydroxid hat eine geringe Löslichkeit, fällt sofort in Form von weißen Flocken an der Grenzschicht Metall-Wasser aus, und wird dann weiter zu Eisen(III)hydroxid oxidiert:

$$4Fe(OH)_2 + O_2 + 2H_2O \rightarrow 4Fe(OH)_3\downarrow$$

Durch Wasserabspaltung entstehen aus dieser Verbindung normalerweise die an Eisenoberflächen auftretenden Korrosionsprodukte, nämlich roter Rost und hydratisiertes Eisenoxid:

$$2Fe(OH)_3 \rightarrow Fe_2O_3\downarrow + 3H_2O$$
$$Fe(OH)_3 \rightarrow FeOOH\downarrow + H_2O$$

Die Fällung fester Korrosionsprodukte an der Anode kann die Ausscheidung anderer Ionen aus dem Wasser verursachen. Daher kann ein Korrosionsfilm Spuren von Härtesalzen oder Schwebstoffen wie z. B. Schlamm, Sand, Ton oder mikrobiologischen Schleim aufweisen.

Die Struktur des gesamten Oberflächenfilms, einschließlich der Korrosionsprodukte und Einschlüsse, gibt Aufschluß über das Ausmaß der zu erwartenden Gesamtkorrosion. Ein poröser Film auf dem Metall erlaubt die Fortsetzung der Korrosion, da Metallionen diesen Film durchdringen und so die Grenzschicht Flüssigkeit/Metall erreichen können. Dagegen behindert ein stark anhaftender Film die Ionendiffusion und damit auch die weitere Auflösung des Metalls.

Bei der ersten Inbetriebnahme zeigt sich die stärkste Korrosion des Metalls, da die Metallauflösung am Anfang nicht durch einen Film von Korrosionprodukten behindert wird. Mit der Zeit wird dann dieser Film die Korrosion verzögern oder verhindern. Zu welchem Grad ein solcher Film die Korrosion verhindert, ist eine komplexe Funktion von Korrosionreaktionen, Ablagerungsstrukturen und Wasserströmungsgeschwindigkeit. Diese Faktoren werden an anderer Stelle in diesem Kapitel näher besprochen.

Kathodische Polarisation

Polarisation reduziert die treibende Kraft der Korrosionsreaktion und verringert den Metallverlust durch die Veränderung des Potentials an der Anode, der Kathode oder an beiden, wobei die Potentialdifferenz auf ein Minimum reduziert wird.

Tabelle 3-1. Kathodische Wasserstoffüberspannung bei gebräuchlichen Metallen.

Metall	Überspannung in Volt
Platin	0.12
Aluminium	0.19
Nickel	0.24
Eisen	0.27
Silber	0.29
Kupfer	0.33
Künstlicher Graphit	0.35
Gold	0.36
Blei	0.42
Zinn	0.49
Kadmium	0.50
Magnesium	0.59
Zink	0.75

Es ist ein Grundprinzip der Kinetik, daß die Gesamtreaktion von der langsamsten Phase der Reaktion abhängig ist, was auch auf die Korrosionsreaktion anwendbar ist. Reaktionen an der Kathode sind im allgemeinen sehr viel langsamer als die an der Anode. Daher kann eine Beeinflussung der *Gesamtkorrosionsgeschwindigkeit* leichter durch eine Verringerung der Kathodengeschwindigkeit durch Polarisation erreicht werden.

Ein Verständnis der kinetischen Prinzipien ist zur Beeinflussung der entscheidenden Kathodenreaktionen – Wasserstoff- und Sauerstoffreduktion – notwendig. Le Chatelier's Prinzip besagt, daß eine Reaktion durch Überschuß der Reaktionsmittel und/oder Beseitigung von Produkten abgeschlossen werden kann. Bei Beachtung der angegebenen kathodischen Gleichungen wird deutlich, daß sich die Reaktionen „a" und „b" fortsetzen, wenn sich Wasserstoffgas an der Kathode entwickelt. In gleicher Weise werden Reaktionen nach den Formeln „c" und „d" fortschreiten, wenn an der Kathode genügend Sauerstoff vorhanden ist.

Wasserstoffgas wird nur dann an der Kathode entwickelt, wenn diese ein bestimmtes Potential erreicht. Die Potentialdifferenz zwischen der Kathode und einer Normal-Wasserstoffelektrode im Gleichgewicht in der gleichen Lösung, wird als Wasserstoffüberspannung definiert. Mit steigender Temperatur und bei rauher Oberfläche verringert sich diese Überspannung. Tabelle 3-1 zeigt die für die Wasserstoffentwicklung notwendige Überspannung für einige Metalle.

Normalerweise ist nicht genügend Wasserstoff vorhanden, um die Überspannung zu überschreiten. Die Überspannung kann in Wasser relativ einfach durch niedrigen pH-Wert und damit hohen Wasserstoffionenkonzentrationen überwunden werden. Gleichung „a" und „b" sind daher die geschwindigkeitsbestimmenden Kathodenreaktionen. Damit erklärt sich auch die schnelle Korrosion von Eisen und ähnlichen Metallen in Säuren.

Es gibt auch Metalle, die in saurer Lösung nicht korrodieren: Solche „Edelmetalle" sind kathodischer als Wasserstoff und werden bevorzugt von den Wasserstoffionen reduziert. So korrodiert beispielsweise Kupfer nicht in Säure, solange keine Oxidationsmittel vorhanden sind.

Weil die Entwicklung von Wasserstoffgas ein Teil des Prozesses in der Korrosionszelle ist, wird die Zelle polarisiert, wenn das kathodische Potential durch einen Film von monoatomisch adsorbiertem Wasserstoff erniedrigt wird.

Diese Wasserstoffbildung verringert wiederum das Ausmaß der gesamten Korrosionsreaktion. Die Entfernung von Wasserstoff von der Kathodenoberfläche entpolarisiert dagegen die Korrosionsreaktion und führt damit zu erhöhtem Metallverlust. Bei niedrigem pH-Wert und Metallen, die weniger kathodisch als Wasserstoff sind, kann sich Wasserstoff soweit konzentrieren, daß die Überspannung an einem Punkt überwunden wird und Wasserstoffgas entsteht.

In natürlichen Wässern, in denen pH-Werte zu hoch liegen, um die Wasserstoffüberspannung zu überwinden, bestimmt gelöster Sauerstoff normalerweise die kathodische Reaktionsgeschwindigkeit. Gleichung „c" und „d" zeigen die hier beteiligten Reaktionen. Es ist daher eine logische Methode des Korrosionsschutzes, die vorhandene Sauerstoffmenge im Verhältnis zur Kathodenoberfläche zu beeinflussen. Der Sauerstoff erreicht das Metall zuerst durch Konvektion im Kühlwasser und danach durch Diffusion durch einen dünnen laminaren Wasserfilm an der Metalloberfläche. Wenn man die Sauerstoffdiffusion zur Metalloberfläche limitieren kann, so kann auch die Korrosionsreaktion polarisiert werden. Damit ist der Mechanismus der kathodischen Korrosionsinhibitoren gegeben, die einen undurchlässigen Film bilden und die Sauerstoffdiffusion zur Kathodenfläche verhindern. Ein kostspieligeres Verfahren um Sauerstoff zu beseitigen, ist die Verwendung mechanischer Entgasungsverfahren, die oft im Kesselbetrieb benutzt werden. Für die meisten offenen Kühlwassersysteme ist Entgasung unwirtschaftlich. Bei eisenhaltigem Material ist die Sauerstoffdepolarisation der ausschlaggebende Faktor für fast alle Kühlwasserbedingungen, da der pH-Wert so hoch gehalten wird, daß die Möglichkeiten einer Wasserstoffentwicklung gering sind.

Geschlossene Systeme sind relativ einfach zu schützen, da vorhandener, gelöster Sauerstoff schnell zur Oxidfilmbildung an den Metalloberflächen benützt wird. Da das System geschlossen ist, wird auch kein weiterer Sauerstoff zugeführt. Der pH-Wert des Systems wird schwach alkalisch eingestellt, um die Wasserstoffüberspannung so hoch wie möglich zu halten. Dadurch werden die wesentlichen Kathodenreaktionen unter Kontrolle gebracht. Bei offenen Kühlwassersystemen, in denen Wärme durch Verdampfung an die Atmosphäre abgegeben wird, wird das Wasser kontinuierlich mit Sauerstoff versorgt, wodurch die Korrosionszelle folglich depolarisiert wird. Offene Systeme verlangen daher aufwendigere Korrosionsinhibitoren für einen erfolgreichen Korrosionsschutz.

Anodische Polarisation

Anodische Oberflächen werden durch Bildung einer dünnen undurchlässigen Oxidschicht polarisiert. Diese Oxidfilmbildung wird durch einen als „Chemisorption" bekannten Mechanismus aufgrund von niedriger Valenzbindung am Metall bewirkt. Leider ist dies nicht immer der Fall, und die meisten Metalle müssen durch Dosierung anodischer Korrosionsinhibitoren wie z. B. Chromat, Nitrit usw. geschützt werden.

Passivität

Bei völliger Polarisierung der Korrosionsreaktion befindet sich das Metall im sogenannten „passiven Zustand". Es gibt dabei keine Potentialdifferenz zwischen den Anoden- und Kathodenbereichen und die Korrosion ist beendet. Wird die Polarisation an einem Punkt am Metall gestört, entwickelt sich eine hochaktive anodische Stelle mit einer darauffolgenden beschleunigten lokalen Korrosion, besonders wenn das Metall vorher stark anodisch polarisiert war.

Chemische Faktoren

Eine Anzahl von Faktoren ist für das Ausmaß der Korrosion durch Wasser maßgebend, wobei sich einige dieser Faktoren auf äußere Bedingungen beziehen und andere wiederum auf die Zusammensetzung des jeweiligen Metalls. Ein Verständnis des Einflusses der Wasserphase und eine Beurteilung bestimmter physikalischer Aspekte im Gesamtsystem – einschließlich der Struktur des Metalls selbst – hilft bei der Beantwortung von Fragen, die sich z. B. mit den Potentialdifferenzen zwischen zwei Teilen eines Metalls und dem Grad der damit verbundenen Korrosion beschäftigen.

Zusammensetzung des Wassers

Die Zusammensetzung und Art der Wasserphase, einschließlich der gelösten und suspendierten Soffe, ist ein Teilbereich des Korrosionsschutzes. Hier sollen diese Aspekte kurz erläutert werden, um *allgemeine* Hinweise und Richtlinien zu geben. Die genaue Zusammensetzung und die Bestandteile der Wasserphase sind für jedes Wasser verschieden und daher sind die spezifischen Probleme, die in Betrieben auftreten können, ebenfalls verschieden. Um Korrosion erfolgreich zu bekämpfen, muß daher jeder Fall für sich betrachtet werden. Oft ist es zum Beispiel so, daß ein Behandlungsprogramm in einer Industrieanlage erfolgreich angewendet werden kann, während es in einer benachbarten Anlage fehlschlägt.

pH-Wert

Bei pH-Werten zwischen 4,3 und 10,0 wird in natürlichen, belüfteten Wässern bei normalen Temperaturen die Korrosion von Stahl nur unwesentlich durch geringe Änderungen im pH-Wert beeinflußt. Bei eisenhaltigem Material ist die Lösung um die Anode leicht alkalisch, da sie zumeist mit Eisen(II)hydroxid gesättigt ist. Bei einem pH-Wert von unter 4,3 ist freie Mineralsäure vorhanden, und die Korrosion schreitet rasch fort.

In diesem pH-Bereich spielt die Überspannung die bedeutendere Rolle im Korrosionsprozess. Veränderungen der Makrostruktur des Metalls oder in der Wasser-Metall-Grenzschicht sind ebenfalls von Wichtigkeit.

Der Einfluß des pH-Werts auf ein bestimmtes Metall wird vom Verhalten seines Oxids bestimmt. Wenn das Oxid im sauren Medium löslich ist, korrodiert das Metall unter diesen Bedingungen sehr schnell. Ist das Oxid dagegen im alkalischen Medium löslich, so korrodiert es in diesem pH-Bereich sehr stark. Die meisten Metalle gehören der ersten Kategorie an.

Gelegentlich ist ein Metalloxid sowohl im sauren, als auch im alkalischen Bereich löslich. Solche Metalle, die im mittleren pH-Bereich in Bezug auf ihre Korrosionsanfälligkeit am stabilsten sind, werden „amphoter" genannt. Aluminium und Zink sind Beispiele für amphotere Metalle, welche bei einem pH-Wert zwischen 6,5 und 11,5 die niedrigste Korrosionsgeschwindigkeit haben. Einige Metalloxide sind wiederum bei jedem pH-Wert unlöslich, und ihre Korrosionsgeschwindigkeit ist daher nicht vom pH-Wert abhängig. Solches Verhalten zeigen Edelmetalle, d. h. solche, die in der galvanischen Reihe oben stehen (siehe Abb. 3-3).

Eisen zeigt eine Reihe merkwürdiger Tendenzen: Liegt der pH-Wert unter 4,0, so verhält sich Eisen wie säurelösliche Metalle, während die Korrosionsrate zwischen 4,3 und 10,0 pH wenig vom pH-Wert beeinflußt wird, da in diesem Fall die Sauerstoffdepolarisation zum ausschlaggebenden Faktor der Korrosion wird. Jede weitere Erhöhung des pH-Werts verringert die Korrosionsgeschwindigkeit bis der niedrigste Wert bei etwa 12 pH erreicht wird. Nun zeigt Eisen ein amphoteres Verhalten: die Korrosionsgeschwindigkeit steigt mit höherem pH-Wert wieder an. Es ist hierbei interessant, daß der Grund dafür in der Wasserstoffentwicklung liegt:

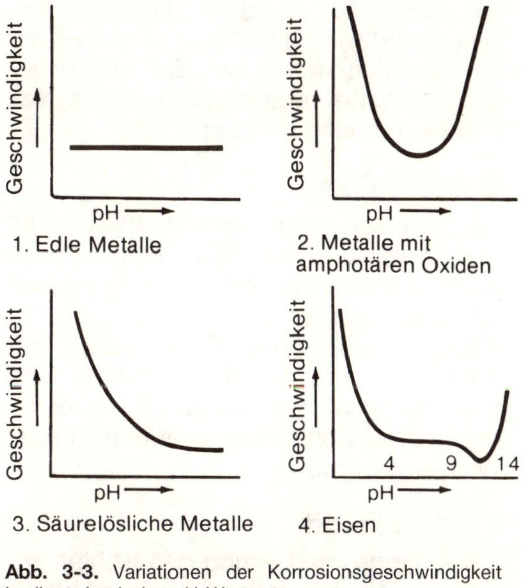

Abb. 3-3. Variationen der Korrosionsgeschwindigkeit bedingt durch den pH-Wert.

Eisen reagiert mit stark alkalischen Lösungen unter Bildung von Wasserstoff und Ferraten:

$$Fe^{\pm 0} + 2NaOH \rightarrow Na_2FeO_2 + H_2\uparrow$$

Es wird somit deutlich, daß die Wasserstoffentwicklung die Korrosion von eisenhaltigem Material an beiden Enden der pH-Skala beeinflußt.

Gelöste Salze

In natürlichen Wässern mit niedrigem Feststoffgehalt und normalen Temperaturen beschleunigt sich die Korrosionsrate von Metallen bei erhöhter Konzentration von in Wasser gelösten Salzen. In stärker konzentrierten Lösungen fällt die Korrosionsrate dann wieder wegen der Fällung gelöster Salze, sobald diese ihre Löslichkeitsprodukte erreicht haben. In einer verdünnten Lösung verursacht die erhöhte elektrische Leitfähigkeit einen Anstieg der Korrosionsrate. In konzentrierten Lösungen kann der Niederschlag einen korrosionshemmenden Schutzfilm bilden.

Die Ionen in normalen Wässern haben verschiedene Auswirkungen auf die Korrosionsrate. Zum Beispiel durchdringt das Chloridion und zu einem geringeren Grad auch das Sulfation passive Filme und bildet dabei hochaktive Lokalanoden. Umgekehrt wirken Härteionen und Alkalität korrosionshemmend; die ausgefallenen Produkte verschiedener Härtesalze inhibieren häufig die Korrosion.

Gelöste Gase

In Wasser sind normalerweise eine Reihe gelöster Gase vorhanden, zu denen auch Kohlendioxid und Sauerstoff gehören. Als typische Beispiele anderer im Wasser vorhandener Gase seien hier Ammoniak, Schwefelwasserstoff und Chlor genannt, welche durch Leckagen oder andere Behandlungsverfahren in das Wasser gelangen.

Kohlendioxid

Eine langsame Lösung des Kohlendioxids im Wasser reduziert den pH-Wert durch Kohlensäurebildung, welche das Wasser sauer macht und dadurch die Wasserstoffentwicklung fördert.

$$CO_2 + H_2O \rightarrow H_2CO_3$$

Sauerstoff

Die in Wasser gelöste Menge Sauerstoff wird direkt durch Temperatur, Druck und Oberfläche beeinflußt. Im Wasser gelöster Sauerstoff wirkt als kathodischer Depolarisator und fördert damit die Korrosion.

Ein besonderer Fall der Sauerstoffkorrosion soll hier nur kurz erwähnt und später in diesem Kapitel detaillierter behandelt werden. Wenn im Wasser ungleichmäßige Sauerstoffkonzentrationen auftreten, bildet sich eine Belüftungszelle, wodurch Korrosion unter Ablagerungen auftritt. Jede poröse Ablagerung auf Metalloberflächen – ob durch Härteausscheidungen, Schwebstoffe oder biologischen Wuchs – führt fast immer zu einem darunterliegenden sauerstoffarmen Bereich. Dies führt zur Bildung einer Aktivanode unter der Ablagerung und damit zu einer starken lokalen Korrosion.

Ammoniak

Im allgemeinen gelangt Ammoniak durch Prozeßverunreinigungen in das Wasser. Es korrodiert Kupfer selektiv in Gegenwart von oxidierenden Mitteln.

$$NH_3 + H_2O \rightarrow NH_4OH$$

$$NH_4OH + Cu^{2+} \rightarrow Cu^{2+}(NH_3)^{2+} + H_2O$$

Dieser lösliche Kupfer-Ammonium-Komplex hat eine hochkorrosive Wirkung auf Kupfer.

Schwefelwasserstoff

Schwefelwasserstoff ist eines der schädlichsten Gase, die in einem Kühlwassersystem auftreten können. Normalerweise gelangt es durch Prozeßverunreinigungen, besonders in Raffinerien und petrochemischen Anlagen ins System, oder aber es wird durch Reduktion der Sulfationen mittels sulfatreduzierender Bakterien gebildet.

Das Gas fördert die Korrosion aus zwei Gründen; da es sauer ist, verursacht es einen Angriff durch niederen pH-Wert. Weiter ist es für die Bildung von Eisensulfid verantwortlich, das gegenüber Eisen kathodisch ist und galvanische Korrosion hervorruft.

Chlor

Chlorgas ist das am häufigsten verwendete Mittel zur Bekämpfung von Mikroorganismen in Kühlsystemen. In der Wasserphase hydrolysiert es unter Bildung von HOCl und HCl, wodurch der pH-Wert des Systemwassers abgesenkt wird und verstärkte Korrosion auftreten kann. Auf einigen Metallen verzögert es auch die Bildung von bestimmten Korrosionsschutzfilmen.

Suspendierte Feststoffe

Schlamm, Sand, Ton, Kaolin und andere Feststoffe können über die Luft oder mit dem Zusatzwasser in ein Kühlsystemen gelangen. An Stellen, an denen Sedimentation dieser Feststoffe stattfindet, bilden sich innerhalb kurzer Zeit poröse Niederschläge aus, die rasch zu Belüftungselementen führen, welche dann größere Korrosionsschäden verursachen können als Salzausscheidungen.

Mikroorganismen

Mikrobiologisches Wachstum verursacht oft besondere Probleme. Wasserstoff wird von vielen Arten für den Stoffwechselprozeß benötigt, so daß eine Depolarisation der Korrosionszelle ähnlich wie durch die Wirkung von gelöstem Sauerstoff auftritt. Anaerobe Bakterien bilden differentielle Belüftungszellen und beschleunigen den lokalen Angriff, während andere Arten saure Verbindungen bilden.

Desulfovibrio desulfuricans, eine Art der sulfatreduzierenden Bakterien, die in fast allen Wasserversorgungssystemen gefunden werden, bildet Schwefelwasserstoff durch die Reduktion von Sulfationen. Sulfate können z. B. durch den Thiobacillus zu Schwefelsäure oxidiert werden und verursachen einen sauren Korrosionsangriff. Kapitel 5 umfaßt eine genauere Beschreibung der durch mikrobiologisches Wachstum verursachten Korrosion.

Physikalische Faktoren

Auslegung und Betriebsdaten eines Systems sind oft die entscheidenden Faktoren für den Beginn und den weiteren Verlauf der Korrosion. Das Verständnis dieser Faktoren und ihrer Rolle ist wichtig für eine optimale Konstruktion einer Anlage mit verbesserten Betriebscharakteristiken, die damit einen besseren Korrosionsschutz ermöglicht.

Relative Flächenverhältnisse

Wie schon vorher erwähnt, bringt eine Verbindung von zwei ungleichen Metallen eine Potentialdifferenz zwischen beiden mit sich, wobei das negativere Metall die Anode wird. Das Vorhandensein einer Anode zeigt nur an, daß ein Korrosionspotential besteht. Damit läßt sich jedoch nicht die Korrosionsrate bestimmen, welche durch andere Faktoren, wie z. B. relative Oberfläche der Kathode und der Anode, beeinflußt wird. Die Korrosionsgeschwindigkeit erhöht sich proportional mit dem Verhältnis von kathodischer zu anodischer Fläche.

Bei der Betrachtung von Nickel-Stahlverbindungen z. B. zeigt die galvanische Reihe, daß Nickel kathodisch zu Stahl ist. Im Rohrbündel eines Meerwasser-Wärmeaustauschers beispielsweise, in dem Stahlrohre und Nickelstirnplatten verwendet werden, kann man eine schnelle Korrosion der Stahlrohre erwarten. Im umgekehrten Fall tritt nur eine geringe Korrosion am Stahl auf, da das Verhältnis von kathodischer zu anodischer Fläche klein ist.

Diese Auswirkung des Flächenverhältnisses läßt sich auch an einheitlichen Metallen nachweisen. Eine kleine Störung des Oxidfilms im passivierten Metall wird schwerwiegende Korrosion hervorrufen, da eine kleine Anode in einem großen kathodischen Feld gebildet wird.

Die Wirkung des relativen Flächenverhältnisses gewinnt mit zunehmender Leitfähigkeit der Lösung an Bedeutung. In verdünnten Lösungen ist somit nur die kathodische Fläche unmittelbar um die Anode herum wichtig, da die Leitfähigkeit niedrig ist. Dagegen ist das relative Flächenverhältnis in Brack- oder Meerwasser von äußerster Wichtigkeit.

Temperatur

Das Ausmaß der Korrosion wird auch durch die Temperatur beeinflußt. Zum Beispiel führt ein Temperaturanstieg von 15° C auf 80° C in einer Hauswasserleitung zu einer um 400 % höheren Korrosionsgeschwindigkeit. Um diesem Problem zu begegnen, wäre eine erhöhte Inhibitorkonzentration nötig.

Allgemein erhöht sich mit einem Temperaturanstieg auch die Diffusion, während Überspannung und Viskosität reduziert werden. Die erhöhte Diffusion bringt mehr gelösten Sauerstoff zur Kathodenfläche, wodurch die Korrosionszelle depolarisiert wird. Die Überspannung wird reduziert und verursacht damit eine Depolarisation durch Wasserstoffentwicklung.

Die verringerte Viskosität hilft beiden Depolarisationsmechanismen, da sie die Lösung von atmosphärischem Sauerstoff begünstigt und die Wasserstoffbildung fördert.

Trotz reduzierter Löslichkeit und der Verfügbarkeit von gelöstem Sauerstoff steigen die Korrosionsraten in einem offenen System mit dem Anstieg der Temperatur und erhöhter Diffusionsgeschwindigkeit. Das Ergebnis ist dann, daß eine größere Menge gelösten Sauerstoffs die Metalloberfläche erreicht. Diese Wirkung bleibt bis zu einer Temperatur von ungefähr 77° C erhalten, bei der dann der Verlust an gelöstem Sauerstoff größer ist als der durch Diffusion verfügbare Sauerstoff. Dadurch wird die Korrosionsgeschwindigkeit wieder abfallen (Abb. 3-4).

In einem geschlossenen System erhöht sich die Korrosion stetig mit dem Anstieg der Temperatur, da unter Druck Sauerstoff nicht entweichen kann. Das Resultat ist somit durch die erhöhte Diffusionsgeschwindigkeit bedingt.

Jede Temperaturschwankung innerhalb eines Metallteils macht die warmen Stellen anodisch zu den kälteren Stellen, ein Zustand, der die in Systemen mit ungleichmäßiger Wärmeübertragung auftretende aktive Korrosion erklärt und oft ein Problem in verschmutzten Wärmeaustauschern verursacht (Abb. 3-5).

Einige Metalle und Legierungen verändern ihr elektrisches Potential mit dem Anstieg der Temperatur. So wird die Zinkbeschichtung auf galvanisiertem Stahl oberhalb etwa 66° C kathodisch gegenüber dem eisenhaltigen Teil und bietet keinen weiteren Korrosionsschutz.

Wärmeübertragung

Es ist besonders schwierig, Wärmeübergangsflächen in Kühlwassersystemen vor allem wegen der hohen Temperaturen an der Metalloberfläche zu schützen. Dabei kann Sauerstoff aus der Lösung an der heißen Metalloberfläche freigesetzt werden und es bildet sich ein Belüftungselement (Abb. 3-6).

Strömungsgeschwindigkeit

Es gibt zwei Arten der Wasserströmung, und zwar laminare und turbulente. Bei

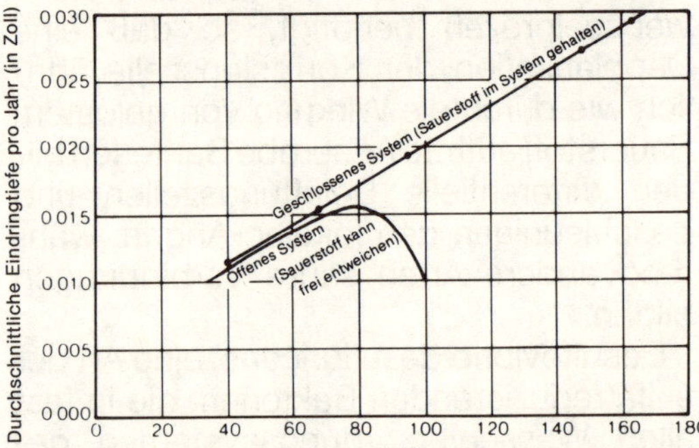

Abb. 3-4. Einfluß der Temperatur auf die Korrosion in Wasser.

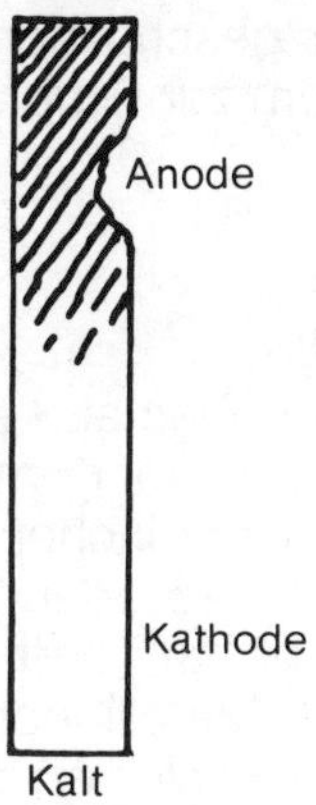

Abb. 3-5. Galvanische Zelle durch Temperaturunterschiede gebildet.

laminarer Strömung ist die Geschwindigkeit gering und kann ungleichmäßig über die Metalloberfläche verteilt sein. Bei turbulenter Strömung sind Geschwindigkeit und Verteilung annähernd wie bei der stoppelförmigen Strömung (maximale turbulente Strömungsgeschwindigkeit); (Abb. 3-7). Selbst bei turbulenter Strömung findet man jedoch einen dünnen laminaren Wasserfilm an der Metalloberfläche: je größer die Turbulenz, desto dünner ist die laminare Schicht. Durch die turbulente Mischung wird gelöster Sauerstoff schnell in der Flüssigkeit verteilt, während er das Metall durch die laminare Zone nur schwer erreicht. Mit höherer Geschwindigkeit (Turbulenz) verringert sich die Dicke der laminaren Zone, und eine größere Menge Sauerstoff erreicht die Metalloberfläche. Wasser mit hoher Strömungsgeschwindigkeit verhindert außerdem die Bildung einer passivierenden Schicht von Korrosionsprodukten mit dem Resultat einer beschleunigten Korrosion. Abb. 3-8 zeigt eine graphische Darstellung dieses Effekts am Beispiel der Korrosion in einem Kondensatorrohr.

Für inhibiertes Wasser gibt es einen ausgleichenden Faktor: mit der erhöhten Sauerstoffdiffusion zur Metalloberfläche erhöht sich auch die Inhibitordiffusion und daher sind bei hohen Geschwindigkeiten

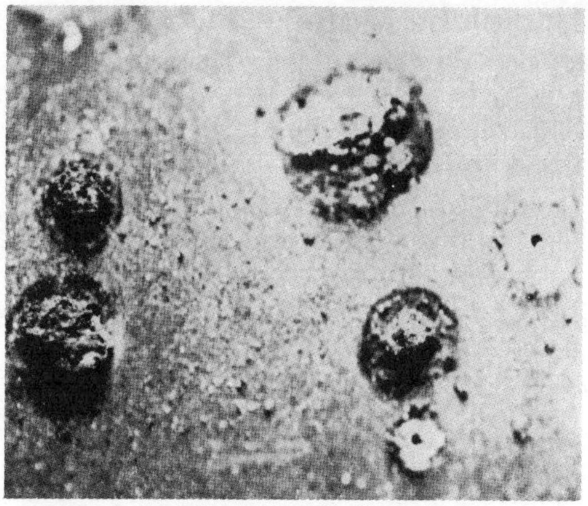

Abb. 36. Heißwandwirkung, 8-fache Vergrößerung. Teile vom Korrosionsprodukt bedecken Narben an einem wasserseitigen Kupferrohr eines Wassererhitzers. Weiches, nicht zur Härteausscheidung neigende Wasser.

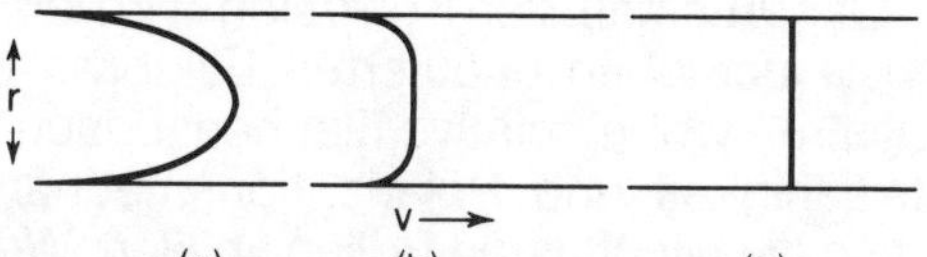

Abb. 3-7. Strömungsgeschwindigkeitsverteilung in laminarer und turbulenter Strömung, a) Laminare Strömung mit niedriger Geschwindigkeit, b) Turbulente Strömung mit hoher Geschwindigkeit, c) Sehr hohe Geschwindigkeit (V⁰⁰) „plug" Strömung.

nur geringere Mengen des Korrosionsinhibitors nötig. Dagegen ist bei normalen Inhibitorkonzentrationen ein Korrosionsschutz in Kühlsystemen, die vorübergehend außer Betrieb sind oder für Stellen mit niedriger Strömungsgeschwindigkeit (z. B. mantelseitige Wärmeaustauscher) sehr schwierig.

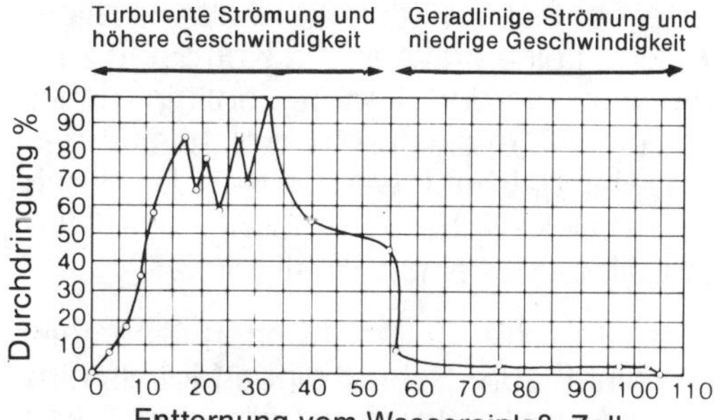

Abb. 3-8. Wirkung von turbulenter Strömung und mitgerissener Luft auf die Korrosion am Kondensatorrohr.

Ungleiche Metalle

Ein direkter Kontakt zweier ungleicher Metalle in einer leitenden Lösung führt zu einer Potentialdifferenz zwischen den Metallen (das Metall mit dem niedrigeren Potential wird zur Anode) und zur Bildung einer aktiven galvanischen Zelle mit anschließender Korrosion des anodischen Metalls. Tabelle 3-2 ist eine Liste der Metallpotentiale in absteigender Ordnung (galvanische Reihe). Jedes Metall wird zur Anode, wenn es mit dem in der Reihe nächsthöheren Metall verbunden wird. Wird ein galvanisches Element von den verbundenen Metallen gebildet, so wird Wasserstoff am kathodischen Metall reduziert und an seiner Oberfläche absorbiert.

Das Ausmaß der Korrosion wird durch viele der oben erläuterten Faktoren bestimmt, wobei relative Flächen, Lösungsleitfähigkeit und Polarisationsmechanismen die wichtigsten Rollen spielen. Wenn das Verhältnis der kathodischen zur anodischen Oberfläche niedrig ist, so bleibt die galvanische Korrosion begrenzt. Gering leitfähige Lösungen begrenzen ebenfalls den galvanischen Angriff, da nur die direkt benachbarten Kathodenstellen mit der Anode in Verbindung stehen und die Wirkung des korrosionsbegünstigenden Flächenfaktors aufgehoben wird. Polarisierende Bedingungen im System würden ebenfalls ganz offensichtlich die Potentialdifferenz zwischen den Metallen verringern und damit die Korrosionsreaktion beschränken.

Bei der Konstruktion von Anlagenteilen, in denen eine galvanische Korrosion zum Problem werden könnte, sollten daher ungleiche Metalle durch ein nichtleitendes Material getrennt werden – z. B. durch eine dielektrische Verbindung, eine Plastikhülse oder einen Plastikeinsatz.

Galvanische Zellen können ebenfalls vorteilhaft zum Schutz eines Metalls eingesetzt werden. In vielen Fällen wird Eisen durch eine Verbindung mit einem weniger edlen Metall wie z. B. Magnesium geschützt, wobei in einem solchen Element das Eisen zur geschützten Kathode und das Magnesium zur Opferanode wird.

Metallurgie

Metalle sind niemals absolut glatte, ebene Strukturen, sondern weisen immer irgendwelche Oberflächenfehler wie z. B. Schrammen, Risse oder Spalten auf, in denen eine erhöhte Tendenz für Elektronenverlust und Metallionenbildung gegeben ist. Diese Fehler an der Oberfläche werden sich dann anodisch zum Metall verhalten. Ein belastetes Metall würde normalerweise an bestimmten intergranularen Grenzen anodische Stellen bilden. Die Anodenbildung hat eine Reihe von Ursachen, die durch mikroskopische Untersuchungen nachweisbar sind. So zum Beispiel veranlaßt der Einschluß eines nichthomogenen oder einer anderen Metallverbindung in der Kornstruktur die Bildung einer kleinen galvanischen Zelle. Es können auch zwei benachbarte Körner verschiedener Dichte die Korrosionszelle bilden. Die Ursache für die Bildung einer Korrosionszelle ist die Ausfällung an Metallkorngrenzen, besonders dann, wenn der Niederschlag edler als das Metall selbst ist.

Höhere Reinheit des Metalls bietet keine Garantie für eine geringere Korrosion. Aluminium und Eisen seien hier als Beispiele gegensätzlichen Verhaltens genannt. Der Korrosionswiderstand des Aluminiums erhöht sich mit seiner Reinheit, während der Widerstand des Eisens selbst bei hoher Reinheit gleich bleibt. Reines Eisen hat keine bessere Widerstandsfähigkeit als z. B. Gußeisen oder Stahl. Im Falle von Aluminium ist der Korrosionsschutz von der Oxidfilmbildung abhängig, welche durch eine höhere Reinheit des Metalls gefördert wird. Dagegen sind bei Eisen die Korrosionsreaktionen der ausschlaggebende Faktor. Tabelle 3-2 ist eine Liste der verschiedenen, die Korrosion beeinflussenden Faktoren.

Tabelle 3-2. Faktoren, welche die Korrosion beeinflussen.

Chemische Faktoren	Physikalische Faktoren
A. pH-Wert Säurelösliche Metalle – Oxide werden bei niedrigem pH-Wert löslicher. Stärkere Korrosion. Amphotere Metalle – Oxide sind bei hohem oder niedrigem pH-Wert löslich. Schutz besser bei mittleren pH-Werten. Edle Metalle – Oxide sind bei jedem pH-Wert unlöslich. Keine Korrosion.	A. Relatives Flächenverhältnis In einer galvanischen Verbindung steigt die Korrosion proportional im Verhältnis der kathodischen zur anodischen Fläche.
B. Gelöste Salze Chlorid und Sulfat können in passive Metalloxidfilme eindringen und einen lokalen Angriff fördern. Calcium, Magnesium, Alkalität kann gefällt werden und ggf. schützende Ablagerungen bilden.	B. Temperatur Höhere Temperatur fördert die Sauerstoffdepolarisation, verringert die Wasserstoffüberspannung und erhöht die Korrosion. Stellen mit höheren Temperaturen werden anodisch zu anderen Stellen. Höhere Temperaturen verändern das Metallpotential (z. B. umgekehrte Galvanisierung).
C. Gelöste Gase Kohlendioxid – reduziert den pH-Wert und fördert Säureangriff. Sauerstoff – depolarisiert die Korrosionsreaktion an der Kathode, Stellen mit Sauerstoffmangel werden anodisch (Belüftungszelle). Stickstoff verstärkt die Kavitationskorrosion. Ammoniak – wirkt selektiv korrosiv auf kupferhaltige Metalle. Schwefelwasserstoff – fördert den Säureangriff, bildet Ablagerungen, die eine galvanische Korrosion fördern. Chlor – fördert Säureangriff, löst Inhibitorfilme.	C. Strömungsgeschwindigkeit Hohe Strömungsgeschwindigkeit fördert die Erosionskorrosion, beseitigt bestimmte passivierende Korrosionsprodukte. Niedrige Strömungsgeschwindigkeit erhöht die Ablagerung und eine Korrosion durch Belüftungszellen und verringert den Zutritt des Korrosionsinhibitors zu den Metalloberflächen.
D. Schwebstoffe Sand, Schlamm, Ton, Kaolin, Schmutz usw. setzen sich ab und bilden Ablagerungen, welche die Korrosion durch Belüftungselemente fördern.	D. Wärmeübergang Bevorzugt die Sauerstoffdepolarisation durch den Einfluß der heißen Rohrwandungen. Fördert die Bildung von Belüftungszellen durch erhöhte Ausscheidung und Sedimentierung von Feststoffen.
E. Mikroorganismen Fördern den Säureangriff, Korrosion durch Belüftungselemente, kathodische Depolarisation, galvanische Korrosion.	E. Metallurgie Oberflächendefekte – Kratzer, Kerben, Risse usw. fördern die Bildung einer anodischen Stelle. Spannung – innere Spannung fördert die Bildung von Anodenstellen. Mikrostruktur – Metalleinschlüsse, Fällung an Korngrenzen, unterschiedliche benachbarte Körner usw. fördern die Bildung einer galvanischen Zelle.

Formen der Korrosion

In der Praxis sind die Formen der Korrosion abhängig von den besonderen Eigenschaften des Systems und des Wassers. Im Folgenden werden Ursachen und Merkmale einiger häufig in wasserführenden Anlagen auftretenden Korrosionsmechanismen beschrieben. Einige der Mechanismen sind durch die Konstruktion des Systems bedingt, während andere von der Zusammensetzung des Wassers, und wieder andere von den Eigenschaften des jeweiligen Metalls abhängen. Es ist allerdings unmöglich, jeden heute bekannten Korrosionsmechanismus hier zu beschreiben, aber die allgemeinen Hinweise und Informationen sollen für normale Anwendungsbereiche genügen.

Gleichmäßiger Angriff

Wenn sich die Korrosion immer als ein gleichmäßiger Befall der gesamten Metalloberfläche manifestieren würde, wäre es relativ leicht bei der Planung, die Standzeiten und besonderen Konstruktionsbebedingungen zu bestimmen und dann eine Anlage z.B. für eine bestimmte Lebensspanne auszulegen und zu konstruieren. Dies ist aber leider nicht der Fall, denn die meisten Arten der Korrosion rufen einen lokalen Befall von Schwachstellen im Metall hervor. Unter diesen Umständen ist es natürlich schwieriger Voraussagen in Bezug auf Konstruktion und Standzeit zu machen.

Lochfraßkorrosion

Lochfraß ist eine Art des lokalen Angriffs, der oft in wasserführenden Anlagen auftritt und durch die Bildung hochaktiver, lokaler anodischer Stellen verursacht wird. Lochfraß wird durch ungleiche Ionen- oder Sauerstoffkonzentrationen hervorgerufen und zeigt sich an Stellen mit hoher Temperatur, an metallurgischen Defekten oder an Schnitten, Kratzern oder Spalten in der Metalloberfläche.

Lochfraß ist die häufigste Ursache eines Metallversagens. Ein einziges Loch in einem kritischen Wärmetauscher kann genügen, um die gesamte Anlage stillzulegen. Abb. 3-9 zeigt die typische Lochfraßkorrosion. Die Lochtiefe ist direkt proportional dem Verhältnis der großen Kathodenfläche zur kleinen Anodenfläche. Das Ausmaß der Lochfraßkorrosion wird oft mit Hilfe des „Pittingfaktors" beschrieben, der das Verhältnis der Lochtiefe zum durchschnittlichen Metallabtrag angibt.

Der durchschnittliche Metallabtrag wird häufig durch den Gewichtsverlust von Korrosionsteststreifen während eines längeren Zeitraums gemessen, wobei die Korrosionsgeschwindigkeit in mm pro Jahr ausgedrückt wird. Je größer das Verhältnis von Narbentiefe zu Korrosionsgeschwindigkeit ist, desto ernster ist der lokale Angriff und die Gefahr eines Metallversagens.

Die Löcher werden oft von einer äußeren Schicht von Korrosionsprodukten bedeckt, bei eisenhaltigem Material spricht man dann von Pusteln. Die Unterseite der Pustel kann aus Eisenhydroxid bestehen, wobei durch fortschreitende Oxydation eine braune, hydratisierte Eisen(III)-oxidschicht gebildet wird. Im Bereich zwischen Loch und Korrosionsprodukten mangelt es an Sauerstoff, während gleichzeitig die Konzentration von Chlorid- und Sulfationen erhöht wird. Diese Bedingungen führen zu schneller Korrosion. An Stellen ohne oder geringer Strömungsgeschwindigkeit ist dieser Prozeß selbstbeschränkend, da die Kruste der Korrosionsprodukte schließlich genügend dicht wird, um die Diffusion von Metallionen in das Wasser zu verhindern. In einem Kühlwassersystem sind jedoch die Strömungsgeschwindigkeiten oft genügend hoch, um die mögliche Bildung einer solchen passivierenden Schicht von Korrosionsprodukten zu verhindern. Daher wird ständig neues Metall freigelegt und die Korrosion schreitet weiter fort.

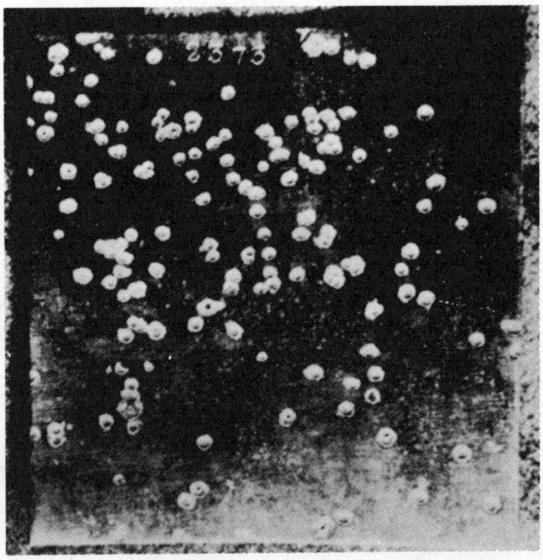

Abb. 3-9. Gleichmäßig verteilter Lochfraß.

Erosion

Diese Form der Korrosion ist ein Angriff durch hohe Strömungsgeschwindigkeit. Hier gibt es zwei Untergruppen, Aufprallerosion und Kavitation.

Stoßkorrosion

Turbulentes Wasser, besonders solches, das reich an gelösten und suspendierten Feststoffen oder gelösten und mitgerissenen Gasen ist, beschädigt oft passive Oxidfilme und verursacht eine starke lokale Korrosion. Die Schleifwirkung des fließenden Wassers reißt dabei das Metall aus seiner Struktur, dieses zeigt sich in den für diesen Angriff charakteristischen hufeisenförmigen Korrosionsstellen. Die typische Anordnung dieses Angriffs wird in Abb. 3-10 und 3-11 gezeigt.

Der Einfluß der mitgerissenen Gase auf die Stärke des Angriffs wird oft durch die Größe der Gasblasen bestimmt. Große Blasen zerstören die Oxidschicht, während kleine Blasen an der Metalloberfläche abprallen oder sogar den passivierenden Oxidfilm verstärken können.

Der schwerste Angriff tritt am Eintritt von Wärmeaustauscher-Rohrbündeln auf, außerdem an Stellen mit eingeschränkter Strömung, an scharfen Kanten, Rohrbiegungen usw. Viele Metalle unterliegen dieser Form der Erosion, an Kupfer und seinen Legierungen treten die größten Probleme auf. Unter normalen Kühlbedingungen sollte die Wasserströmung in Kupferrohren in einen Wärmeaustauscher auf eine Geschwindigkeit von maximal 1,5 m pro Sekunde begrenzt werden. Bei hohen Gesamtfeststoff- oder Gaskonzentrationen sollte diese Geschwindigkeit noch weiter reduziert werden.

Messing, Aluminiumbronzen und Kupfer-Nickellegierungen sind gegen diese Korrosionsform widerstandsfähiger. Bei nicht besonders kritischem Wärmeübergang wird die Aufprallerosion oft durch die Beigabe von Eisen(II)sulfat verhindert. Bei einem Gehalt von 1 mg/l Eisen(II)ionen bildet sich an der Metalloberfläche ein rötlicher Schutzfilm mit einer Dicke von etwa 0,1 mm aus, der das Metall vor einem weiteren Angriff schützt.

Abb. 3-10. Querschnitt durch eine Korrosionsstelle hervorgerufen durch Stoßkorrosion.

Kavitation

Kavitation tritt bei hohen Strömungsgeschwindigkeiten, Druckunterschieden und in Wasser, das gelöste oder mitgerissene Gase enthält auf. An Stellen mit niedrigem Druck entstehen Dampfblasen, die in sich zusammenfallen, wenn das Wasser durch Zonen mit höherem Druck fließt. Beim Zerplatzen dieser Blasen entstehen Schockdrücke von mehreren hundert bar. Solch hohe Schockdrücke zerstören die schützenden Oxidfilme und reißen Metallkörner aus der Oberfläche. Diese Art der Korrosion zeigt häufig tiefe, kreisrunde Löcher ohne Krustenbildung. Angegriffen werden z. B. die Saugseiten von Pumpenimpellern, scharfe Knicke in Rohrsystemen und die Auslaßseite von Kugel- oder Absperrventilen. Ebenfalls angegriffen werden Dieselmotoren durch Anschlag des Kolbens an Zylinderwände. Hohe Konzentrationen von gelöstem Stickstoff sind nachweislich für eine verstärkte Kavitation verantwortlich. Ein geeigneter filmbildender Korrosionsinhibitor hilft, diese Art der Korrosion zu verzögern.

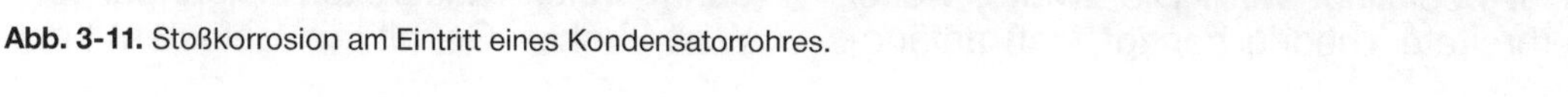

Abb. 3-11. Stoßkorrosion am Eintritt eines Kondensatorrohres.

Abb. 3-12. Kavitationsangriff.

Selektive Auslaugung

Diese Form der Korrosion wird dann beobachtet, wenn ein Metall in einer Legierung bevorzugt angegriffen und aus der Legierungsmatrix ausgelaugt wird. Dabei gibt es viele verschiedene Variationen dieses Phänomens, wobei wir uns in dieser Erörterung aber auf die drei am häufigsten auftretenden Formen beschränken, und zwar auf die Entzinkung, Graphitierung und Entaluminierung.

Entzinkung

Wenn Zink aus Messing ausgelaugt wird, verbleibt das Metall mit einer schwachen, porösen Kupferstruktur und einer rötlichen Kupferfarbe, statt der für Messing charakteristischen gelblichen Farbe.

Es gibt zwei verschiedene Theorien, die diese Vorgänge beim Angriff erklären. Die erste Theorie schlägt die selektive Lösung des Zinks vor, wobei die Kupferstruktur nicht beeinflußt wird. Die zweite, weiter verbreitete Theorie besagt, daß anfänglich sowohl Zink als auch Kupfer gelöst werden, daß sich aber das Kupfer dann wieder ablagert.

Unter bestimmten Bedingungen, wie z. B. unterschiedlichen Sauerstoffkonzentrationen, niedrigen Strömungsgeschwindigkeiten, hohen Temperaturen, sauren oder alkalischen Medien und teilweise belüftetem Wasser, wird die Wahrscheinlichkeit eines Angriffs erhöht. Entzinkung tritt unter Ablagerungen in Rohren oder in den Vertiefungen von Schraubengewinden auf. Auch die im nächsten Abschnitt weiter erörterte Zusammensetzung des Messings ist ein mitbestimmender Faktor für das Ausmaß des Angriffs.

Es gibt zwei verschiedene Formen der Entzinkung: die partielle Entzinkung zeigt sich in Wässern mit hohem Salzgehalt, es wird nur ein kleines Gebiet angegriffen, führt aber dafür zu tiefen Löchern und verursacht schwerwiegenden Metallverlust. Eine allgemeinere Form des Befalls ist die Lagenentzinkung, die gleichmäßiger ist und sich an der gesamten Metalloberfläche zeigt. Die Korrosionsgeschwindigkeit liegt erheblich niedriger, normalerweise in der Größenordnung von 0,02 bis 0,08 mm/a. Natriumsilikat-Korrosionsinhibitoren sind für eine Reduzierung dieses Angriffs ausgezeichnet geeignet. Abb. 3-13 und 3-14 zeigen Teile eines Messingrohrs, das beide Formen der Entzinkung aufweist.

Graphitierung

Bei Gußeisen läßt sich der selektive Verlust von Eisen beobachten, wobei das Metall dann mit einer schwachen Struktur von Graphit und Eisenoxiden zurückbleibt. Obwohl das Metall stabil zu sein scheint, kann es mit einem scharfen Gegenstand durchdrungen werden. Graphit hat nur eine sehr geringe Überspannung und setzt durch Bildung von Wasserstoff den Angriff weiter fort, der normalerweise an Korngrenzen beginnt und sich dann weiter ausbreitet. Niedriger pH-Wert, hoher Gehalt an gelösten Feststoffen und saure Verunreinigungen, wie z. B. Schwefelwasserstoffgas, beschleunigen den Angriff.

Entaluminierung

Diese Form der Auslaugung zeigt sich bei Aluminiumbronzen und wird besonders bei Meerwasserkühlung gefunden.

Korrosion unter Ablagerungen

Eine unzureichende Verhinderung von Ablagerungen in Kühlwassersystemen kann schwerwiegende und weitreichende Konsequenzen haben: Die Wärmeübertragung wird reduziert mit dem Ergebnis einer möglichen unerwünschten Veränderung im Prozeß oder sogar eines Betriebsausfalls. Durch die Bildung von differentiellen Sauerstoffzellen wird die Korrosion beschleunigt.

Abb. 3-15 zeigt schematisch eine poröse Ablagerung auf einer Metalloberfläche. Das Wasser über der Ablagerung enthält gelösten Sauerstoff, während das Gebiet

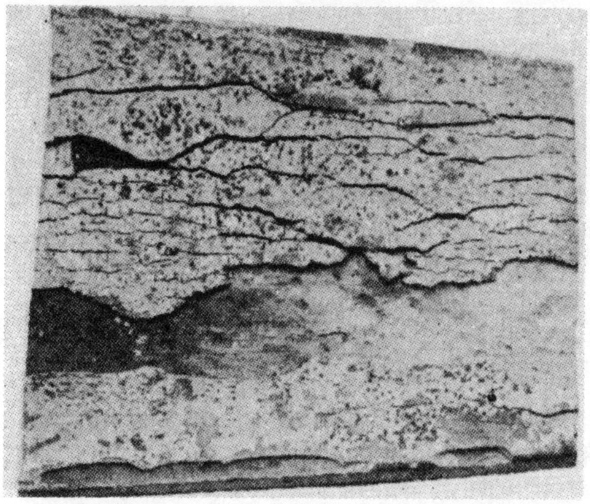

Abb. 3-13. Flachgewalztes Messingrohr mit Lagenentzinkung.

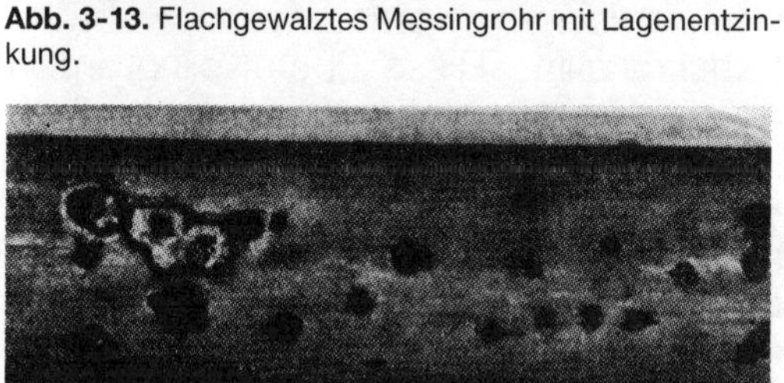

Abb. 3-14. Teil eines Messingrohres mit partieller Entzinkung (66 % Cu, 33,5 % Zn).

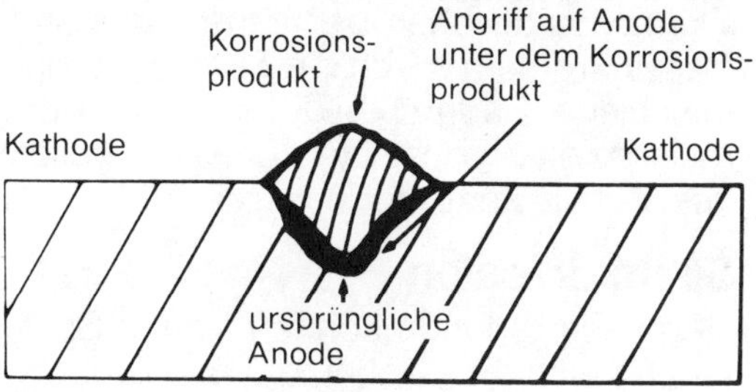

Abb. 3-15. Lochfraß unter poröser Ablagerung

unter der Ablagerung an Sauerstoff verarmt.

Dadurch bildet sich eine differentielle Belüftungszelle und das sauerstoffarme Gebiet wird zur Anode mit dem Ergebnis einer starken Korrosion und hohem Metallabtrag.

Dadurch ergibt sich ein geschlossener Korrosionskreislauf: Das durch Korrosion verlorene Metall bildet weitere Ablagerungen, die wiederum neue differentielle Belüftungszellen bilden und damit weitere Korrosion verursachen.

Dieser Mechanismus hat oft ein rasches Versagen auch in Gegenwart von Korrosionsinhibitoren zur Folge. Das eine Ablagerung umgebende Metall wird kathodisch zu den darunterliegenden Gebieten, da das Metall durch einen Inhibitorfilm geschützt ist. Innerhalb eines relativ großen kathodischen Gebietes entwickelt sich so eine kleine Anode. Das mögliche Ausmaß des Schadens, der durch dieses relative Flächenverhältnis verursacht werden kann, wurde schon im Abschnitt „Physikalische Faktoren" besprochen. Häufig erfolgt dabei eine sehr schnelle Korrosion, bei der ein Loch im Metall entstehen kann. Daher ist es notwendig, ein Kühlwassersystem frei von Ablagerungen zu halten, um kostspielige Stillstandszeiten von kritischen Anlageteilen zu vermeiden.

Besonders anfällig gegen diese Art der Korrosion sind Metalle in Gebieten mit geringer Strömungsgeschwindigkeit. Schwebstoffe setzen sich dort ab, bilden Ablagerungen und führen dann zu einem Angriff. Ungleichmäßiger Wärmeübergang verursacht durch Ablagerungen an

Wärmeaustauscheroberflächen verstärkt dieses Problem durch die Temperaturunterschiede. Dadurch bildet sich eine Korrosionszelle, wobei die kühleren Stellen des Metalls kathodisch werden.

Spaltkorrosion

Aggressive Ionen können sich in Spalten anreichern, wobei unterschiedliche Sauerstoffkonzentrationen auftreten und die Passivierung schwierig wird. Der Grad des Angriffs ist umgekehrt proportional zur anodischen Spaltenfläche im Verhältnis zu dem sie umgebenden Gebiet. Oft wird eine höhere Dosierung eines Korrosionsinhibitors benötigt, um diese Stellen zu passivieren. Das Problem wird aber einfacher durch richtige Konstruktion gelöst: Wenn z.B. die Wärmeaustauscherrohre in die Stirnplatte eingewalzt werden, wird die Spaltkorrosion an der Verbindungsstelle verhindert. Diese Art von Korrosion hat in der Vergangenheit viele Probleme verursacht. Abb. 3-16 zeigt an einem Beispiel wie schwerwiegend die Spaltkorrosion sein kann.

Angriff am Wasserspiegel

In jedem nicht vollständig gefüllten Tank, Wärmeaustauschersystem oder Verteiler-

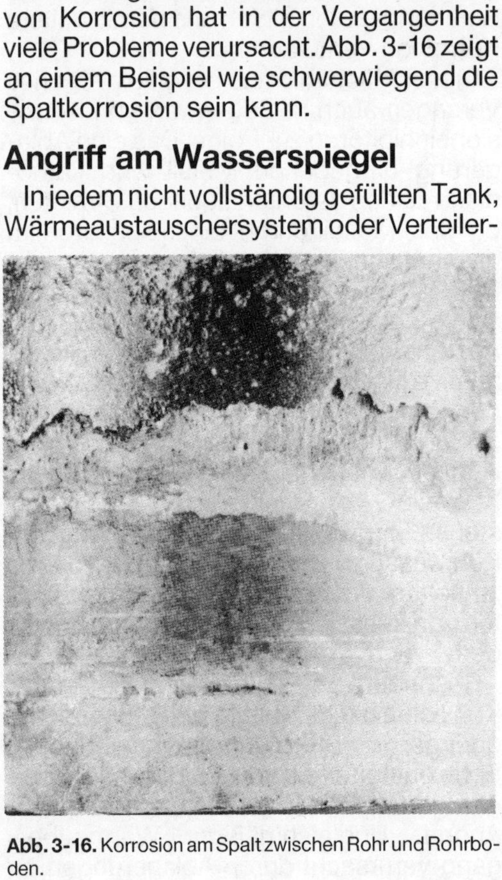

Abb. 3-16. Korrosion am Spalt zwischen Rohr und Rohrboden.

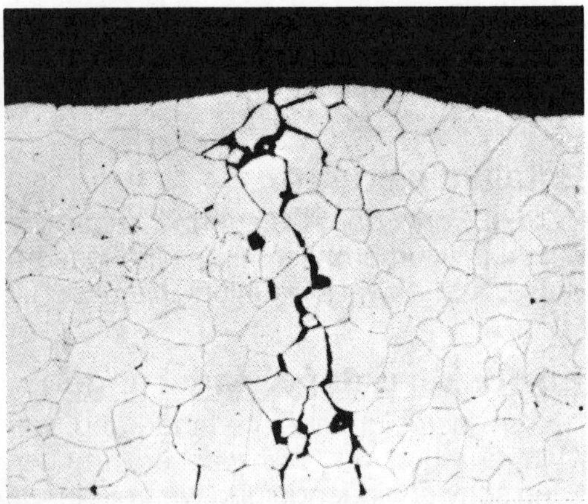

Abb. 3-17. Intergranulare Spannungsrißkorrosion (200fach vergrößert).

system gibt es drei verschiedene Gebiete, und zwar das Metall selbst, das Kühlwasser und die darüberliegende Luft. Diese Tatsache ist gleichzeitig für Spaltkorrosion und differentielle Belüftungszellen verantwortlich. Eine Sauerstoffdepolarisation zeigt sich am Meniskus der Metall-Wasser Grenzschicht. Die belüftete Stelle ist dann kathodisch gegenüber anderen Metallstellen in der nächsten Umgebung. Kathodische Inhibitoren werden allgemein zur Vermeidung eines Angriffs an der Wassergrenze eingesetzt. Man sollte jedoch beachten, daß eine Überdosierung von Zinksulfatinhibitoren diese Art von Korrosion beschleunigt.

Rißkorrosion

Es gibt zwei allgemeine Formen der Rißkorrosion, welche beide von der Rißform abhängen. Interkristalline Risse finden sich zwischen Korngrenzen, während transkristalline Risse über Korngrenzen hinweg beobachtet werden (Abb. 3-17 und 3-18).

Interkristalline Angriffe zeigen sich normalerweise an anodischen Korngrenzen. Spannungsrißkorrosion in austenitischen und martensitischen Edelstählen ist ein Beispiel eines solchen Angriffs. Während der Herstellung bleibt das Metall oft in einem Spannungszustand und kann dann senkrecht zur Spannungsrichtung reißen. Durch hohe Temperaturen, hohe Chloridkonzentrationen und andere korrosive Bedingungen wird dieser Angriff noch weiter gefördert (Abb. 3-19).

Bessere Herstellungsverfahren können das Problem durch Wärmebehandlung minimieren, da Restspannungen beseitigt werden. Spalten sollten jedoch vermieden werden.

Transgranulare Risse zeigen sich bei wiederholten Belastungen (Korrosionsermüdung an Legierungen), wobei reine Metalle dieser Art der Korrosion weniger ausgesetzt sind.

Konstruktionsmaterialien

Eisenhaltige Materialien

Die folgende Erörterung befaßt sich mit den im Anlagenbau gebräuchlichen Materialien. Jedes hat seine eigenen Eigenschaften und verhält sich unterschiedlich je nach den Bedingungen. Hier werden allgemeine Richtlinien gegeben, aber es wird nicht der Versuch gemacht, die für jedes Metall möglichen Bedingungen zu beschreiben.

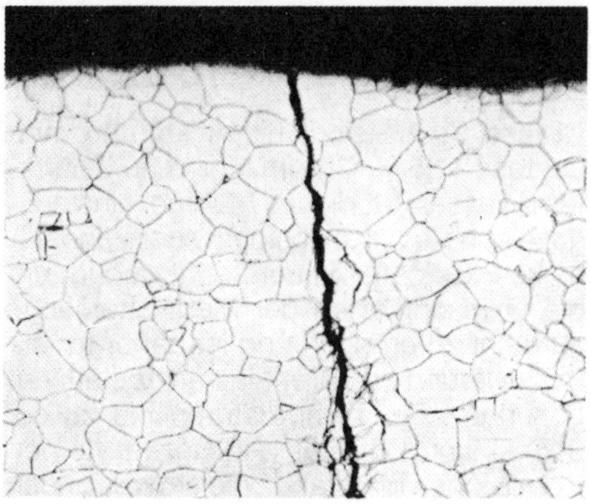

Abb. 3-18. Transgranulare Spannungsrißkorrosion (200fach vergrößert).

Eisen wie auch die meisten Baustähle hat einen relativ geringen Korrosionswiderstand. In belüfteten Lösungen wird es kathodisch depolarisiert. In Gegenwart saurer Verunreinigungen erhöht sich die Korrosion durch sauren pH-Angriff noch beträchtlich; auch stark alkalische Lösungen sind zu vermeiden, da Eisen amphoter reagieren kann. Diese Tatsachen werden in Abb. 3-3 bestätigt, in der die Korrosionsgeschwindigkeit von Eisen in Abhängigkeit vom pH-Wert gezeigt wird. Im normalen pH-Bereich findet Eisen viel Verwendung, aber häufig müssen Rohre oder Behälterwände eine ausreichende Wandstärke haben, um die zu erwartende Korrosion zu kompensieren. Daraus resultierende erhöhte Materialkosten sind im allgemeinen wirtschaftlicher als die Kosten, die sich durch den Gebrauch anderer, kostspieliger Materialien ergeben.

Eisen und seine Legierungen bilden Korrosionsprodukte von beträchtlichem Volumen, wobei die Situation noch weiter durch im Film eingeschlossene Salze oder suspendierte Materie kompliziert wird, und besonders an kritischen Wärmeübergangsstellen problematisch werden kann.

Der folgende Abschnitt befaßt sich mit einigen allgemein eingesetzten Eisen- und Stahlarten. Es folgen kurze Beschreibungen einiger gebräuchlicher, nichteisenhaltiger Metalle, die heute in der Industrie Anwendung finden.

Abb. 3-19. Spannungsrißkorrosion

Gußeisen

Gußeisen enthält mehr als 1,7 % Kohlenstoff. Eine typische Gußeisenqualität (Roheisen) enthält 4 % Kohlenstoff, 2 % Silizium und geringe Mengen an Schwefel, Mangan und Phosphor. Es enthält freie Graphitkörner als Resultat des Herstellungsprozesses. Daher ist Gußeisen besonders in sauren oder gut leitfähigen Medien gegen Graphitierung anfällig und muß deshalb mit Chrom, Nickel oder Silizium legiert werden, um den Korrosionswiderstand zu erhöhen. Weniger korrosionsanfällig ist Sphäroguß, der nach einem speziellen Verfahren hergestellt wird.

Austenitisches Nickeleisen

Der Hauptvorteil dieses Materials liegt in seiner Widerstandsfähigkeit gegen Säuren. Die Legierung enthält Nickel in Mengen bis zu 30 %, in Verbindung mit geringeren Mengen von Molybdän, Chrom und Kupfer.

Nickel-Eisen-Legierungen

Diese äußerst widerstandsfähigen Materialien finden häufig in Meerwasseranlagen Anwendung. Der Nickelgehalt liegt allgemein zwischen 26 und 36 %.

Ferrosilizium

Dieses harte, spröde Material hat seine größte Korrosionswiderstandsfähigkeit bei einem Siliziumgehalt von 15 % und wird durch dünne Silikatfilme an der Metalloberfläche passiviert.

Niedriglegierte Stähle

Eine Legierung mit 2 bis 5 % Kupfer, Chrom und anderen Materialien verbessert den Korrosionswiderstand von niedrigen und mittleren Kohlenstoffstählen. Eine dadurch bedingte Kostenerhöhung wird häufig durch die längere Standzeit des Metalls ausgeglichen.

Galvanisierter Stahl

Eine Zinkbeschichtung des Stahls bietet einen wirksameren Korrosionsschutz als die meisten anodischen Beschichtungen. Zink ist kathodisch und daher sicherer als anodische Metallschichten, die zur Bildung von hochaktiven, anodischen Stellen an Schichtbruchstellen führen. Die Nachteile des galvanisierten Materials zeigen sich aber bei höheren Temperaturen, und zwar verändert sich das Potential des Zinks bei einer Temperatur von etwa 65° C besonders in Wasser mit hohem m-Wert (über 4 mval). In manchen Fällen wird Zink dann dem Stahl gegenüber kathodisch und dadurch korrodiert der Stahl bevorzugt.

Zink ist außerdem sehr empfindlich gegen Kupferionen in Lösung, besonders in Wässern mit hohem Hydrogencarbonatgehalt, wobei Kupfer als Metall abgeschieden wird und im hochaktiven, anodischen Zink kleine Kathodenstellen bildet. Die resultierende intensive Korrosion des Zinks setzt den Stahl rund um das Kupferteilchen frei und es wird ungeschützt einem Angriff ausgesetzt, wobei man an dieser Stelle eine schnelle Lochfraßkorrosion am Stahl beobachten kann.

Edelstähle

Diese Stähle sind mit Nickel und mindestens 11,5 % Chrom legiert. In belüftetem Wasser hat dieses Material eine ausgezeichnete Korrosionswiderstandsfähigkeit. Gelöster Sauerstoff ist nötig, um die Oxidschicht an der Metalloberfläche aufrecht zu erhalten und ist daher für die Passivierung notwendig. In belüfteten Lösungen bei Temperaturen bis zu ca. 315° C sind Edelstähle in Bezug auf den Korrosionswiderstand gleichwertig den weniger teuren Stählen. Wenn die Temperatur aber über 315° C ansteigt, sind Korrosionsgeschwindigkeit und Oxidfreigabe viel niedriger. So zum Beispiel korrodiert Kohlenstoffstahl bei Temperaturen über 495° C extrem schnell, während diese Grenze für Edelstahl bei bis zu 870° C liegt.

Wenn Edelstähle Verwendung finden, muß die Bildung von differentiellen Belüftungszellen verhindert werden. Anlagen ohne Ablagerungen sind von allergrößter

Bedeutung. Nennenswerte Nachteile sind durch Chlor verursachter Lochfraß in Brackwasser und die Anfälligkeit gegen Spannungsrißkorrosion der austenitischen Edelstähle. Die höheren Materialkosten dieses Metalls lassen sich oft durch längere Lebensdauer rechtfertigen.

Nichteisen-Metalle

Edle Metalle

Gold und Platin besitzen von allen Metallen die beste Korrosionswiderstandsfähigkeit ohne einen Oxidfilm zu bilden. Als Bau- und Anlagenmaterial sind sie jedoch, ihrer hohen Kosten und mangelnden Festigkeit wegen, wertlos.

Kupfer

Dieses halbedle Metall bildet dünne Filme von Kupferoxiden und Carbonaten an der Oberfläche und hat dadurch ausgezeichnete Widerstandsfähigkeit.

Somit ist es günstiger als die meisten eisenhaltigen Metalle. Ein großer Nachteil des Kupfers ist sein geringer Widerstand gegen Aufprallerosion, womit verständlich wird, warum Geschwindigkeiten von 1 m/sec. bei Meerwasser und 1,5 m/sec. in den meisten Kühlsystemen nicht überschritten werden sollten. Die Verwendung von Kupfer in natürlichem, weichem Wasser führt zur Lochfraßkorrosion. Hartes Wasser bildet sehr schnell einen schützenden Härtefilm auf dem Metall und verhindert dadurch einen Angriff. Kupfer ist dafür bekannt, daß unter Ablagerungen von Mangandioxid Lochfraß auftritt (siehe Abb. 3-20). Ausgezeichnete Widerstandsfähigkeit zeigt Kupfer im alkalischen Bereich; ausgenommen sind aber solche Lösungen, die Ammoniak enthalten. Die Gesamtkorrosionsgeschwindigkeit des Metalls ist abhängig von der Reaktionsgeschwindigkeit an der Oberfläche und der Möglichkeit, Korrosionsprodukte zu beseitigen.

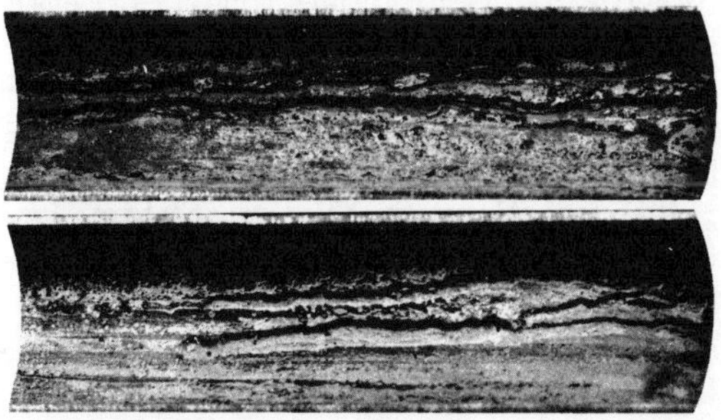

Abb. 3-20. Rillenbildung in Kupferrohren durch saures Kondensat.

Messing

Kupfer-Zink-Legierungen werden Messing genannt und besitzen in den meisten natürlichen Wässern eine verhältnismäßig gute Widerstandsfähigkeit. Im Meerwasserbetrieb sind 70/30 Kupfer-Zink-Legierungen und Admiralitätsmetall (70/29/1 Kupfer-Zink-Zinn) vorteilhaft. Entzinkung ist der größte Nachteil beim Messing, wobei Messing mit Zinkgehalten über 15 % entzinkt werden kann. Zink löst sich in Messing bei Legierungskonzentration bis zu 39 % und zwischen 46 % und 50 %. Mittlere Zinkkonzentration bis zu 40 bis 60 % bilden ein Zweiphasen-Messing. Einphasen-Messing entzinkt proportional dem Verhältnis von Kupfer zu Zink. Im Zweiphasen-Messing löst sich dagegen mehr als die normale Menge Zink. Durch Zulegierung von Zinn, Antimon oder Phosphor kann die Entzinkung reduziert werden. So verhalten sich Rotmessing (85/15 Kupfer-Zink) und Marinemessing (63/36/1 Kupfer-Zink-Zinn) ausgezeichnet bei Bedingungen, die normalerweise zu einer Entzinkung führen würde. Muntzmetall (60/40 Kupfer-Zink) und Gelbmessing (67/33 Kupfer-Zink) sind gegen Entzinkung nur wenig widerstandsfähig.

Aluminium

Aluminium besitzt einen besseren Korrosionswiderstand als viele edlere Metalle. Es leistet Chloridionen besseren Widerstand als die meisten Metalle und findet daher häufig in Meerwasseranlagen Verwendung. Auch in Raffinerien und petrochemischen Anlagen wird dieses Metall gerne benutzt, da es gegenüber vielen für diese Industriezweige typischen Verunreinigungen resistent ist. Die Widerstandsfähigkeit des Aluminiums ist bedingt durch eine dichte natürliche, chemisorbierte Oxidschicht an der Oberfläche.

In starksauren oder alkalischen Medien sollte Aluminium nicht verwendet werden, sondern wegen seiner amphoteren Eigenschaften am besten in neutralen Wässern eingesetzt werden.

In Mehrmetallsystemen soll der Gebrauch von Aluminium sehr sorgfältig geprüft werden, da zum Beispiel Kupfer selbst in niedrigen Konzentrationen von 0,05 mg/l auf Aluminiumoberflächen abgeschieden wird und dadurch zu einem raschen galvanischen Angriff führt. Für den Schutz von Aluminium und seinen Legierungen haben sich Chromat- und/oder Polyphosphat-Inhibitoren ausgezeichnet bewährt.

Zink

Wie im Abschnitt über die Galvanisierung erörtert, wird eine Zinkschicht zur Verbesserung des Korrosionwiderstandes anderer Metalle benutzt. Durch die Bildung von undurchlässigen Oxidschichten widersteht es einem Angriff. Bei hohen Temperaturen und in sauren oder hochalkalischen Medien wird aber auch Zink angegriffen.

Nickel

Nickel ist gegen Korrosion widerstandsfähiger als Kupfer, da es edler ist und eine Festigkeit vergleichbar der eines Kohlenstoffstahls besitzt. Es ist außerdem ein ausgezeichnetes Baumaterial, dessen Einsatz sich wegen seines relativ hohen Preises auf Anwendungen in sehr korrosiven Medien beschränkt.

Cupronickel

Nickel mit einem 40%igen Kupferanteil bietet einen ausgezeichneten Widerstand gegen Korrosion. Im Meerwassereinsatz arbeitet es sehr gut und übertrifft sogar die meisten Messingarten. Durch eine 1%ige Eisenlegierung in der Struktur wird der bereits gute Erosionswiderstand noch weiter erhöht. Im allgemeinen erhöht sich bei höherem Nickelgehalt auch die Korrosionsbeständigkeit des Metalls.

Titan

In den letzten Jahren verstärkte sich das Interesse an Titan; wegen seiner Fähigkeit in Meerwasseranlagen widerstandsfähige Oxidfilme zu bilden, ist es vielen anderen Metallen überlegen. Titan ist jedoch immer noch ziemlich teuer, obwohl in vielen Fällen die Mehrkosten wegen der längeren Standzeit, Zuverlässigkeit und dem ausgezeichneten Widerstand gegen Lochfraßkorrosion gerechtfertigt erscheinen.

Korrosionsinhibitoren

Je nach der Wirkung auf die jeweilige Korrosionsreaktion werden Korrosionsinhibitoren als anodisch, kathodisch oder beides bezeichnet. Es sind im allgemeinen mehrere Mechanismen, welche dabei eine Korrosionshemmung bewirken. Beim ersten Mechanismus wird das Inhibitormolekül an der Metalloberfläche durch Chemisorption gebunden und bildet entweder allein oder zusammen mit anderen Metallionen einen dünnen Schutzfilm. Andere Inhibitoren bewirken dagegen nur, daß ein dem Metall eigener Schutzfilm aus Metalloxiden gebildet und somit der Korrosionswiderstand erhöht wird (zweiter Mechanismus). Beim dritten Mechanismus reagiert der Inhibitor mit einer potentiell korrosiven Substanz im Wasser. Die Wahl des jeweils anzuwendenden Inhibitors ergibt sich aus den Parametern des Kühlsystems und aus der Zusammensetzung des Wassers. Die im System verwendeten Metalle, Spannungsbedingungen, Sauberkeit und vorgesehene Wassergeschwindigkeit beeinflussen ebenfalls die Wahl des Inhibitors. Andere Faktoren können auch in Betracht gezogen werden, so zum Beispiel die Behandlungskonzentration, der pH-Wert, der Gehalt an gelöstem Sauerstoff und die Art der Salze und Schwebstoffe.

Viele der oben erwähnten Faktoren, die das Ausmaß der Korrosion in einem System andeuten, beeinflussen auch die Wahl und Dosiermenge des zu verwendenden Inhibitors. Eine niedrige Dosierung ist in Systemen mit hoher Strömungsgeschwindigkeit möglich, da der laminare Film an der Metalloberfläche dünn ist und eine verbesserte Diffusion des Inhibitors durch die Grenzschicht zuläßt und einen verbesserten Korrosionsschutz ergibt. In Systemen mit hohen Temperaturen werden ganz allgemein höhere Inhibitorkonzentrationen nötig, um das durch diese Temperaturen erhöhte Korrosionspotential wirksam zu bekämpfen.

Die Wirksamkeit eines Inhibitors wird auch durch die gelösten Salze im Wasser bestimmt. Härte- und Alkalitätsionen unterstützen oft die Inhibitorwirkung durch die Bildung von Schutzfilmen. Dagegen wird eine Passivierung von eisenhaltigen Metallen durch Chloridionen erschwert.

Die obigen Ausführungen zeigen, daß nur allgemeine Richtlinien für die Verwendung von Inhibitoren erstellt werden können. Um die Korrosion wirksam zu verhindern, muß jedoch jedes System für sich betrachtet werden. Ein für eine bestimmte Anlage gewähltes Behandlungsprogramm sollte daher die Anlageneigenschaften und die damit verbundenen Eigenschafen der Wasserphase in Betracht ziehen, um das beste und wirtschaftlichste Korrosionsschutzprogramm zu finden.

Anodische Inhibitoren bilden an der Anode einen dünnen Schutzfilm, wodurch sich das Potential an der Anode erhöht und die Korrosionsreaktion verlangsamt wird. Der Film beginnt sich an der Anode zu bilden und breitet sich schließlich über die gesamte Metalloberfläche aus. Da der Film nicht mit dem bloßen Auge sichtbar ist, bleibt das Aussehen des Metalls unverändert.

Viele Experten sind der Ansicht, daß anodische Inhibitoren bei zu niedrigen Konzentrationen nicht eingesetzt werden können, da zu wenig Inhibitor stellenweise keinen oder einen zu dünnen Schutzfilm bildet.

Kathodische Inhibitoren sind allgemein weniger wirksam als anodische. Im Vergleich bilden die kathodischen Inhibitoren oft einen erkennbaren Film an der Kathodenoberfläche, wobei das Metall polarisiert wird und nur eine beschränkte Diffusion von gelöstem Sauerstoff zum Metall zuläßt. Der Film wirkt auch der Entwicklung von Wasserstoff entgegen und verhindert dadurch eine Depolarisierung.

Kathodische Inhibitoren werden als sicher bezeichnet, da eine zu niedrige Inhibitorkonzentration nicht zu einem verstärkten lokalisierten Angriff führt. Eine Überdosierung kann jedoch in einigen Anwendungen Probleme verursachen. So führt zum Beispiel eine Überdosierung von Zinksulfat, eines gebräuchlichen kathodischen Inhibitors, zu einer Verstärkung des Korrosionsangriffs an der Wasser/Luft-Trennlinie.

Die folgenden Abschnitte beschäftigen sich mit den gebräuchlicheren Korrosionsinhibitoren, die heute in der Kühlwasserbehandlung Anwendung finden. Es werden dann in der Praxis verwendete synergetische Mischungen von Inhibitoren besprochen.

Polyphosphate

Polyphosphat ist ein kathodischer Inhibitor, der an den kathodischen Flächen der meisten Metalle einen dauerhaften, polarisierenden Film bildet. Das Molekül adsorbiert oder bindet Calciumionen und bildet dabei kolloide Partikel. Diese positiv geladenen Teilchen wandern zur Kathode und bilden dort einen Film. Dabei kann auch ein Anodeneffekt auftreten, wenn Metallionen im Film eingeschlossen werden. Polyphosphat ist außerdem als Härtestabilisator wirksam, wobei Konzentrationen von 1 bis 5 mg/l ausreichen. Als

Additiv in der Trinkwasserversorgung stabilisiert es Eisen und beseitigt Probleme, die durch eisenhaltiges („rotes") Wasser hervorgerufen werden. Polyphosphate bieten in den meisten Anwendungen einen guten Korrosionsschutz.

Polyphosphate werden oft als kondensierte oder polymere Phosphate bezeichnet. Die folgende allgemeine Formel zeigt die Struktur eines Natriumpolyphosphatmoleküls.

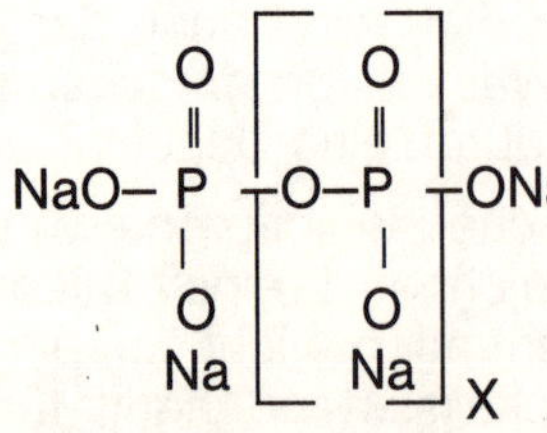

Die Kettenlänge wird durch die Zahl des oben mit „X" bezeichneten Teils der Struktur bestimmt. Wenn X 2 oder 3 ist, dann ist das Polyphosphat kristallin und wird als Pyrophosphat bzw. Tripolyphosphat bezeichnet. Mit zunehmender Länge der Molekülkette zeigt sich die glasige Struktur der amorphen Polyphosphate. Eines der am häufigsten verwendeten Polyphosphate ist das Natriumhexametaphosphat.

Eines der größten Probleme, das bei der Verwendung von Polyphosphaten auftritt, ist die Hydrolyse der Phosphor-Sauerstoffbindung. Aus dem Polyphosphat wird das einfachere und stabilere Orthophosphatmolekül gebildet. Orthophosphat ist ein schwächerer Inhibitor, als Polyphosphat. Unter bestimmten Bedingungen kann Calcium mit dem Orthophosphat reagieren und einen Schlamm bilden, der die Korrosion durch die Bildung von Belüftungszellen beschleunigt. Da die Calciumorthophosphatausscheidung durch Wärme gefördert wird, bilden sich diese Niederschläge normalerweise zuerst an Wärmeübergangsflächen, daraus resultiert ein reduzierter Wärmeübergang. Um die Hydrolyse so gering wie möglich zu halten, wird im allgemeinen eine Kettenlänge von 5 bis 7 (in der Formel durch „X" angezeigt) gewählt, da sich die Polyphosphate bei dieser Länge am stabilsten verhalten.

Hauptursachen für die Hydrolyse von Polyphosphaten sind hohe Temperaturen und niedrige bzw. hohe pH-Werte. Es gibt dabei keine bestimmte Temperatur, bei der die Reversion beginnt, sie ist ganz allgemein eher eine Funktion anderer Systemwerte. Die pH-Grenzwerte können genauer definiert werden. Die Umwandlungstendenz beginnt bei pH-Werten über 7,5 zu steigen. Der stärkere elektrochemisch abgeschiedene Film wird auch durch einen schwächeren adsorbierten Film ersetzt. Ein pH-Wert zwischen 6,5 und 7,5 gibt den besten Schutz in Mehrmetallsystemen. Niedrigere pH-Werte hydrolysieren ebenfalls die Bindung des Moleküls.

Manchmal beeinflussen Metallionen im Wasser die Polyphosphate, wobei in Wasser gelöstes Eisen sowohl positive als auch negative Wirkungen auf den Inhibitor ausübt. Der offensichtlichste positive Effekt ist die Verstärkung des Films durch den Einschluß von Eisen. Eisen kann aber auch mit Polyphosphat einen Komplex bilden und es als Inhibitor wertlos machen. Gelöstes Kupfer kann in einem Polyphosphatfilm eindringen und auf Eisen ausplattieren, wodurch hochaktive galvanische Elemente gebildet werden. In dieser Situation wird der untere Teil des plattierten Kupfers zum kathodischen Teil der Verbindung. Da der Inhibitor diese Stelle nicht erreichen kann, setzt sich die Korrosion rasch fort – ein Merkmal, das die meisten kathodischen Inhibitoren aufweisen.

Ein Nachteil der Polyphosphate ist, daß sie Nährstoffe für Algen sind, wenn sie zu Orthophosphaten hydrolysieren. Die neueste Forschung und Technologie hat jedoch die Nachteile der Polyphosphate durch die Beigabe anderer Substanzen zum größten Teil ausgeglichen. Beispiele dafür werden in diesem Kapitel später erörtert.

Chromate

Das Chromat- oder das Dichromatmolekül ist gegenwärtig wahrscheinlich der wirksamste Inhibitor. Dieser anodische Inhibitor bildet an der Anodenoberfläche einen äußerst passiven Film von Eisen(III)- und Chromoxiden, der in seiner Zusammensetzung ähnlich dem auf Edelstahl natürlich vorkommenden Film ist. Er bildet sich zuerst an der Anode und breitet sich schließlich über die Metalloberfläche aus und schützt die gesamte Metallstruktur. In geringerem Maße verhindern Chromate auch die kathodische Polarisation durch die Adsorption des Chromates an der Kathodenoberfläche, wodurch die Diffusion von gelöstem Sauerstoff verhindert wird.

Chloridionen, und in geringem Maß auch Sulfationen, können in einem durch Chromate gebildeten passiven Film eindringen und aktive anodische Stellen bilden. Bei höheren Konzentrationen dieser aggressiven Ionen ist es daher notwendig, die Chromatkonzentration zu erhöhen. An Stellen niedriger Chromatkonzentration, wie zum Beispiel unter Ablagerungen oder in Spalten, besteht die Gefahr eines beschleunigten Korrosionsbefalls.

In der Praxis zeigt sich, daß die meisten Systeme auch bei geringerer Behandlungskonzentration geschützt werden, nachdem der Film sich einmal gebildet hat. Niedrige Chromatkonzentrationen sind während einer kurzen Zeitspanne möglich; dieser Sicherheitsfaktor ist wahrscheinlich durch die zweite Eigenschaft des Inhibitors bedingt, eine Depolarisation an der Kathode zu verhindern.

Wie bei den meisten anderen Inhibitoren, beeinflussen Temperatur und Strömungsgeschwindigkeit das Chromat. Bei alleiniger Verwendung von Chromat wird die Filmbildung am besten in alkalischem Wasser erreicht.

Die größten Schwierigkeiten beim Gebrauch von Chromat bereitet sein negativer Umwelteinfluß. Wie auch andere Schwermetalle ist Chromat für seine toxische Wirkung auf viele Lebensformen des Wassers bekannt, wodurch es natürlich Probleme bei der Abwasseraufbereitung gibt. Das amerikanische „National Pollution Discharge Elimination System“ hat den Gehalt von Chrom im Abwasser eingeschränkt, und staatliche Wasserqualitätsnormen haben weitere Beschränkungen in Bezug auf die erlaubten Konzentrationen im Abwasser in vielen Bereichen festgelegt.

Normalerweise werden Chromate nicht in offenen Kühlwassersystemen benutzt. Die Anwendung von Chromat als Inhibitor wird leider durch die notwendigen Umweltauflagen immer schwieriger, ja fast unmöglich.

Zink

Zinksalze werden sehr häufig in Kühlwasseranlagen als kathodische Inhibitoren benutzt. Sie bilden sehr schnell einen Film auf der Metalloberfläche. Da dieser Film jedoch nicht sehr stabil ist, wird Zink meist nicht allein, sondern in synergetischen Mischungen verwendet, welche die rasche Filmbildung ausnutzen.

Wie Chromat hat auch Zink eine ähnlich toxische Wirkung auf das Leben im Wasser. Seine Anwendung ist folglich in den letzten Jahren stark eingeschränkt worden. Zink hat außerdem den Nachteil bei pH-Werten über 8,0 ausgefällt zu werden.

Nitrite

Nitritgemische werden vor allem in geschlossenen Kühlsystemen als Metallpassivatoren eingesetzt. Als anodische Inhibitoren bewirken sie, daß das Metall selbst seinen eigenen undurchdringlichen Film für die Passivierung bildet. Eine ausreichend hohe Nitritkonzentration ist notwendig, um diesen Film aufrecht zu halten. Chlorid- und Sulfationen können in diesen Film eindringen, genau wie sie es auch bei anderen passiven Filmen tun.

Eine hervorragende Eigenschaft der Nitrite ist ihre Fähigkeit, auch angerosteten Stahl zu passivieren und Eisenoberflächen zu säubern.

Bei pH-Werten zwischen 9 und 10 wirken Nitrite korrosionshemmend auf Aluminium, Zinn und eisenhaltige Metalle, und darum werden normalerweise pH-Puffer, wie zum Beispiel Borate, den Nitritinhibitoren beigemischt. Spezifische Kupferinhibitoren sind nötig, um Kupfer und Kupferlegierungen wirksam zu schützen.

Nitrit kann Nährstoff für verschiedene Mikroorganismen sein. Bestimmte Arten von Bakterien oxidieren es zu Nitrat oder reduzieren es zu Ammoniak. Es wurde auch festgestell, daß Nitrit unter bestimmten bakteriologischen Voraussetzungen zu Stickstoff reduziert werden kann.

Silikate

Natriummetasilikate werden seit vielen Jahren als Korrosionsinhibitoren in Trinkwassersystemen benutzt. Sie hydrolysieren im Wasser und bilden negativ geladene kolloide Teilchen, die zur Anode wandern und dort einen Film bilden. Für die Filmbildung werden feste Korrosionsprodukte benötigt, und der Film wird schließlich zu einem Gel. Dieser Prozeß ist selbstbeschränkend und setzt sich nicht weiter fort, sobald keine Korrosionsprodukte mehr zur Verfügung stehen.

Dieser Film bildet sich auf verrosteten und sauberen Oberflächen und überzieht schließlich die gesamte Metalloberfläche. Da er wegen seiner Porösität die Sauerstoffdiffusion nicht ganz aufhalten kann, liegt sein Vorteil wohl mehr in der anodischen Korrosionsinhibierung.

In der Trinkwasserbehandlung wird der Silikatgehalt 8 bis 16 mg/l (als SiO_2) über der normalerweise im Wasser gefundenen Konzentration gehalten. Die in den meisten Wasserquellen gefundene monomere Kieselsäure bietet keinen wirksamen Schutz. In Wasser mit einem pH-Wert unter 6,0 wird die Silikatverbindung $Na_2O \cdot 2SiO_2$ benutzt, während die Verbindung $Na_2O \cdot 3{,}3SiO_2$ in Wasser mit einem pH-Wert über 6,0 eingesetzt wird. Diese glasigen amorphen polymeren Silikate bieten dann den Korrosionsschutz. Der beste Schutz mit Silikaten wird bei einem pH-Wert zwischen 8,0 und 9,5 erreicht. Die hochalkalischen Silikate, die in häuslichen Wassersystemen verwendet werden, verursachen häufig einen Anstieg des pH-Werts. Silikate schützen eine große Anzahl von Metallen und verhindern besonders die Entzinkung.

In offenen Kühlwassersystemen werden Silikate nur mit beschränktem Erfolg eingesetzt. Es werden Mischungen von Silikaten und komplexen Phosphaten benutzt, um den Schutz zu verbessern.

Benzoate

Viele Salze der Benzoesäure bilden einen lockeren anodischen Film auf eisenhaltigem Metall. Sie werden mit Nitriten kombiniert, um Kaltwassersysteme zu schützen.

Besonders wirksam sind Benzoate bei der Verhinderung von Korrosionsangriffen am Wasserspiegel. Von den meisten anodischen Inhibitoren unterscheiden sich Benzoate dadurch, daß sie bei zu niedrigen Konzentrationen nicht einen lokalen Angriff fördern, sondern eine gleichmäßige Korrosion zulassen.

Nachteile beim Gebrauch von Benzoaten sind die hohen Kosten und ihre Unwirksamkeit auf Nichteisenmetallen.

Kalkmilch

Eine preiswerte Methode des Korrosionsschutzes ist die Regulierung der Alkalität durch Kalkmilchzugabe, was in vielen städtischen Wasserversorgungssystemen angewendet wurde. Dabei wird genügend Kalkmilch beigemischt, um den Langelier-Index von korrosiv auf etwas über O, d. h. in den steinbildenden Bereich anzuheben. Dieses Verfahren wird wegen der Temperaturabweichungen und deren Einfluß auf Härteausscheidung und Korrosion fast nie in offenen Rückkühlsystemen benutzt.

Tannine und Lignine

Zum Korrosionsschutz werden verschiedene Arten von Tanninen und Ligninen verwendet, wobei einige Tannine die kathodische Depolarisation durch gelösten Sauerstoff verhindern, während andere einen undurchdringlichen Film auf der Metalloberfläche bilden und wieder andere einen verbesserten Schutz durch eine Verbesserung der natürlichen Kalk-Rost-Schutzschicht bieten. Tannine sind in Gemischen, besonders mit Zink, erfolgreich verwendet worden. Ligninsulfosäuren in Kombination mit anderen Inhibitoren zeigten in der Anwendung ausgezeichnete Hemmwirkung bei eisenhaltigen Metallen und Aluminium.

Wie viele andere organische Inhibitoren fördern sie nicht den lokalen Angriff und können auch bei höheren Temperaturen Anwendung finden. Die notwendigen hohen Inhibitorkonzentrationen sind Nährstoffe für Mikroorganismen und belasten das Abwasser, bzw. die Abflut.

Nitrate

Natriumnitrat wurde zum Schutz von Loten und Aluminium verwendet. Wenn es zusammen mit anderen Inhibitoren, wie zum Beispiel Nitriten, benutzt wird, verbessert es auch die Korrosionshemmung von Stahl. Es wird fast nur in geschlossenen Kühlsystemen verwendet.

Oberflächen-Komplex-Bildner

Oberflächen-Komplexmittel bilden eine relativ neue Gruppe der Korrosionsinhibitoren. Beim Korrosionsbeginn an der Anode können diese Moleküle einen monomolekularen Film an der Metalloberfläche bilden. Wenn sich die Metallionen bilden, reagieren sie mit dem Chelatmolekül und bilden eine festhaftende Schicht an der Metalloberfläche, die eine weitere Korrosion verhindert. Die Filmdicke ist daher selbstlimitierend; Abb. 3-21 zeigt ein Beispiel für diese Art der Filmbildung.

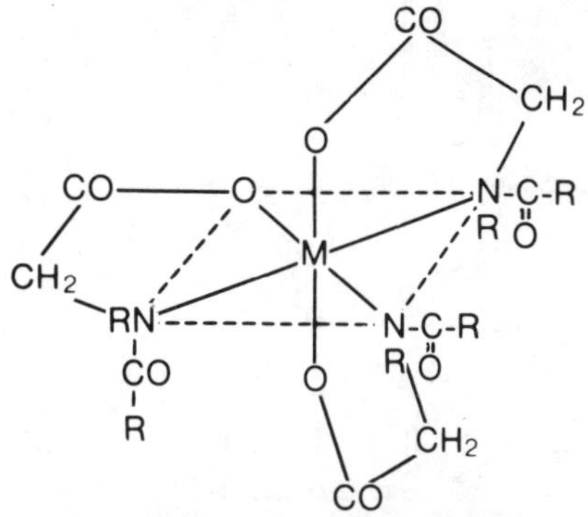

Abb. 3-21. Sarkosinat-Metallkomplex.

Komplexbildner sind wirksam durch ihre Oberflächenaktivität und ihre niedrige Löslichkeit. Ihre Oberflächenaktivität erlaubt es, Ablagerungen zu dispergieren, während sie die Metalloberflächen erreichen und passivieren. Der Komplexbildner besteht aus zwei funktionellen Gruppen, einer hochlöslichen Gruppe und einer hydrophoben Gruppe an einem anderen Teil des Moleküls. Die lösliche Gruppe bildet dabei einen Komplex mit den Metallionen am Lösungsgrenzgebiet und bildet einen unlöslichen Film an der Metalloberfläche. Die hydrophobe Gruppe macht den Film wasserabweisend gegenüber der Lösung. Allgemein ist gefunden worden, daß fünf- und sechsgliedrige Chelatringe am wirksamsten sind.

Schließlich wird die gesamte Metalloberfläche bedeckt, wobei dieser Film auf eisenhaltigen Metallen mit Wärmeübergang oft schwarz erscheint. Die Forschung stellte fest, daß dieser Film einen wirksamen Korrosionsschutz bietet, selbst wenn das System bereits korrodiert ist. Das Sarkosinatmolekül ist ein Beispiel solcher Komplexbildner, die Ablagerungen dispergieren können, sobald sie die Metalloberflächen erreichen. Wenn der Film einmal gebildet ist, hat er keinen Einfluß auf den Wärmeübergang.

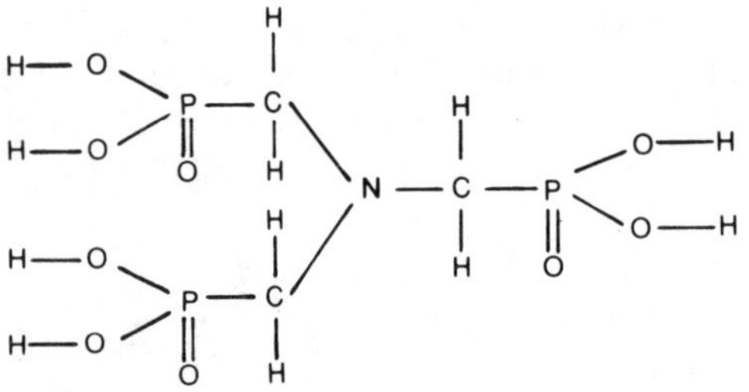

Abb. 3-22. Aminomethylenphosphonat (AMP).

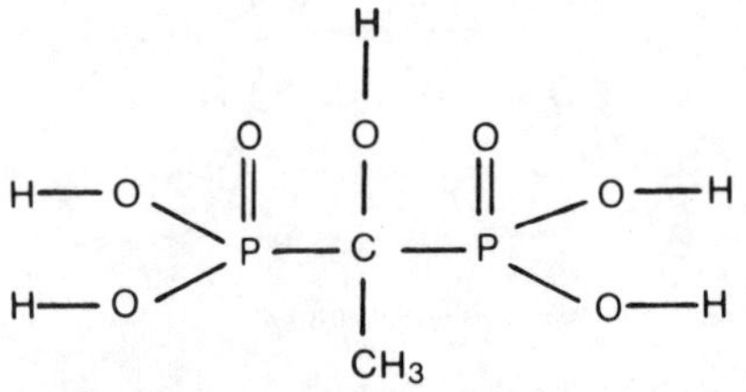

Abb. 3-23. Hydroxyläthyliden-1, 1 Diphosphonat (HEDP).

Phosphonate

Diese organischen Phosphorverbindungen sind in ihrem Verhalten ähnlich den Polyphosphaten. Sie haben die Fähigkeit, Metallionen durch Sequestierung oder substöchiometrische Reaktionen zu komplexieren. Phosphonate stabilisieren Eisen- oder Härtesalze und bilden Schutzfilme an der Metalloberfläche. Phosphonate sind bessere Härtestabilisatoren als die Polyphosphate (vgl. Kapitel 4), während Polyphosphate überlegenere Korrosionsinhibitoren sind.

Phosphonate hydrolysieren nicht so leicht wie die Polyphosphate, und die Kohlenstoff-Phosphorbindung im Phosphonat ist von größerer Stabilität als die Phosphor-Sauerstoffbindung in Polyphosphaten (Abb. 3-22 und 3-23).

Phosphonate wurden verwendet, um eisenhaltige Metalle kathodisch zu schützen. Sie greifen Kupfer und seine Legierungen an, was aber durch Zumischung von Zink, Polyphosphaten und spezifischen Kupferkorrosionsinhibitoren verhindert werden kann.

Phosphonate und Polyphosphatgemische können im Vergleich zu üblichen Behandlungen bei größeren Härten und höheren pH-Werten eingesetzt werden. Bei höheren pH-Werten, in welchen ein Schutz leichter möglich ist, kann die Eigenschaft der Phosphate ausgenützt werden, die Härte gut zu stabilisieren und andere Ablagerungen zu verhindern.

Molybdate

Die Forschung hat bestätigt, daß gewisse Molybdatsalze als Korrosionsinhibitoren den in höheren Konzentrationen verwendeten Chromat- oder Nitritsalzen ebenbürtig oder überlegen sind. Natriummolybdat ist ein anodischer Inhibitor, der einen komplexen passivierenden Film von Eisen(II)-Eisen(III)-Molybdänoxiden an der Eisenanode bildet. Dieser Film wird auch ohne die Gegenwart von gelöstem Sauerstoff gebildet.

Molybdän wird oft im Erdboden gefunden und es wurde festgestellt, daß es die Wirkung von Erdbakterien unterstützen kann. Das amerikanische „Public Health Bulletin Nr. 293" stellte fest, daß dieses Element nur geringe Toxität aufweist. Es hat einen wesentlich geringeren Einfluß auf die Umwelt als andere Schwermetalle, wie z. B. Chrom und Zink.

Mit der verminderten Verwendung anderer Inhibitoren haben Molybdatsalze und ihre Derivate eindeutig an Bedeutung gewonnen. Zink- oder Kupferkorrosionsinhibitoren werden mit Molybdatinhibitoren gemischt, um die Molybdatkonzentration zu reduzieren und die Kosten der Behandlung zu senken.

Orthophosphate

Sie sind anodische Inhibitoren und werden wegen der Gefahr der Schlammbildung mit Calcium sehr selten allein zum Korrosionsschutz verwendet.

Aromatische Azole

Mercaptobenzothiazol (MBT) ist ein spezifischer Korrosionsinhibitor für Kupfer und seine Legierungen und wird an den

Metalloberflächen durch Chemisorption gebunden. Bei geringen Konzentrationen von 1 oder 2 mg/l bietet es bereits einen ausgezeichneten Schutz. Die wichtigsten Nachteile des MBT sind seine Chlorzehrung, seine Instabilität in Gegenwart von Oxidationsmitteln und seine hohen Kosten.

Die Mittel Benzotriazol und Tolyltriazol, die in Abb. 3-24 gezeigt werden, sind dem MBT als Kupferkorrosionsinhibitoren überlegen. Ein Kupferion verdrängt ein Wasserstoffion und bildet eine kovalente Bindung. Zwischen dem Kupfer und dem Elektronenpaar am benachbarten Stickstoffatom bildet sich eine zugeordnete kovalente Bindung. Der unlösliche Komplex bildet einen dünnen Film, der den normalen Kupfer(I)- und Kupfer(II)oxidfilm verstärkt.

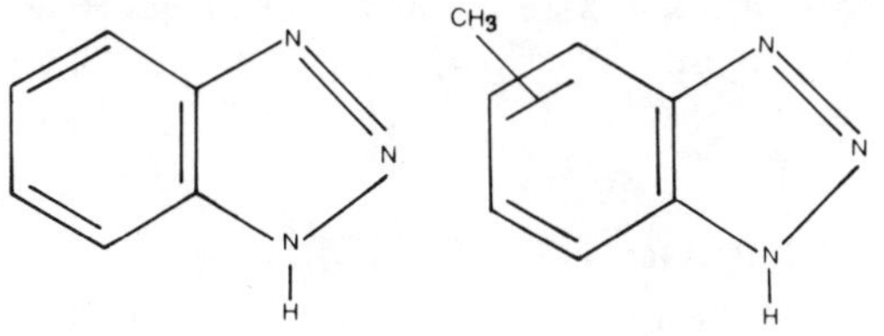

Benzotriazol Tolyltriazol

Abb. 3-24. Aromatische Triazol-Kupferkorrosionsinhibitoren.

Im Vergleich zu MBT sind Benzotriazol und Tolyltriazol gegen die Oxydation widerstandsfähiger, obwohl freies Chlor auch ihre Wirkung beeinträchtigt. Sie sind gut verträglich mit Glykol-Frostschutz und werden darum oft in geschlossenen Systemen verwendet, die Kupfermaterial enthalten.

Lösliche Öle

Wenn diese anodischen Inhibitoren dem Wasser beigegeben werden, bilden sie negativ geladene Teilchen, die zur Anode wandern und mit den Metallionen ausfallen. Der entstehende Ölfilm verhindert eine weitere Diffusion und hemmt die Korrosionsreaktion. Schließlich kann die gesamte Metalloberfläche beschichtet sein und die Wirkung der Öle kann auch eine kathodische Polarisation umfassen.

Lösliche Öle bieten einen guten Schutz für Aluminium und Stahl und sind erfolgreich bei der Kühlung von Dieselmotoren verwendet worden, um dort die Kavitation im Kühlmantel zu reduzieren. Der dicke Ölfilm kann jedoch in manchen Fällen die Wärmeübertragung behindern.

Triäthanolaminphosphat

Es wird in geschlossenen Systemen mit oder ohne Glykol-Frostschutzmittel verwendet, und hat mit erhöhter Konzentration eine bessere Hemmwirkung auf Stahl und eine geringere Wirkung auf Kupfer. In einer Dosierung von etwa 3000 mg/l sind beide Metalle ausreichend geschützt.

Chromglucosate

Sie werden in Kühlsystemen bei höheren Temperaturen (80–90° C) benutzt, wenn die Konzentration von gelöstem Sauerstoff relativ gering ist. Der Schutzmechanismus dieser Verbindungen ist noch unklar. Ihre besonderen Nachteile sind die hohe Dosierungskonzentration, die mögliche Zersetzung und der Umstand, daß sie Nährstoffe für Bakterien sind.

Synergetische Mischungen

In der Praxis tritt nur selten der Fall auf, daß nur ein einziger Korrosionsinhibitor in einem Kühlsystem Anwendung findet. Vor allem in offenen Umwälzsystemen werden normalerweise zwei oder mehrere Inhibitoren gemischt, um die spezifischen Vorteile jedes einzelnen zu nutzen und ihre jeweiligen Nachteile auf ein Minimum zu reduzieren. So wird ein Betriebsprogramm für den Korrosionsschutz wesentlich verbessert.

Oft werden anodische und kathodische Inhibitoren kombiniert, um das Metall insgesamt besser zu schützen (Synergismus), was jedoch nicht in jedem Fall gelingt. Viele Formulierungen verwenden auch zwei kathodische Inhibitoren, um für zusätzliche Polarisation an der Kathode zu sorgen und dadurch die Korrosion wirksam zu verhindern. Weniger häufig werden zwei anodische Inhibitoren verwendet, um eine zusätzliche Passivierung zu ermöglichen.

So gibt beispielsweise ein Zink-Chromatgemisch in einer Konzentration von 40–50 mg/l einen besseren Schutz als Chromat allein in einer Konzentration von 200 mg/l.

Der nächste Abschnitt beschreibt einige der handelsüblichen synergetischen Gemische. In jedem dieser Fälle wurde ein verbesserter Korrosionsschutz durch die Verwendung von Mischungen im Vergleich zu dem Korrosionsschutz der Einzelkomponenten erzielt. Da Schwermetalle in der Anwendung problematisch sind, haben Gemische mit neuen organischen Inhibitoren dazu beigetragen, den Einfluß und in vielen Fällen auch die Konzentration der Schwermetalle zu reduzieren.

Zink-Chromatgemische

Gemische von kathodischen (Zink) und anodischen (Chromat) Inhibitoren werden seit Jahren in der Industrie eingesetzt. Normalerweise wird der Chromatgehalt im Umwälzwasser auf 15 bis 30 mg/l gehalten, wobei 1 bis 5 mg/l Zink vorhanden sein sollen. In der praktischen Anwendung hat sich gezeigt, daß Zink die Korrosion in vielen Situationen relativ leicht unter Kontrolle hält. Um Zink in Lösung zu halten, sollte der pH-Wert des Kühlwassers unter 8,0 liegen. Obwohl eine Vorreinigung des Systems die Inhibitorwirksamkeit verbessert, kann diese Kombination auch in Gegenwart von geringen Ablagerungen wirksam sein und immer noch die Metalloberfläche schützen. Der ganz offensichtliche Nachteil des Gemisches ist die Verwendung zweier Schwermetalle. Umweltschutzgesetze haben ihre Anwendung besonders in Europa in den letzten Jahren weitgehend eingeschränkt.

Chromat-Polyphosphat

Ein breites Angebot von Chromat-Polyphosphatmischungen, die sowohl anodische als auch kathodische Wirkung haben, hat sich in Kühlsystemen als wirksam herausgestellt. Die Dispergierwirkung der Polyphosphate ist ein weiterer Vorteil und bietet einen besseren Schutz in stark verschmutzten Anlagen. Polyphosphate säubern Metalloberflächen wirksamer als Zink-Chromatprodukte und ermöglichen dem Chromat, das Metall leichter zu erreichen. Es soll hier nochmals betont werden, daß eine Vorreinigung für ein System am besten ist und sich in Bezug auf Korrosionsschutz und erhöhte Wärmeübertragung bezahlt macht. Der für diese Mischung typische pH-Bereich liegt zwischen 7,0 und 7,5, wobei die Kupferauflösung auf einem Minimum gehalten wird und gleichzeitig ein Schutz gegen die Hydrolyse des Polyphosphats gegeben ist.

Chromat-Orthophosphat

Hier werden zwei anodische Inhibitoren gemischt. Frühere praktische Arbeit zeigt, daß bei einer Konzentration von 100 mg/l ein besserer Schutz erreicht wird als bei Verwendung der Einzelkomponenten in Konzentrationen über 100 mg/l. In letzter Zeit haben viele andere Mischungen diese Kombination in der Anwendung verdrängt.

Zink-Polyphosphat

Beide Inhibitoren sind kathodischer Natur. Der gebildete kathodische Film ist so dauerhaft wie ein Polyphosphatfilm und formt sich so schnell wie ein Zinkfilm, wodurch die Vorteile beider Inhibitoren ausgenutzt werden. Die Gegenwart von Zink im Film verzögert den Eiseneinschluß, so daß der Film besser schützt und dünner ist. Bei kritischem Wärmeübergang kann dies von Vorteil sein. Ein neutraler pH-Bereich ist für dieses Behandlungsprogramm am besten geeignet.

Polyphosphat-Silikat

In Hauswassersystemen sind diese Mischungen mit ausgezeichnetem Erfolg eingesetzt worden. Die Beigabe von Polyphosphaten zu einem Silikat ermöglicht einen weitreichenden Korrosionsschutz und sequestriert außerdem Härtesalze. In Kühlwassersystemen ist ihre Anwendung schon ein wenig eingeschränkt. Niedrige Konzentrationen (wie z. B. die kontinuierliche Dosierung von 5 bis 20 mg/l) sind bei der Behandlung von Durchlaufsystemen ausreichend.

Polyphosphat-Cyanoferrat(II)

Cyanoferrat(II) wurde mit Polyphosphat gemischt, um eisenhaltige und einige nichteisenhaltige Materialien zu schützen. Die Hemmwirkung dieser Mischung ist auch bei hohen Umgebungstemperaturen gut und die Zugabe einer geringen Menge eines Schwermetalls (z. B. Zink) bietet einen noch besseren Schutz. Diese Art von Inhibitor wurde von den Umweltschützern besonders angegriffen und deshalb heute kaum mehr angewandt.

Zink-Tannine, Zink-Lignine

Einige der erfolgreichsten neueren Mischungen, sind Gemische von Zink mit Tanninen oder sulfonierten Ligninen. Diese Mischungen haben alle Vorteile der organischen Inhibitoren und insbesondere den Vorteil einer raschen Filmbildung und eines kathodischen Schutzes durch das Zink. Spezifische Kupferinhibitoren können auch für den Schutz von Mehrmetallsystemen eingesetzt werden.

Zink-Phosphonate

Zink wird oft gemeinsam mit Phosphonaten zum Schutz von Kupfermaterialien benutzt. Da Phosphonat, wenn es allein benutzt wird, Kupfer angreifen kann, ist Zink notwendig, um einen Phosphonatkomplex zu bilden, welcher dann das Kupfer schützt. Dieser Umstand wurde schon zuvor im Abschnitt über die Phosphonat-Inhibitoren erwähnt.

Zink-Polyphosphat-Chromat

Die Kombination dieser drei Inhibitoren ermöglicht einen Korrosionsschutz in einem besonders weiten Bereich. In der Mischung finden sich alle Vorteile der einzelnen Bestandteile. Durch das vorhandene Chromat ist der Einsatz des Mittels aus ökologischen Gesichtspunkten nur noch beschränkt möglich.

Mischungen mit niedrigem Chromatgehalt

Seit kurzem werden Chromate in Konzentrationen von nur 5 mg/l in offenen Umwälzsystemen bei einem pH-Wert über 8,0 eingesetzt. Die Kombination von niedriger Chromatkonzentration und hohem pH-Wert bestimmt dabei den Korrosionsschutz.

Der Einsatz bei hohen pH-Werten wurde erst durch die Entwicklung verbesserter Produkte zu Verhinderung von Ablagerungen ermöglicht. Dagegen ist diese Methode in Systemen mit hochkorrosiven Bedingungen oder bei starker mikrobiologischer Aktivität nicht erfolgreich. Der zweite Aspekt wird in Kapitel 5 erörtert.

Polyphosphatprodukte zur Verhinderung von Ablagerungen

Polyphosphate in einer Mischung mit Phosphonaten und bestimmten Polymeren sind in einem breiten pH-Bereich wirksam. Da Polyphosphat ein kathodischer Inhibitor und daher weniger empfindlich gegen Unterdosierung als anodische Inhibitoren ist, sind solche Gemische bei hohen pH-Werten wirksamer als Inhibitoren mit niedrigem Chromatgehalt. Neue Polymere sind in der Lage, durch Hydrolyse gebildetes Orthophosphat zu konditionieren, wodurch der natürliche anodische Korrosionsschutz der Orthophosphate genutzt wird. So kann ein potentiell schädlicher Schlamm derart umgewandelt werden, daß er synergetisch mit dem Polyphosphat schützt. Die Phosphonate, deren synergetische Zusammenwirkung mit Polyphosphaten feststeht, tragen ebenfalls zum Gesamtkorrosionsschutz bei. Wenn sie mit Polymeren verwendet werden, können sie Calciumcarbonat und Calciumphosphatausfällung verzögern, die bislang im alkalischen pH-Bereich Schwierigkeiten bereiteten.

Vorbehandlung

Viele Korrosionsinhibitoren sind am besten wirksam, wenn sie während der ersten Wochen ihrer Benutzung in der zwei- oder dreifachen Konzentration der Normaldosierung verwendet werden. Diese sogenannte Vorbehandlung ermöglicht einen wesentlich besseren Korrosionsschutz, besonders in neuen Anlagen, da sich schnell dauerhafte passivierende Filme an den Metalloberflächen formen. Die Vorbehandlung kann wieder eingesetzt werden, wenn Systemstörungen aufgetreten sind oder um pH-Abweichungen, korrosive Verunreinigungen sowie niedrige Inhibitordosierungen auszugleichen, da sich dann erneut ein stabiler Schutzfilm bildet.

Wirksamkeit der Inhibitoren

Die vorangegangenen Abschnitte beschrieben viele der heute erhältlichen Korrosionsinhibitoren. In einem wie in Abb. 3-25 gezeigten Laborsystem kann die Inhibitorwirksamkeit bei verschiedenen Parametern unter kontrollierten Bedingungen festgestellt werden. Die in Tabelle 3-3 gezeigten Bedingungen fördern die Korrosion wegen des zumeist negativen Langelier Index, der hohe Chlorid- und Sulfatkonzentrationen, relativ niedriger

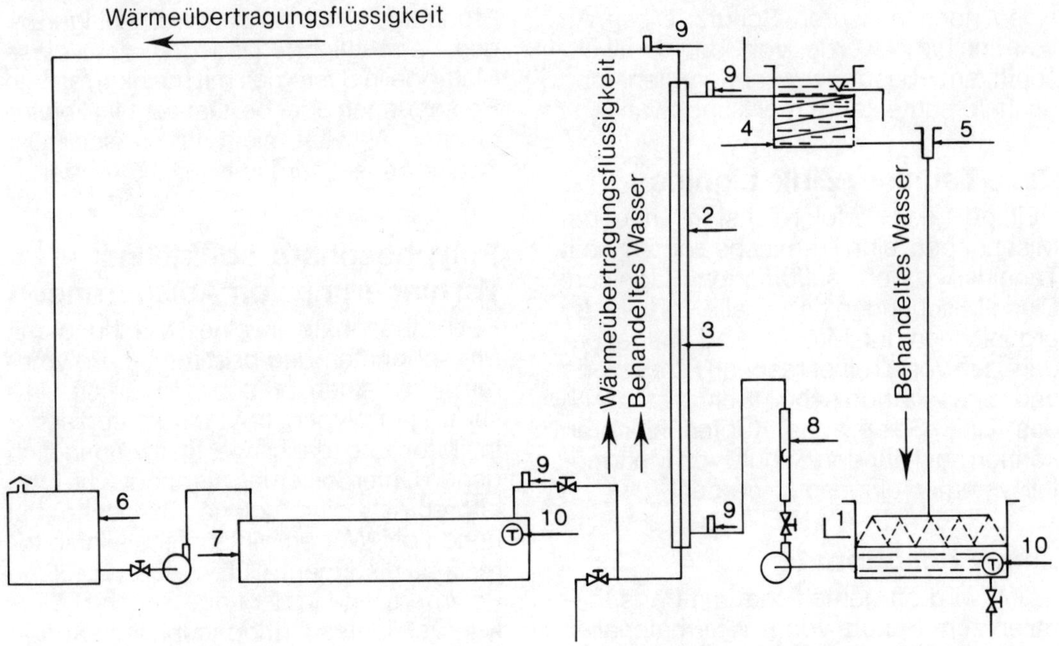

1 Reservoir für behandeltes Wasser
2 Glasmantel
3 Wärmeaustauscherrohr
4 Wasserkühler
5 Saugapparat
6 Tank für Wärmeübertragungsflüssigkeit
7 Heizung (15 kW)
8 Rotameter
9 Thermometer
10 Thermostat

Abb. 3-25. Fließschema eines Umwälzsystems mit Wärmetauscher.

Tabelle 3-3. Bedingungen im Umwälzsystem.

Wasseranalyse	Betriebsdaten	
Kalziumhärte	Kühlwassertemperatur	47 °C
Magnesiumhärte	Wandtemperatur	77-87 °C
Bikarbonat-Alkalinität	Prozeßseitige Temperatur	177-232 °C
Sulfat	Kühlwasserströmungsgeschwindigkeit	0,6 m/sec
Chlor	Testdauer	3 Tage
Langelier Index	Wärmeübergang	etwa 196 $kcal/h/m^2$

Tabelle 3-4. Typische Korrosionsraten unter Rückkühlbedingungen.

Behandlungsprogramm	*Dosierung (mg/l)	pH-Bereich	**Korrosionsrate (mpy)
Inhibitoren für offene Systeme			
Chromat-Zink	50	6.5-7.0	0.7-1.9
Zink-Lignin	150	7.0-7.5	1.6-2.7
Zink-Phosphonat	75	7.0-7.5	1.8-2.6
Polyphosphat-Phosphonat-Polymer	100	7.0-7.5	1.7-2.4
Polyphosphat-Zink	50	7.0-7.5	2.2-3.4
Aromatisches Azol-Phosphonat-Lignin	150	8.0-8.5	2.6-3.6
Inhibitoren für geschlossene Systeme			
Oberflächen-Chelatbildner	1000	7.0-7.5	0.1-1.3
Nitrit-Borat mit organischen Zusätzen	2000	8.5-10.0	0.6-1.1
Natriumchromat	500	7.0-7.5	0.2-0.7
Unbehandelte Kontrolle			50-100

* Dosierungsangaben beziehen sich auf formulierte Markenprodukte
** 1 mpy entspricht 0.025 mm/Jahr

Tabelle 3-5. Typische Korrosionsraten bei Anwesenheit von Verunreinigungen oder hohen Wassertemperaturen.

Behandlungsprogramm	*Dosierung (mg/l)	pH-Bereich	Verunreinigung Temperatur	Korrosionsrate (mpy)
Chromat-Zink	50	6.5-7.0	Peroleumäther	3.9-10.7
Zink-Lignin	150	7.0-7.5	(30-70 mg/l)	2.5-8.4
Zink-Phosphonat	75	7.0-7.5	"	2.9-7.6
Polyphosphat-Phosphonat-Polymer	100	7.0-7.5	(30-70 mg/l)	1.7-2.9
Polyphosphat-Zink	50	7.0-7.5	(30-70 mg/l)	3.2-9.1
Aromatisches Azol-Phosphonat-Lignin	150	8.0-8.5	(30-70 mg/l)	4.0-8.0
Chromat-Zink	50	6.5-7.0	Wasserstoffsulfid	5.0-16.2
Zink-Lignin	150	7.0-7.5	(2-20 mg/l)	4.8-9.1
Zink-Phosphat	75	7.0-7.5	(2-20 mg/l)	3.9-9.8
Polyphosphat-Phosphonat-Polymer	100	7.0-7.5	(2-20 mg/l)	2.8-6.7
Polyphosphat-Zink	50	7.0-7.5	(2-20 mg/l)	4.5-10.2
Aromatisches Azol-Phosphonat-Lignin	150	8.0-8.5	(2-20 mg/l)	2.9-4.7
Chromat-Zink	50	6.5-7.0	Hexan	2.8-7.8
Zink-Lignin	150	7.0-7.5	(10-40 mg/l)	2.8-4.9
Zink-Phosphonat	75	7.0-7.5	(10-40 mg/l)	2.6-6.2
Polyphosphat-Phosphonat-Polymer	100	7.0-7.5	(10-40 mg/l)	1.6-3.2
Polyphosphat-Zink	50	7.0-7.5	(10-40 mg/l)	2.4-3.7
Aromatisches Azol-Phosphonat-Zink	150	8.0-8.5	(10 40 mg/l)	2.8 4.1
Chromat-Zink	50	6.5-7.0	Hohe Temperaturen	1.1-2.2
Zink-Lignin	150	7.0-7.5	(77-82°C)	3.5-4.7
Zink-Phosphonat	75	7.0-7.5	(77-82°C)	2.9-4.2
Polyphosphat-Phoshonat-Polymer	100	7.0-7.5	(77-82°C)	2.9-4.2
Polyphoshat-Zink	50	7.0-7.5	(77-82°C)	9.7-17.4
Aromatisches Azol-Phosphonat-Zink	150	7.0-7.5	(77-82°C)	5.5-7.2

*Dosierungsangaben beziehen sich auf formulierte Markenprodukte.

Strömungsgeschwindigkeit und des hohen Wärmeübergangs. Tabelle 3-4 zeigt, daß Markenprodukte die Korrosion bei vorgeschriebener Dosierung und innerhalb des vorgeschriebenen pH-Bereichs wirksam verhindern, im unbehandelten Kontrollversuch werden dagegen Korrosionsgeschwindigkeiten von 1 bis 2,5 mm pro Jahr gemessen.

Industrielle Kühlwasseranlagen sind oft vorübergehenden Störungen ausgesetzt, welche das Behandlungsprogramm beeinflussen. Störungen können durch produktseitige Verschmutzung, hohe Temperaturen oder niedrige Strömungsgeschwindigkeit ausgelöst werden. Tabelle 3-5 zeigt den Einfluß von Verunreinigungen oder hoher Temperatur auf die Wirksamkeit des Inhibitors.

Der Korrosionsschutz in Kühlwassersystemen ist so hoch entwickelt und verfeinert, daß eine Korrosionsrate von unter 0,05 mm pro Jahr in den meisten Fällen erreicht werden kann. Die Weiterentwicklung von Inhibitorgemischen, besonders solchen mit den modernen organischen Additiven, ermöglicht heute einen erstklassigen Korrosionsschutz. Zusammen mit verbesserten Stabilisatoren und Dispergatoren wurden wirksamere Behandlungsprogramme entwickelt als sie bislang möglich waren.

Ein erfolgreiches Wasserbehandlungsprogramm setzt die Einhaltung der Grenzwerte der Inhibitorkonzentration, des pH-Wertes und der Eindickung voraus.

Kapitel 4
Ablagerungen in Kühlwassersystemen

Im Laufe der letzten Jahre ist die Wartung von Külwassersystemen wegen einer Reihe von Veränderungen immer schwieriger geworden, wobei sich einige langsam entwickelten, während andere plötzlich auftraten. Die Entwicklung von Produkten zur Vermeidung von Ablagerungen reagierte flexibel auf diese veränderten Bedingungen.

Mit den Jahren wurde die Qualität des Zusatzwassers für Kühlsysteme langsam aber ständig schlechter. Der Bau neuer Industrieanlagen, die für Kühlzwecke von der gleichen Wasserversorgung abhängig sind, führte zu vermehrter chemischer und thermischer Belastung. Oft ist das Abwasser einer Fabrikanlage das Speisewasser einer weiter flußabwärts gelegenen Fabrik, und was die eine als Abwasser ansieht, ist für die nächste die hauptsächliche Zusatzwasserquelle. Um den Wasserverbrauch und die Abwasseraufbereitungskosten zu senken, ist es heute notwendig geworden, Kühlwasser mit immer höheren Konzentrationen an gelösten Stoffen aufzubereiten.

STÄRKE

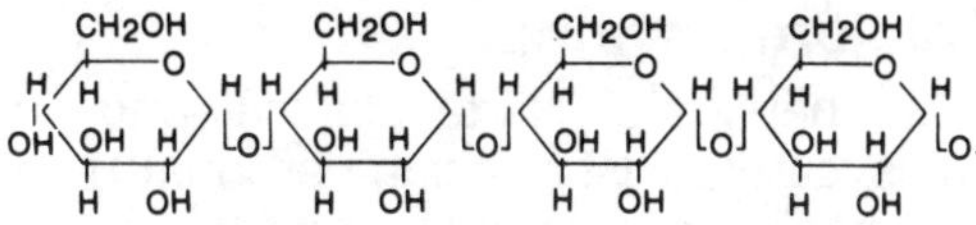

CARBOXYMETHYLZELLULOSE

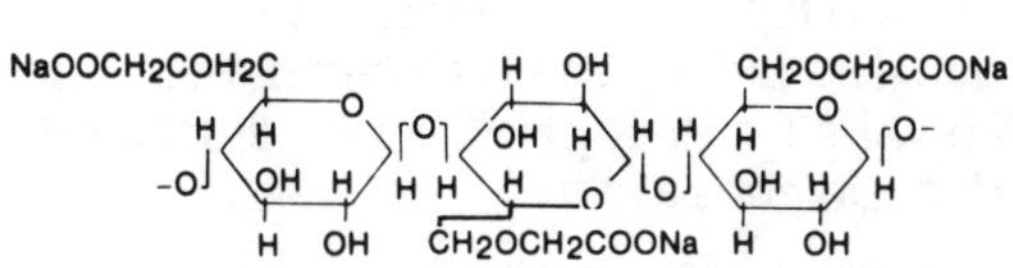

Abb. 4-1. Natürliche und modifizierte organische Ablagerungsinhibitoren.

Schutzbestimmungen führten zur Verwendung umweltfreundlicher Inhibitoren, die allgemein in einem alkalischen pH-Bereich eingesetzt werden. Obwohl dies den Korrosionsschutz ein wenig erleichtert, existiert im höheren pH-Bereich eine größere Tendenz zur Steinbildung.

Die ursprünglich in einer Dosierung von 50 bis 200 mg/l verwendeten Mittel zur Verhinderung von Ablagerungen waren natürliche oder modifizierte organische Stoffe. Zu diesen gehören Stärke und andere Zellulosederivate, Lignine, Tannine und Alginate. Stärke und Zellulosederivate, wie z. B. Carboxylmethylzellulose, wurden als Schlammdispergatoren eingesetzt. Die mit der Stärke verbundene funktionelle Gruppe ist eine Hydroxylgruppe und bei geringer Modifikation dieser Struktur durch Einbau von Carboxyl- (-COOH) Gruppen verbessert sich die Dispergierfähigkeit. Diese funktionelle Verbesserung wurde zur Grundlage für eine Klasse von Mitteln zur Verhinderung von Ablagerungen.

Stärke und Zellulose sind Nährstoffe für Mikroorganismen, und ihre Überdosierung kann zur Bildung von harzigen Ablagerungen führen. Dieses Problem wurde durch die Entwicklung von synthetischen, polymeren Dispergiermitteln gelöst. Sie sind stabil und zu einer verbesserten Dispergierung fähig.

In diesem Kapitel werden einige der in Kühlwassersystemen häufig auftretenden Ablagerungen und die Art des durch sie verursachten Schadens erläutert. Die Auslegung einer Anlage und ihre Betriebsparameter werden im Bezug auf Ablagerungsprobleme und Kontrolle betrachtet und es werden konventionelle Behandlungsmethoden erläutert, die heute vielfach in Gebrauch sind. Schließlich werden neuere, verbesserte Produkte im Hinblick auf ihre Anwendungsmöglichkeiten untersucht.

Wasserseitige Ablagerungen

Ein unzulänglicher Ablagerungsschutz kann zu schweren Betriebsproblemen führen und für eine Anlage hohe Betriebs- und Investitionskosten verursachen. Ablagerungen vermindern die Strömungsquerschnitte des Wasserverteilungssystems und wirken auf Wärmeübergangsflächen isolierend, wodurch in beiden Fällen die Wärmeübertragung reduziert wird. Im ersten Fall erreicht eine ungenügende Menge Wasser den Austauscher, der dadurch seine Auslegungskapazität nicht erreicht. Dies wird noch problematischer bei Austauschern mit hohen Wärmeübergangskoeffizienten, die nur eine geringe Verschmutzung tolerieren. Das Ergebnis ist eine reduzierte Kühlleistung, die sich in höheren prozeßseitigen Temperaturen in den Wärmeaustauschern manifestiert.

Der letzte Faktor kann verschiedene Folgen für den Anlagenbetrieb haben. Einige Anlagen ertragen höhere Primärtemperaturen in bestimmten Austauschern, wenn die Temperatur nicht allzu stark von der Auslegungstemperatur abweicht. Die meisten Anlagen werden jedoch durch eine reduzierte Wärmeübertragung negativ beeinflußt. Höhere produktionsseitige Temperaturen können ein Verfahren verändern, minderwertige Produkte und Produktionsverluste sind die Folge, oder es wird sogar die Stillegung des Betriebs zur Reinigung und Wartung notwendig. Dies alles bedeutet im Endeffekt erhöhte Betriebskosten und Einkommensverluste für den Anlagenbetreiber.

Wie schon in Kapitel 3 erläutert, beschleunigen Ablagerungen die Korrosion durch Bildung von Belüftungselementen.

In Kühlwasseranlagen können viele verschiedene Ablagerungen aus unterschiedlichen Ursachen auftreten. Gelöste und schwebende Teilchen können im Wasser ausgeschieden werden oder sich im System absetzen. In offenen Anlagen, wie z.B. Kühltürmen, stellen in der Luft mitgetragene Verunreinigungen schwerwiegende Probleme dar, da ein Kühlturm als Luftwäscher angesehen werden kann und Schmutz und andere schwebende Feststoffe aus der Luft auswäscht.

Ablagerungen können auch in der Anlage selbst ihren Ursprung haben: Korrosionsprodukte und Prozeßverunreinigungen sind dafür nur zwei Beispiele. Im Folgenden werden die einzelnen, wichtigsten Arten der Ablagerungen in Kühlwassersystemen erläutert und ihre Auswirkungen dargestellt.

Salzablagerungen

Ausscheidungen von Calcium- und Magnesiumsalzen bilden häufig harte Beläge und Schlamm, die im allgemeinen fest haften und daher schwierig zu beseitigen sind. Außerdem sind sie wirkungsvolle Wärmeisolatoren, wodurch die Leistung beeinträchtigt wird. Calciumcarbonat, Calciumsulfat, Calcium- und Magnesiumsilikate und Calciumphosphate bilden einige der in Kühlwasseranlagen auftretenden Ablagerungen.

Calciumcarbonat

Die häufigste Härteausscheidung in Kühlsystemen ist Calciumcarbonat, das äußerst hartnäckig anhaftende Ablagerungen bildet.

Calcium und Hydrogencarbonat-Alkalität sind in fast allen Kühlwässern vorhanden. Die Zufuhr von Wärme oder ein starker Anstieg des pH-Wertes verschieben das Gleichgewicht

$$Ca(HCO_3)_2 \leftrightarrows CaCO_3\downarrow + CO_2\uparrow + H_2O$$

nach rechts.

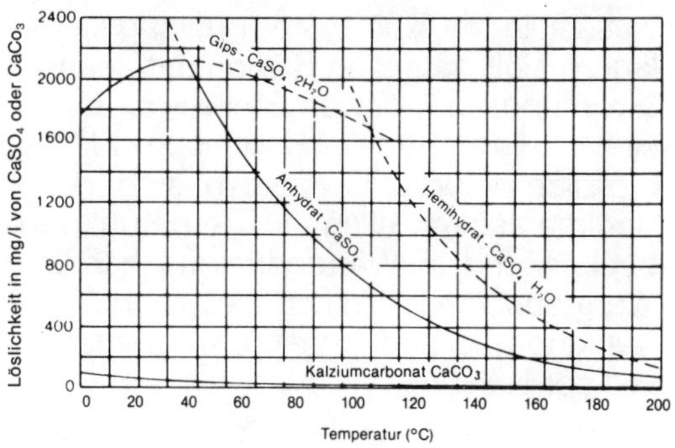

Abb. 4-2. Vergleich der Löslichkeit von Calciumsulfat und Calciumcarbonat. Calciumcarbonat-Löslichkeit bei Gleichgewicht bei normalem Kohlendioxidgehalt der Atmosphäre.

Obwohl das Calciumhydrogencarbonat ziemlich löslich ist, besitzt das Carbonat nur eine geringe Löslichkeit. Abbildung 4-2 zeigt den Einfluß der Temperatur auf die Löslichkeit von Calciumcarbonat. Dabei ist bemerkenswert, daß die Löslichkeit unter allen Temperaturbedingungen extrem niedrig ist. Es ist naheliegend, daß Calciumcarbonatniederschläge besonders an Wärmeübergangsflächen gefunden werden, an den Stellen höchster Temperatur. Der Langelier oder auch der Ryznar Stabilitätsindex werden oft dazu verwendet, die Ablagerungstendenz von Calciumcarbonat im Kühlwasser zu beurteilen. Diese Indizen geben eine qualitative Aussage über den Einfluß von Temperatur, pH-Wert, Calciumhärte und m-Wert auf die Bildung von Calciumcarbonat. Wird Calciumcarbonat aus der Wasserphase an einer Oberfläche abgeschieden, schließt dieser Niederschlag oft suspendierte Feststoffe mit ein. Die Ablagerung bekommt ein größeres Volumen, obwohl die Dichte dabei gelegentlich abnimmt.

Calciumsulfat

In Kühlwasseranlagen finden sich verschiedene Formen von Calciumsulfatablagerungen. Am wichtigsten ist Gips, der zwei Kristallwasser enthält, während Hemihydrat und Anhydrit weniger häufig angetroffen werden. Abb. 4-2 zeigt die Löslichkeit dieser Salze in Bezug auf die Temperatur.

Bis zu einer Temperatur von ungefähr 38° C steigt die Löslichkeit von Gips an, und fällt dann langsam ab. Gips ist bei normalen Kühlwassertemperaturen jedoch ca. hundertmal löslicher als Calciumcarbonat. Diese Tatsache wird genutzt, wenn Schwefelsäure in das Kühlwasser dosiert wird. Ergebnis ist, daß Systeme mit höheren Eindickungsfaktoren betrieben werden können, ohne daß die Carbonatlöslichkeitsgrenze überschritten wird.

Silikatablagerungen

Calcium- und Magnesiumsilikat läßt sich aus Wasser nur sehr schwierig durch chemische Mittel beseitigen. In einigen Fällen wurden Fluorwasserstoffsäure oder Ammoniumhydrogenfluorid mit einigem Erfolg angewandt. Die Arbeit mit diesen Substanzen ist jedoch sehr gefährlich. Auch abwechselnde Säure- und Alkalireinigung wurden angewandt, um diese Probleme zu bekämpfen. Im allgemeinen kann die Bildung von Silikatstein durch eine Begrenzung des Silikatgehaltes auf etwa 175 mg/l im Kreislaufwasser verhindert werden, genaue Grenzwerte sind dabei von anderen System-und Zusatzwasserparametern abhängig. Wenn z. B. Magnesium gleichzeitig mit hohen Silikatkonzentrationen vorliegt, bildet sich Magnesiumsilikat.

Zur Verhinderung von Magnesiumsilikatablagerungen werden die Magnesium- und Silikatkonzentrationen beschränkt, damit das folgende Löslichkeitsprodukt nicht überschritten wird:

$$(\text{Mg, mg/l als } CaCO_3) \times (SiO_2\text{, mg/l als } SiO_2) < 35.000$$

Kieselsäure

Reine Kieselsäureniederschläge sind selten in Kühlwasseranlagen vorhanden, aber wenn sie sich erst einmal gebildet haben, sind sie äußerst schwierig zu beseitigen. Die oben beschriebene Begrenzung der Silikatkonzentration kann auch diese Art der Ablagerungen verhindern.

Calciumorthophosphat

Das Löslichkeitsprodukt von Calciumorthophosphat ist sehr niedrig. Wenn daher Orthophosphat in der Wasserphase vorhanden ist, kann es mit Calcium reagieren und ein-, zwei- oder dreibasisches Calciumphosphat bilden. Es ist daher wichtig, die Hydrolyse der Polyphosphat-Korrosionsinhibitoren zu berücksichtigen. Eine geringe Konzentration von Orthophosphaten ist nicht systemschädigend und kann sogar durch Filmbildung an anodischen Flächen für den Korrosionsschutz vorteilhaft sein. Findet jedoch eine starke Hydrolyse bei hohen Gesamtphosphatkonzentrationen statt, so können Phosphatschlämme die Wärmeübertragung wesentlich beeinträchtigen.

Magnesiumsalze

Die Konzentration der Magnesiumionen ist in den Anlagen gewöhnlich sehr viel niedriger als die von Calcium. Dazu kommt, daß Magnesiumsalze im allgemeinen löslicher als Calciumsalze sind und deshalb werden zuerst Calciumverbindungen ausgeschieden. Aus diesen Gründen kommt der Ablagerung von Magnesiumsalzen nur eine geringe Bedeutung zu.

Eisensalze

Lösliches Eisen ist in vielen Zusatzwässern, vor allem aber in Brunnenwasser vorhanden. Im Kühlsystem wird es sehr schnell oxydiert und lagert sich als Eisen(III)hydroxid oder Eisenoxidflocke ab. Korrosionsprodukte des Eisens bilden wahrscheinlich die wichtigste Ursache für Ablagerungsprobleme in Kühlwasseranlagen. Sie werden noch später in diesem Kapitel behandelt.

Verunreinigungen des Wassers

Eine Reihe von Substanzen, wie z. B. Sand, Schlamm, Ton, biologische Materie oder sogar Öl, können mit dem Zusatzwasser in ein Kühlsystem gelangen. Sie lagern sich häufig an Stellen mit geringer Strömung ab, oder an Stellen, an denen sich die Strömungsgeschwindigkeit plötzlich ändert. Es zeigen sich daher Sedimente vor allem in den Kühlturmbecken und in Wärmeaustauschern, im Wärmeaustauscherkopf bei rohrseitiger Kühlung und im Mantelraum bei mantelseitiger Kühlung.

Dichte, Teilchengröße und verschiedene Wassereigenschaften bestimmen hierbei die Wahrscheinlichkeit, mit der sich ein suspendierter Feststoff absetzt und ein System verunreinigt. Je größer und schwerer der Schwebstoff, desto größer die Wahrscheinlichkeit eines Absetzens.

Das Maß der Verschmutzung durch Ablagerungen wird durch die Zeit, die dem Teilchen zum Absetzen zur Verfügung steht, bestimmt. Kühlwasserbecken, Umlenkkammern und mantelseitige Kühler haben durch ihre Größe und niedrige Strömungsgeschwindigkeit eine hohe Verweilzeit, und das Absetzen von suspendierten Teilchen ist wahrscheinlich.

Zur Verhinderung der Sedimentation werden die Feststoffteilchen in Suspension gehalten, wobei sowohl die Teilchengröße als auch deren Dichte durch die Verwendung moderner Dispergatoren beeinflußt werden kann.

Im Oberflächenwasser ist normalerweise mit höheren Konzentrationen suspendierter Stoffe zu rechnen.

Mikrobiologisches Wachstum kann eine besonders unangenehme Verschmutzung des Zusatzwassers eines Kühlsystems darstellen. Im Zusatzwasser eines Kühlsystems kann die mikrobiologische Konzentration oft sehr hohe Werte erreichen.

Dies ist eine ernsthafte Belastung für die mikrobiologische Behandlung und die Verhinderung von Ablagerungen. Die

Schleimbildung in einem Kühlwassersystem wird auch als Ablagerung betrachtet, wobei der Schleim solche Substanzen bindet, die sich normalerweise nicht absetzen würden, was dann zu größeren Problemen als anfänglich erwartet führt. Dieses Problem wird als „Schleimbindung“ bezeichnet und in Kapitel 5 noch weiter besprochen.

Öl haftet häufig an Metallflächen und wirkt so als Ablagerungsbindemittel. Ölfilme sind isolierend und können den Wärmeübergang ernstlich beeinträchtigen. Außerdem ist Öl ein Nährstoff für biologisches Wachstum, wodurch sich die mikrobiologische Aktivität, Verschmutzung und Schleimbindung erhöht. Schließlich verhindern Ölfilme, daß Korrosionsinhibitoren Metalloberflächen zur Passivierung erreichen.

Die Entfernung von suspendierten Feststoffen durch Klärung des Zusatzwassers ist oft der erste Schritt zum Korrosionsschutz. Bei diesem Verfahren kann es dann aber vorkommen, daß aus dem Reaktor Aluminium oder Eisenhydroxidflocken austreten oder durch eine Nachreaktion gebildet werden. Auch nur geringe Mengen können durch die kontinuierliche Eintragung in das Kühlsystem die Wärmeaustauschflächen stärker verschmutzen, als dies durch die ursprünglich vorhandenen suspendierten Feststoffe möglich gewesen wäre.

Verunreinigungen aus der Luft

Die mit offenen Kühlwasseranlagen in Kontakt kommende Luft enthält viele Feststoffe, die auch im Zusatzwasser gefunden werden. Sand, Asche, Ton, Schmutz, Bakterien usw., die mit der Luft eintreten, verunreinigen das System zusätzlich.

Eine Verunreinigung durch Gase kann ebenfalls Ursache von Ablagerungen sein. Sauerstoff und Kohlendioxid beschleunigen die Korrosion, führen zu Ablagerungen und dadurch zu weiterer Korrosion wie schon in Kapitel 3 beschrieben. Da beide Gase kontinuierlich aufgenommen werden, sind sie fast bis zur Sättigungsgrenze im Wasser vorhanden. Auch andere gasförmige Verunreinigungen wie Schwefeldioxid, Schwefelwasserstoff und Ammoniak können aus der Luft aufgenommen werden.

Die zwei Erstgenannten reduzieren oxydierend wirkende Korrosionsinhibitoren (z. B. Chromate) zu unlöslichen Produkten. Schwefelwasserstoff ist hochkorrosiv und bildet schnell Eisensulfidablagerungen, die zu weiterer Korrosion führen. Ammoniak korrodiert Kupfer und dessen Legierungen und führt dadurch zur Ablagerung von Kupferkorrosionsprodukten (siehe Kapitel 3).

Systembedingte Ablagerungen

Es wurden schon Ablagerungen erwähnt, die durch Korrosion von Anlagenteilen entstehen. Sie können sehr umfangreich sein und Verteiler oder Austauscherrohre schnell verstopfen. Ihre Gegenwart führt zu zusätzlicher Korrosion und Verschmutzung. Eisenoxid ist dabei die am häufigsten gefundene Ablagerung in Kühlwasseranlagen.

Prozeßverschmutzungen durch Öle, Gase, organische Materie oder Substanzen, die mit den Chemikalien in der Wasserphase reagieren, können alle zu Ablagerungen führen, von denen viele schon besprochen wurden. Organische Materie kann ein Nährstoff für mikrobielles Wachstum sein und beeinflußt oft die Wirksamkeit der Korrosionsinhibitoren. Dies ist besonders in Raffinerien und petrochemischen Anlagen der Fall, da hier Kohlenwasserstoffeinbrüche auftreten können.

Behandlung von Kühlwasser

Enthärtung

Ionenaustauscher im Natrium- oder Wasserstoffzyklus, Entcarbonisierung und Entmineralisierung sind Verfahren, die Ionen der Härtebildner beseitigen, Dadurch werden in Kühlsystemen Härteniederschläge verhindert. Außer der Entcarbonisierung sind diese Vorbehandlungsmethoden kostenungünstig und bieten sich daher nur für die kleinsten Systeme an. Da das Volumen des zu behandelnden Zusatzwassers normalerweise groß ist, sind Investitions- und Betriebskosten, die für diese Vorbehandlung anfallen zu hoch, um einen wirtschaftlichen Anlagenbetrieb zu gewährleisten. Diese Verfahren werden daher fast nie in Durchlaufsystemen verwendet und nur sehr selten in offenen Rückkühlystemen. Ihre Anwendung finden sie gewöhnlich in geschlossenen Systemen mit hohen Betriebstemperaturen. Ein Beispiel dafür sind die Kühlmäntel der Erdgasverdichter.

Säuredosierung

Säuren gehören zu den am längsten in der Industrie eingesetzten Mitteln zur Härtestabilisierung. Wie schon vorher erwähnt, neutralisiert die Säure die Alkalität des Wassers und verhindert dadurch eine Carbonatausscheidung. Die Reaktion von Schwefelsäure mit Calciumhydrogencarbonat ist wie folgt:

$$Ca(HCO_3)_2 + H_2SO_4 \rightarrow$$
$$CaSO_4 + 2CO_2\uparrow + 2H_2O$$

Calciumsulfat ist mindesten 100mal löslicher als Calciumhydrogencarbonat und verhindert die Steinbildung, bis die Löslichkeitsgrenze von Calciumsulfat erreicht ist. Es wird soviel Säure zugeführt bis die Alkalität und der pH-Wert erreicht ist, der für Härtestabilisierung und Korrosionsschutz notwendig sind.

Die am häufigsten dem Kühlwasser zudosierte Säure ist Schwefelsäure, da diese leicht beschafft werden kann und außerdem kostengünstig ist. Gelegentlich werden auch andere Säuren benutzt, z. B. Salzsäure, Salpetersäure, Sulfonsäure und Natriumbisulfat als saures Salz. Bei ihrer Anwendung ist jedoch Vorsicht geboten. Salzsäure bringt zusätzlich Chlorid-Ionen in das Wasser, die hochkorrosiv sind, passive Oxidfilme an Metalloberflächen durchdringen und dabei anodische Lokalelemente bilden. Salpetersäure ist ein stark oxidierendes Mittel und kann eine Korrosion verursachen. Seine Endprodukte, Nitrite und Nitrate, sind biologische Nährstoffe. Sulfonsäure kann sich unter bestimmten Bedingungen zersetzen (siehe Kapitel 6).

Manchmal wird Kohlendioxid zur pH-Einstellung verwendet. Die gebildete Kohlensäure senkt den pH-Wert, zerstört aber nicht die Alkalität. Die Ablagerungstendenz wird daher durch die Erhöhung der Löslichkeit von Calciumhydrogencarbonat beeinflußt. Ein weiterer Nachteil der Carbonisierung ist die schnelle Freigabe von Kohlendioxid aus dem Wasser. Im Kühlturm wird der Überschuß an Kohlendioxid bei der Verrieselung über den Turm ausgestrippt und verursacht so einen raschen Anstieg des pH-Wertes. Das Wasser muß dann für neuen Einsatz wieder recarbonisiert werden. Die Anwendung von Kohlendioxid ist daher beschränkt, da es nicht im gesamten System gehalten werden kann.

In vielen neuen Aufbereitungsverfahren wird auf die Einspeisung von Säure verzichtet. Der pH-Wert darf bis auf 9,0 ansteigen, Härteausscheidungen müssen durch die Beigabe von polymeren Härtestabilisatoren verhindert werden.

Teilstromaufbereitung

In einigen Kühlturmanlagen werden Teilstromfilter eingesetzt, wobei 1 bis 5 % des Kühlwasserstroms durch den Filter fließt. Mehrere Filtermedien finden Verwendung, wobei Sand am häufigsten eingesetzt wird und mit einem Wirkungsgrad zwischen

20 und 40 % arbeitet. Anthrazit oder gemischte Medien werden für eine erhöhte Leistungsfähigkeit eingesetzt.

Sind suspendierte Feststoffe in einer Konzentration von 10 bis 30 mg/l vorhanden, so wird eine 50 bis 75 %ige Beseitigung erreicht, und in sehr trübem Wasser ist eine 90 %ige Entfernung möglich. Bei Ölverschmutzungen im System sind Nebenstromfilter wegen der schnellen Verschmutzung des Filtermediums unpraktisch.

Sollte es notwendig sein, die Eindickung im System zu erhöhen, kann eine Teilstromentkarbonisierung angewendet werden. Normalerweise laufen 3 bis 5 % des zurückgeführten Wassers nach dem Schlammbettreaktor über ein Sand- oder Anthrazitfilter und in den Turm zurück. Nach der Schlammeindickung und Entwässerung wird der Ablauf in das Abwassersystem geleitet. Bei Kühlsystemen ohne Abschlämmung gelangt dieser Ablauf in ein Verdampferbecken oder in einen Verdampfer und wird zur Trockene eingedampft. Die Nebenstromentcarbonisierung entfernt suspendierte Feststoffe und reduziert gleichzeitig die Härte.

Polymere Produkte zur Verhinderung von Ablagerungen

Ein Polymer wird als ein Makromolekül definiert, das aus einer Anzahl sich wiederholender Einheiten von „Bausteinen" besteht. Diese Einheiten werden als Monomere bezeichnet. Die moderne Polymertechnologie ermöglicht es durch die Veränderung der Polymerisationsbedingungen und der in die Struktur eingegliederten Monomergruppen, Ketten verschiedener Länge und Zusammensetzung aufzubauen.

Vier Grundarten von Polymeren werden in der Wasserbehandlung zur Verhinderung von Ablagerungen verwendet. Davon wurden zwei schon früher in diesem Kapitel behandelt, und zwar natürliche und modifizierte natürliche Polymere (Stärke und Carboxymethylzellulose).

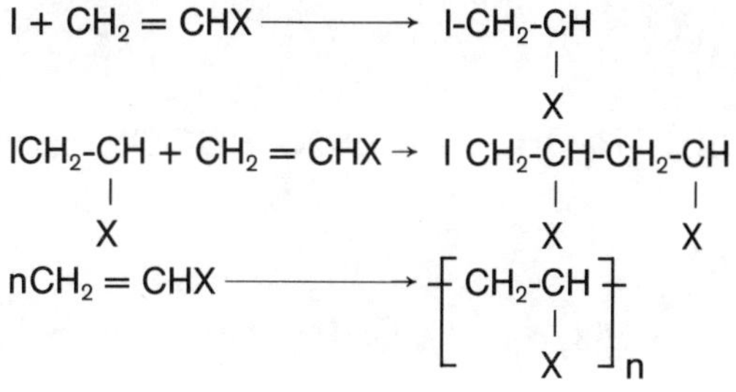

I = Initiator
X = Funktionelle Gruppe

Abb. 4-3. Vinylpolymerisation

Vinylpolymere (Abb. 4-3) werden gebildet durch Zusatz eines freien Radikals, das als Initiator zur Bildung einer Vinyldoppelbindung dient. Dadurch verwandelt sich das ursprüngliche Molekül in ein neues, freies Radikal. Die Polymerkette wächst, wenn dieses neue Radikal an eine andere Vinylgruppe angegliedert wird; eine Reaktion die sich so oft wiederholt, bis eine lange Kette gebildet ist. Der Zuwachs durch Anfügen von Vinylgruppen wird als Vinylpolymerisation oder Additionspolymerisation bezeichnet. In Abb. 4-3 ist X eine funktionelle Gruppe, die dem Endpolymer seine erwünschten chemischen oder elektrischen Eigenschaften gibt. Als funktionelle Gruppen X kommen z.B. Hydroxyl, Sulfon- oder Carbonsäurereste in Frage.

Kondensationspolymere werden gebildet, wenn eine Reaktion zwischen Monomeren eine Substanz von niedrigem Molekulargewicht, wie z.B. Wasser, Chlorwasserstoff oder ein anderes Nebenprodukt freigibt. In Abb. 4-4 zeigt das erste Beispiel die Reaktion einer zweibasischen Säure mit einem zweiwertigen Alkohol unter Bildung eines Polyesters und Wasser. Im zweiten Beispiel reagiert ein Diamin mit einem Dialkylhalogenid, wobei ein Polyamin und Salzsäure entsteht.

Copolymere werden gebildet, wenn verschiedene Monomere in der Polymerisationsreaktion verwendet werden. Ein ungeordnetes Copolymer hat, wie der Name schon andeutet, keine geordnete Struktur.

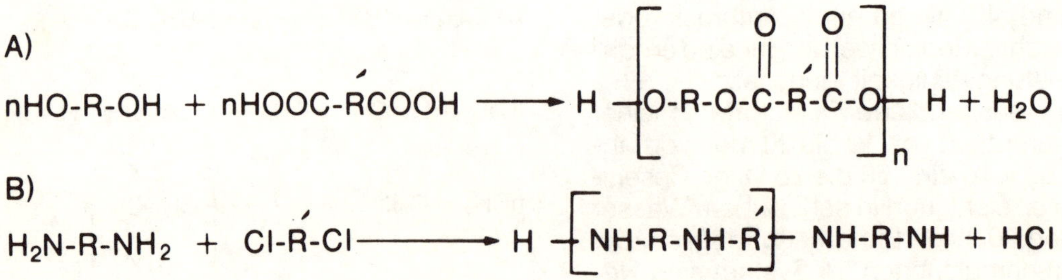

A)

$nHO-R-OH + nHOOC-R'COOH \longrightarrow H\left[O-R-O-\overset{\overset{O}{\|}}{C}-R-\overset{\overset{O}{\|}}{C}-O\right]_n H + H_2O$

B)

$H_2N-R-NH_2 + Cl-R'-Cl \longrightarrow H\left[NH-R-NH-R'\right]- NH-R-NH + HCl$

Abb. 4-4. Polykondensation

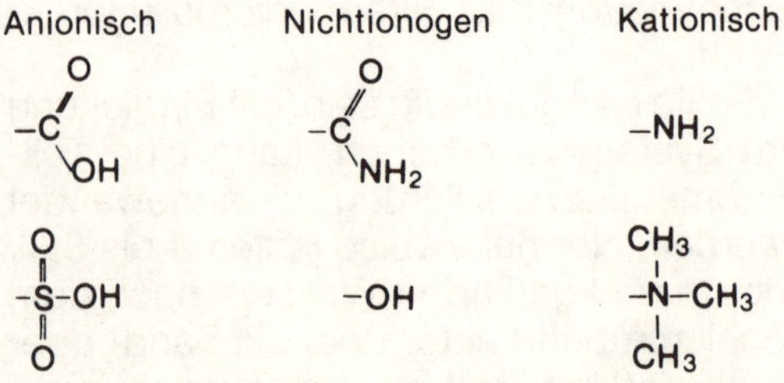

Einzelne Monomereinheiten werden an willkürlichen Stellen des Polymers oder an seinen Seitenketten wiederholt. Pfropf-Copolymere haben ein Monomer als Hauptkette und das andere in den Seitenketten. Block-Copolymere haben abwechselnde Abschnitte von spezifischen Monomerketten.

Das Verhalten eines Polymers wird hauptsächlich durch zwei Faktoren bedingt: seine Kettenlänge bzw. das Molekulargewicht und seine funktionellen Gruppen. Die Summe der Ladung der funktionellen Gruppen bestimmt das Verhalten des Polymers in Wasser. Kationische Polymere ionisieren in Lösung und sind positiv geladen, während gelöste anionische Polymere negativ geladen sind. Aus diesem Grund werden Polymere oft als Polyelektrolyte bezeichnet.

Da Schwebstoffe oft negativ geladene Oberflächen haben, kann von einem positiv geladenen kationischen Polymeren erwartet werden, daß es diese Teilchen koaguliert. Der Koagulationsgrad muß sorgfälltig überwacht werden, um eine Bildung von dichten Teilchen zu verhindern. Auf diese Art und Weise wirken Flokkungshilfsmittel.

Dispergiermittel sind Polymere, welche die Ladungsdichte an der Teilchenoberfläche erhöhen, dadurch werden die Teilchen voneinander abgestoßen und suspendiert gehalten werden.

Manchmal ionisieren funktionelle Gruppen eines Polymers in Wasser nicht. Diese Polymere werden als nichtionogene Polyelektrolyten bezeichnet.

Anionisch	Nichtionogen	Kationisch
$-\overset{\overset{O}{\|}}{C}-OH$	$-\overset{\overset{O}{\|}}{C}-NH_2$	$-NH_2$
$-\overset{\overset{O}{\|}}{\underset{\underset{O}{\|}}{S}}-OH$	$-OH$	$-\overset{\overset{CH_3}{\|}}{\underset{\underset{CH_3}{\|}}{N}}-CH_3$

Abb. 4-5. Ladungsart

Abb. 4-5 zeigt die drei verschiedenen Arten von funktionellen Gruppen, welche die Ladung von Polymeren bestimmen. Die anionischen funktionellen Gruppen sind Carbonsäure- und Sulfonsäurereste, nicht-ionogene Gruppen sind Amid- und Alkoholreste, während Amine und quaternäre Ammoniumgruppen kationische Reste darstellen.

Funktionelle Gruppen begünstigen auch die Adsorption des Polymeren an Härteablagerungen und Schmutzoberflächen. Die Adsorption ist ein Gleichgewichtsprozeß, bei dem die Gruppen an Ablagerungen oder Metalloberflächen adsorbiert und desorbiert werden. Da ein Polymer eine große Anzahl von funktionellen Gruppen entlang der Kette verteilt hat, wird das Gesamtgleichgewicht in Richtung Adsorption verschoben, denn es sind zu jeder Zeit eine ausreichende Anzahl von funktionellen Gruppen adsorbiert, um diesen Zustand zu erreichen. Obwohl die Adsorption des Polymeren eine Gleichgewichtsreaktion in Bezug auf die funktionellen Gruppen ist, ist es keine Gleichgewichtsreaktion in Bezug auf das gesamte Molekül. Der Einfluß der Kettenlänge und damit des Molekulargewichts auf die Adsorption wird in Abb. 4-6 dargestellt.

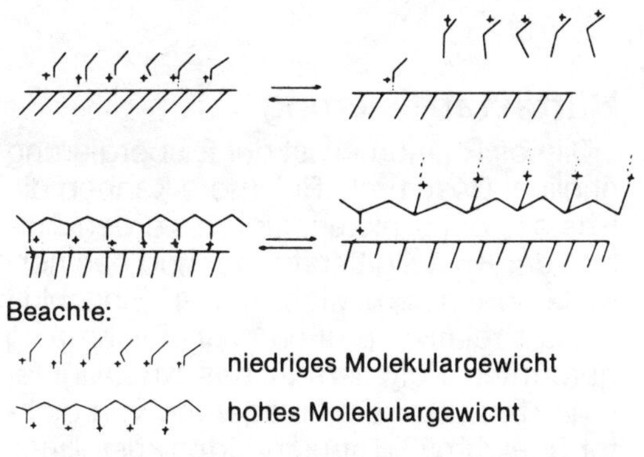

Abb. 4-6. Einfluß des Molekulargewichts auf die Adsorption.

Die Länge der Polymerkette bestimmt das Molekulargewicht und kann entsprechend den gewünschten Eigenschaften eingestellt werden. Während der Herstellung eines Polymeren läßt sich nicht verhindern, daß Moleküle mit verschiedenen Kettenlängen und Molekulargewichten gebildet werden, wobei dann die Verteilung des Molekulargewichts für ein bestimmtes Polymer ebenfalls sehr wichtig ist.

Flockungsmittel

Ein Polymer mit hohem Molekulargewicht (zwischen 1.000.000 u. 10.000.000) kann sich an viele Feststoffpartikel angliedern und dabei eine Flocke von niedriger Dichte bilden, ein Prozeß, der als Brückenbildung bekannt ist (Abb. 4-7).

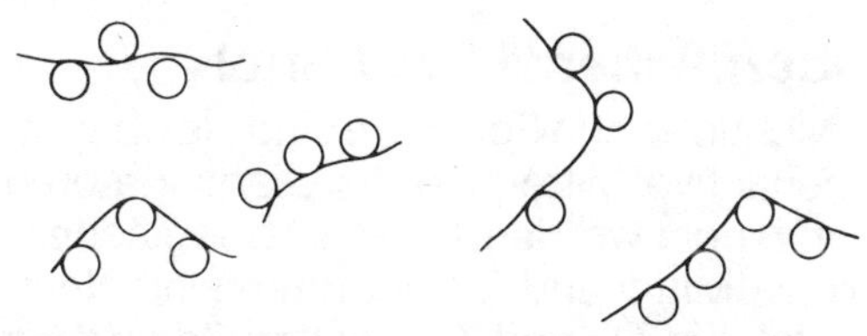

Abb. 4-7. Brückenbildung

Mit Erhöhung der Gesamtgröße der suspendierten Substanz ergibt sich gleichzeitig eine Verringerung der Oberfläche, an die angelagert werden kann, wodurch auch das Ausmaß der möglichen Ablagerungen reduziert wird.

Viele der in Kühlwasser gefundenen Schwebstoffe haben eine negative Oberflächenladung. Verschiedenen Meßtechniken (z. B. die Verwendung eines Zetameters) zeigen, daß diese Ladung eine Größenordnung von – 60 Millivolt hat. Trotz der van der Waal'schen Anziehungskräfte, die nur bei Molekularentfernungen wirksam werden, hält diese Ladung die Teilchen getrennt. Wenn die Oberflächenladung auf ungefähr – 15 Millivolt reduziert werden kann, ballen sich die Teilchen zu leichten, lockeren Flocken zusammen, die nur eine geringe Anlagerungstendenz an Metalloberflächen haben. Dies kann dadurch erreicht werden, daß eine lange Kette von gegensätzlich geladenen (kationischen) Polymeren dem Kühlwasser beigegeben wird, wodurch die negative Ladung der Schwebstoffe neutralisiert wird (Abb. 4-8).

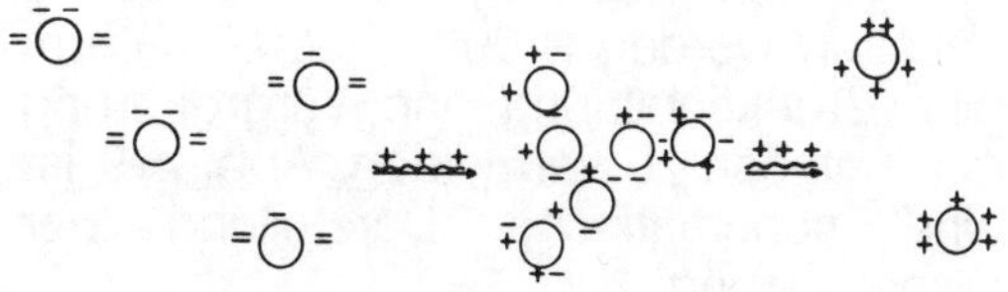

Abb. 4-8. Ladungsneutralisierung

Ladungsneutralisierung, verbunden mit Flockung durch Brückenbildung, ergibt eine wirksame Behandlung von negativ geladenen Verunreinigungen. Obwohl auch anionische oder nichtionogene Polymere von hohem Molekulargewicht bei solchen Verunreinigungen verwendet werden können, wäre eine größere Kettenlänge notwendig, da keine Ladungsneutralisierung möglich ist.

Eine Überdosierung eines kationischen Flockungsmittels ist im allgemeinen unerwünscht, da sich die Ladung an den Partikeloberflächen weiter erhöht, wodurch sie anfänglich ausflocken und dann dispergieren.

Obwohl eine Reihe von funktionellen Gruppen verwendet wurde, nutzen die meisten der kationischen Eigenschaften von Aminen und Aminsalzen bzw. quaternären Ammoniumverbindungen, die an verschiedenen Stellen der Haupt- oder Seitenketten angeordnet sind. Sie sind mit anderen Substanzen copolymerisiert worden, um spezifische Verhaltenscharakteristiken zu erhalten. Da sich diese Substanzen im Molekulargewicht und in den funktionellen Gruppen unterscheiden, wird man ein Flockungsmittel am besten aufgrund von praktischen Verfahren, wie z. B. Rührversuchen auswählen, bei welchen die erwünschten Eigenschaften am einfachsten bestimmt werden können.

Dispergiermittel

Ein Polymer kann an Feststoffoberflächen adsorbiert werden und verleiht ihnen daher eine gleiche Ladung, wodurch die Teilchen wegen der Ladungsabstoßung in Suspension gehalten werden. Das Molekulargewicht des Polymers muß niedrig gehalten werden (1.000 bis 20.000), um eine Brückenbildung und Vergrößerung der Teilchen zu vermeiden. Abb. 4-9 ist eine schematische Darstellung der Dispergierung.

Da die meisten Feststoffe im Kühlwasser schon eine leicht negative Oberflächenladung besitzen, ist es von wirtschaftlichem Vorteil, anionische Polymere zu dosieren. Sie erhöhen die negative Oberflächenladung und halten die Teilchen getrennt. Der Zusatz eines polymeren kationischen Dispergators ist möglich, kann aber mit erheblich höheren Ausgaben verbunden sein. Die Ladung der Schwebstoffe wird zuerst neutralisiert bevor eine genügend hohe positive Ladung aufgebaut wird, um sie voneinander getrennt zu halten.

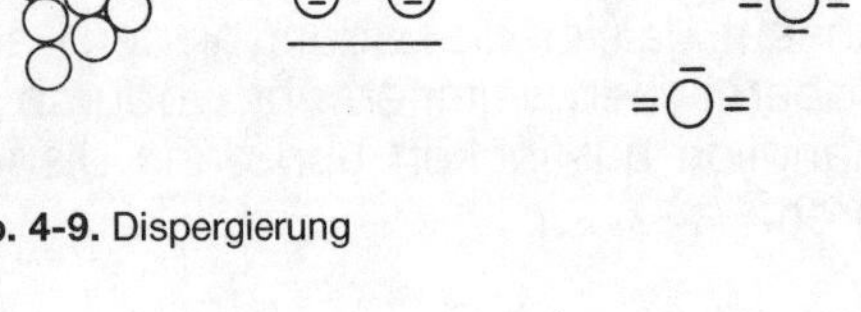

Abb. 4-9. Dispergierung

Härtestabilisierung

Dieses Phänomen ist der Dispergierung ähnlich. Bestimmte Polymere können die Kristalle deformieren, indem sie den Aufbau der Kristallgitterstruktur und das normale Wachstum stören. Der Einschluß eines relativ großen, ungleichmäßig geformten Polymers in das Kristallgitter führt dazu, daß die Ablagerung von dichten, gleichmäßig strukturierten kristallinen Massen an der Metalloberfläche verhindert wird. Theoretisch können diese Kristalle interne Spannungen entwickeln, die sich mit dem Anwachsen des Kristalls erhöhen, mit dem Ergebnis, daß sich die Ablagerung von der Metalloberfläche löst.

Abb. 4-10 zeigt eine Rasterelektronenmikroskopaufnahme von Gipskristallen vor und nach der Zugabe eines Härtestabilisators. Das theoretische Verhalten dieser Polymere bestätigt sich durch den gestörten Wuchs der Kristalle rechts im Bild. Eine ähnliche Wirkung auf Calciumcarbonat wird in Abb. 4-11 gezeigt.

Anionische Polymere wie z. B. Polyacrylate, Polymethacrylate und Maleinsäureanhydridderivate sind ausgezeichnete Härtestabilisatoren, die zur Vermeidung von Härteausscheidungen verwendet werden. Spezifische Produkte werden im nächsten Abschnitt detaillierter besprochen.

Oberflächenaktive Mittel

Nichtionische Polymere sind als oberflächenaktive Mittel und als Ölemulgatoren verwendet worden. Normale oberflächenaktive Mittel und Emulgatoren sind Netzmittel für Öl und Schwebstoffe, haben aber den Nachteil, stark zu schäumen. Nichtionische Polymere werden daher bevorzugt, denn sie halten Systeme durch oberflächenaktive Wirkung sauber, ohne übermäßigen Schaum zu verursachen.

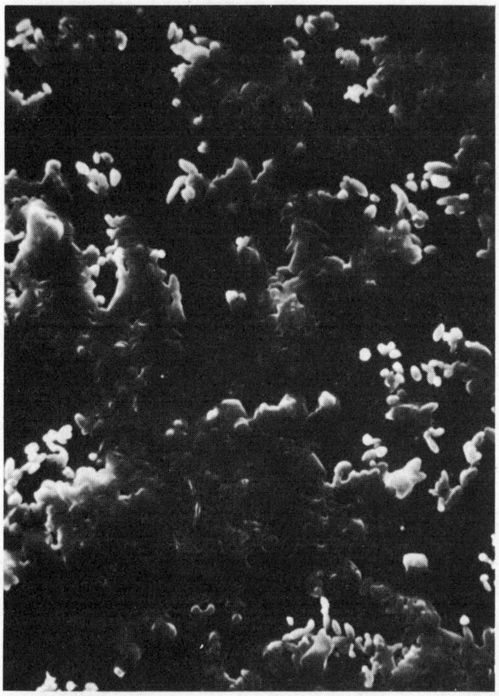

Abb. 4-10. Rasterelektronenmikroskopaufnahme einer unbehandelten Gipsablagerung (oben); behandelt mit Isoquest TM-HT (unten). Vergr. 1000fach.

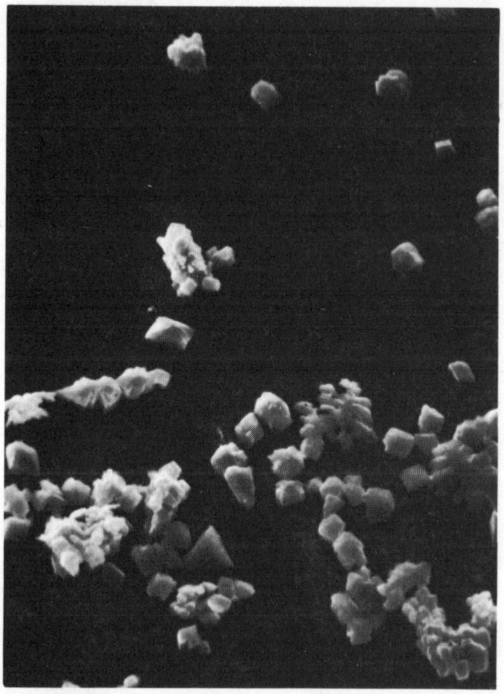

Abb. 4-11. Rasterelektronenmikroskopaufnahme von deformierten Calciumcarbonatkristallen. Unbehandelt (oben); behandelt mit Isoquest LT (unten). Vergr. 1000fach.

Sequestriermittel und substöchiometrische Inhibitoren

Ionen verlieren durch Komplexierung mit einem Sequestriermittel ihre normalen Eigenschaften. Es gibt Sequestiermittel, die in substöchiometrischen Konzentrationen wirksam sind.

Solche Sequestriermittel, die eine stöchiometrische Reaktion mit den Ablagerungsbestandteilen eingehen, werden Chelate genannt. Ein Chelatkomplex ist charakterisiert durch zwei oder mehrere kovalente Bindungen zwischen einem Kation und Elektronenpaaren an verschiedenen Stellen der Chelatstruktur. Eine Reihe von zwei- und dreivalenten Kationen, wie z. B. Calcium, Magnesium, Eisen, Mangan und Aluminium, bilden auf diese Weise lösliche Komplexe mit dem Chelatmittel, wodurch Ablagerungen verhindert werden. Chelatmittel werden auch manchmal als Liganden bezeichnet und nach ihren Bindungsstellen klassifiziert (Dentate). Fünf- oder sechsgliedrige Chelatringe werden als die Stabilsten und Wirksamsten angesehen.

Substöchiometrische Inhibitoren können in geringen Konzentrationen eine Reihe von Kationen in Lösung halten; ein Teil eines solchen Inhibitors kann bis zu 10.000 Teile eines Kations dispergieren. Die mit diesen Kationen gebildeten Kristalle werden in ihrer Menge reduziert, vergrößert und deformiert. Bei höheren Konzentrationen wirken diese Inhibitoren oft als Sequestriermittel. Ihr Hauptwert liegt darin, daß Ausscheidungen bereits bei geringer Dosierung des Härtestabilisators verhindert werden. Anionische Polymere mit niedrigem Molekulargewicht beschränken durch diesen Mechanismus die Ablagerung von Härteausscheidungen.

Produkte zur Verhinderung von Ablagerungen

Die Dosierung von Härtestabilisatoren und Dispergatoren in Kühlsystemen ist heute so gebräuchlich wie die Zugabe von

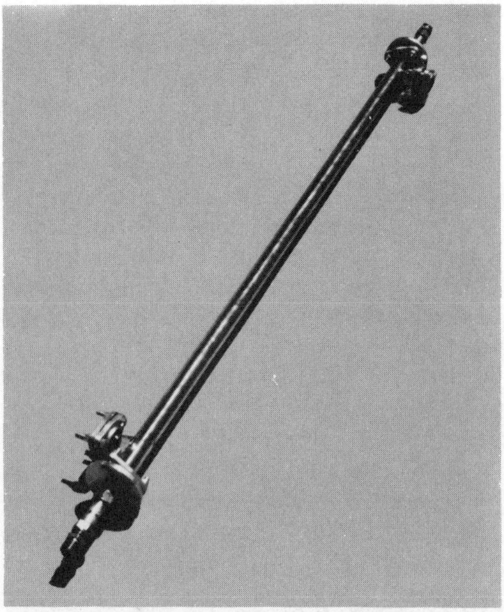

Abb. 4-12. Testwärmeaustauscher aus Glas.

Korrosionsinhibitoren. Die folgenden Abschnitte behandeln einige gebräuchliche Produkte; notwendigerweise werden dabei einige ganz allgemein beschrieben, während andere detaillierter behandelt werden. Die relative Konzentration der einzelnen Mittel hängt von der Art des zu lösenden Problems, der Wasserqualität, den Betriebsparametern der jeweiligen Anlage und der Entstehungsgeschichte des jeweiligen Ablagerungsproblems ab. Eine wirksame Kontrolle eines derartigen Behandlungsprogramms wird durch Verwendung von Testwärmeaustauschern erreicht (Abb. 4-12). Mantel- und Rohrkonstruktion sollten so sein, daß tatsächliche Wärmeübergangsbedingungen simuliert werden, indem die rohr- und mantelseitigen Temperaturen auf die Prozeßtemperaturen eingestellt werden; Strömungsgeschwindigkeit und Wasserqualität sollen ebenfalls die spezifischen Systembedingungen widerspiegeln. Durch Überwachung der Verschmutzung und des Wärmeübergangs an der Rohrwand und durch Analyse gebildeter Ablagerungen werden Behandlungsprogramme entwickelt oder hinsichtlich ihrer Leistungsfähigkeit überprüft. Dies sollte bevorzugt in der Anlage geschehen, um zu gewährleisten, daß so viele Faktoren wie möglich im Beriebsaustauscher und im Testaustauscher gleich bleiben. Um dies zu erreichen, kann eine kleine Menge Kühlwasser aus der Anlage abgeleitet und durch den Testaustauscher geleitet werden.

Hochentwickelte Testwärmeaustauschersysteme, wie sie z.B. vom Heat Transfer Research Institut entwickelt wurden, sind ausgezeichnet dazu geeignet, die Verschmutzungstendenz eines Systems zu beurteilen. In kritischen Anwendungsgebieten, in denen eine Betriebsstillegung hohe wirtschaftliche Verluste mit sich bringt, können die Kosten für ein solches System gerechtfertigt sein.

Wie bei den Korrosionsinhibitoren werden oft zwei oder mehrere Produkte zur Ablagerungskontrolle eingesetzt, damit optimale Ergebnisse erzielt werden. Eine große Anzahl solcher Gemische ist auf dem Markt erhältlich, aber es wird hier kein Versuch gemacht, solche Formulierungen näher zu beschreiben.

Chelate

Chelatmittel bilden lösliche Komplexe mit zwei- oder dreivalenten Metallen. Die am häufigsten in der Wasseraufbereitung verwendeten Chelatmittel werden in Abb. 4-13 und 4-14 gezeigt. Es sind die Substanzen EDTA und NTA, die auch bei der Aufbereitung von Kesselwasser eingesetzt werden und außerdem Hilfsmittel sind, um die Ablagerung bestimmter Schwermetalle (z.B. Eisen und Mangan) im Kühlwasser zu verhindern.

Stöchiometrische Mengen dieser Chelate sind notwendig, um Kationen unschädlich zu machen. In Kühlsystemen, in denen z.B. die Calciumkonzentration oft über 1.000 mg/l liegt, ist es schwierig, ihren Einsatz als Härtestabilisator zu rechtfertigen. Sie werden jedoch häufig als Bestandteil von Härtestabilisatorgemischen bei Anwesenheit von schädlichen Metallionen verwendet. Der Einsatz von Chlor kann die Verwendung von Chelaten auf bestimmte Anwendungsgebiete beschränken.

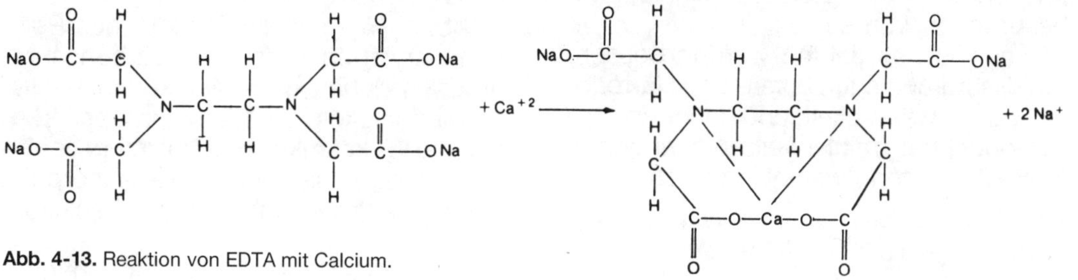

Abb. 4-13. Reaktion von EDTA mit Calcium.

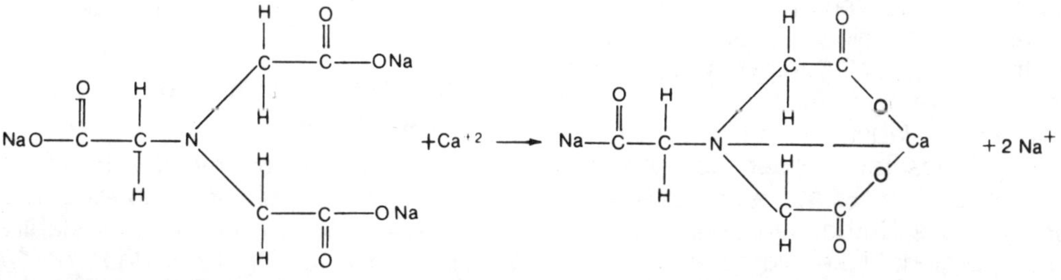

Abb. 4-14. Reaktion von NTA mit Calcium.

Ligninsulfonate

Ligninsulfonate sind ausgezeichnete Dispergiermittel, die sowohl bei Anwesenheit von Schwebstoffen, als auch Eisenverunreinigungen eingesetzt werden können. Sie wirken durch ihre Begrenzung der Anziehungskraft zwischen den Teilchen, und reduzieren dadurch die Sedimentationstendenz.

Polyphosphate

Polyphosphate verschiedener Kettenlänge sind seit mehreren Jahren im Einsatz, um Eisen und Härtesalze unschädlich zu machen. Gewöhnlich wurden sie eingesetzt, um die Rotfärbung in Trinkwassersystemen zu beseitigen, indem sie die Eisenkorrosionsprodukte sequestrieren. In ähnlicher Weise wurden sie eingesetzt, um die Schwarzfärbung des Wassers durch Mangansalze zu verhindern. Eine andere wichtige Anwendungsmöglichkeit ist zum Schutz gegen Calciumcarbonatablagerung in Durchflußsystemen.

Polyphosphate werden in Orthophosphate umgewandelt, wobei sie an Wirksamkeit verlieren. Dieses Problem wurde bereits in Kapitel 3 behandelt, wo Polyphosphate als Korrosionsinhibitoren besprochen wurden.

In den letzten Jahren wurden bessere Stabilisatoren gegen Eisen- und Härteablagerungen entwickelt, und daher werden Polyphosphate mittlerweile in geringerem Maße für diesen Zweck eingesetzt.

Polyacrylate

Polymere, die Carbonsäuregruppen und deren Derivate enthalten, sind gute Dispergiermittel, die sehr weitläufigen Einsatz finden. Abb. 4-15 zeigt die allgemeine Struktur des Polymers.

„M" kann dabei für jedes einwertige Kation, Wasserstoff oder den Ammoniumrest stehen. Es sollte beachtet werden, daß das Carbonsäuresalz, -COOM die Dispergierfähigkeit vermittelt.

Polyacrylate sind mit großem Erfolg als Härtestabilisatoren und Dispergatoren

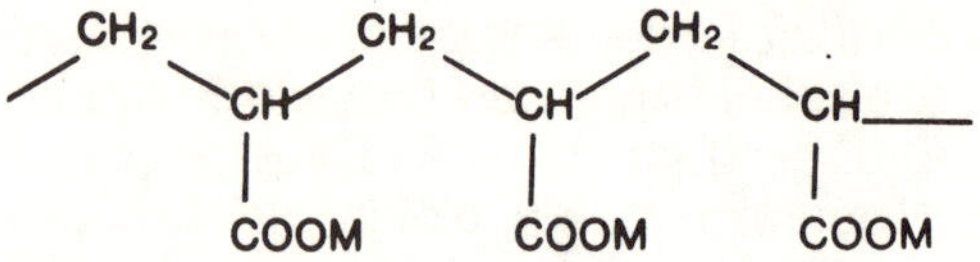

Abb. 4-15. Polyacrylat

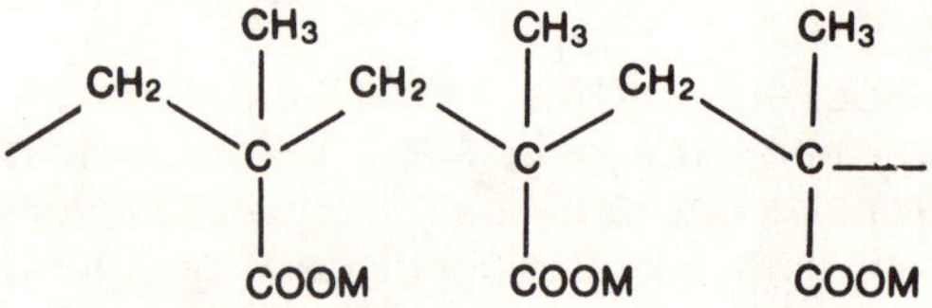

Abb. 4-16. Polymethacrylat

eingesetzt worden. Eisenionen werden bis zu einem gewissen Grad unschädlich gemacht, jedoch haben sich andere Inhibitoren bereits als noch wirksamer herausgestellt.

Die Wirksamkeit des Polymers verringert sich mit einer Zunahme der Kettenlänge. Eine Länge von ungefähr 10 bis 15 Einheiten hat sich als sehr günstig erwiesen, denn bei diesem Molekulargewicht erhält man maximale Adsorption ohne Brückenbildung und optimale Dispergierwirkung.

Polymethacrylate

Abb. 4-16 zeigt die Struktur des Polymethacrylatmoleküls. Die Carbonsäuregruppen geben dem Molekül seine Dispergierfähigkeit. Die Methylgruppen können die Wirksamkeit des Polymers verringern, indem sie eine gute Adsorption durch sterische Behinderung beeinflussen.

Polymethacrylate werden zur Verhinderung von Härte- und Schwebstoffablagerungen in Kühlsystemen eingesetzt.

Maleinsäureanhydrid Copolymere

Maleinsäure-Äthylvinyläther und Styrol-Maleinsäure Copolymere, gezeigt in Abb. 4-17 bzw. 4-18, werden als Härtestabilisatoren und in geringerem Maße bei Verschmutzungen durch Schwebstoffe eingesetzt.

Es sollte hier wieder der Carbonsäurerest als funktionelle Gruppe beachtet werden. Diese Copolymere weisen aber im Vergleich zu Polyacrylaten oder Polymethacrylaten in den oben erwähnten Anwendungsgebieten eine geringere Wirksamkeit auf.

Polymaleinsäureanhydrid

Dieses Polymer wurde seit vielen Jahren gegen die Ablagerung von Kesselstein und Schwebstoffen eingesetzt. Der Wirkungsgrad ist dem der Polyacrylat- und Polymethacrylatderivate ähnlich. Abb. 4-19 zeigt die Struktur des Polymaleinsäureanhydrids.

Die Säurestruktur bildet sich – wie in Abb. 4-20 gezeigt – aus dem Anhydrid in einem wässerigen Medium.

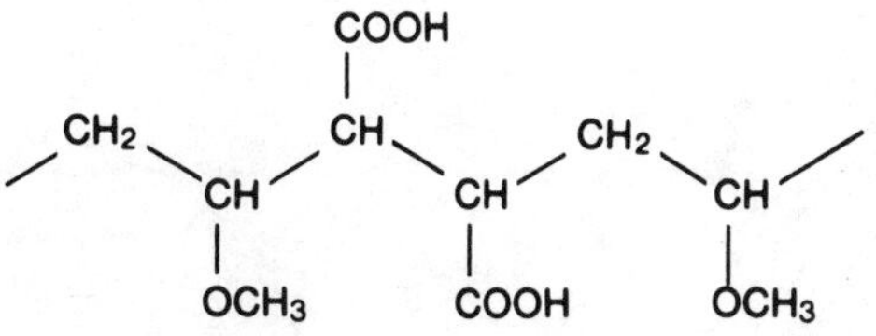

Abb. 4-17. Maleinsäure/Methylvinyläther

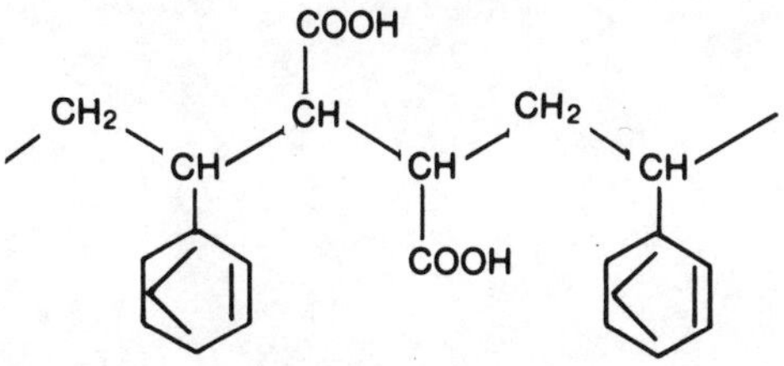

Abb. 4-18. Styrol/Maleinsäure

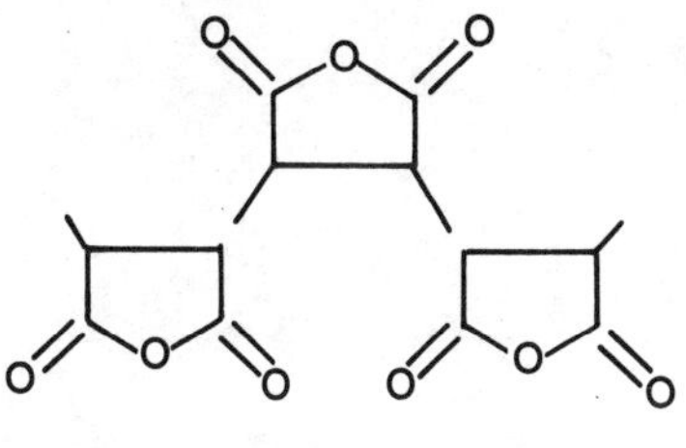

Abb. 4-19. Polymaleinsäureanhydrid

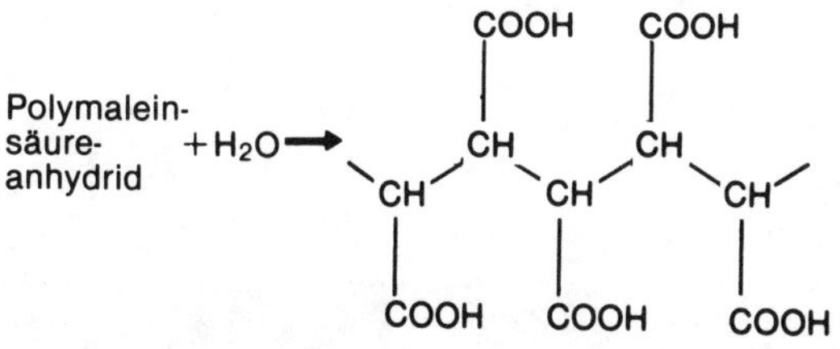

Abb. 4-20. Polymaleinsäure

Phosphatester

Phosphatester werden als Härtestabilisatoren und Metalloxid-Sequestrier-Mittel eingesetzt. Wie in Abb. 4-21 gezeigt, ist ihre Struktur durch Kohlenstoff zu Sauerstoff zu Phosphorbindung gekennzeichnet (COP). Phosphatester werden zum Korrosionsschutz verwendet, sind aber weniger wirksam als Polyphosphate. Sie werden nicht durch zink- oder chromathaltige Korrosionsinhibitoren beeinflußt.

Phosphonate

Die Bindung von Kohlenstoff an Phosphor und Sauerstoff (CPO) in diesen Molekülen ist gegen Hydrolyse oder Spaltung widerstandsfähiger als die COP-Bindung in Phosphatestern. Die typischen Strukturen der zwei grundlegenden Arten von Phosphonaten werden in Abb. 3-22 und 3-23 gezeigt.

Phosphonate ermöglichen einen ausgezeichneten Schutz gegen hydratisierte Eisen(III)-oxid-Ablagerungen in vergleichsweise geringen Konzentrationen. Sie reduzieren die Anziehungskräfte zwischen den einzelnen Eisenteilchen durch Adsorption des Phosphonats an den Teilchenoberflächen.

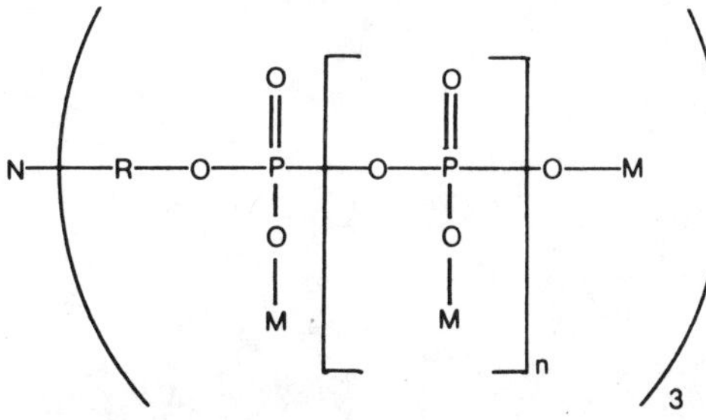

Abb. 4-21. Aminphosphat

Sie sind auch ausgezeichnete Härtestabilisatoren und haben eine bessere substöchiometrische Wirkungsgrenze als Polyphosphate und Phosphatester.

Phosphonate können als Komplexbildner oder Sequestriermittel gegen Schwermetallablagerungen (Eisen, Kupfer und Zink) wirken. Sie sind dabei den herkömmlich verwendeten Chelaten überlegen, obwohl sie bei Calcium und Magnesium etwas weniger wirksam sind. Als Korrosionsinhibitoren sollten sie mit Zink, Polyphosphat und spezifischen Kupferinhibitoren verwendet werden, um einen guten Mehrmetallschutz zu gewährleisten.

Kapitel 5
Mikrobiologische Behandlung

Die in der Luft, im Wasser und im Erdreich lebenden Mikroorganismen üben viele lebenswichtige Funktionen für die Gesundheit von Mensch und Tier aus. In der Natur gibt es sowohl nützliche, als auch schädliche Mikroorganismen, wobei die sogenannten pathogenen Organismen Krankheiten, wie z. B. Typhus, Amöbenruhr, Cholera und Hepatitis verursachen.

Viele industrielle Prozesse werden durch mikrobiologisches Leben beeinflußt, wobei die Art des jeweiligen Mikroorganismus und des industriellen Verfahrens bestimmt, ob der Einfluß positiv oder negativ ist. So sind zum Beispiel Zooglöen (Bakterienzusammenballungen), wie sie im aktivierten Schlamm in Wasseraufbereitungsanlagen vorkommen, ausgesprochen nützlich. Diese Zooglöen erzeugen nämlich einen polysacchariden Schlamm, der andere Bakterien dabei unterstützt, organische Materie zu verwerten, welche andernfalls in den Vorfluter abgegeben und damit Verunreinigungen verursachen würde. In Industriekühlwassersystemen können Mikroorganismen aber auch die Betriebsleistung der Anlagen herabsetzen, zum Einen durch ihre bloße Zahl, und zum Anderen durch die von ihnen erzeugten Stoffwechselprodukte oder aber auch durch gebildete Ablagerungen. Die hier folgende Behandlung dieses Themas geht im wesentlichen auf Probleme im Zusammenhang mit mikrobiologischer Verunreinigung in Kühlwassersystemen ein. Es werden weiterhin Methoden und Verfahren zur Vermeidung solcher Probleme besprochen.

Als isolierte Einzelzelle stellt der Mikroorganismus kein Problem in der Wasserversorgung für Kühlzwecke dar, aber in Wasserspeicheranlagen können ideale Bedingungen für ein ungehindertes Wachstum der Mikroorganismen vorliegen. Der Kühlturm sei hier als ein ausgezeichnetes Beispiel eines Systems mit optimalen Bedingungen für mikrobiologisches Wachstum genannt. Hier liegen normalerweise Temperaturen und pH-Werte innerhalb des Idealbereiches vor, und im allgemeinen existiert auch ein Überschuß an wachstumsnotwendigen Nährstoffen, d. h. organische Materie, anorganische Salze und Sonnenlicht. Es wird oft betont, daß Mikroorganismen ebenso wie Mineralsalze in offenen Rückkühlsystemen eingedickt werden. Diese Aufkonzentrierung wird jedoch im Vergleich zur natürlichen Vermehrung der Mikroorganismen belanglos. Denn auch wenn Mineralsalze in einem Kühlsystem oft sechsfach eingedickt werden, so ist es durchaus möglich, daß sich bakterielle Konzentrationen in einem vergleichbaren Zeitraum um das Sechsmillionenfache vermehren.

Mikroorganismen im Kühlwasser

Diese Erörterung ordnet die in Kühlwassersystemen zu findenden Mikroorganismen nach ihren evolutionären Wechselbeziehungen. Bakterien und blaugrüne Algen gehören zu den *Monären,* während andere Algen, Pilze, Schimmelpilze und Protozoen zu den *Protisten* gehören. Pflanzen auf einer höheren Evolutionsstufe gehören zur Gruppe der *Metaphyten,* während *Metazoen* Tiere sind, die Mehrzelligkeit und den höchsten Grad an Komplexität aufweisen. Abb. 5-1 stellt die möglichen evolutionären Wechselbeziehungen dar.

Die *Monären* umfassen alle lebenden Organismen, die durch Abwesenheit eines ausgebildeten Kerns charakterisiert sind, wobei das genetische Material im Zytoplasma in „Klumpen" verteilt ist. Die Bakterien und blaugrünen Algen dieser Klasse sind meist einzellig, mikroskopisch klein, zu rascher Vermehrung fähig und erscheinen in einer großen Anzahl von Arten, die über die ganze Welt verbreitet sind. Vom ernährungsphysiologischen Standpunkt aus gesehen, sind blaugrüne Algen zumeist photosynthetisch (d. h. sie erzeugen ihre Nahrung selbst), während Bakterien entweder photosynthetisch, chemosynthetisch (d. h. sie erzeugen Nährstoffe durch organische chemische Reaktionen), parasitisch oder saprotrop, d. h. abhängig von anderen lebenden oder toten Organismen als Nahrungsquelle sind. Abb. 5-2 ist die vereinfachte Darstellung einer typischen Bakterienzelle.

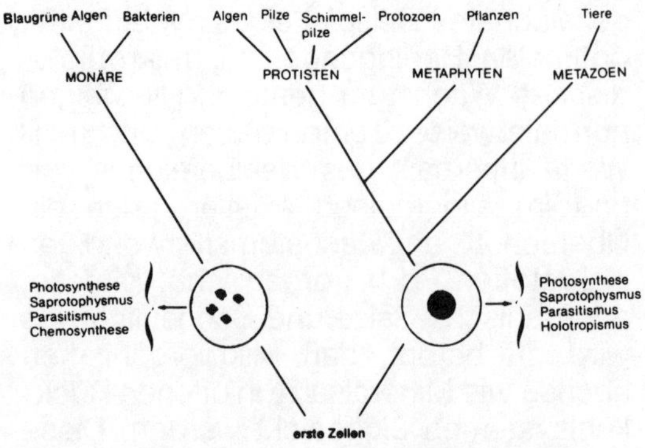

Abb. 5-1. Die vier Hauptkategorien der Organismen und ihre wahrscheinlichen evolutionären Zwischenbeziehungen.

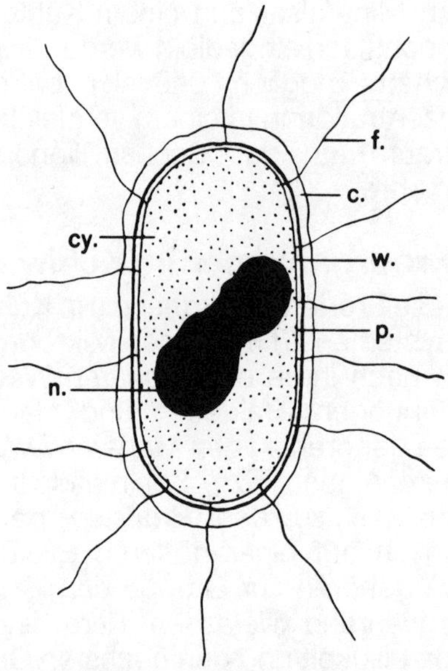

Abb. 5-2. Schematisierte Zellorganisation in Bakterien. c.: Kapsel; cy.: Zytoplasma; f.: Flagellat; n.: Nukleussubstanz; p.: Plasmamembrane; w.: Wand.

Algen, Pilze, Schimmelpilze und Protozoen gehören zur Gruppe der *Protisten.* Die drei erstgenannten sind älter (in der Evolution), einzellig und daher primitiver, während Protozoen mehrzellig sind. Protisten verwenden im wesentlichen vier Methoden zur Nahrungsproduktion: die Photosynthese, die Heterotropie (Nahrungsaufnahme entweder aus organischen oder anorganischen Quellen), die Saprophyse und den Parasitismus. Abb. 5-3 zeigt die Grundstruktur einer Algenzelle.

Mikroorganismen gelangen auf zwei verschiedenen Wegen in ein Kühlwassersystem; entweder durch ihre Gegenwart im Zusatzwasser selbst, oder aber durch die den Kühlturm durchströmende Luft.

Die hier folgende Erörterung der Algen, Bakterien und Pilze soll ein allgemeines Verständnis für die vielen Arten, ihre allgemeinen Merkmale und ihrer Wirkungen auf ein Kühlwassersystem vermitteln.

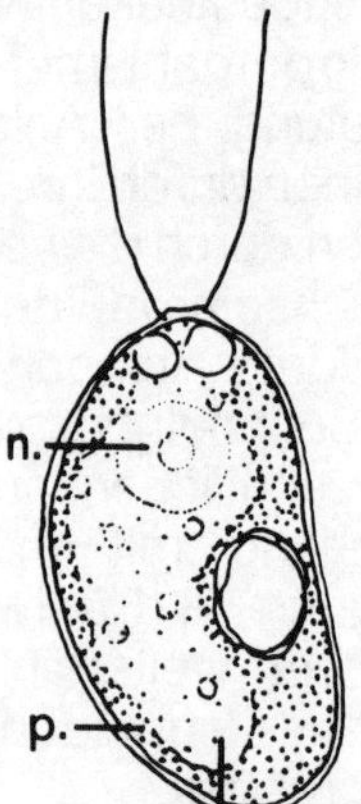

Abb. 5-3. Grundstruktur einer Algenzelle.

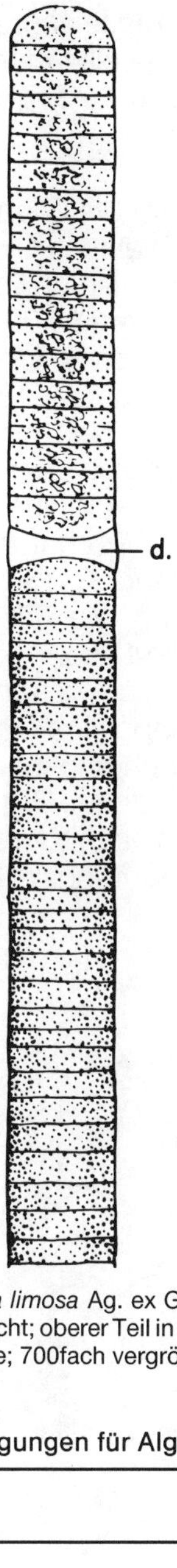

Abb. 5-4. *Oscillatoria limosa* Ag. ex Gom. Einzeltrichom; unterer Teil in Draufsicht; oberer Teil in Längsschnitt durch die Mitte; d: tote Zelle; 700fach vergrößert.

Algen

Die drei Grundvoraussetzungen für Algenwuchs sind Luft, Wasser und Sonnenlicht, wobei die Abwesenheit eines dieser drei Faktoren wachstumshemmend wirkt. Verteilerroste und Seitenwände eines Kühlturms bieten alle drei Bedingungen und sind daher ausgezeichnet für eine ungehinderte Algenvermehrung geeignet, und man sieht daher nur allzu oft Algen als freihängende grüne Massen am oberen Deck oder am Kühlturm selbst. In Tabelle 5-1 findet man einige in Kühlwassersystemen häufig anzutreffende Algengruppen sowie Temperaturen und pH-Werte, die für ein kontinuierliches Wachstum nötig sind.

Die notwendigen Temperaturen und pH-Bereiche liegen innerhalb der Grenzwerte für Kühlwassersysteme, daher ist es also nicht erstaunlich, daß sich oft ein überaus starker Algenbewuchs entwickelt.

Grüne Algen bilden entweder einzellige oder mehrzellige Kolonien, wobei solche Kolonien einige Meter Länge erreichen können, so z. B. die blaugrünen Arten wie die *Oscillatoria* (Abb. 5-4), die fadenartige Stränge aufweist, und in denen sich die Zellen zu Ketten aneinanderreihen. Diatome (Abb. 5-5 und 5-6) bestehen aus zwei Halbzellen, die in ihren Zellwänden ein braunes Pigment und Kieselsäure enthalten.

Alle Algen erzeugen Sauerstoff, der die Korrosionsreaktion depolarisieren und

Tabelle 5-1. Bedingungen für Algenwuchs.

Algengruppe	Beispiele	Wachstumsbedingungen Temperatur	pH-Wert
Grüne	Chlorella (allgemein einzellig) Ulothrix (fadenförmig) Spirogyra (fadenförmig)	30 – 35 °C	5.5 – 8.9
Blaugrüne (enthalten blaues Pigment)	Anacystis (einzellig, schleimbildend) Phormidium (fadenförmig) Oscillatoria (fadenförmig)	35 – 40 °C	6.0 – 8.9
Diatomeen (enthalten braunes Pigment und Kieselsäure in den Zellwänden)	Flagillaria (lang und dünn, in Reihen) Cyclotella (radförmig) Diatorna (rechteckig oder kegelförmig)	18 – 35 °C	5.5 – 8.9

*Unter bestimmten Bedingungen kann sich Oscillatoria Temperaturen bis 85 °C und pH-Werten bis 9.5 anpassen.

eine Zerstörung der Anlage beschleunigen kann. Blaugrüne Algen, wie z. B. *Nostoc* (Abb. 5-7), *Anabaena* und *Calothrix* können Stickstoff aus der Luft in organische Stickstoffverbindungen überführen. Solche stickstoffbindenden Algen sind für den beschleunigten Zerfall von Korrosionsinhibitoren auf Nitritbasis verantwortlich. Diatome sind für eine durch sie verursachte Kieselsäureverunreinigung bekannt, da ihre Zellwände mit polymerer, glasiger Kieselsäure angereichert sind.

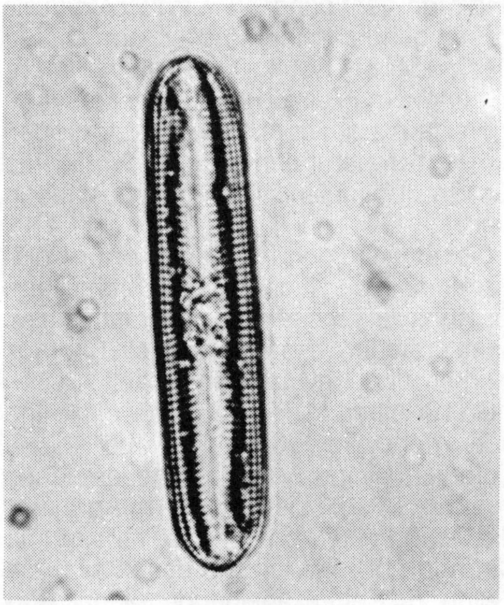

Abb. 5-5. Lebendes Pennat-Diatom. Pinnularia sp., Röhrenansicht, 500fach vergrößert.

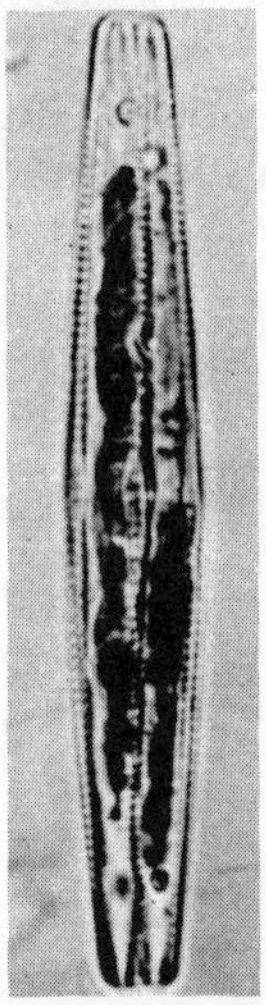

Abb. 5-6. Lebendes Pennat-Diatom, E. navicula sp., vor kurzem geteilte Zellen, Gürtelansicht, 500fach vergrößert.

Pilze

Man betrachtet die Gruppe der Pilze als die Kategorie, welche alle nichtphotosynthetischen Organismen im Pflanzenreich umfaßt. Es gibt rund 80.000 bekannte Pilzarten, die also wesentlich umfangreicher sind als die Gruppe der 19.000 bis 25.000 bekannten Algenarten.

Die Pflanzenkörper der Pilze sind entweder einzellig, kolonienförmig oder fadenförmig. Ihre Wachstumsphase ist immer sehr einfach, obwohl bestimmte Fruchtstrukturen wie Pilze und Röhrenpilze kompliziert sein können. Ernährungsphysiologisch gesehen fehlt den Pilzen das Chlorophyll, sie sind damit nicht photosynthetisch und im allgemeinen auf Metaboliten anderer Organismen angewiesen. Dies ist besonders in Kühlwassersystemen bedeutungsvoll, da ungefähr

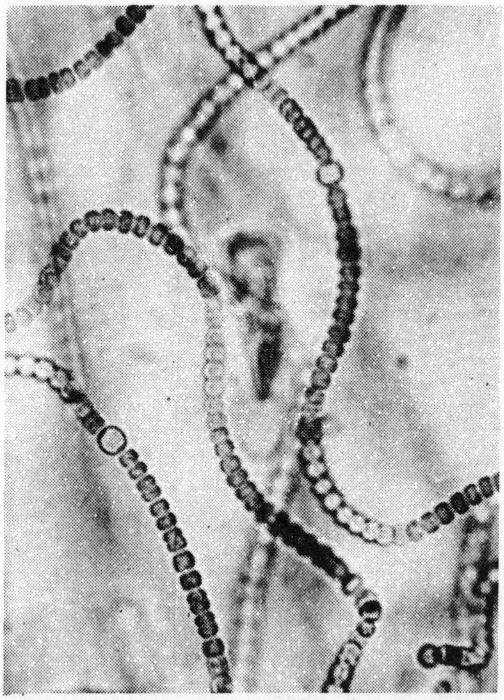

Abb. 5-7. Nostoc microscopicum. Fäden mit Heterozysten, 450fach vergrößert.

10 % aller Pilzgruppen in der Lage sind, Holz als organische Nährstoffquelle zu nutzen und damit das Holz in Kühltürmen zerstört.

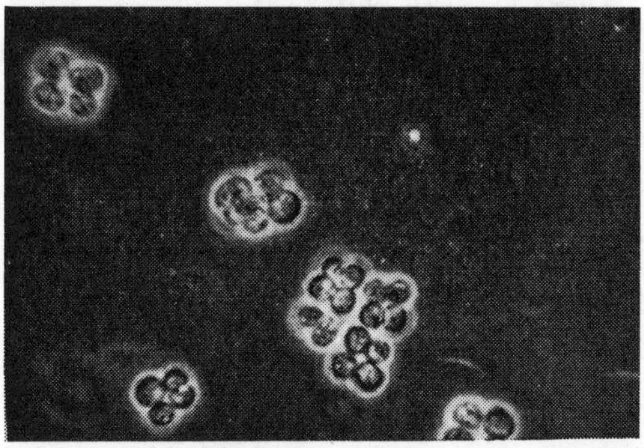

Abb. 5-8. Typische Kokkizellen.

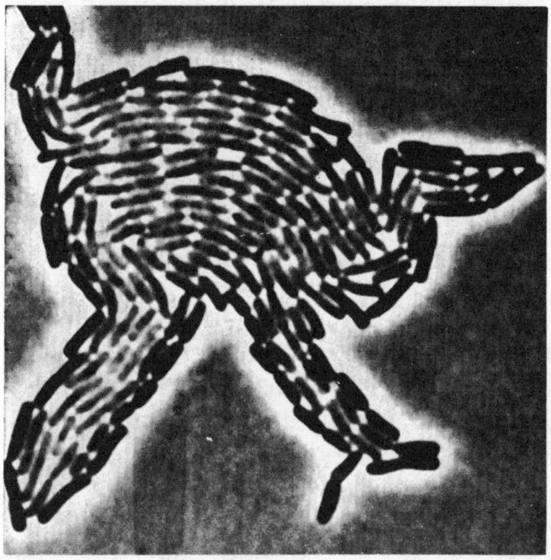

Abb. 5-9. Zylindrische Bazillenzelle.

Die Schimmelpilzarten vermehren sich normalerweise durch die Bildung von Sporen, einer sekundären Lebensform, die als Ruhephase neben der normalen fadenförmigen, reproduktiven Struktur des Organismus besteht. Vom Organismus abgegebene Sporen können lange Zeit im Ruhezustand bleiben, und zwar besonders unter Bedingungen, die für das Wachstum ungünstig sind. Unter günstigen Bedingungen entwickeln sich die Sporen dann zu aktiven Organismen.

Ganz allgemein sind Sporen sehr widerstandsfähig gegenüber den meisten Mikrobioziden und daher sehr schwierig zu bekämpfen. Es sollte jedoch beachtet

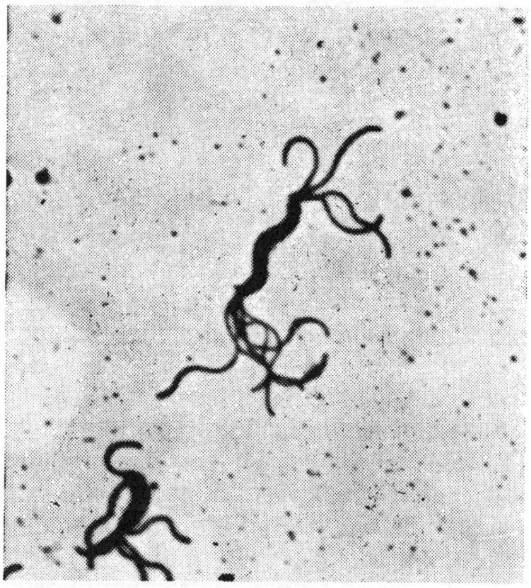

Abb. 5-10. Typische Spirillumzellen.

Tabelle 5-2. Wachstumsbedingungen für Pilze.

Art der Pilze	Beispiele	Eigenschaften	Wachstumsbedingungen Temperatur	pH-Wert	Probleme
Fadenförmig	Aspergilus Penicilium Mucor Fusarium Alternaria	schwarz, bräunlich, blau gelb, grün weiß, grau braun, bräunlich rosa, braun	0 - 38° C	2 bis 8 (Optimum bei 5.6)	Oberflächenfäule von Holz, bakterienähnlicher Schleim
Hefeartig	Torula Saccharomyces	lederig oder zäh meist pigmentiert	0 - 38° C	2 bis 8 (Optimum bei 5.6)	Bakterienähnlicher Schleim, Verfärbung von Wasser und Holz
Basidiomyceten	Poria Lenziten	weiß oder braun	0 - 38° C	2 bis 8 (Optimum bei 5.6)	Interner Zerfall des Holzes

werden, daß diese Organismen im Ruhezustand relativ harmlos sind. Es gibt auch fadenartige Pilze, die sich durch Abbrechen eines Teils ihres Fadengeflechts (Myzel) weiterentwickeln können. Dieser bei den Pilzen wenig verbreitete Vermehrungsmechanismus wird im allgemeinen bei den Bakterien vorgefunden.

Hefepilze sind einzellige Mikroorganismen mit Kern und haben eine kugelige oder längliche Form. Sie vermehren sich meistens durch Zellspaltung. Hefepilze verfärben Wasser und Holz.

Tabelle 5-2 faßt die wichtigsten Eigenschaften und Lebensbedingungen der Pilze zusammen und zeigt, daß die für deren Wachstum notwendigen Bedingungen, z. B. pH-Wert und Temperatur, in den meisten Kühlwasseranlagen gegeben sind.

Bakterien

In Kühlwassersystemen können viele verschiedene Bakterienarten auftreten, wobei sich eine Bekämpfung als ausgesprochen schwierig erweist, da bestimmte Mittel auf eine Bakterienart toxisch wirken, während dasselbe Mittel eine andere Bakterienart nicht beeinflußt. Bakterien können in einzelligen oder mehrzelligen Kolonien leben und werden wegen der Vielzahl der Arten im folgenden nach einigen ihrer physikalischen und metabolischen Eigenschaften eingeteilt:

a) Form:
Coccus – kugelförmig (Abb. 5-8)
Bacillus – stäbchenförmig (Abb. 5-9)
Spirillum – gebogen oder kommaförmig (Abb. 5-10)

b) Temperaturbedingungen:
psychrophil – bevorzugt Kälte (Bereich: 0–25° C)
mesophil – bevorzugt mäßige Temperaturen (Bereich: 20–45° C)
thermophil – wärmefreundlich (Bereich: 45–70° C)

c) Sauerstoffbedingungen:
aerob – brauchen Luft zum Leben
fakultativ – können mit oder ohne Luft leben; aber erhöhte Wachstumsrate in Gegenwart von Luft
indifferent – können mit oder ohne Luft leben; aber erhöhte Wachstumsrate bei Abwesenheit von Luft
anaerob – können nur bei Abwesenheit von Luft leben

d) Ernährungsbedingungen:
autotrophe Bakterien – gewinnen Energie durch Oxydation anorganischer Substanzen
heterotrophe Organismen – gewinnen Energie aus organischen und anorganischen Stoffen
paratrophe Organismen – sind Parasiten, die sich von lebender organischen Materie ernähren
saprotrophe Organismen – leben und ernähren sich von toten oder verfaulten Substanzen.

Tabelle 5-3 gibt einen Überblick über einige in Kühlsystemen zu findenden Bakterienarten. Diese Liste ist unvollständig, bringt aber repräsentative Beispiele der Bakterienbevölkerung, ihrer Eigenschaften und ihrer Auswirkungen in Kühlwasseranlagen.

Aerob Kapselbakterien, wie zum Beispiel *Aerobacter, Flavobacterium* und *Pseudomonas,* verbindet man im allgemeinen mit Schleimproblemen. Ihre Zellwände bestehen aus Aminosäuren, Polysaccharid und Lipiden, während das Zellinnere aus Nukleoprotein besteht, das in der Zytoplasmaflüssigkeit verteilt ist. Die äußere Schleimschicht dieser Organismen besteht aus Polysacchariden und Polypeptiden, die dazu dienen, die Zelle vor ihrer Umgebung zu schützen und ihr erlaubt, die in der klebrigen Masse haftenden Nährstoffe aufzunehmen. Bei Nahrungsmangel kann sie wieder vom Organismus aufgenommen und verwertet werden.

Organismen, wie zum Beispiel der *Bacillus mycoides, Bacillus subtilis* und andere aerobe Sporenbildner sind weniger schleimbildend als aerobe Kapselorganismen. Sie sollen jedoch hier erwähnt werden, da ihre Sporen verschiedene, bereits weiter oben genannte Probleme in Kühlsystemen verursachen.

Aerobe Schwefelbakterien, besonders der *Thiobacillus,* können Schwefel, Sulfide und Sulfate zu Schwefelsäure oxydieren und an lokalisierten Stellen wurden bis zu 10 % Schwefelsäure gemessen, wobei der pH-Wert bis auf 1,0 abfiel. Gelegentlich tritt eine Symbiose zwischen aeroben Bakterienkolonien mit einer unter ihnen liegenden Schicht anaoerober Bakterien auf. Eine solche Symbiose ist in Fällen möglich, in denen anaerobe sulfatreduzierende Bakterien unter Ablagerungen von aeroben Schwefelbakterien auftreten.

Desulfovibrio desulfuricans, d.h. sulfatreduzierende Bakterien, sind in der Lage, Sulfate zu Schwefelwasserstoff zu reduzieren. Die Korrosionswirkung von Schwefelwasserstoff wird in Abb. 5-11 verdeutlicht und eine vollständige Erörterung dieses Problems findet sich in Kapitel 3. Da Sulfationen in fast allen Kühlwasseranlagen vorhanden sind, treten die durch sulfatreduzierende Bakterien verursachten Schwierigkeiten sehr häufig auf. Schwarze Eisensulfidablagerungen beweisen die Gegenwart solcher Bakte-

Abb. 5-11. Lokalisierter Angriff auf Kohlenstoffstahlrohr in einem geschlossenen Heizungssystem. Angriff nur in der unteren Hälfte, durch sulfatreduzierende Bakterien verursacht.

Tabelle 5-3. Wachstumsbedingungene für Bakterien.

Bakterienart	Beispiele	Wachstumsbedingungen Temperatur	pH-Wert	Entstehende Probleme
Aerob kapselförmig	Aerobacter aerogenes Flavobacterium Proteus vulgaris Pseudomonas aeruginosa Serratia Alcaligenes	20 - 40° C*	4 bis 8 Optimum bei 7.4	starker Bakterienschleim
Aerob sporenbildend	Bacillus mycoides Bacillus subtilis	20 - 40° C	5 bis 8	Bakterienschleim, Gebildete Sporen sind schwer zu vernichten
Aerob Schwefelbakterien	Thiobacillus thiooxidans	20 - 40° C	0,6 bis 6	Schwefel oder Sulfide werden zu Schwefelsäure oxydiert
Anaerob Sulfatreduzierend	Desulfovibrio desulfuricans	20 - 40° C	4 bis 8	Wächst unter Schleim und verursacht Korrosion. Bildet Schwefelwasserstoff
Eisenbakterien	Crenothrix Leptothrix Gallionella	20 - 40° C	7.4 bis 9.5	Ausfällung von $Fe(OH)_3$ das die Zelle hautartig umhüllt. Voluminöse Schleimmassen

* Gewöhnlich haben alle Bakterien einen Temperaturbereich von 20 – 40° C. Unter bestimmten Bedingungen wachsen einige Arten bei Temperaturen von 5 bis 70° C.

rienarten. Die Reaktionen sind wie folgt:

$$10H^+ + SO_4^{-2} + 4Fe \rightarrow$$
$$H_2S\uparrow + 4FE^{+2} + 4H_2O$$
$$H_2S + Fe^{+2} \rightarrow FeS\downarrow + 2H^+$$

Eisenbakterien, wie z. B. *Crenothrix, Leptothrix* und *Gallionella,* verwerten Eisen für ihr Wachstum und scheiden Eisenablagerungen als Nebenprodukte des Stoffwechsels aus.

$$4FeCO_3 + O_2 + 6H_2O \rightarrow$$
$$4Fe(OH)_3\downarrow + 4CO_2 + 81{,}000 \text{ Kalorien}$$

Um die für ihr Wachstum notwendige Energie zu erzeugen, müssen die Bakterien große Mengen von Eisen(III)-hydroxiden produzieren. Das gebildete Eisen verbindet sich mit dem Bakterienorganismus, und es bilden sich voluminöse Ablagerungen, die dann im Kühlwassersystem Verstopfung, Lochfraß und reduzierten Wärmeübergang verursachen. Solche Eisenbakterien werden gewöhnlich in Quellwässern und in eisenhaltigen Grundwässern gefunden und gelangen in den Kühlturm, wenn das Zusatzwasser aus solchen Quellen entnommen wird. Es gibt auch Fälle, in denen diese Organismen im Turm selbst gefunden werden.

Stickstoffbakterien nehmen an vielen umkehrbaren Reaktionen teil, wobei Ammoniak gebildet wird, oder Korrosionsinhibitoren auf Nitritbasis oxidiert werden. Die Ammoniakbildung führt zu selektivem Angriff auf Kupfer oder kupferhaltige Werkstoffe. Die Oxydation des Nitrits macht es als Korrosionsinhibitor wertlos. Zwei typische, durch Stickstoffbakterien ausgelöste Reaktionen sind wie folgende:

$$NH_4^+ + OH^- + \tfrac{1}{2}\ O_2 \rightleftharpoons 5H^+ + NO_2^-$$
$$NO_2^- + \tfrac{1}{2}\ O_2 \rightarrow NO_3^-$$

Fadenförmige Organismen binden Öl und Kohlenwasserstoffe in ähnlicher Weise wie Eisenbakterien Eisen. Die Metaboliten solcher Verbindungen sind schädliche Nebenprodukte wie Kohlendioxid, Schwefelwasserstoff und Salzsäure.

In Kühlwasseranlagen, die Frischwasser verwenden, treten in den Wärmeaustauschern häufig auch noch andere Ablagerungen auf: Wasserlebewesen und Insekten, wie z. B. Spinnen, Schnecken, Milben, Skorpione, Flußkrabben, Schnecken und Muscheln sammeln sich an Stellen mit niedriger Strömungsgeschwindigkeit. In Meerwasseranlagen, wie z. B. auf Schiffen und in Wärmeaustauschern in Küstennähe, sind Anlagen durch Seewasserorganismen wie Schiffsbohrmuscheln, Tintenfische, Seeigel, Quallen, Schwämme, Seesterne und Kraken schon außer Betrieb gesetzt worden.

Schäden durch mikrobiologisches Wachstum

Die fortgesetzte Ansammlung und der stetige Wuchs von Mikroorganismen führen zu einer Reihe von Schwierigkeiten in Kühlwassersystemen. Gute Programme zur Verhinderung von Korrosion und Ablagerungen sind dabei abhängig von einer mikrobiologischen Bekämpfung, denn eine Industrieanlage, die nicht in der Lage ist, die Mikrobiologie unter Kontrolle zu halten, steht bei der Verhütung von Korrosion und Ablagerungen häufig vor großen Schwierigkeiten.

Mikroorganismen sind auch für ein anderes Problem verantwortlich, und zwar für den Holzverfall im Kühlturm, wobei nicht nur die Betriebsleistung des Kühlturms reduziert wird, sondern auch wesentlich höhere Betriebskosten entstehen. Die Gegenwart von Mikroorganismen bringt noch andere Probleme mit sich, wie z. B. Geruchsbelästigung und umweltschädigende Einflüsse.

Korrosionsreaktionen

Viele der in Kühlwasseranlagen gefundenen Mikroorganismen nutzen Wasserstoff in ihren Stoffwechselprozessen, wobei es oft zu einer kathodischen Depolarisation der Korrosionsreaktion kommt. (Siehe Kap. 3). Die Freisetzung von Wasserstoff an der Metalloberfläche ist eine weitere Ursache, die eine Fortsetzung der Korrosionsreaktion ermöglicht. Der von Algen als Teil ihres Stoffwechsels abgegebene Sauerstoff verursacht ebenfalls die kathodische Depolarisation der Korrosionsreaktion.

Wenn auch die Depolarisationswirkung der Mikroben von Wichtigkeit ist, so besteht doch ihre hauptsächlich schädigende Wirkung darin, daß die Korrosion unter Ablagerungen gefördert wird. Eine schleimige Masse oder eine Kombination von Schleim und anorganischen Salzen führt zu Belüftungselementen, da das Gebiet unter der Masse zur Aktivanode wird und zu einem schweren örtlichen Korrosionsangriff führt. In diesem Fall bilden nicht nur die Mikroorganismen selbst eine Ablagerung, sondern binden auch andere Substanzen, die normalerweise nicht ausgeschieden werden. Es bilden sich voluminösere Ablagerungen, welche die Korrosion weiter verstärken.

Neben diesen Schwierigkeiten stellen sich dem Fachmann bei vielen mikrobiologischen Vorgängen noch zusätzliche Korrosionsprobleme: so entwickeln z. B. sulfatreduzierende Bakterien extrem gefährliches Schwefelwasserstoffgas, das Metalle durch einen Angriff bei niedrigem pH-Wert zerstört. Das gleiche geschieht durch die Bildung von Eisen(III)Sulfid, welches eine kathodische Wirkung auf die in der Anlage verwendeten Eisenbauteile hat.

Sulfatoxidierende Bakterien entwickeln Schwefelsäure, die – wie schon weiter oben angemerkt – in der Anlage lokale Stellen mit niedrigem pH-Wert bilden, an denen die Korrosion sehr schnell fortschreitet.

Nitrifizierende Bakterien, wie z. B. *Nitrobacter* und *Nitrocystis,* heben durch die Oxydation von Nitrit zu Nitrat die Wirkung von Korrosionsinhibitoren auf Nitritbasis auf. In geschlossenen Systemen ist dies

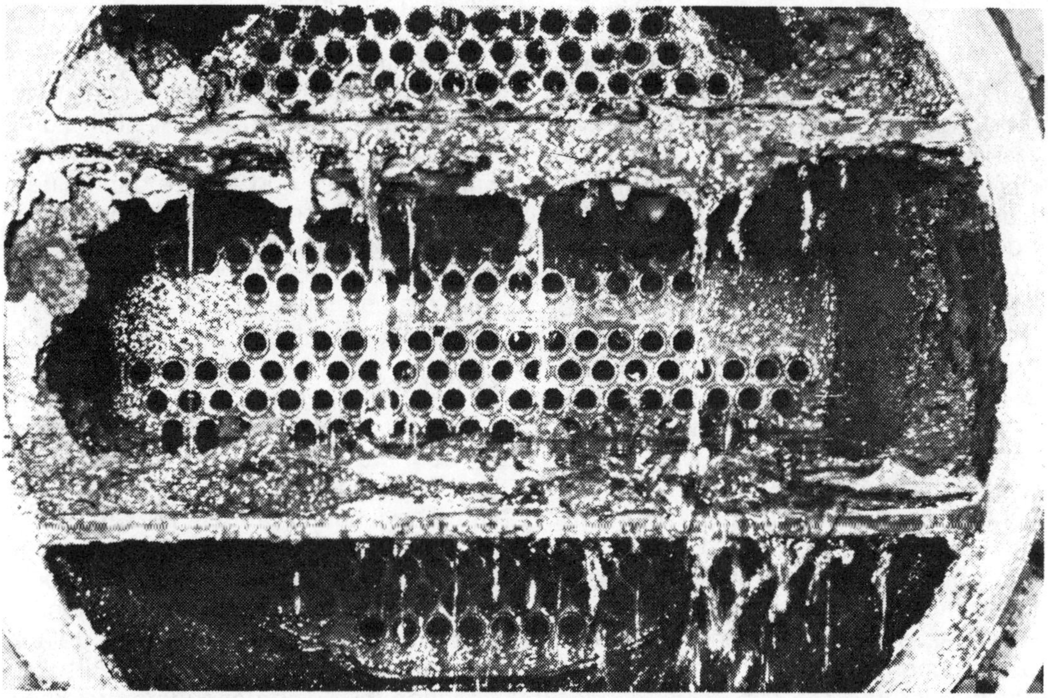

Abb. 5-12. Beispiel für biologisches Wachstum in einem Wärmeaustauscher.

ein schwerwiegendes Problem, da in solchen Systemen häufig Nitrit als Korrosionsinhibitor benutzt wird.

Die oben beschriebenen Beispiele zeigen nur einige der speziellen, korrosionsfördernden Wirkungen durch mikrobiologische Vorgänge auf, wobei noch sehr viele andere erwähnt werden könnten. Die routinemäßig verwendeten Programme zur Korrosionsverhinderung werden stark durch die korrosionsfördernde Wirkung der Mikroben beeinträchtigt, wobei die Inhibitordosierung und die Menge der Dispergiermittel erhöht werden muß, um Korrosion und Ablagerungen wirksam zu reduzieren. Die wichtigste Methode zur Verhinderung von Substratablagerungen ist ein Programm zur erfolgreichen Beseitigung mikrobiologischer Ablagerungen.

Ablagerungsprobleme

Besonders unter den Bedingungen des Wärmeübergangs können Bakterienschleime stark anhaftend wirken und im Wasser mitgerissene Schwebstoffe (Korrosionsprodukte, Härtesalze, Schlamm, Sand, Ton usw.) binden. Diese Schleimbindung ist oft nicht sichtbar und eine quantitative Analyse einer Ablagerungsprobe zeigt, daß die mikrobiologische, organische Substanz gewichtsmäßig nur einen vergleichsweise geringen Teil der Ablagerung ausmacht. Ihre tatsächliche Bedeutung zeigt sich erst bei visueller Betrachtung des Volumens (Abb. 5-12). Dabei ist es unmöglich, das eigentliche Problem richtig zu beurteilen, ohne gleichzeitig die Ablagerung oder die Stelle, von der die Probe entnommen wurde, zu betrachten und zu analysieren. Denn wenn auch eine Ablagerung nur 20 Gew. % mikrobiologische Substanz enthält, so kann doch 90 % des Ablagerungsvolumens mikrobiologischer Art sein, wodurch natürlich die Wärmeübertragung negativ beeinflußt wird.

Eisenbakterien bilden Eisen(III)hydroxid-Ablagerungen, die um ein vielfaches größer sind als die Bakterien selbst. Ungehindertes diatomisches Algenwachstum kann zu Kieselsäureablagerung im Kühlwassersystem führen. Fadenförmige Organismen sammeln Öl und gelösten Kohlenwasserstoff und geben schädliche, korrosive Gase ab, was besonders in petrochemischen Anlagen und Raffinerien beachtet werden muß.

Mikrobiologische Materie in einer Anlage führt zu physikalischen Problemen, wobei das Resultat eine reduzierte Leistungsfähigkeit, der Verlust des Wärmeübergangs und schließlich Stillstand der Produktion ist. Die Ansammlung von Biomasse an den Innenteilen eines Kühlturms führt zu wesentlichen Leistungsabfällen. Die Verdampfung hängt erheblich davon ab, in welchem Maß das Kühlwasser mit Luft in Berührung kommt. Verschmutzungen der Einbauten oder Rieselplatten im Turm beeinträchtigen die Wasserverteilung, die einzelnen Wassertropfen werden größer, wodurch nur eine geringere Wasseroberfläche der Luft ausgesetzt wird. Wenn ein Kühlturm die projektierte Kühlzonenbreite nicht erreicht, dann wird diese reduzierte Wärmeabfuhr auch an anderen Stellen ihre Auswirkungen haben. Algen können auch das Verteilersystem des Kühlturms verstopfen und dadurch eine ungleichmäßige Verteilung des Wassers verursachen, was schließlich zu einem schwerwiegenden Leistungsverlust führt. Biomasse und andere darin eingeschlossene Substanzen reduzieren auch den Querschnitt und damit das Durchflußvolumen der Rohrleitungen eines Kühlsystems und führen damit zu einer geringeren Wärmeabfuhr.

Holzfäule

Das oft als Baumaterial in Kühltürmen verwendete Holz besteht hauptsächlich aus Zellulosefasern, die durch Lignin zusammengehalten werden. Die am besten für Kühltürme geeigneten Hölzer sind z. B. kalifornisches Rotholz, rote Zeder, Douglasfichte und bestimmte Tannenarten.

Holz im Kühlturm ist besonders gefährdet und wird auf verschiedene Weise angegriffen, hier sind besonders drei Kategorien zu unterscheiden: der biologische, chemische und physikalische Angriff: die ersten beiden treten in Verbindung mit Mikroorganismen auf. Der biologische Angriff wird direkt durch Mikroorganismen verursacht, wobei diese in den meisten Fällen auch indirekt einen chemischen Angriff verursachen. Dagegen ist der physikalische Angriff von der mikrobiologischen Aktivität im Kühlturm unabhängig. Jeder einzelne dieser Faktoren wird im folgenden weiter erörtert.

Biologischer Angriff

Ursprünglich wurde angenommen, daß ein biologischer Befall nur durch die Verwendung minderwertiger Holzqualitäten möglich ist. Andere Erklärungen wurden gefunden, als nach dem Zweiten Weltkrieg zwangsbelüftete Kühltürme vermehrt anstelle von Naturzugkühltürmen eingesetzt wurden. Es gibt zwei Arten des biologischen Angriffs im Holz, einmal in Bezug auf das befallene Holz, d.h. eine Oberflächen- oder Weichfäule, und einen inneren Zerfall.

Die Oberflächenfäule des Holzes tritt an den wasserführenden Stellen im Kühlturm auf und wird durch Pilze verursacht, die Zellulose angreifen, wie z.B. *Ascomyceten* und *Fungi imperfecti*. Dabei werden die Zellulosefasern des Holzes zerstört und nur das Bindemittel Lignin bleibt zurück, dabei verliert das Holz an struktureller Festigkeit. Durch ein Wegwaschen der Oberflächenzellen verliert das Holz an Volumen und sieht im nassen Zustand brüchig und dunkel aus (Abb. 5-13), während es im trockenen Zustand eine gefleckte Oberfläche aufweist.

Abb. 5-14. Querschnitt durch ein Holzmuster mit innerem Befall. Diese Art des Angriffs ist schwierig zu erkennen, da die Holzoberfläche stabil scheint. Das Holz kann jedoch mit einem scharfen Gegenstand zerdrückt oder leicht durchdrungen werden.

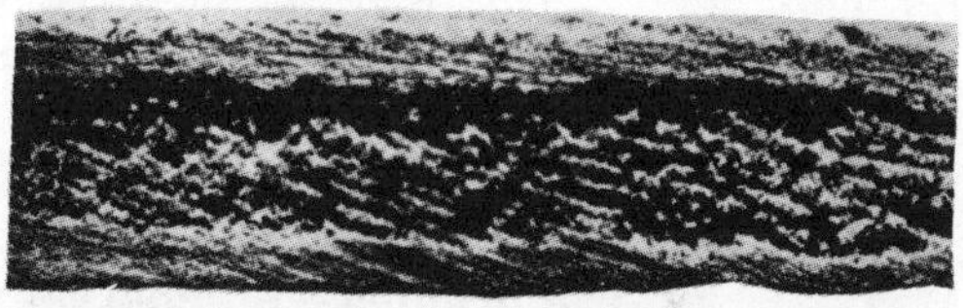

Abb. 5-15. Fortgeschrittener biologischer Befall an der Holzoberfläche. Das Holz erscheint dunkel mit geflecktem Muster.

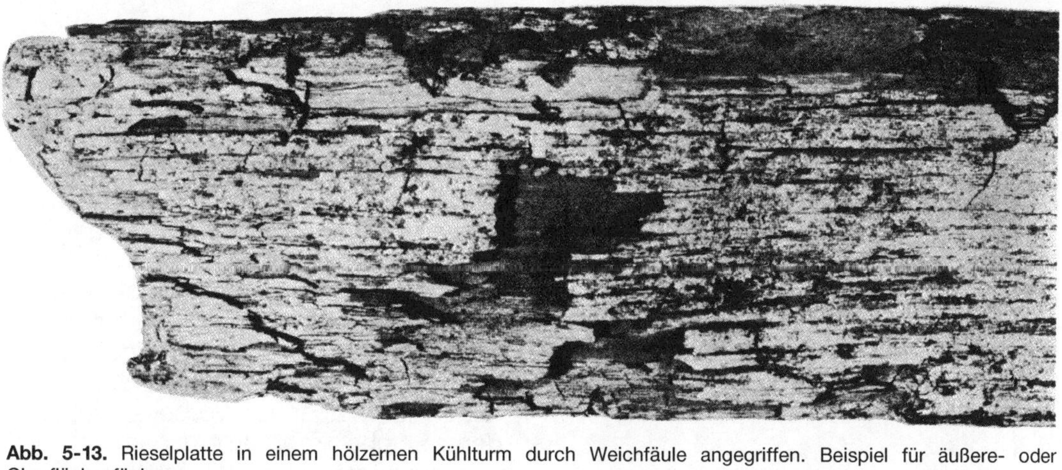

Abb. 5-13. Rieselplatte in einem hölzernen Kühlturm durch Weichfäule angegriffen. Beispiel für äußere- oder Oberflächenfäule.

Der innere Befall (Abb. 5-14) kann zwei verschiedene Formen aufweisen, erstens die Weißfäule und zweitens die Braunfäule, wobei die Weißfäule durch die Zersetzung des Lignins verursacht wird, während Braunfäule charakteristisch für eine Auflösung der Zellulosefasern ist. In beiden Fällen sind thermophile Pilze, wie z. B. jene aus der *Basidiomyceten* Gruppe, an diesem Angriff beteiligt. Am anfälligsten sind solche Stellen im Kühlturm, die nicht ständig mit Wasser in Berührung kommen, wie z. B. der Raum oberhalb der Wasserverteilung und der Innenmantel. Der maximale Feuchtigkeitsgehalt für die meisten in Kühltürmen verwendeten Holzarten liegt bei 27 %, wobei die Holzzellwände zwar gesättigt sind, aber die Zelle selbst kein freies Wasser enthält. Die Zellwände sind ein Brutherd für Pilze, die Zellulose in ihren Stoffwechselprozessen verwerten, wobei die ausgeschiedenen Enzyme dann frei diffundieren können. Der Befall wird stärker, wenn sich der Feuchtigkeitsgehalt des Holzes auf 30 % nähert. Eine innere Fäule ist sehr schwierig zu erkennen. Das Holz scheint auf den ersten Blick fest zu sein, kann aber mit einem scharfen Gegenstand leicht durchdrungen (Abb. 5-15) oder abgebrochen werden. Bei näherer Betrachtung zeigt es sich, daß Holzteile im Inneren brüchig sind und in einzelne Lagen abgetrennt werden können; ein Prozeß, der als Entschichtung bekannt ist.

Abb. 5-16. Typischer Oberflächenangriff von Holz durch Chemikalien mit ersten Anzeichen von Ligninauflösung.

Chemischer Angriff

Der chemische Angriff des Holzes zeigt sich in Delignifizierung in Gegenwart von stark oxydierenden Mitteln wie Chlor, Brom und Ozon. Da solche Oxydationsmittel dem Kühlwasser beigegeben werden, um mikrobiologischen Wuchs zu bekämpfen, verursachen die Mikroorganismen indirekt die Delignifizierung. Wie Abb. 5-16 zeigt, werden die Zellulosefasern, aus denen das Lignin herausgelöst wurde, weggewaschen.

Eine hohe Alkalität des Wassers erhöht die Neigung zur Auflösung des Lignins. Freies Chlor über 1 oder 2 mg/l sollte daher in offenen Rückkühlanlagen vermieden werden, da sie zur Ligninauflösung in den Holzstrukturen des Kühlturms führen. Zur Verbesserung dieser Situation wird die zusätzliche Verwendung eines nichtoxydierenden Biozids empfohlen.

Die Ligninauflösung tritt in den wasserführenden Stellen im Turm auf und macht sich durch ein weißes, faserartiges Aussehen der Holzstruktur bemerkbar.

Eisen kann sich auch schädlich auf das Kühlturmholz auswirken, da die durch Korrosion vorhandenen Eisensalze mit den Holzzellen reagieren und dem Holz ein verkohltes Aussehen verleihen. Das Holz verliert in der Folge an Festigkeit und Stabilität.

Physikalischer Angriff

Ein Holzzerfall wird auch durch die auftreibende Wirkung der in Wasser gelösten Salze bei wechselndem trockenen und nassen Betrieb beschleunigt. Diese Art des Zerfalls wird als Ausfaserung bezeichnet und kann durch eine Kontrolle der ausgefallenen Salze wesentlich reduziert werden. Es gibt verschiedene Maßnahmen, um einen Holzzerfall einzudämmen. So kann das Holz zur erhöhten Widerstandsfähigkeit gegen mikrobiologischen Befall mit Schutzpräparaten vorbehandelt werden. Solche Imprägnierungsmittel sind wässrige Salze von meist toxischen Substanzen, wie z. B. Kupferchromat, chromatbehandeltes Kupferarsenat und ammoniakalisches Kupferarsenat. Andere Imprägnierungsmittel haben Öl als Grundlage, wie z. B. Kresol und Pentachlorphenol, welches in Petroleumöl gelöst ist. Ölhaltige Produkte werden allgemein als wirksamer angesehen, und die meisten Hersteller empfehlen ein kontinuierliches Schutzprogramm mit systematischer Reinigung und der Beseitigung von stagnierenden Stellen in der Anlage, um eine Zersetzung des Holzes zu vermeiden. Gute mikrobiologische Verhütungsprogramme sind im letztgenannten Fall ebenfalls hilfreich. In Europa werden Beton und Kunststoffe häufig an Stelle von Holz eingesetzt.

Weitere Probleme

Die zur Verhinderung des mikrobiologischen Verfalls verwendeten Mikrobiozide wirken auf ihre Umwelt oft toxisch und die Probleme, die sich bei ihrer Beseitigung stellen, werden in diesem Kapitel besprochen.

Luftwäscher in Klimaanlagen beeinflussen die Feuchtigkeit, Reinheit und Temperatur der Luft. Sie werden sowohl in der Industrie als auch in öffentlichen Gebäuden und Anstalten eingesetzt, wie z. B. in Lackierräumen der Automobilindustrie, in den Spinnräumen von Webereien, in Schneid- und Bündelungsräumen der tabakverarbeitenden Industrie, aber auch in Krankenhäusern und anderen öffentlichen Anstalten. Luftwäscher arbeiten als offene Verdampfungssysteme und sind daher wie die Kühltürme einer mikrobiologischen Verschmutzung ausgesetzt. Viele der in Kühltürmen verwendeten Biozide können nicht zur Bekämpfung des mikrobiologischen Wuchses in Luftwäschern verwendet werden, da die behandelte Luft direkt ins Gebäude oder in die Fabrikanlage gelangt. Einige der Mikrobiozide haben außerdem einen unangenehmen Geruch und sind daher nicht in Luftwäschern zu gebrauchen.

Meßverfahren

Ein mikrobiologisches Programm macht es notwendig, daß die Gesamtzahl der im System vorhandenen Mikroorganismen festgestellt wird und spezifische Arten identifiziert und in ihrer Konzentration berechnet werden. Die Wirksamkeit des Programms wird somit bestimmbar und kann je nach Bedarf reguliert und verbessert werden. Obwohl die meisten Anlagen die Konzentration der Korrosionsinhibitoren streng überwachen, wird häufig auf die Bestimmung der Gesamtkeimzahl verzichtet und stattdessen verläßt man sich auf visuelle Methoden. Dabei haben diese Methoden offensichtliche Nachteile; denn wenn Schleim oder Biomasse schon mit dem bloßen Auge während der Inspektion eines Kühlturms oder einer anderen Wasserversorgungsstelle festgestellt werden kann, dann ist das mikrobiologische Problem schon kritisch geworden. Eine quantitative Methode ist daher für eine Überwachung des mikrobiologischen Wachstums dringend notwendig. Es sind Methoden entwickelt worden, mit denen diese Tests bequem im Labor oder in der Anlage durchgeführt werden können. Wie bei jedem Test ist die wichtigste Voraussetzung, daß die Probe auch repräsentativ für das zu analysierende Wassersystem ist. Nach der Probenahme werden Gesamtbakterien- und Pilzkonzentrationen durch Kolonienzählung bestimmt. Bei diesem Verfahren werden Nährstoffe in einer sterilen Schale mit 1 ml einer entsprechend verdünnten Lösung des zu untersuchenden Wassers versetzt. Sind Mikroorganismen vorhanden, so werden sie nach der Inkubationszeit zu einer auszählbaren Kultur heranwachsen.

Trypton Glukose Extrakt Agar wird als Nährlösung für Bakterien benutzt. Bei 20° C ist die Inkubationszeit normalerweise 48 h und bei 37° C 24 h. Pilze werden 5 Tage bei 20° C auf Sabouraud Dextrose-Agar gezüchtet. Zur Erkennung bestimmter Arten werden Differenzzählungen in längeren Labortests durchgeführt, sind aber für eine normale Betriebskontrolle nicht notwendig. Die Betriebskontrollen wurden inzwischen durch die Entwicklung neuer Verfahren wesentlich vereinfacht.

Man sollte hier beachten, daß Keimzahlbestimmungen nur semiquantitative Daten liefern. Bestimmte Bakterienarten, so z. B. die stickstoffbindenden Bakterien, wachsen nicht in gewöhnlichen Kulturmedien. Im allgemeinen beeinflussen sie jedoch die Testgenauigkeit nicht entscheidend, und die erhaltenen Ergebnisse vermitteln einen ausgezeichneten Eindruck der mikrobiologischen Aktivität im Wasser.

Die maximal erlaubte Konzentration von Mikroorganismen ist jeweils systemspezifisch und auch abhängig vom Typ des Mikroorganismus und den Betriebsparametern der Anlage. Realistische Richtlinien können nur erstellt werden, wenn die Vorgeschichte der Anlage und die Resultate von Labortests bekannt sind. Die Praxis hat gezeigt, daß normalerweise Probleme auftreten, wenn über 100.000 Mikroorganismen/ml in offenen Rückkühlsystemen und 10.000 Mikroorganismen/ml in geschlossenen Systemen oder 400 Mikroorganismen/ml im Zusatzwasser vorhanden sind. Von Zeit zu Zeit müssen Tests im Betrieb durchgeführt werden, um die Einhaltung der vorher festgesetzten Maximalkonzentration zu gewährleisten, wobei die gleiche Sorgfalt aufgewendet werden muß wie bei anderen Kontrolltests.

Ein Mikrobiozid sollte auf der Basis einer Wirksamkeitsprüfung im Labor ausgewählt werden. In jeder Industrieanlage wird sich eine spezifische mikrobiologische Verunreinigung vorfinden, bedingt durch die herrschenden Betriebs- und Kontrollparameter und die Gegenwart spezifischer organischer Nährstoffe. Daher kann ein erfolgreiches Mikrobiozid-Programm nicht einfach von einer anderen Industrieanlage übernommen werden, sondern muß sorgfältig auf das jeweilige System abgestimmt werden, um einen Erfolg zu gewährleisten. Eine äußerst erfolgreiche Methode zur Beurteilung der Wirksamkeit eines Mikrobiozids ist die Bestimmung der relativen Keimzahlverminderung (Abb. 5-17). Bei diesem Verfahren werden zu repräsentativen Wasserproben Mikrobiozide in verschiedener Konzentration dosiert. Es wird dann die prozentuelle Abtötung von Organismen durch Kolonienauszählung vor und nach der Impfung festgestellt. Es wird das Mikrobiozid mit der höchsten Abtötung bei geringster Dosierung ausgewählt. So wird also für bestimmte mikrobiologische Verunreinigungen und für das jeweilige System ein Programm zusammengestellt, in dem dann das wirtschaftlichste Produkt zum Einsatz kommt.

Ein weiteres sehr gebräuchliches Verfahren, die Wirksamkeit eines Mikrobiozids festzustellen, ist die Bestimmung der Inhibitionszone (Abb. 5-18). Bei diesem Verfahren wird eine Petrischale mit einem Nährstoffagar, ähnlich wie oben beschrieben, bereitgestellt. Eine mit einem bestimmten Mikrobiozid gesättigte Papierscheibe wird in die Schale gelegt, wonach die Wasserprobe eingebracht wird. Nach Abschluß des Tests sollte auf der Scheibe selbst kein Wuchs zu finden sein und außerdem sollte um die Testscheibe herum ein Bereich sein, in dem kein mikrobiologischer Wuchs zu beobachten ist, wobei die Wirksamkeit des Mikrobiozids umso größer ist, je größer dieser Bereich der Hemmwirkung ist.

Die meisten Mikrobiozidprogramme sind so erstellt, daß sie eine Reduktion von 99 % oder mehr ermöglichen, was durch die Verwendung eines oder mehrerer Biozide in einem Ansatz erreicht wird. Es gibt Fälle, in denen die Kombination von Mikrobioziden eine nachgewiesene synergetische Wirkung hat, ähnlich wie bei Korrosionsinhibitoren. Selbst bei der besten und wirksamsten Mikrobiozidbehandlung gibt es eine kleine Anzahl von Mikroorganismen, die sich gegenüber spezifischen Mikrobioziden als resistent erweisen. Es ist daher unrealistisch, eine 100%ige Reduktion zu erwarten.

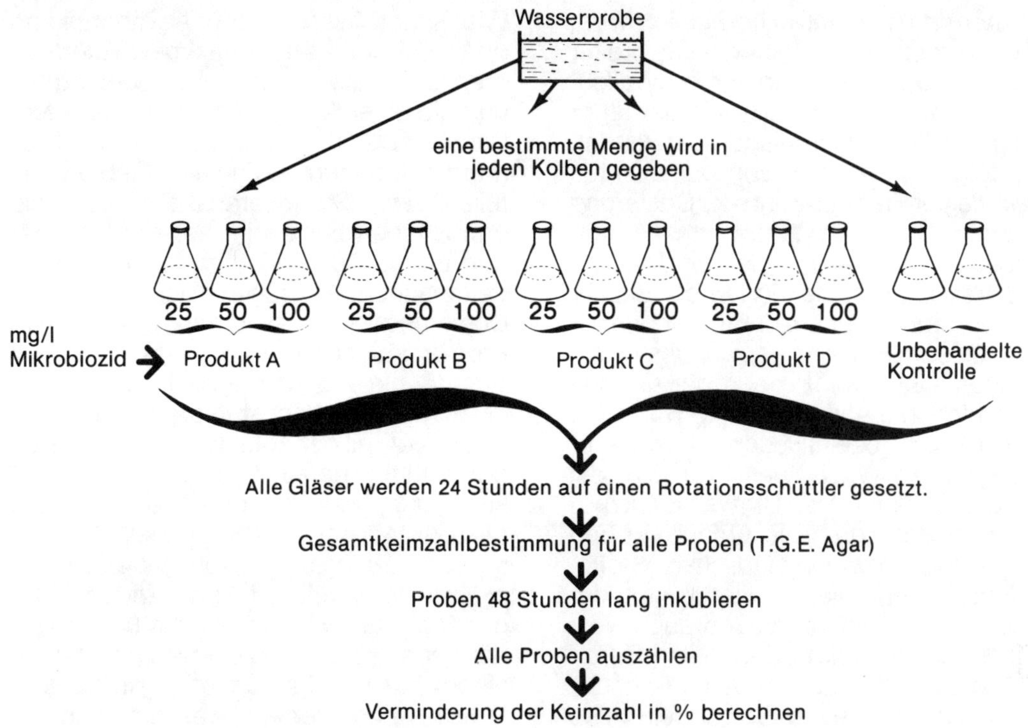

Abb. 5-17. Test auf relative Keimzahlverminderung.

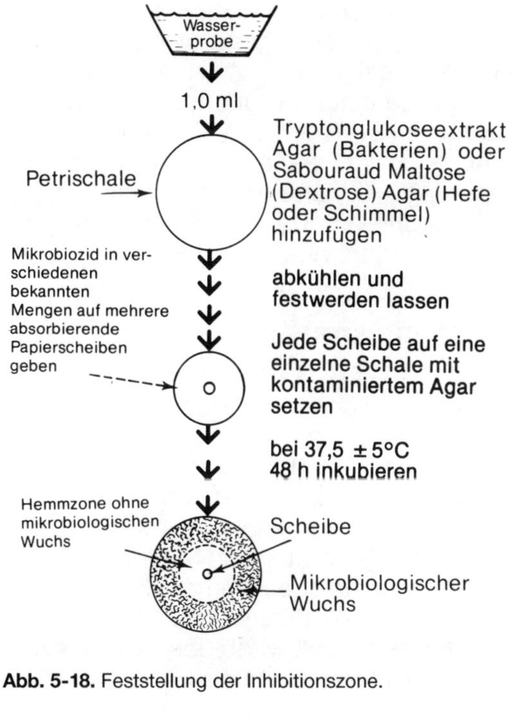

Abb. 5-18. Feststellung der Inhibitionszone.

Mit einer Vermehrung der widerstandsfähigen Mikroorganismen und einer Veränderung der biologischen Bevölkerungsdichte innerhalb des Systems treten neue Probleme auf. Daher ist es notwendig, Mikrobiozidprogramme von Zeit zu Zeit mit Hilfe der oben erwähnten Testverfahren zu überprüfen. Der ungehinderte Wuchs resistenter Arten kann in der Behandlung die zusätzliche Dosierung eines anderen Biozids oder auch den Austausch gegen ein anderes Produkt notwendig machen.

Mikrobiozide

Bei der Wahl eines Mikrobiozids sind mehrere Faktoren bestimmend: erstens muß es fast jede mikrobiologische Aktivität hemmen, was durch Laborverfahren festgestellt werden kann, und zweitens muß das Behandlugsprogramm wirtschaftlich sein. Dies wird oft dadurch erreicht, daß eine kleine Menge eines teuren, aber hochwirksamen Mikrobiozids mit einem preiswerteren kombiniert wird, wodurch eine Behandlung auf breiter Basis mit vertretbaren Kosten ermöglicht wird. Oxydierende Biozide werden sehr häufig in Kühlwasseranlagen verwendet. Ihr Erfolg ist allerdings von der exakten Kontrolle der Frequenz und der Dosierung abhängig. Wenn aber eine kontrollierbare Einspeisung unpraktisch ist, sind solche oxydierenden Biozide wegen der Gefahr des Holzangriffs nur beschränkt verwendbar. In diesem Fall wird also am besten ein geeignetes Mikrobiozid aus der Gruppe der nichtoxydierenden Mittel gewählt, die das Holz nicht beeinflussen. Ein weiterer Faktor für die Wahl eines Mikrobiozids, sind die Auflagen der Umweltschutzbehörden in Bezug auf die Abführung und Beseitigung umweltschädlicher Stoffe. Die Toxizität und die Schwierigkeiten der Entsorgung haben den Gebrauch verschiedener Mikrobiozide in vielen Bereichen wesentlich eingeschränkt. In anderen Fällen muß es möglich sein, das gewählte Mikrobiozid vor der Abgabe des Abwassers aus der Kühlanlage in den Vorfluter sicher und schnell zu entgiften.

Für die Wahl eines Mikrobiozids und die damit verbundenen Kosten ist die Häufigkeit der Anwendung ein weiterer Faktor. Die Parameter einer biologischen Kontrolle werden in Abb. 5-19 gezeigt.

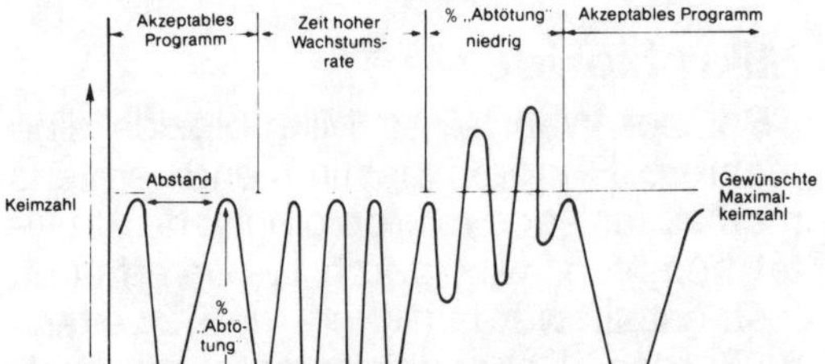

Abb. 5-19. Mikrobiologische Behandlungsprogramm.

Wie schon weiter oben erwähnt, kann durch Labortests eine maximale Toleranzgrenze für die Bakterienbesiedelung innerhalb einer Anlage festgesetzt werden. Die in Abb. 5-19 als „akzeptable Programme" gekennzeichneten Gebiete erfüllen zwei Grundvoraussetzungen: sie ermöglichen einmal eine hohe Abtötungsrate und lassen außerdem ausreichende Zeitspannen zwischen den einzelnen Dosierungen zu, wodurch ein solches Programm auch vom wirtschaftlichen Standpunkt annehmbar wird. Der als „Zeit einer hohen Wachstumsrate" gekennzeichnete Teil der Abbildung zeichnet sich durch einen hohen Grad der Hemmwirkung aus, jedoch vermehren sich die Mikroorganismen sehr schnell, bis zur maximal zulässigen Konzentration. Es werden dann weitere Mikrobiozidzugaben benötigt, um dieses Wachstum einzudämmen und unter Kontrolle zu halten. In einem solchen Fall benötigt ein System tägliche Zudosierung, was natürlich mit unverhältnismäßig hohen Kosten verbunden ist. Als ideal kann ein Durchschnitt von 1–3 Schockdosierungen pro Woche betrachtet werden, wobei es jedoch Fälle gibt, in denen das mikrobiologische Problem so schwerwiegend ist, daß eine häufigere Dosierung notwendig wird. Die Nachteile eines Programms sind im Gebiet der Kurve „Prozentabtötung niedrig" offensichtlich erkennbar. Die Bakterienzahl liegt hier nahe am vorher festgelegten Maximalwert und kann sehr leicht zu einer biologischen Verschmutzung führen.

Mechanismus der Mikrobiozid-Wirkung

Die hier folgenden Betrachtungen basieren auf Forschungsergebnissen, auf Erfahrungen in der Anwendung und auf dem neuesten Stand der Wissenschaft. Es sollte jedoch vorher erwähnt werden, daß bei der Verwendung von Mikrobioziden in Kühlwasseranlagen immer die Möglichkeit von Sekundärreaktionen besteht, wodurch die Aktivität der Mikrobiozide verändert werden kann.

Mikrobiozide hemmen den Wuchs der Mikroorganismen auf verschiedene Art. Einige beeinflussen die Durchlässigkeit der Zellwand und greifen damit in wesentliche Lebensprozesse der Organismen ein, während Schwermetalle in die Zellwand und in das Zytoplasma eindringen und dort lebenswichtige Eiweißgruppen zerstören. Oberflächenaktive Mittel schädigen eine Zelle, indem sie ihre Permeabilität herabsetzen. Dadurch wird der normale Zugang von Nährstoffen in die Zelle und die Abgabe von Abfallstoffen aus der Zelle gestört. Das Eiweiß wird zerstört und der Organismus stirbt ab.

Kationische oberflächenaktive Mittel, wie z. B. quaternäre Ammoniumverbindungen, die mit der Zellmembrane in Kontakt kommen, reagieren chemisch mit den an der Zellwand gebundenen, negativ geladenen Ionen. Anionische oberflächenaktive Mittel reduzieren die Zellpermeabilität und lösen schließlich die gesamte Zellmembrane auf.

Chlorierte Phenolverbindungen durchdringen die Zellwand und bilden eine kolloidale Lösung mit dem Zytoplasma, das Eiweiß der Zelle wird ausgefällt. Andere chemische Mittel, wie z. B. organische Schwefelverbindungen, hemmen die Stoffwechselreaktionen zwischen Enzym und Substrat. Sie reagieren mit einem Enzym im direkten Wettbewerb mit den Metaboliten oder lagern sich an einer anderen Stelle des Enzyms an, so daß der Metabolit nicht mehr reagieren kann und verhindern dadurch in beiden Fällen die normale lebenserhaltende Enzymreaktion.

Oxydierende Chemikalien verursachen eine irreversible Oxydation der Eiweißgruppen, wodurch die normale Enzymaktivität verhindert wird und ein schnelles Absterben der Zelle erfolgt.

Eine Reihe von Faktoren bestimmt die Wahl zwischen oxydierenden und nichtoxydierenden Mikrobioziden, wobei als ein Beispiel die durch oxydierende Mikrobiozide verursachte Holzfäule erwähnt wurde. Das gewählte Produkt muß einen mikrobiologischen Schutz auf breiter Basis gewährleisten und sollte auch gleichzeitig das wirksamste Mittel – unabhängig von seinem Hemmungsmechanismus – sein.

Die Wahl eines Mikrobiozids ist weiterhin von den Betriebsparametern einer Kühlwasseranlage abhängig, wobei Temperatur, pH-Wert und Systemauslegung bei den Grundüberlegungen mit einbezogen werden müssen, wenn es um eine Entscheidung zwischen oxydierenden und nichtoxydierenden Bioziden geht. In den folgenden Abschnitten werden diese Faktoren immer dann in Betracht gezogen, wenn gefunden wurde, daß sie die Wirksamkeit gebräuchlicher Mikrobiozide beeinflussen.

Oxydierende Biozide

Die folgende Erörterung wird sich vor allem auf Chlor konzentrieren, da es heute immer noch das am häufigsten benutzte Biozid in industriellen Anwendungsgebieten ist. Neben dem Chlor werden in diesem Kapitel auch Chlordioxid, Ozon und chlorabspaltende Mittel wie Hypochlorit und Chlorisocyanurate behandelt.

Chlor

Chlor wird seit vielen Jahren als Desinfektionsmittel eingesetzt, um Geschmacks- und Geruchsprobleme im Wasser zu beseitigen. In seiner letztgenannten Eigenschaft ist es das wirksamste aller Halogene. Die Menge des in einem offenen Kühlwassersystem notwendigen Chlors wird von einer Reihe von Faktoren bestimmt. Chlorbedarf, Kontaktzeit, pH-Wert und Wassertemperatur sollten hier genannt werden, aber ebenso das Volumen des zu behandelnden Wassers und die durch Belüftung verlorengegangene Chlormenge, während das behandelte Wasser durch den Kühlturm strömt.

Wenn Chlorgas mit Wasser in Kontakt kommt, hydrolysiert es und bildet unterchlorige Säure und Salzsäure.

$$Cl_2 + H_2O \rightarrow HOCl + HCl$$

Unterchlorige Säure ionisiert dabei nach der hier folgenden reversiblen Reaktion:

$$HOCl = H^+ + OCl^-$$

Die biozide Wirksamkeit wird durch die Konzentration der unterchlorigen Säure bestimmt, während das Hypochlorit-Ion nur einen geringen Einfluß hat.

Unterchlorige Säure ist ein ausgesprochen stark oxydierendes Mittel, das leicht die Zellwände der Mikroorganismen durchdringt und mit dem Zytoplasma reagiert; dabei werden chemisch stabile Stickstoff-Chlor Bindungen mit dem Zelleiweiß gebildet. Chlor oxydiert aktive Stellen an bestimmten Sulfhydril-Gruppen der Coenzyme, die Zwischenstufen bei der Bildung des für die Atmung lebensnotwendigen Adenosintriphosphats. Es wird geschätzt, daß unterchlorige Säure als Mikrobiozid die 20fache Wirksamkeit des Hypochlorit-Ions besitzt.

Ganz allgemein gesehen lassen sich Algen leichter als Bakterien abtöten. Sind jedoch große Algenmassen vorhanden, werden nur die an der Oberfläche relativ leicht vernichtet, die vom gelösten Chlor schnell erreicht werden.

Der pH-Wert des Kühlwassers ist für den Grad der Ionisation der unterchlorigen Säure verantwortlich. Ein niedriger pH-Wert begünstigt die freie Säure und wie in Abb. 5–20 gezeigt, ist die Ionisation bei einem pH-Wert von 5.0 nur sehr gering. Bei einem pH-Wert von 7.5 sind freie Säuren und Hypochlorit in ungefähr gleichen Mengen vorhanden. Bei einem pH-Wert über 9.5 wird Chlor wegen der vollkommenen Ionisation als Mikrobiozid unwirksam. Ein pH-Bereich zwischen 6.5 und 7.0 ist für mikrobiologische Programme auf Chlorbasis erstrebenswert, da niedrigere pH-Werte eine korrosionsfördernde Wirkung im System haben.

Die neueren Kühlwasserbehandlungsprogramme arbeiten normalerweise in einem alkalischen pH-Bereich. Dies wurde durch weiter entwickelte Härtestabilisatoren und Korrosionsinhibitoren ermöglicht, die in einem breiten pH-Bereich wirksam sind. Wenn auch alkalische Programme gute Härtestabilisierung und ausreichenden Korrosionsschutz bieten, so können sie doch ein mikrobiologisches Kontrollprogramm auf Chlorbasis schwächen oder negativ beeinflussen.

Es gibt einige Grundprogramme für die Chlorung, z. B. die Vor- und die Nachchlorung. Sie geben nur an, an welchem Punkt der Anlage die Chlorbehandlung durchgeführt wird. Das in Kühlwassersystemen am häufigsten verwendete Programm wird als „Brechpunkt"- oder Überschußchlorung bezeichnet. Chlor wird anfänglich ins System eingespeist, bis der Chlorbedarf gedeckt ist, wonach weiterdosiert wird, bis die gewünschte Konzentration von freiem, überschüssigen Chlor erreicht wird. Der Chlorbedarf des Systems bezieht sich auf die zur Reaktion mit Verunreinigungen benötigte Chlormenge. Organische Substanzen, wie

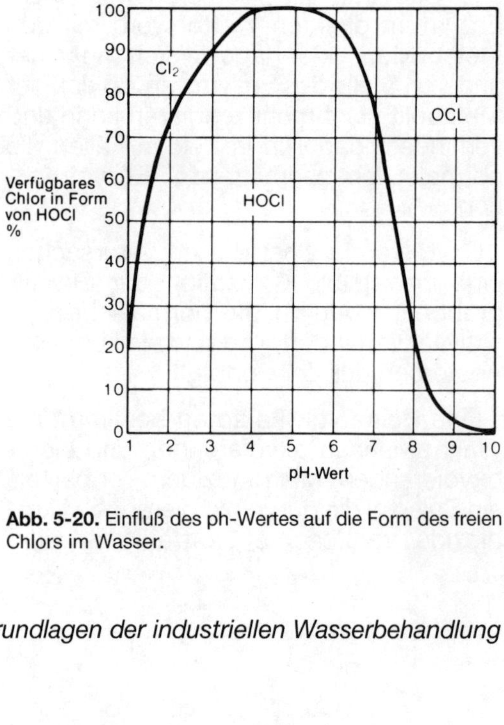

Abb. 5-20. Einfluß des ph-Wertes auf die Form des freien Chlors im Wasser.

Algen, Schleim, Kühlturmholz und Chemikalien, wie z.B. Schwefelwasserstoff, Schwefeldioxid und verschiedene Stickstoffverbindungen benötigen eine bestimmte Chlormenge, deren Bedarf erst gedeckt werden muß, bevor ein angemessener Chlorüberschuß im Wasser erreicht werden kann.

In Abb. 5-21 wird eine Knickpunktkurve für die Chlorung eines Wassers, das nur Ammoniakstickstoff enthält, dargestellt.

Ist das Verhältnis von Chlor zu Ammoniakstickstoff kleiner als 5:1, dann bilden sich Monochloramine, die in der Kurve mit NH_2Cl bezeichnet werden. Ist dagegen das Verhältnis größer als 5:1, dann bilden sich Dichloramine und Stickstofftrichlorid. Diese Entwicklung setzt sich fort, bis ein Verhältnis von 10:1 erreicht ist, wie durch die mit $NHCl_2$ und NCl_3 bezeichneten Gebiete angedeutet wird. Während dieser Reaktion verringert sich die Menge des Restchlors innerhalb des Systems, und erst ab dem Knickpunkt der Kurve führt jede weitere Einspeisung von Chlor zu einem „frei verfügbaren Chlorüberschuß", wobei dieser Ausdruck nur besagen will, daß unreagiertes Chlor im System vorhanden ist.

Die Bildung von Chloraminen trägt zur Gesamtmenge des Chlorüberschusses bei. Vielfach wird angenommen, daß Chloramine einen größeren umweltschädigenden Einfluß als das Chlor selbst ausüben. Diese Verbindungen sind zwar toxisch, aber bis zu einem pH-Wert von 9.5 nicht wirksam. Freies Restchlor bildet nicht disproportionierte unterchlorige Säure und Hypochloritionen. Die meisten Programme versuchen, eine gewisse Chlormenge als sofort einsatzbereites Desinfektionsmittel für den Fall einer erhöhten mikrobiologischen Aktivität bereitzustellen. Da das dem Wasser zugegebene Chlor Säuren bildet, reduziert es auch gleichzeitig die Alkalität des Wassers, und zwar wird pro mg/l eingespeistes Chlorgas 1.2 mg/l der Alkalität neutralisiert. Bei der Reaktion von Chlor mit Eisen oder Schwefelwasserstoff reduziert sich ebenfalls die Alkalität.

$$2Fe(HCO_3)_2 + Cl_2 + Ca(HCO_3)_2 \rightarrow$$
$$2Fe(OH)_3\downarrow + CaCl_2 + 6\,CO_2\uparrow$$
$$H_2S + 4Cl_2 + 4H_2O \rightarrow 8HCl + H_2SO_4$$

Bei der ersten Reaktion wird 0.9 mg/l der Alkalität pro mg/l oxidierten Eisens neu-

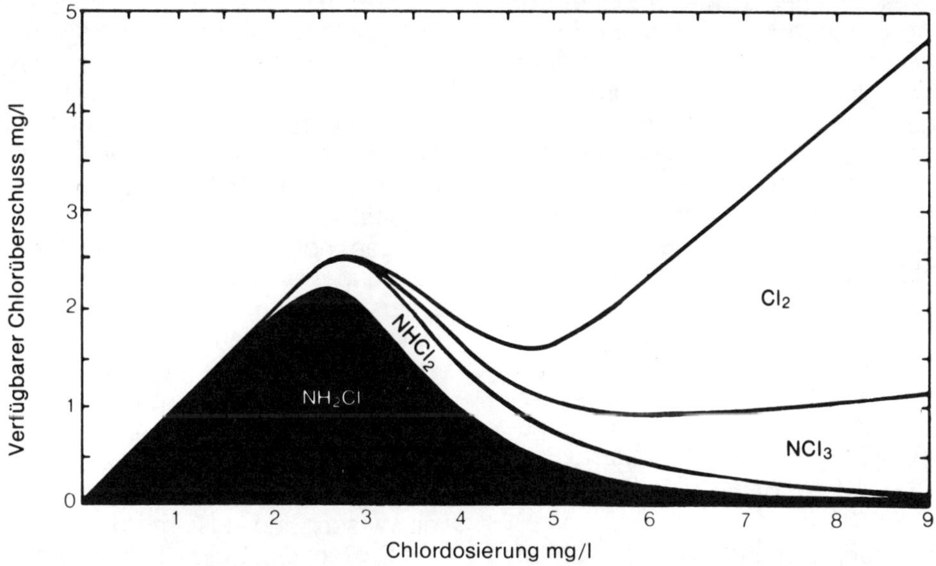

Abb. 5-21. Chlorüberschuß bei Anwesenheit von Ammoniak bei pH 7.3 - 7.5 nach 10 minütigem Kontakt. Ammoniak: 0,5 mg/ l (N).

tralisiert. Eine Reaktion mit Schwefelwasserstoff führt dagegen zu einer viel intensiveren Neutralisierung der Alkalität: pro mg/l Schwefelwasserstoff im System werden 10 mg/l der Alkalität neutralisiert und zwar durch die Reaktionsprodukte Salz- und Schwefelsäure.

Die Menge des für eine wirksame Kontrolle notwendigen frei verfügbaren Restchlorgehalts ist eine Funktion des pH-Wertes. Im Normalfall genügen 0,2 mg/l freies Restchlor bei einem pH-Wert zwischen 6.0 und 8.0. Liegt der pH-Wert zwischen 8.0 und 9.0, muß der Restchlorgehalt auf 0.4 mg/l erhöht werden, und bei einem pH-Wert zwischen 9.0 und 10.0 werden 0.8 mg/l Chlorüberschuß notwendig.

Chlor ist ein ausgezeichnetes Algizid und Sporizid, und freie Restchlormengen von 0.5 mg/l oder etwas höher genügen im Normalfall, um die meisten Arten von mikrobiologischem Wuchs wirksam zu bekämpfen. Ganz allgemein ist eine längere Kontaktzeit für eine Abtötung der blau-grünen Algen notwendig, da diese extrem dichte Schleimkapseln haben.

In den meisten Anwendungsbereichen zeigt Chlor auch eine ausgezeichnete bakterizide Wirkung, wobei jedoch einige Stämme der *Aerobacter, Pseudomonas* und *Desulfovibrio* eine erhebliche Widerstandsfähigkeit entwickeln können. Mit niedrigem Chlorüberschuß können auch Eisenbakterien wirksam beseitigt werden. Wenn sich aber bereits ein Ablagerungsproblem entwickelt hat, dann sind höhere Chlorkonzentrationen notwendig. Gelöstes Chlor bildet schließlich Chloridionen, die relativ harmlos sind, während dagegen das mit dem Kühlturmabwasser in den Vorfluter abgegebene Restchlor weiterhin mit Verschmutzungen reagieren kann, so z. B. mit Ammoniak, Stickstoff und Phenolen, wobei Chloramine und chlorierte Phenole gebildet werden, die auf Fische toxisch wirken.

Chlorgasanlagen und Dosiereinrichtungen sind kostspielig und stellen allgemein hohe Investitionskosten für viele kleine Industrieanlagen dar, wobei die zu verwendenden Chemikalien natürlich auch zu den Gesamtkosten eines Chlorprogramms beitragen. Ein hoher Chlorverbrauch wird durch Verunreinigungen von Ammoniak, Phenol und organischer Materie bedingt.

Es hat sich in vielen Industrieanlagen als vorteilhaft herausgestellt, die Umwälzsysteme während der Nacht zu chloren, um den Restchlorgehalt länger zu erhalten, da Sonnenlicht (Ultraviolette Strahlung) das Chlor zersetzt.

Generell wird Chlor im Vorlauf kurz vor den Wärmeaustauschern eingespeist, da Chlor durch Sonnenlicht zerstört wird und beim Durchgang durch den Kühlturm durch die Belüftung verloren geht. Die Einspeisung kann kontinuierlich oder periodisch erfolgen, wobei normalerweise die letzere Art, die Stoßchlorung, bevorzugt wird, da sie eine wirksame Bekämpfung zu vertretbaren Kosten ermöglicht.

In der Anlage wird über eine bestimmte Zeit ein Chlorüberschuß gehalten, wobei Überschuß und Kontaktzeit vom System selbst abhängen. Im allgemeinen jedoch wird der frei verfügbare Restchlorgehalt auf unter 1 oder 2 mg/l gehalten, mit Rücksicht auf den Holzverfall im Kühlturm.

Die Anlage soll im Rücklauf auf freies Chlor überprüft werden, denn eine dort festgestellte Restmenge gewährleistet im gesamten System einen Überschuß.

Da die Menge des zugegebenen Chlors direkt proportional zur Reduktion der Alkalität ist, kann es in vielen Industrieanlagen notwendig sein, die Säureeinspeisung während der Chlorungszeiten einzustellen, um eine starke pH-Absenkung zu vermeiden.

Es gibt zwei verschiedene Arten der Chlordosierung: Trockengasdosierer bringen das Chlorgas direkt über Verteiler ins System ein. Chloriereinrichtungen mit Lösungseinspeisung mischen das Chlor mit Wasser und dosieren dieses dann in das System ein. Beide Einrichtungen sind für automatischen oder manuellen Betrieb erhältlich. (Siehe Kap. 15).

Hypochlorite

Hypochlorite sind Salze der unterchlorigen Säure und werden in verschiedenen Qualitäten und Markennamen hergestellt. Sie bestehen aus Natriumhypochlorit (NaOCl) oder Calciumhypochlorit ($CaOCl_2$). Natrium- und Calciumhypochloritlösungen werden in das Kühlsystem eingespeist, sie wirken ähnlich wie Chlorgas.

Chlorisocyanurate

Diese organischen Chlorverbindungen werden in kleineren Industrieanlagen sehr geschätzt, wenn ein oxydierendes Mikrobiozid eingesetzt wird, jedoch die mit dem Chlordosiergerät verbundenen Investitionskosten nicht tragbar sind.

Chemisch sind Chlorisocyanurate Verbindungen, die im Wasser hydrolysieren und langsam Chlor und Cyanursäure freigeben. Zuerst zur Hygienebehandlung in Schwimmbädern verwendet, zeigte sich Cyanursäure als Chlorstabilisator, der den Chlorverlust durch photochemische Reaktion mit ultraviolettem Licht reduzierte. Dieser zusätzliche stabilisierende Faktor zusammen mit ihrer langsamen Löslichkeit, machte diese Säure zu einem idealen Mittel bei der Anwendung in Kühlwasseranlagen.

Die Freigabe von verfügbarem Restchlor in Form von unterchloriger Säure bestimmt sich durch das folgende chemische Gleichgewicht:

Chlor-Iso-Cyanurat + Wasser = unterchlorige Säure + Cyanursäure

Chlordioxid

Chlordioxid ist ein oxydierendes Mikrobiozid, das bis vor kurzem hauptsächlich als Bleichmittel und farblösendes Mittel in der Textilindustrie, sowie in der Zellstoff- und Papierindustrie als Mittel zur Zellstoffaufhellung Anwendung fand.

Im Gegensatz zu Chlor bildet Chlordioxid keine unterchlorige Säure in Wasser und ist nur als gelöstes Chlordioxid in Lösung vorhanden. Obwohl es ein schwächeres Biozid ist, hat es in höheren pH-Bereichen eine bessere Wirkung als Chlor.

Da Chlordioxid ein explosives Gas ist, wird es erste am Einsatzort hergestellt, indem eine starke, vom Chlorungsapparat abgegebene Chlorlösung mit Natriumchlorit gemischt wird.

$$Cl_2 + 2NaClO_2 \rightarrow 2NaCl + 2ClO_2\uparrow$$

In kleineren Anlagen kann Chlordioxid durch Mischen von Salzsäure und Natriumhypochlorit mit Natriumchlorit gebildet werden:

$$HCl + HOCl + 2NaClO_2 \rightarrow 2\,ClO_2\uparrow + 2\,NaCl + H_2O$$

Chlordioxid ist im Gebrauch teurer als normale Chlorung. In mit Ammoniakstickstoff und Phenol verunreinigten Kühlwasseranlagen kann es jedoch durchaus in Betracht gezogen werden, da es mit organischen Verbindungen weniger reagiert als viele andere oxydierende Mikrobiozide.

Ozon

Ozon ist ein stark oxydierendes und instabiles Gas. Es wird am Ort der Verwendung aus Luft oder Sauerstoff durch stille elektrische Entladung hergestellt. In Lösung behält es seine stark oxydierenden Eigenschaften und ist in vielen Reaktionen dem Chlor vergleichbar. Viele Wässer haben einen „Ozonbedarf", der erst gedeckt werden muß, bevor die mikrobioziden Eigenschaften wirksam werden. Es reagiert ähnlich wie andere oxydierende Mikrobiozide, indem es sich mit Eiweiß verbindet und die zur Zellatmung notwendigen reduzierenden Enzyme inaktiviert. Der Mechanismus dieser mikrobioziden Wirkung scheint mit folgender Reaktion in Verbindung zu stehen:

$$O_3 \rightarrow O_2 + (O)$$

Nach erfolgter Ozonbehandlung untersuchte Bakterienzellen scheinen aufgebrochen zu sein und haben das lebenserhaltende Zytoplasma verloren.

Ähnlich wie Chlor wird auch Ozon durch pH-Wert, Temperatur, organische Substanzen, Lösungsmittel und angesammelte Reaktionsprodukte beeinflußt, wodurch seine erwünschte Wirkung beeinträchtigt wird. Im Gegensatz zu Chlor trägt es jedoch nicht zu einem erhöhten Chloridgehalt des Wassers bei. Ozon zerfällt relativ rasch, der verbleibende Sauerstoff ist nicht umweltrelevant und für Wasserorganismen harmlos. Die hohen Kosten beeinträchtigen eine Verwendung von Ozon.

Der normale Ozonüberschuß liegt bei 0,1 – 0,5 mg/l in einem Kühlwassersystem, das entweder kontinuierlich oder periodisch behandelt wird. Wie auch andere oxydierende Mikrobiozide ist Ozon dafür bekannt, bei Überdosierung zum Holzverfall durch Ligninauflösung beizutragen, und es ist daher überaus wichtig, den Ozonüberschuß sorgfältig zu überprüfen.

Ganz abgesehen von grundlegenden Erwägungen wie Kosten und allgemeine Verfügbarkeit, beeinflussen auch viele andere Faktoren die bevorzugte Wahl von gasförmigem Chlor im Gegensatz zu chlorhaltigen Verbindungen oder anderen oxydierenden Mikrobioziden. Solche Faktoren sind unter anderem das Volumen des Kühlsystems, die Eigenschaften des Umwälzwassers und die Behandlungsziele. Von allergrößter Wichtigkeit sind die Auswirkungen eines längeren und ausgedehnten Behandlungsprogramms mit oxydierenden Mikrobioziden auf die bauliche Struktur des Kühlturms.

Nichtoxydierende Biozide

In vielen Fällen haben sich nichtoxydierende Biozide als wirksamer erwiesen als oxydierende. Zur Behandlung eines breiteren Spektrums werden sie im Wechsel mit oxydierenden Mikrobioziden eingesetzt. Viele Industrieanlagen führen eine periodische Chlorung durch, und zusätzlich wird ein oder zweimal pro Woche ein nichtoxydierendes Mittel zugesetzt, um die mikrobiologische Kontrolle zu verbessern.

Die folgenden Abschnitte befassen sich mit einigen gebräuchlichen nichtoxydierenden Mikrobioziden.

Chlorierte Phenole

Pentachlorphenolat und verschiedene Trichlorphenolate waren wahrscheinlich die am häufigsten in Kühlwassersystemen eingesetzten nichtoxydierenden Mikrobiozide.

Die chlorierten Phenole wirken durch ihre Adsorption an der Zellwand der Mikroorganismen. Dabei wird dieser Adsorptionsprozeß im allgemeinen den Wasserstoffbindungen der Zellwand zugeschrieben und nicht einer chemischen Reaktion der Phenolverbindungen. Nach der Adsorption diffundieren die Phenole in die Zellstruktur, wobei sie eine kolloide Lösung im Zytoplasma bilden und das Eiweiß ausfällen. Übermäßige Mengen an organischer Materie haben wenig Einfluß auf die Wirkung der Phenole. Sporen und einige Bakterien sind dafür bekannt, daß sie gegenüber diesen Mitteln eine Resistenz entwickeln, wobei sie weiterhin zur Atmung fähig, jedoch in ihrem Wachstum gehemmt sind. In praktischer Anwendung hat es sich gezeigt, daß eine Mischung von Phenolverbindungen mit bestimmten anionischen oberflächenaktiven Mitteln das Ausmaß und die biozide Wirksamkeit deutlich erhöhen. Der Grund hierfür liegt in der verringerten Spannung der Zellwand, wodurch das Phenol sehr viel schneller die Zellwand durchdringt und das Zytoplasma erreicht. Heute finden diese Verbindungen, da als cancerogen erkannt, kaum noch einen Einsatz.

Organische Zinnverbindungen

Obwohl Zinn ein Schwermetall ist, sind anorganische Zinnverbindungen nur schwach giftig. Organische Zinnverbindungen sind dagegen für ihre toxische Wirkung auf Algen, Schimmelpilze und Holzfäule erzeugende Organismen bekannt und werden durch wenigstens eine Zinn-Kohlenstoffbindung pro Molekül charakterisiert.

Organische Zinnverbindungen wirken am besten in alkalischen pH-Bereichen und werden oft mit quaternären Ammoniumverbindungen oder komplexen Aminen kombiniert, um ihre Dispergierfähigkeit zu verbessern. Solche Produkte zeigen synergistische mikrobiozide Wirkung als die Summe der einzelnen Bestandteile. Gegen die Verwendung von Organozinnverbindungen bestehen schwerwiegende ökologische Bedenken.

Quaternäre Ammoniumsalze

Diese kationischen oberflächenaktiven Chemikalien sind organisch substituierte Stickstoffverbindungen, und die allgemeine Struktur dieser kationischen Mikrobiozide wird unten angegeben:

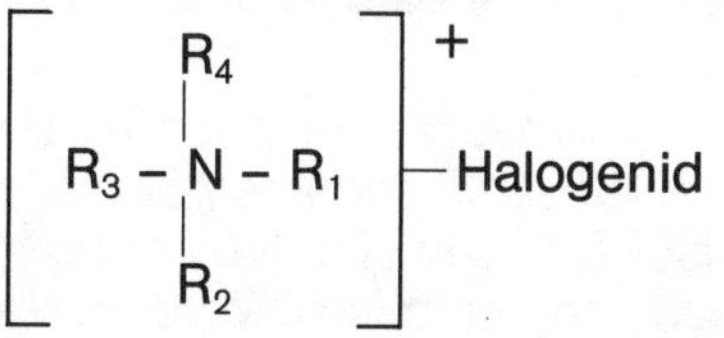

„R" steht für Alkyl, Aryl oder einen heterozyklischen Rest mit 8 bis 25 Kohlenstoffatomen, die am Stickstoffatom gebunden sind. Der gesamte kationische Teil ist mit dem Halogenion verbunden.

Quarternäre Verbindungen sind gegen Algen und Bakterien im alkalischen pH-Bereich am wirksamsten. Ihre mikrostatische Wirkung wird ihrer kationischen Ladung zugeordnet, welche eine elektrostatische Bindung mit den negativ geladenen Stellen an der Zellwand eingeht. Die elektrostatischen Bindungen bilden Spannungen in der Zellwand, verursachen Zellyse und ein Absterben. Die quaternären Verbindungen verursachen den Zelltod auch durch eine Protein-Denaturierung, wobei sie die Durchlässigkeit der Zellwände verändern und damit die normale Aufnahme von lebenserhaltenden Nährstoffen in die Zelle reduzieren.

Die Verbindungen finden nur beschränkt Anwendung, da eine Reihe von Schwierigkeiten auftreten können. So fällt ihre mikrobiozide Leistung stark in mit Schmutz, Öl und Feststoffen belasteten Systemen ab. Wegen ihrer oberflächenaktiven Wirkung emulgieren sie Öle statt an der Zellwandbindung teilzunehmen, ein Mechanismus der das Behandlungsprogramm schwächt. Außerdem wirkt eine Überdosierung von quaternären Verbindungen stark schaumbildend.

Organische Schwefelverbindungen

Eine Reihe von organischen Schwefelverbindungen sind für den Gebrauch in Kühlwassersystemen erhältlich. Die Mechanismen ihrer mikrobioziden Aktivität sind einander ähnlich. Die pH-Bereiche, die ihre Wirksamkeit beeinflussen, sind jedoch unterschiedlich.

Organische Schwefelverbindungen wirken allgemein als Mikrobiozide, indem sie entweder kompetitiv oder nichtkompetitiv das Wachstum der Zelle hemmen.

Die kompetitive Hemmwirkung von organischen Schwefelverbindungen ist ähnlich wie bei Chelatbildnern. Bei der Atmung in Mikroorganismen geschieht normalerweise folgendes: Ein Ferri-Zytochrom von niedriger Energie ($Fe^{3}+$), wie das in Abb. 5-22 gezeigte, nimmt ein Elektron auf und verwandelt sich in ein Ferro-Zytochrom von hoher Energie ($Fe^{2}+$). Diese Reaktionen führen zur lebensnotwendigen Energieerzeugung.

Die kompetitiv-hemmenden organischen Schwefelverbindungen beseitigen das $Fe^{3}+$-Ion aus der Reaktion, indem sie es als Eisensalz komplexieren, wobei diese Entfernung des Eisenions die Energieübertragung vom Zytochrom beendet und den sofortigen Tod der Zelle verursacht.

Die durch bestimmte organische Schwefelverbindungen verursachte nichtkompetitive Hemmwirkung besteht darin, daß der

Mikroorganismus dazu veranlaßt wird, eine bestimmte chemische Substanz zu akzeptieren, die schließlich zu seiner Zerstörung führt. Dieses Absterben des Mikroorganismus wird dadurch herbeigeführt, daß der Organismus eine organische Schwefelverbindung annimmt, die von der Struktur her einem essentiellen Metaboliten ähnelt und sich darum mit dem jeweils richtigen Enzymeiweiß verbindet, aber sich doch genug von ihm unterscheidet, daß es nicht zu der lebensnotwendigen und -erhaltenden Reaktion kommt.

Methylenbisthiocyanat

Diese organische Schwefelverbindung hat gute Hemmwirkung gegen Algen, Pilze, Bakterien und vor allem gegen die sulfatreduzierenden *Desulfovibriostämme.* Da es ein kompetitiv hemmendes Mikrobiozid ist, inaktiviert es die Zytochromen, welche die Elektronen im Mikroorganismus übertragen. Das Thiocyanatfragment des Methylenesters der Thiocyansäure $NCS\text{-}CH_2\text{-}SCN$ wirkt durch Blockierung der Übertragung von Elektronen im Mikroorganismus, was schließlich zum Zelltod führt.

Methylenbisthiocyanat ist ein sehr wirksames Mikrobiozid in Kühlwassersystemen. Es ist in Wasser nur schlecht löslich und muß daher zusammen mit Dispergiermitteln verwendet werden. Diese Dispergiermittel ermöglichen seine Wirkung als Mikrobiozid im Wassersystem und erhöhen seine Fähigkeit, in Algen und bakterielle Schleimschichten einzudringen.

Methylenbisthiocyanat ist pH-Wert-empfindlich und hydrolisiert schnell bei pH-Werten über 8.0. Es wird daher für Anlagen, in denen das Umwälzwasser allgemein einen pH-Wert über 8.0 hat, nicht empfohlen.

Nicht-kompetitive organische Schwefelverbindungen sind die *Sulfone* und *Thione* wie z. B. Bistrichlormethylsulfon, Tetrahydro-3, 5-Dimethyl-2H-1, 3, 5-Thiadiazin-2-Thion. Sie zersetzen sich im Wasser zu Verbindungen, die mikrobiologischen Metaboliten gleichen, tatsächlich aber nur Metbolitanaloge sind und dadurch den Zelltod herbeiführen. Wie alle organischen Schwefelverbindungen sind sie pH-empfindlich, und während die erstgenannten bei pH-Werten zwischen 6.5 und 7.5 am besten reagieren, sind Thione in einem pH-Bereich von 7.0 bis 8.0 zu verwenden.

Natrium-Dimethyldithiocarbamat und *Di-Natrium-Äthylenbisdithiocarbamat* sind organische Schwefelverbindungen mit ausgezeichneter mikrobiozider Wirkung.

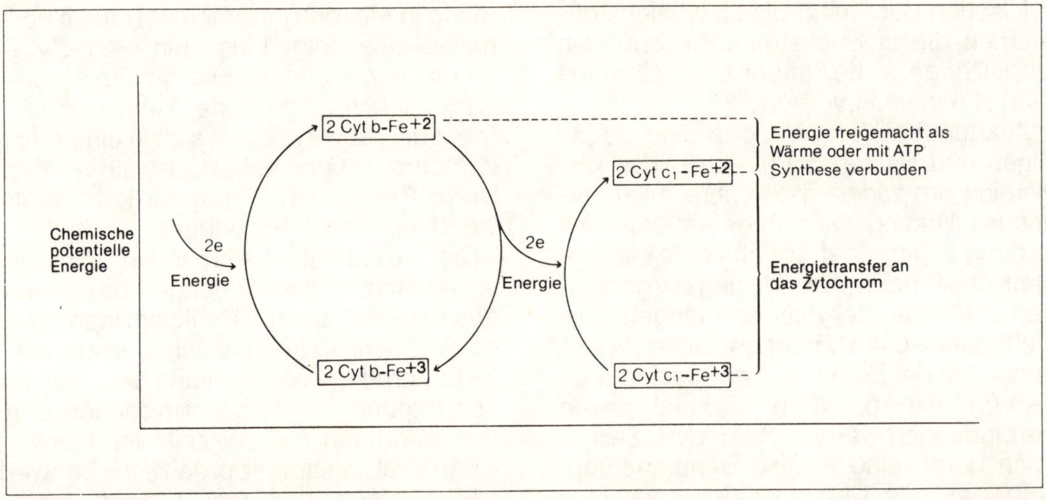

Abb. 5-22. Änderung der chemischen potentiellen Energie durch den Elektronentransfer von einem Zytochrom zum anderen.

Sie haben eine gute Löslichkeit in Wasser und ihre beste Wirkung liegt bei pH-Werten über 7.0.

Die Carbamate sind kompetitive mikrobiologische Inhibitoren und haben eine ähnliche Wirkung wie das Methylenbisthiocyanat. Sie bestehen aus den zwei unten gezeigten chemischen Grundstrukturen, den Mono- und Dialkylderivaten (Abb. 5-23).

Das Dialkylmolekül scheint dabei ein stärkeres Mikrobiozid zu sein. Es besteht ein umgekehrtes Verhältnis zwischen Kettenlänge und Wirksamkeit: je kürzer die Alkylkette, desto größer ist die Toxizität.

Acrolein

Dieses Mikrobiozid gehört zur Klasse der organischen Verbindungen mit niedrigem Molekulargewicht, die man alpha- und beta-ungesättigte Aldehyde nennt. Acrolein ist ein äußerst wirksames Mikrobiozid mit deutlichen Vorteilen im Vergleich mit einigen anderen oxydierenden Produkten. In sehr stark organisch belasteten Wässern ist es im allgemeinen wirtschaftlicher in der Anwendung als Chlor. Da Acrolein vor der Abgabe in den Vorfluter leicht durch Natriumsulfit unwirksam gemacht werden kann ist es nicht umweltschädlich. Seine Wirkung als Mikrobiozid beruht auf seiner Fähigkeit, die Eiweiß-Sulfhydrylgruppen und die Enzym-Synthesereaktionen zu verändern. Im Gegensatz zu anderen Enzymgiften wie z. B. dem Methylenbisthiocyanat hat es sich jedoch gezeigt, daß einige Mikroorganismen eine Toleranz gegenüber Acrolein entwickeln.

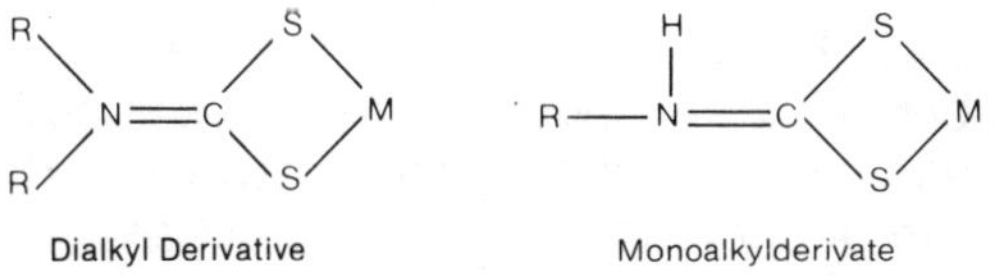

R = Alkyl M = Metall

Abb. 5-23. Carbamatverbindungen

Normalerweise wird Acrolein als Gas in Druckanlagen eingespeist, wobei hochreiner Stickstoff mit einer geringen Konzentration von Hydrochinon als Träger verwendet wird. Hydrochinon, ein Reduktionsmittel, wird dem monomeren Acrolein beigegeben, um dessen Polymerisation zu Polyacrolein zu verhindern, das wasserunlöslich und als Mikrobiozid relativ inaktiv ist. Die normalerweise empfohlene Dosiermenge liegt zwischen 0,2 und 1,0 mg/l in neutralen bis leicht alkalischen Systemen.

Da diese Substanz sehr stark toxisch und hochentzündlich ist, muß bei der Handhabung besondere Vorsicht walten.

Kupfersalze

Kupfersalze werden seit langem als Algizide und Bakterizide verwendet; Schimmelpilze und Pilze sind jedoch im allgemeinen widerstandsfähig. Ihr Gebrauch wurde in den letzten Jahren eingeschränkt, da Umweltschutzbehörden Bedenken gegen eine Verwendung von Schwermetallen haben. Allgemein sind Kupfersalze als Mikrobiozide in Kühlwassersystemen wirksam, wenn zwischen 1 und 2 mg/l Kupfersulfat dosiert wird. Kupfer(II)-salze sind an sich für die Verwendung in Kühlwassersystemen nicht zu empfehlen, da Kupfer auf Stahl ausplattiert, Kathodenstellen bildet und zur Korrosion des umgebenden Stahls führt.

Rosaminsalze

Sie sind wirksame Algizide in niedrigen Konzentrationen. Diese Salze mit hohem Molekulargewicht werden oft zur verbesserten Dispergierung mit quaternären Ammoniumverbindungen kombiniert.

Amine

Beta-Amine und Beta-Diamine sind wirksame oberflächenaktive Mittel zur Abtötung von Mikroorganismen. In Kombination mit Phenolen zeigen sie einen synergetischen Effekt.

Die Dosierung von Mikrobioziden

Mikrobiozide werden normalerweise stoßweise in ein System dosiert, um die mikrobiologische Besiedelung so schnell und wirksam zu reduzieren, daß sie sich nicht rasch erholen kann. Die Verweilzeit im System ist sehr wichtig zur Bestimmung der Wirksamkeit einer Behandlung. Hat das Wasser im System eine geringe Verweilzeit, kann es notwendig werden, die Mikrobioziddosierung zu erhöhen, um die großen Mengen unbehandelten Zusatzwassers auszugleichen. Manchmal werden Mikrobiozide kontinuierlich eingespeist, aber eine Schockdosierung wird, wegen der geringeren Bildung resistenter Stämme, allgemein bevorzugt.

Die Dosierung von Mikrobioziden mit zusätzlichem Dispergiermittel ergibt eine hervorragende mikrobiologische Behandlung. Durch diese Kombination wird das bakterielle Wachstum besser und wirkungsvoller gehemmt. Zur Illustration dieses Effekts dienen die Daten in Abb. 5-24, die mit einem Biogenerator im Labor erhalten wurden. Kurve 1 zeigt das Wachstum der Kontrollgruppe, wobei innerhalb von 8 Stunden 20.000.000 aerobe Keime pro ml Probe vorhanden waren. Die Abnahme der Konzentration wird nach dieser Zeit einem Mangel an Nährstoff zugeschrieben. Kurve 2 zeigt eine ähnliche Situation, wobei diesmal eine organische

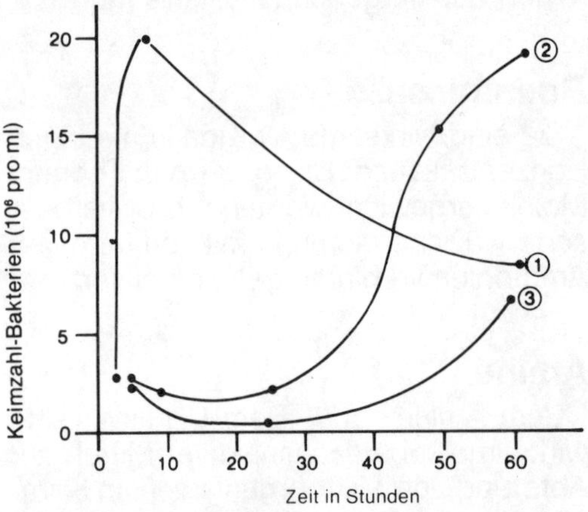

Abb. 5-24. Bakteriologische Kontrolle im Biogenerator (Laborversuch).

Schwefelverbindung als Biozid beigegeben wurde. Beachtet werden sollte hier die 24stündige Verzögerung bevor das Wachstum der Bakterien wieder anstieg und auch, daß fast 60 Stunden vergingen, bevor die Keimzahl wieder 20.000.000 pro ml erreicht. In Kurve 3 wurde die gleiche Menge des Mikrobiozids und ein nichtionogenes Polymer zugegeben, um den Abbau von Bioablagerungen zu unterstützen. Es sollte hier die sehr lange Verzögerung der Wachstumsphase im Vergleich zu Kurve 2 beachtet werden. Nach 60 Stunden lag das Wachstum immer noch 40 % unter dem der Bakterienzahl in Kurve 2. Die Reduktion der mikrobiologischen Besiedelung ist zwar wichtig, aber noch wichtiger ist ihre Entfernung aus dem System, damit sie nicht als Nährstoffquelle für andere Mikroben dienen kann.

Zusammenfassend kann festgestellt werden, daß eine bessere Behandlung ermöglicht wird, wenn man ein Mikrobiozid zusammen mit einem Dispergator verwendet, anstatt sie getrennt einzusetzen.

Faktoren, welche die mikrobiozide Aktivität beeinflussen

Ein Mikroorganismus kann sich einmal durch die Undurchlässigkeit seiner Membrane schützen, oder aber eine Immunität durch genetische Mutation oder chemische Mittel im System entwickeln.

Mikrobiozide werden weiterhin durch die Temperatur beeinflußt, so sind z.B. quaternäre Ammoniumverbindungen gegen hohe Temperaturen empfindlich und verlieren mit erhöhter Temperatur an Wirkung. Der pH-Wert des Umwälzwassers ist äußerst wichtig für die Wirksamkeit eines Produktes. Bei einem pH-Wert über 8.0 zum Beispiel fallen Kupfersalze aus, Methylenbisthiocyanat hydrolisiert, Chlorphenole ionisieren zu weniger aktiven Salzen und Chlor geht in das weniger wirksame Hypochlorition über. Einige organische Schwefelverbindungen und quaternäre Ammoniumverbindungen wirken dagegen am besten im alkalischen pH-Bereich; durch hohe Härtekonzentrationen im Kühlwasser kann aber die Wirksamkeit quaternärer Ammoniumverbindungen gehemmt werden. Methylenbisthiocyanat komplexiert Eisenverunreinigungen.

Pilzbehandlung trockener Kühlturmteile

An trockenen Stellen im Kühlsystem werden oft zusätzliche Behandlungen notwendig. Die normalerweise verwendete Methode einer Mikrobiozidbehandlung ist nur in den wasserführenden Teilen des Systems wirksam, und das Mikrobiozid gelangt nicht in genügend hoher Konzentration an Stellen wie z. B. die Tropfenabschneider und den Abzug des Kühlturms. Solche Stellen sollten oft kontrolliert werden, um mögliche Holzfäule feststellen zu können. Sollte diese Holzfäule schon entstanden sein, kann es nötig werden, das Holz zu ersetzen, wobei das Ersatzholz in jedem Fall mit einem Fungizid behandelt werden sollte. (Imprägniert)

Die trockenen Stellen der Anlage sollen periodisch gereinigt werden, wobei der Turmventilator abgeschaltet wird und Ablagerungen am Holz beseitigt werden. Danach wird ein Fungizid auf die Innenseite des Abzugs gesprüht, um das Holz zu desinfizieren, und zwar wird hierfür eine Pumpe, ein Tank und eine Sprühvorrichtung verwendet. Die Kühlschlitze werden abgedeckt, um Fungizidverluste zu vermeiden. Bei einer gebräuchlichen Methode verwendet man Sprühdüsen mit einer Leistung von etwa 120 l/h bei einem Druck von etwa 2 bis 6 bar, wobei entweder Dampf oder Luft als Druckmittel eingesetzt wird. Bei dieser Fungizidbehandlung muß Schutzkleidung getragen werden, insbesondere ein luftgekühlter Sicherheitsanzug mit Luftzufuhr zum Helm, Neoprenhandschuhe und Überschuhe.

Umweltschutz

Das in den USA für Pestizide zuständige Büro der Umweltschutzbehörde bestimmt die Anwendung von Pestiziden durch ein Bundesgesetz für Insektizide, Fungizide und Nagetiergiftstoffe. Dieses Gesetz definiert ein Pestizid als „eine solche Substanz oder eine Mischung von Substanzen, die in der Schädlingsbekämpfung eingesetzt wird und einen Schädlingsbefall entweder verhindert, abwehrt, verringert oder ganz zerstört, und eine solche Substanz oder eine Mischung von Substanzen, die Pflanzen im Wachstum beeinflußt oder bei der Entlaubung oder Ausmerzung eingesetzt wird." Damit fällt der Gebrauch von Mikrobioziden zur Verhinderung des mikrobiologischen Wachstums in Kühlwassersystemen auch unter dieses Gesetz. Demgemäß müssen alle Mikrobiozidpräparate angemeldet werden. Chemische Kompositionen und die Verwendung verschiedener Mikrobiozide für den Kleinverbrauch und die Industrie werden weiterhin auch von anderen Bundesbehörden überwacht. In Europa ist dies durch EG-Richtlinien und Ländergesetze geregelt.

Kapitel 6
Reinigungsverfahren industrieller Kühlwassersysteme

Ablagerungen in Wassersystemen, welche die Produktions- und Prozeßleistungen beeinträchtigen, machen in vielen Fällen eine Reinigung der Kühlanlage notwendig. Periodische Reinigungen sind ein Bestandteil der routinemäßigen Wartung und für die Erhaltung optimaler Kühlleistung erforderlich. Die Reinigungsmethode wird durch den Erfolg der Kühlwasserbehandlung bestimmt, da sie die Wärmeaustauscherleistung beeinflußt.

Man sollte beachten, daß Reinigungen nicht nur auf in Betrieb befindliche Anlagen beschränkt sind, denn auch neue Anlagen sollten vor der Inbetriebnahme gereinigt werden, da sie oft durch Zunder, Schmieröle, Fette und Bauschutt verschmutzt sind.

Eine wirksame und erfolgreiche Reinigung ermöglicht höhere Prozeßausbeuten, längere Produktionszeiten, geringere Wartungszeiten, Energieeinsparungen und eine Reduzierung der Investitionskosten durch eine Verlängerung der Lebensdauer der Anlage. Eine vor kurzem in einer Raffinerie durchgeführte Studie machte die möglichen Ersparnisse offensichtlich; es zeigte sich, daß geeignete Reinigungsverfahren beträchtliche Prozeß- und Instandhaltungseinsparungen ermöglichen.

In einer Anlage können unter anderem folgende Ablagerungen auftreten: Härteausscheidungen- und Schlämme wie z. B. Carbonate, Silikate, Sulfate und Phosphate, Metalloxid-Korrosionsprodukte, Feststoffe aus dem Wasser wie Schlamm, Schmutz, Sand und Ton; mikrobiologisches Wachstum und eine Anzahl aus der Luft eingetragene organische und anorganische Verbindungen.

Physikalische Reinigungsmethoden wurden als erstes entwickelt und obwohl mittlerweile stark verbessert, bleiben sie doch im Grunde genommen sehr einfach und werden nur durch den notwendigen Arbeitsaufwand beschränkt. Traditionell wurde auch eine Reihe von chemischen Verfahren benutzt, wobei vor allem die alkalische und saure Reinigung erwähnt werden sollte, die entweder einzeln, kombiniert oder zusammen mit physikalischen Reinigungen Anwendung fanden.

Die moderne Technologie hat eine Reihe von Reinigungen entwickelt, die den früheren Verfahren überlegen sind, wobei ihr wesentlicher Vorteil darin besteht, daß sie eine Reinigung während des Betriebs gestatten (On-stream Reinigungen). Moderne Sequestriermittel und Polymere gehören in diese Gruppe. Eine „On-stream"-Reinigung erlaubt den ungestörten Fortgang der Produktion während der Reinigung und ermöglicht erhöhten Wärmeübergang ohne Produktionsverluste. Früher wurden Anlagenreinigungen nur während geplanter oder ungeplanter Stillstandszeiten durchgeführt.

Dieses Kapitel erörtert die am häufigsten verwendeten Reinigungsverfahren und geht auch auf die chemische Vorbehandlung ein, die nach jedem physikalischen oder chemischen Reinigungsverfahren ein äußerst wichtiger Schritt ist.

Physikalische Verfahren

Es werden im folgenden eine Reihe von physikalischen Verfahren ausführlicher beschrieben, wobei die Liste nicht vollständig, sondern nur repräsentativ für einige der heute häufig angewendeten Verfahren ist.

Verwendung von Luft

Bei diesem Verfahren wird Luft stoßweise in einen Wärmeaustauscher eingeblasen, um die normale Strömung des Wassers zu stören, wodurch Ablagerungen losgelöst werden. Das Lufteinblasen beeinflußt meist nicht den normalen Prozeßablauf und kann im kontinuierlichen Betrieb durchgeführt werden. Die notwendigen betrieblichen Voraussetzungen sind

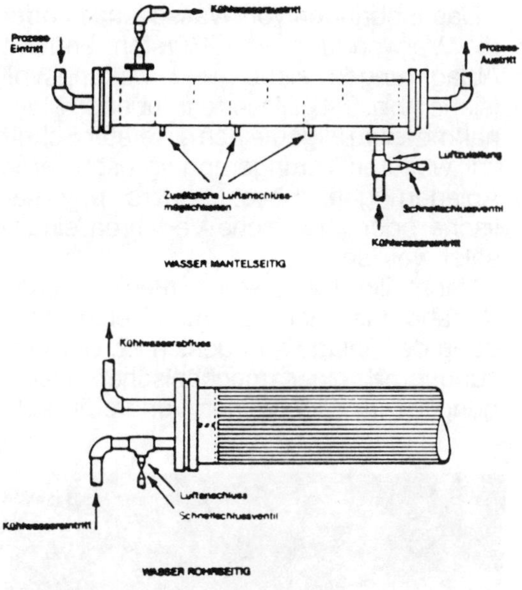

Abb. 6-1. Verrohrung zum Lufteinblasen

Abb. 6-2. Hochdruckwasserspülung

einmal eine Luftversorgung, die den Druck in der Anlage um wenigstens 1,8 bar überschreitet, außerdem ein schnellöffnendes Luftventil und Rohre für die Luftversorgung. Abb. 6-1 zeigt die für diesen Reinigungsprozeß verwendeten Rohrleitungen.

Spülung

Sie ist das einfachste physikalische Verfahren, bei dem einfach möglichst viel Frischwasser durch die Anlage geleitet wird, um lose Teilchen, angesammelten Schmutz usw., wie in Abb. 6-2 gezeigt, zu entfernen. Sie ist offensichtlich nur beschränkt anwendbar, da die Spülung nicht in der Lage ist, auch härtere, fester anhaftende Ablagerungen wie z. B. Härteausscheidungen und Korrosionsprodukte zu entfernen. Eine Spülung wird gewöhnlich zwischen abwechselnden Lauge- und Säurereinigungen vorgenommen.

Rückspülung

Eine Umkehrung der Wasserströmung durch das System ist oft erfolgreicher als eine Spülung. Die Wasserturbulenz gegen die Orientierungsebene einer Ablagerung löst und entfernt normalerweise lockeren Schlamm, hat aber wenig Wirkung auf Härteablagerungen und andere fester haftende Niederschläge. Es kommt auf die Verrohrung des jeweiligen Systems an, ob die Strömung durch den Austauscher einfach umgekehrt werden kann oder ob das System zur Rückspülung außer Betrieb genommen werden muß. Abb. 6-3 zeigt die für eine Rückspülung notwendige Neuverlegung von Rohren.

Teilstromfiltration

Bei diesem Verfahren werden mechanische Filter verwendet, um einen Teil der im Umwälzwasser suspendierten Feststoffe zu entfernen. Im allgemeinen wird 3–10 % der Umwälzmenge über einen Teilstromfilter mit Sand- oder Anthrazitfilterbett geleitet.

Solche Filter werden hauptsächlich für Kühlsysteme verwendet, in denen sich leicht Schmutz sammelt. Besonders wenn das Kühlwasser mantelseitig geführt wird, deshalb sehr langsam fließt, werden Teilstromfilter in die Zulaufleitung eingebaut, um das normale Wasseraufbereitungsprogramm zu unterstützen (siehe Erörterung in Kapitel 4).

Zyklonabscheider

In einigen kontinuierlich laufenden Betrieben ersetzen Zyklonabscheider die Teilstromfilter. Im Zyklonabscheider bildet sich ein Wirbel innerhalb eines konischen Behälters, wodurch die schwebenden Feststoffe gegen die Seitenwand gedrückt werden, durch die Schwerkraft nach unten sinken, wonach sie aus dem untersten Teil des Behälters ausgetragen werden.

Sandwaschen

Dieses kostengünstige Verfahren ist bei der Beseitigung von leichtem Kesselstein wirksam, kann aber nur für rohrseitige Reinigung verwendet werden, wobei in

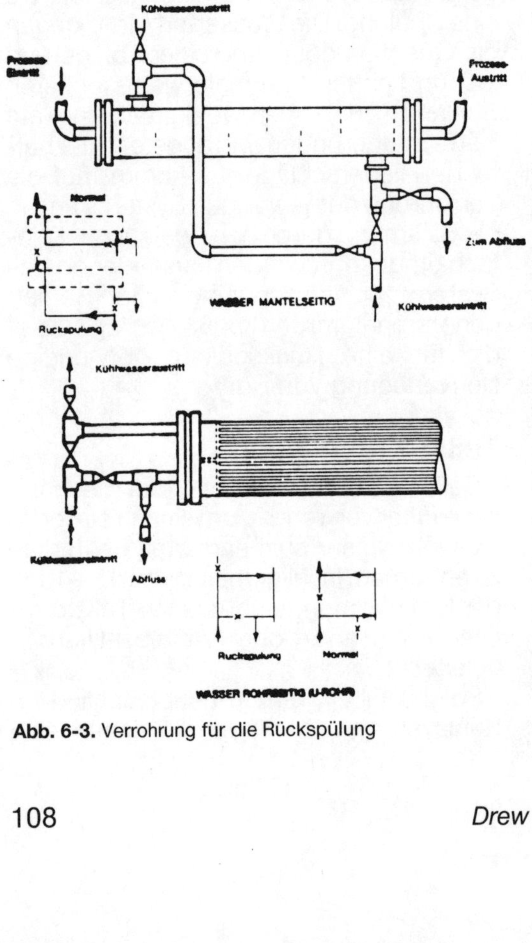

Abb. 6-3. Verrohrung für die Rückspülung

den meisten Fällen eine Sandstrahlausrüstung ausreicht.

Die Reinigung durch Sandwaschen wird im allgemeinen zusammen mit der Rückspülung eingesetzt, um eine Ansammlung von Sand in Apparaten und Rohrleitungen nach dem Wärmeaustauscher so niedrig wie möglich zu halten. Bei niedrigem Wasserdruck wird Sandwaschen zusammen mit Druckluft verwendet, um die Strömungsgeschwindigkeit und Turbulenz zu erhöhen und eine verbesserte Reinigung zu ermöglichen.

Mechanische Reinigung mittels Lanzen

Das Einbringen von Wasserlanzen oder die Verwendung von Bürsten entfernt Ablagerungen sicher und wirkungsvoll (siehe Abb. 6-4). Diese zeitraubende Maßnahme ist im allgemeinen ein erster Schritt zur weiteren Verringerung von schweren Ablagerungen, bevor andere physikalische oder chemische Verfahren eingesetzt werden.

Nachteilig bei diesem mechanischen Verfahren ist, daß fast immer eine Stillegung der Anlage erforderlich ist. Der Wirkungsgrad einer mechanischen Reinigung ist im allgemeinen von veränderli-

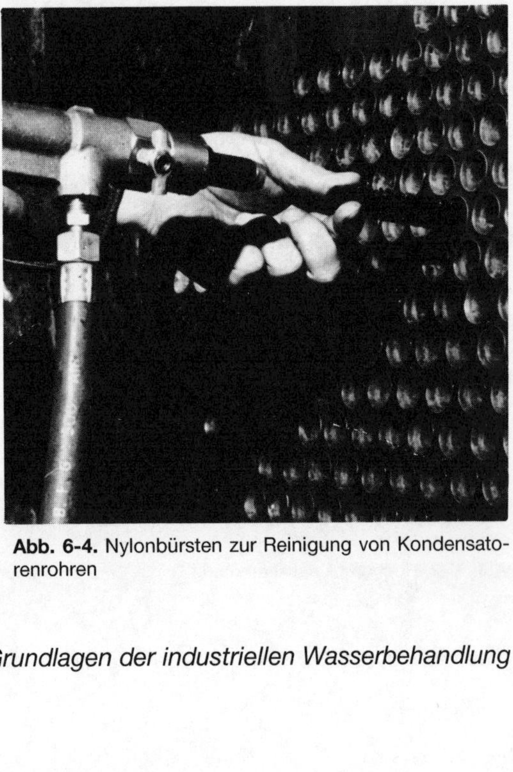

Abb. 6-4. Nylonbürsten zur Reinigung von Kondensatorenrohren

chen Faktoren, wie der Art der benutzten Werkzeuge und den zur Verfügung stehenden Arbeitskräften abhängig.

Mechanische Verfahren der „On-stream"-Reinigung

Es gibt zwei verschiedene mechanische Vorrichtungen, welche zur Sauberhaltung von Wärmeaustauschflächen Verwendung finden. Im ersten Fall werden Schwammgummikugeln von geringfügig größerem Durchmesser als der Innendurchmesser der zu reinigenden Rohre verwendet. Die Kugeln werden im Zulauf des Austauschers eingeführt und durch den Druck des fließenden Wassers durch die Rohre gepreßt. Am Ablauf des Austauschers werden sie von einem Gitter aufgefangen und mittels einer Zentrifugalpumpe kontinuierlich zurückgeführt. Ein zweites Reinigungsverfahren verwendet 3–5 cm lange, permanent in jedem Rohr installierte Bürsten. Kleine Plastikkäfige an den Enden jedes Rohres fangen die Bürsten auf, ohne den Wasserfluß zu beeinträchtigen. Die Kühlwasserverrohrung der Austauscher hat Ventile, mit denen die Strömung umgekehrt werden kann, so daß die Bürsten von den am oberen Ende gelegenen Käfigen durch die Rohre gepreßt und von den Käfigen am anderen Ende wieder aufgefangen werden. Die Strömung wird so oft umgekehrt, wie es für die erfolgreiche Säuberung notwendig erscheint.

Die Nachteile dieser Verfahren sind die hohen Investitionskosten, während aber die Instandhaltungskosten verhältnismäßig niedrig sind. Sie können nicht verwendet werden, wenn größere Mengen grober Feststoffe (Fische, Algen, Blätter etc.) eingetragen werden, da diese die Rohre evtl. verstopfen und den Durchgang der Kugeln oder Bürsten verhindern.

Chemische Verfahren
Alkalische Reinigungen

Stark alkalische Substanzen wirken als Detergenzien, die Ablagerungen lösen, emulgieren und dispergieren. Einige der für diesen Zweck gebräuchlicheren Chemikalien sind Natronlauge, kalzinierte Soda, Trinatriumphosphat und Natriumsilikat. Ihre Detergenzwirkung wird normalerweise durch Zugabe von oberflächenaktiven Mitteln verstärkt, um Öle, Fette, Schmutz und Biomaterie zu benetzen. Dieses Verfahren erweist sich als außerordentlich wirksam bei der Reinigung von neuen Systemen, in denen Öle und Bauschutt vorhanden sind. In vielen Verträgen wird eine alkalische Reinigung vor Inbetriebnahme einer neuen Anlage vorgeschrieben.

Zur Beseitigung besonders hartnäckiger Ablagerungen wie Anhydrite oder Silikate werden alternierend alkalische und saure Reinigungen verwendet. Alkalische Reinigungen werden auch nach Säurereinigungen eingesetzt, um das Wasser zu neutralisieren und die Metalle in der Anlage weniger korrisionsanfällig zu machen.

In Anlagen mit Aluminium und galvanisiertem Stahl sollen alkalische Reinigungen nicht angewendet werden, da amphotere Metalle sich sowohl im alkalischen als auch im sauren Bereich lösen. Der Nachteil von alkalischen Reinigungen liegt darin, daß sie schwierige Ablagerungen allein nicht entfernen können. Härteablagerungen und Metalloxide sind gegen alkalische Reinigungen widerstandsfähig und der Betrieb muß für deren Entfernung meistens stillgelegt werden, was natürlich einen weiteren Nachteil darstellt.

Säurereinigungen

Viele Jahre wurde eine Anzahl von Säuren und sauren Salzen für die Reinigung von Kühlsystemen verwendet. Dazu gehören unter anderem Ammoniumhydrogenfluorid, Natriumhydrogensulfat, Salzsäure, Schwefelsäure, Sulfaminsäure, Zitronensäure, Phosphorsäure und Salpetersäure. Von diesen wurde Salzsäure am häufigsten eingesetzt, aber auch Sulfamin- und Schwefelsäure fanden weitgehende Anwendung.

Säuren sind wirksam zur Entfernung von Härteablagerungen und Metalloxid-Korrosionsprodukten. Sie lösen Calciumcarbonat, Gips, Calciumphosphat, Eisensulfid und Metalloxide. Für die Entfernung von Silikaten, wasserfreiem Calciumsulfat und Kupfersulfiden sind sie nur beschränkt verwendbar. Diese werden am besten durch abwechselnde Säure/Alkalireinigungen gemeinsam mit mechanischen Reinigungsverfahren entfernt. Säuren haben nur eine geringe Wirkung auf abgesetzte suspendierte Feststoffe, biologisches Wachstum und ähnliche organische Ablagerungen.

Der Hauptvorteil der pulverförmigen Sulfaminsäure ist ihre leichte Handhabung und die relative Sicherheit beim Einsatz. Es hat sich außerdem herausgestellt, daß sie fast so schnell wie Salzsäure und im allgemeinen schneller als Phosphorsäure und Natriumhydrogensulfat bei der Lösung von Calziumcarbonat wirkt. Bei einer Anwendung von Sulfaminsäure solle jedoch darauf geachtet werden, daß die Temperaturen im System unter 83° C liegen. Bei höheren Temperaturen hydrolysiert die Verbindung und bildet Ammoniumhydrogensulfat, das kupferhaltige Materialien in Kühlsystemen angreift.

Salzsäure ist gut wirksam gegen Härteablagerungen, wie Calziumcarbonat und auch gegen Korrosionsprodukte. Die hier ablaufenden Reaktionen sind wie folgt:

$$CaCO_3 + 2HCl \rightarrow CaCl_2 + H_2O + CO_2 \uparrow$$
$$Fe_2O_3 + 6HCl \rightarrow 2FeCl_3 + 3H_2O$$

Die Reaktion mit Calziumcarbonat erfolgt schnell, wobei ein lösliches Calciumsalz an Stelle des unlöslichen Carbonats unter Entwicklung von Kohlendioxyd und Wasser gebildet wird.

Die Auflösung der Korrosionsprodukte vollzieht sich langsamer und verlangt stöchiometrisch viel mehr Säure. Außerdem verbleiben Eisen(III)-Ionen in Lösung, was sich, wie später noch zu sehen sein wird, schädlich auf die Anlage auswirken kann.

Obwohl einige Säurereinigungen im kontinuierlichen Betrieb möglich sind, werden die meisten während der Stillstandszeiten durchgeführt. Der zu reinigende Apparat wird von der Anlage isoliert, und die Säure wird im geschlossenen Kreislauf mit einer Pumpe und einem Tank durch den Anlagenteil geführt. Eine solche Reinigung ist jedoch nur im Stillstand der Anlage möglich. In den bei kontinuierlichem Betrieb durchgeführten Reinigungen wird Säure normalerweise in den Zulauf eines einzigen Austauschers oder einer Gruppe von Austauschern gepumpt, um die pH-Absenkung im Gesamtkühlsystem möglichst gering zu halten.

Säureschäumung

Diese Methode wird zur Reinigung von nicht in Betrieb befindlichen Wärmeaustauschern verwendet. Ein schaumbildendes Mittel bildet in einem Lagerbehälter einen Säureschaum, der dann zur Umlenkkammer des Wärmeaustauschers gepumpt wird. Der Schaum fließt durch die Wärmeaustauscherrohre und danach ins Abwasser. Allerdings hat diese Methode einen grundlegenden Nachteil: da ohne Überdruck gearbeitet wird, erhalten die teilweise verstopften Reihen der Austauscherrohre nur ungenügend Schaum und bleiben daher im allgemeinen verschmutzt.

Bei der Säureschäumung wird eine hochkonzentrierte Säurelösung verwendet, während bei anderen Säurereinigungsverfahren normalerweise verdünnte Lösungen benutzt werden.

Aussäuerung

Während des Betriebsstillstandes wird der Wärmeaustauscher getrennt vom System wasserseitig bis zu den oberen Rohren mit einer Säurelösung gefüllt, welche dann umgewälzt wird. Einige industrielle Reinigungsfirmen bevorzugen Salzsäure wegen seiner schnellen Reaktion mit Carbonatniederschlägen, und auch weil es keine unlöslichen Nebenprodukte bildet.

Es wird auch Ammoniumhydrogenfluorid mit Salzsäure verwendet, wodurch die Löslichkeit von eisenhaltigen Ablagerungen und widerstandsfähigen Silikatniederschlägen verbessert wird. Der größte Nachteil bei allen Säurereinigungen ist die mit ihnen verbundene Korrosionsgefahr. Neben einer Beseitigung von säurelöslichen Oberflächenablagerungen greifen sie nämlich auch die darunterliegenden Teile der Metalloberfläche an. Obwohl Inhibitoren, die den Säuren zugemischt werden, einen solchen Angriff auf einem Minimum halten sollen, gibt es immer noch einen nennenswerten Metallverlust. Man unterscheidet zwei Wirkungsmechanismen der Inhibitoren: sie plattieren an kathodischen Oberflächen aus und verhindern die Wasserstoffentwicklung bei niedrigen pH-Werten, welche die vorherrschende kathodische Reaktion darstellt. Beim anderen Wirkungsmechanismus werden die Inhibitoren an oxidfreien Stellen auf der gesamten Metalloberfläche absorbiert. Eine Reihe von Faktoren sind bestimmend für das Ausmaß der während einer Säurereinigung stattfindenden Korrosion. Die Korrosionsrate erhöht sich dabei normalerweise mit der Kontaktzeit, Temperatur, Säurekonzentration und Fließgeschwindigkeit.

Die Korrosion durch Eisen(III)-Ionen wird normalerweise nicht durch übliche Säureinhibitoren verhindert. Die von der Metalloberfläche entfernten Eisen(III)-oxide können größere Korrosion verursachen, wenn sie in die Wasserphase eintreten. Diese wirken als Oxidationsmittel nach der folgenden Reaktion:

$$2Fe^{+3} + Fe^{0} \rightarrow 3Fe^{+2}$$

Es wird Metall aufgelöst und eine schwerwiegende Korrosion ist die Folge. Bei Säurereinigungen ist dies die geschwindigkeitsbestimmende kathodische Korrosionsreaktion. Während einer Reinigung im kontinuierlichen Betrieb verschlechtert sich die Situation noch, da Eisen(III)-Ionen rückgebildet werden, während das Wasser über den Kühlturm läuft und belüftet wird.

Die meisten der üblichen Schutzmethoden gegen Korrosion durch Eisen(III)-Ionen waren nicht erfolgreich: schnelles Einfüllen und Entleeren der Anlage, um den Kontakt des Metalls mit Eisen(III)-Ionen zu verkürzen, Zugabe von Zinn zum System zur bevorzugten Oxydation durch Eisen(III)-Ionen und Einbau von Opferanoden aus Eisen. Mittlerweile wurden neuere Korrosionsinhibitoren entwickelt, die eine bessere Wirksamkeit gegen Eisen(III)-Ionen zeigen.

Eine Korrosion durch Eisen(III)-Ionen konnte auch während der Komplexierung durch Äthylendiaminotetraessigsäure (EDTA) oder Nitrilotriessigsäure (NTA) festgestellt werden. Andere Nachteile der Säure- oder Alkalireinigung sind die Beseitigung von erschöpften Lösungen, spezifische Probleme in der Handhabung sowie Gefahren für das Betriebspersonal.

„On-stream" Verfahren

Wirksamere Reinigungen sind heute möglich geworden, sowohl im kontinuierlichen Betrieb als auch bei einer Stillegung der Anlage. Neben verbessertem Wärmeübergang verursacht die moderne Reinigung auch geringere Korrosion als die tradionelle Reinigung, was natürlich von wesentlichem Vorteil ist. Weniger aggressive Reinigungslösungen mit einem pH-Wert von 5.0 oder höher sind erfolgreich verwendet worden.

Vor der Wahl eines chemischen Reinigungsprogramms ist es nötig, eine Analyse der Gesamtablagerungen vorzunehmen. Zeigt eine Überprüfung dieser Ablagerung eine Vielzahl von Verbindungen, dann wird ein herkömmliches chemisches Reinigungsprogramm nicht ausreichen. Säurereinigungen sind bei Schlamm, Sand, Ton oder biologischer Materie nur begrenzt wirksam. Alkalische Reinigungen sind für eine Lösung und Dispergierung von Härteablagerungen oder voluminösen Metalloxidniederschlägen kaum zu verwenden. Dagegen sind physikalische Reinigungen bei stärker anhaftenden Ablagerungen weniger wirksam.

Ist einmal das Ausmaß und die Art der Verschmutzung bekannt, dann können die spezifischen chemischen Mittel ausgewählt werden. Die Konzentration jedes Dispergiermittels wird durch die Menge der vorhandenen Verschmutzung bestimmt. Dadurch kann ein spezielles Programm zur Entfernung von Ablagerungen erstellt werden, das eine höchstmögliche Wirksamkeit mit einem Minimum an Ausfallzeit und Kosten für Chemikalien verbindet. Ein Behandlungsprogramm zur Entfernung von Ablagerungen kann gegebenenfalls auch ein Biozid zur Entfernung von biologischem Wachstum beinhalten; in jedem Fall muß jedoch ein Korrosionsinhibitor verwendet werden, um sofortigen Korrosionsschutz zu gewährleisten.

Polyelektrolyte und Chelatbildner

Eine Reihe der heute auf dem Markt erhältlichen Polyelektrolyte und Chelatbildner sind in der Lage, spezifische Verschmutzungen zu beseitigen. Spezifische Mittel gegen Metalloxide, Härtesalze, Schlamm, Sand, Ton, biologische Materie und andere organische Ablagerungen sind leicht erhältlich; viele davon sind die gleichen Chemikalien, die auch zu kontinuierlichen Behandlung gegen Ablagerungen verwendet werden (siehe Kapitel 4 für eine vollständige Erläuterung der Mechanismen für die Behandlung und Beseitigung von Ablagerungen). In schon verschmutzten Anlagen werden meist höhere Konzentrationen dieser Substanzen notwendig sein, um Ablagerungen zu beseitigen.

Chemische Reinigungen haben nicht nur den Vorteil, während des laufenden Betriebs durchgeführt werden zu können. Eine chemische Reinigung mit Polyelektrolyten und Chelatmitteln bietet viele der Vorteile einer off-stream Säure-oder Alkalireinigung wie erhöhte Anlagenleistung, geringere Druckverluste, höhere Wärmeübergangskoeffizienten, niedrigere Betriebskosten, längere Lauf-und Produktionszeiten und ein geringerer Energiebedarf. Ein sauberes System erleichtert den Korrosionsschutz, da dichte Inhibitorschutzfilme auf der gesamten Metalloberfläche gebildet werden, so daß die sonst in Kühlsystemen üblichen Probleme der Korrosion unter den Ablagerungen verhindert werden. Die Vorteile einer chemischen Reinigung gleichen daher die zusätzlichen Kosten leicht aus.

Kapitel 7
Offene Verdunstungssysteme

In den vorangegangenen Kapiteln beschränkte sich die Erörterung der Kühlwasserbehandlung auf die Beschreibung dreier Phasen: die Verhinderung von Korrosion, Ablagerungen und mikrobiologischem Wachstum.

Zusammen mit Kapitel 8 und 9 beschäftigt sich dieses Kapitel mit der praktischen Anwendung eines Gesamtbehandlungsprogramms in Kühlsystemen. Die Kapitel betonen Gesamtprogramme und nicht einzelne Phasen, die in Industrieanlagen Anwendung finden.

Offene Verdunstungskühlanlagen werden zur Zeit bevorzugt zur Wärmeableitung gewählt. Mit abnehmender Verwendung von Durchflußsystemen haben sie weiteren Einsatz gefunden, wobei erwartet wird, daß sich dieser Trend fortsetzt. In diesem Kapitel werden Kühlturmanlagen in industrielle und kommerzielle Systeme eingeteilt; es folgt ein Abschnitt über Luftwäscher, die einen besonderen Typ der offenen Verdunstungsanlagen darstellen.

Jeder Abschnitt beginnt mit einer Beschreibung der grundlegenden Konstruktion der Anlage. Eine vollständige Erörterung der Konstruktion geht über den Rahmen dieses Buches hinaus und der Leser, der an diesem Gebiet besonderes Interesse hat, wird auf die weiteren Informationsquellen in der Bibliographie verwiesen. Die im jeweiligen System eingesetzten Behandlungsprogramme werden im Hinblick auf die herkömmliche und die moderne Technik beschrieben und behandelt.

Verdunstungskühlung

Kühlwasser wird in Anlagen verwendet, um Dampf zu kondensieren und Produkte sowie Anlagenteile zu kühlen. Es wird als eine Versorgungseinheit betrachtet. Der Kühlturm ist eine Einheit, der die Wiederbenützung von Kühlwasser ermöglicht und dadurch den Wasser- und Energieverbrauch vermindert. Wasser wird in einem Kühlturm abgekühlt. Die Erklärung für dieses Phänomen liegt im Unterschied zwischen Wassertemperatur im Rücklauf und der Temperatur der Umgebungsluft gemessen mit einem Feuchtthermometer. Bevor Kühltürme selbst beschrieben werden, sollten zuerst einige ältere Verdunstungsanlagen betrachtet werden.

Kühlbecken

Bei dieser ersten Art der industriellen Umlaufkühlung wurde das zu kühlende Wasser in ein Becken geleitet und allmählich durch natürliche Verdunstung, Abstrahlung und Konvektion gekühlt und somit auf eine Temperatur gebracht, bei der es wiederverwendet werden konnte. Große Becken wurden benötigt, um den normalen Kühlbedarf zu befriedigen, da die Kühlung nur sehr langsam vor sich geht und die Speicherung großer Mengen von Wasser notwendig machte. Ein typisches 1.000 MW Dampfkraftwerk kann z. B. ein 810 ha großes Becken benötigen. Da Kühlbecken ungefähr 55 % der zugeführten Wärme durch Verdampfung ableiten, verbrauchen sie weniger Wasser als Kühltürme, die 80 % der zugeführten Wärme durch Verdunstung ableiten.

Sprühbecken

Die Beistellung von Rohrleitungen und Düsen oder motorbetriebenen Sprüheinheiten in einem Kühlbecken (siehe Abb. 7-1) ermöglicht es, daß Wasser in die Umgebungsluft gesprüht wird, wodurch die

Verdampfungsrate erhöht und ein schnelleres Kühlen bei gleichzeitig kleineren Becken ermöglicht wird.

Diese Art der Kühlung ist wirksamer, wenn über das Wasserbecken Wind wehen kann. Der Wasserverlust durch Wind ist jedoch hoch und liegt im Bereich von 1.0 bis 5.0 % der Umwälzrate.

Staub aus dem Umgebungsgebiet kann auch leicht in das Becken eintreten, wodurch Ablagerungsprobleme im System verursacht werden.

Industrielle Kühlturmanlagen

Die ersten Kühltürme waren Naturzugkonstruktionen, wie in Abb. 7-2 gezeigt.

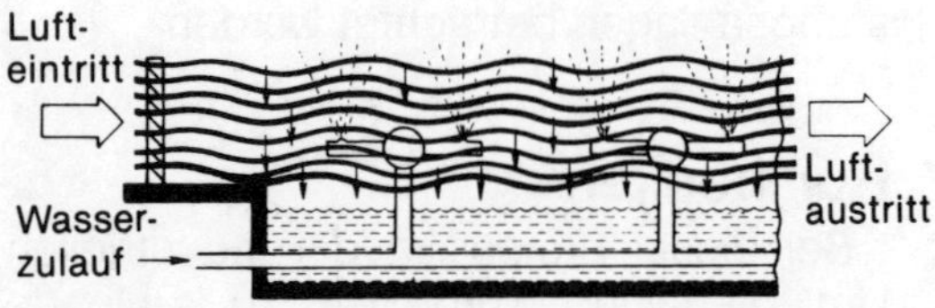

Abb. 7-1. Sprühbecken sind eine einfache Methode Wasser abzukühlen, vorausgesetzt, daß genug Land für die langsame Fließgeschwindigkeit vorhanden ist. Vom Eintrittsverteilersystem 2 bis 3 m über einem großen Becken oder Teich sprüht das Wasser nach oben. Das Wasser wird durch die Luft gekühlt und ein Teil verdunstet. Die Wirksamkeit ist durch die relativ kurze Kontaktzeit zwischen Luft und Wasserspray begrenzt. Hohe Wasserverluste, Verunreinigungen gelangen sehr leicht in den offenen Teil des Wasserkreislaufs.

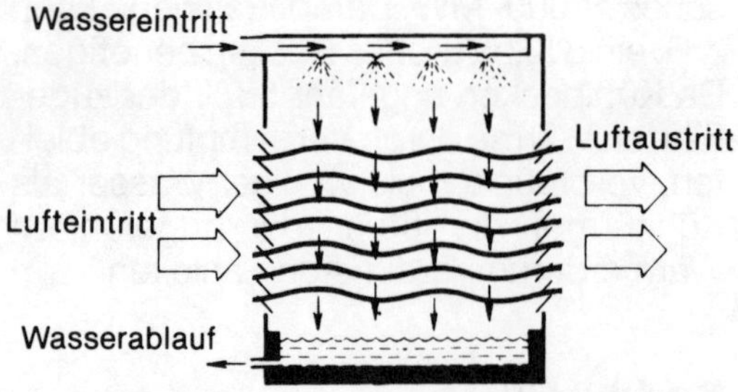

Abb. 7-3. Im natürlich belüfteten Turm mit Einbauten wird das Wasser nach unten gesprüht, wo es durch Einbauten oder Prallplatten noch feiner verteilt wird, so daß die Kühlwirkung steigt. Offene Klappen ermöglichen ein Durchströmen der Außenluft über die ganze Höhe des Turms.

Das Wasser wurde nach oben gepumpt und durch Düsen über den Turm gesprüht, wodurch die dem Luftstrom ausgesetzte Wasserfläche vergrößert wurde. Die in den Turm eintretende Luftmenge wurde durch Klappen an den Seitenwänden eingestellt. Wenn das Wasser durch den Turm fiel, kam es mit der Luft in Kontakt und ein Teil verdunstete. Kaltes

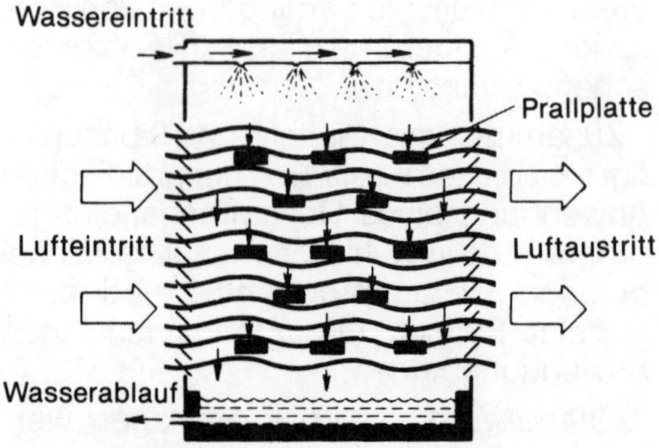

Abb. 7-2. Im natürlich belüfteten Turm ohne Einbauten sprühen Düsen das Wasser nach unten. Die durchströmende Luft ist von den Windbedingungen abhängig. Durch die dichtere Wasserverteilung kann mehr Wasser mit der Luft in Kontakt gebracht werden. Geringere Wasserverluste durch die Abgrenzung der Sprühzone.

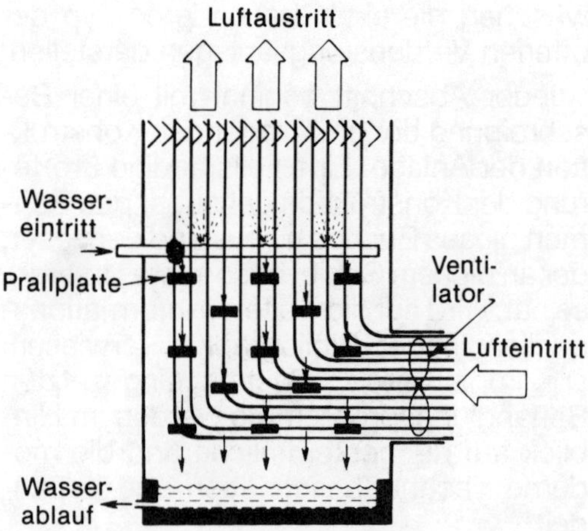

Abb. 7-4. Mechanisch belüftete Kühltürme haben einen oder mehrere Ventilatoren, die große Mengen Luft durch den Turm blasen. In zwangsbelüfteten Türmen (oben) gelangt die Luft horizontal über die Einbauten und dann nach oben gegen die fallenden Wassertropfen. Mitgerissenes Wasser wird durch oben angebrachte Tropfenfänger entfernt.

Wasser sammelte sich im Becken und wurde zur Wiederverwendung in die Anlage zurückgepumpt.

Anfangs war es notwendig, Naturzugtürme von großer Höhe und im günstigsten Winkel zu den vorherrschenden Windrichtungen zu bauen, um eine ausreichende Kühlung zu gewährleisten. Später wurde gefunden, daß eine Füllung im Turm die Wassertropfen vollständiger zerstäubt und dadurch die Kühlleistung erhöht. Die Konstruktion eines Naturzugturms mit Einbauten wird in Abb. 7-3 gezeigt.

Dieses Konzept reduzierte die Baukosten, da die gleiche Wärmeableitung in einem kleineren Turm erreicht werden konnte.

Relativ hohe Wasserverluste treten in Naturzugtürmen auf, da Tropfen mit der Luft ausgetragen werden. Dies wird als Sprühverlust bezeichnet, der zwischen 0,2 und 0,5 % der Umwälzrate ausmacht.

Nach 1945 nahm die Popularität dieser Naturzugtürme ab und sie wurden durch neuere zwangsbelüftete Türme ersetzt.

Mechanisch belüftete Kühltürme

Bei Zwangsbelüftung wird Luft durch zwei verschiedene Methoden durch den Turm geführt: durch Druckluftstrom oder Saugzugstrom.

Druckbelüftete Türme, wie die in Abb. 7-4 gezeigten, verwenden ein Gebläse, das am Fundament oder an der Seite des Turmes steht und Luft horizontal in den Turm drückt, die dann aufwärts geleitet wird, gegen die fallenden Wassertropfen. Tropfenabscheider oben am Turm beschränken die durch den austretenden Luftstrom verlorengehende Wassermenge auf ein Minimum.

Die Ventilatoren in dieser Konstruktion liegen außerhalb der Luft-Wasserkontaktzone und sind daher vor Korrosion und Ablagerungen geschützt.

Saugbelüftete Türme ziehen mit Hilfe eines oben angebrachten Ventilators Luft in den Turm hinein. Diese Konstruktion wird weiter in zwei Kategorien unterteilt, wie in Abb. 7-5 und 7-6 ersichtlich.

Die Gegenstromkonstruktion verwendet Lufteinlaßschlitze am unteren Teil des Turms, durch welche die Luft im Turm nach oben gezogen wird, wobei die Luft mit dem fallenden Wasser in Kontakt kommt. Bei der Querstromkonstruktion sind die Schlitze an den Turmseiten über dessen gesamte Höhe angebracht, wodurch die Luft senkrecht zum fallenden Wasser eingeführt wird. Es sollte beachtet werden, daß die Tropfenabscheider im Gegenstromturm oben angebracht sind,

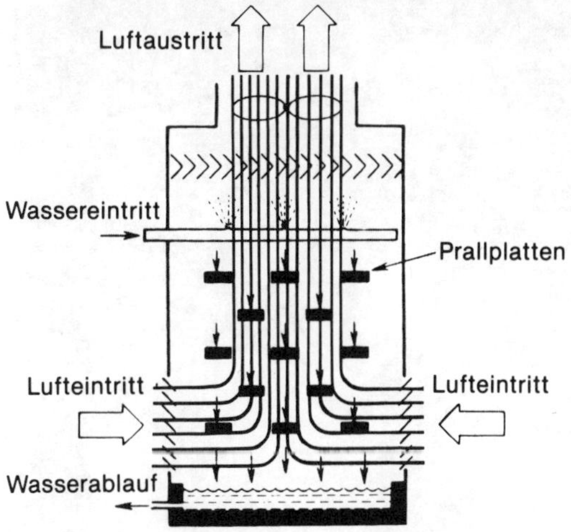

Abb. 7-5. Saugzuggegenstromtürme ziehen die Luft gegen die fallenden Wassertropfen nach oben. Das wärmste Wasser hat Kontakt mit der feuchtesten Luft und das kälteste Wasser mit der trockensten Luft. Warmluftumwälzung ist minimal, da die Ventilatoren die erwärmte Luft weit genug wegblasen.

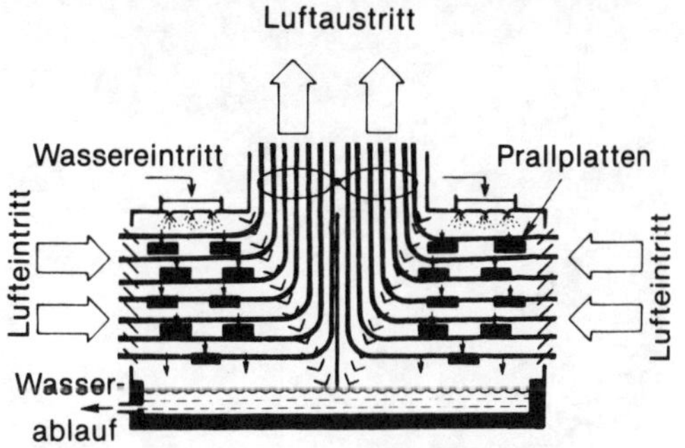

Abb. 7-6. Kreuzstrom-Saugzugtürme erzeugen eine horizontale Luftströmung, während das Wasser in einer Kaskade von kleinen Tropfen über die Einbauten und durch den Luftstrom fließt. Der statische Luftdruckverlust ist kleiner, da ein geringerer Widerstand gegenüber der Lüftströmung vorhanden ist. Tropfenabscheider leiten die Luft in Richtung Saugzugventilator.

während sie sich in Querstromtürmen in der Turmmitte befinden. Diese Tropfenabscheider werden in beiden Fällen direkt vor den Ventilatoren installiert, um Sprühverluste zu verringern.

Zwangsbelüftete Türme sind so ausgelegt, daß der Wasserverlust durch Versprühen nur etwa 0,05 bis 0,3 % der Umwälzung beträgt. Typische Industriekonstruktionen kühlen das Wasser um ca. 5° C bis 20° C ab. Dies wird als Kühlzonenbreite bezeichnet und definiert den Temperaturunterschied zwischen Vorlauf und Rücklauf. Es wird geschätzt, daß die Verdunstung 85 bis 95 % der Kühlleistung bringt, während konvektive Wärmeabgabe an die Umgebungsluft für den Rest verantwortlich ist. Die durch Verdunstung verlorengegangene Wassermenge kann geschätzt werden, indem man einen Faktor von 0,5 bis 1,0 % der Umwälzung pro 5° C Temperaturdifferenz im Turm ansetzt. Ein Kühlsystem mit einer Umwälzung von 25.000 m^3/h und einer Temperaturdifferenz von 12° C wird daher ungefähr 2,0 % bzw. 500 m^3/h Wasser durch Verdunstung verlieren.

Wie schon oben erwähnt, tritt die Luft durch Schlitze ein, die an einer, zwei oder allen vier Seiten des Turms, je nach Konstruktion, angebracht sind. Der Gegenstromturm hat normalerweise Schlitze an allen vier Seiten. Abb. 7-7 und 7-8 zeigen Photos von Gegenstromanlagen mit Einzel- und Doppeleintritt, wie sie zur Zeit in der Industrie verwendet werden.

Kühltürme werden mit nur einem Eintritt angelegt, um eine Verschmutzung zu vermeiden, die an der anderen Seite liegt, das Vereisen einzuschränken, oder wenn die Baustelle sehr beengt ist.

Typische Konstruktionen für Gegenstrom- und Querstromtürme werden in Abb. 7-9 und 7-10 dargestellt.

Der Hauptvorteil der Gegenstromkonstruktion liegt in seiner Leistungsfähigkeit; das kälteste Wasser kommt mit der trockensten Luft in Kontakt und das wärmste Wasser mit der feuchtesten Luft.

Abb. 7-7. Gegenstromkühlturm mit einseitigem Lufteintritt.

In der Querstromkonstruktion sind zwei Turmzellen paarweise an jeden Ventilator angebaut und durch Tropfenabscheider an jeder Seite einer Mittelkammer getrennt. Jede Zelle kann getrennt betrieben werden, wodurch eine größere Flexibilität im Betrieb erreicht wird. Da die Luft im rechten Winkel zum fallenden Wasser eintritt, im Gegensatz zum 180° Winkel in der Gegenstromkonstruktion, gibt es weniger Widerstand gegen den Luftstrom und der Energieverbrauch des Ventilators ist geringer.

Die Konstruktion des Wasserverteilungssystems zeigt die grundlegenden Unterschiede zwischen den Gegenstrom- und Querstromtürmen. Die Querstromkonstruktion verwendet Steigrohre, um das Wasser in den Oberteil des Turms zu leiten, wo es in ein offenes Verteilerdeck abgelassen wird, wie in Abb. 7-11 gezeigt.

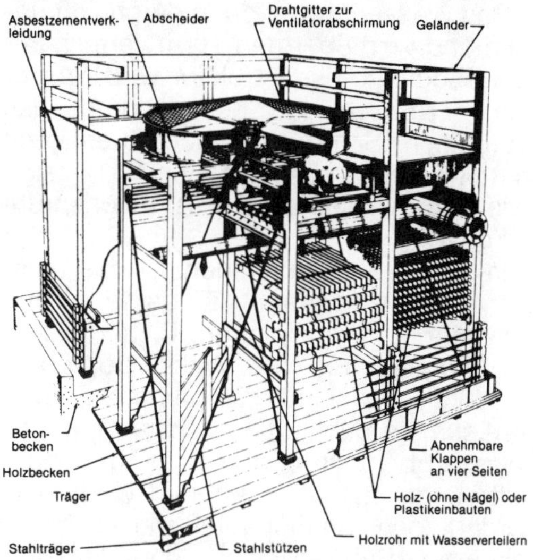

Abb. 7-9. Saugzugturm. Die oben montierten Ventilatoren blasen warme Luft direkt in die Atmosphäre.

Abb. 7-8. Gegenstromkühlturm mit beidseitigem Lufteintritt.

Das Wasser strömt dann durch Öffnungen und wird über den Turm verteilt. Bei der Gegenstromkonstruktion wird Wasser zu einem Verteilersystem gepumpt, das aus einem Sammelrohr und Querrohren mit Sprühdüsen besteht. Abb. 7-12 zeigt, wie das Wasser in den Turm gesprüht wird.

In beiden Konstruktionen hat das Wasserverteilungssystem Einbauten und manchmal Aufprallplatten. Diese fördern die Zerstäubung der Wassertröpfchen, wodurch maximale Verdunstung und wirksamste Kühlung erreicht wird, da die Wasseroberfläche, die der Umgebungsluft ausgesetzt ist, vergrößert wird. Zwei Grundtypen von Einbauten werden heute eingesetzt: Aufprallbleche und Riesellatten. Abb. 7-13 und 7-14 illustrieren typische Konstruktionen.

Aufprallbleche brechen das Wasser nur in kleine Tropfen, während bei den Riesellatten das Wasser einen Film bildet, wodurch die Oberfläche des Wassers vergrößert wird.

Tropfenabscheider werden im Zick-Zack angelegt, um zu verhindern, daß Wassertropfen den Wasserverteilungsbereich des Turms verlassen. Typische Konstruktionen werden in Abb. 7-15 gezeigt.

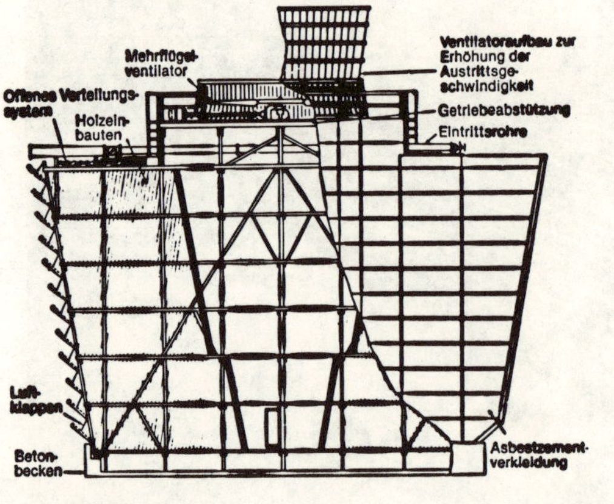

Abb. 7-10. Gegenstrombetrieb steigert die Leistung des Saugzugturms.

Sie verhindern den Sprühverlust durch eine Kombination von direktem Aufprall und schneller Richtungsänderung. Im Querstromturm werden sie in einem Winkel angelegt, um das Wasser ins Becken zurückzuleiten. Die Tropfenabscheider im Gegenstromturm, die oberhalb der Verteilerrohrleitungen angebracht sind, lassen das Wasser in ähnlicher Weise wieder ins Becken zurückfallen.

Das Becken sollte so sauber wie möglich gehalten werden und es sollte darauf geachtet werden, daß sich kein Schmutz ansammelt. Die Umwälzpumpen liegen normalerweise im oder nahe dem Becken,

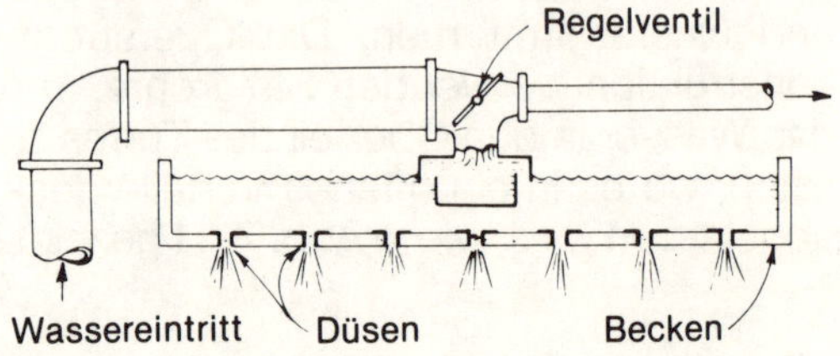

Abb. 7-11. Offenes Schwerkraftverteilungsbecken oben am Turm. Wasser fließt durch Porzellan- oder Plastikdüsen zu den Einbauten.

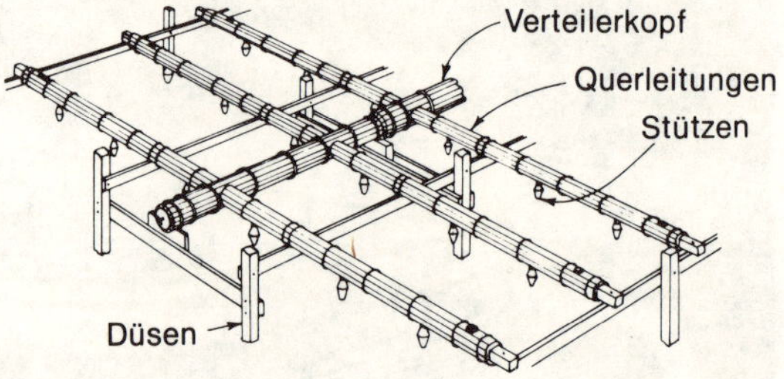

Abb. 7-12. Beim Niederdrucksystem geht das Wasser durch Holzrohre und wird nach unten gesprüht. Die Sprühdüsen sind bei der Abprallplattenbauweise in die Unterseite der Rohre eingeschraubt.

Abb. 7-13. Schmalkantige Latten bieten minimalen Widerstand zur Luftströmung im Gegenstromturm. Kleine Abstände zwischen den Lagen verringern die Turmhöhe.

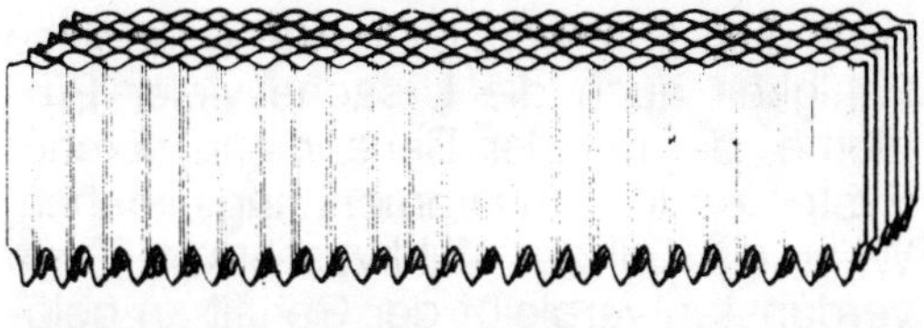

Abb. 7-14. Celluloseplatten sind plastikverstärkt. Im Aussehen ähnlich wie Wellpappe mit Sägezähnen an der Unterseite für gleichmäßige Benetzung.

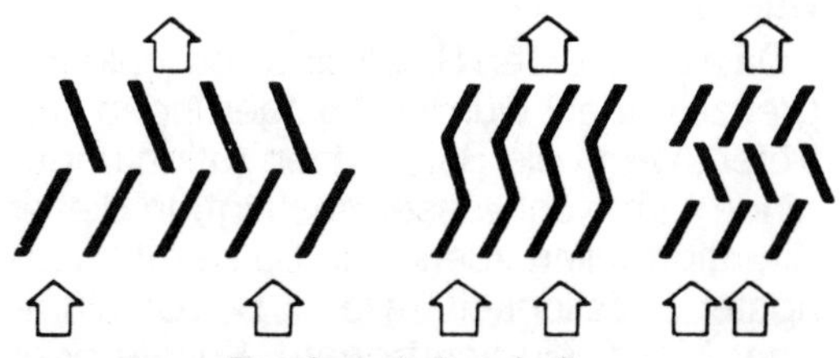

Abb. 7-15. Tropfenabscheider verringern den Wasserverlust in der Atmosphäre.

und ihre Ansaugöffnung sollte mit einem Gitter versehen sein, um sie vor Verschmutzung zu schützen.

Das Luftverteilungssystem eines Kühlturms besteht aus den Einlaßschlitzen, der Abzugskammer, dem Ventilatorschacht und dem Ventilator. Die Eintrittsschlitze sind normalerweise zur Regelung des Luftstroms verstellbar.

Die Abzugskammer eines Kühlturms ist das Gebiet zwischen den Tropfenabscheidern und dem Ventilator. Bei der Gegenstromausführung liegt sie oben im Turm, und in einem Querstromturm ist sie zwischen den zwei Zellen unter dem Ventilator zu finden. Pilzbefall der Holzteile ist häufig, da dieses Gebiet warm und feucht ist und nicht in dauerndem Kontakt mit den Mikrobioziden des Umwälzwassers steht. Wirkungsvolle präventive Wartungsprogramme sind nötig, um einen Holzzerfall in diesem Teil auf einem Minimum zu halten.

Ventilatorgehäuse bestehen aus einer Rippenkonstruktion, um ein Durchhängen zu vermeiden, was die Menge der durch den Turm gezogenen Luft und dadurch auch die Leistungsfähigkeit verringern würde. Da ein optimaler Kühlturmbetrieb auf gewuchtete Ventilatorflügel und vibrationsfreien Betrieb angewiesen ist, müssen die Flügel und das Gehäuse sauber gehalten werden.

Kühltürme werden aus Holz, Plastik, Beton und Metall gebaut. Früher wurden „Red Wood" und Douglasfichte in fast jedem Bereich des Turms verwendet. Manchmal wurde druckbehandeltes Holz für den tragenden Bau und für den Bereich der Abscheider eingesetzt, da diese Gebiete am anfälligsten gegen einen Pilzangriff waren. Heute werden glasfaserverstärkte Plastikmaterialien für Füllung, sowie für Schlitze und Außenmäntel verwendet. Turmarmaturen wie z. B. Verankerungen, Bolzen und Nägel sind normalerweise aus Siliziumbronze. Unter besonders korrosiven Bedingungen werden rostfreier Stahl, Monel oder Sonderlegierungen verlangt. Die Becken sind allgemein aus Beton oder Stahl gefertigt. Es gibt Ventilatorschächte sowohl aus Holz als auch aus Beton, und die Innenstrukturen sind entweder aus Metall oder auch Holz.

Hyperbolische Türme

Hyperbolische Türme sind Naturzugtürme, meistens aus Beton, die über 100 m hoch und am Fuß genau so breit sein können, wobei ihre Form einer optimalen Luftströmung und baulicher Stabilität entspricht. Sie werden in Europa häufig gefunden, während ihr Gebrauch in den USA für große Kraftwerke begrenzt bleibt.

Hyperbolische Türme können im Gegen- oder Querstrom konzipiert werden, wie Abb. 7-16 und 7-17 zeigen. Bei der Querstromkonstruktion wird das Wasser außerhalb des Turms verteilt, wobei der erste Kontakt zwischen Luft und Wasser schon vor dem Eintritt in den Turm selbst stattfindet. In Gegenstromtürmen findet die Wasserteilung innerhalb der Struktur statt.

Wegen der Höhe und des Durchmessers, die nötig sind, um den natürlichen Zug für eine bestimmte Kapazität zu erreichen, sind die Baukosten im Vergleich zu zwangsbelüfteten Türmen hoch. Dies auch, weil teures Material, wie vorgespannter Beton, verwendet wird. Da keine Ventilatoren notwendig sind, führt dies zu niedrigeren Betriebskosten als bei konventionellen Türmen. Sie sind wirtschaftlich, wenn die Baukosten über eine längere Zeitspanne abgeschrieben werden können. Kraftwerke fanden die Verwendung von hyperbolischen Türmen vorteilhaft in Gebieten, wo durch die Höhe des Turms der Wasserdampf so hoch angehoben wird, daß eine Umwälzung und Kontakt mit den umliegenden Anlagenteilen vermieden wird. In Industrieanlagen, die kürzere Rentabilitätszeiten, eine niedrigere Warmwassertemperatur und entsprechend kleinere Verdunstung haben, werden überwiegend zwangsbelüftete Türme eingesetzt.

Kühlturmbetrieb

Offene Verdunstungskühlung kann eine große Wärmemenge mit minimalem Wasserverlust abführen. Gleichzeitig ist diese Fähigkeit auch die Ursache vieler Probleme, die mit der Behandlung solcher Systeme in Zusammenhang stehen. Wenn ein Teil des Kühlwassers im Turm verdunstet, verbleibt der Gehalt an gelösten und suspendierten Feststoffen im Wasser. Mit dem Fortschreiten der Verdunstung erhöht sich daher die Konzentration der Gesamtfeststoffe im Kühlwasser.

Da alle gelösten Salze eine Löslichkeitsgrenze haben, würden Ablagerungen auftreten, wenn die Salzkonzentration ungehindert im Kühlwasser ansteigt. In dieser Situation fallen zuerst die Salze mit niedrigster Löslichkeit wie z.B. Calcium- oder Magnesiumcarbonate, Sulfate oder Silikate aus. Schwebstoffe im Turm werden sich in ähnlicher Weise wie die gelösten Salze eindicken. In der Luft oder im Wasser mitgeführte Verunreinigungen können diese Sedimentierung von suspendierten Feststoffen beschleunigen und dadurch schwerwiegende Ablagerungsprobleme verursachen.

Die oben beschriebene Aufkonzentrierung kann verringert werden, indem ein Teil des eingedickten Wassers aus dem

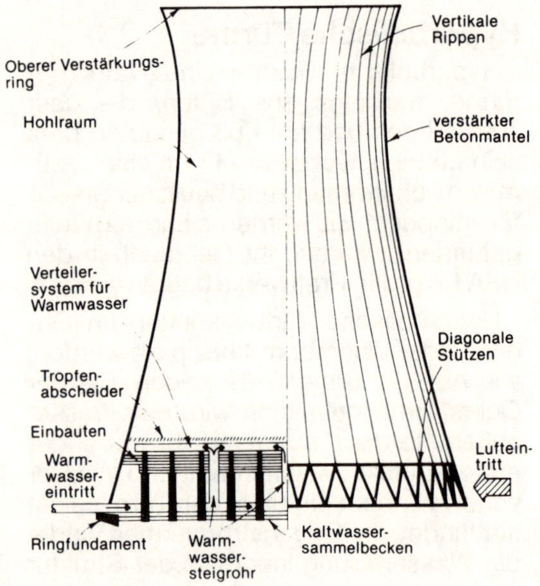

Abb. 7-16. Hyperbolischer Gegenstromturm.

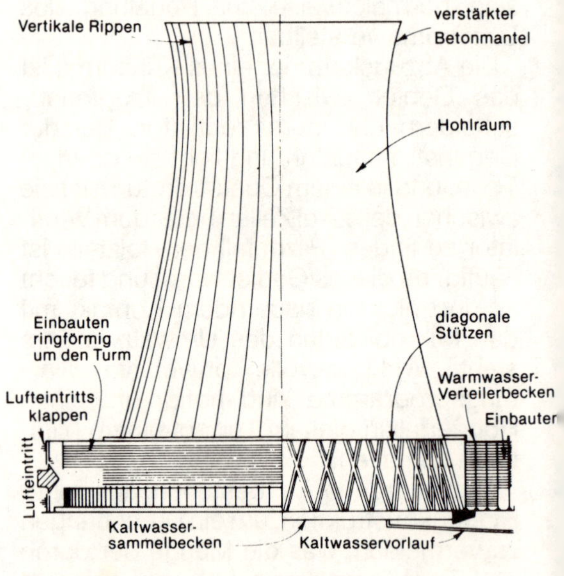

Abb. 7-17. Hyperbolischer Querstromturm.

Kühlturm entfernt und durch weniger konzentriertes Zusatzwasser ersetzt wird. Dieser Vorgang – Abschlämmung oder Abflut genannt – wird in allen Kühlturmsystemen angewandt.

Die Abflut regelt also die Eindickung im System. Sie wird auch als Konzentrationsindex oder Eindickungsfaktor bezeichnet, d. h. das Verhältnis der gesamtgelösten Feststoffe im System zu denen des Zusatzwassers. So wird z. B. ein System, das viermal mehr gelöste Feststoffe enthält als sein Zusatzwasser, mit vierfacher Eindickung betrieben. Eine Alternative zur Messung der gesamtgelösten Feststoffe im Kühlwasser und im Zusatzwasser ist die Messung eines löslichen Ions, z. B. Chlorid. Der Konzentrationsindex wird definiert als:

(1) $$\text{Konzentrationsindex} = \frac{\text{Chloride im Kühlwasser (mg/l)}}{\text{Chloride im Zusatzwasser (mg/l)}}$$

Diese Betrachtungen sind allerdings nur gültig, wenn gelöste Feststoffe nur durch das Zusatzwasser in das System gelangen und nicht durch Verunreinigungen oder Behandlungsprogramme.

Die Wahl der richtigen Eindickung für ein Kühlsystem wird durch seine Konstruktion, die Wasserqualität, Betriebsparameter und Behandlungsprogramme bestimmt; diese Faktoren werden in diesem Kapitel später behandelt.

Die im folgenden verwendete Terminologie ist hier zusammengestellt und erläutert.

E = Verdunstungsverlust, in m^3/h
W = Sprüh- und Spritzverluste in m^3/h
B = Abflut in m^3/h (und andere Verluste)
Q – Umwälzung in m^3/h
V = Volumen in m^3
M = Zusatzwasser im m^3/h
C = Eindickungsfaktor, Konzentrationsindex
T = Gesamtverweilzeit in Stunden
P = Chemikaliendosierung für die Behandlung in mg/l

Wie schon erwähnt, ist Zusatzwasser notwendig, um die Wasserverluste im System zu kompensieren. Also:

(2) $$M = E + W + B$$

Zusatzwasser kompensiert auch andere unerwünschte Wasserverluste wie z. B. Leckstellen. Zusatzwasser, in m^3/h, wird bestimmt, indem der Prozentsatz des Zusatzwassers mit der Umwälzrate Q der Anlage multipliziert wird. Die Menge an notwendigem Zusatzwasser wird durch den Konzentrationsindex des Systems bestimmt. Das Gleichgewicht des Systems ergibt die folgende Formel:

(3) $$B + W = \frac{E}{C-1}$$

Für einen Kühlturm mit gleichbleibenden Verdunstungs- und Sprühverlusten kann daher die Abflut bzw. das Zusatzwasser tatsächlich eine Funktion der Eindickung sein. Dies wird graphisch in Abb. 7-18 dargestellt, wobei die Kurven die Zusatzwassermenge als eine Funktion der Eindickung für verschiedene Bereichsparameter (Verdunstungsparameter) zeigen. Diese Daten basieren auf einem angenommenen Sprüh- und Spritzverlust von 0,2 % der Umwälzung – ein typischer Durchschnitt für ältere zwangsbelüftete Türme – neuere Anlagen erreichen Werte von <0,1 %.

Eine Erhöhung des Konzentrationsindex im Bereich von 1 bis 5 kann große Mengen Zusatzwasser sparen und – wie noch gezeigt wird – führt auch zu bedeutenden Einsparungen der für die Behandlung notwendigen Chemikalien. Dagegen gibt es keine nennenswerte Wassereinsparung bei einem Betrieb des Kühlturms mit Eindickungen über 6.

Die Gesamtverweilzeit in einem Kühlwassersystem kann durch die folgende Gleichung errechnet werden:

(4) $$T = \frac{V}{W+B}$$

Das heißt, wenn man das Gesamtvolumen eines Kühlwassersystems durch den

Gesamtwasserverlust (Sprühen, Spritzen, Abschlämmung, Leckstellen) teilt, kann man die theoretische Zeitspanne berechnen, während der ein Wassertropfen im System bleibt. Die Verweilzeit ist wichtig, da sie die Zeit beinflußt, während der eine Stoßdosierung im System wirksam ist. Sie ist somit auch eine Funktion der Eindickung. Die Abflut verringert sich mit einer Erhöhung des Konzentrationsindex (siehe Gleichung 3); eine geringere Abflut bedingt längere Verweilzeiten.

Behandlungschemikalien werden auf zwei Wegen einem Kühlwassersystem zugegeben. Korrosionsinhibitoren und die meisten Dispergiermittel werden kontinuierlich in das System in einer Menge eingespeist, die auf dem Zusatzwasserbedarf basiert. Mikrobiozide arbeiten dagegen am besten, wenn sie stoßweise ins System gegeben werden, um eine schnelle mikrobiologische Reduktion zu bringen, wobei die stoßweise Einspeisung durch das Volumen des Systems bestimmt wird. Gleichungen 5 und 6 werden benutzt, um die Dosierungen zu bestimmen.

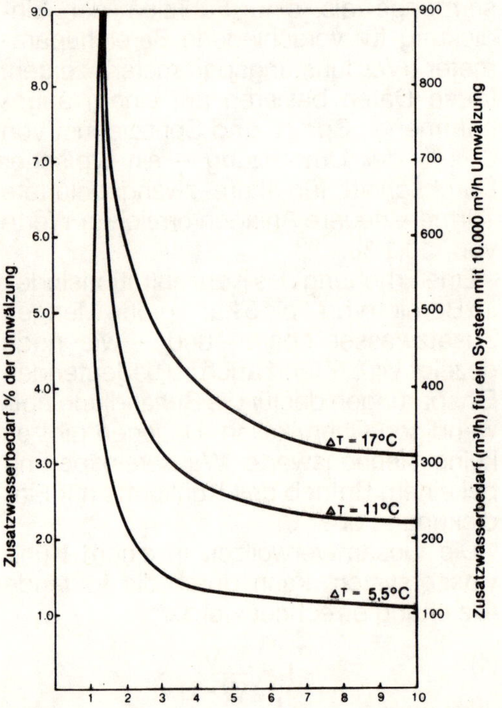

Abb. 7-18. Einfluß der Eindickung auf den Zusatzwasserbedarf.

(5) Kontinuierliche Einspeisung = kg/h =

$$\frac{P \times M}{1000 \times C} = \frac{P \times (B + W)}{1000 \times C}$$

(6) Stoßweise Einspeisung = kg/Schock =

$$P \times \frac{V}{1000}$$

Behandlungschemikalien werden normalerweise kontinuierlich in Abhängigkeit von der Eindickung des Systems eingespeist. Gleichung 5 zeigt, daß die Menge der Behandlungschemikalien mit höherer Eindickung abnimmt. Diese Reduktion der Chemikalienmenge ist analog der des benötigten Zusatzwassers wie in Abb. 7-18 dargestellt.

Festlegung des Konzentrationsindex

Die Festlegung der richtigen Eindickungszahl, die einen optimalen Kühlturmbetrieb gewährleistet, beinhaltet eine sorgfältige Analyse einer Reihe von Faktoren: Die Gesamtkonstruktion des Kühlsystems, die maximalen Wandtemperaturen, Zusatzwasseranalyse und -Verfügbarkeit, durch die Luft eingetragene Schmutzstoffe, die Verweilzeit und Auflagen im Bezug auf die Abwasserqualität.

Die chemische Zusammensetzung des Zusatzwassers, das in der Anlage verwendet wird, ist für die Wahl des Konzentrationsindex, besonders im Bezug auf Härtestabilisierung, entscheidend. Calcium-, Magnesium-, Kieselsäure-, Carbonat-, Hydrogencarbonat- und Sulfationen sind typische Bestandteile die im System beschränkt werden müssen. Die Alkalität wird normalerweise durch die Zugabe von Säure oder Lauge reguliert, um den gewünschten pH-Wert im Umwälzwasser zu halten. Calcium wird fast immer durch den Konzentrationsindex beschränkt. Wenn ein bestimmtes Behandlungspro-

Abb. 7-1. Wasserzusammensetzung als Funktion der Eindickung (mg/l).

	Zusatzwasser (15 °C)	Kühlwasser (50 °C) bei Eindickung			
		2	3	4	4*
Gesamthärte (als $CaCO_3$)	160	320	480	640	640
Kalzium als $CaCO_3$)	120	240	360	480	480
Magnesium (als $CaCO_3$)	40	80	120	160	160
Gesamtalkalität (als $CaCO_3$)	100	200	300	400	150
Chlorid (als Cl)	50	100	150	200	200
Sulfat (als SO_4)	40	80	120	160	410
Silikat (als SiO_2)	25	50	75	100	100
pH-Wert	7.3	7.6	7.7	7.9	7.4
gelöste Feststoffe	500	1000	1500	2000	7000
Langelier Index	−0.60	+0.60	+1.25	+1.68	+0.76

*Schwefelsäuredosierung zur Einstellung von pH und Alkalität

gramm eine maximale Calciumkonzentration von z. B. 1.000 mg/l erlaubt, dann wäre die maximale Eindickung des Systems gleich 1.000 geteilt durch den Calciumgehalt im Zusatzwasser. In gleicher Weise werden die maximalen Kieselsäurekonzentrationen in einem Bereich von 150 bis 200 mg/l gehalten. Tabelle 7-1 zeigt die Auswirkungen des Konzentrationsindex und pH-Bereichs auf die Steinbildung.

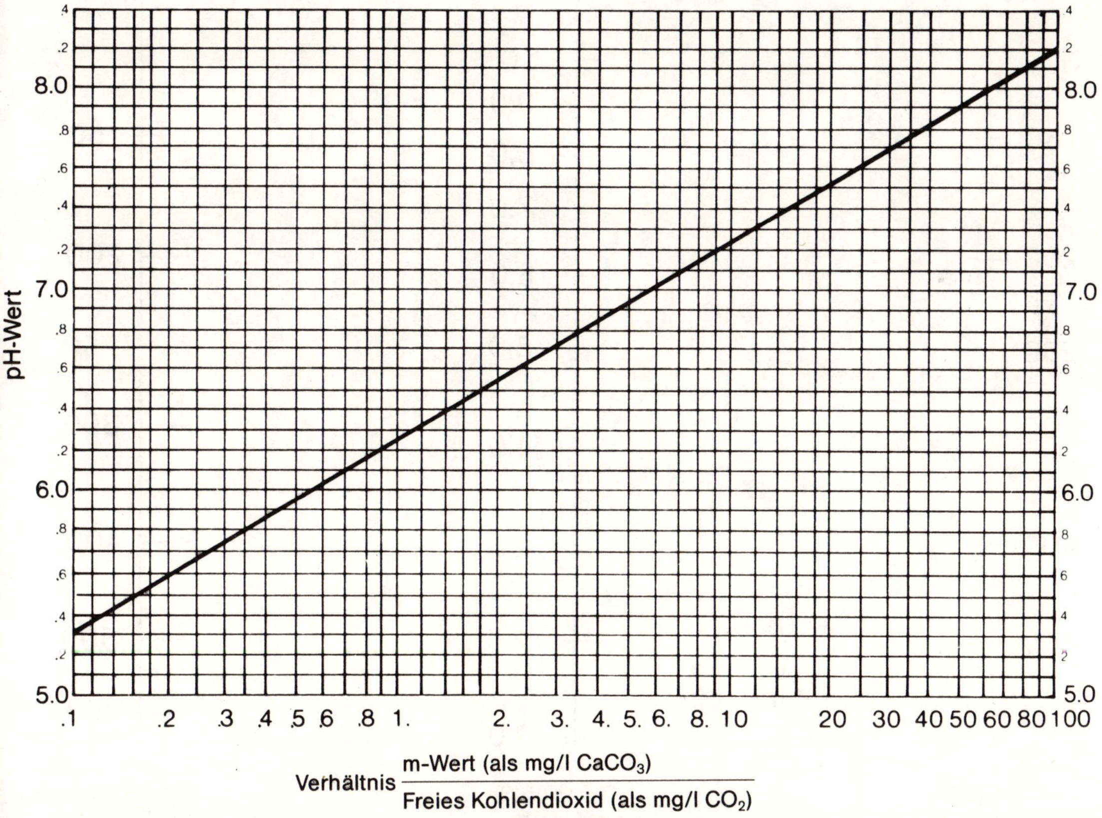

7-19. Einfluß von Hydrogencarbonatalkalität und CO_2 auf den pH-Wert.

Tabelle 7-2. Maximale Eindickung bei möglicher Gipsausscheidung.

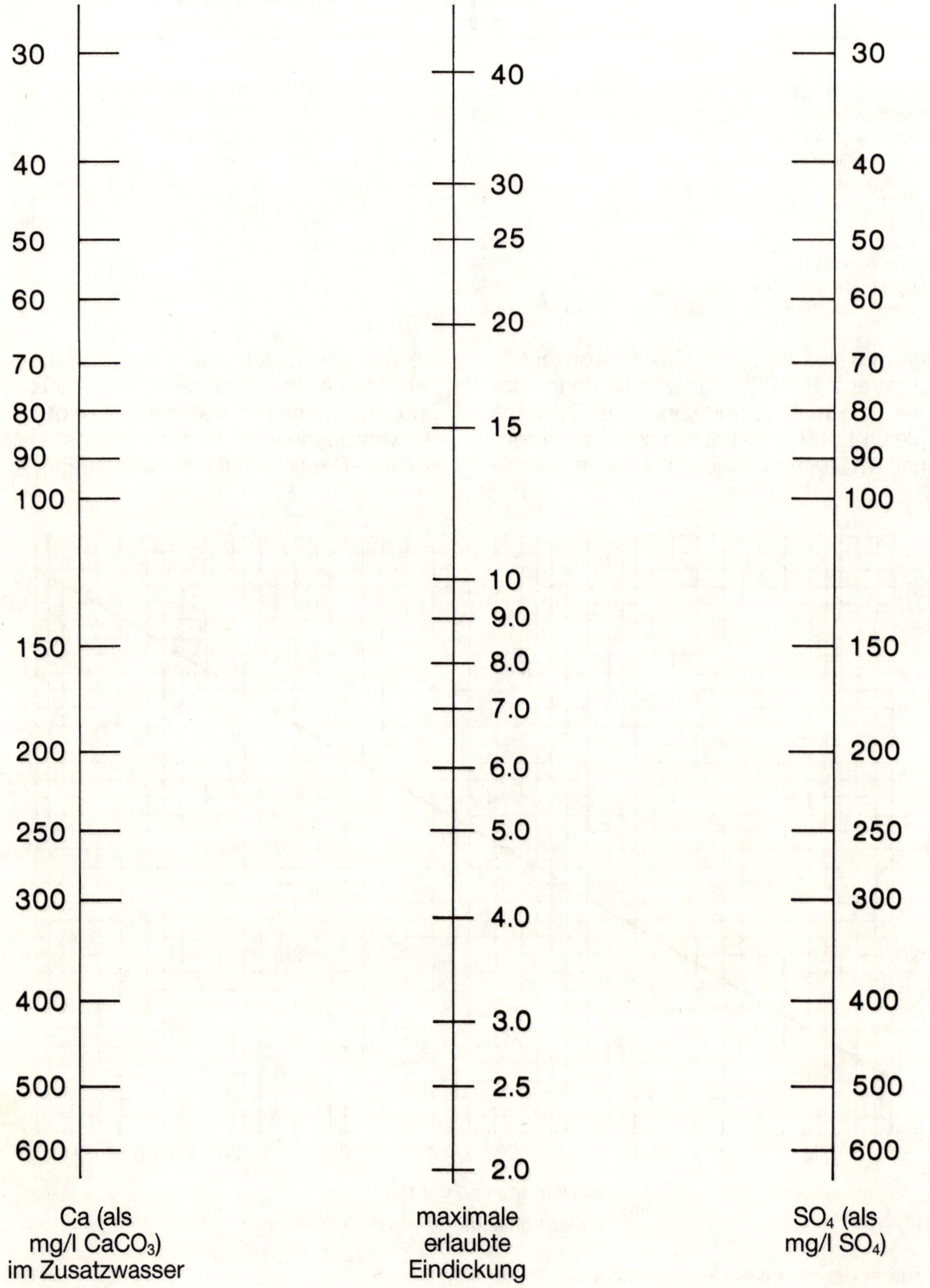

Die pH-Bereiche in Klammern sind theoretisch und basieren auf dem Zusammenhang zwischen pH-Wert und Alkalität, der in Abb. 7-19 gezeigt wird. Für die Berechnung wurde eine freie Kohlendioxidkonzentration von 10 mg/l gewählt. Der Langelier Index wird im Anhang erörtert.

Es sollte beachtet werden, daß das Zusatzwasser leicht korrosiv ist, wobei diese Tendenz jedoch umgekehrt wird, wenn man die Eindickung erhöht, und statt dessen mit Härteausscheidungen gerechnet werden muß. Eine Verhinderung der Calciumcarbonatablagerungen nur durch den Konzentrationsindex würde einen sicheren Betrieb nur bis zu einer Eindikkung von maximal 2 gewährleisten.

In der letzten Spalte der Tabelle 7-1 wird der Systembetrieb bei Eindickung 4 und Schwefelsäureeinspeisung beschrieben. Die Säuredosierung bewirkt eine von 400 auf 150 mg/l reduzierte Alkalität, eine erhöhte Sulfationenkonzentration und einen niedrigeren pH-Wert. Diese Zugabe von Säure bei Eindickung 4 verringert die Härteausscheidungstendenz im Vergleich zu den gleichen Bedingungen ohne Säure.

Wenn Schwefelsäure zur pH-Einstellung dosiert wird, muß beachtet werden, daß die Löslichkeitsgrenze für Calciumsulfat nicht überschritten wird. Tabelle 7-2 ist ein Nomogramm zur schnellen Berechnung des erlaubten Konzentrationsindex auf der Basis der Löslichkeit von Calciumsulfat (Gips). Es sollte beachtet werden, daß sich das Nomogramm auf Zusatzwasser bezieht. Eine Berechnung der korrigierten Sulfatkonzentrationen im Zusatzwasser (Berücksichtigung der Säureeinspeisung) geschieht, indem die Sulfatkonzentration im System durch den Konzentrationsindex geteilt wird. In dem in Tabelle 7-1 gezeigten Beispiel wird die Löslichkeit des Calciumsulfats nicht überschritten.

Der Konzentrationsindex basiert in vielen Fällen auf Betriebserfahrung, kann aber auch durch Leckverluste im System beschränkt werden. In solchen Situationen muß das Behandlungsprogramm so erstellt werden, daß es den Systembedingungen entspricht und der Betrieb sollte nicht geändert werden, um ihn dem Programm anzupassen. Dies wird mit den hochwertigen Behandlungschemikalien, die heute erhältlich sind auch möglich, obwohl eine solche Flexibilität nicht immer gegeben war. Es sollte festgehalten werden, daß durch Auflagen an die Abwasserqualität oft eine Behandlung notwendig ist, die eine Abänderung des Systembetriebs mit sich bringt.

Chemische Behandlung

Viele Jahre wurde die Korrosion in Kühlsystemen so verhindert, daß mehrere hundert mg/l Natriumchromat zugegeben wurden, da Chromat bei diesen Dosierungen ausgezeichnet zur anodischen Korrosionskontrolle geeignet ist. Die Steinbildung wurde auf ähnliche Weise, wie in Tabelle 7-1 beschrieben, eingeschränkt, denn die Alkalität wurde durch Säureeinspeisung und Einstellung des Konzentrationsindex reguliert. Die mikrobiologische Behandlung wurde normalerweise durch Chlorung in größeren Systemen oder durch Zugabe von chlorabspaltenden Mikrobioziden in kleineren Systemen durchgeführt.

Frühere Programme waren wenig wirksam und auch unwirtschaftlich. Ein Korrosionsschutz auf der Basis von mehreren hundert mg/l Chromat war teuer. Die Notwendigkeit, den Kühlturm bei niedriger Eindickung zu betreiben um die Härteausscheidungen zu verhindern, führte zu höheren Kosten für das Zusatzwasser und Chemikalien für die Behandlung. Unregelmäßige mikrobiologische Behandlung verursachte einen Verfall des Turmholzes und dadurch hohe Betriebskosten. Der niedrige Konzentrationsindex bedingte kurze Verweilzeiten. Chlor benötigt aber eine längere Kontaktzeit um als Biozid voll wirksam zu sein, was zu höheren Kosten führte.

Dies waren die offen ersichtlichen Kosten solcher Behandlungsprogramme, aber es gab auch versteckte Kosten, die durch die geringe Wirksamkeit des Programms verursacht wurden. Ein Ablagerungsschutz (außer der Steinbildung) war praktisch nicht vorhanden. Es gab keine wirksame Behandlung gegen Eisen- und andere Schwermetalloxidablagerungen, Schwebstoffe wie z.B. Schlamm, Sand, Ton und Schmutz; Ölverschmutzung oder mikrobiologisches Wachstum. Das Ergebnis war, daß Kühlwassersysteme allgemein eine schlechte Wärmeübertragung hatten, eine häufige Stillegung zur Reinigung benötigten, und Produktionseinbußen, minderwertige Produkte und hohe Wartungskosten verursachten.

Durch synergetische Zink-Chromat-Polyphosphat-Behandlung wurde nicht nur der Korrosionsschutz wirksamer, sondern auch die Kosten reduziert. Guter Korrosionsschutz wurde mit 30 bis 60 mg/l Inhibitor statt mehrerer hundert mg/l erzielt. Ergebnisse früherer Forschungsarbeiten auf diesem Gebiet werden in Abb. 7-20 gezeigt, worin 45 mg/l eines Mittels auf Basis Zink/Chromat mit organischen Zusätzen mit 500 mg/l Natriumchromat verglichen wird. Kupons, die mit dem synergetischen Präparat behandelt wurden, haben niedrigere Gesamtkorrosionsraten, und auch weniger örtlichen Angriff, was noch viel wichtiger ist.

Seit die Umweltschutzauflagen strenger geworden sind, wurden die Korrosionsinhibitoren auf Chromatbasis durch neuere Mittel ersetzt, wie z.B. Zink/Polyphosphat, welche die Umwelt weniger stark

Abb 7-20. Natriumchromat-Behandlung im Vergleich zu Natriumchromat/Organo-Zink.

belasten. Allerdings zeigt sich Zink als Korrosionsinhibitor nicht sehr wirksam, wenn es allein im Kühlsystem verwendet wird. Eine schwache kathodische Kontrolle wird bewirkt, aber der Film ist nicht haltbar, und reißt sehr leicht wenn die Behandlung oder Überwachung schwankt. Eine Mischung von Zink mit organischen Inhibitoren, wie aufbereitetes Lignin, ergab anodischen und kathodischen Schutz und verbesserte dadurch die Gesamtbehandlung. In diesen Mitteln wurde Zink mit 5 bis 15 mg/l verwendet.

Polyphosphate wurden zuerst in hohen Dosierungen von 20 bis 40 mg/l in Kühlsystemen eingesetzt um einen ausreichenden Korrosionsschutz zu ermöglichen. Bei solchen Dosierraten wurde eine Hydrolyse zu Orthophosphaten und eine folgende Verschlammung zum Problem, besonders in Systemen mit langen Verweilzeiten oder pH-Abweichungen in den sauren Bereich. Kühlsysteme wurden in einem pH-Bereich von 6.0 bis 7.5 betrieben, um eine optimale Stabilität der Polyphosphate zu ermöglichen. Eine Mischung von Zink mit Polyphosphat-Korrosionsinhibitor reduzierte die benötigte Menge von Polyphosphaten, da das Zink schnellen kathodischen Schutz bot, während der Schutz durch Polyphosphate dauerhafter und anhaltender war. Der Erfolg der frühen Polyphosphatprogramme hing mehr von der Verweilzeit als von der Überwachung ab. Systeme mit Verweilzeiten von einem Tag oder weniger zeigten bessere Ergebnisse als solche mit längeren Verweilzeiten.

Mit der allmählichen Entwicklung der Korrosionsbehandlungen wurde ein Schutz ähnlich dem der ursprünglichen Chromatprogramme erreicht, jedoch mit niedrigeren Kosten und geringerer Belastung der Umwelt. Die Gesetzgebung in letzter Zeit und zukünftige Kontrollbestimmungen haben Zink schon als umweltverschmutzend klassifiziert, und in einigen Gegenden sind sogar schon Polyphosphate im Gebrauch eingeschränkt. Die neuesten Korrosionsproprogramme werden daher im Hinblick auf diese Entwicklung geplant und später in diesem Kapitel besprochen.

Verbesserungen in der Verhinderung der Korrosion entsprach ähnlichen Fortschritten auf dem Gebiet der Ablagerungskontrolle. Neue polymere Härtestabilisatoren und spezifische Sequestriermittel wie Phosphonate und Polyphosphate wurden erhältlich. Diese Substanzen vereinfachten die Härtestabilisierung bei höheren pH-Werten und höheren Konzentrationsindices. Es wurde herausgefunden, daß Verschmutzungen mit einer negativen Oberflächenladung – Schlamm, Sand, Ton, Öl und mikrobiologische Materie – durch kationische Flockungsmittel beeinflußt werden können. Wenige mg/l eines hochmolekularen kationischen Polymeren können wesentlich höhere Konzentrationen der Verunreinigungen neutralisieren und ausflocken. Das einzige Hindernis dabei war die Tendenz großer Flocken, sich in Gebieten geringer Strömung abzusetzen (z. B. in den Umlenkkammern der Wärmeaustauscher) und somit Verstopfungen an Rohrbiegungen oder Gebieten niedriger Strömungsgeschwindigkeit im Verteilungssystem zu verursachen. Letztlich verlangte diese Art der Behandlung Sorgfalt und eine genaue Regulierung.

Erhöhte Sorgfalt beim Ablagerungsschutz reduzierte weiter die Behandlungskosten. Diese Entwicklung erlaubte höhere Konzentrationsindices und weniger Abflut.

Mikrobiologische Kontrollprogramme wurden soweit entwickelt, daß nichtoxydierende Mikrobiozide beliebte Zusätze zu Chlorprogrammen wurden. Mit der erhöhten Verweilzeit in Systemen, die mit höherer Eindickung betrieben wurden, wurden diese Programme erfolgreicher. Ein besserer Gesamtschutz wurde erstmals möglich, da Organismen mit einem größeren Widerstand gegen Chlor wirtschaftlich abgetötet werden konnten. Das Holz in den benetzten Gebieten des Kühlturms erhielt besseren Schutz und Biozidprogramme wurden für solche nichtbenetzten Gebiete wie die Abzugskammer begonnen. Bestimmte nichtoxydierende Mittel, wie z. B. chlorierte Phenole, wurden in den Abzugskammerbereich eingesprüht um einen Pilzbefall des Holzes zu verhindern.

Neuere Entwicklungsarbeiten gaben Anstöße für die Notwendigkeit von Behandlungen, welche die Umwelt nur gering belasten. Es wurden Programme entwickelt, die gleichen oder besseren Schutz gegen Korrosion, Ablagerung und mikrobiologisches Wachstum bieten, wie die traditionell benutzten Programme, die gleichzeitig als umweltverschmutzend angesehen werden.

Die Korrosionsinhibitoren auf Polyphosphatbasis waren die Grundlage dieser Arbeit. Die schwierigen Probleme der Hydrolyse und Verschlammung, die mit Polyphosphatbehandlungen verbunden sind, wurden beseitigt. Die neueren Mittel enthalten Bestandteile, die das Polyphosphat gegen eine Hydrolyse stabilisieren. Sie beeinflussen auch den gebildeten Orthophosphatschlamm und nutzen die Fähigkeit des Orthophosphats zum anodischen Korrosionsschutz.

Die synergetische anodisch-kathodische Phosphatbehandlung hat gezeigt, daß ausgezeichnete Ergebnisse erzielt werden können. Der durch eine Kombination von Orthophosphaten und Polyphosphaten mögliche Schutz bei Gesamtphosphatkonzentrationen von nur 5 bis 15 mg/l ist ausreichend für die meisten Systeme. Dies ist sehr viel weniger als für übliche Phosphatprogramme benötigt wird und reduziert daher die Verschlammungsgefahr im System. Höhere pH-Werte, die höhere Konzentrationsindices zulassen, sind mit Polyphosphat möglich geworden, und Kühlsysteme die mit hohen Konzentrationsindices und geringer oder keiner pH-Wert Einstellung arbeiten sind häufig zu finden. Die Stabilisierungs- und Konditionierungsmittel, die den Polyphosphaten beigemischt werden, arbeiten unter optimalen Bedingungen bei längeren Verweilzeiten und erlauben daher einen Kühlturmbetrieb mit höherer Eindickung. Dieser Betrieb wurde auch durch Fortschritte bei den Härtestabilisatoren und Dispergatoren ermöglicht.

Die Möglichkeit Kühlsysteme bei höheren pH-Werten, bei denen das Korrosionspotential niedriger liegt, zu betreiben, hat die Niedrigchromatprogramme interessanter gemacht. In den meisten Fällen war eine anodische Kontrolle ausreichend, solange die Chromat-Konzentration etwa 10 mg/l bei einem pH-Wert über 8.0 betrug. Eine andere Methode zur anodischen-kathodischen Kontrolle ist die Kombination von einem Niedrigchromat- und einem Niedrigphosphatinhibitor. Noch geringere Chromatkonzentrationen (3–7 mg/l) resultieren aus einer erhöhten kathodischen Kontrolle, die auf einer an sich niedrigen Konzentration von Polyphosphat (4–8 mg/l) basiert.

Organische Korrosionsinhibitoren wie Phosphonate, aromatische Azole, Oberflächenkomplexierer, lösliche Öle usw. haben in den letzten Jahren größeren Anklang gefunden. Wenn sie allein oder in Kombination mit Polyphosphaten verwendet werden, geben sie einen ausgezeichneten Mehrmetallkorrosionsschutz. In Kommunen, die Phosphate im Abwasser beschränken, bieten rein organische Produkte genügend Schutz, wenn sie bei höheren pH-Werten eingesetzt werden.

Die Ablagerungskontrolle ist mittlerweile so weit fortgeschritten, daß eine Verhinderung fast aller Ablagerungen ohne Umweltverschmutzung möglich wurde. Die Härtestabilisierung wurde weiter durch die Verwendung von Polymeren auf Acrylsäurebasis und Mischpolymeren, mit oder ohne Organophosphorverbindungen wie Phosphonaten, verbessert. Diese Fortschritte sind zum großen Teil verantwortlich für einen sicheren Betrieb des Kühlsystems mit hohem pH-Wert und Konzentrationsindex.

Neue Fortschritte zur Kontrolle von Schwebstoffen haben hochmolekulare Flockungshilfsmittel für eine Behandlung von Kühlsystemen unnötig gemacht. Nichtionogene Polymere von niedrigem Molekulargewicht wirken, indem sie Partikel benetzen und dispergieren. Diese nichtionogenen Polymere haben eine Kontrolle der suspendierten Feststoffe vereinfacht, solange sie zusammen mit anionischen, polymeren Dispergiermitteln verwendet werden.

Der größte Fortschritt bei der Verhinderung von Ablagerungen wurde aber wahrscheinlich durch die Reduzierung von Ablagerungen, die Metallionen enthalten, erzielt. In fast jeder Ablagerung die aus einem Kühlsystem entfernt wird, ist Eisen ein Bestandteil. Die niedrigste Korrosionsrate wird immer noch einen geringen Eisenangriff verursachen, was dann wiederum die Korrosion unter den Ablagerungen fördert. Daher ist eine Konditionierung des Eisens nicht nur wichtig für die Verhinderung von Ablagerungen, sondern auch notwendig für einen verbesserten Korrosionsschutz.

Klassische Behandlungsmethoden sind dafür bekannt, daß sie nur bedingt für die Verhinderung von Eisen- und anderen Schwermetallablagerungen wirksam sind. Behandlungsprogramme können jetzt durch spezifische Produkte ergänzt werden, die diese Probleme durch eine Kombination von Sequestrierung und Chelatbildung eliminieren. Phosphonate und Di-Phosphonate sind in diesem Bereich sehr wirksam. Die Mittel, die diese aktiven Bestandteile enthalten, sind in der Lage, sowohl den Eisenangriff zu verhindern, als auch die damit verbundene Korrosion unter Ablagerungen einzuschränken.

Eine Vorreinigung wird empfohlen bevor mit einem Behandlungsprogramm begonnen wird. Reinigungen mit den neuesten Dispergiermitteln können 24 bis 48 Stunden bei neutralem oder schwach saurem pH-Wert durchgeführt werden. Da spezielle Reinigungsprogramme entwikkelt werden können, um die meisten Schmutzstoffe aus einem bestimmten

System zu entfernen, sind sie den üblichen Alkali- und Säurereinigungen an Wirksamkeit überlegen. Eine Reinigung des Systems gibt der Anlage die volle Leistung zurück, und die laufende Behandlung wird wirtschaftlicher und wirksamer. Für Details der Reinigungsverfahren wird auf Kapitel 6 verwiesen.

Die mikrobiologische Kontrolle baut weiterhin auch auf nichtoxydierende Mikrobiozide auf, welche die Chlorprogramme ergänzen. In vielen Fällen wird Chlor in kleinen und mittelgroßen Systemen ersetzt. Die Verfügbarkeit vieler nichtoxydierender Mikrobiozide erlaubt die Entwicklung von verschiedenen Programmen, die in Labor- und Betriebsversuchen maximale Wirksamkeit zeigen. Der Betreiber wird dadurch die Kosten verringern können, da jedes Programm auf einer Kosten-Leistungsbasis beurteilt wird. Die neuesten Betriebstests für die Keimzahlbestimmung haben die umständlichen, traditionellen Methoden durch leichte, zuverlässige Zählmethoden ersetzt. Viele Anlagen messen jeden Tag die Keimzahl und überwachen sorgfältig die Konzentration des Korrosionsinhibitors. Dadurch wird die optimale Dosierungsfrequenz der Mikrobiozide ermittelt und die Gesamtkosten werden gesenkt.

Industrielle Kühlturmsysteme können heute so behandelt werden, daß Probleme in jeder Phase des Betriebs verhindert werden. Programme gegen Korrosion, Ablagerungen und mikrobiologisches Wachstum wurden soweit entwickelt, daß die meisten der vorgefundenen Probleme lösbar sind.

Kühlsysteme in Klimaanlagen

Die folgende Erörterung der Kühlwasserbehandlung konzentriert sich primär auf Raumkühlung, Klimaanlagen, die zur Kühlung von Bürogebäuden und Computerräumen Verwendung finden.

Das Kühlwasser ist ein wesentlicher Teil der Klimaanlage. Viele große Systeme benutzen Kühltürme und geschlossene Umwälzkühlwassersysteme. Manche verwenden Verdampfungskondensatoren an Stelle des konventionellen Kühlturms.

Kühltürme in Klimaanlagen haben die gleiche Konstruktion wie die Industriesysteme, welche im vorangegangenen Abschnitt beschrieben wurden, sind aber normalerweise wesentlich kleiner. Die früher beliebten Naturzugtürme wurden durch mechanisch belüftete Anlagen ersetzt und in Klimaanlagen werden jetzt mehr mechanisch belüftete Türme eingesetzt als in der Industrie. Saugzugkonstruktionen, sowohl im Gegenstrom als auch im Querstrom, dominieren immer noch. Da die meisten Klimaanlagen in städtischer Umgebung liegen, bestehen die Kühltürme meist aus einem Material, das gegen Umwelteinflüsse weniger empfindlich ist. Zur Zeit werden Ganzmetalltürme aus rostfreiem Stahl, galvanisiertem Stahl oder aus Kunststoff verwendet. Außerdem werden kleinere Anlagen und Verdampfungskondensatoren immer beliebter, die den Turm zur Wärmeabführung nutzen.

Verdampfungskondensatoren werden hauptsächlich in Klimaanlagen verwendet; ihre Konstruktions- und Betriebscharakteristiken werden später diskutiert. Nachfolgend eine kurze Betrachtung der zwei grundlegenden Klimaanlagenkonstruktionen (Kompression und Absorption).

Großkälteanlagen mit Kompressorbetrieb

Die Hauptbestandteile von Kompressoranlagen (manchmal auch Zentrifugalanlagen genannt) werden in Abb. 7-21 dargestellt.

Kompressoreinheiten werden meistens für größere Klimaanlagen gebaut, besonders solchen, in denen die Kühlleistung über 300 Tonnen liegt (Anmerkung: 1 Tonne Luft-Klimatisierung wird als Wärmeabfuhr von 3024 kcal/h definiert).

In Klimaanlagen ist der „Kühler“ ein Mantel und Röhren-Wärmeaustauscher, mit Wasser auf der einen Seite und einem Kältemittel auf der anderen Seite. Wärme wird vom Wasser abgegeben, wodurch Kältemittel verdampft und gekühltes Wasser von etwa 4° C produziert wird, das dann im geschlossenen Kreislauf in das zu kühlende Gebiet gepumpt wird. Dieses gekühlte Wasser erreicht schließlich die Rohre des Luftkühlers. Hier wird die Luft abgekühlt und entfeuchtet.

Das Wasser, das die Lufttemperatur reduziert hat, wird dann im Kühler wieder rückgekühlt. Kapitel 9 enthält eine weitere Erörterung der Kaltwassersysteme. Der Kreislauf schließt sich, wenn das verdampfte Kühlmittel komprimiert und im Kondensator wieder verflüssigt wird. Es wird dann im Sammler aufgefangen bis es über ein Entspannungsventil wieder in den Kühler gelangt.

Der Kondensator ist ebenfalls ein Mantel- und Röhrenwärmeaustauscher, der normalerweise Kühlturmwasser auf der Rohrseite benutzt, um das Kühlmittel zu kühlen und zu verflüssigen. Die Rückführung des Wassers zum Kühlturm resultiert in der Wärmeabgabe durch Verdunstung, wodurch seine Temperatur reduziert wird bevor es zum Kondensator zurückgeht, wo dann wieder Wärme abgeführt wird.

Klimaanlage mit Absorber

Diese Konstruktion ist bei kleineren Klimaanlagen beliebt, wird aber auch bei einem Kühlbedarf bis zu mehreren tausend Tonnen verwendet; alle Absorptionssysteme sind hermetisch geschlossen. Abb. 7-22 zeigt diese Konstruktion im Detail.

In diesem System wirkt Wasser als Kühlmittel, jedoch wird kein mechanischer Kompressor benutzt. Während das Wasser vom Kondensator zum Verdampfer fließt – einem Mantel-Röhrenwärmeaustauscher – verdampft und kühlt es das Kaltwasser für den Umlauf in einem geschlossenen Kühlsystem, vergleichbar zu dem eines Kompressorsystems.

Der Absorptionsapparat, wiederum ein Mantel- und Röhrenwärmeaustauscher mit Kaltwasser rohrseitig, wird bei niedrigerem Druck als der Verdampfer gehalten, wobei der Druckunterschied das verdampfte Wasserkühlmittel in den Absorber bringt. Dort kommt es in Kontakt mit einer absorbierenden Salzlösung, wobei

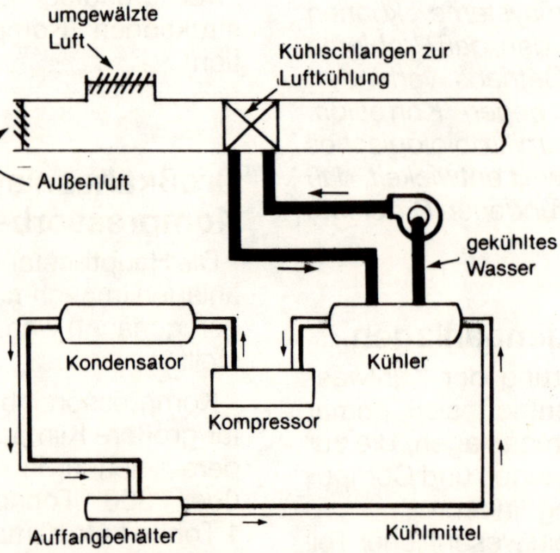

Abb. 7-21. Es gibt zwei Arten von Zentrifugalkompressorsystemen: Offene und hermetisch geschlossene. Beide benötigen die oben gezeigten Teile zur Kühlung des für die Klimaregelung verwendeten Wassers. Im hermetisch geschlossenen System befinden sich Antriebsmotor und Kompressor in einem Gehäuse.

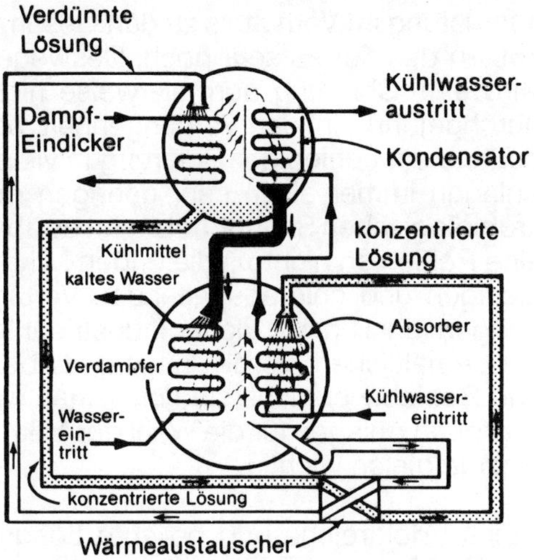

Abb. 7-22. Absorptionskühlanlagen kühlen durch Wasserverdampfung. Verdampftes Wasser wird durch Absorption in einer konzentrierten Salzlösung wiedergewonnen. Die Lösung wird dann wieder unter solchen Bedingungen von Temperatur und Druck verdampft, daß der Dampf wieder kondensiert werden kann.

Lithiumbromid das am häufigsten benutzte Absorptionsmittel ist.

Diese verdünnte Lösung aus Kühlmittel und Lithiumbromid fließt dann in den Eindicker. An dieser Stelle wird das Wasserkühlmittel von der Lithiumbromidlösung abdestilliert und gelangt in den Kondensator zur Wiederverwendung. Das konzentrierte Lithiumbromid fließt in den Absorber zurück, um wieder verwendet zu werden. Um die für die Destillation im Eindicker notwendige Wärme zu erhalten, wird Dampf oder heißes Wasser benötigt. Daher wird ein System entweder als Dampfabsorberanlage oder als Heißwasserabsorberanlage bezeichnet.

Wasser von einem Kühlturm wird benutzt, um verschiedene Teile der Absorberanlage zu kühlen. Es wird erst in den Absorber geleitet, um die Lithiumbromid-Wasserkühlmittelkombination zu kühlen. Dann fließt es in den Kondensator, wo das im Eindicker destillierte Wasser kondensiert wird, um wieder als Kühlmittel benutzt zu werden. Kühlwasser wird zum Turm gepumpt, wo die Wärme durch Verdunstung abgegeben wird.

Verdunstungs-Wärmeaustauscher

Diese Anlagen sind raumsparend, da der Kühlturm und Wärmeaustauscher in derselben Einheit angelegt sind. Eine Kühlschlange liegt statt der üblichen Kühlturmfüllung unterhalb des Verteilerdecks des Turms; siehe Abb. 7-23.

Ein Verdunstungswärmeaustauscher kann fast jede Flüssigkeit kühlen. Da keine Verteilerleitungen für die Kühlung benötigt werden, reduzieren sich bei dem System die Wasser- und Baukosten. Verdunstungs-Wärmeaustauscher haben den Vorteil, daß sie auf der Innenseite der Kühlschlangen ein geschlossenes Kühlwassersystem verwenden: Motorblöcke und Induktionsschweißanlagen bieten die besten Beispiele.

In Kühlsystemen, die Verdunstungs-Wärmeaustauscher verwenden, wird verdampftes Kühlmittel gekühlt und in den Kühlschlangen kondensiert. Kühlung tritt ein, wenn Wärme vom Kühlmittel entfernt wird, während das Wasser an den Kühlschlangen verdampft.

Ein Grund für ein vollkommen geschlossenes System ist die Notwendigkeit, die

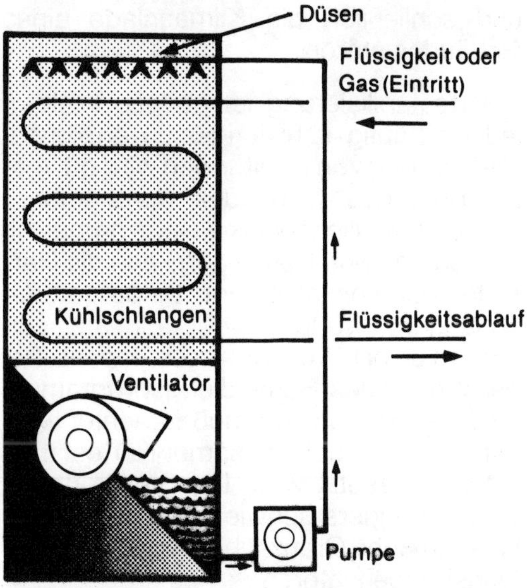

Abb. 7-23. Verdampfungskühler haben keine Kühlturmeinbauten; der Prozesstrom wird direkt vom Wasser gekühlt.

Kühlschlangen von Ablagerungen freizuhalten, um dadurch eine genügende Wärmeabfuhr zur Verflüssigung des Kühlmittels zu gewährleisten. In Klimaanlagen sind die Kühlschlangen von Verdunstungswärmeaustauschern entweder aus Kupfer oder aus Eisen.

Wasserkonditionierung von Klimaanlagen

In Kühlsystemen von Klimaanlagen werden ähnliche Behandlungen verwendet wie in Großkühlanlagen, so z. B. die kürzlich entwickelten umweltfreundlichen Korrosionsinhibitoren, Dispergiermittel für spezifischen Ablagerungsschutz und nichtoxydierende Mikrobiozide.

Verschmutzungen der Klimaanlagen in Stadtgebieten sind häufig schwerwiegend. Schmutz und andere in der Luft vorhandene Partikel sind meist für die Ablagerungen verantwortlich. In solchen Situationen können nicht-ionogene Polymere für die Dispergierung dieser Ablagerungen verwendet werden, bevor sie den Wärmeaustausch negativ beeinflussen und schließlich die Klimaanlage eines Gebäudes stören.

Härtestabilisierung ist ebenso wichtig, jedoch häufig schwieriger zu erreichen. Die Wartung von Kühltürmen wird oft vom Personal des Gebäudes durchgeführt, das verständlicherweise nicht gerne mit Säuren umgeht. Deswegen kann die Härtestabilisierung allein von Dispergatoren abhängen, wodurch der Einsatz von Säure zur pH-Wert Kontrolle entfällt. Bei der Wahl eines Behandlungsprogramms für eine Klimaanlage muß beachtet werden, daß ein hochwirksamer Härtestabilisator eingesetzt wird. Die Steinkontrolle wird besonders schwierig an der heißen Wasser/Rohr-Grenzschicht in Verdampfungskondensatoren.

Da viele Klimaanlagen klein sind, liegen die Anschaffungskosten für eine Chlorausrüstung im Verhältnis zu den Gesamtkosten des Turms sehr hoch. Deswegen wird eine Chlorung normalerweise nicht durchgeführt. In der Vergangenheit bedeutete ein Fehlen der Chlorung in vielen Anlagen immer einen sehr geringen mikrobiologischen Schutz. Jetzt gibt es aber eine Reihe von nichtoxydierenden Mikrobioziden und chlorabspaltenden Verbindungen (ähnlich wie die für Industrieanlagen erhältlichen Verbindungen). Labor- und Betriebsversuche sind in kleinen wie in großen Anlagen für die Wahl der Mikrobiozide gleich wichtig.

Eine erfolgreiche und beliebte Lösung des Problems der Behandlung von Klimaanlagen ist die „Vollservice"-Methode, bei welcher der Lieferant die Chemikalien, Dosierausrüstung, die Dosierung, Überwachung und Berichterstattung beistellt. Diese Methode wird normalerweise vom Gebäudewartungspersonal sowie vom Besitzer des Gebäudes bevorzugt, denn die spezialisierte Wasseraufbereitung wird dann von Fachleuten überwacht.

Bevor die Erörterung der chemischen Wasserkonditionierung abgeschlossen wird, sollten auch die Folgen des Versagens einer Behandlung besprochen werden. Ein Ausfall der Klimaanlage aufgrund von Wasserproblemen kann mit ganz erheblichen Geldverlusten verbunden sein. Ein Gebäudebesitzer bietet seinen Mietern eine Klimaanlage, wobei sie in großen städtischen Bürogebäuden kein Luxus, sondern oft Notwendigkeit ist. Probleme in der Klimaanlage können zu tausenden verlorener Arbeitsstunden führen, wenn Angestellte das Büro verlassen müssen, weil die Klimaanlage nicht funktioniert. Diese Situation ähnelt der in einem industriellen Großbetrieb, wo ein Ausfall des Kühlsystems die ganze Anlage stillegen kann und Produktionseinbußen zur Folge hat. Daher ist ein Gesamtschutz gegen Korrosion, Ablagerungen und mikrobiologisches Wachstum in Klimaanlagen, wie auch in industriellen Systemen gleichermaßen wichtig.

Luftwäscher

In verschiedenen Klimaanlagen ist eine Einstellung von Temperatur und Feuchte des Arbeitsbereichs kritisch. Industrielle Luftwäscher werden in solchen Situationen verwendet, um beide Faktoren zu regulieren und auch in der Luft vorhandene Feststoffpartikel zu entfernen. Diese sind in Bezug auf Zusammensetzung sehr verschieden und bestehen z. B. aus Schmierölen, Textilfasern, Tabakstaub und gewöhnlichem in der Luft mitgetragenen Schmutz und Staub. Die folgenden Abschnitte erörtern die Konstruktion und den Betrieb eines typischen Sprüh-Luftwäschers und die spezifischen Behandlungen gegen Korrosion, Verschmutzung und mikrobiologischen Wuchs.

In einer typischen Luftwäscheranlage mit Wassersprühung tritt die Luft durch Rückfuhrleitungen oder durch außenliegende Frischlufteintrittsklappen in den Wäscher ein. Bevor sie jedoch die Wassersprühkammer erreicht, muß die Luft gefiltert werden, um die mitgetragenen Verunreinigungen zu beseitigen.

Filtration

Filtrationssysteme in industriellen Luftwäschern werden in fünf Grundtypen eingeteilt: Matten, mechanische Rollen, elektrostatischer Betrieb, Drahtsieb und Wassersprühung. Filter die in der Lage sind, die gröberen in der Luft vorhandenen Teilchen zu entfernen, werden normalerweise Feinfiltern vorgeschaltet.

Filzfilter, ähnlich denen in Hausklimaanlagen, entfernen Staub- und Faserteilchen während die Luft durch sie hindurchgeht und werden nur bei einer durchschnittlichen bis geringen Staubbelastung verwendet.

Wenn sie verstopft sind, werden sie normalerweise abgesaugt und wieder verwendet. Zum Austausch verbrauchter Filter werden nur neue Fasermatten an einem Z-förmigen Rahmen angebracht.

Mechanische Rollenfilter sind entweder aus Papier oder Fasern und werden bei starker Staubbelastung eingesetzt. Wenn der Filter verstopft ist und der Luftstrom abnimmt, rollt eine Meßeinrichtung automatisch ein neues Stück Filter aus, und die verbrauchten Stellen werden entfernt und ersetzt. An Orten wie z. B. Textilkrimpräumen, in denen sehr große Teilchen Verschmutzungen verursachen, werden auch Drahtgitterfilter verwendet. Wenn die Gitter verschmutzt sind, werden sie entweder durch Abbürsten oder Absaugen gereinigt.

Die Hauptanwendung der elektrostatischen Filter liegt in der Entfernung von Partikeln kleiner als ein Mikron, an Stellen in denen die rückgeführte Betriebsluft Öle und sehr feinen Staub enthält. Ihr Anwendungsgebiet macht es notwendig, daß sie in Verbindung mit Faser-oder Papierrollenfiltern verwendet werden.

Eine fünfte Art von Luftwäscherfiltern verwendet Sprühwasser. Da diese Systeme ganz auf das Sprühwasser angewiesen sind, um in der Luft vorhandenen Staub, Fasern, Öle und Schmutz zu beseitigen, sind sie wohl am anspruchsvollsten im Hinblick auf die Wasserbehandlung. In Anlagen in denen sie ohne jede Art von Vorfilterung verwendet werden, müssen die Luftwäscher sehr viel häufiger gereinigt werden. Nachdem der Luftstrom gereinigt wurde, tritt er, wie in Abb. 7-23 gezeigt, in die Sprühkammer des Luftwäschers ein.

Konstruktion

Der Luftwäscher liegt normalerweise in einer an einem Ende offenen Sprühkammer und besteht aus einer Reihe von Sprühdüsen (Zerstäubern), die mit einem horizontalen Verteilungssteigrohr verbunden sind. Je nach Bedarf kann der Wäscher, wie in Abb. 7-25 und 7-26 gezeigt, mit bis zu drei Sprühbänken gebaut werden.

Die Menge des von jeder Reihe gelieferten Sprühwassers wird durch die Anzahl der Sprühdüsen bestimmt. Jede Düse hat eine Kapazität von etwa 5 bis 8 l/min und der notwendige Wasserdruck beträgt etwa 3,5 bar.

Luft, Feststoffteilchen und Wasser treffen in der Sprühkammer aufeinander, und Schmutz, Staub und Fasern, die nach einer Vorfilterung zurückbleiben, werden angefeuchtet und entfernt. Luft und Wassertropfen werden dann von einem Saugzugventilator aus der Sprühkammer über eine Reihe von Tropfenabscheidern abgezogen, bevor die Luft den Wäscher verläßt.

Die Tropfenabscheiderklappen am Ausgang der Waschkammer sind so angelegt, daß sie ein Mitreißen von Restwassertropfen und Feststoffteilchen in der gereinigten Luft verhindern. Sie sind so konstruiert, daß ein schneller Wechsel der Luftströmungsrichtung auftritt. Diese Strömungsänderung wird erreicht, indem rostfreie oder galvanisierte Abscheiderklappen in einer Reihe von S-oder Z-förmigen Krümmungen angelegt werden. Die Luft und die Wassertropfen prallen gegen die Klappen, und das Wasser sowie die feuchten Ablagerungen bleiben zurück, während die gesäuberte Luft hindurchströmt. Die äußeren Klappenkanten der meisten Tropfenabscheider sind gebogen, um Wasser aufzufangen und dessen Durchgang zu verhindern. Viele neuere Luftwäscher haben eine Waschvorrichtung mit Düsen, welche die Tropfenabscheider kontinuierlich besprüht, wodurch die Ablagerungen abgespült und die Leistungsfähigkeit erhöht wird.

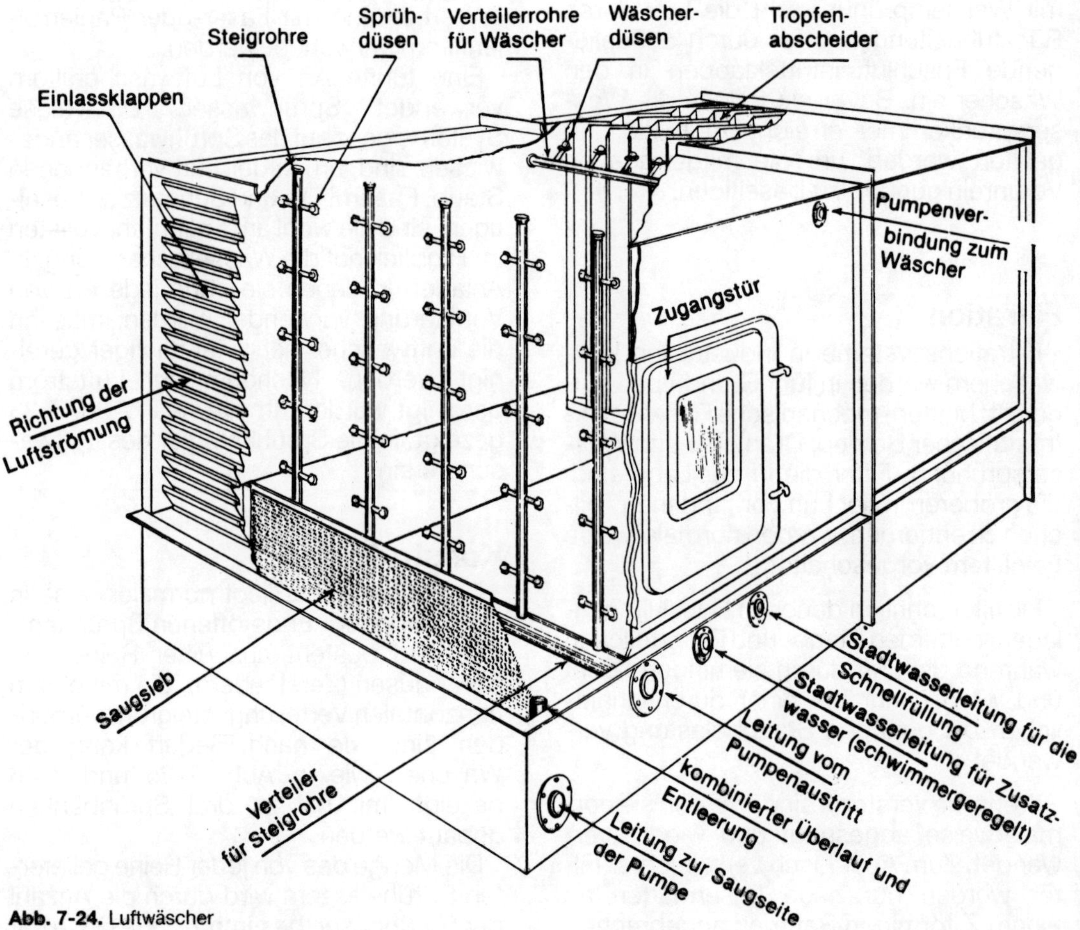

Abb. 7-24. Luftwäscher

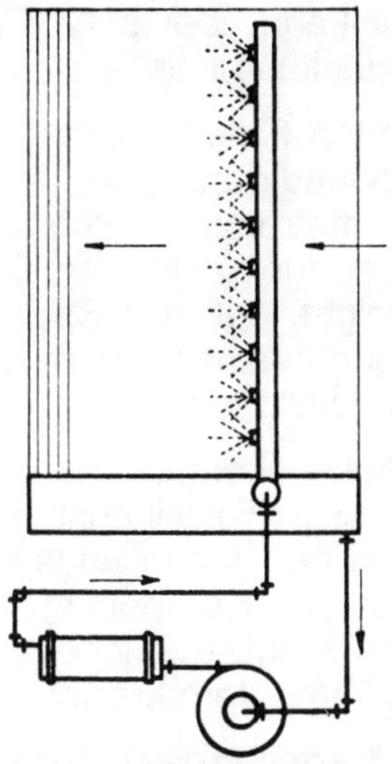

Abb. 7-25. Einstufiger Luftwäscher

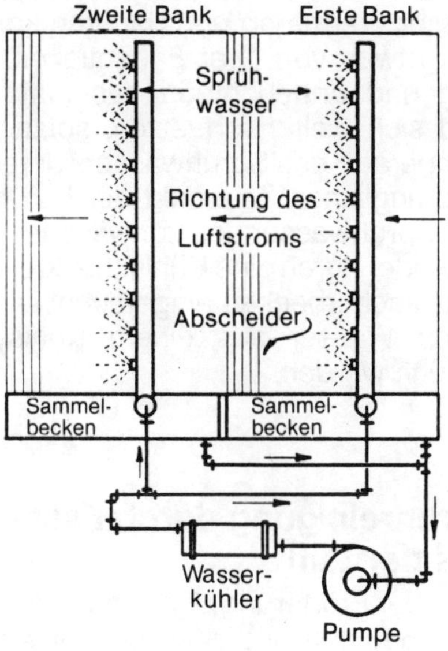

Abb. 7-26. Zweistufiger Luftwäscher

Viele der Teilchen im Luftstrom werden nicht direkt in der Sprühkammer beseitigt, sondern statt dessen von den Tropfenabscheiderklappen abgefangen. Die Befeuchtung der in der Luft mitgetragenen Teilchen in der Sprühkammer erhöht deren Dichte und ermöglicht ihre Beseitung durch Tropfenabscheider. Übermäßige Ablagerungen an den Klappen beeinträchtigen die Entfernung der Wassertropfen, so daß etwas Wasser durch die Tropfenabscheider in die Ventilatoransaugkammer mitgerissen wird und somit möglicherweise ins System gelangt.

Einige in der Luft mitgetragene Verunreinigungen, z. B. Tabakrauch, fette Rußteilchen und bestimmte Gerüche können leicht durch die Sprühkammer und Tropfenabscheider hindurchgehen. Die meisten Gerüche werden jedoch durch die Wassersprühung gelöst und entfernt.

Viele Luftwäscher haben Eintrittsklappen ähnlich wie bei Kühltürmen, welche die Luft gleichmäßig über das gesamte Querschnittsgebiet der Anlage verteilen. Dadurch werden außenliegende Wände und Böden trockengehalten und ein übermäßiger Verlust an Wasser verhindert.

Der Luftwäscher hat gewöhnlich ein Becken aus galvanisiertem oder rostfreiem Stahl. Das Wasser für den Betrieb kommt aus drei möglichen Quellen: Stadt- oder Industriewasserversorgung, aus einem Kaltwassersystem oder Kondensationswasser, wenn der Luftwäscher gleichzeitig als Entfeuchter verwendet wird. Zusatz-, Kondensations- und Abschlämmwasser werden später in diesem Kapitel detailliert erörtert.

In den meisten Becken wird ein Schwimmerventil verwendet, um automatisch Wasserverluste zu ersetzen. Außerdem wird die Wasserhöhe durch einen Überlauf reguliert.

Eine Zugangstür zu Becken und Abscheiderkammern im Luftwäscher ist normalerweise vorhanden, damit eine schnelle Überprüfung der Sprühdüsen und der Abscheiderklappen und Reinigungsarbeiten ermöglicht werden.

Luftwäscher werden nicht nur nach der Anzahl der Sprühbänke eingeteilt, sondern auch nach dem Luftvolumen das sie bewältigen können. Die meisten heute gebräuchlichen Luftwäscher haben eine Luftumwälzrate von 20 m^3/min. Es werden jedoch Hochgeschwindigkeits- und Ultrahochgeschwindigkeitsanlagen mit einer Umwälzleistung von 20 bis 60 m^3/min.

bzw. über 60 m^3/min. eingesetzt, wenn dies durch den Betriebsbedarf notwendig gemacht wird. (Abb. 7-27).

Aufrechterhaltung einer relativen Luftfeuchtigkeit

Die Behandlung von Luftwäschern konzentrierte sich bisher auf ihre Konstruktion und Luftreinigungsfähigkeiten. Viele Industriezweige verlangen jedoch mehr als nur „saubere" Luft in ihren Produktionsbereichen.

Die Ergänzung einer relativen Luftfeuchtigkeit kann äußerst wichtig sein. In der Tabakindustrie ist z. B. die Feuchtigkeitskontrolle wichtig für die Tabakblattgeschmeidigkeit bei der Bündelung, beim Schneiden und beim Wickeln.

Die Feuchtigkeit der Luft kann den Web- und Spinnereibetrieb in Textilbetrieben negativ beeinflussen. Ein unerwünschter Feuchtigkeitsgehalt kann den Fadendurchmesser verändern, die Fadenzahl pro cm Textilmaterial erhöhen oder senken (was auch das Textilmuster beeinflußt), oder Spaltung, Ausfransen oder Dehnungsrisse verursachen.

Die Feuchtigkeit der durch den Luftwäscher strömenden Luft kann in der Sprühkammer durch Sprühen von warmem Wasser erhöht werden, wodurch der Taupunkt und die Temperatur der Luft erhöht wird. Da Wärme vom warmen Wasser an den Luftstrom abgegeben wird, findet eine teilweise Verdampfung des Sprühwassers statt; eine Situation die der in Kühltürmen ähnlich ist. Wärme die benutzt wird, um das Sprühwasser zu erwärmen, kann von einer in das Luftwäscherbecken getauchten Dampfschlange kommen. Das

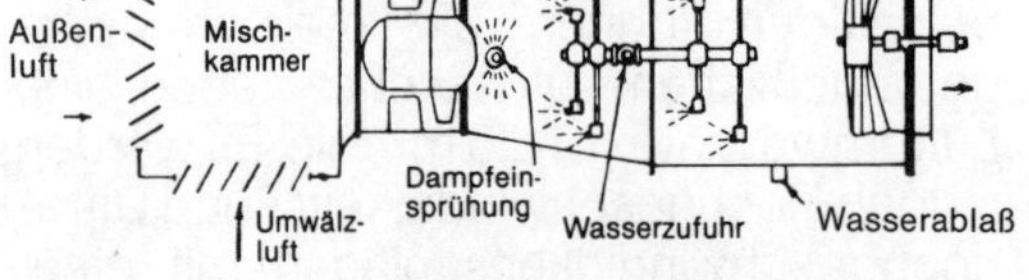

Abb. 7-27. Hochgeschwindigkeits-Sprühwäscher

Sprühwasser kann aber auch Teil einer Heißwasserzuleitung sein.

In bestimmten Fällen könnte ein Luftwäscher notwendig sein, um die Feuchtigkeit des Luftstroms zu erhöhen, ohne die Lufttemperatur zu erhöhen. Dies wird dadurch erreicht, daß das Sprühwasser bei der Feuchtthermometertemperatur der Luft umgewälzt wird.

Die Feuchtigkeitskontrolle ist nicht nur in der Tabak- und der Textilindustrie wichtig, sondern auch bei Herstellungsverfahren für elektronische Komponenten, beim Auftragen von Schutzanstrichen und beim Betrieb von Computern kritisch.

Luftwäscher können den Luftstrom auch durch kalte Wassersprays, die unter dem Taupunkt der Umwälzluft gehalten werden, entfeuchten. Die Luft gibt an das Kaltwasser Wärme ab und dadurch kondensiert etwas von ihrer Feuchtigkeit. Kühlung und Entfeuchtung des Luftstroms wird sich weiter fortsetzen, solange die Temperatur des Sprühwassers unter dem ursprünglichen Taupunkt der Luft bleibt. Das Sprühwasser des Luftwäschers kann entweder durch eine Kühlschlange, die im Luftwäscherbecken eingetaucht ist, oder durch Wasser aus einem Kühlsystem gekühlt werden.

Verunreinigung durch Feststoffe aus der Luft

Bei der Erörterung der Konstruktion und des Betriebs industrieller Luftwäscher wurde des öfteren erwähnt, daß diese in der Luft mitgetragene Verunreinigungen auswaschen, und es wurde ihre Funktion bei der Temperatur- und Feuchtigkeitsregulierung besprochen. Bei der Befeuchtung arbeiten sie ähnlich wie Kühltürme, wobei ein Prozentsatz ihres Sprühwassers verdunstet. Im Gegensatz zu Kühltürmen sind Luftwäscher so angelegt, daß sie Luft waschen, die mit großen Mengen Schmutz, Staub und organischer Materie belastet ist.

Obwohl industrielle Luftwäscher ausgelegt sind, um die meisten in der Luft mitgetragenen Feststoffe und organischen Verunreinigungen zu bewältigen, ist es möglich, daß das Kreislaufwasser überkonzentriert wird, wobei gelöste mineralische Feststoffe aus der Lösung ausfallen. Die Ausfällung von Mineralsalzen an den Kaltwasserrohren beeinträchtigt den Wärmeaustausch und verursacht oft eine Stillegung der Kühlanlage und damit einen Verlust der Feuchtigkeitsregulierung. Eine übermäßige Ablagerung von Mineralien und Feststoffen kann auch zu verschmutzten und verstopften Sprühdüsen führen, welche die Reinigungswirksamkeit der Luftwäscher stark beeinträchtigen.

Mikrobiologischer Schleimwuchs wird durch die Anwesenheit von anorganischen und organischen Ablagerungen angeregt. Duch ihre äußere Schleimschicht wirken sie auch als Bindemittel für Staub, Fasern und andere in der Luft vorhandene Verunreinigungen, wodurch sich voluminöse Schleimschichten bilden, die sehr häufig die Abscheiderklappen verkleben und das Mitreißen von Tröpfchen begünstigen.

Die Verwendung von Dispergiermitteln und korrektes Abschlämmen zur Verdünnung des Kreislaufwassers verhindert die Ablagerung von Feststoffen, die dann in Suspension gehalten werden. Damit wird ihre Beseitigung aus dem System durch normale Abschlämmung oder Überlauf möglich. Mikrobiozide verhindern übermäßige Schleimbildung durch Bekämpfung des Bakterienwachstums. Ablagerungsschutz und mikrobiologische Behandlung kann daher ein verunreinigtes System wieder zu optimaler Betriebsleistung führen.

Einige Verunreinigungen verdienen besondere Erwähnung: Fasern, Öl, Tabakstaub und anderen Staub mit einem hohen Prozentsatz an organischer Materie. Sie werden im folgenden näher beschrieben.

Baumwolle

Luftwäscher in Betrieben, die Baumwolle zu Garn oder Textilien verarbeiten, haben zusätzliche Probleme, die sich von denen in Synthetikfaserbetrieben unterscheiden, wo eine Öl- und Chemikalienverunreinigung häufig existiert. Baumwollfasern haften an Kontaktflächen und können häufig die Tropfenabscheider und Seitenwände der Luftwäscher verschmutzen. Diese Fasern sammeln sich und bilden Matten, die einen ausgezeichneten Boden für den Wuchs von Mikroorganismen darstellen. Bakterien können sich in diese Ablagerungen einnisten und die Wirkung eines Mikrobiozidprogramms beeinträchtigen, wodurch die warme, feuchte Sprühkammer des Luftwäschers ständig von neuem verschmutzt wird.

Die richtige Anwendung von Dispergiermitteln mit antistatischen Mitteln kann eine Ansammlung dieser Baumwollfasern verhindern und im Umwälzsprühwasser dispergiert halten, bis sie mit dem normalen Abschlämmwasser oder Überlauf entfernt werden. Mikrobiozide können Bakterienschleimkonzentrationen auf einem akzeptierbaren Stand halten, sodaß Sprühdüsen und Abscheider ohne Ablagerungen arbeiten können.

Öl

Beim Spinnen, Kröpfen, Wirken und Stricken in einigen Textilbetrieben können Apparateöl und Faserfette in den Luftstrom eindringen und damit auch das Sprühwasser des Luftwäschers verunreinigen. Ein häufiges Merkmal der Luft in diesen Betrieben ist eine bläuliche Farbe, die durch die Gegenwart dieser in der Luft mitgetragenen Öltropfen verursacht wird. Sie werden in der Sprühkammer des Wäschers aus der Luft ausgewaschen.

Das Öl im Luftwäscher wirkt als Bindemittel für andere Teilchen, die in der Luft vorhanden sind, wobei diese ölgebundenen Ablagerungen eine klebrige Masse bilden, die Seitenwände, das Becken und den Abscheider des Luftwäschers bedekken. Sie tragen außerdem zur Schaumbildung bei. Schaum im Luftwäscher ist äußerst unerwünscht, da er ein Mitreißen fördert. Die Luft die durch den Wäscher strömt, bläst etwas Schaum durch die Abscheider in den Ansaugventilator und dann in die Luftverteilungsleitungen, wodurch eine weitere Verunreinigung möglich ist. Das Problem wird dadurch verstärkt, daß Öl auch eine Nährstoffquelle für schleimbildende Bakterien sein kann.

Öl beeinträchtigt außerdem die Korrosionsbehandlung, da Ölfilme eine Sperrschicht zwischen dem Korrosionsinhibitor und der Metalloberfläche bilden. Dadurch wird der Wärmeübergang am Kühler oder an den Heißwasserschlangen beeinträchtigt, die Feuchtigkeitsregulierung unterbrochen und ein Korrosionsangriff unter der Ablagerung gefördert (Kapitel 4 beschreibt Ölverschmutzungen im Detail).

Dispergiermittel wurden entwickelt, die Ölemulgatoren enthalten, um die Oberflächenspannung herabzusetzen und das Öl zu entfernen. Danach wird es mit der Abflut oder Überlauf entfernt. Diese Mittel reduzieren oder verhindern auch ein Mitreißen von Öl-, Wasser- oder Schaum, das durch Ölablagerungen an den Abscheiderklappen verursacht wird, da sie die Ölkonzentration im Sprühwasser des Luftwäschers reduzieren.

Wolle

Das Hauptproblem in den wollverarbeitenden Betrieben unterscheidet sich von dem in der Baumwoll- und Synthetikfaserindustrie. Bestimmte organische Öle, die in der Wollfaser enthalten sind, werden in der Verarbeitung in die Luft abgegeben und werden schließlich in den Luftwäschern ausgewaschen. Die Dispergiermittel, die zur Emulgierung des Öls benutzt werden, gleichen den in anderen Textilbetrieben verwendeten. Die Mikrobiozide sind ganz anderer Art. Bestimmte Mikrobiozide bilden in Verbindung mit Wollölen unangenehme Gerüche, die Umgebung und Arbeitsplatz für das Arbeitspersonal unerträglich machen. Geruchlose Mikrobiozide und Geruchsbinder wurden entwickelt und werden erfolgreich eingesetzt um dieses Problem zu bekämpfen.

Tabak

Die Wasseraufbereitung für die Luftwäscher in Tabakverarbeitungs- und Herstellungsbetrieben sind den schwierigsten Anforderungen unterworfen. Wenn Tabakstaub aus der Luft gewaschen wird, wird er von Mikroorganismen angegriffen, denen er als Nährstoff dient. Außerdem bildet Tabakstaub in Lösungen Nikotinsäure, wodurch der pH-Wert des umgewälzten Sprühwassers gesenkt und Korrosion der Metallrohre und der Ausrüstung im Wassersystem beschleunigt wird. Mikrobiologische Verunreinigungen und pH-Wert Abweichungen wie diese stellen eine besonders schwerwiegende Belastung der Korrosions- und Ablagerungsbehandlung dar.

Das Ausmaß der pH-Wertabweichung wird durch die Menge des in den Luftwäscher eintretenden Tabakstaubs, sowie durch die Luftmenge die in den Wäscher zurückgeführt wird, bestimmt. Die Tabakstaubbelastung ist sehr stark während Zeiten, in denen die Luft im System umgewälzt wird, und man benötigt mehr Lauge um die Nikotinsäure zu neutralisieren als in Zeiten in denen die Systemluft den größten Teil des Tabakstaubes in die Atmosphäre abgibt. Durch diese dauernd wechselnden Bedingungen wird eine manuelle pH-Wert Regulierung nahezu unmöglich gemacht. Die Installation von automatischen pH-Wert Regelgeräten wird für die richtige Laugedosierung und Überwachung des pH-Wertes notwendig, ohne die der Korrosionsschutz an Wirksamkeit verlieren würde. Außerdem würde die mikrobiologische Kontrolle gefährdet, da die meisten heute gebräuchlichen Mikrobiozide sehr genau festgelegte pH-Wert Grenzen haben, die ihre Wirksamkeit bestimmen.

Neben den durch Tabak verursachten pH-Wert Abfall ist Tabak auch ein ausgezeichneter Nährstoff für das Bakterien- und Pilzwachstum. Es haben sich nur wenige Mikrobiozide als wirksam zum Schutz vor mikrobiologischem Wuchs in Tabak-Luftwäscheranlagen erwiesen. Die meisten fördern entweder Schaumbildung und Mitreißen von Wasser oder sind zu teuer.

Ein Dispergiermittel muß zur Beseitigung von Feststoffen, die aus der Luft eingetragen werden, verwendet werden um Öle, die durch Tabakstaub und Schmiermittel in das System gelangen, zu emulgieren. Ein Dispergiermittel trägt auch zum Korrosionsschutz bei, da der Korrosionsinhibitor nur saubere Metalloberflächen passiviert. Die mikrobiologische Behandlung wird gleichzeitig durch eine Dispergierung des Bakterienschleims unterstützt.

Tabakstaub, der Grund für mikrobiologische Verunreinigungen der Luftwäscher der Tabakindustrie, erfordert dringend routinemäßige Keimzahlbestimmungen für eine gute Behandlung.

Tabak absorbiert leicht Gerüche. Es ist daher notwendig, daß die Substanzen, die für die Behandlung von Luftwäschern der Tabakindustrie verwendet werden, selbst keinen Geruch abgeben.

Andere Feststoffpartikel

Die Luftwäschersysteme in Textilwebereien enthalten oft große Mengen von Bakterienschleim, der durch die Schlichte, einem stärkehaltigen Überzug der Fasern (aufgebracht vor den Webstühlen), verursacht wird. Beim Weben des Materials wird viel Schlichte aus den Fasern gepreßt, in die Luft eingebracht und führt dadurch zu Verunreinigungen.

Dieses stärkehaltige Material ist ein ausgezeichneter Nährstoff für schleimbildende Bakterien. In ähnlicher Weise wie die anderen in der Luft mitgetragenen Verunreinigungen können sie oft die Abscheiderklappen verschmutzen und das Mitreißen von Tropfen verstärken.

Das Problem der Webereien findet sich auch in Anlagen, die Zucker, Stärke und andere organische Nährstoffe in Luftwäschern beseitigen.

Dispergiermittel in Verbindung mit Mikrobioziden dispergieren aus der Luft eingetragene Verschmutzungen und mikrobiologische Materie. Regelmäßige mikrobiologische Keimzahlbestimmungen sind die Grundlage für eine strenge Überwachung und für die Mikrobioziddosierung.

Sie gewährleisten den zufriedenstellenden Betrieb des Luftwäschers.

Klimabedingte Änderungen des Luftwäscherbetriebs

Jahreszeitliche Klimaveränderungen beeinflussen den Betrieb eines industriellen Luftwäschers. Im Winter ist die Umgebungstemperatur kühler und trockener. Die Luftwäscher arbeiten daher in vielen Betrieben als Luftbefeuchter. Im Wasser gelöste Feststoffe beginnen sich zu konzentrieren während das Wasser zur Befeuchtung verdunstet. Um Ausfällungen zu verhindern, wird eine kleine Menge des konzentrierten Wassers abgeschlämmt.

Umgekehrt ist eine Luftentfeuchtung in der warmen Jahreszeit und bei hoher Luftfeuchtigkeit notwendig. Um überschüssige Feuchtigkeit aus der Luft zu entfernen wird gekühltes Sprühwasser benutzt.

Bei der Luftentfeuchtung ist die abgeschiedene kondensierte Feuchtigkeit mineralsalzfrei (destilliertes Wasser) und es ist daher keine Abschlämmung notwendig, um gelöste Feststoffe zu entfernen. Da Feuchtigkeit aus der Luft kondensiert wird, läuft das Luftwäscherbecken über. In Zeiten von warmem, feuchtem Wetter kann ein Luftwäscher, der als Entfeuchter arbeitet, manchmal mit einem

Konzentrationsindex von 0,25 betrieben werden. In diesem Fall ist das Sprühwasser des Luftwäschers korrosiv und die Überwachung der Korrosionsbehandlung muß sehr sorgfältig sein.

Spezifische Problemgebiete

Tropfenabscheider

Manchmal können Abscheiderklappen mit Bakterien- und Pilzschleim verunreinigt sein, obwohl Luftwäscherbecken und Sprühsystem sauber sind. Eine regelmäßige Mikrobiozidbehandlung verhindert im allgemeinen den Befall. Wenn dieser Zustand nur an einer isolierten Einheit beobachtet wird, die an ein Kühlwassersystem angeschlossen ist, das auch andere Luftwäscher versorgt, dann kann das Problem wahrscheinlich bereinigt werden, indem zusätzlich Mikrobiozid nur in diese Einheit eingespeist wird. Die Installation eines Sprühsystems zum Abwaschen der Abscheider erlaubt es, daß die Mikrobiozidlösung über die Abscheiderklappen gesprüht wird. Dies ist eine zusätzliche wirksame Methode, einen mikrobiologisch verseuchten Teilbereich zu behandeln.

Reinigung

Die richtige Reinigung eines Luftwäschers senkt die Zahl der notwendigen Reinigungen und erhöht die Wirksamkeit der Schutzprogramme gegen Korrosion, Ablagerungen und mikrobiologisches Wachstum.

Hochdruckwasser ist zur Reinigung schwierig zugänglicher Anlagenteile notwendig, wie z.B. die Innenflächen der Abscheiderklappen. Die Wände des Luftwäschers, alle Spalten und die Unterseiten aller Winkeleisenstützen sollten gründlich gereinigt werden. Das Reinigungsverfahren kann vereinfacht werden, indem ein Dispergiermittel und ein Mikrobiozid dem Systemwasser einige Stunden vor der manuellen Reinigung des Luftwäschers beigegeben wird.

Nachdem der Luftwäscher gründlich gereinigt und wieder mit Wasser aufgefüllt ist, sollten die Metalle im System gegen Korrosion passiviert werden. Aus diesem Grund wird die Verwendung einer höheren Korrosionsinhibitorkonzentration als für den Normalbetrieb empfohlen, um einen stabilen Inhibitorfilm zu bilden.

Eisenverunreinigung

Obwohl die meisten Luftwäschereinheiten aus rostfreiem Stahl oder aus Kunststoff bestehen, ist es wichtig zu beachten, daß der größte Teil der Verrohrung in der Anlage entweder aus Kohlenstoffstahl oder galvanisiertem Stahl besteht. Da diese Metalle weniger widerstandsfähig gegen Korrosion sind, muß der Korrosionsinhibitor sie passivieren.

Sprühdüsen sind in Anlagen, in denen das Korrosionsprogramm nicht richtig überwacht wird, oft mit Eisenoxidablagerungen verschmutzt. In mit Eisen verunreinigten Anlagen kann die Zugabe von Eisendispergiermitteln bestehende, metallhaltige Ablagerungen beseitigen, die verunreinigten Flächen säubern. Der Korrosionsinhibitor kann den weiteren Korrosionsangriff auf ein Minimum beschränken.

Korrosion

Wasserbehandlungsprogramme für industrielle Luftwäscher unterscheiden sich von solchen für Kühltürme oder anderen Wasserumwälzanlagen. Diese Anlagen und die auftretenden Probleme sind von besonderer Art.

In Luftwäschersystemen wird die Korrosion sowohl durch den Grad der Verunreinigung der Luft, als auch durch die Fähigkeit des Ablagerungskontrollprogramms, die Flächen frei von Schleim, Öl und Schmutzablagerungen zu halten, beeinflußt. Staub belastet die Korrosionsinhibierung zusätzlich und damit auch den Schutz der Metalle im System.

Die richtige Verwendung von Dispergiermitteln, Mikrobioziden, Korrosionsinhibitoren und pH-Wert Regulierung, zusammen mit kontrollierter Abschlämmung und richtiger periodischer Reinigung ermöglicht einen Anlagenbetrieb bei der ausgelegten Nennleistung.

Kapitel 8
Durchlauf-Systeme

Bei dem in Abb. 8-1 gezeigten Durchlaufsystem, das früher wegen seiner Einfachheit sehr häufig in Fabrikanlagen Verwendung fand, wird das Wasser direkt durch Wärmeaustauscher geleitet und danach abgelassen.

Bei Durchlaufanlagen liegt die Temperatur des Versorgungswassers allgemein niedrig und eine schnelle Kühlung kann ohne große Schwierigkeiten erreicht werden. Solche Systeme bieten sich für viele Anwendungsbereiche an; sie können für kleine Produktkühler, aber auch in großen Kraftwerkskondensatoren Verwendung finden.

Diese Flexibilität in der Anwendung ist ein Vorteil solcher Durchlaufanlagen. Große Mengen Wärme können durch relativ niedrige Wassertemperaturen wirksam beseitigt werden und benötigen dabei nur kleine Wärmeübergangsflächen.

Die durch Wasser verursachten Probleme in Durchlaufkühlsystemen sind denen in anderen Kühlsystemen ähnlich. Beispiele für Schäden sind Korrosion, Steinbildung, Ablagerungen und mikrobiologisches Wachstum. Das Ausmaß dieser Schäden ist dagegen vergleichsweise klein, da das Wasser keine Möglichkeit hat sich einzudicken. Die Systemausführung und Wasserqualität sind die wichtigen Faktoren.

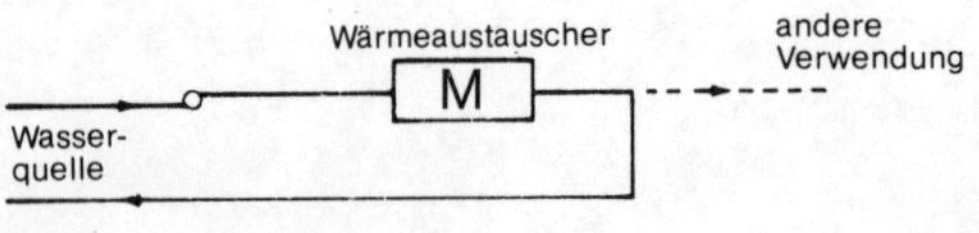

Abb. 8-1. Durchlaufsystem

Da das zur Kühlung verwendete Wasser seine chemischen und physikalischen Eigenschaften nur unwesentlich verändert, sind Qualität und Beschaffenheit des verwendeten Rohwassers zum großen Teil für das Ausmaß möglicher Schäden bestimmend.

Das in Durchlaufkühlanlagen eingesetzte Wasser kann aus Brunnen, Seen, Flüssen, dem Meer und auch aus städtischen Wasserversorgungsanlagen entnommen werden. Das Oberflächenwasser von Seen und Flüssen enthält oft hohe Konzentrationen an Schwebstoffen und Verunreinigungen, wobei jahreszeitliche Veränderungen die Art und Schwere der Verschmutzung beeinflussen. Brunnenwasser enthält oft große Mengen an Eisen und härtebildenden Substanzen. Die unterschiedlichen Wassereigenschaften, in Verbindung mit Strömungs- und Temperaturveränderungen innerhalb des Systems, komplizieren die Wartung einer Durchlaufkühlanlage.

Korrosionsschutz

Die Korrosion ist in allen Kühlanlagen ein schwieriges Problem und wird, wenn sie unkontrolliert bleibt, eine Verschmutzung der Anlage durch Eisenoxid-Korrosionsprodukte verursachen. Die Korrosion kann wirkungsvoll auf verschiedene Weise eingeschränkt oder auch verhütet werden. Die pH-Wert-Korrektur des Wassers ist als wichtigste Methode zur Verringerung der korrosiven Wirkung anzusehen. Weitere Möglichkeiten zum Korrosionsschutz sind die Verwendung korrosionsresistenter Metalle in der Anlage und eine Dosierung spezifischer Korrosionsinhibitoren.

Der Langelier Index zeigt, daß die Korrosionstendenz weitgehend durch eine Erhöhung des pH-Wertes und der Alkalität des Wassers herabgesetzt wird, wobei alkalische Mittel wie Natronlauge, Kalk und Soda neben dem pH-Wert auch die Alkalität des Wassers erhöhen und damit seine korrosive Tendenz herabsetzen. Dadurch erhöht sich jedoch die Steinbildungstendenz und es muß daher darauf geachtet werden, große pH-Wert Abweichungen zu vermeiden, damit nicht letztlich durch die Korrektur der potentiell korrosiven Bedingungen eine Härteausscheidung entsteht.

Es müssen kontinuierliche Korrekturen vorgenommen werden, wobei die Dosierung und die Steuerung sorgfältig reguliert und überwacht werden muß. Hierbei ist die Dosierung der Chemikalien und ihre Mischung mit dem Systemwasser kritisch. Eine Laugedosierung muß kontinuierlich erfolgen und sich der Durchflußmenge des Wassers im System anpassen. Da eine pH-Wert Korrektur in kleinen Anlagen allgemein mit Schwierigkeiten verbunden ist, wird sie oft nur bei größeren Anlagen angewandt. Dagegen kann ein Verweilbecken selbst in kleinsten Anlagen von Vorteil sein. Steinbildung und Korrosion stehen in einem kritischen Verhältnis zueinander. Die pH-Wert Korrektur ist im allgemeinen nur ein Teil der Behandlung zur Schaffung von relativ neutralen Bedingungen gegen Korrosion und Härteablagerungen. Zusätzlich werden Inhibitoren zur Kontrolle des restlichen Korrosionspotentials eingesetzt.

Praktisch alle in Kapitel 3 erwähnten Inhibitoren können in solchen Anlagen Verwendung finden. Wirtschaftliche Überlegungen und Umweltschutzmaßnahmen schließen jedoch eine Verwendung von teureren Inhibitoren, wie sie für offene Umwälzsysteme entwickelt wurden, und Inhibitoren auf Chromatbasis aus.

Da die Korrosion in Durchlaufkühlsystemen allgemein niedriger als in offenen Systemen ist, wird sie mit niedrigen Konzentrationen von Inhibitoren wirtschaftlich und wirksam bekämpft. Die gebräuchlichsten Korrosionsinhibitoren für Durchlaufsysteme basieren auf Polyphosphaten, Silikaten und Zink und werden im allgemeinen miteinander kombiniert.

Da diese Inhibitoren ausführlich im Kapitel über die Korrosion besprochen wurden, soll hier ein kurzer Überblick genügen.

Die Eigenschaften der Polyphosphate machen ihre Verwendung in Durchlaufsystemen sehr attraktiv: bei niedriger Dosierung von 2 bis 10 mg/l bieten Polyphosphate einen guten Schutz sowohl gegen Korrosion als auch gegen Steinbildung durch substöchiometrische Stabilisierung. Diese doppelte Funktion der Polyphosphate macht sie ideal für den Gebrauch in einem solchen System, da sie Kesselsteinbildung und Korrosionspotential im Gleichgewicht halten. Da die Verweilzeit in der Anlage nur sehr kurz ist, wird Polyphosphat nur sehr gering oder gar nicht zu Orthophosphat hydrolysiert.

Ein weiter sehr bekannter Inhibitor, der nur sehr selten allein für den Korrosionsschutz Verwendung findet, ist Zink. Der Einsatz in einem Durchlaufsystem ist dem in offenen Systemen ähnlich. Da Zink-Polyphosphatbehandlungen auch in korrosivem Wasser sehr wirksam sind, können sie auch ohne pH-Wert Korrektur eingesetzt werden. Es werden dann Zink mit Polyphosphaten eingesetzt. Übliche Konzentrationen sind für Zink 1 bis 5 mg/l und Polyphosphat 2 bis 10 mg/l.

Silikate werden in aggressiven Wässern sehr häufig als Korrosionsinhibitoren verwendet. In ihrer Beschaffenheit unterscheiden sie sich von den Kieselsäuren in natürlichen Wässern. Durch Filmbildung auf Rohr- und Apparateoberflächen bieten die Silikate einen guten Korrosionsschutz. Die Silikatdosierung liegt zwischen 8 und 20 mg/l im aufbereiteten Wasser. Ein Kontrolltest stellt das zur Aufbereitung verwendete Silikat und die im Rohwasser befindliche Kieselsäure fest, wobei die Inhibitordosierung als Überschuß von 8 bis 20 mg/l über der im Rohwasser vorhandenen Kieselsäure definiert wird.

Zur guten Filmbildung muß der Korrosionsinhibitor kontinuierlich beigegeben werden. Die Methode der Dosierung ist ähnlich der bei der pH-Wert Kontrolle.

Statt Süßwasser wird in Küstengebieten häufig Salzwasser oder Brackwasser verwendet. Durch das hohe Korrosionspotential des Meerwassers bestehen diese Kühlanlagen aus korrosionsfestem Material: Verteilerrohre aus Beton, Rohrleitungen und Wärmeaustauscherrohre aus Kupfer und Kupferlegierungen. Bei einer Wasserstömungsgeschwindigkeit von 1 – 2,5 m/sec. sind diese Materialien in aggressivem Meerwasser weitgehend unempfindlich. An Kohlenstoffstahl können die schon beschriebenen Korrosionsinhibitoren, besonders die Polyphosphat-Zinkkombination, eine Schutzwirkung erzielen.

Lochfraß und allgemeine Korrosion in Kupferlegierungsrohren wird durch Eisen-Salze, normalerweise Sulfate, erheblich reduziert. Eine Dosierung von 1 bis 3 mg/l Eisen(II)-sulfat vermindert die Korrosion von Kupferrohren bis zu 50 %. Da in großen Durchlaufanlagen die Kosten sehr erheblich sind, kann die Wahl von korrosionsfestem Material für die Konstruktion günstiger sein als die spätere Verwendung eines Korrosionsinhibitors.

Härtestabilisierung

Bei hoher Calciumhärte des Wassers und/oder bei hohem Wärmeübergang oder hohen Anlagentemperaturen kann die Härteausscheidung in einem Durchlaufsystem sehr schwerwiegend sein. Calciumcarbonatausscheidungen, auch „Kesselstein" genannt, werden am häufigsten in Durchlaufsystemen vorgefunden. Dabei tragen bestimmte Bedingungen, wie. z. B. die niedrige Löslichkeit des Calciumcarbonats zur Ausscheidung von Härtebildnern bei. Die Ausfällung von Calciumcarbonat kann sofortige Beeinträchtigung der Kühlleistung und Verstopfen des Systems bewirken. Andere Härtesalze, wie z. B. Calciumsulfat, Calciumsilikat und Kieselsäure werden in Durchlaufsystemen nur selten zum Problem. Da diese Salze eine höhere Löslichkeit als $CaCO_3$ haben und das Wasser nicht eingedickt wird, wird ihre Löslichkeitsgrenze nur selten überschritten. Gelegentlich tritt eine Calciumphosphatbildung im Kühlwasser auf. Gründe dafür sind: Hohe Phosphatkonzentration im Rohwasser; Überdosierung von polyphosphathaltigen Inhibitoren; Hydrolyse von Polyphosphat zu Orthophosphat und Reaktionen von Calcium mit Orthophosphat, hervorgerufen durch lange Verweilzeiten im System. Eine durch Verwendung von Polyphosphaten verursachte Calciumphosphatsteinbildung ist selten, da die Verweilzeit in einem Durchlaufkühlsystem im allgemeinen sehr kurz ist. Vor allem in Systemen mit großen Speichertanks sollte dieses potentielle Problem jedoch nicht unbeachtet bleiben.

Härteausscheidungen werden entweder durch pH-Wert Korrektur oder durch Verwendung von spezifischen Härtestabilisatoren verhindert, wobei z. B. die Dosierung von Schwefelsäure zur Reduktion von pH-Wert und Alkalität auch die Ausscheidungstendenz von Calciumcarbonat verringert.

Die Langelier- und Ryznar-Indices helfen bei der Bestimmung einer zur Lösung des Problems notwendigen pH-Wert Reduktion, zum Festsetzen eines pH-Werts, der übermäßig korrosive Bedingungen verhindert.

Die verschiedensten Härtestabilisatoren können bei der Bekämpfung von Calciumcarbonatablagerungen eingesetzt werden. Polyphosphate sind die am häufigsten verwendeten Mittel in Durchlaufsystemen.

In den letzten Jahren wurden andere Substanzen mit substöchiometrischer Stabilisatorwirkung entwickelt. So sind z. B. Phosphatester, Phosphonate und spezifische Polymere wirksame Härtestabilisatoren, wenn sie in Dosierungen von 5 mg/l oder weniger verwendet werden. Da diese Produkte normalerweise nicht zu Orthophosphaten hydrolysieren (wie die Polyphosphate), sind diese organischen Substanzen bei hohen Temperaturen oder langen Verweilzeiten wirksamer. Die im Vergleich zu Polyphosphaten bessere Hemmwirkung der Phosphonate, Phosphatester und Polymeren machen sie damit zu Substanzen, die vor allem unter schwierigen Bedingungen bevorzugt Anwendung finden.

Durch die Kombination zweier oder mehrerer Härtestabilisatoren wurden Produkte entwickelt, die in Anwendung und Leistung verbessert sind und auch bei unterschiedlichsten Bedingungen innerhalb einer Anlage wirksam sind.

Ablagerungen

In Durchlaufanlagen steht die Verschmutzung in direktem Zusammenhang mit der Qualität des verwendeten Wassers. Kleinere Anlagen, die Brunnen- oder Trinkwasser verwenden, sind allgemein geringer anfällig gegen Verschmutzungen. Bei anderen Wasserarten ist dagegen die Wahrscheinlichkeit von Verunreinigungen durch Schwebstoffe und Mikroorganismen größer.

Durch seinen hohen Eisengehalt kann Brunnenwasser jedoch auch zu Ablagerungen führen, wobei eine Eisenverschmutzung durch Oxydation der löslichen Eisen(II)-Verbindungen zum unlöslichen Eisen(III)-Oxidhydrat verursacht wird, das dann im System ausfällt. Die Oxydation wird dabei entweder durch Chlorung, Belüftung oder die Wirkung von Bakterien hervorgerufen. Wird die Oxydation durch Chlor oder Sauerstoff verursacht, so stabilisieren Polyphosphate oder Phosphonate das Eisen sehr wirksam im zweiwertigen Zustand, wodurch die Oxydation zu Eisen(III) und die darauffolgende Ausfällung verhindert wird. Die zur Stabilisierung notwendige Dosierung beträgt 1 bis 3 mg pro mg Eisen. *Da hier die Oxydation von Eisen(II) verhütet werden soll, ist es wichtig, daß die Einspeisung des Inhibitors vor der möglichen Oxydation stattfindet (d. h. vor der Chlorung oder Belüftung).* Eine solche Stabilisierung ist in Fällen, in denen Bakterien die Oxydation verursachen, weniger wirksam. Eisenablagernde Bakterien müssen durch eine Behandlung mit Bioziden und einer Sterilisierung des Brunnens selbst unschädlich gemacht werden. Es ist oft notwendig, einen Brunnen regelmäßig zu sterilisieren, da immer neue Bakterien in das Grundwasser eindringen. Zur Verhütung weiterer Oxydation des Eisens sollten nichtoxydierende Biozide verwendet werden.

In großen Durchlaufanlagen, die Oberflächenwasser verwenden, können Ablagerungen zu schwerwiegenden Problemen führen und daher eine Aufbereitung erforderlich machen, wie z. B. Sedimentation, Filtration oder Klärung. Solche Oberflächenwässer enthalten sehr oft große Mengen an Schwebstoffen, die sich bei reduzierter Strömungsgeschwindigkeit absetzen oder an Wärmeübertragungsoberflächen anhaften. Schon geringe spezifische Schwebstoffkonzentration können aufgrund des großen Wasservolumens ein Problem darstellen. In einem Durchlaufsystem mit einem Durchlauf von 5.000 m^3/h, also keinem großen System, würden z. B. 120 kg Ablagerungen pro Tag anfallen, wenn auch nur 1 mg/l Schwebstoffe abgelagert würden. Bei einer solchen Rate wird eine Kühlanlage sehr schnell an Leistung verlieren und im Endefffekt außer Betrieb gesetzt werden.

Da eine durch Schwebstoffe verursachte Verschmutzung eine Art Sedimentierung ist, ist die Strömungsgeschwindigkeit des Wassers ein wichtiger Faktor. Höhere Strömungsgeschwindigkeiten des Wassers in der Anlage geben solchen Stoffen weniger Gelegenheit sich abzusetzen oder an Oberflächen anzuhaften. Hierbei muß aber beachtet werden, daß die zur Reduktion solcher Verschmutzung erwünschten höheren Geschwindigkeiten begrenzt sind, wegen möglicher Erosion, besonders bei weicheren Metallen wie z. B. Kupfer und seinen Legierungen. Bei Strömungsgeschwindigkeiten zwischen 1 bis 2.5 m/sec. ist sowohl die Verschmutzungstendenz als auch die Erosion minimal.

Wenn eine Anlage erst einmal ausgelegt und konstruiert ist, gibt es nur wenige Möglichkeiten, die Strömungsgeschwindigkeiten innerhalb des Systems zu verändern. Eine Verschmutzung durch Absetzen von Schwebstoffen kann jedoch immer noch durch Klärung, physikalische Reinigung oder Verwendung von Dispergiermitteln verhindert werden. Eine Klärung wird allgemein dann verwendet, wenn das Wasser übermäßig hohe Mengen an Schwebstoffen aufweist. Der für eine Klärung notwendige Raum und die Investitions- und Ausrüstungskosten machen die Klärung nur dann tragbar, wenn die vorhandene Wasserqualität keine andere Möglichkeit zuläßt. Es werden aber auch verschiedene physikalische Behandlungsmethoden, je nach Schwere der Ablagerung eingesetzt, wie z. B. Einblasen der Luft, Umkehr der Strömungsrichtung, Reinigung des ausgebauten Austauschers durch Bürsten, Wasserstrahlung oder mit Chemikalien.

Die Verwendung eines Dispergiermittels zur Beseitigung oder Reduzierung von Ablagerungen kann hier vorteilhaft sein, da diese Behandlung während des Betriebs möglich ist. Die Wärmeübertragung bleibt dabei auf lange Zeit bei guter Leistungsfähigkeit erhalten. Viele der in Kapitel 4 näher erläuterten Dispergiermittel sind auch in Durchlaufanlagen sehr wirksam.

Die hohen Durchsätze und meist hohen Geschwindigkeiten in großen Durchlaufsystemen führten zur Entwicklung spezifischer Produkte, welche die Strömungsgeschwindigkeit nutzen und gut gegen häufig auftretende Verschmutzungen, wie z. B. Schlamm, wirken. Polymere mit hohem Molekulargewicht fördern ein Anhaften und Brückenbildung zwischen den Teilchen, wobei im Endergebnis ein frei fließendes Teilchen von geringerer Dichte gebildet wird, welches dann auch leichter durch die Anlage getragen wird.

Polymere werden nicht nur von Feststoffen im Wasser sondern auch von bestehenden Ablagerungen an den Metalloberflächen adsorbiert. Dies führt zur Ablösung der Ablagerung und gleichzeitiger Verbesserung des Wärmeübergangs. Die Dosierung liegt dabei zwischen 1 und 10 mg/l. Genaue Mengen werden durch das Ausmaß der Verschmutzung und der Art des verwendeten Dispergiermittels bestimmt. Die Dosierdauer liegt zwischen 15 Minuten und 1 Stunde und ihre Häufigkeit kann zwischen einmal pro Stunde bis einmal pro Tag variieren. In großen Durchlaufanlagen werden Polymere mit hohem Molekulargewicht häufig eingesetzt, da sie Ablagerungen bei intermittierender Anwendung wirksam verhindern. Nichtionogene und anionische Polymere mit niedrigem Molekulargewicht werden ebenfalls in Durchlaufkühlanlagen angewandt und zwar entweder allein oder in Verbindung mit Phosphonaten. Bei einer Dosierung zwischen 1 und 10 mg/l werden sie in kürzeren Dosierabständen als Substanzen mit höherem Molekulargewicht verwendet.

Mikrobiologische Behandlung

Chlor ist das am häufigsten in Durchlaufanlagen verwendete Biozid. Es kann jedoch nicht bei dem vorher erwähnten Problem der Eisenbakterien eingesetzt werden. Schleimbildungen werden im allgemeinen durch eine periodische Chlorung verhütet, wobei freies Chlor in einer Konzentration von 0,3 bis 1,5 mg/l während mehreren Stunden aufrecht erhalten wird. In schweren Fällen wird kontinuierlich chloriert um den mikrobiologischen Wuchs zu bekämpfen. Die Chlorung ist die am häufigsten verwendete Methode der Behandlung. Im Durchlaufsystem kann praktisch jedes Biozid mit kurzer Kontaktzeit verwendet werden. Dosierung und Häufigkeit der Anwendung wird durch die Eigenschaften der verwendeten Stoffe bestimmt.

Die in großen Durchlaufanlagen häufig benutzten Oberflächenwässer haben im allgemeinen höhere Konzentrationen von Mikroorganismen und Nährstoffen als z. B. Brunnen- oder städtisches Wasser. Ein Nachteil der Chlorung ist, daß sie in Ablagerungen nicht eindringen kann. In Wasser mit hohem mikrobiologischem Wachstum und hohen Konzentrationen an suspendierten Feststoffen findet man häufig eine Schleimbindung der Feststoffpartikel, wobei Chlor die mit ihm in Kontakt kommenden Organismen abtötet, dagegen aber nicht fähig ist, den Schleim zu durchdringen, um die mit den Feststoffpartikeln vermischten Organismen abzutöten. Die Wirksamkeit von Chlor und anderen Bioziden wird durch eine Beimengung von Dispergiermitteln, wie z. B. Polymere, mit hohem Molekulargewicht und nichtionogenen oberflächenaktiven Mitteln verbessert (siehe Kap. 5).

Chemikaliendosierung

Die folgende Gleichung kann zur Berechnung der notwendigen Chemikalien verwendet werden:

$$\text{kg/Tag} = \frac{P \times Q \times T}{1000}$$

P = Behandlungskonzentration in mg/l

Q = Durchlaufmenge in m^3/h

T = Dosierdauer in Stunden/Tag

Der Bedarf an Chemikalien steigt bei erhöhtem Durchsatz schnell an. Ein kombiniertes Behandlungsprogramm mit pH-Wert Korrektur und Inhibitoren ist oft am wirksamsten und auch am wirtschaftlichsten, wenn Wasser mit ungünstiger Qualität verwendet werden muß.

Trinkwasseraufbereitung

Die für Trinkwasser ausgelegten Durchlaufsysteme werden hier gesondert behandelt, da die gewählten Behandlungschemikalien für Trinkwasser zugelassen sein müssen. Die Hauptprobleme in der Anlage sind hierbei Korrosion und Kesselstein, denn Trinkwasser enthält im allgemeinen weniger als 5 mg/l Schwebstoffe, 0,3 mg/l Eisen und eine niedrige Bakterienzahl. Gibt es mikrobiologisches Wachstum im System, so ist Chlor im allgemeinen das einzige akzeptable Biozid. Für eine pH-Wert Regulierung gelten die gleichen Anforderungen wie in den anderen Systemen. Wenn eine pH-Wert Korrektur unzureichend ist, so kann die Härtestabilisierung und der Korrosionsschutz durch Dosierung von etwa 10 mg/l Polyphosphat, manchmal mit einer Beimischung von bis zu 5 mg/l Zink zusätzlich verbessert werden. Häufig wird auch Natriumsilikat zur Korrosionskontrolle eingesetzt. Solche Trinkwasserbehandlungsmethoden sind möglich zum Schutz städtischer Systeme oder auch zur spezifischen Kontrolle innerhalb eines einzigen Trinkwasserverteilungssystems. Nach den neuesten Richtlinien für Trinkwasser sind kein Zink und geringere Konzentrationen an Phosphaten zugelassen.

In Heißwasseranlagen kann die Steinbildung zu einem besonders schwierigen Problem werden. Wenn ein Wasser hohe Konzentrationen an Calcium enthält, bildet sich in Heizgeräten sehr schnell eine Calciumcarbonatablagerung, welche die Leistungsfähigkeit herabsetzt. In schwerwiegenden Fällen kann der Heizkessel auch durchbrennen und außer Betrieb gesetzt werden. Eine Kesselsteinbildung in Heißwassergeräten wird durch Polyphosphate zwar stark reduziert, jedoch ist eine Enthärtung die erfolgreichste Lösung des Problems. Die Enthärtung hat den weiteren Vorteil, die Seifenabscheidung in hartem Wasser zu vermindern.

Das Wasser kann teilweise oder vollständig enthärtet werden, und zwar für einzelne Anlagenteile oder das gesamte

System. Abhängig von der Wasserqualität und der erwünschten Härtereduzierung kann für die Aufbereitung entweder Kalkmilchentcarbonisierung oder Ionenaustausch benutzt werden.

Vom ästhetischen Standpunkt aus gesehen sind Eisen und Mangan im Trinkwassersystem unerwünscht, da Eisen dem Wasser entweder eine rötliche Farbe verleiht oder die Apparaturen durch eine Bildung von Eisen(III)oxiden rötlich verfärbt, während ein schwärzlich gefärbtes Wasser auf eine Bildung von schwarzen Manganoxiden hinweist. Gegen die Färbung von Wasser werden Polyphosphate wirksam eingesetzt und zwar wird Polyphosphat vor der Oxydation und vor der Stelle in der Anlage, an der das Problem zuerst beobachtet wird, zugegeben.

Überlegungen zum Umweltschutz

Umweltschutz- und Wasserkonservierungsprogramme führten zu einer Neubeurteilung von Durchlaufsystemen durch Konstrukteure und Anlagenbetreiber. Bei Durchlaufsystemen kann eine maximale Temperaturerhöhung von 5 bis 10° C im Abflußwasser erwartet werden. Damit erhöht sich auch die Temperatur des Wassers, in das es eingeleitet wird. Dieser Faktor der Temperaturerhöhung wird durch das Volumen des aufnehmenden Wassers und die Menge des abfließenden Wassers bestimmt, wobei dies in Kraftwerken, die große Wassermengen benötigen, besonders deutlich wird. Wird der Wärmehaushalt durch die obengenannten Bedingungen gestört, kann ein Kühlturm und/oder ein Sprühbecken das Wasser vor seiner Rückführung kühlen. Als Alternative kann die gesamte Anlage auch auf ein offenes Rückkühlsystem umgestellt werden.

Beschränkungen und Auflagen in Bezug auf Verwendung von Giftstoffen oder Substanzen zur Kontrolle von Schwebstoffen machen es schwierig eine gute Kühlleistung in einem Durchlaufsystem zu gewährleisten. Mit einer Weiterentwicklung von umweltschützenden Wassereinsparungs- und Verschmutzungskontrollprogrammen werden daher Durchlaufsysteme in Zukunft weniger Beachtung bei der Konstruktion neuer Anlagen finden. Schon existierende Anlagen können zur Erfüllung der neueren und strengeren Auflagen und Abgabegrenzwerte verändert werden.

Kapitel 9
Geschlossene Systeme

Im Gegensatz zum offenen Rückkühlsystem, das der Verdampfung und den in der Luft mitgetragenen Verunreinigungen ausgesetzt ist, und zum Durchlaufsystem, in dem das Kühlwasser nur einmal verwendet und dann abgeführt wird, verlangt ein geschlossenes System sehr wenig Zusatzwasser und ist wesentlich weniger anfällig gegen Ablagerungen.

Eine Anlage ist dann „geschlossen", wenn keine offene Verdampfung zur Kühlung benutzt wird und der Wasserverlust weniger als 0,5 % der Umwälzrate beträgt. Die Wasserbehandlung solcher Anlagen braucht nur wenig Wartung. Wenn ein Produkt erst einmal eingespeist ist, verbleibt es normalerweise im System. Daher unterscheiden sich die verwendeten Behandlungsprogramme von denen für Durchlauf-oder offene Rückkühlsysteme dadurch, daß sie in erster Linie korrosionsbezogen sind und der Schwerpunkt der Behandlung nicht in der Verhinderung von Ablagerung oder mikrobiologischem Wachstum liegt.

Technisch besteht ein „geschlossenes System" eigentlich aus zwei miteinander in Bezug stehenden Anlagenteilen: Einem vollständig geschlossenen System für den Wasserumlauf und einem Kühler oder Wärmeaustauscher der die Wärme abführt. Die Motorkühlung eines Autos ist ein klassisches Beispiel eines geschlossenen Rückkühlsystems. Der Motor gibt die erzeugte Wärme an das durch ihn fließende Wasser ab, und das Wasser wird wieder gekühlt während es durch den Kühler (Wärmeaustauscher) fließt.

Geschlossene Rückkühlsysteme werden in vielen Industriebereichen verwendet; sie kühlen Gasturbinen in Gaspipelines oder Ölkühler von elektrischen Transformatoren. Diesel- und Benzinmotoren verwenden gewöhnlich geschlossene Rückkühlsysteme, um die Wärme des Motorblocks zu beseitigen. In Bürogebäuden wird Kaltwasser in einer Klimaanlage umgewälzt, um die Luft zu entfeuchten und zu kühlen. Hier ist das Kühlwassersystem normalerweise Teil einer Kompressor- oder einer Absorptionsanlage (siehe Kapitel 7). Eine Kombination von geschlossenen Heiz/Kühlanlagen führt während der warmen Monate Kaltwasser und während der Wintermonate Heißwasser zur Beheizung. Ein geschlossenes System gibt auf verschiedene Weise Wärme ab, die durch die Möglichkeiten der jeweiligen Situation bestimmt sind. In diesem Zusammenhang sind zwei Beispiele zu nennen und zwar einmal das Erhitzen eines Kühlmittels in einem Kaltwassersystem und die direkte Luftkühlung in Wasser/Luft-Wärmeaustauschern.

Ein geschlossenes Kühlsystem ist von der Konstruktion her ideal für die Zusatzkühlung von Kernreaktoren geeignet, die Kühlwasser von hoher Qualität verwenden und auch für solche Anlagen, die bei ungewöhnlich hohen oder niedrigen Temperaturen arbeiten, so z. B. Motorblockkühlung (72–82° C) oder Kaltwassersysteme in Klimaanlagen (4–6° C).

In vielen Anwendungen für die Kühlung von Benzin- oder Dieselmotoren ziehen Motorenhersteller wassergekühlte den luftgekühlten Zylindern vor. Luftgekühlte Rippenzylinder sind normalerweise 10 bis 125 mal größer als vergleichbare, mit Wasser gekühlte Zylinder, wobei eine solche Luftkühlung mehr Raum zwischen den Zylindern und ein komplizierteres Belüftungs- und Leitsystem benötigt, um ein annähernd gleiches Kühlvolumen zu erreichen. Dies führt zu erhöhten Luftströmungsgeschwindigkeiten, wodurch Lärm verursacht wird und der zusätzlich notwendige Raum für Kühlrippen und Luftkanäle die verfügbare Bodenfläche reduziert.

Die Ablauftemperatur des Kühlwassers liegt etwas unter seinem Siedepunkt entsprechend dem jeweiligen Druck im System und ist daher ein weiterer grundsätzlicher Vorteil bei den wassergekühlten Motoren. Die gleichmäßig höhere Temperatur gewährleistet, daß der Motor leistungsfähiger arbeitet und konstante Temperaturen trotz Veränderungen der Umgebungslufttemperatur beibehalten werden können.

Eine geschlossene Anlage benötigt sehr wenig Zusatzwasser. Das gleiche Wasser wird kontinuierlich umgewälzt, nur eine minimale Menge geht durch die Pumpenabdichtungen verloren. Diese Wasserverluste sind von Pumpenherstellern einkalkuliert und dienen zum Schmieren von Pumpendichtungen, Kolben und Ringen. Da Wasserverluste im geschlossenen System nur minimal sind, ist die Verwendung eines qualitativ guten Kühlwassers vertretbar, wenn es zu annehmbaren Kosten verfügbar ist.

Korrosion

Das Ziel der Wasserbehandlung im geschlossenen System ist es, Korrosion, Metallverlust und die Bildung von Korrosionsprodukten zu vermindern bzw. zu verhüten. Dieses Ziel wird durch die relativ geringe Zusatzwassermenge leicht erreicht. Ist der Korrosionsinhibitor erst einmal im System, dann passiviert er theoretisch die Metalloberfläche und bleibt im System, so daß eine hochwirksame Korrosionskontrolle mit wirtschaftlichen Kosten möglich ist.

Obwohl es oberflächlich so erscheint, daß die rapide Erschöpfung von korrosivem, gelösten Sauerstoff eine chemische Behandlung vom geschlossenen System unnötig machen würde, zeigt sich bei näherer Betrachtung, daß solche Systeme nur selten frei von Sauerstoff sind, da dieser kontinuierlich durch Ventile, Rohrverbindungen und Pumpendichtungen in das System gelangt. Außerdem wird eine, wenn auch geringe Menge von Sauerstoff mit dem Zusatzwasser eingetragen.

Geschlossene Anlagen werden oft aus einer Vielzahl von Metallen konstruiert, mit dem Resultat einer galvanischen Korrosion, zusätzlich zu der durch gelöste Gase verursachten Korrosion. Als Materialien in einem typisch geschlossenen System können Kupfer- oder Kupfernikkel-Wärmeaustauscherrohre, galvanisierte oder Kohlenstoffstahlrohre, gußeiserne Pumpenmäntel und Flügelräder, Absperrschieber aus Messing, Zylinderköpfe aus Aluminium, Brenner aus Edelstahl usw. auftreten. Kapitel 3 gibt eine detaillierte Beschreibung der galvanischen Korrosion.

Die gebräuchlichsten Korrosionsinhibitoren sind Chromate, Nitrite, Silikate, lösliche Öle und bestimmte organische Substanzen. Bei der Wahl einer Korrosionsbehandlung müssen Betriebstemperaturen und Verweilzeiten im System beachtet werden und Inhibitoren wie Polyphosphat sollen nicht verwendet werden, da sie mit der Zeit zu Orthophosphaten hydrolysieren.

Natriumchromat war lange Jahre der am häufigsten verwendete Korrosionsinhibitor in geschlossenen Rückkühlsystemen. Chromat, welches als anodischer Inhibitor wirkt, wird in den Metalloxidfilm eingeschlossen und bildet eine Schutzschicht. Die Konzentration einer Chromatbehandlung wird durch solche Variablen wie Sulfat- und Chloridionenkonzentration, Temperatur und Zusammensetzung der Metalle bestimmt. Der Korrosionsschutz der eisenhaltigen Metalle wird unterstützt, indem der pH-Wert des Systems im alkalischen Bereich gehalten wird.

Inhibitoren auf Chromatbasis haben jedoch Nachteile und wurden durch Nitrit und organische Präparate ersetzt. Einer dieser Nachteile ist die gelbe Farbe von Chromatinhibitoren, so daß von Anlagenbetreibern von Kleinsystemen „farblose" Chemikalien verlangt wurden, die keinen Schaden durch Fleckenbildung bei einem Versagen des Systems verursachen. Es wurde auch angenommen, daß Chromat zum Versagen von Dichtungen in mechanischen Pumpen beiträgt, da die gelöste Feststoffkonzentration im Umwälzwasser erhöht wird. Wenn das durch Pumpendichtungen tropfende Wasser verdampft, hinterläßt es gelöste Feststoffe einschließlich von Chromatkristallen, die die Dichtungen der Antriebswelle abschleifen können.

In chromatbehandelten, geschlossenen Anlagen, die durch sulfidbildende Bakterien oder chemische Reduktionsmittel verunreinigt sind, geht der Korrosionsschutz verloren, da die sechswertigen Chromationen zu unwirksamen dreiwertigen Chromionen reduziert werden. Eine Chromatbehandlung wird auch nicht für solche Systeme empfohlen, die mit Äthylenglykol „winterfest" gemacht werden müssen. Äthylenglykol-Frostschutzmittel reduzieren im neutralen oder sauren pH-Bereich das Chromat zur dreiwertigen Form.

Im Gegensatz zu Chromatinhibitoren können Nitrite verwendet werden, wenn ein „farbloses" Produkt bevorzugt oder Äthylenglykol benutzt wird. Die meisten handelsüblichen Inhibitoren auf Nitrit-Basis sind mit Borat gepuffert und daher ideal für Systeme mit eisenhaltigen Materialien. Der anodische Nitritkorrosionsinhibitor bildet auf der Metalloberfläche einen sehr dünnen hydratisierten Oxidfilm. Genügende Mengen von Nitrit müssen im Umwälzwasser jedoch vorhanden sein, um der nachteiligen Wirkung von Chlorid- und Sulfationen im System entgegenzuwirken und Brüche und Risse im Film auszubessern. In dieser Hinsicht sind die Anforderungen bei Nitritbehandlung ähnlich denen bei Chromateinsatz. Nitrite führen zum Versagen von mechanischen Dichtungen, weil sie zur Erhöhung der Ionen im Umwälzsystem beitragen.

Korrosionsinhibitoren auf Nitritbasis werden bei Anwesenheit von nitrifizierenden Bakterien zum Nitration oxydiert und werden dadurch unwirksam als Korrosionsinhibitoren.

Neu entwickelte Korrosionsinhibitoren auf organischer Basis werden heute allgemein für die Verwendung in geschlossenen Umwälzsystemen anerkannt. Sie werden häufig verwendet, weil sie niedrige Korrosionsraten ermöglichen, farblos, ungiftig und biologisch abbaubar sind. Außerdem tragen sie nicht wie Nitrit und Chromat zur Erhöhung der elektrischen Leitfähigkeit bei.

Die Korrosionsinhibitoren auf organischer Basis sind verträglich mit inhibierten und auch nicht inhibierten Äthylenglykollösungen und sind daher ideal für eine Verwendung in Systemen mit niedrigen Temperaturen, wie z. B. zur Kühlung von Diesel und Benzinmotoren.

Der durch spezifische organische Präparate gebotene Korrosionsschutz bildet einen wasserunlöslichen Film mit den Metallionen auf der Metalloberfläche. Dieser monomolekulare Film ist äußerst dauerhaft. Er ist selbstlimitierend und wirkt daher nicht störend auf den Wärmeübergang.

Da organische Korrosionsinhibitoren ungiftig und biologisch abbaubar sind, ist es wichtig, daß ein mikrobiologischer Schutz aufrechterhalten wird, um eine optimale Wirkung der Korrosionsbehandlung zu erhalten.

In einigen geschlossenen Umwälzsystemen sind lösliche Öle und Silikatinhibitoren, die einen Schutzfilm auf Metalloberflächen bilden, zum Korrosionsschutz verwendet worden. Diese Filme können jedoch unerwünscht dick werden, wenn die Dosierung nicht sorgfältig überwacht wird. In vielen Fällen sind lösliche Öle wirksam eingesetzt worden, um schwere Kavitation an Pumpenflügelrädern zu reduzieren. Diese Ölfilme wirken wie ein

Polster gegen die aufbrechenden Blasen und reduzieren so die Auswirkungen einer Erosionskorrosion. Lösliche Öle und Silikate bilden Schutzfilme, indem sie an Metalloberflächen anhaften. Ein großer Nachteil ihrer Anwendung ist jedoch, daß selbst eine gut überwachte Dosierung nicht gewährleistet, daß auf allen Oberflächen ein gleichmäßiger Film aufgebaut wird. Sie werden daher nicht so häufig eingesetzt wie Chromat, Nitrit oder organische Korrosionsinhibitoren. Ihre Verwendung beschränkt sich auf besondere Anwendungsgebiete, in denen der dicke Schutzfilm erwünscht ist.

Ablagerungen

Im allgemeinen sind Mineralsalzablagerungen nicht das Problem in geschlossenen Kühlanlagen, da der Zusatzwasserbedarf normalerweise gering ist und es keine Verdampfung oder Eindickung des Umwälzwassers gibt. Es wird häufig enthärtetes, entmineralisiertes oder Kondensat als Zusatzwasser verwendet, um Ablagerungen im System zu vermeiden. In den meisten Fällen treten Ablagerungen nur auf, wenn das System dauernd übermäßig viel Wasser verliert und hartes Zusatzwasser verwendet wird.

Sind Ablagerungen im System vorhanden, wird eine Beseitigung der Ablagerungen dadurch erschwert, daß geschlossene Systeme keine Abschlämmung haben. Ablagerungen bleiben im System und verursachen entweder eine Erosionskorrosion durch Abschleifen von Pumpenflügelrädern und Dichtungen oder setzen sich in Bereichen mit niedriger Strömungsgeschwindigkeit ab und verstopfen Leitungen oder verunreinigen Wärmeübergangsflächen. Angesammelte Ablagerungen erhöhen die Korrosion, indem sie einen Korrosionsangriff unter der Ablagerung beschleunigen.

Erhöhte Mengen von Feststoffen, wie z. B. Korrosionsprodukte, schleifen mechanische Dichtungen in der Umwälzpumpe ab oder reiben den zerbrechlichen Pumpenkolben an. Beides führt zu einem vorzeitigen Ausfall und Versagen der Anlage. Eine flexible mechanische Dichtung führt zu erhöhtem Wasserverlust durch die Pumpe, was zu einem weiteren Wasserverlust beiträgt. Dieses dem System verlorengegangene Wasser muß schließlich durch frisches, sauerstoffhaltiges Wasser ersetzt werden, das dann die Korrosionsreaktion depolarisiert und die Verunreinigung des Systems beschleunigt.

Im Gegensatz zu den offenen Umwälzsystemen ist eine pH-Wert Regulierung keine Voraussetzung für eine wirksame Behandlung von geschlossenen Systemen. Viele Chromat- und Nitritkorrosionsinhibitoren sind bereits gepuffert, um das behandelte Wasser stark alkalisch zu halten.

Bei kleinen Problemen mit Ablagerung können, unter bestimmten Bedingungen, Inhibitoren, wie z. B. Phosphonate und Polymere, zum Schutz verwendet werden.

Mikroorganismen

Normalerweise wird in geschlossenen Umwälzsystemen kein starker mikrobiologischer Wuchs vorgefunden. Er kann aber, falls er doch vorhanden ist, ein Korrosionsperogramm negativ beeinflussen. Wie schon in Kapitel 5 erwähnt, kann mikrobiologisches Wachstum schwebende Feststoffe binden, verunreinigte Wärmeübertragungsflächen verursachen, die Strömung beeinträchtigen, Rohre verstopfen und zu Korrosionen unter den Ablagerungen beitragen.

Solche spezifischen Mikroorganismen wie z. B. anaerobe sulfatreduzierende Bakterien können gefährliche Lochfraßkorrosion verursachen, da sie Schwefelwasserstoff als ein Nebenprodukt ihres Wachstums bilden. Der Schwefelwasserstoff reduziert den pH-Wert des Umwälzwassers und belastet damit zusätzlich den Korrosionsschutz.

Einige Korrosionsinhibitoren für geschlossene Systeme, wie Nitritpräparate und organische Inhibitoren sind Nährstoffe und daher dem mikrobiologischen Abbau ausgesetzt.

Die mikrobiologischen Behandlungsprogramme für geschlossene Kühlsysteme sind im Gegensatz zu offenen Systemen einfach. Es werden chlorabspaltende Mikrobiozide bevorzugt, da sie sich zum einfachen Chloridion zersetzen. Die lange Kontaktzeit und der niedrige Chlorbedarf gibt einen wirksamen mikrobiologischen Schutz. Eine periodische Schockdosierung des Mikrobiozids ist häufig ausreichend außer wenn das System dauernd durch Bakterien verunreinigt wird. Um ein geschlossenes System zu schützen, genügt eine regelmäßige mikrobiologische Analyse um festzustellen, ob eine weitere Zugabe von Mikrobiozid notwendig ist.

Chemikaliendosierung

Die Dosierung des chemischen Inhibitors zu einem geschlossenen System hängt vom Volumen des Systems und von der Menge des zugegebenen Zusatzwassers ab. Die Erstdosierung wird durch das Gesamtvolumen des Systems bestimmt und kann nach der unten angegebenen Gleichung errechnet werden:

$$\text{kg Produkt} = \frac{P \times V}{1000}$$

wobei P die gewünschte Dosierung in mg/l und V das Volumen des Systems in m^3 ist.

Spätere Zugaben werden notwendig, um die empfohlenen Einsatzkonzentrationen beizubehalten, während Wasser aus dem System verlorengeht. Die Menge der zusätzlich benötigten Chemikalien kann durch Analyse der Inhibitorkonzentration im Wasser bestimmt, oder auf Grundlage des zugegebenem Zusatzwassers errechnet werden. Da geschlossene Systeme nicht vollständig dicht sind, wird im allgemeinen ein Mengenmesser für das Zusatzwasser empfohlen, um den tatsächlichen Bedarf zu messen. Die Verwendung eines Mengenmessers kann auch vermehrte Wasserverluste anzeigen, welche somit schneller festgestellt und beseitigt werden können. Wenn die Zusatzwassermenge bekannt ist, läßt sich die Menge des Inhibitors nach der folgenden Gleichung berechnen:

$$\text{kg Produkt} = \frac{P \times MU}{1000}$$

MU = Zusatzwasser in m^3

Konstruktive Maßnahmen

Alle geschlossenen Anlagen benötigen zur Kompensation der Ausdehnung des Wasser bei der erhöhten Temperatur Ausdehnungsgefäße. Diese sind sowohl offen als auch geschlossen im Gebrauch. Am offenen Ausdehnungsgefäß kann Luftsauerstoff in den Kreislauf gelangen und so zu Korrosionsschäden führen. Geschlossene Ausdehnungsgefäße sind gegen Lufteintritt sicherer, aber nur für relativ kleine Anlagen geeignet, (z. B. Heizungsanlagen). Beide Arten benötigen eine Kontrolle in bestimmten Abständen.

Kapitel 10
Dampferzeugung

Der steigende Energiebedarf der Industrie unterstreicht die Bedeutung von Dampf zur Energieübertragung. Die Erhöhung der Ölpreise und die drohende Verknappung haben gezeigt wie wichtig eine bessere Leistungsfähigkeit der Dampferzeugung ist.

Kesselkonstruktion, Auslegung und die Leistung der Hilfsausrüstungen wurden weiter verbessert. Zurückgewinnung verlorener Wärme und vermehrte Verwendung von zurückgeführtem Kondensat, zeigte sich als besonders erfolgreich in der Bewältigung dieses Problems. Auch verbesserte und vollständigere Vorbehandlung sowie Kondensat- und Speisewasseraufbereitung sind äußerst vorteilhaft, vor allem wenn sie mit chemischen Aufbereitungsprogrammen zur Verbesserung der Leistung und Flexibilität in modernen Dampferzeugungsanlagen verwendet werden.

Im folgenden Text werden Probleme beschrieben, die zum Zwecke einer höheren Leistung überwunden werden müssen sowie Aufbereitungsmethoden, die sich hierbei am günstigsten erwiesen haben.

Bestandteile einer Anlage

Bevor näher auf die Speisewasseraufbereitung eingegangen wird, sollten die wichtigsten funktionellen Bestandteile eines typischen Dampferzeugungssystems kurz dargestellt werden. Abb. 10-1 zeigt eine typische Hochdruckanlage (über 40 bar). Es folgt eine Beschreibung ihrer Bestandteile und deren Funktionen.

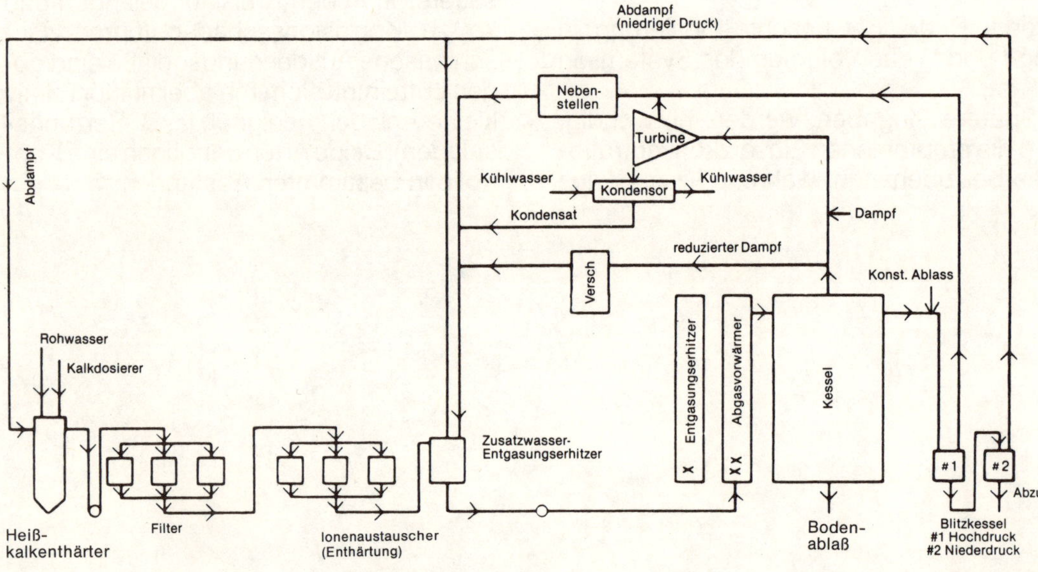

Abb. 10-1. Dampferzeugungsanlage einer Kraft-Wärmekopplung.

Ausrüstung zur Wasservorbehandlung

Den Umfang der Vorbehandlung reflektieren die Beschaffenheit des Rohwassers, der Betriebsdruck des Systems, vorgeschriebene Dampfqualität, durchschnittliche Dampfleistung, Menge des rückgeführten Kondensats, Art des Kessels, Brennstoffkosten, Grad der Wärmerückgewinnung und Gesamtkosten.

Die Vorbehandlung ist im allgemeinen nur von geringer Bedeutung in Kesseln mit niedrigem Zusatzwasser und niedrigem Druck (< 7 bar). Kessel mit mittlerem Druck (7 bis 40 bar) verwenden häufig Natriumaustauscher, sowie manchmal eine Enthärtung mit heißen oder kalten Verfahren. Hochdruckkessel (< 40 bar) verwenden meist vollentsalztes Wasser. Kondensatreinigung zur Entfernung von Eisen und Kupfer wird in Hochdruckanlagen und in Anlagen, in denen ein Korrosionsschutz der Rückführleitung nicht möglich oder nicht erwünscht ist, angewendet. So z. B. beseitigen bestimmte pharmazeutische Fabriken, Brauereien, Raffinerien, Pflanzenölfabriken, Gießereien, usw. häufig das Öl vom Kondensat in ihrem Vorbehandlungsprogramm.

Der wichtigste Zweck der meisten Vorbehandlungssysteme ist jedoch die Reduktion von Kessel- und Überhitzerablagerungen. Weitere wichtige und häufige Aufgaben sind reduzierte Abschlämmleitungs- und Rückführleitungskorrosion. Außerdem wird verschmutztes Kondensat häufig vorbehandelt um Abhitzerückgewinnung zu ermöglichen und um Verunreinigungen vor der Rückführung ins Speisewasser zu beseitigen.

Entgasungserhitzer für Speisewasser

Entgasungserhitzer haben zwei Funktionen in einer Dampferzeugungsanlage: Sie erhöhen die Speisewassertemperatur durch direkten Kontakt mit Abdampf von niedrigem Druck und beseitigen die meisten der unerwünschten gelösten Gase. Bei einem bestimmten Druck fällt die Löslichkeit von Sauerstoff mit einem Anstieg der Temperatur (Abb. 10-2).

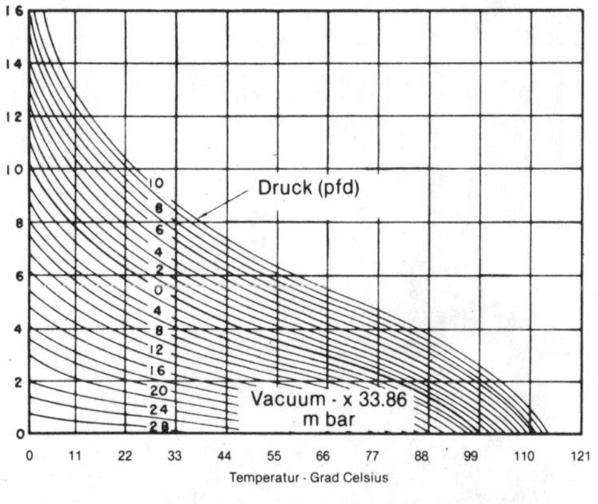

Abb. 10-2. Löslichkeit von Sauerstoff in Wasser bei verschiedenen Temperaturen und Druck.

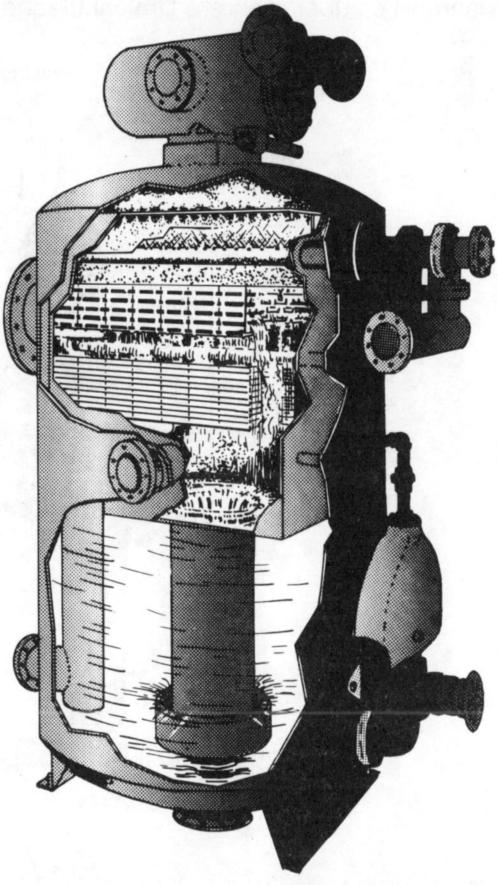

Abb. 10-3. Kolonnenentgasungserhitzer mit primärer und sekundärer Entgasung.

Da Dampf das erhitzte Wasser wäscht (wodurch der entfernte Sauerstoff ausgetrieben wird), erhöht sich die Geschwindigkeit mit der ein Gleichgewicht erreicht wird.

Die ersten Entgasungserhitzer arbeiteten im Gegenstrom, indem Dampf in einem offenen Tank durch das Wasser geblasen wurde. Solche Anlagen ergaben nur eine geringe Reduktion des Sauerstoffs (bis 0,3 ml/l in den besten Fällen). Moderne Anlagen reduzieren gelösten Sauerstoff bis auf 0,002 ml/l. Die verbesserte Leistung resultiert aus neuen Anlagen, wie zum Beispiel Boden-und Sprühentgaser oder eine Kombination von beiden.

Die Entgasungserhitzer, wie der in Abb. 10-3 zeigt, hat eine höhere Leistungsfähigkeit, da das Wasser fein versprüht wird, während es über mehrere Umlenkbleche frei fließt. Innerhalb des Erhitzers wird eine große Menge Dampf kondensiert und das Wasser wird auf Sättigungstemperatur gebracht. Durch die Gegenströmung wäscht der Dampf die gelösten Gase aus dem Speisewasser. Ein Teil des gesamten Dampfes und der nicht-kondensierbaren Gase, können in einen äußeren Entlüftungskondensator geleitet werden. Nicht kondensierbare Gase zusammen mit einer geringen Menge Dampf (etwa 1 % des zugeführten Dampfes), entweichen durch den Abzug (Brüden). Die Bleche sollten regelmäßig kontrolliert und auf Ablagerungen überprüft werden. Es ist außerdem wichtig, daß das Zuflußverteilerrohr oder die Düsen richtig arbeiten.

Sprühentgaser (Abb. 10-4) funktionieren nach dem gleichen Prinzip wie die Kolonnenentgasungserhitzer. In diesem Fall sind jedoch Düsen unter Federspannung

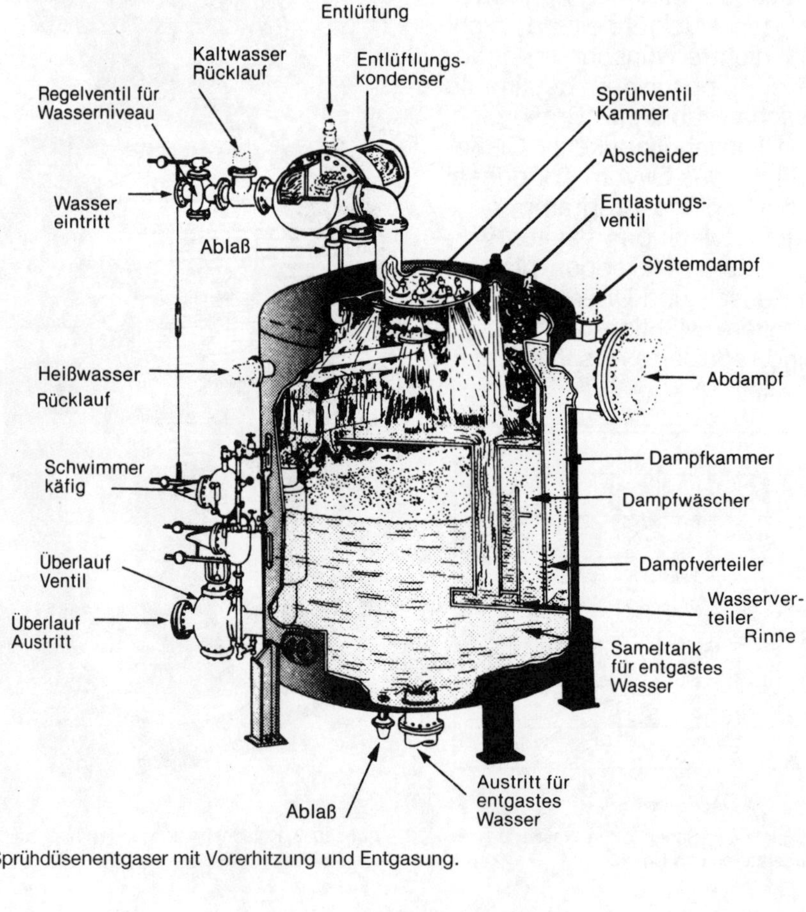

Abb. 10-4. Sprühdüsenentgaser mit Vorerhitzung und Entgasung.

im oberen Teil des Geräts angebracht, die das Wasser in eine Kammer zur direkten Kontakterhitzung und ersten Entgasung versprühen. In vielen Konstruktionen dient diese erste Sprühphase auch als Entlüftungskondensator, wobei sich die Entlüftung in der Mitte der Sprühanlage befindet. Die weitere Entgasung findet entweder in einem zweiten Sprühventil, Zerstäuberkasten oder in Kolonnenböden statt, durch die der zugeführte Dampf geht. Die Sprühdüsen müssen frei von Schmutz und Korrosionsprodukten gehalten werden, um die für eine gute Sauerstoffentfernung notwendige Zerstäubung zu gewährleisten.

Manchmal werden zwei Wasserströme in den Entgaser geleitet, einmal das behandelte Zusatzwasser und zum anderen das heiße rückgeführte Kondensat. Wenn diese Ströme außerhalb des Entgasers gemischt werden, verursacht eine lokale Verdampfung häufig Korrosion in der Leitung. Die Erwärmung des sauerstoffhaltigen Zusatzwassers durch das Kondensat verursacht eine erhöhte Korrosion der Leitungen nach der Mischung. Daher ist es am besten, das Zusatzwasser und heiße Rückkondensat durch getrennte Zuflüsse einzuleiten.

Die meisten Speisewasser-Entgaser haben neben der Entgasung und der Vorerhitzung auch noch einen Sammeltank. Dieser Sammeltank speichert das erhitzte, entgaste Wasser für die Verwendung als Kesselspeisewasser. Die Tanks sind normalerweise so ausgelegt, daß sie die Menge Wasser fassen, die für 10-Minuten Betrieb bei maximalem Durchsatz notwendig ist. Ein besonderer Vorteil des Sammeltanks ist, daß hier Chemikalien, d.h. Sauerstoffbindemittel, zugegeben werden können und eine optimale Mischung und maximale Reaktionszeit ermöglicht wird, bevor das Wasser den Kessel erreicht.

Die meisten Entgaser arbeiten bei einem Druck von 0,2 bar und höher. Wenn genügend Dampfwasserkontakt vorhanden ist, erhöht sich die Temperatur des gesättigten Dampfs beim Betriebsdruck um 2° C. Eine Faustregel ist, daß die Sättigungstemperatur um 1,7° C pro 0,07 bar im Druckbereich zwischen 0 und 0,7 bar ansteigt. Wenn jedoch Abdampf verwendet wird, können Druckunterschiede zu unregelmäßigem Betrieb führen, daher wird Frischdampf benötigt, um den Druck auszugleichen. Eine sichtbare Dampffahne am Entlüftungsschacht gewährleistet genügend Entlüftung, um die nicht kondensierbaren Gase zu entfernen.

Abgasvorwärmer (Economizer)

Abgase, die durch den Schornstein entweichen verursachen den größten Wärmeverlust in einer Dampferzeugungsanlage. Ein „Vorwärmer" ist ein Wärmeaustauscher zwischen Kessel und Schornstein, um Abhitze von den Verbrennungsprodukten rückzugewinnen. Im allgemeinen wird eine 1 %ige Leistungssteigerung pro 5 – 7° C Anhebung der Speisewassertemperatur erreicht. Die meisten dieser Anlagen sind aus Stahl. Gußeisen wird benutzt, wenn Korrosion durch Kondensation ein Problem ist. (Abb. 10-5).

Es ist zu beachten, daß die Wasserseite eines Abgasvorwärmers eine Verlängerung der Kesselspeisewasserleitung ist und Wärmezufuhr die Temperatur erhöht. Diese Erhöhung der Temperatur steigert

Abb. 10-5. Abgasvorwärmer aus Gußeisen mit verlängerter Oberfläche, sind oft vor Luftvorwärmern installiert, manchmal auch außerhalb der Kesselanlage.

und beschleunigt die Neigung zu Ablagerungen und Korrosion. Wenn eine Anlage einen Abgasvorwärmer hat, dann muß die Speisewasseraufbereitung sehr sorgfältig vorgenommen werden und im allgemeinen auch umfangreicher sein.

Sauerstoffangriff stellt ein Problem dar. Abgasvorwärmer und Speisewassererhitzer sind besonders anfällig. Die relativ hohe Temperatur in einem Abgasvorwärmer depolarisiert den Sauerstoff im Speisewasser. Dies führt nicht nur zu Korrosionen, sondern zerstört oder verhindert auch die Bildung von passivierenden Filmen. Wenn sich Ablagerungen an der heißen Oberfläche der Abgasvorwärmer bilden, so wird die Korrosion durch Ausbildung von Belüftungszellen verstärkt.

Wenn Abgasvorwärmer verwendet werden, ist eine gute mechanische und chemische Entgasung notwendig. Die Entgasungsleistung sollte regelmäßig überprüft werden. Tests für gelösten Sauerstoff sollen am Entgaser (wobei das chemische Sauerstoffbindemittel während der Tests nicht verwendet wird) und hinter der Speisewasserpumpe durchgeführt werden. Bei bestimmten Temperaturen und Druckbedingungen kann Luft durch alte Dichtungen in die Speisewasserpumpe eintreten.

Obwohl ein Sauerstoffbindemittel wegen der vorteilhaften Verweilzeit, in den Entgasungssammeltank eingespeist werden kann, besteht immer noch die Gefahr einer Lufteintragung in das Speisewassersystem, daher ist die Verwendung eines katalysierten Sauerstoffbindemittels empfehlenswert. In vielen Anlagen wird in der Zulaufleitung am Abgasvorwärmer 1–2 mg/l Sulfit oder ein geringer Überschuß (0,01–0,05 mg/l) Hydrazin eingestellt.

Abschlämmsysteme

Abschlämmen ist das Ablassen einer kleinen Menge Kesselwassers, um die Konzentration von gelösten und schwebenden Feststoffen in der Anlage zu kontrollieren.

In der Kesseltechnik wird als Konzentrationszyklus bezeichnet, wie oft das Zusatz- oder Speisewasser im Kessel eingedickt werden darf.

Konzentrationszyklen sagen aus, wie oft die Feststoffe in einem bestimmten Wasservolumen konzentriert werden. Zum Beispiel, wenn ein Wasser mit 100 mg/l gelösten Feststoffen auf die Hälfte seines ursprünglichen Volumens eingedampft werden würde, so wäre die Konzentration an gelösten Feststoffen 200 mg/l. Wenn dieses Volumen wieder bis auf die Hälfte eingedampft wird, dann liegt die Konzentration der gelösten Feststoffe bei 400 mg/l. Die Konzentration erhöht sich, weil die Menge des Wassers abnimmt und die Menge der Feststoffe gleichbleibt.

Konzentrationszyklen werden von der Abschlämmrate kontrolliert und um Konzentrationszyklen zu reduzieren wird die Abschlämmrate erhöht. Mathematisch ausgedrückt:

$$\text{Kg Abschlämmung} = \frac{\text{Kg Zusatzwasser}}{\text{Eindickungszahl (Zusatzwasser)}}$$

oder

$$\text{Kg Abschlämmung} = \frac{\text{Kg Speisewasser}}{\text{Eindickungszahl (Speisewasser)}}$$

Konzentrationszyklen im Kesselwasser sind entweder durch gelöste Feststoffe, gesamtgelöste Stoffe, Gesamtalkalität oder Silikat begrenzt. Eine maximal erlaubte Konzentration wird dabei entweder durch Normen und durch Erfahrung festgesetzt. (Vd TÜV-Richtlinien)

Konzentrationszyklen können bestimmt werden, in dem die Konzentration von Chloriden im Zusatzwasser (oder Speisewasser) und im Kesselwasser geprüft werden.[1)]

Die Abschlämmung kann kontinuierlich erfolgen, entweder nahe der Oberfläche in der Dampftrommel, oder intermittierend und zwar manuell aus der Schlammtrommel. Kontinuierliche Oberflächenabschlämmung zielt darauf ab, die gelösten Feststoffe im Kesselwasser unter Kontrolle zu halten. Intermittierende Bodenabschlämmung beseitigt Schwebstoffe aus der Schlammtrommel, wo der Schlamm anfällt. Dieses Verfahren beseitigt einige gelöste Feststoffe sowie Schlamm.

Eine kontinuierliche Oberflächenabschlämmung, besser als Abflut bezeichnet, bietet ohne Frage die wirtschaftlichste und gleichmäßigste Kontrolle der gesamtgelösten Feststoffe (TDS), oder eines bestimmten gelösten Feststoffes. Die Kesselwasserabflut verläßt den Kessel durch eine perforierte Leitung, die ca. 38 cm unter der normalen Betriebswasserhöhe in der Dampftrommel liegt. Die Strömungsrate durch diese Leitung wird durch eine verstellbare Drosselscheibe, ein Nadelventil oder ein Keilventil reguliert; man verwendet vorzugsweise ein Ventil mit einem Anzeiger. Kontinuierliche Abflut ermöglicht nicht nur eine gleichmäßige Kontrolle der gelösten Feststoffe, sondern verhindert auch große Unterschiede im kritischen chemischen Gleichgewicht des Kesselwassers.

Das Drosselventil für die kontinuierliche Abflut kann stufenweise eingestellt werden, um eine sehr genaue Kontrolle der Kesselwasserkonzentration zu ermöglichen. Wenn das Ventil von Hand bedient wird, sollte es nach jeder Analyse der Kesselwasserleitfähigkeit neu eingestellt werden (die Leitfähigkeit wird an einer gekühlten Probe der kontinuierlichen Abflut selbst gemessen). In diesem Fall sollte das Ventil einmal pro Tag weit geöffnet werden, um eventuell angesammelten Schlamm auszuschwemmen. Nach dieser Ausspülung wird das Ventil wieder in seine normale Position gebracht.

Eine automatische Kontrolle der Abflut erreicht man, indem man einen Leitfähigkeitsmonitor verwendet, der das Drosselventil steuert. Solche Instrumente können wirtschaftlich sein, da sie eine Kontrolle bis zu einem festgesetzten Punkt ermöglichen und ein Mitreißen des Wassers, durch hohen Feststoffgehalt vermeiden. Zu hoher Verbrauch an Brennstoff und Aufbereitungschemikalien durch einen zu niedrigen Feststoffgehalt wird so verhindert.

Manuelles (Boden) Abschlämmen ist im allgemeinen auch in Systemen nötig, die kontinuierliches Abfluten zur Kontrolle der Konzentrationszyklen verwenden. Abgelagerter Schlamm muß durch manuelles Abblasen von Zeit zu Zeit entfernt werden. Mit einer Erhöhung der Schlammkonzentration im Kesselwasser wird das manuelle Abschlämmen sogar noch wichtiger. In Anlagen, die hartes Kesselzusatzwasser verwenden und gelöste Feststoffe der „begrenzende Faktor" für Konzentrationszyklen sind, kann manuelles Abschlämmen auch allein angewendet werden.

Häufiges manuelles Abschlämmen von kurzer Dauer ist wirksamer für eine Schlammbeseitigung, als gelegentliches Abschlämmen von längerer Dauer. In einigen Fällen, in denen eine Schlammbeseitigung nicht wirksam und gleichmäßig über die ganze Länge der Schlammtrommel erreicht wird, muß ein Winkeleisen über die Länge der Schlammtrommel installiert werden um die Abschlämm-Saugwirkung oder den Druckabfall zu verlängern. Eine Konstruktion für ein solches Winkeleisen wird in Abb. 10-6 gezeigt.

[1)] Chloride werden oft benutzt, um Konzentrationszyklen zu messen, da sie nicht an den gewöhnlich in Kesselwasser zu findenden Reaktionen teilnehmen. Abschlämmung über Leitfähigkeitsmessung wird verwendet, um Konzentrationszyklen konstant zu halten.

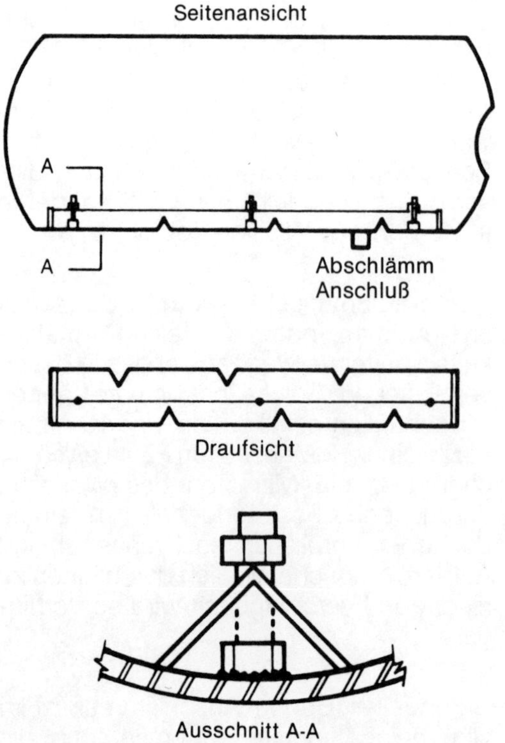

Durchmesser Abschlammröhre (zoll)	Winkeleisen (zoll)	Zahl der Kerben	Höhe der Kerben (zoll)
1.0	2 x 2 x 1/8	5	0.5
1.5	3 x 3 x 1/4	7	0.625
2.0	3 x 3 x 1/4	8	0.750
2.5	3 x 3 x 1/4	8	0.875
3.0	4 x 4 x 3/8	12	0.875
3.5	4 x 4 x 3/8	16	0.875
4.0	5 x 5 x 3/8	19	1.000

1. Die Tabelle zeigt die empfohlenen Winkeleisengrößen für einen bestimmten Durchmesser der Abschlämmröhre.
2. Das Winkeleisen sollte groß genug sein um die flache Seite der Abschlämmtrommel und die Röhrenbank zu bedecken.
3. Die Enden des Winkeleisens sollte als ¼" Platten ausgestattet sein, die der Biegung des Kessels angepaßt sind.
4. Die Tabelle zeigt die Zahl der gleichen, dreieckigen Kerben und Höhe dieser Kerben.
5. Jede Endplatte sollte eine Kerbe haben und die restlichen Kerben sollten gleichmäßig an beiden Seiten des Winkeleisens verteilt werden.
6. Das Winkeleisen sollte am unteren Teil der Abschlämmtrommel befestigt werden und die Bolzen sollten an den Mantel geschweißt werden.

Abb. 10-6. Angaben für die Installation von Winkeleisen.

Das Abschlämmwasser von jedem Kessel, ob intermittierend, manuelles Bodentrommelabschlämmen oder kontinuierliche Oberflächenabflut wird immer eine heiße Flüssigkeit unter Druck sein. Besondere Maßnahmen sind notwendig um ihre sichere und wirksame Abgabe in die Atmosphäre zu gewährleisten. Eine plötzliche Druckentspannung führt zur Verdampfung eines Teils der Flüssigkeit. Aus Sicherheitsgründen sollte dieser Phasenwechsel in einem speziell dafür ausgelegten Behälter stattfinden, der als Entspannungsbehälter bezeichnet wird.

In Niederdruckkesseln wird dieser Dampf sicher in die Atmosphäre abgegeben, während die abgekühlte Abschlämmflüssigkeit abgeleitet wird. In den meisten Kesseln mit Drucken von 7 bar und darüber, in denen die Verdampfung bei 0,4 bar oder höher stattfindet, wird der Abdampf zurückgewonnen und in der Anlage wieder verwendet. Solcher Abdampf wird meist zur Vorwärmung von Kesselspeisewasser verwendet. Der Dampf wird direkt in den Entgaser eingespritzt.

Wenn die Abschlämmenge groß ist, erhält das Wasser im Tank genügend Wärme, die dann durch einen Wärmerückgewinnungs-Austauscher geleitet werden kann. Die Wärme kann durch verschiedene Methoden zurückgewonnen werden, z. B. einem Heißwassererhitzer oder Kesselspeisewassererhitzer oberhalb des Entgasers. Die Verwendung eines vorgeschalteten Druckminderungsbehälters reduziert die Größe des unteren Wärmeaustauschers, sowie die Investitionskosten der Ausrüstung.

Kesselanlagen

Die verschiedenen Kesselsysteme lassen sich in zwei Gruppen aufteilen: Flammrohr- oder Wasserrohrkessel. Betriebsdruck, Kapazität und Kesselleistung liegen bei beiden Gruppen in verschiedenen Bereichen. Die Flammrohranlagen sind im allgemeinen auf wenige t/h und 14 bar

Sattdampferzeugung begrenzt. Die Wasserrohrkessel werden bis zu mehreren Tausend Tonnen/h Dampfkapazität bei entsprechend hohen Temperaturen und Drücken errichtet.

In Flammrohrkesseln laufen die heißen Verbrennungsgase durch von Wasser umgebene Rohre. Die Wärme wird durch die gesamte Oberfläche der Rohre und den äußeren Kesselmantel übertragen. Das ist eine Verbesserung gegenüber dem ursprünglichen Topf- oder Pfannenkessel, in dem die Wärme nur durch den Mantel übertragen wurde. Die Feuerungsanlage kann entweder außerhalb oder innerhalb des Kessels liegen. Die älteren Anlagen hatten einen äußeren Feuerungsraum, wobei der Horizontalrückflußrohrtyp (HRT) die Technik beherrschte (Abb. 10-7). Der HRT-Kessel besteht aus einem horizontalen Mantel, der den Wasserraum bildet. Rohre laufen an der Länge seines Mantels entlang und gehen durch beide Endplatten hindurch. Der Ofen, oder der Feuerungsraum befindet sich unterhalb des Mantels. Heiße Gase und Strahlungswärme von der Flamme erhitzen den Mantel. Die Gase laufen durch die Rohre, die zusätzlich Heizflächen bieten. Verbesserungen an dieser Grundkonstruktion waren z. B. der Zusatz von zweiten und dritten Zügen die durch den Wasserraum geführt werden, wobei diese zusätzlichen

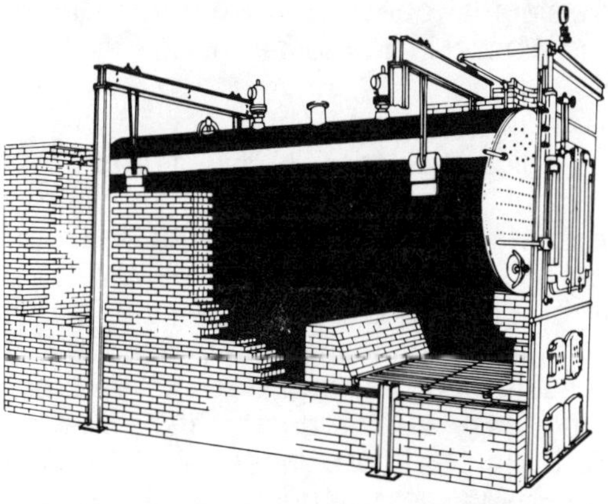

Abb. 10-7. Der Horizontalrückflußkessel hat einen geschweißten Mantel, der in einer Stahlkonstruktion hängt. Der Ofen ist unterhalb des Mantels. In der Frontplatte sind Türen zum Feuerungsraum für Reinigungszwecke.

Rohre eine noch größere Wärmeübergangsfläche brachten.

Zur weiteren Verbesserung wurden Scotch-Kessel mit eingebauten Öfen entwickelt. In diesen Anlagen findet die Verbrennung innerhalb eines zylindrischen Ofens statt, der im Mantel selbst liegt. Die Rohre im Wasserraum sind oberhalb und an beiden Seiten des Verbrennungsraumes angebracht. Die Verbrennungsgase verlassen den Ofen hinten am Kessel, wobei die Gase ihre Richtung ändern und die Röhrenzüge passieren, bevor sie abgezogen werden.

Die meisten modernen Flammrohrkessel sind „betriebsfertige" Anlagen, die dem Scotch-Kessel ähnlich sind (Abb. 10-8). Der Ausdruck „betriebsfertig" bedeutet, daß der Kessel entworfen, hergestellt und vor der Auslieferung getestet wird. Der Kunde erhält also einen kompletten Kessel, der sofort installiert werden kann.

Brenner, Kontrollanlagen und die meisten Hilfsanlagen werden im allgemeinen auch vom Hersteller gestellt. Die betriebsfertigen Modelle variieren in Bezug auf die Anzahl der Durchgänge des Verbrennungsgases im Mantel, bevor es in die Rauchkammer abgeht. Es gibt typischerweise Modelle mit 2,3 oder 4 Zügen. Um hohe Gasgeschwindigkeit während des gesamten Durchlaufs beizubehalten, reduzieren die Konstrukteure im allgemeinen die Anzahl und den Durchmesser der Rohre mit jedem folgenden Durchgang. Flammrohrkessel zeichnen sich durch ihre Fähigkeit aus, Dampf unter verschiedensten Temperaturen und Drücken zu erzeugen. Sie sind entweder betriebsfertig lieferbar oder werden am Ort gebaut. Fortschritte in der Konstruktion brachten extrem hohe Wärmeabgabe und Wärmeabsorptionsraten. Daher sind Flammrohrkessel auch sehr anfällig gegen Korrosion und Ablagerung an den wasserseitigen Oberflächen.

In Wasserrohrkesseln wird Wasser in Rohren zu Dampf umgewandelt, während heiße Gase an der Außenwand vorbeige-

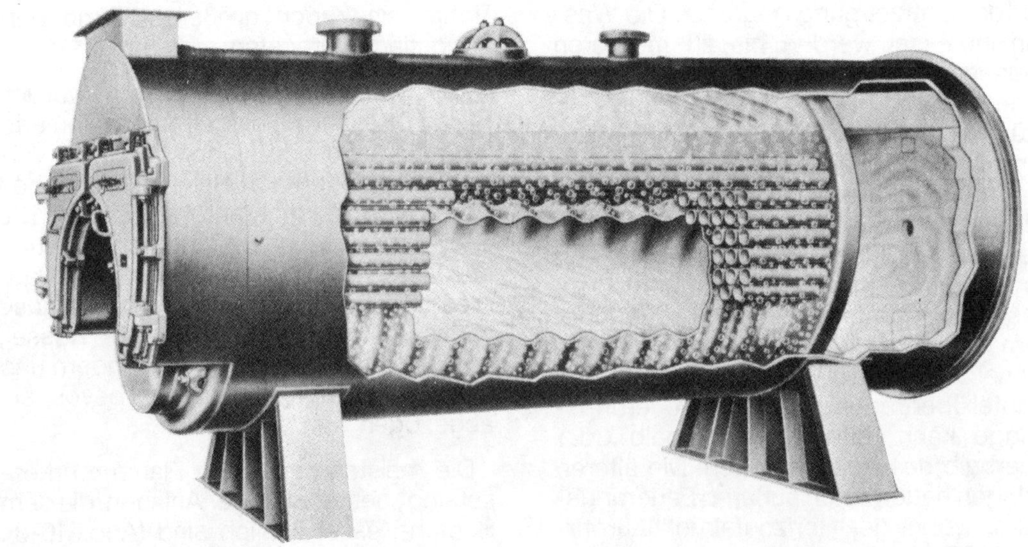

Abb. 10-8. Der Scott-Kessel hat auch eine geschweißte Konstruktion. Die Verbrennung ist im vorderen Teil und die Abgase werden im hinteren Teil nochmals durch die Röhren nach vorne in die Rauchkammer geführt. (Kesselzüge)

führt werden. Die Rohre sind untereinander mit gemeinsamen Sammlern oder Trommeln und Dampfablaßöffnungen verbunden. Die Rohrreihen werden normalerweise mit einer Reihe von Leitblechen gebaut. Diese führen die Verbrennungsgase über die Oberfläche, um eine maximale Wärmeabsorption zu erreichen. Wasserrohrkessel sind in vielen verschiedenen Ausführungen erhältlich, die sich in Bezug auf Druck, Kapazität, Qualität des erzeugten Dampfes, Art des Brennstoffes, Installations-und Inbetriebnahmekosten usw. unterscheiden.

Im Laufe der Jahre haben sich die Methoden der Kesselkonstruktion geändert. Frühere Kesseltrommeln wurden genietet, während die heute verwendeten Kessel alle geschweißt sind. Kessel niedrigen und mittleren Drucks haben gewalzte Rohrnähte in Trommeln und Sammlern. Rohrnähte in Hochdruckkesseln werden geschweißt. Wie noch in diesem Kapitel erläutert wird, beeinflußt die Kesselchemie genietete, gewalzte und geschweißte Konstruktionen in unterschiedlicher Weise.

Der Fluß von Dampf und Wasser innerhalb des Wasserrohrkessels wird als Umlauf bezeichnet. Die meisten Wasserrohrkessel arbeiten mit natürlichem Umlauf, während einige mit Zwangsumlauf betrieben werden. Kesselzirkulation ist durch den Dichteunterschied zwischen Dampf und Wasser möglich. In den dampferzeugenden Rohren hat die Mischung von Dampf und Wasser eine niedrigere Dichte als das Wasser in anderen Rohren, den Fallrohren. Im Kesselkreislauf ist daher der Strom von Dampf und Wasser in den heißeren, erzeugenden Rohren aufwärts, und in den kühleren, nichterzeugenden Rohren abwärts.

Ein einfacher Kesselkreislauf (Abb. 10-9) besteht aus einer oberen Trommel (Dampftrommel) und einer unteren Trommel (Schlammtrommel), die durch Rohre verbunden sind. Die dampferzeugenden Rohre, die sich im heißesten Bereich des Kessels befinden und den die Verbrennungsgase zuerst durchlaufen, werden als Steigrohre bezeichnet. Sie tragen die Dampf-Wassermischung aufwärts zur oberen Trommel, wo der Dampf freigegeben wird. Wasser fließt dann von der oberen Trommel durch die kühleren Rohre

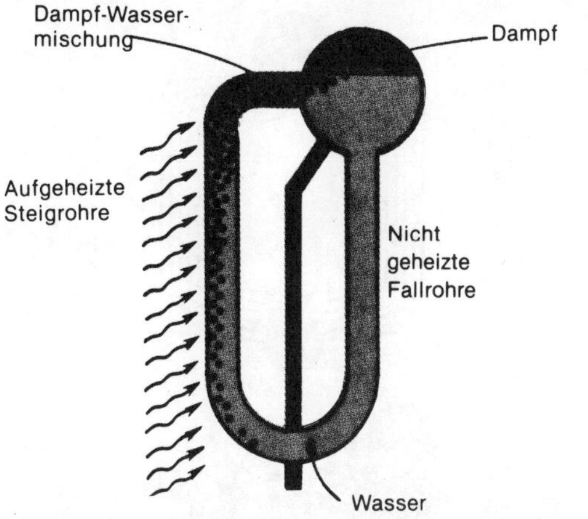

Abb. 10-9. In einfachen Wasserrohrkesseln bildet sich Dampf an der heißen Außenwand. Die Dampf-Wassermischung wiegt weniger als das Wasser an der kälteren Seite und wird deshalb verdrängt und im Kessel dann freigegeben.

zur unteren Trommel. Diese Rohre werden Fallrohre genannt.[1)]

In einem Kessel mit kontrolliertem oder Zwangsumlauf saugt eine Pumpe das Wasser aus einigen großen Fallrohren und fördert es in Hauptsammelrohre, die die dampferzeugenden Rohre versorgen. Diese Konstruktion ermöglicht den Einsatz von dampferzeugenden Rohren mit kleinerem Durchmesser sowie größere Rohrkreisläufe.

In allen Anlagen mit natürlichem Umlauf und auch Zwangsumlauf ist eine ausreichende Zirkulation für einen optimalen Betrieb des Wasserrohrkessels notwendig. Während die Dampf-Wassermischung durch die Kesselrohre strömt, kühlt sie das Rohrmetall, welches von den Verbrennungsgasen Wärme bezieht. Wenn die Zirkulation ungenügend ist, überhitzen die Kesselrohre.

Höhere Leistungsfähigkeit und Kapazität brachten viele Verbesserungen in die oben beschriebene Grundkonstruktion. Die Fläche des freiliegenden Kesselschamottsteins wurde durch Wasserwandrohre erheblich reduziert. Eine weitere heute sehr beliebte Konstruktion verringert ebenfalls die Schamottfläche, die den heißen Gasen ausgesetzt ist. Leitwände aus Tangentialrohren werden verwendet, um den Strom der heißen Gase in die gewünschte Richtung zu leiten. Überlegungen zur Erhöhung der Wärmeabsorption führen zu Konstruktionen, welche die Zirkulation des Wassers durch die Rohre verbessern. Solche Veränderungen machten die heute verwendeten Kessel auch sehr viel anfälliger gegen Ablagerungen im Inneren. Deswegen verlangt ein solcher Kessel auch ein Speisewasser von wesentlich besserer Qualität als es bei älteren Kesselkonstruktionen verwendet wurde. Die drei Grundkonstruktionen betriebsfähiger Anlagen, die heute hergestellt werden sind:

a) „D"-Kessel (Abb. 10-10), ein Zwei-Trommelsystem, bei dem die Dampftrommel direkt oberhalb der Schlammtrommel liegt. Steig- und Fallrohre verbinden die Trommel wie in dem vorher erwähnten vereinfachten Kreislauf eines Kessels. Der Verbrennungsraum und der Brenner liegen an einer Seite und eine zusätzliche Wand von Rohren kleidet den Verbrennungsraum aus. Diese Rohre bilden den äußeren Teil des „D" nach dem diese Kesselkonstruktion benannt wird.

b) Der „O"-Kessel (Abb. 10-11) verwendet ebenfalls zwei Trommeln. In diesem Fall liegen sie auf einer vertikalen Linie, und die Steig- und Fallrohre verbinden die Trommeln in „O"-Form. Die Lage des Brenners in der Mitte des Kessels vermittelt eine große Menge Strahlungshitze, die von den Ofenwandrohren absorbiert wird, wobei diese Rohre auch den meisten Dampf erzeugen. Die Kapazität solcher Anlagen wird durch eine Vergrößerung ihrer Länge verbessert. Ihre Höhe ist jedoch begrenzt durch die Schwierigkeiten, eine solche betriebsfertige Anlage zum Standort zu transportieren. In einigen solcher Kessel liegt die Speisewasserleitung in der

---

[2)] Die hier gegebene vereinfachte Darstellung hat eine Unstimmigkeit: Unter Betriebsbedingungen erhalten die Fallrohre etwas Wärme. Diese reicht jedoch nicht aus, um Dampf in den Fallrohren zu erzeugen und beeinflußt deswegen nicht die Zirkulation.

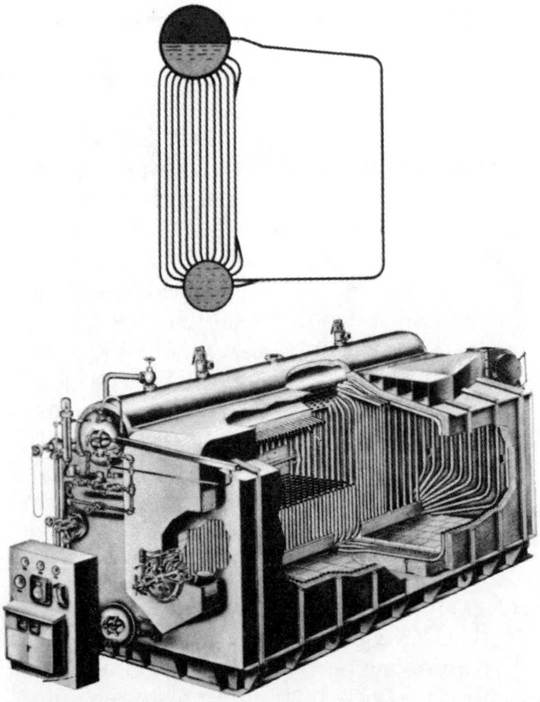

Abb. 10-10. „D"-Typen sind sehr flexibel. Die aktiveren Steigrohre sind näher der Wassergrenze. Brenner können an einem Ende sein oder zwischen den Röhren im äußeren Teil des D's, im rechten Winkel zu dem Kessel.

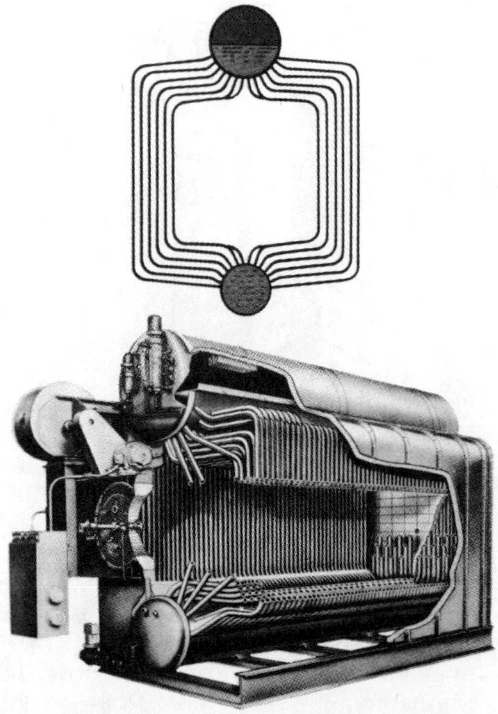

Abb. 10-11. „O"-Typ ist auch ein kompakter Dampferzeuger. Der Transport begrenzt die Höhe des Brenners, deshalb ist ein längerer Kessel notwendig bei gleicher Kapazität wie im D-Typ.

Schlammtrommel. Bei einer solchen Konstruktion muß eine Vorbehandlung besonders sorgfältig durchgeführt werden.

c) Der „A"-Kessel (Abb. 10-12) verwendet eine große Dampftrommel und zwei kleinere Schlammtrommeln, wobei die Steig- und Fallrohre, welche die drei Trommeln miteinander verbinden, die Kesselform zu einem „A" vervollständigen. Die Verbrennung findet in der Mitte des Kessels statt, wobei die Ofenwandrohre den meisten Dampf erzeugen. Der „A"-Kessel kann gegen Wassermangel in den Rohren besonders anfällig sein, wenn die Bodenabschlämmung falsch vorgenommen wird. Die meisten Hersteller empfehlen kein Bodenabschlämmen, wenn der Dampfdruck mehr als 80 % des ausgelegten Drucks beträgt. In sehr empfindlichen Anlagen können Winkeleisen zur Schlammsammlung diesen Wassermangel reduzieren. Besser ist aber immer eine gute Speisewasseraufbereitung.

Die Gesamtgröße und daher die Kapazität betriebsfertiger Wasserrohrkessel wird vor allem wegen der Transportschwierigkeiten vom Hersteller zum Kunden begrenzt. Die Transportkosten einer solchen betriebsfertigen großen Anlage werden untragbar. Daher werden Wasserrohrkessel normalerweise am Standort aufgestellt, wenn die Dampfkapazität über 100 t/h oder der Druck über 60 bar liegt. Am Standort gebaute Kessel bestehen im allgemeinen aus zwei Kesseln, die durch Steig- und Fallrohre verbunden sind und dabei oberhalb und zu einer Seite eines mit Wasserwandrohren ausgekleideten relativ großen Strahlungsofen liegen. Da ein solcher Ofen sehr viel Hitze abgibt, sind die Wasserwandrohre für den größten Teil der Dampferzeugung verantwortlich. Die vertikalen Ofenwandrohre sind an beiden Enden durch Sammelrohre verbunden. Die oberen und unteren Sammelrohre werden mit den Untertrommeln und

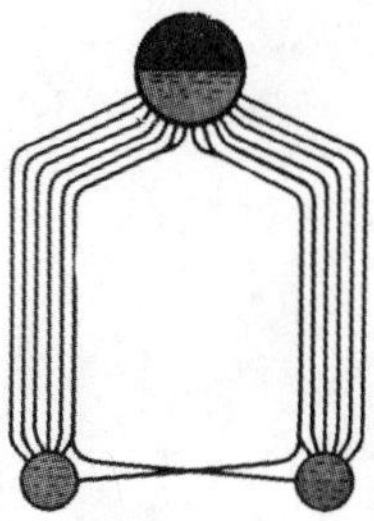

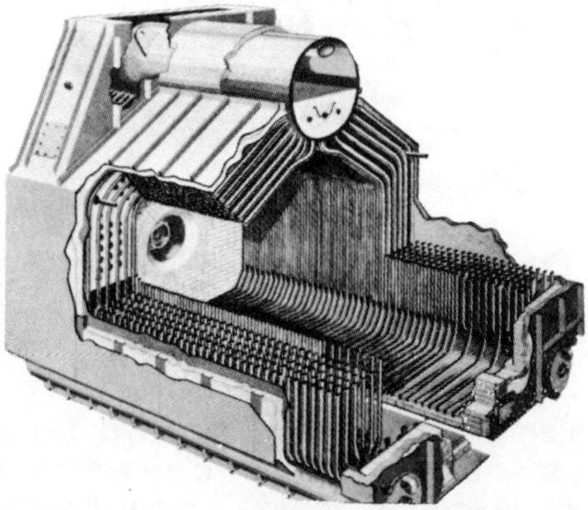

Abb. 10-12. „A"-Typ hat zwei kleinere Schlammtrommeln. Die obere Trommel ist größer, um die Trennung von Wasser und Dampf zu gewährleisten. Die Dampferzeugung ist in der Mitte.

Dampftrommeln verbunden. Ergänzt wird diese Grundkonstruktion solcher am Ort aufgestellter Anlagen durch die nötigen Nebenanlagen, wie z. B. Abgasvorwärmer, Lufterhitzer und Überhitzer.

Der Bedarf an hoher Kesselleistung in Elektrizitätswerken führte zu extrem hohen Betriebsdrücken. Bei 224 bar (kritischer Druck) und darüber, werden Wasser und Dampf im Kessel zu einer Phase. Kessel, die für diesen Druckbereich ausgelegt sind, brauchen keine Dampftrommel und ihre Konstruktion basiert daher auf Zwangsdurchlauf. Zwangsdurchlaufkessel bestehen aus vielen Rohren, die durch Sammelrohre verbunden sind, um die Wasserversorgung und die Dampfsammlung zu ermöglichen. Für eine gleichmäßige Verteilung der Flüssigkeit in den Rohren sorgen Sammelrohre mit Meßblenden. Das in die Rohre eintretende Wasser verläßt sie als einphasige, „superkritische" Flüssigkeit, die dann durch einen Überhitzer fließt, bevor sie in die Turbine abgegeben wird. Um die Ablagerung von Verunreinigungen in diesen Kesseln zu vermeiden, muß das Speisewasser von außerordentlich hoher Qualität sein. Eine sehr strenge Kontrolle der Wasserchemie und Beschaffenheit ist notwendig und muß kontinuierlich erfolgen.

Abhitzekessel gibt es in verschiedenen Konstruktionen wie z. B. für Anlagen der Zellstoffverarbeitung, katalytisches Cracken, Äthylenoxid und Ammoniak. Sie nutzen die Wärme heißer Prozeßgase zur Dampferzeugung.

Das Innere der Dampftrommel

Der Zweck einer Dampftrommel in einem Wasserrohrkessel ist, genügend Volumen und eine niedrige Strömungsgeschwindigkeit zur Trennung von Dampf und Wasser zur Verfügung zu stellen. Die wird durch mechanische Vorrichtungen innerhalb der Trommel gefördert, die den Dampf längere Strecken bis zum Ablaß-Sammelrohr zurücklegen lassen. Solche Vorrichtungen reduzieren außerdem das mechanische Mitreißen von Wassertropfen im Dampf (mechanisches Mitreißen). Sie beeinflussen dagegen nicht die im Dampf gelösten Substanzen (Mitreißen von flüchtigen Substanzen).

Die Verwendung des Dampfes bestimmt die Dampfreinheit und auch die erlaubte Menge von mitgerissenen Substanzen. Hier gilt als allgemeine Regel, daß höchste Reinheit verlangt wird, wenn der Dampf eine Turbine antreiben soll. Dies wiederum ist dann der Fall, wenn Kessel mit relativ hohen Drücken betrieben werden.

In kleineren Niedrigdruckkesseln (Flammrohr- und Wasserrohrkesseln) werden im Normalfall keine komplizierten Dampftrenner benötigt. Abschirmplatten und Trockenrohre, die im Raum oberhalb des Wasserstandes in der Dampftrommel installiert werden, reduzieren das mechanische Mitreißen.

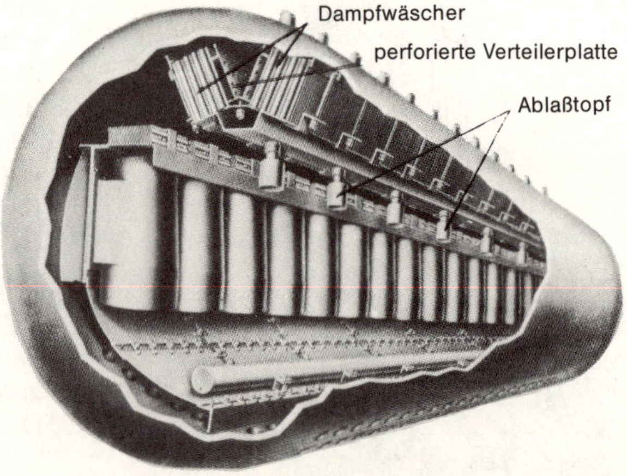

Abb. 10-13. Mechanische Dampftrennung in Dampfkesseln wird durch Zyklonabscheider vervollständigt, die entlang der Trommel installiert sind. Wenn die Dampf-Wassermischung in die Zyklone läuft, wird das Wasser durch die Zentrifugalkraft an die Seite gedrückt. Dampfwäscher vervollständigen die Anlage.

Trockenrohre und Umlenkbleche trennen den Dampf vom Wasser durch eine schnelle Richtungsänderung des Dampfflusses. Dabei trennt sich mitgenommenes Wasser vom Dampf, sammelt sich in einer Trennungsanlage und läuft wieder in den Wasserraum zurück.

Moderne Hochdruckanlagen erzeugen hochreinen Dampf, um Ablagerungen in Überhitzern und an den Turbinenschaufeln zu vermeiden. Bei hohen Betriebsdrucken wird es noch schwieriger, das Innere der Trommel auf hohe Leistung auszulegen. Das liegt hauptsächlich daran, daß sich die physikalischen Eigenschaften von Wasser und Dampf bei einer Temperaturerhöhung ändern. Mit dem Anstieg von Druck und Temperatur fallen sowohl Oberflächenspannung des Wassers, als auch der Dichteunterschied zwischen Dampf und Wasser.

Die Entwicklung von Dampftrennern, wie z. B. Zyklonabscheider, (Abb. 10-13), öffnete den Weg zu einer leistungsfähigeren Dampf-Wassertrennung in Hochdruckanlagen. Ein typischer Abscheider besteht aus einer oder zwei Reihen von Zyklonen, die entlang der Dampftrommelseiten installiert sind. Wenn die Dampf-Wassermischung durch die verschiedenen Steigrohre in die Trommel eintritt, schleusen eine Reihe von Umlenkblechen diese Mischung in die Zyklone. Durch Zentrifugalkraft wird das Wasser an die Seiten des Zyklons gedrückt und zur Dampftrommel unterhalb des Wasserstandes zurückgeführt, während der Dampf durch zusätzliche Trenneinrichtungen läuft, bevor er in den Dampfsammler gelangt.

Einige Reinigungseinrichtungen waschen den Dampf mit Speisewasser oder Kondensat. Im Idealfall bleibt der Feuchtigkeitsgehalt gleich, während gelöste Feststoffe beseitigt oder wesentlich reduziert werden. In der praktischen Anwendung steigt der Feuchtigkeitsgehalt jedoch häufig an, wobei die gewonnene höhere Reinheit des Dampfes oft nicht die zusätzlichen Kosten, die Komplexität der Anlage und den Druckabfall eines Dampfwaschsystems rechtfertigen.

Obwohl die beschriebenen Trenner den Kessel deutlich beeinflussen, so sind auch andere Faktoren nicht außer acht zu lassen. Die sorgfältig ausgewählte innere Wasseraufbereitung und die Vorbehandlung des Speisewassers reduzieren die Neigung des Kesselwassers zum Mitreißen. Die American Boiler Manufactures Association hat Normen für die chemische Beschaffenheit des Kesselwassers aufgestellt, die aber mittlerweile wieder aufgehoben wurden, da sie zu allgemein gehalten waren. Kessel, die mit Dampftrennern ausgerüstet waren und unter diesen Bedingungen der Normen betrieben wurden, boten die Garantie einer Dampferzeugung mit weniger als 1 mg/l Gesamtfeststoffen bei der jeweils ausgelegten Kapazität. Die American Society of Mechanical Engineers hat vor kurzem neue Kriterien herausgegeben, die obwohl allgemein gefaßt – als gute Richtlinien dienen können.

In Deutschland wurden von der Vereinigung der technischen Überwachungsvereine (Vd TÜV) entsprechende Richtlinien für die Praxis ausgearbeitet.

Die Dampftrommel ist in den meisten Konstruktionen nicht nur der Ort der kontinuierlichen Abflut, sondern, in ihr liegen auch die Eintrittsöffnungen für Speisewasser und chemische Aufbereitung. In Kesseln von besonderer Konstruktion, mit drei oder mehr Trommeln, werden diese Leitungen in verschiedene Trommeln installiert. Falsche Installation und Verteilung kann zu den verschiedensten Problemen führen. Im allgemeinen wäre der folgende Aufbau wünschenswert:

a) Kontinuierliche Abflutleitung an der Stelle mit der maximalen Konzentration des Kesselwassers (in Nähe der Steigrohre);

b) Die Speisewasserleitung wird so installiert, daß die Fallrohre gleichmäßig versorgt werden, ohne die kontinuierliche Abflut zu beeinträchtigen;

c) Die Dosierung für Chemikalien wird so angebracht, daß eine gleichmäßige Verteilung auf der Fallrohrseite des Speisewassers gewährleistet ist, jedoch nur nach der Mischung des Speisewassers mit dem alkalischen Kesselwasser. Diese Leitung muß so installiert werden, daß die Aufbereitungschemikalien nicht durch das kontinuierliche Abschlämmventil ausgetragen werden. Chelatverbindungen werden dem Speisewasser zudosiert, bevor es in den Kessel eintritt.

Diese Leitungen sollten mit Kappen versehen sein deren Löcher eine spezifische Größe und Form haben, um eine gute Verteilung zu gewährleisten. Sollten Schwierigkeiten erwartet werden oder schon aufgetreten sein, so müssen Beratungsgespräche mit Herstellern und Lieferanten geführt werden.

Überhitzer

Sattdampf aus den Trommeln großer Industriekessel wird normalerweise durch Überhitzer geschickt, bevor er den Kessel verläßt. Der Überhitzer erhitzt den Dampf bei Kesseldruck über die Sättigungstemperatur. Überhitzter Dampf hat einen höheren Wärmeinhalt als gesättigter Dampf und gibt damit zusätzliche Antriebskraft für Turbinen bei nur wenig erhöhtem Brennstoffverbrauch.

An Überhitzerrohren fließt der Dampf im Inneren der Rohre und heiße Verbrennungsgase an der Außenseite; daher sind Oberflächentemperaturen höher als im Kesselrohr. Abhängig von der End-Dampftemperatur müssen verschiedene Stahllegierungen, die gegen eine Oxydation durch Dampf bei höheren Rohrwandtemperaturen widerstandsfähig sind, verwendet werden. Im praktischen Gebrauch werden heute unlegierte Stahlrohre bei Dampftemperaturen bis 426° C eingesetzt, Chrom-Molybdänstahl bis 510° C und Edelstahl Typ 321 oder Croloy (USA) bis 565° C. Die Wahl der Legierung wird auch durch die Korrosivität der feuerseitigen Ablagerungen bestimmt.

Ob unlegierter oder legierter Stahl verwendet wird, immer ist es wichtig, daß in jedem Überhitzerrohr der richtige Dampfstrom, um eine Überhitzung zu vermeiden, vorhanden ist. Ein Betrieb bei Dampftemperaturen über der Auslegungstemperatur kann zu einer übermäßigen Entwicklung von Eisenoxiden im Rohr führen, auch wenn diese Temperatur nicht so hoch ist, daß sie das Rohr zerstört. Dieses Oxid neigt wegen der, während der Inbetriebnahme und Außerbetriebsetzung auftretenden Temperaturveränderungen, zur Absplitterung. Dies führt in der Folge zu starkem Abrieb am Düsenblock der Dampfturbine und an den Schaufeln der ersten Reihe. Rohroberflächen müssen von innen und außen sauber sein, damit ein mögliches Mitreißen so niedrig wie möglich gehalten wird. Anderenfalls verursachen Ablagerungen von Kesselwasserfeststoffen Überhitzung und Versagen des Rohres.

Bei Überhitzerkonstruktionen spricht man normalerweise von Konvektions-, Strahlungs- oder kombinierten Systemen. Ein Konvektionsüberhitzer wird im Rauchgasstrom installiert. Strahlungsüberhitzer liegen in oder nahe bei der Feuerung und werden durch Abstrahlung erhitzt.

Viele Überhitzer in modernen Kesselanlagen sind hängend und nicht entleerbar. Bei jedem Stillstand des Kessels behalten die unteren Krümmungen jedes Durchgangs das vom Restdampf im Überhitzer erzeugte Kondensat. Bei der Wiederinbetriebnahme muß dieses Kondensat sehr sorgfältig verdampft werden, wobei der Dampf durch eine Entlüftung abgelassen wird bevor die Turbine startet. Während des Betriebsstillstandes oder während der Reinigung des Kessels, müssen Überhitzer mit hochreinem Wasser, das ein flüchtiges, neutralisierendes Mittel und ein Sauerstoffbindemittel enthält, gefüllt werden. Als Alternative kann der Überhitzer mit einem Inertgas, wie z. B. Stickstoff, durchgespült werden. Unter keinen Umständen sollte ein nichtentleerbarer Überhitzer mit Wasser gefüllt werden, welches nichtflüchtige gelöste Feststoffe enthält. Diese Feststoffe setzen sich an den Überhitzerrohroberflächen ab und es ist fast unmöglich, sie durch Spülung oder chemisches Reinigen zu beseitigen. Dieselben vorher erwähnten Versichtsmaßnahmen gelten auch für die Zwischenüberhitzer.

Turbinen

Turbinen werden normalerweise mit überhitztem Kesseldampf angetrieben. Ihre Funktion ist es, einen anderen drehenden Teil der Anlage anzutreiben. Die größten Turbinen werden zum Antrieb von Elektrogeneratoren verwendet. In den meisten Anlagen wird die maximale Energie des Dampfes zur Krafterzeugung genutzt, bevor der Abdampf kondensiert wird, um zum Kessel als Speisewasser zurückgeführt zu werden. In einigen Dampfkraftwerken und vielen Industrie-Kraftanlagen wird Dampfenergie teilweise zur Elektrizitätserzeugung verwendet. Dies geschieht auf Vorschaltturbinen. Die Restenergie wird als Niederdruckdampf in der Fabrikation verbraucht. Manchmal wird der Dampfbedarf einer Industrieanlage durch einen Teil des der Turbine entnommenen Dampfes gedeckt, wobei der Rest durch die Niederdruckphase zum Kondensator abgeführt wird.

Die Wirtschaftlichkeit und Leistungsfähigkeit einer Turbine hängt von ihrer Konstruktion und den Schaufeln ab. Da Turbinen mit sehr niedrigen Toleranzen gebaut werden, haben bewegliche und unbewegliche Teile nur wenig Spiel, Vibration ist daher unerwünscht und von Nachteil. Ein besonderes Problem stellt die Erosion der Turbinenschaufeln durch Kondensation dar und Ablagerungen deformieren Turbinenflügel und Form der Düse. Es entsteht eine rauhe Oberfläche, wodurch der Widerstand des Dampfstromes erhöht wird. Zweitens können Ablagerungen an den Flügeln die Turbine in Unwucht bringen mit der Folge von unzulässig hohen Vibrationen.

Im allgemeinen werden Ablagerungen an der Turbine entweder durch Mitreißen von Feststoffen oder durch Korrosion verursacht. Nichtselektives Mitreißen im Kesselwasser kann durch einen hohen Gehalt an Gesamtfeststoffen im Kesselwasser, hohe Kesselwasseralkalität, Speisewasserqualität (d. h. periodische Verschmutzung irgendwelcher Art) und auch mechanischen Schwierigkeiten (d. h. Dampftrennungsversagen, rapide Belastungsänderungen, hoher Wasserstand) bedingt sein. Normalerweise ist es möglich, die an den Turbinenflügeln gebildeten Anlagerungen (als Folge solchen Mitreißens) mit dem während des Betriebs bei niedriger oder ohne Belastung gebildeten Kondensat abzuwaschen.

Das selektive Mitreißen erweist sich dagegen als ein schwerwiegenderes Problem. In diesem Fall wird ein Feststoffbestandteil verflüchtigt und im Dampf gelöst. In Hochdruckanlagen ist Silikat der am häufigsten vorgefundene Bestandteil der durch Verflüchtigung mitgerissen wird. Bei jedem Druck ist seine Flüchtigkeit von der Silikatkonzentration und dem pH-Wert des Kesselwassers abhängig. Reine Silikatablagerungen sind hart und glasig und können nicht durch Kondensat entfernt werden, sondern nur durch Sandstrahlung. Wenn nichtselektive, mitgerissene Partikel zusammen mit Kieselsäure vorhanden sind, können sich auch lösliche Natriumsilikatablagerungen bilden.

Ein weiteres schwerwiegendes Problem in den Turbinen ist auch die durch ungenügende Speisewasseraufbereitung verursachte Korrosion bei Betriebsstillstand. Für eine solche Korrosion sind auch falsch angewandte Maßnahmen und Vorkehrungen bei der Außerbetriebsnahme von Kessel und Turbine verantwortlich. Häufige Folge ist eine teilweise oder gesamte Neubeschaffung der Turbine, die erhebliche Kosten verursacht.

Kondensatoren

Der die Turbine verlassende Abdampf muß in der Anlage verwendet oder kondensiert werden bevor er wieder in den Kessel eintritt. In der Industrie gibt es zwei Grundtypen von Kondensatoren. Bei jedem Typ wird während der Kondensation des Dampfes ein Vakuum gebildet, wobei dieses Vakuum den Gegendruck an der Turbine reduziert und gleichzeitig die Leistungsfähigkeit und Kapazität der Anlage erhöht und verbessert.

Der Oberflächenkondensator ist der am häufigsten verwendete Typ. Er besteht aus einem geschlossenen Behälter der mit einem Rohrbündel versehen ist. Kühlwasser fließt durch die Rohre, während der Dampf an ihren Außenseiten herumgeführt wird. Das durch die Rohre fließende Kühlmittel wird entweder im Durchlauf verwendet oder über einen Kühlturm umgewälzt. Das Kondensat fließt unten am Kondensator zu einem Abflußraum, von wo es dann wieder in den Wasser-Dampfzyklus eintreten kann. Nichtkondensierbare Gase und Luft, die durch Undichtigkeiten eingetreten sind, werden durch Ejektoren oder Vakuumpumpen in einem gesonderten Luftentfernungsteil des Kondensators beseitigt. Die Entfernung von Luft und Sauerstoff reduziert nicht nur den Gegendruck an der Turbine, sondern vermindert auch Korrosionen an Eisen oder Kupfer im Vorwärmebereich. Durch Dampfstrahl-Luftejektoren beseitigter Ammoniak löst sich im Kondensat des Strahlkondensators und wird, wenn dieses Kondensat in den Hauptturbinenkondensator geht, zurückgeführt. Ein solcher Umlauf kann zu Ammoniakkonzentrationen führen, die in Gegenwart von Sauerstoff, auf Kupfer-oder Messingkondensatorrohren im Luftbeseitigungsteil korrosiv wirken. Ein Einspritzen von katalysiertem Hydrazin kann bei solchen Problemen sehr wirksam und vorteilhaft sein. In solchen Fällen soll das Kondensat des Luftejektorkondensators getrennt aufbereitet werden. In anderen Fällen sollten die Kupfer-und Messingrohre in diesem Teil der Anlage am besten durch 90-10 oder 70-30 Kupfer-Nickellegierungen, oder 304 Edelstahl ersetzt werden (USA-Bezeichnung).

Neben den durch eine Korrosion auftretenden Schwierigkeiten sind Kondensatoren auch der Erosion und Vibration an der Dampfseite ausgesetzt. Kondensattropfen im Abdampf können bei genügend hoher Geschwindigkeit, Teile der oberen zwei Rohrreihen soweit erodieren, daß ein Versagen auftritt. Um dieses zu vermindern werden Schutzmäntel oder Gitter einer widerstandsfähigeren Legierung auf oder vor der ersten Reihe der Rohre installiert. Rohrvibration führt auch häufig durch Reibung oder Ermüdung zu sehr schnellem Rohrversagen. Die bestimmenden Faktoren sind hier Dampfgeschwindigkeiten am Eintritt, und der Abstand zwischen Rohrstützplatten, soweit dieser über den kritischen Werten für Rohrmaterial, Durchmesser und Wanddicke liegt. Soll die Vibration in schon vorhandenen Anlagen ausgeschaltet werden, so ist oft eine Reduktion der Turbinenkapazität notwendig.

Dampfverwendung

Kraftwerke und geschlossene Heizanlagen sind zwei Beispiele für große Anlagen in denen der gesamte erzeugte Dampf praktisch in geschlossenen, nichtverschmutzenden Anlagen benutzt wird. Der gesamte Dampf wird kondensiert und als Speisewasser zum Kessel zurückgeführt, wobei in solchen Systemen wenig Wasser verloren geht.

Viele Industrieanlagen verwenden Dampf um Anlagenteile zu erhitzen, wobei Kondensat nicht zurückgewonnen werden kann. Dies ist oft der Fall, wenn der Dampf mit in das Endprodukt eingeschlossen oder durch Kontakt mit dem Produkt verschmutzt wird. In anderen Fällen geht Kondensat verloren, da es zu kostspielig ist es zu sammeln und zurückzupumpen. Solche Anlagen verlangen große Menge an Zusatzwasser.

Ein weiterer interessanter Punkt ist die Verwendung als Prozeßdampf, wobei hier besondere Anforderungen an die Dampfqualität gestellt werden. Dieses Konzept wird angewandt bei der Produktion von Lebensmitteln und Arzneimitteln, wo besonders auf die Dampfqualität Wert gelegt wird. Nicht ganz so streng sind die Qualitätsanforderungen bei der Herstellung von Papier oder der Petrochemie, wo Dampf direkt in ein Produkt eingeblasen werden kann und die Qualität des Produktes beeinflußt. In gleicher Weise ist auch die Einwirkung des Dampfes während der Erwärmung eines Produktes wichtig. Ein solcher Dampf darf weder Ablagerungen verursachen, die den Wärmeübergang beeinträchtigen, noch Korrosion hervorrufen.

Ziele der Wasseraufbereitung

Kesselspeisewasser, unabhängig von Art und Ausmaß der Aufbereitung, kann Verunreinigungen mit sich führen, die Ablagerungen, Korrosion und Mitreißen verursachen.

Ablagerungen reduzieren direkt die Wärmeübertragung, führen zu höherem Brennstoffverbrauch, höheren Metalltemperaturen und schließlch zum Versagen. Solche Ablagerungen im Kessel können außer im Kessel selbst, auch zu Schwierigkeiten in den vor- und nachgeschalteten Anlagen führen.

Korrosion manifestiert sich nicht nur im Versagen am Angriffspunkt, sondern führt auch zu hohen Metalloxidverschmutzungen, welche an anderen Stellen Ablagerungen bilden. Wie in den meisten wasserführenden Systemen stehen die Probleme der Ablagerungsbildung und der Korrosion in einer solchen Wechselbeziehung, daß beide gleichermaßen wirksam korrigiert oder verhindert werden müssen, um befriedigende Resultate zu erzielen.

Ein Mitreißen von Substanzen führt zu Ablagerungen, Korrosion und/oder Erosion im Überhitzer, in der Turbine und im Kondensatsystem. Schwerwiegende Leistungsverluste, besonders bei überhitztem Dampf in Kraftwerken, sind die Folge eines Verlustes der Überhitzung, Ablagerungen auf den Turbinenflügeln, sowie von Erosion und Korrosion. Selbst Kleinstmengen, die mitgerissen werden, können zum Versagen oder zum Stillstand des gesamten Systems führen.

Daher sind die drei Hauptziele einer Kesselwasseraufbereitung:

a) die Bildung von Ablagerungen zu verhindern

b) die Korrosion von Metallen zu reduzieren

c) das Mitreißen von Kesselwasser zu verhindern.

Alle Teile eines Dampf-Wassersystems sind voneinander abhängig, und bei der Wahl eines Aufbereitungsprogramms muß das System als Ganzes berücksichtigt werden.

In diesem Kapitel wurden verschiedene Arten der äußeren Aufbereitung behandelt, während die folgenden Kapitel die inneren Aufbereitungsmöglichkeiten erörtern. Wegen der grundlegenden Unterschiede der Beschaffenheit und Eigenschaften eines Hochdruckkessels und seiner Aufbereitung, und auch um einer Verwirrung zu vermeiden, wird das Thema der Aufbereitung in Hochdruckkesselanlagen getrennt behandelt.

Kapitel 11
Korrosionsschutz von Dampferzeugungsanlagen

Korrosionskontrolle im Betrieb

Die Verhinderung von Korrosion in Dampferzeugern und Nebenanlagen während des Betriebs ist dringend notwendig. So werden Rohrbrüche und deren Folgeschäden, sowie Schäden an der kostbaren Ausrüstung und Reparaturen oder Wartungsstillstandzeiten sowie Produktionsverluste verhindert. Eine unkontrollierte Korrosion in Kesselanlagen ist gefährlich und teuer, selbst dann, wenn die Anlage nicht ausfällt. Eisen- und Kupferkorrosionsprodukte werden häufig in einen Kessel eingetragen und sind dort ablagerungsfördernde Substanzen, oder tragen je nach den Bedingungen der jeweiligen Anlage zu einem Laugen- oder Wasserstoffangriff bei.

Die Grundmechanismen der Korrosion in Wassersystemen wurden schon in Kapitel 3 behandelt. Die Erörterung in diesem Kapitel beschränkt sich auf Methoden der chemischen Aufbereitung zur Verhinderung der Korrosion in Kesseln, Dampf-und Kondensatanlagen, Turbinen, Kondensatoren und Speisewassererhitzern. Die meisten dieser Aufbereitungsmethoden verlangen gleichzeitig eine Kontrolle der Betriebsparameter, partielle und mechanische Beseitigung korrosionsfördernder Mittel und die richtige Wahl des Baumaterials.

Kontrolle der Sauerstoff-Korrosion

Die Gegenwart von gelöstem Sauerstoff im Kesselwasser führt zur Depolarisation der Kathode aller Korrosionszellen, wodurch der Korrosionsprozeß weiter unterstützt wird. Die bekannteste Form eines Sauerstoffangriffs in Kessel-, Dampf und Kondensatsystemen ist die Lochfraßkorrosion (Abb. 11-1). Ein Vorhandensein von Sauerstoff ist auch bei anderen Korrosionsmechanismen Voraussetzung. Seine Rolle ist dort jedoch weniger offensichtlich. Gelöster Sauerstoff ist ein notwendiger Bestandteil bei einer Ammoniakkorrosion der kupferlegierten Kondensatorrohre. Zusammen mit Chloriden werden Spannungsrißkorrosionsbrüche von Edelstählen verursacht.

Abb. 11-1. Sauerstoff-Lochfraß eines Dampfrohres aus Kohlenstoffstahl.

Die Sauerstoffkonzentration sollte daher so niedrig wie möglich gehalten werden soweit dies wirtschaftlich zu vertreten ist, und zwar in der gesamten Dampferzeugungsanlage, unabhängig von Typ, Druck oder Größe. Diese Bedingungen werden mit höherem Betriebsdruck und in größeren Anlagen noch kritischer, da sich die Kosten und die Gefahr eines Versagens der Anlagen proportional erhöhen.

In größeren und komplizierteren Systemen kann und soll der größte Teil des gelösten Sauerstoffs mechanisch, durch Entgasungs-Speisewassererhitzer, Kondensatoren oder Heißenthärtung beseitigt werden. Diese Apparaturen und ihre Funktion wurden bereits beschrieben. Man sollte beachten, daß diese mechanische Entgasung nicht nur beim Zusatzwasser verwendet werden muß, sondern auch beim Kondensat, besonders dann, wenn das Kondensatsystem unter Vakuum arbeitet, oder wenn die Kondensattanks Öffnungen für Atmosphäre haben.

Unter optimalen Betriebsbedingungen ist es oft unmöglich bei mechanischen Entgasern die Menge gelösten Sauerstoffs unter 0,002 ml/l zu bringen, was normalerweise den Garantiewert für moderne Entgaser darstellt. Etwaige Störung innerhalb einer solchen Anlage führen dann zu wesentlich höheren Konzentrationen an gelöstem Sauerstoff im System. Die Beimischung eines chemischen Reduktionsmittels das sich mit dem Restsauerstoff verbindet, hat sich in der Praxis bewährt. Das Sauerstoffbindemittel schützt im Fall eines möglichen Fehlbetriebs des Entgasers. Natriumsulfit oder Hydrazin sind praktisch die einzigen Chemikalien, die für diesen Zweck verwendet werden und beide können katalysiert werden, um die Reaktionsfähigkeit zu verbessern.

Natriumsulfit

Natriumsulfit wird seit langem als Sauerstoffbindemittel in der Kesselwasseraufbereitung verwendet. Es reagiert besonders bei höherem pH-Wert und erhöhter Temperatur leicht mit Sauerstoff und bildet Natriumsulfat nach folgender Reaktion:

$$2\ Na_2\ SO_3 + O_2 \rightarrow 2\ Na_2\ SO_4$$

Die Stöchiometrie dieser Reaktion zeigt, daß 7,88 Teile reines Natriumsulfit- oder ungefähr 8,5 Teile eines handelsüblichen 93 %-igen Produktes – 1.0 Teil des gelösten Sauerstoffs binden. Ein Restgehalt von 30 – 50 mg/l (als SO_3) wird normalerweise im Kesselwasser bei einem Druck unter 42 bar beibehalten, um die chemische Reaktion zu sichern. Die Möglichkeit einer potentiellen Überdosierung und damit unnötiger Kosten besteht dann nicht.

Wenn Natriumsulfit oder ein anderes Sauerstoffbindemittel verwendet wird, ist es wichtig eine vollständige chemische Entgasung zu erreichen bevor das Speisewasser in den Kessel geht. Dies ist besonders wichtig bei der Verwendung von Sulfit, da im Speisewasser verbleibender Sauerstoff bei Erreichen des Kessels in die Dampfphase übergeht, während das Sulfit in der Wasserphase verbleibt. Es wird empfohlen, das Natriumsulfit in den unteren Bereich der Entgaser einzuspeisen, um eine vollständige Entgasung im Vorkesselbereich zu gewährleisten. In Anlagen wo dies nicht möglich ist, sollte das Natriumsulfit soweit wie möglich vor dem Kessel eingespeist werden, um eine ausreichende Reaktionszeit für die Entgasung sicher zu stellen.

Die Reaktionsgeschwindigkeit von Natriumsulfit mit Sauerstoff ist proportional zur Konzentration von Sulfit, Sauerstoff, Temperatur und dem pH-Wert des Speisewassers. Um eine vollständige Entfernung des Sauerstoffs zu gewährleisten, wird dem Natriumsulfit oft ein Katalysator beigegeben, um seine Reaktionsgeschwindigkeit zu erhöhen. Besonders wenn eine dieser Bedingungen unvorteilhaft ist, oder wenn die Verweilzeit für die Reaktion nur kurz ist. Kobaltsalze sind die am häufigsten verwendeten Substanzen.

Sulfit wird als Sauerstoffbinder in Anlagen empfohlen, die Dampf in Kontakt mit Lebensmitteln oder Lebensmittelprodukten bringen. Handelsübliche Qualitäten von Natriumsulfit sind in den meisten Lebensmittelfabriken akzeptabel, in pharmazeutischen Fabriken muß eine bessere Qualität verwendet werden.

Obwohl der Gebrauch von Sulfit Kesselanlagen mit niedrigem und mittlerem Druck sehr häufig ist, wird es nicht in Hochdruckkesseln verwendet. Wie später noch erläutert wird, erhöht sich mit dem Kesselwasserdruck die Gefahr eines Mitreißens durch eine hohe Konzentration gelöster Feststoffe. In Kesseln allgemein erhöhen sich die gelösten Feststoffe, so auch das Natriumsulfit und das gebildete Natriumsulfat.

Die Gefahr des Mitreißens ist somit größer, und kann in der Folge ein stärkeres Abschlämmen notwendig machen. Dies trifft vor allem in Kesseln zu, die vollentsalztes Zusatzwasser verwenden, in welchem ein bedeutender Prozentsatz von gelösten Feststoffen im Wasser durch die Verwendung von Natriumsulfit verursacht wird.

Die Verwendung von Natriumsulfit sollte auch in Hochdruckkesseln wegen der Möglichkeit einer thermischen Zersetzung vermieden werden, die nach dem folgenden Reaktionsschema verläuft:

$$Na_2SO_3 + H_2O + \text{Energie} \rightarrow 2NaOH + SO_2 \uparrow$$

$$4\,Na_2SO_3 + 2H_2O + \text{Energie} \rightarrow 3Na_2SO_4 + 2NaOH + H_2S \uparrow$$

Diese Reaktionen wurden schon bei einem Kesseldruck von weniger als 42 bar vorgefunden, obwohl sie im allgemeinen kein schwerwiegendes Problem darstellen bis der Druck 63 bar überschreitet. Da diese Reaktionen durch die Kombination von Sulfitkonzentration, Kesselwasserchemie und Kesselkonstruktion bedingt sind, wird das Verhältnis zwischen diesen Faktoren in der jeweiligen Anlage für das Ausmaß eines Problems bei Drücken zwischen 42 bar und 63 bar ausschlaggebend sein.

Das mit der Sulfitzersetzung verbundene Hauptproblem ist die Bildung von korrosivem SO_2 und H_2S, die Korrosion im Kondensatsystem verursachen können. In den Turbinen wird das Gesamt-SO_2 im Dampf im ersten Teil des gebildeten Kondensats gelöst. Eine Lösung von Schwefeliger Säure greift sehr schnell die Turbinenschaufeln an. Dieser Säureangriff kann auch bei Dampf auftreten, dessen pH-Wert durch eine Aufbereitung mit einem Amin erhöht wurde. Das Verteilungsverhältnis für Amin kann sehr viel höher sein als das für SO_2. In Hochdruckkesseln, in denen ein koordiniertes pH-Phosphat-Programm verwendet wird, ist der Gebrauch von Natriumsulfit nicht zu empfehlen, da die Einführung von Natriumionen ins Speisewasser das Gleichgewicht von Natrium zu Phosphat im Kessel verändert.

Hydrazin

Aus verschiedenen Gründen ist Hydrazin (N_2H_4) das bevorzugte chemische Sauerstoffbindemittel und wird im Hochdruckkesselbetrieb verwendet. Die Entwicklung von organisch katalysiertem Hydrazin zur Verwendung in Kesseln zeigte sich als vorteilhaft für Anwendungen im niederen oder mittleren Druckbereich und wird auch in Hochdrucksystemen verwendet.

Reaktionen des Hydrazins

Die Reaktion von Hydrazin mit Sauerstoff ist wie folgt:

$$N_2H_4 + O_2 \rightarrow 2H_2O + N_2 \uparrow$$

Es ist wichtig festzustellen, daß die Produkte der Hydrazinreaktion inert sind und nicht zu den gelösten Feststoffen im Kesselwasser beitragen.

Hydrazin reagiert auch mit Eisen-III-oxid

$$N_2H_4 + 6Fe_2O_3 \rightarrow 4Fe_3O_4 + N_2 \uparrow + 2H_2O$$

oder Kupfer(II)oxid:

$$N_2H_4 + 4CuO \rightarrow 2Cu_2O + 2H_2O + N_2 \uparrow$$

Magnetit und Kupfer(I)oxid sind passivierte Oxidformen. Hydrazin macht darum Eisen- und Kupferoberflächen weniger korrosionsanfällig, indem es sie zu einer passiven Form reduziert. Die Reduktionsreaktionen finden an Metalloberflächen im Vorkessel, Kessel, Nachkessel und an schwebenden Ferri- oder Kupfer(II)oxidpartikeln statt. Hydrazin wird in einer Menge eingespeist, die ausreicht, um mit dem gelösten Sauerstoff, Eisen-III und Kupfer-II zu reagieren, zuzüglich, eines geringen Überschusses. Der theoretische Bedarf an reinem N_2H_4 ist 1 mg/l pro mg/l O_2, 0.048 mg/l pro mg/l Fe^{3+}, und 0,125 mg/l pro mg/l Cu^{2+}.

Bisher fand Hydrazin am häufigsten in Hochdruckkesseln Verwendung, in denen Sulfit (wie schon vorgehend erläutert) zu Problemen führen könnte. Seine relativ träge Reaktion mit Sauerstoff verhinderte die Verwendung in Kesseln mit niedrigem Druck. In Anlagen mit höherem Druck ist die Temperatur des Kesselspeisewassers normalerweise hoch genug, um Hydrazin wirksam einzusetzen. Ein organischer Katalysator wurde entwickelt, der die Reaktionsgeschwindigkeit von Hydrazin mit Sauerstoff erhöht, und damit dessen wirksamen Gebrauch in Kesseln mit niedriger Speisewassertemperatur erlaubt.

Die erhöhte Reaktionsgeschwindigkeit mit dem katalysierten Hydrazin ermöglicht für Hoch- und Niederdruckanlagen die zusätzlichen Vorteile einer Metallpassivierung und Schutz gegen Kondensatkorrosion bei niedriger Temperatur selbst dann, wenn ein Katalysator nicht notwendig wäre, um den Sauerstoff im Speisewasser wirksam zu binden. Die Grundreaktionen von katalysiertem und nichtkatalysiertem Hydrazin sind identisch, jedoch sind im Fall des katalysierten Hydrazins die Reaktionen 10–100 mal schneller. Abb. 11-2 bis 11-5 und Tabelle 11-1 vergleichen die Reaktionsgeschwindigkeiten von katalysiertem und nichtkatalysiertem Hydrazin.

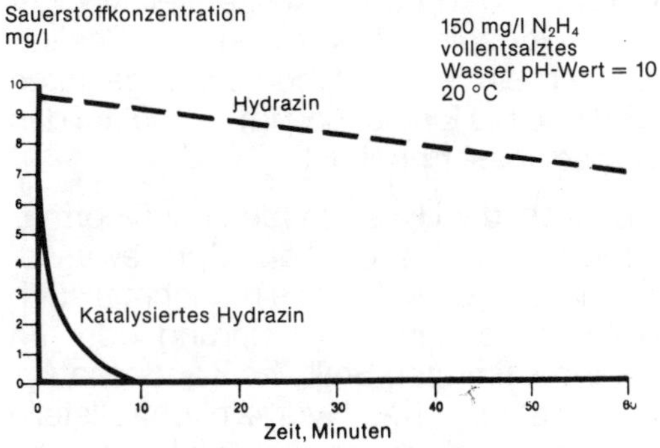

Abb. 11-2. Sauerstoffentfernung durch N_2H_4.

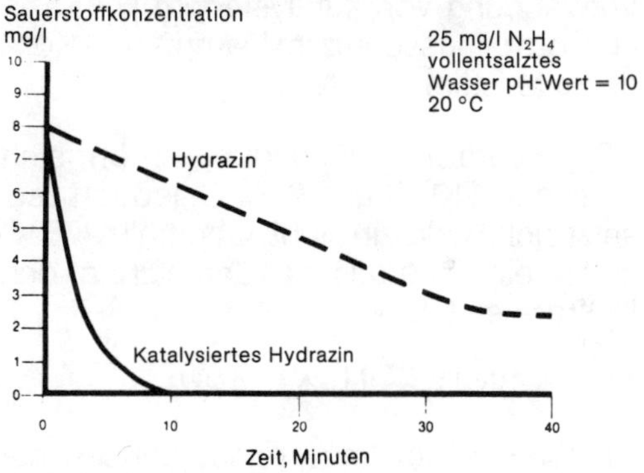

Abb. 11-4. Sauerstoffentfernung durch N_2H_4.

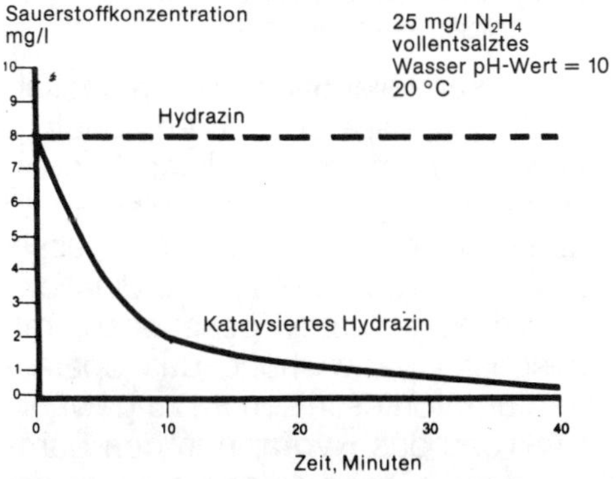

Abb. 11-3. Sauerstoffentfernung durch N_2H_4.

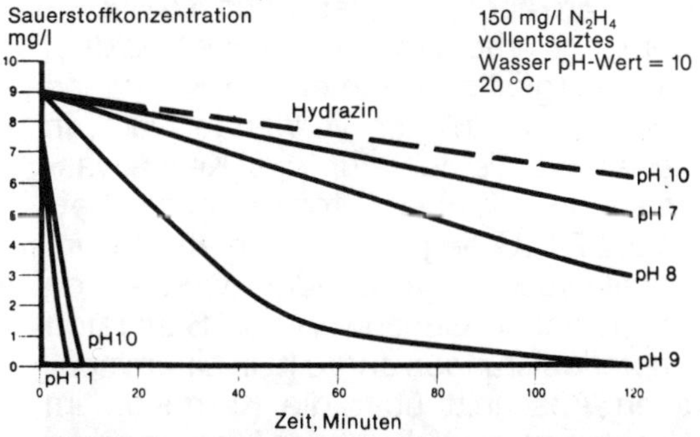

Abb. 11-5. Sauerstoffentfernung durch katalysiertes Hydrazin bei verschiedenen pH-Werten.

Tabelle 11-1. Reduktion der Korrosionsrate (statischer Test).

	N_2H_4 Konzentration (mg/l)	Prozent Reduktion der Korrosionsrate
Wasser, unbehandelt		0,0
Hydrazin	50	13,5
	200	54,0
	500	73,0
Katalysiertes Hydrazin	50	59,5
	200	86,5
	500	94,5

Das Verhalten von Hydrazin in Dampferzeugungssystemen

In Dampferzeugungssystemen die bei Drücken höher als 0,4 bar (110° C) arbeiten ist Hydrazin mit dem Dampf flüchtig. Der Grad der Verflüchtigung ist dabei proportional zur Temperatur des Kesselwassers und daher wird die maximal erreichbare Hydrazinkonzentration im Kesselwasser durch die Wassertemperatur bestimmt.

Die Wichtigkeit einer Hydrazinverflüchtigung wird weiter im Abschnitt über die Verwendung von katalysiertem Hydrazin als Korrosionsschutz im Dampf- und Kondensatsystem erläutert.

Die Hydrazinverflüchtigung erhöht sich zwischen 110° C und 270° C, jedoch zersetzt sich Hydrazin nicht. Oberhalb 270° C findet eine thermische Zersetzung des Hydrazins statt:

$$3N_2H_4 \rightarrow N_2 \uparrow + 4NH_3 \uparrow$$

Diese Reaktion findet relativ langsam bei niedrigen Konzentrationen von Hydrazin statt, wird aber schneller, wenn die Hydrazinmenge erhöht wird. Die obige Reaktion muß sorgfältig beachtet werden, wenn Hydrazin in Anlagen verwendet wird, in denen die Temperatur des Kesselwassers, oder des überhitzten Dampfes oberhalb 270° C liegt und wenn Kupfer im Nachkesselteil verwendet wurde, da Ammoniak in Gegenwart von Sauerstoff Kupferlegierungen angreift. In einem späteren Abschnitt über die Korrosion im Nachkesselbereich werden Methoden zur Verminderung einer Korrosion von Kupfer in Systemen, die Hydrazin bei über 270° C verwenden, erörtert.

Hydrazindosierung

In Kesseln die unterhalb 42 bar betrieben werden, wird ein Hydrazinüberschuß von 0,1 bis 0,3 mg/l im Kesselwasser beibehalten. Liegt der Druck darüber, so genügen meistens 0,05–0,1 mg/l. Der extrem niedrige Hydrazinüberschuß im Kessel sowie die inerte Beschaffenheit der Produkte der Hydrazinreaktion (N_2 und H_2O) machen die Verwendung in Anlagen, in denen die gesamtgelösten Feststoffe im Kesselwasser einen Grenzfaktor für Kesselabschlämmung darstellen, wünschenswert. In solchen Anlagen ermöglicht ein Austausch von Sulfit gegen Hydrazin eine höhere Eindickung.

In einigen Systemen wird Hydrazin im Speisewasser und nicht im Kesselwasser reguliert. Wird das Hydrazin im Kesselspeisewasser reguliert, dann hält man normalerweise einen Überschuß von 0,01 bis 0,1 mg/l. Wegen der Flüchtigkeit von Hydrazin wird es im Kessel selbst nicht stark eingedickt, auch wenn im Speisewasser ein hoher Überschuß gehalten wird und die Eindickung im Bezug auf das Speisewasser hoch ist.

Obwohl der Hydrazinüberschuß normalerweise im Kessel- oder Speisewasser reguliert wird, findet dies manchmal auch bei der Kondensatrückführung oder an einer bestimmten Stelle im Kondensatsystem statt. Die Hydrazinkontrollstelle bestimmt sich durch den Punkt der Einspeisung und der Stelle, an der ein Problem behoben werden muß.

Hydrazin kann eigentlich in allen Kesselbereichen eingespeist werden, bedingt durch den Bedarf im jeweiligen System und den dort zu lösenden Problemen. In Anlagen in denen es direkt in den Kessel eingespeist werden muß, sollte die Kontrolle im Kesselwasser geschehen, mit periodischer Überwachung des Speisewassers um Vorkesselschutz zu gewährleisten. Wenn das Hydrazin in den Sammeltank der Entgaseranlage eingespeist wird, so sollte es im Speisewasser kurz vor dem Kessel kontrolliert werden, außerdem im Kesselwasser selbst, sowie im Kondensat. In Anlagen in denen Hydrazin in den Nachkesselbereich dosiert wird, geschieht die Kontrolle bevorzugt im Speisewasser, obwohl sie auch im Kessel durchgeführt werden kann. In jedem Fall ist jedoch die wünschenswerteste Situation in Bezug auf Korrosionsschutz jene, in der Hydrazin in allen Teilen eines Dampferzeugungssystems vorgefunden wird: Vorkessel, Kessel, und Nachkesselsystem.

Umgang mit Hydrazin

Da reines Hydrazin einen sehr niedrigen Flammpunkt hat, wird es normalerweise als 15 oder 30 %-ige wässerige Lösung verwendet. Diese Lösungen haben keinen Flammpunkt und stellen keine Feuergefahr dar. Hydrazin ist eine cancerogene Substanz. Für den Umgang mit Hydrazinlösungen aller Konzentrationen sind besondere Vorschriften und Sicherheitsmaßnahmen zu beachten.

Der Korrosionsschutz im Dampf- und Kondensatsystem.

Die Korrosion in den Nachkesselbereichen ist ein Problem das häufig in Dampferzeugungsanlagen auftritt. Sie manifestiert sich am deutlichsten durch häufigere Wartung, die notwendig wird um Rohrleitungen und Ausrüstung in der Dampf- und Kondensatanlage zu reparieren oder zu ersetzen. In gleicher Weise zeigt sich Dampfverlust durch Korrosionslöcher in den Rohrleitungen des Dampf- und Kondensatsystems.

Die am wenigsten auffällige, aber möglicherweise bedeutungsvollste Auswirkung einer solchen Korrosion ist die Bildung von Korrosionsprodukten, wie z. B. Fe_2O_3, das Ablagerungen bildet und mit dem Kondensat in den Kessel gelangen kann.

Die Korrosion im Nachkesselteil wird durch viele verschiedene Korrosionsmechanismen bedingt, wobei die Hauptursachen niedrige pH-Werte sind, die durch Kohlendioxid- und Sauerstoffangriff entstehen. In diesem Abschnitt werden die zwei oben erwähnten Arten der Korrosion im Nachkesselteil und Methoden zu ihrer Behebung erläutert. In einem späteren Abschnitt werden andere Arten von Korrosion behandelt.

Eine mit Kohlendioxid verbundene Korrosion wird fast ausschließlich im Kondensatsystem gefunden, wobei Kohlendioxid durch die Zersetzung von Hydrogencarbonat- und Carbonatalkalität im Kessel gebildet wird, wie in der unten angegebenen Gleichung gezeigt:

$$2HCO_3^- + \text{Wärme} \rightarrow CO_3^{2-} + CO_2 \uparrow + H_2O$$

$$CO_3^{2-} + H_2O + \text{Wärme} \rightarrow 2OH^- + CO_2 \uparrow$$

Die erste Reaktion ist im allgemeinen vollständig, während die zweite typischerweise zu 80 % bei Drücken über 11 bar verläuft. Zwischen 3,5–11 bar liegt der Prozentsatz zwischen 30 und 80, und zwischen 0,7 und 3,5 bar liegt die Umsetzung bei 10 bis 30 %. Der Belastungsfaktor ist ebenfalls von Bedeutung, da höhere Belastungsfaktoren zu geringerer Umwandlung führen. Jedes mg/l der Hydrogencarbonalkalität im Speisewasser (als $CaCO_3$) bildet etwa 0,79 mg/l CO_2.

Andere Quellen für CO_2-Eintrag sind freies Kohlendioxid im Rohwasser (besonders in Brunnenwässer), die Verwendung von kalzinierter Soda für die Aufbereitung, bestimmter Prozeßkondensate (z. B. kohlensaures Kondensat in einer Wasserstoffanlage) und die Zersetzung bestimmter organischer Verbindungen.

Im Kondensat verbindet sich Kohlendioxid mit dem Wasser und bildet Kohlensäure:

$$CO_2 + H_2O \rightarrow H_2CO_3$$

Gelöstes Kohlendioxid im Kondensat beschleunigt die Korrosion auf verschiedenen Wegen. Die Bildung von Kohlensäure setzt den pH-Wert des Kondensats herab und führt damit zu einer Säurekorrosion (Abb. 11-6 und 11-7). Außerdem führt Kohlensäure zur Bildung von Eisencarbonat, das gut löslich ist und keine passivierende Wirkung hat.

$$Fe^0 + 2H^+ + 2HCO_3^{-2} \rightarrow Fe(HCO_3)_2 + H_2 \uparrow$$

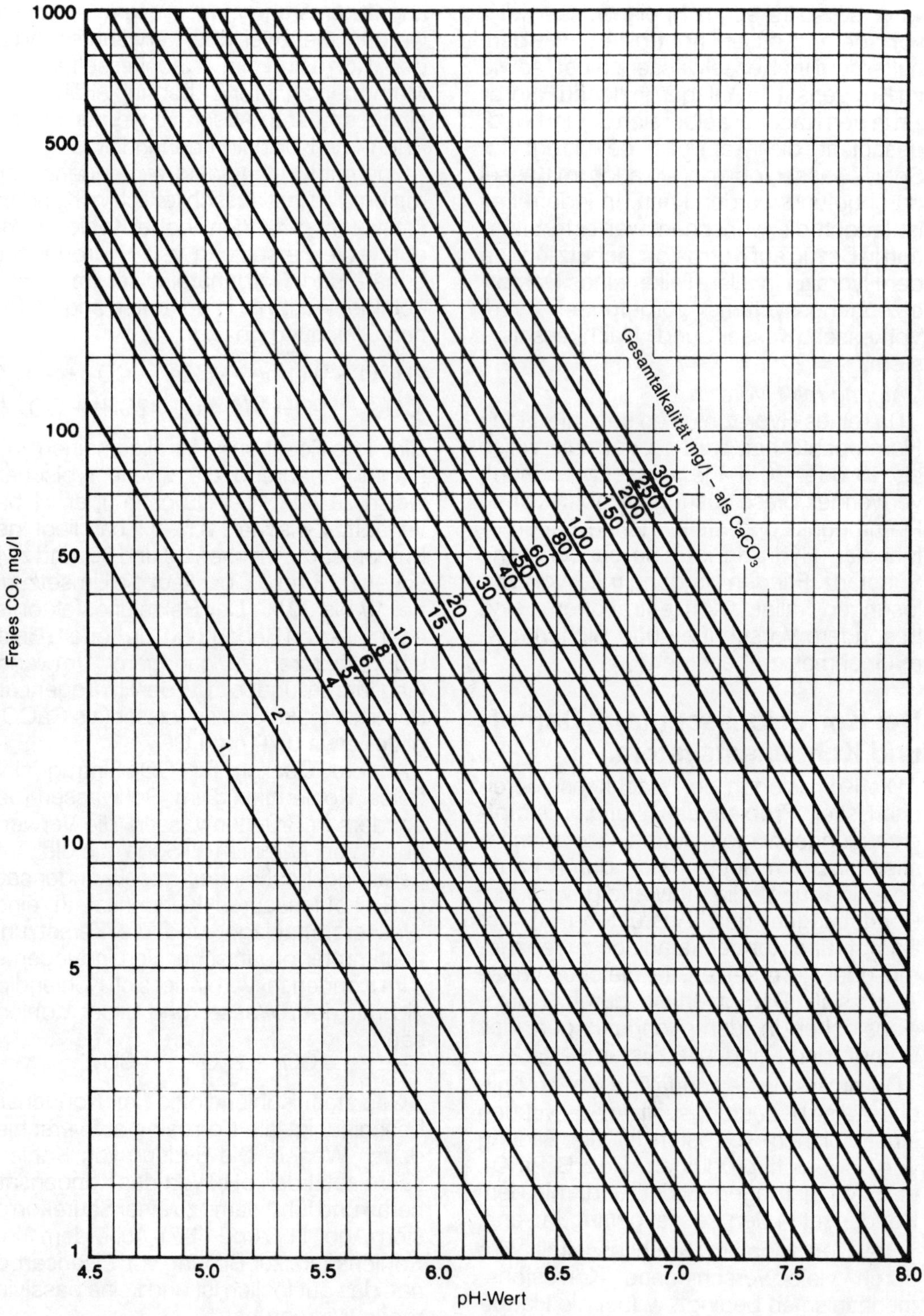

Abb. 11-6. Zusammenhang zwischen pH-Wert, Alkalität und freiem CO_2.

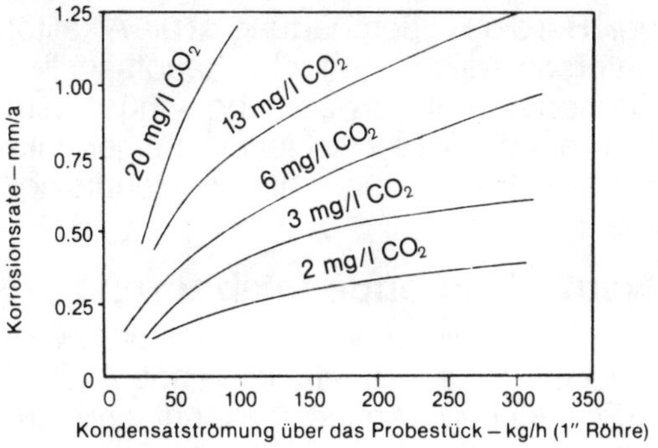

Die vorhergehenden Kurven geben eine bessere Darstellung des Zusammenhangs zwischen freiem CO_2 und Gesamtalkalität und dem pH-Wert (Abb. 11-6). Mit einer Senkung des pH-Wertes erhöht sich die Korrosionsrate erheblich. Diese Kurven zeigen die Abhängigkeit der Korrosion von der CO_2-Konzentration.

Abb. 11-7. Einfluß der CO_2-Konzentration auf die Korrosion von Kohlenstoffstahl.

Abb. 11-8. Korrosion des Rohrgewindes verursacht durch Kohlensäure.

An Stellen eines Druckabfalls oder bei reduziertem Kohlendioxidgehalt im Dampf zerfällt das Hydrogencarbonat und hydratisiertes Eisenoxid wird ausgefällt.

Wenn sowohl Sauerstoff als auch Kohlendioxid vorhanden sind, verläuft die Korrosion noch schneller. Wenn sie nicht aufgehalten werden kann, dann entsteht in der Endreaktion CO_2, wodurch sich die Reaktion selbständig weiter fortsetzt.

$$4Fe(HCO_3)_2 + O_2 \rightarrow$$
$$2Fe_2O_3 \downarrow + 8CO_2 \uparrow + 4H_2O$$

Eine durch Kohlensäure verursachte Korrosion zeigt sich normalerweise durch einen allgemeinen flächigen Metallabtrag, wobei ein erstes Versagen oft dort beobachtet wird, wo das Metall ohnehin schon dünn ist (z. B. an Gewinden, Abb. 11-8). An Horizontalstücken in denen die Rohre nicht vollständig gefüllt sind, kann dies an den feuchten Stellen beobachtet werden. Ist Sauerstoff vorhanden, kann sich auch Lochfraß zeigen. Die Niederdruckbereiche der Dampfturbinen werden durch Kohlendioxid angegriffen, das in den Kondensattropfen im feuchten Dampf gelöst ist (Abb. 11-9).

Eine Reihe von Faktoren bestimmen die Möglichkeiten zur Verringerung eines solchen Kohlendioxidangriffs: Größe, Komplexität und Alter der Anlage, Menge des erzeugten Dampfs, die Menge und Quelle des rückgeführten Kondensats und die Beschaffenheit des Rohwassers. Weiterhin bestimmend sind auch Schwere und Lage der Korrosion innerhalb der Anlage (umgekehrt auch die Möglichkeit einer lokalisierten Behandlung). Weiterhin müssen auch solche Beschränkungen in Betracht gezogen werden, die entweder durch die Art des Prozesses oder behördliche Bestimmungen auferlegt werden.

Obwohl die Sauerstoffkorrosion schon vorher erörtert wurde, sollte sie hier nochmals besonders in Bezug auf die Gegenwart von Sauerstoff im Nachkesselbereich erwähnt werden. Sauerstoff kann

Abb. 11-9. Turbinenkorrosion verursacht durch Kohlendioxid im Dampf.

durch folgende Gründe in den Dampf bzw. in das Kondensat gelangen; unzureichende Entgasung, Kontaminierung des Kondensats durch Fremdwasser und Luftsauerstoff. Sulfit oder Hydrazin werden verwendet, um einen Sauerstoffübertritt in den Dampf zu verhindern.

Die Sauerstoffbindung muß im Speisewasser vorgenommen werden, bevor Sauerstoff in den Kessel eintritt, und zwar besonders bei einer Verwendung von Sulfit. Wenn Sauerstoff durch eine Verunreinigung in das Dampf- und Kondensatsystem gelangt, sind die einzigen Methoden einer Korrosionverhinderung die Einspeisung eines flüchtigen Sauerstoffbindemittels in den Nachkesselbereich oder der physikalische Schutz der Metalloberfläche gegen Sauerstoff (z. B. mit einem filmbildenden Amin), wobei diese Art des Schutzes später noch näher erläutert wird.

Eliminierung bzw. Reduzierung von Kohlendioxid

In Kapitel 2 dieses Buches werden die verschiedenen Aufbereitungsmethoden detailliert behandelt. Methoden zur Reduzierung der Alkalität des Zusatzwassers und daher auch zur weitgehenden Begrenzung einer Kohlendioxidkorrosion in Kesselanlagen sind:

a) Heiß- und Kaltentkarbonisierung (Kalkwasserentsäuerung)
b) Ionenaustausch im Teilstromverfahren im Natrium- bzw. Wasserstoffzyklus und Entgasung, mit oder ohne Lauge.
c) Ionenaustausch im Wasserstoffzyklus und Entgasung mit Laugenneutralisierung.
d) Schwachsaurer Kationenaustausch und Entgasung
e) Entalkalisierung im Chloridzyklus
f) Entalkalisierung im Hydroxidzyklus
g) Entmineralisierung

Mit Ausnahme der Enthärtung durch Kalkwasserentsäuerung ist die Alkalität des behandelten Wassers sehr niedrig und liegt in der Hydrogencarbonatform vor. Bei der Heißenthärtung ist die Alkalität unterschiedlich, jedoch hauptsächlich Carbonat mit etwas überschüssigem Hydroxyd. Dies ist ein sehr wichtiger Faktor zur Berechnung der Kohlendioxidmenge.

Neutralisierende Inhibitoren

Im allgemeinen werden Inhibitoren verwendet, die als „neutralisierende Amine“ oder „flüchtige Amine“ bekannt sind, um eine durch niedrigen pH-Wert verursachte Korrosion zu verhindern. Sie neutralisieren die Kohlensäure und erhöhen den pH-Wert des Kondensats. Ammoniak wird im allgemeinen in diese Klasse der Inhibitoren eingegliedert.

Morpholin und Cyclohexylamin sind die am meisten verwendeten neutralisierenden Amine, aber andere Substanzen wie z. B. Diäthylaminoäthanol und Cyclohexylamin werden ebenfalls eingesetzt.

Die neutralisierende Reaktion des Morpholins ist wie folgt:

$$OC_4H_9N + H_2CO_3 \rightarrow OC_4H_9N \cdot H_2CO_3$$

Amine unterscheiden sich in Bezug auf Kosten, Verbrauch und dem Verteilungsverhältnis Dampf-Flüssigkeit. Das Verteilungsverhältnis (Verhältnis der Konzentration im Dampf zu dem im Kondensat) ist wichtig, da es die Menge des Amins bestimmt, das mit dem ersten Teil des Dampfes kondensiert (Abb. 11-10). Die Verteilungsverhältnisse verschiedener Produkte werden in Tabelle 11-2 angegeben.

In jeder Dampf-Kondensatmischung ist das Verhältnis von Amin im Kondensat zu dem im Dampf umgekehrt proportional zum Verteilungsverhältnis. Daher hat Morpholin das größte Potential, im zuerst gebildeten Kondensat zu kondensieren, wobei es dann gelöstes Kohlendioxid in diesem ersten Kondensat neutralisiert. Daher bietet es größten Schutz in relativ kleinen Systemen oder an Stellen innerhalb des Systems, wo der Dampf zuerst kondensiert.

Die Kombination von Aminen mit verschiedenen Verteilungsverhältnissen ist eine wirksame Methode, die Korrosion

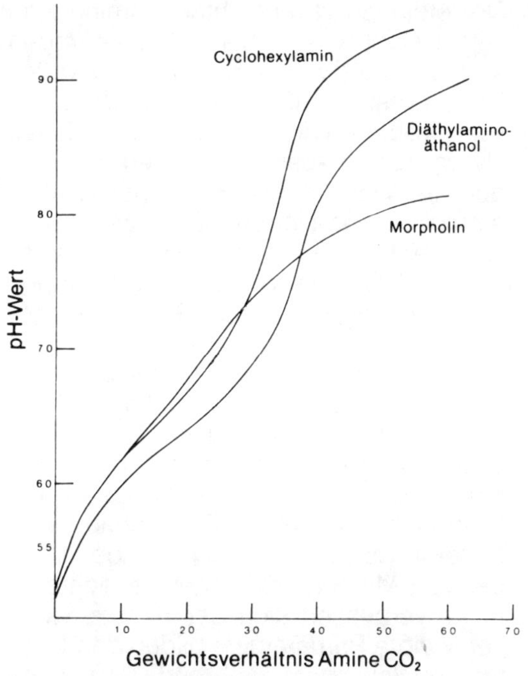

Abb. 11-10. Einfluß des Amin/CO_2 Verhältnisses auf den pH-Wert von Wasser mit 15 mg/l CO_2.

Tabelle 11-2. Verteilungsverhältnis

	Ammoniak	Cyclohexyl-amin	Morpholin
Verteilungsverhältnis, Teile in zu Teilen im Kondensat	7-10:1	7-4	0,4:1
Menge um den pH-Wert von reinem Wasser auf 9,0 zu bringen			
mg/l im Wasser	0,2-0,5	2,0	4,0
mg/l im Dampf	1,4-5,0	4,8	1,6
Menge um den pH-Wert des Kondensats auf 7,0 zu bringen - mg/l pro mg/l CO_2	–	1,8	1,6
Menge um den pH-Wert des Konzentrats auf 7,4 zu bringen mg/l pro mg/l CO_2	–	2,0	1,93

Anmerkung: Das Verhältnis von 0,4 zu 1 für Morpholin bedeutet, daß je 0,4 mg/l Morpholin im Dampf 1 mg/l Morpholin im Kondensat enthalten ist. Dies ist wünschenswert, denn das Amin im Kondensat neutralisiert Kohlensäure und schützt gegen Korrosion. Es gibt jedoch verschiedene Situationen die ein anderes Produkt als Morpholin notwendig machen.

im gesamten zu verhindern. Es sollte festgehalten werden, daß das relativ niedrige Verteilungsverhältnis von Morpholin zum niedrigsten Verlust durch die Dampfentlüftung im Entgaser führt. Umgekehrt dagegen bleibt Cyclohexylamin, das ein relativ hohes Verteilungsverhältnis hat, länger im Dampf und erreicht daher auch weit entfernte Teile im Dampf- und Kondensatsystem und bietet somit einen besseren Schutz in großen Anlagen.[1]

Da neutralisierende Inhibitoren mit dem Kondensat in den Kessel zurückgeführt werden, können sie auch wieder verwendet werden. Dies ist wichtig in Bezug auf ihre Verwendung. Ein Verlust der Amine geschieht praktisch nur durch Kondensatverlust, Dampfverlust in der Anlage und Dampfverlust im thermischen Entgaser. Im Entgaser zersetzt die austreibende Wirkung des Dampfes das Aminkarbonat und beseitigt den größten Teil des Kohlendioxids. Nur ein kleiner Teil des Amins wird durch den Entlüfter des Entgasers entfernt. Die Menge variiert mit dem Verteilungsverhältnis wie in Abb. 11-10 gezeigt, und die Amine mit der niedrigsten Verteilungsrate zeigen den niedrigsten Verlust in der Entgasung. Das verbleibende Amin geht mit dem Speisewasser in den Kessel zurück, und nimmt wieder am Kreislauf teil.

Es gibt nur wenige aber dennoch bedeutende Nachteile der neutralisierenden Inhibitoren. Neutralisierende Inhibitoren können die saure Korrosion wirksam bekämpfen, sind aber unwirksam gegen eine Korrosion durch gelösten Sauerstoff. So

[1] In großen Anlagen sollten Proben an verschiedenen Stellen und verschiedener Entfernung vom Kessel abgenommen werden um die richtige Verteilung zu gewährleisten. Es ist empfehlenswert den pH-Wert auf einem Minimum von 7,5 im System zu halten. Wenn Morpholin oder Ammoniak verwendet werden, um Eisen- und Kupfermitreißen im Speisewassersystem zu vermindern, wie es häufig im entmineralisierten Zusatzwasser für Hochdrucksysteme der Fall ist, dann basiert die Kontrolle der Dosierung auf dem pH-Wert einer Speisewasserprobe am Ekonomiser-Eingang; normalerweise 8,5 bis 9,0. Korrosionsstreifen werden verwendet um ausreichenden Schutz zu gewährleisten.

z. B. sind 1,98 Teile Morpholin oder 2,25 Teile Cyclohexylamin notwendig, um mit einem Teil CO_2 zu reagieren. Wenn ein hoher CO_2-Gehalt des Dampfes hohe Einspeisungskonzentrationen an Aminen verlangt, können sich sehr hohe Konzentrationen des neutralen Karbonatsalzes bilden, welche die Löslichkeitsgrenze überschreiten und Ablagerungen verursachen. Solche Ablagerungen sind Ammoniumcarbonat, Cyclohexylamincarbonat und Morpholincarbonat.

Wenn mit Aminen behandelter Dampf mit Lebensmitteln in Berührung kommt, müssen staatliche Bestimmungen und andere Verordnungen in Bezug auf ihre Anwendung beachtet werden.

Die neutralisierenden Inhibitoren können mit anderen Aufbereitungschemikalien gemischt und normalerweise direkt ins Kessel- oder ins Vorkesselsystem eingespeist werden. Normalerweise wird ihre Einspeisung durch eine pH-Analyse im Kondensat reguliert.

Filmbildende Amine

Filmbildende Amine sind ein wirtschaftliches und wirksames Mittel, die Korrosion im Kondensatsystem zu kontrollieren. Der Zweck der filmbildenden Amine ist die Bildung eines haftenden nichtbenetzbaren organischen Films auf Metalloberflächen, um Kontakt zwischen Metalloberflächen und dem korrosiven Kondensat zu verhindern. Die Behandlungsmenge, 1–3 mg/l reinen Amins, hängt nicht von der Kohlendioxid- oder Sauerstoffkonzentration ab.

Die traditionell für diesen Zweck verwendeten Chemikalien sind hochmolekulare Amine oder Aminosalze, die gerade Kohlenstoffketten von 10 bis 18 Atomen enthalten, wie z. B. Oktadecylamin ($CH_3(CH_2)_{16}$ CH_2-NH_2), Hexadecylamin ($CH_3(CH_2)_{14}$ CH_2-NH_2) und Dioktadecylamin ($(CH_3(CH_2)_{16}$-$CH_2)_2NH$. Die Acetatsalze dieser Amine oder die reine Verbindung in Kombination mit einem Emulgiermittel werden oft verwendet, um die Vorbereitung von Einspeiselösungen oder Dispersionen zu erleichtern. Amine sind selbst nicht wasserlöslich und vertragen sich normalerweise nicht mit anderen Kesselwasser-Aufbereitungschemikalien, wobei Hydrazin oder katalysiertes Hydrazin eine Ausnahme bilden. Sie werden in Wasser mit Kondensatqualität emulgiert, das sich in einem getrennten Behälter befindet, und werden durch getrennte Chemikalien-Einspeisepumpen und -Leitungen in das System eingespeist.

Oktadecylamin ist das am meisten verwendete Amin dieser Art. Die Amingruppe ist hydrophil und haftet an der Metalloberfläche. Das Methyl ist hydrophob und verhindert, daß das korrosive Kondensat die Oberfläche benetzt. Das adsorbierte Molekül wird schematisch in Abb. 11-11 gezeigt. Mit dem Aufbau eines dichteren Films verbessert sich der Schutz. Nicht verzweigte Primäramine bilden den dichtesten Schutzfilm während verzweigte sekundäre und tertiäre Amine wegen ihrer lateralen Ausdehnung im allgemeinen einen schlechteren Korrosionsschutz in Labortests aufweisen. In der Praxis sind jedoch eine Reihe von zusätzlichen Faktoren von Bedeutung.

Da hohe Strömungsgeschwindigkeiten zur potentiellen Erosion des Films führen, ist eine kontinuierliche Einspeisung nötig, um den Film an den Oberflächen zu erneuern. Außerdem stören Ablagerungen die Schutzfilmbildung. Aminfilme schützen nicht sehr gut an solchen Stellen, an denen sich schon Lochfraß gezeigt hat. Die Gegenwart von gelösten Feststoffen zersetzt oder präzipitiert Amine zu einem bedeutenden Prozentsatz aus und macht sie unwirksam.

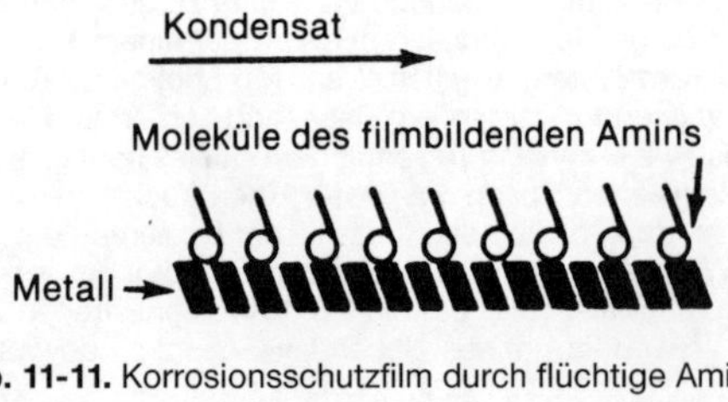

Abb. 11-11. Korrosionsschutzfilm durch flüchtige Amine.

Außerdem sollte die Verwendung von filmbildenden Aminen dann vermieden werden, wenn organische Verunreinigungen des Dampfes auftreten, um ein Ablösen des Aminfilms durch lösende organische Substanzen zu vermeiden.

Ferrioxid stellt ebenfalls ein potentielles Problem dar, da es eine Polymerisation des Amins verursacht, daß zusammen mit dem im Kondensat gebildeten Aminspaltprodukten die Korrosion beschleunigt. Diese Probleme können sich noch durch eine Überdosierung potenzieren.

Da filmbildende Amine eine Affinität zu Metall haben, dringen sie oft unter Eisenoxidablagerungen und verursachen deren schnellen Abtrag, was gegen ihre Verwendung in älteren Anlagen spricht. Das Abtragen von Eisenoxidablagerungen vermischt mit dem adsorbierten Amin blokkiert Klappen und Ventile im Kondensatsystem und Sprühdüsen im Entgaser. Selbst eine graduierliche Erhöhung der Amindosierung ist oft unwirksam, da pH-Abweichungen den durch solche Amine gebildeten Film zersetzen können. Filmbildende Amine werden am wirksamsten in Neuanlagen verwendet, bei denen die Kondensatrückführung nicht sehr hoch ist.

Die Probleme die sich bei der Anwendung von Aminen auf korrodiertem Metall ergeben, können durch die gleichzeitige Verwendung von Hydrazin reduziert werden. Durch die Passivierung der Metalloberfläche „bereitet" das Hydrazin diese auf das filmbildende Amin „vor". Bindungen von filmbildenden Aminen auf Magnetit sind wesentlich stabiler und wirksamer als Bindungen auf Hämatit.

Hydrazin als Korrosionsschutz im Kesselbereich

Wie schon vorher besprochen, verursachen Sauerstoff und Kohlendioxid die größte Korrosion in Dampf- und Kondensatsystemen. Da Hydrazin Sauerstoff bindet und außerdem den pH-Wert anhebt sowie Metalloberflächen passiviert, kann es korrekterweise als Korrosionsinhibitor für den Kesselbereich bezeichnet werden und in die selbe Kategorie wie neutralisierende und filmbildende Amine eingegliedert werden. Zweckmäßigerweise kommt nur noch katalysiertes Hydrazin zum Einsatz.

Neutralisierende Amine haben keinen nennenswerten Effekt auf die Sauerstoffkorrosion. Filmbildende Amine und auch katalysiertes Hydrazin sind dagegen wirksam. Katalysiertes Hydrazin verhindert einen Sauerstoffangriff durch die vorgehend erörterte Sauerstoffbindung und ist besonders nützlich, wenn dieser Angriff in einem Teil des Systems stattfindet, der nicht durch ein filmbildendes Amin erreicht werden kann. Wenn Hydrazin als Sauerstoffbindemittel im Kesselbereich verwendet wird, so sollte ein Hydrazinrest im Hauptkondensatrücklauf beibehalten werden. Wenn ein Sauerstoffangriff an einer bestimmten Stelle im Kesselbereich stattfindet, sollte in gleicher Weise ein Hydrazinrest an dieser Stelle bestehen.

Hydrazin kann zur Verminderung einer sauren Korrosion verwendet werden, und zwar entweder durch seine eigene neutralisierende Fähigkeit (Hydrazin hat eine Dissoziationskonstante von $K_B = 8{,}5 \times 10^{-7}$) oder der seines Zersetzungsproduktes Ammoniak. In Anlagen die mit Überhitzern betrieben werden und bei über 270° C (Beginn der Zersetzung) arbeiten, wird Hydrazin manchmal in einer solchen Menge eingespeist, daß genügend Ammoniak erzeugt wird um einen akzeptablen Kondensat-pH-Wert zu erhalten. Diese Methode kann ziemlich teuer werden und wird im allgemeinen nur in Ausnahmefällen angewandt. Meist wird Hydrazin gemeinsam mit Ammoniak eingesetzt.

Neben seiner Fähigkeit Sauerstoff zu binden und den Kondensat-pH-Wert anzuheben, passiviert Hydrazin auch sehr wirksam Metalloberflächen, eine Reaktion (wie schon vorgehend gezeigt) die von keinem der anderen gebräuchlichen Korrosionsinhibitoren geboten wird. Durch seine Reduktionsreaktionen wird durch das Hydrazin eine Mangetit- oder Kupferoxidschicht auf Eisen- oder Kupferoberflächen aufrecht erhalten und bietet damit weitgehenden Widerstand gegen Korrosionen.

Schutz gegen Kupferkorrosion in Kesselanlagen

Wegen der Korrosionsbeständigkeit von Kupfer ist ein Kupferabtrag im Dampf- und Kondensatsystem, seltener und meist auch geringfügiger als der von Eisen. Eine Kupferkorrosion muß jedoch verhindert werden, da seine Korrosionsprodukte Eisenkorrosionen entstehen lassen können.

Kupferablagerungen bilden sich im allgemeinen im Kessel zusammen mit Eisenoxid an Wärmeübergangsflächen. Kupfer kann entweder als Kupfer(I) oder Kupfer (II)oxid, oder als sehr fein getrenntes metallisches Kupfer in mit Magnetit alternierenden Schichten auftreten. Manchmal plattiert Kupfer in einer kontinuierlichen Schicht an der kälteren Seite eines Rohres aus. Kupfer spielt keine bedeutende Rolle in der Kesselkorrosion, seine Gegenwart beeinflußt jedoch die Auswahl von chemischen Reinigungsmitteln.

Die Hauptquellen einer Kupferkorrosion und die daraus folgenden Ablagerungen sind die Oberflächenkondensatoren, Niederdruck-Speisewasservorwärmer und Prozeßwärmeaustauscher.

Die zwei häufigsten chemischen Ursachen einer Kupferkorrosion in Kesselanlagen sind Sauerstoff und Ammoniak. Sauerstoff greift den schützenden Oxidfilm auf Kupfer nach der folgenden Reaktion an:

$$2Cu_2O + O_2 \rightarrow 4CuO$$

während Ammoniak Kupferoxid wie folgt angreift:

$$CuO + 4NH_4OH \rightarrow$$
$$Cu(NH_3)_4\,(OH)_2 + 3H_2O$$

Diese Reaktionen und das positive Elektrodenpotential des Kupfers in Bezug auf Wasserstoff zeigen, daß ein Ammoniakangriff ohne Sauerstoff an Kupfer nicht stattfindet. Daher ist die Eliminierung von Sauerstoff der beste Weg, um eine Kupferkorrosion zu verhindern. Wenn eine Sauerstoffentfernung nicht möglich ist, sollte auf jeden Fall Ammoniak abgesetzt oder auf eine niedrige Konzentration gebracht werden (weniger als 0,1 mg/l).

Kupferkorrosion kann auch durch die Verwendung von filmbildenden Aminen oder katalysiertem Hydrazin wirksam kontrolliert werden. Die filmbildenden Amine schützen das Kupfer physikalisch vor Sauerstoff und/oder Ammoniak und das Hydrazin beseitigt Sauerstoff und reduziert das Kupfer(II)oxid zu Kupfer-(I)-oxid. Wirksamer Kupferkorrosionsschutz kann durch Beibehaltung eines Überschußes von Hydrazin erreicht werden, selbst wenn bedeutende Mengen an Ammoniak vorhanden sind.

Laugenversprödung

Laugenversprödung oder eine durch übermäßige Natriumhydroxiddosierung verursachte Korrosion tritt in Kesseln auf, obwohl die Hydroxyl-Ionenkonzentration für Stahloberflächen bevorzugt hoch zu halten sind.

Natriumhydroxid (NaOH) wird häufig in der Aufbereitung von Kesselwasser verwendet und sein doppelter Zweck ist, die Hydroxyl-Ionenkonzentration im optimalen Bereich zur Bildung von schützendem Magnetit an Stahloberflächen zu halten, und die Bildung von nichthaftenden Schlämmen anstelle von harten Ablagerungen zu fördern, wenn Härte in das Kesselwasser eintritt.

Übermäßige Kozentrationen von Natriumhydroxid können jedoch besonders in Hochdruckkesseln zur Korrosion führen (Abb. 11-12 und 11-13). Wenn übermäßig viel Natriumhydroxid an der Grenzfläche zu Stahl vorhanden ist, kann eine Korrosion als Resultat der folgenden Reaktionen stattfinden:

$$Fe_3O_4 + 4NaOH \rightarrow$$
$$2NaFeO_2 + Na_2FeO_2 + 2H_2O$$
$$Fe_0 + 2NaOH \rightarrow Na_2FeO_2 + H_2 \uparrow$$

Abb. 11-12. Riß im Kessel, verursacht durch Laugenangriff.

Die normalen Konzentrationen von Natriumhydroxid die im Kessel eingehalten werden, sind nicht schädlich, es ist jedoch möglich, daß sich Natriumhydroxid an lokalen Stellen des Kessels konzentriert und damit zur örtlichen Korrosion führt. Wenn sich poröse Ablagerungsschichten an Wärmeübergangsflächen bilden, kann Kesselwasser in dieser Ablagerung verdampfen. Bildet sich eine genügende Konzentration von Natriumhydroxid, so wird der Stahl angegriffen (siehe vorstehende Abschnitte).

Die Laugenkorrosion zeigt sich auch an Rohroberflächen mit relativ niedriger Wärmeübertragung. An horizontalen oder geneigten Rohrleitungen, sowie in Rohrabzweigungen oder -Bögen kann eine ungenügende Fließgeschwindigkeit den Fluß von Dampfblasen oben am Rohr entlang erlauben. Die relativ geringe Menge Kesselwasser um diese Blasen herum konzentriert sich schnell auf. Natriumhydroxid kann dabei Konzentrationen erreichen, welche die Magnetitschicht auflöst und die darunter liegenden Rohre angreift. Die Bewegung der Dampfblasen transportiert das gebildete lösliche Natriumferrit und

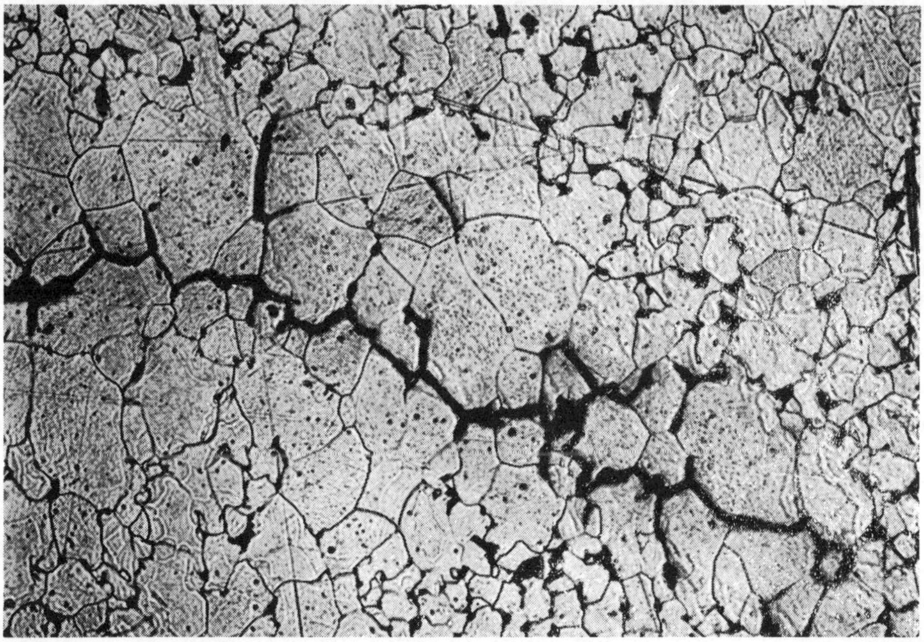

Abb. 11-13. Teil einer Gehäuseplatte; Risse verursacht durch Laugenangriff.

bringt frischen Zulauf von Wasser zur Metalloberfläche. Dadurch wird ein Metallstreifen an der oberen Rohroberfläche langsam abgetragen. Das gebildete Natriumferrit hydrolysiert zu Magnetit, wenn das aufkonzentrierte Wasser mit normalem Kesselwasser verdünnt wird. Das Magnetit kann daher auch an anderen Stellen im Kessel auftreten.

Die Verhinderung eines Laugenangriffs setzt eine wirksame Ablagerungs- und Alkalitätskontrolle voraus, als Ergänzung für einen guten Kesselbetrieb. Das Kapitel über „Hochdruckkessel" erörtert Spezialprogramme die den Laugenangriff in solchen Anlagen verhindern.

Spannungsrißkorrosion an:

Turbinen

Spannungsrißkorrosion ist eine kombinierte Wirkung von Spannung und Korrosion, die einen spröden Bruch des Metalls bei wesentlich geringeren Spannungen verursacht, als zum Versagen in einer nichtkorrosiven Umgebung notwendig wären. Die in Turbinen angegriffenen Teile sind die Schaufeln der Niederdruckreihen, die mit gesättigtem oder feuchtem Dampf in Kontakt kommen. Die Werkstoffe sind normalerweise gehärtete martensitische oder ferritische Edelstähle. Die Spannungen können oerflächenbedingt sein, entstanden durch Härte- und Wärmebehandlung während der Herstellung oder durch die rotierende Bewegung bzw. aus beiden Gründen auftreten. Spannungsrißkorrosion führt zu sprödem Bruch, der dann schnell zum Ausfall der Turbinenschaufeln führt.

Chloride, Hydroxide und Sulfide tragen zur Spannungsrißkorrosion bei. Diese Substanzen sind vorhanden durch Überreißen aus dem Kesselwasser oder durch die Zersetzung von Sulfit. Diese Verunreinigungen werden zum nassen Ende der Turbine transportiert, wo sie sich in der Feuchtigkeit lösen und zu einem Angriff auf Stellen mit mechanischer Spannung und/oder Stellen mit Eigenspannung führen.

Dieser Korrosionsmechanismus wird noch nicht vollständig verstanden. Es sind korrektive Maßnahmen notwendig, d. h. eine Verminderung des Überreißens und die Beseitigung von Sulfit. Entüberhitzen durch Direkteinsprühen sollte mit dem reinsten erhältlichen Wasser durchgeführt werden. Bleibt das Problem selbst nach allen diesen Maßnahmen weiterhin bestehen, bleibt als Alternative nur die Verwendung einer Schaufellegierung, die eine geringe innere Spannung oder Härte hat, oder auch eine Reduzierung der Betriebsspannungen an der Turbine.

Kondensatoren

Spannungsrißkorrosion zeigt sich als interkristallines Reißen in Messing, wie z. B. Sondermessing 71, das sehr häufig für die Kondensatorberohrung verwendet wird. In diesem Fall sind die häufigsten korrosiv wirkenden Substanzen Ammoniak und seine Salze, die in der Gegenwart von gelöstem Sauerstoff wirken. Die Anfälligkeit zum Bruch erhöht sich mit dem Zinkgehalt der Messinglegierung. Umgebungsspannungen wie z. B. Mantelspannungen können durch falsche Rohrherstellung entstehen. Mantelspannungen können durch ein Biegen an der Mitte der Rohrspannweite zwischen Rohrstützplatten entstehen. Die hauptsächlichen Spannungen, die durch Rohrschwingungen verursacht werden, entstehen in Längsrichtung und am stärksten in der Mitte der Spannweite. Starke Zugspannungen werden in äußeren Rohren durch die Axialkraft des Wasserdrucks in Umlenkkammern und Rohren verursacht. Solche Spannung führt auch zur Einbiegung der Rohrbleche und zu axial-kompressiven Kräften in den Rohren zur Mitte des Bündels hin. Falsche Rohrwaltztechniken während der Installation können zu einem Restdrehmoment im Rohr führen.

Sind Ammoniak und Sauerstoff an beiden Seiten eines Rohres vorhanden, findet ein Ammoniakangriff am häufigsten an der Dampfseite statt. Normalerweise sind die im Dampf gefundenen Konzentrationen nicht hoch genug um einen Angriff auf empfindlichen Rohrmaterialien zu verursachen, außer im Bereich der Luftabsaugung. Dort kann sich Ammoniak in Gegenwart von Sauerstoff durch eine Luftundichtigkeit auf mehrere hundert mg/l konzentrieren. Wenn Dampfstrahl-Luftinjektoren verwendet werden und ihr Kondensat zum Kondensator zurückgeführt wird, erhöht sich die Ammoniakkonzentration weiter.

Ammoniak im Kühlwasser kann besonders bei Oberflächenwasser im Durchlauf in bedeutenden Mengen vorhanden sein, und zwar als Resultat der biologischen Wirkung von Organismen auf Stickstoffverbindungen im Wasser. Es ist dann praktisch unmöglich, diesen Ammoniak und Sauerstoff zu beseitigen.

Die Verhinderung von Spannungsrißkorrosion in Kondensatorrohren verlangt die Beseitigung einer oder mehrerer dieser verursachenden Faktoren, der korrosiven Umgebung, der Spannung, oder des anfälligen Baumaterials. Obwohl es so gut wie unmöglich ist, Ammoniak aus dem Kühlwasser zu beseitigen, kann es durchaus möglich sein, die Wirkung des Ammoniak im Dampf so niedrig wie möglich zu halten, indem die innere Aufbereitung des Kesselwassers verändert wird und katalysiertes Hydrazin in den Dampf eingespritzt, oder das Rückführsystem für das Ejektorkondensat neu ausgelegt wird.

Eine Möglichkeit diese Spannungen zu beseitigen ist eine Neuverlegung der Rohre, wobei das Walzdrehmoment während der Installation sorgfältig überwacht werden muß. Möglicherweise werden auch weniger empfindliche Materialien verwendet, wie z.B. 90-10 oder 70-30 Kupfer-Nickel oder andere Legierungen wie Edelstahl 304.

Kessel

Kesselrohre sind während ihrer Walzung, Inbetriebnahme oder Außerbetriebnahme Spannungen ausgesetzt. Korrosion an der Walznaht als Resultat einer Überwalzung ist häufig, wenn korrosive Bedingungen innerhalb des Kessels bestehen. Schnelles An- oder Abfahren kann zu extremen Spannungen in den Kesselrohrverbindungen führen und die Gefahr der Versprödung vergrössern (wird später in diesem Kapitel behandelt).

Einige Flammrohrkessel sind gegen eine Spannungsbildung im hinteren Rohrblech und an den Standbolzen empfindlich. Vor allem dann, wenn sie überfeuert werden oder häufigen, schnellen und großen Lastwechseln ausgesetzt sind.

Chlorid ist in den meisten unlegierten Stahlkesseln die mit Grundbrennstoffen geheizt werden kein Problem, außer in solchen mit Edelstahlüberhitzer-Elementen oder Turbinen mit Edelstahlflügeln. Kernenergie-Dampferzeuger müssen extrem niedrige Grenzwerte für Chlorid einhalten, da sie weitgehend austenitische Stähle verwenden, die gegen durch Chlorid verursachte Spannungsrißkorrosion empfindlich sind (Abb. 11-14).

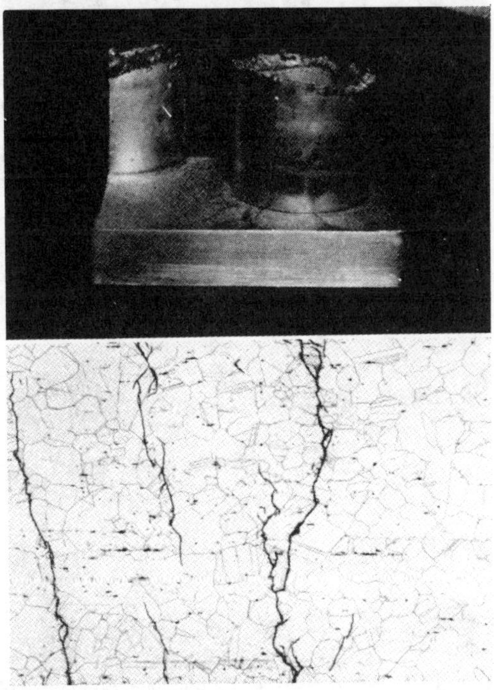

Abb. 11-14. Sehr schnelles Versagen eines austenitischen Stahls Typ 316 durch Spannungsrißkorrosion nach Kontakt mit Wasser mit hohen Chloridonen- und Sauerstoff-Konzentratien.

Schäden durch Wasserstoff

Neben den schon vorher behandelten Arten der Kesselkorrosion, die sich vor allem durch lokalen Metallabtrag der Kesselrohre bemerkbar machen, sind Hochdruckkessel auch gegen Wasserstoff empfindlich. Durch diese Art des Angriffs wird die innere Struktur des Metalls geschädigt und brüchig, (Abb. 11-15).

Schäden durch Wasserstoff werden verursacht durch schnelle Korrosionsreaktionen in Hochdruckkesseln. Wasserstoffatome die an der Kathode gebildet werden sind klein genug, um in das Kesselmetall einzudringen. Wenn sie erst einmal im Metall sind, reagieren sie mit dem Kohlenstoff, der normalerweise vorhanden ist und erzeugen Methan, ein relativ großes Gasmolekül. Methan führt an den Kristallgrenzen zu inneren Spannungen im Metall und zur Trennung der Stahlkristalle und schließlich zu Rissen im Metallrohr.

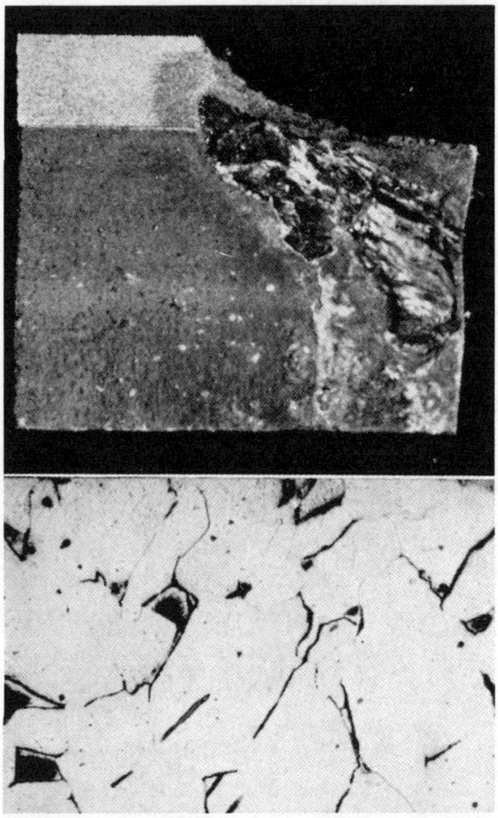

Abb. 11-15. Wasserstoffversprödung, eine Art der Korrosion die in Hochdruckkesseln auftritt. Erkennbar an einer schweren und dichten magnetischen Eisenoxidschicht in lokalisierten Bereichen, in welcher der Kohlenstoffstahl entkohlt und intergranular oxidiert wurde.

$$Fe_3C + 4H \rightarrow 3Fe^0 + CH_4 \uparrow$$

Die obige Reaktion verursacht auch eine Entkohlung, die das Metall schwächt. Wasserstoffschäden in Rohrleitungen werden am häufigsten mit säurebildenden Salzen wie z. B. Magnesiumchlorid in Verbindung gebracht, die durch Kondensatorundichtigkeiten, poröse Ablagerungen von Magnetit an der Wärmeübergangsfläche und falscher pH-Kontrolle oder Pufferung des Kesselwassers entstehen. Ein Wasserstoffschaden wurde schon innerhalb mehrerer Stunden, nach dem Beginn einer lokalen Säurekorrosion beobachtet, die durch solche Bedingungen verursacht wurde (Abb. 11-16).

Die einzige Methode um angegriffene Rohre zu erkennen, ist eine metallurgische Analyse. Die Rohre müssen zu diesem Zweck ausgebaut werden. Da es unmöglich ist, alle Rohre in einem Kessel mit dieser Methode zu überprüfen, führt es oft dazu, daß Kessel nach der Reparatur von ausgefallenen Rohren immer noch mit beschädigten und unzuverlässigen Rohren arbeiten, wobei die übrigen Rohre dann nach einer gewissen Zeitspanne versagen.

Säureangriff

Leckagen von organischen oder Mineralsäuren im Kessel führen zu extremer Korrosion und Rohrverstopfung, wenn sich Ablagerungen bilden. Wenn die Leckage klein ist, und nur ein geringer pH-Abfall zu verzeichnen ist (z. B. auf 8,5 bis 9,0), sind keine besonderen Schritte notwendig. Wenn die Verunreinigung jedoch schwerwiegender und von längerer Dauer ist (über 30 Minuten), sollte der Anlagenteil außer Betrieb genommen, neutralisiert, gekühlt, entleert und sorgfältig überprüft werden.

Eine Zuckerleckage beeinflußt die Kesselanlagen in Zuckerfabriken, wenn Dampfkondensat als Speisewasser verwendet wird. Die Zersetzung des Zuckers zu organischen Säuren im Kessel reduziert den pH-Wert des Kesselwassers sehr schnell. In Rohzuckerfabriken oder in der Getränkeindustrie kann die kontinuierliche Kondensatüberwachung auf Zucker, durch pH- und Leitfähigkeitsmessungen, schwere Schäden verhindern. In Zuckerraffinerien sind Spuren von Zucker im allgemeinen nicht in der Lage, pH oder Leitfähigkeit des Kondensats zu beeinflussen, d.h. es muß eine aufwendigere Methode zur Kondensatüberwachung verwendet werden. In beiden Fällen ist die Verwendung von doppelten Kondensatsammeltanks und eine manuelle Kondensatüberprüfung vor der Rückführung in das System angebracht.

Wie schon erwähnt, verursacht der Eintritt von Magnesiumchlorid als Resultat von Kondensatorundichtigkeiten in Hochtemperaturkesselwasser eine Reaktion der Magnesiumionen mit den vorhandenen Hydroxylionen. Das Reaktionspotential von Magnesiumionen mit Hydroxylionen ist unter diesen Bedingungen genügend groß, um Magnesiumhydroxid auszufällen, bis der pH-Wert des Kesselwassers auf ungefähr 4,0 abfällt. Dies kann durch korrekte Kesselwasserbehandlung verhindert werden. Zu niedrige pH-Werte können die Hydroxylionenkonzentrationen auf niedrige Werte reduzieren, wodurch ein Angriff von Salzsäure an der Metalloberfläche verursacht wird:

$$MgCl_2 + 2H_2O + \text{Wärme} \rightarrow Mg(OH)_2 \downarrow + 2HCl$$

$$Fe^0 + 2HCl \rightarrow FeCl_2 + H_2 \uparrow$$

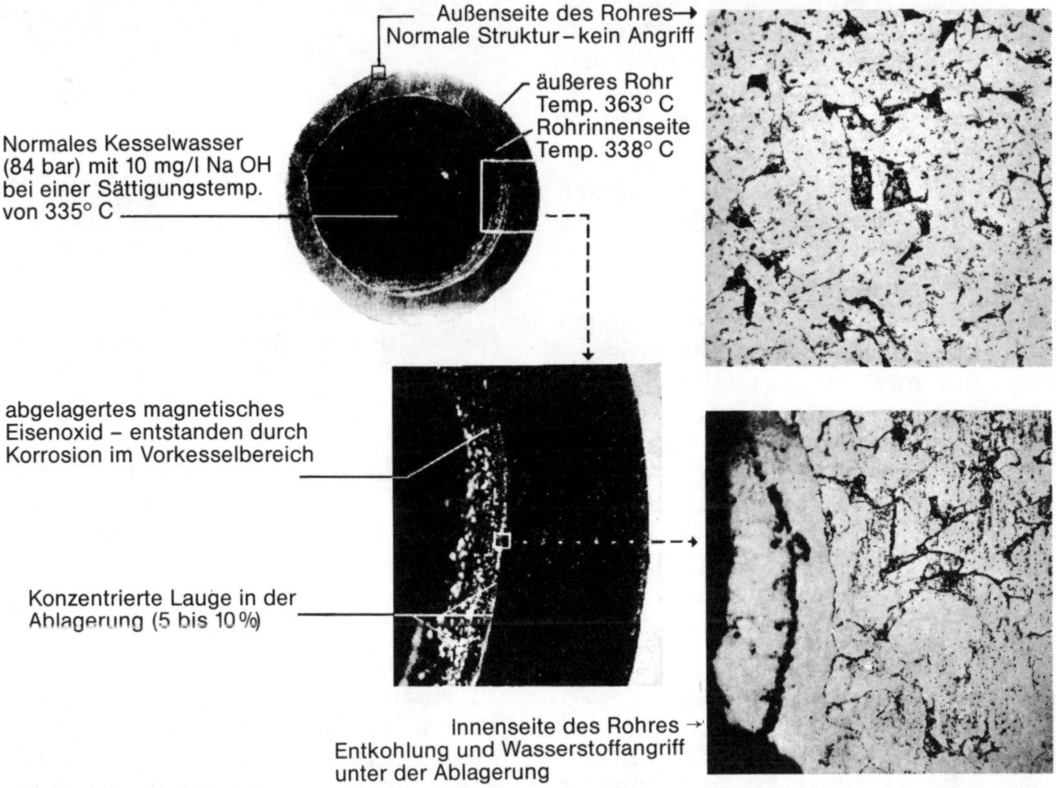

Abb. 11-16. Auswirkung eines Angriffs auf ein Metall mit einer Oxidablagerung.

Magnesiumchlorid kann in Verbindung mit Ablagerungen an Kesselrohroberflächen zur lokalen Konzentration von Salzsäure unter der Ablagerung führen und extrem hohe Korrosionsraten und schweren Schaden innerhalb kurzer Zeit verursachen. Dies findet man häufig in Kesseln, die hochreines Speisewasser und eine Behandlung mit flüchtigen Verbindungen (Ammoniak und Hydrazin) verwenden. In der Praxis sind Magnesiumchlorid und poröse Ablagerungen die häufigste Ursache der im vorhergehenden Teil behandelten Wasserstoffschäden.

Versprödung durch Laugen

Die Versprödung durch Laugen ist ein interkristalliner Spannungskorrosionsbruch von unlegiertem Kesselstahl, der durch eine Korrosionsreaktion entlang der Kristallgrenzen innerhalb des Metalls verursacht wird (Abb. 11-17). Versprödung durch Laugen zeigt sich unter bestimmten Bedingungen: Dehnungsspannungen im Metall; hohe Hydratalkalität des Wassers in Kontakt mit dem gespannten Metall und auch in Wasser mit Spröde fördernden Bestandteilen.

Eine hohe Hydratalkalität entwickelt sich, wenn Kesselwasser durch Verdampfung in einem Spalt oder unter einer Ablagerung aufkonzentriert wird.

Undichte gewalzte Rohrverbindungen oder eine undichte Trommelnaht in genieteten Trommelkesseln sind die kritischen Stellen für Laugenversprödung. Unter solchen Umständen können gewalzte Rohre Risse innerhalb der Verbindung oder unter der Rohrlippe entwickeln. Dies kann dazu führen, daß das Rohr unter Druck vom Flansch gezogen wird. ASTM D 807 ist eine Methode zur Bestimmung, ob ein Kesselwasser von seiner Beschaffenheit her zur Spröde neigt.

Ein Schutz gegen Versprödung wird erreicht durch Beigabe eines Inhibitors. Natriumnitrat, der am häufigsten verwendete Inhibitor, wird in ausreichender Menge beigegeben um das richtige Verhältnis mit der Natriumhydroxidkonzentration im Kesselwasser zu erhalten. Die empfohlenen Konzentrationen sind abhängig vom Kesselbetriebsdruck und sind nachstehend angegeben:

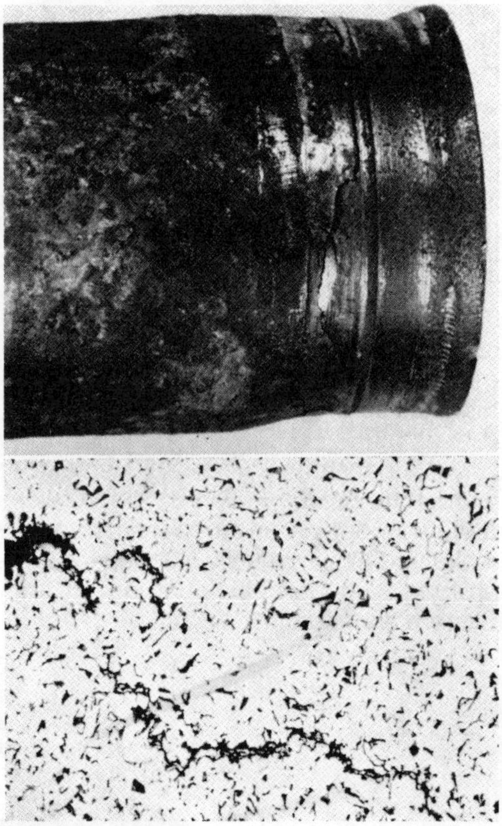

Abb. 11-17. Laugenversprödung, eine Art der Korrosion die in Nieder- oder Hochdruckkesseln vorkommt und in Vertiefungen entsteht, in denen sich Laugen konzentrieren können. Es ist gewöhnlich ein intergranular Angriff, kann aber auch transgranular auftreten.

Kesseldruck	$NaNO_3$/NaOH Verhältnis
bis zu 17,5 bar	0,20
bis zu 28,0 bar	0,25
bis zu 49,0 bar	0,40

Vorübergehende Stillegung von Kesselanlagen

Während der Zeiten in denen eine Anlage außer Betrieb steht, ist der Schutz des Kessels und anderer Anlagenteile gegen Korrosion aus zwei Gründen wichtig. Beide sind wirtschaftlicher Art und beziehen sich auf eine Verlängerung der Standzeit und den Wirkungsgrad.

Korrosionangriff während einer Stillstandszeit kann zum direkten Metallverlust führen und außerdem Korrosionsprodukte in den Kessel eintragen, die während eines Wartungsstillstandes im Vorkesselbereich entstanden sind, d. h. in der darauffolgenden Betriebszeit können die durch Stillstandskorrosion entstandenen Eisen- und Kupferoxide zu den beheizten Kesselflächen gefördert werden. Diese Oxide bilden Ablagerungen und können einen lokalen Angriff und ein Überhitzen des Rohrmetalls verursachen.

Eine Untersuchung der Betriebskorrosion in Kraftwerksanlagen und Industriekesseln zeigt sehr deutlich die nahe Verwandtschaft zwischen: Rohrundichtigkeiten und Rohrversagen, Reinigungsverfahren vor der Inbetriebnahme und Schutzmaßnahmen während der Stillstände; d. h. die Anwendung wirksamer Korrosionsschutzmaßnahmen während der Zeiten einer Inbetriebnahme und Außerbetriebsetzung verbunden mit kontinuierlicher Kontrolle während des Betriebs sind gute präventive Wartungsmaßnahmen. Diese Maßnahmen und Kontrollen helfen die Investition, d. h. die Anlagen zu schützen und die Lebensdauer der Hauptanlagen zu verlängern.

Die hauptsächlichen Faktoren für eine Korrosion während des Stillstands sind Wasser, Sauerstoff und pH-Wert. Die Beseitigung entweder von Feuchtigkeit oder Luft verhindert nennenswert die Korrosion. Niedrige Umgebungstemperaturen fördern die Kondensation von atmosphärischer Feuchtigkeit. Eine wirksame Korrosionsschutzmaßnahme ist daher Wasser oder Sauerstoff während der Stillstandszeit zu entfernen. Eine Trockenlagerung erreicht dieses Ziel durch die Beseitigung von Wasser und die Reduktion der relativen Feuchtigkeit.

Eine Naßlagerung kontrolliert die Korrosion durch den Ausschluß von Sauerstoff und einen hohen pH-Wert. Die Verwendung von Stickstoffgas um Luft aus dem Kessel zu entfernen, verhindert ebenfalls eine Korrosion durch die Eliminierung des Sauerstoffes.

Die Entscheidung zwischen Trockenkonservierung, Naß- und Stickstoffschutz wird durch die Länge der Stillstandszeit und die Verfügbarkeit der Anlage bestimmt. Naßkonservierung kann in jedem Fall ohne Rücksicht auf die Länge der Stillstandszeit angewendet werden, wenn der Kessel für einen sofortigen Einsatz zur Verfügung stehen muß. Eine Trockenlagerung ist ganz allgemein ein bevorzugter Korrosionschutz, vor allem dann, wenn die Anlage auf längere Zeit stillgelegt wird. Stillstand in Dampferzeugungsanlagen von einem Monat oder weniger werden als kurzzeitige Stillstandsperioden angesehen.

Kurzzeitschutz durch nasse Stillegung

Nasse Lagermethoden sollten bei Stillstandszeiten von einem Monat oder darunter verwendet werden, oder in Fällen die eine sofortige Einsatzbereitschaft der Anlage erforderlich machen. Bei feuchter Lagerung kann ein doppelter Schutzmechanismus ausgenutzt werden, um die Korrosion zu minimieren; durch den Ausschluß von Sauerstoff und durch die Aufrechterhaltung eines hohen pH-Wertes.

Kessel

Als erstes sollen Kessel vollständig mit erhitztem Wasser gefüllt werden, z. B. mit entgastem Speisewasser oder Kondensat und dann mit Korrosionsinhibitoren versehen werden. Die wirksamste Methode für Kessel ohne Überhitzer oder mit entleerbaren Überhitzern ist es, den Kessel bis zum Überlauf mit heißem, entgastem Speisewasser zu füllen, während der Kessel abkühlt und bevor der Druck auf 0 abfällt. Die Trommelentlüftung sollte über ein Ventil und eine Flüssigkeitssperre in den Kanal geführt werden. Die kontinuierliche Abschlämmleitung soll zur Speisewasserleitung oder zur kontinuierlichen Abschlämmleitung eines in Betrieb stehenden anderen Kessels geführt werden, um einen geringen kontinuierlichen Wasserfluß vom Überlauf beizuhalten. Gibt es keinen in Betrieb stehenden Nebenkessel, so ist es notwendig, die Flüssigkeitsdichtung mit aufbereitetem Zusatzwasser gefüllt zu halten. Die Beigabe von Chemikalien zum Kessel durch die Chemikalien-Einspeiseleitung ist notwendig, um Sauerstoff zu binden und den pH-Wert gleichmäßig zu halten. In Nieder- und Mitteldruckkesseln wird normalerweise Natronlauge verwendet, um einen pH-Wert von 11 zu halten und Natriumsulfit wird zugegeben bis ein Minimum von 100 mg/l (als SO_3^{2-}) erhalten wird.

Die Durchflutung des Kessels mit entgastem, aufbereitetem Wasser hat drei Hauptziele. Erstens verhindert die Ausschaltung der Flüssigkeits-Dampf-Grenzfläche die Möglichkeit einer Korrosion an der Grenzfläche, zweitens macht der gefüllte Dampfraum die Kondensation von sauren Tropfen durch Kohlendioxidadsorption unmöglich und drittens bindet das Natriumsulfit gelösten Sauerstoff, der eine Korrosion verursachen kann. Um die Wirksamkeit dieser Vorsichtsmaßnahmen zu gewährleisten, muß ein Kessel bei dieser Konservierung während der Stillstandszeit häufig überprüft werden, um sicherzustellen, daß der Kessel vollständig gefüllt ist und die gewünschten Inhibitormengen beibehalten werden.

In Kesseln mit weichem Speisewasser und nichtentleerbaren Überhitzern kann eine Konservierung nur durch eine Stickstoffdecke im Überhitzer und dem Raum über der normalen Wasserhöhe in der Trommel erreicht werden. Für die Konservierung von Hochdruckkesseln werden als Inhibitoren 200 mg/l Hydrazin (bzw. 50–100 mg/l katalysiertes Hydrazin) und Ammoniak oder Amine verwendet, um den pH-Wert zwischen 9,5 und 10,5 einzustellen. Eine Stickstoffdecke soll verwendet werden wenn es notwendig ist, ein Füllen des Überhitzers zu vermeiden.

Besondere Methoden müssen beachtet werden um Anlagen nach einer Säurereinigung zu schützen. Im Idealfall soll eine chemische Reinigung des Kessels mit einem sauren Lösungsmittel wie inhibitiertem HCl so angesetzt werden, daß der Kessel sofort nach vollzogener Reinigung wieder in Betrieb genommen werden kann. Dazu gehört eine Neutralisierung, Passivierung und Überprüfung.

Bei einer Verzögerung von 1 bis 2 Tagen zwischen beendeter Reinigung und der Wiederinbetriebnahme soll der Kessel mit aufbereitetem Speisewasser oder Kondensat, das 200 mg/l Hydrazin (50 bis 100 mg/l katalysiertes Hydrazin) enthält, gefüllt werden. Dabei soll der pH-Wert mit Ammoniak oder flüchtigen Aminen auf 9,5 bis 10,5 eingestellt werden.

Vorwärmer

Wird ein Kessel zwecks Konservierung gefüllt, ist es wünschenswert, daß Korrosionsinhibitoren (gelöst im entgasten Speisewasser) bereits in den Vorwärmer eingespeist werden, der dadurch während des Stillstands ebenfalls geschützt wird.

Überhitzer

Ein Teil der vorhergehenden Beschreibung beschäftigte sich mit dem Schutz von Überhitzern. In den meisten modernen Kesseln kann der Überhitzerteil nicht isoliert werden. Daher wird die gleiche Naßbehandlung des Kessels auch für den Überhitzerteil verwendet, jedoch sollen Lauge und Sulfit nicht in nichtentleerbaren Überhitzern verwendet werden. Wird eine Konservierung eines nichtentleerbaren Überhitzers notwendig, empfehlen sich als chemische Inhibitoren Hydrazin (oder katalysiertes Hydrazin), Ammoniak oder neutralisierendes Amin (Morpholin, Cyclohexylamin), welche zum entgasten Kondensat oder zum entmineralisierten Wasser im Überhitzer zugegeben werden.

Diese flüchtigen Behandlungsprodukte gewährleisten, daß sich keine Ablagerungen im Überhitzer bilden, wenn der Kessel wieder in Betrieb genommen wird.

Eine Überhitzerfüllung sollte vorgenommen werden, bevor der Überhitzer atmosphärischen Druck erreicht. Ist dies nicht möglich, wird Stickstoff eingelassen während der Kessel abkühlt und es wird ein geringer positiver Druck beibehalten. Wenn der Kessel dann geöffnet wird, kann der Überhitzer vor dem Öffnen mit chemisch behandeltem, entgasten Kondensat durchflutet werden.

Aufbereitungskonzentrationen sollten bei 200 mg/l Hydrazin (50–100 mg/l katalysiertes Hydrazin) gehalten werden und zusätzlich genügend Ammoniak um den pH-Wert zwischen 9,5 und 10,5 zu halten. Dies sind dieselben Dosierungen, die auch in der nassen Konservierung verwendet werden. Als Alternative können Cyclohexylamin oder Morpholin als alkalische Substanzen verwendet werden, um einen pH-Wert von 9,5 zu erhalten.

Turbinen

Chloridablagerungen auf einer Turbine beschleunigen die Korrosion aller Turbinenbestandteile während eines Stillstands. Es ist daher besonders wichtig, daß die Bildung von chloridhaltigen Ablagerungen verhindert wird. Wenn Turbinen nicht in Betrieb sind, müssen sie durch eine oder mehrere der folgenden Vorsichtsmaßnahmen trockengehalten werden:

a) Anziehen des Blockventils an der Einlaßdampfleitung.

b) Installation eines doppelten Blockventils mit einem dazwischen liegenden Abfluß.

c) Einblasen von erhitzter oder trockener Instrumentenluft in die Turbine.

d) Befolgung der Herstellerempfehlungen für die Lagerung während der Stillstandszeiten.

Speisewassererhitzer

Abblätterung, eine besondere Art der Oxydation, ist ein Korrosionsproblem das mit der Verwendung von bestimmten Kupfer - Nickelrohr - Speisewassererhitzern verbunden ist, und zwar vor allem bei ständig wechselnder Belastung oder bei Spitzenbetrieb. Es ist auf die Oxidationskorrosion zurückzuführen und besteht im Abblättern feiner Oberflächenschichten. Es erscheint nur im intermittierenden Spitzenbetrieb und niemals in Phasenerhitzern bei kontinuierlichem Grundlastbetrieb. Abblättern scheint auf zwei Kupfer-Nickellegierungen beschränkt zu sein: 70–30 CuNi (am anfälligsten) und das weniger verwendete 80 — 20 CuNi.

Lufteintritt in den Speisewassererhitzer von der Mantelseite während des Stillstands der Anlage scheint dabei die Hauptursache des Abblätterns zu sein. Oberflächenoxidation der heißen Rohre stellt sich daher beim Abstellen und bei Wiederinbetriebnahme ein. Eine Abblätterungskorrosion kann verhindert werden, so daß keine Verwendung von alternativen Rohrmaterialien notwendig ist. Zwei dieser Methoden sind:

a) eine Decke aus Inertgas oder Dampf schließt Sauerstoff im System als Problemquelle aus. Da Luft, die während des Stillstands ins System eintritt, die einzige Quelle von Sauerstoff ist, sollten Turbine, Einspeiseleitungen und Erhitzermantel mit Stickstoff oder Dampf mit einem Druck von 1–2 bar im stillstehenden Erhitzer beaufschlagt werden. In den meisten Kraftanlagen ist eine Dampfdecke praktischer als eine Stickstoffbeaufschlagung.

b) Direktes Einspritzen von Oktadecylamin (filmbildendes Amin und Korrosionsinhibitor) in den Speisewasser-Erhitzermantel schützt, wie verschiedentlich berichtet wurde, die Kupfer-Nickelrohrleitungen der Speisewassererhitzer.

Langzeit-Stillegung

Stillstandszeiten über einem Monat oder wenn die Kessel Frostbedingungen ausgesetzt sind, können Konservierungsmethoden notwendig machen, um Kraftwerksanlagen zu schützen. Diese Trokkenkonservierungen werden in zwei Kategorien eingeteilt, in offene und geschlossene Stillegung.

Offene Trockenstillegung

Das Hauptziel bei der trockenen Lagerung ist die Beseitigung jeglicher Feuchtigkeit, da keine bedeutende Korrosion entstehen kann, solange der Kessel und andere Metalloberflächen trocken bleiben. Luft in Kontakt mit Feuchtigkeit ist extrem korrosiv und Wassereintritt oder Schwitzen an den Oberflächen muß daher verhindert werden. Der Kessel soll vollständig entleert werden und sowohl feuerseitig als auch wasserseitig gründlich gereinigt und inspiziert werden. Alle inneren Oberflächen sollen durch zirkulierende warme Luft mit einem Gebläse oder Erhitzer (Wärmelampen oder Widerstandserhitzer), in der Kesseltrommel oder im Ofen getrocknet werden. Danach werden alle Öffnungen an beiden Seiten offengelassen, um einen freien Luftstrom zu ermöglichen. Hierzu gehören alle Mannlöcher, Handlochplatten, Ofentüren und Schornsteinklappen. Während der Trockenlagerung sollte der Kessel auf Kondensation überprüft werden, die durch Erhitzung der feuchten Oberflächen oder Einblasen eines warmen Luftstroms entfernt wird. Der Erfolg einer solchen trockenen Lagerung hängt davon ab, daß Rückschlagventile, Speisewasserventile und Abschlämmventile, die an ein in Betrieb stehendes System angeschlossen frei von Undichtigkeiten sind. Um sich gegen Undichtigkeiten zu schützen, können diese Leitungen z.B. durch Blindflansche geschlossen werden.

Geschlossene Trockenstillegung

Mehrere verschiedene und kombinierte Methoden können bei einem außer Betrieb stehenden Kessel, der trocken und abgedichtet gelagert werden soll, angewendet werden. Obwohl dies ein relativ sicheres Verfahren ist, kann es doch einige Probleme geben. Es ist schwierig, alle Kesselöffnungen luftdicht abzuschließen

Durch Inspektionen während der Stillstandszeit wird feuchte Luft eingetragen. Wenn das Entfeuchtungsmittel verbraucht ist und während einer Inspektion nicht erneuert wird, kann dies zu Korrosion durch feuchte Luft am Kessel führen. Wie schon festgestellt, dürfen Rückschlagventile nicht undicht sein.

Die Trockenlagerung ist dann angebracht, wenn die Atmosphäre in der Fabrikanlage korrosive Dämpfe und/oder harte Staubpartikel enthält, die in den offenen und trockenen Kessel eintreten könnten. Sie wird auch für feuchte Küstengebiete empfohlen.

Poröse chemische Entfeuchtungsmittel müssen in den stillgelegten Kessel gegeben werden, um Wasserdampf zu absorbieren und dadurch die relative Feuchtigkeit zu regulieren. Entfeuchtungsmittel sind unter anderem Silikagel, gebrannter Kalk (Kalziumoxid– CaO) und aktivierte Tonerde oder Bauxit. Die empfohlenen Mengen von Entfeuchtungsmittel pro m^3 Kesselvolumen sind 1 kg gebrannter Kalk, Löschkalk oder 2,5 kg Silikagel. Obwohl 2 ½ mal mehr Silikagel als Kalk verwendet wird, kann Silikagel im allgemeinen leicht durch Erhitzen regeneriert werden und wird normalerweise in Säcken geliefert, wodurch es einfacher und sicherer zu handhaben ist als gebrannter Kalk. Silikagel hat eine hohe feuchtigkeitsabsorbierende Kapazität, die durch Erhitzung im ventilierten Ofen wieder zurückgewonnen wird. Dies geschieht bei 162–176° C für 2–4 Stunden, oder länger bei niedrigen Temperaturen, so z.B. 16 Stunden bei 121° C. Aktivierte Tonerde oder Bauxit (75 % Al_2O_3) kann in ähnlicher Weise wieder aktiviert werden, ist aber weniger wirksam als Silikagel, welches 30 % seines Gewichts an Wasser absorbiert, im Vergleich zu 4–20 % bei aktiviertem Bauxit. Silikagel ist daher das bevorzugte Entfeuchtungsmittel. Es ist mit einem Farbindikator ($CoCl_2$) erhältlich, der sich bei Sättigung des Gels mit Wasser von blaßrosa auf kobaltblau verfärbt. Für seltenere Trockenlagerung von begrenzter Dauer, die keinen Austausch des Entfeuchtungsmittels verlangt, ist Kalk wahrscheinlich das wirtschaftlichste Mittel.

Vorbereitung für die Trockenstillegung

Nach der Entleerung des Kessels sollte er mit einem Luftgebläse getrocknet werden. Wasserlachen müssen trockengewischt werden. Das Entfeuchtungsmittel wird dann gleichmäßig auf Tellern oder Blechen verteilt, welche in die Kesseltrommel oder oben an den Flammrohren in den Feuerraum angebracht werden. Alle Mannöffnungen sollten geschlossen werden und luftdichte Blindflansche an allen Wasser- und Dampföffnungen und Verbindungen installiert werden. Das Entfeuchtungsmittel muß periodisch überprüft werden, wenn möglich alle 6–8 Wochen, um bei Sättigung oder Erschöpfung den Kalk zu erneuern oder als Silikagel zu reaktivieren.

Ähnliche feuchtigkeitsfreie Bedingungen, durch die Verwendung von Entfeuchtungsmitteln, schützen auch entleerbare Überhitzer während einer Trockenlagerung. Das sich in den unteren Bögen von nichtentleerbaren Erhitzern ansammelnde Kondensat führt zu schnellem Angriff, selbst wenn der Kessel sehr gut geschützt ist. Einblasen von warmer Luft durch die einzelnen Rohre oder Elemente trocknet vorerst den Überhitzer. Um die vollständige Trocknung zu gewährleisten und um eine mögliche Kondensation an beiden Seiten der Rohre zu verhindern, sollte eine Reihe von kleinen Heizgeräten innerhalb des Ofens installiert werden und im gleichen Abstand über die Breite der Überhitzerreihe eingesetzt werden. Eine gute Wartung dieser Heizgeräte ist die beste Maßnahme gegen eine Stillegungskorrosion, gleichgültig ob der Kessel zur Atmosphäre hin offen (offen und trocken) oder abgedichtet ist, bzw. Entfeuchtungsmittel im Inneren (geschlossen und trocken) enthält. Wenn der äußere Schutz von Kesselrohren ein Problem darstellt, sollten Heizgeräte an verschiedenen Stellen installiert werden, um die Temperatur in allen Teilen des Ofens und des Überhitzers oberhalb des Taupunktes zu halten.

Eine weitere Methode der Trockenlagerung besteht darin, den entleerten Kessel vollständig abzudichten und mit Stickstoff mit Überdruck von 0,2–0,35 bar zu beaufschlagen. Die Methode der Beaufschlagung mit Stickstoff wurde schon vorhergehend, bei den Verfahren für kurze, feuchte Lagerung erwähnt. Während und nach der Entleerung wird die Kesselatmosphäre einfach durch Inertgas ersetzt, um eine sauerstoffreie Umgebung zu erhalten und dadurch Korrosionsschutz zu bieten.

Längere Stillegung eines Kessels kann auch ermöglicht werden, indem er abgedichtet, entleert und unter einem Dampfdruck von 0,35–1 bar gehalten wird. Abscheider an der Schlammtrommel und an der untersten Sammelleitung entfernen Kondensat. Entlüfter für nichtkondensierbare Substanzen werden an den blinden Enden im Kessel installiert. Die Drosselklappen und alle Öffnungen zum Ofen werden dicht geschlossen. Dieses System hat den Vorteil, die Umgebung heiß zu halten und verhindert dadurch Kondensation und eine daraus folgende feuerseitige Korrosion.

Kapitel 12
Ablagerungen in Dampferzeugungssystemen

Der größte Teil des Prozeß- oder Heizdampfes wird von Kesseln erzeugt, die unter 42 bar Druck und Leistungen von weniger als 114 t/h betrieben werden. Obwohl die Bedingungen für eine Wasseraufbereitung bei dieser Kesselgröße nicht so streng sind wie für höhere Drücke, ist eine richtige Aufbereitung für den Kessel und die Gesamtanlage wichtig, wenn Schwierigkeiten vermieden und eine optimale Betriebsleistung erreicht werden soll.

Vorkesselteil

Technisch gesehen beginnt das Vorkesselsystem am Punkt der Rohwasseraufnahme (Fluß-, Brunnen-, städtisches Wasser) bis zum Eintritt in den Kessel. Um Wiederholungen zu vermeiden, wird in diesem Kapitel mit Ausnahme von Behandlungen in Entgasern und ähnlichen mechanischen Apparaten, keine der äußeren Vorkesselbehandlungen erörtert.

Ablagerungen im Vorkesselteil können sich an verschiedenen Stellen bilden und stellen jeweils spezifische Probleme dar: In Entgasern können sie die richtige Wasserverteilung und Entgasung beeinträchtigen; sie reduzieren die Kapazität der Speisewasserleitung (Abb 12-1); sie können außerdem Wärmerückgewinnung und die Leistung der Vorwärmer oder anderer Speisewassererhitzer reduzieren und gleichzeitig die Gefahr einer Korrosion erhöhen. Ablagerungen können bei Speisewasserreglern zu falschen Niveauanzeigen führen und gleichzeitig Unregelmäßigkeiten in der Umwälzung und Überreißen von Kesselwasser verursachen.

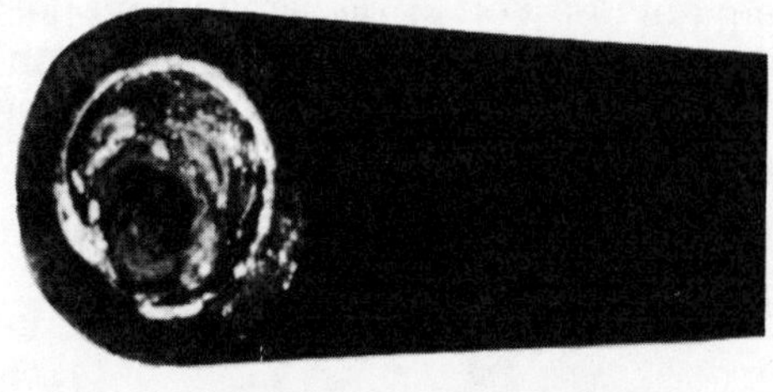

Abb. 12-1. Ablagerungen in einer Speisewasserzuführung.

Ablagerungen im Vorkesselteil können durch einen oder mehrere der nachfolgend genannten Faktoren verursacht werden: Übersättigung von Calciumcarbonat, Reaktion zwischen Härte und Aufbereitungschemikalien, verunreinigtes Kondensat oder die Gegenwart von gelöstem Eisen.

Calciumcarbonat

In Abwesenheit von Kohlendioxid ist die Löslichkeit von Calciumcarbonat in Wasser 14 mg/l bei 25° C. In mit Kohlendioxid angereichertem Wasser findet eine Reaktion zwischen Kohlendioxid, Calciumcarbonat und Wasser statt, wobei Calciumhydrogencarbonat gebildet wird, das eine Löslichkeit von etwa 300–400 mg/l bei 25° C hat.

$$CaCO_3 + CO_2 + H_2O \rightarrow Ca(HCO_3)_2$$

Wenn das Calciumhydrogencarbonat enthaltende Wasser erhitzt wird, bildet sich durch Zersetzung wieder Calciumcarbonat.

$$Ca(HCO_3)_2 \rightarrow CaCO_3\downarrow + CO_2\uparrow + H_2O$$

Die Tendenz der Ausfällung von Calciumcarbonat kann durch den Langelier Index bestimmt werden, der den gelösten Feststoffgehalt, Temperatur, Calciumhärte, m-Alkalität und pH-Wert berücksichtigt.

Wenn die Möglichkeit besteht, daß Calciumcarbonat im Vorkesselteil ausfällt, dann können folgende korrektive Maßnahmen vorgenommen werden; innere

Aufbereitung zur Reduzierung oder Beseitigung von Calciumionen oder Alkalität, Verwendung eines organischen Mittels zur Schlammkonditionierung oder Dispergierung um das Anhaften von ausgefälltem Calciumcarbonat an Metalloberflächen zu verhindern. Die Verwendung eines substöchiometrisch wirkenden Polyphosphats zur Härtestabilisierung, ist zwar in der Kühlwasseraufbereitung wirksam, aber in der Speisewasseraufbereitung nicht empfehlenswert, da die hohe Temperatur des Speisewassers die Gefahr einer Hydrolyse von Polyphosphat und Schlammbildung deutlich erhöht. Bei einer solchen Aufbereitung müssen die Stellen der Polyphosphateinspeisung und ihre Dosierung sehr sorgfältig gewählt werden.

Ablagerungen auf Phosphatbasis

Falsche Einspeisung von Phosphat oder Alkalisierungsmitteln oder einer Kombination beider in den Vorkesselteil kann dazu führen, daß Härtesalze vor allem im Vorkesselteil statt im Kessel ausfallen. Solche unerwünschten Reaktionen können wie folgt zur Bildung von Ablagerungen führen:

$$3Ca^{2+} + 2PO_4^{3-} \rightarrow Ca_3(PO_4)_2 \downarrow$$

$$Ca^{2+} + HCO_3^- + OH^- \rightarrow CaCO_3 \downarrow + H_2O$$

$$Mg^{2+} + 2\,OH^- \rightarrow Mg(OH)_2 \downarrow$$

$$3Mg^{2+} + 2OH^- + 2SiO_3^{2-} + H_2O \rightarrow 2MgSiO_3 \cdot Mg(OH)_2 \cdot H_2O \downarrow$$

$$4Mg^{2+} + 2OH^- + 2\,PO_4^{3-} \rightarrow 2Mg_3(PO_4)_2 \cdot Mg(OH)_2 \downarrow$$

Die Bildung von Calciumphosphat und Magnesiumsilikat ist im Kessel tragbar, da sie durch Bodenabschlämmung beseitigt werden können. Ihre Bildung im Vorkesselsystem ist dagegen unerwünscht, da es keinen Weg für ihre Beseitigung gibt. Magnesiumphosphat und Calciumcarbonat sind anhaftende Ablagerungen. Ihre Bildung in Kesseln und im Vorkesselteil sollte verhindert werden.

Um Vorkesselablagerungen zu reduzieren ist es angebracht, alle Phosphate direkt in den Kessel einzuspeisen. Die in den Vorkesselteil eingespeiste Menge von Alkalisierungsmitteln sollte so niedrig wie möglich gehalten werden, der pH-Wert ist soweit zu erhöhen, daß eine Korrosion vermieden wird. Der Rest sollte direkt mit dem Phosphat in den Kessel eingespeist werden.

Wenn eine direkte Einspeisung von Phosphat in den Kessel nicht möglich ist, sollte eine Polyphosphat-Chelatkombination, oder ein schlammkonditionierendes Polymer und ein organisches Dispergiermittel verwendet werden. Damit wird die Ausfällung von Härte, besonders im Vorwärmer, verringert.

Da Temperatur und Verweilzeit im Sammeltank eines Entgasers zur Hydrolyse von Polyphosphat führen kann, soll die Einspeisung in die Abflußleitung des Sammeltanks vorgesehen werden. Eine starke Hydrolyse kann im Chemikalienlösebehälter auftreten, wenn Kondensat mit hoher Temperatur verwendet wird, vor allem dann, wenn Phosphat mit hochalkalischen Chemikalien vermischt wird. In diesem Fall kann das Kondensat durch Beimischung von enthärtetem Zusatzwasser gekühlt werden. Die Zubereitung von Lösungen in kurzen Zeitabständen und/oder die getrennte Einspeisung der alkalischen Chemikalien schaffen Abhilfe.

Ablagerungen durch verunreinigtes Kondensat

Verunreinigung von Dampf und Kondensat haben im allgemeinen folgende Ursachen: Undichte Rohrschlangen oder Mäntel im Kreislauf, Produktstau in offenen Rohrschlangen wegen eines durch kondensierten Dampf gebildeten Vakuums, Korrosion der Metalle im Nachkesselteil, absichtliches Einspritzen von kaltem Rohwasser ins Kondensat um Selbstverdampfung in Vakuum-Rückförderpumpen zu verhindern oder zur Vermeidung von Überhitzungen durch Kondesatorenundichtigkeiten und Mitreißen aus dem Kessel (Abb. 12-2).

Dampf kann durch Öl verunreinigt werden, wenn er in Heizölerhitzern oder beim Betrieb von Kolbenpumpen, Kompressoren und Motoren verwendet wird. Kondensat vom Heizölerhitzer wird im allgemeinen verworfen. In vielen Fällen werden Ölabscheider verwendet, um Öl aus dem Abdampf solcher Anlagenteile wie dampfbetriebene Kolbenpumpen zu entfernen. Die Abscheider müssen regelmäßig auf Störungen und normwidrige Betriebsbedingungen überprüft werden. Eine Prozeßverunreinigung zeigt sich häufiger bei intermittierendem als bei kontinuierlichem Betrieb. Außerdem ist die Möglichkeit einer Verunreinigung größer, wenn Dampf direkt mit Produkten in Kontakt kommt, als wenn Dampf in geschlossenen Leitungen oder Mänteln geführt wird, wobei Undichtigkeiten in Leitungen oder Mänteln zu Verunreinigungen führen können.

Abb. 12-2. Angehäufte Ablagerung in einem Einwegventil durch Speisewasserzuführung zum Kessel.

Wenn rückgewonnenes verunreinigtes Kondensat wieder als Speisewasser verwendet wird, können die Verunreinigungen mit anderen Bestandteilen im Speisewasser reagieren. Ausfällungen können an den Metalloberflächen Ablagerungen bilden. Die Fremdsubstanz kann auch als Bindemittel für andere Ausfällprodukte dienen und sie anhaftender machen. Eine Kondensatverunreinigung duch Mitreißen von Kesselwasser bringt nicht nur Schlamm ins Speisewasser sondern auch Lauge und Orthophosphate, die zu zusätzlicher Schlammbildung führen können.

Häufige Analyse des Kondensats, entweder intermittierend oder kontinuierlich, ist notwendig, um Verunreinigungen zu entdecken. In vielen Fällen sind Alarmgeräte, die auf die Leitfähigkeit von Dampf und Kondensat reagieren, für eine kontinuierliche Überwachung ausreichend. Solche Anlagen bestehen aus einem Probenkühler, einer Leitfähigkeitsmeßzelle, der dazugehörigen Halterung, dem Kontrollinstrument und dem Alarmgerät. Ein Schreiber kann auch Teil des Systems sein. In einigen Fällen kann eine Leitfähigkeitsmeßzelle direkt in der Kondensatleitung installiert werden, dadurch wird der Probenkühler und Zellenhalter überflüssig.

Wenn Verunreinigungen entdeckt werden, sollte das Kondensat zu einer anderen Verwendung abgeleitet oder ganz verworfen werden, bis die Quelle der Verunreinigung beseitigt worden ist. Andere Kontrollmethoden benutzen Natrium- und Härteanalysegeräte und messen den pH-Wert, den gesamten organischen Kohlenstoff und die Trübung.

Ablagerung von Korrosionsprodukten

Die Gegenwart von Eisen- und Kupferkorrosionsprodukten im rückgeführten Kondensat kann Ablagerungen im Vorkesselbereich entweder durch direktes

Anhaften oder durch ihre Bindewirkung verursachen. Das Kondensat soll auf seinen Metall-Ionengehalt, Korrosivität und korrekte Kondensatkorrosionsinhibitoren überprüft werden. Wenn eine Verwendung von Inhibitoren nicht möglich ist, sind Kondensatfilter oder eine Kondensatreinigung zur Entfernung von Eisen- und Kupferoxiden angebracht.

Lösliches Eisen in Form von Eisenhydrogencarbonat [Fe $(HCO_3)_2$] ist im Zusatzwasser häufig zu finden und kann ausgefällt werden wenn das Wasser erhitzt oder der Luft ausgesetzt wird.

$$4Fe(HCO_3)_2 + O_2 + 2H_2O \rightarrow 4Fe(OH)_3 \downarrow + 4CO_2 \uparrow$$

$$Fe(HCO_3)_2 + \text{Hitze} \rightarrow Fe(OH)_2 \downarrow + 2CO_2 \uparrow$$

$$4Fe(OH)_2 + O_2 + 2OH^- \rightarrow 4Fe(OH)_3 \downarrow$$

$$2Fe(OH)_3 \rightarrow Fe_2O_3 \rightarrow + 3H_2O$$

Ausgefälltes Eisen kann im Vorkesselbereich Ablagerungen bilden oder binden, und soll deshalb auf eine möglichst niedrige Konzentration gebracht werden. Wenn die Eisenkonzentration im Zusatzwasser unter 1 mg/l liegt und das Wasser nicht der Luft ausgesetzt ist, entfernt ein Kationenaustauscher im Natriumzyklus das Eisen zufriedenstellend. Es ist jedoch im allgemeinen schwierig, das Wasser nicht mit der Luft in Kontakt kommen zu lassen. Daher ist die am häufigsten verwendete Methode der Entfernung von löslichem Eisen die Belüftung (wenn möglich mit zusätzlicher Chlorung um eine Oxydation zu beschleunigen) und Filtration nach einer ausreichenden Verweilzeit. Manganzeolith das mit Kaliumpermanganat aufgefrischt wurde kann auch zur Entfernung von Eisen aus dem Zusatzwasser benutzt werden. (Siehe Kapitel 2).

Kesselablagerungen

Die schwerwiegendsten Auswirkungen der Ablagerungen in Dampferzeugungsanlagen zeigen sich im Kessel. Ablagerungen an den Wärmeübergangsflächen stören die Grundfunktion des Kessels und verursachen damit andere Probleme. Abb. 12-3 illustriert, daß Ablagerungen an der Wasserseite im Kessel zum Überhitzen der Rohre mit einer folgenden Metallerweichung, Ausdehnung, Verdünnung und im Endeffekt einem Rohrversagen führen. Kesselmetall verliert seine Festigkeit sehr schnell, wenn die Temperaturen über 482° C ansteigen.

Das durch Ablagerungen verursachte Rohrversagen zeigt sich im allgemeinen in den Bereichen des größten Wärmeübergangs. Steigrohre (dampferzeugende Rohre) sind daher am anfälligsten.

Kesselablagerungen führen durch Überhitzen zum Rohrversagen, wenn die Isolationswirkung der Ablagerung so groß ist, daß die Metalltemperatur zum Erweichungspunkt ansteigt. Die Art und Dicke der Ablagerung bestimmt das Ausmaß des reduzierten Wärmeübergangs.

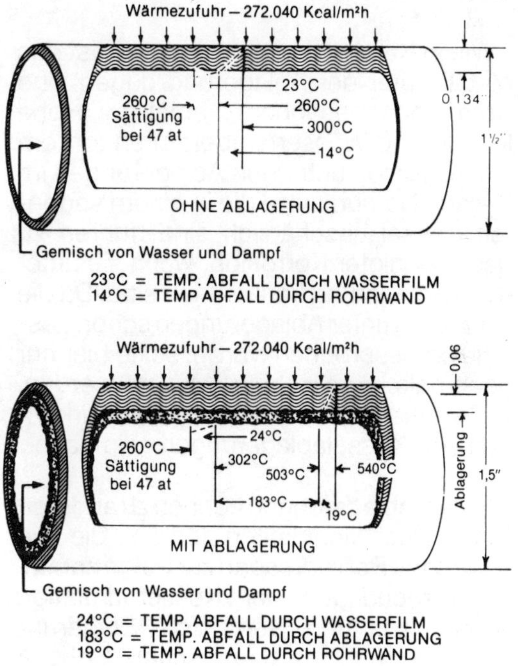

ANGENOMMENE $CaSO_4$ ABLAGERUNG (0,06 mm) MIT EINER THERMISCHEN LEITFÄHIGKEIT 20K cal/m².h.°C cm

MAX. ROHRTEMP. (540°C) LIEGT HÖHER ALS DIE ZULÄSSIGE OXYDATIONSTEMP. FÜR SA-210 KOHLENSTOFF STAHL.

Abb. 12-3. Eine sehr dünne Ablagerung an der Innenseite des Rohrs ruft eine gefährliche Temperaturerhöhung des Rohrmetalls hervor.

Tabelle 12-1. Thermische Leitfähigkeit verschiedener Ablagerungen und andere Substanzen.

Substanz	Thermische Leitfähigkeit (Kcal/m²h °C cm)
Analcit	29
Kalziumphosphat	57
Kalziumsulfat	36
Magnesiumphosphat	34
Magnet-Eisenoxid	45
Silikatablagerung (porös)	1
Kesselstahl	703
Feuerbeständiger Ziegel	16
Isolierender Ziegel	2

Tabelle 12-1 zeigt verschiedene Materialien und Ablagerungen und ihre thermische Leitfähigkeit in Kesseln. Wenn Ablagerungen noch nicht so stark isolieren, daß ein Rohrversagen auftritt, kann dies zur Energieverschwendung führen, da Energie mit dem Rauchgas ungenutzt entweicht.

Wie in Kapitel 10 erläutert wurde, ist das Metall unter der Ablagerung gegen eine Korrosion besonders anfällig. Hohe Metall- und Wassertemperaturen fördern die Korrosion unter den Ablagerungen im Kessel. Natriumsalze die in einem sauberen Kessel unschädlich sind, führen zu beschleunigter Korrosion, wenn sie unter einer Ablagerung konzentriert sind. Da die Korrosion unter Ablagerungen schon ausführlich besprochen wurde, sollte hier nur nochmals darauf hingewiesen werden, daß sie eine der schädlichsten Auswirkungen von Kesselablagerungen sein kann.

Kesselablagerungen können zu anderen Betriebsschwierigkeiten führen, die ein sofortiges Rohrversagen zur Folge haben. Unterbrechungen der Kesselzirkulation können auftreten, wenn sich Ablagerungen durch einen thermischen Schock lösen und in einer Rohrkrümmung oder an den Öffnungen in einem Zwangsumlaufkessel ansammeln. Überreißen von Kesselwasser kann durch Ablagerungen auf Dampfabscheidern auftreten, besonders dann, wenn die Ablagerungen an Winkel- oder Gitterabscheidern auftreten.

Rohrversagen, Überreißen und andere Betriebsprobleme machen eine Entfernung der Ablagerungen notwendig. Reinigungsmethoden werden in diesem Kapitel später behandelt.

Mechanismus der Ablagerungsbildung

Es gibt zwei Ursachen der Bildung von Ablagerungen in Kesseln: Die hohen Kesseltemperaturen verursachen die Ausfällung von Verbindungen, deren Löslichkeit in umgekehrtem Verhältnis zur Lösungstemperatur steht. Die Konzentration des Kesselwassers führt dazu, daß bestimmte Verbindungen ihre maximale Löslichkeit bei einer gegebenen Temperatur überschreiten. Dadurch findet die Ausfällung in den Bereichen der höchsten Konzentration statt.

Obwohl die Ursachen der Ablagerungen im Kessel oben sehr einfach definiert sind, so sind die tatsächlichen Mechanismen und Anzeichen ziemlich komplex und bilden das Thema vieler Forschungsprojekte und -arbeiten. Hier soll nicht jede Theorie im Detail dargestellt, sondern nur die Grundlagen der Ablagerungsbildung aufgezeigt werden.

Vergleich von Härteausscheidungen und Schlamm

Kesselstein ist eine relativ harte und fest haftende Kesselablagerung, während Kesselschlamm weich und weniger anhaftend ist.

Kesselstein, ein Wachstum von Kristallen an der wasserseitigen Wärmeübergangsfläche tritt im Kessel besonders an Stellen mit maximalem Wärmeübergang auf. Kesselsteinansammlung steht normalerweise im Zusammenhang mit Verbindungen deren Löslichkeiten mit steigender Temperatur abfallen.

Umgekehrt fallen Schlämme direkt aus dem Kesselwasser aus, wenn ihre Löslichkeiten überschritten werden. Schlammansammlungen zeigen sich im allgemeinen dann, wenn Bindemittel vorhanden sind; wenn die Wasserzirkulation ein Schlammabsetzen zuläßt oder an heißen Stellen, an denen der Schlamm an Metalloberflächen „anbäckt“.

Die Grundlagen der Kesselstein- und Schlammbildung sollten im Detail erörtert werden. Kesselwasser kühlt heiße Kesselmetalloberflächen. Die Wandtemperaturen des Metalls sind sehr viel höher als die des Wassers. Die hohe Wandtemperatur kann dazu führen, daß sich Dampf vom Kesselwasser direkt an den Metalloberflächen bildet und die Salze im Wasser konzentriert zurückläßt. Diese Salze konzentrieren sich in dem mit Dampfblasen umgebenden Kesselwasser. Das Wasser wird eine extrem hohe Konzentration an verschiedenen Salzen aufweisen und eine Ausfällung kann an der Metalloberfläche stattfinden, obwohl der größte Teil des Kesselwassers Salze unterhalb der Sättigungskonzentrationen enthält. Wenn zusätzliches Kesselwasser nicht verfügbar ist, um entweder die zurückgelassenen Salze loszulösen, oder die Metalloberflächen zu waschen, werden diese Salze an der Oberfläche haften bleiben. Wegen des Mechanismus der Bildung dieser Salze können sie zwar wasserlöslich sein und doch Ablagerungen bilden, da kein Wasser vorhanden ist um sie zu lösen. Dieses Phänomen wird als „Hide out“ bezeichnet.

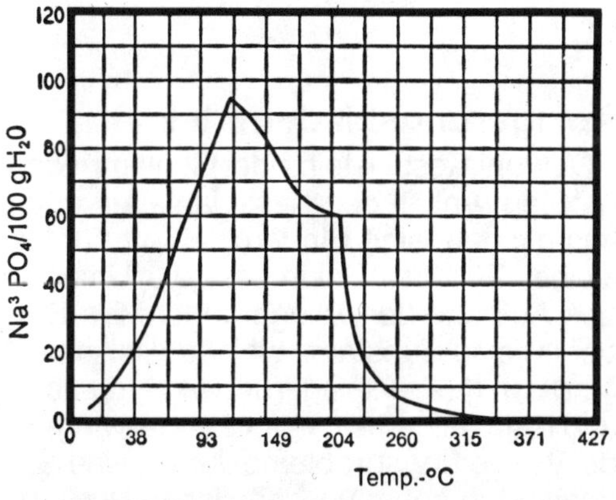

Abb. 12-5. Löslichkeit von Trinatriumphosphat in Abhängigkeit von der Temperatur.

„Hide out“ ist am einfachsten mit Trinatriumphosphat feststellbar, dessen Löslichkeitskurve in Abb. 12-5 dargestellt ist. Kessel die mit hohem Wärmeübergang betrieben werden und mit geringen Mengen von Phosphat aufbereitet sind, können Phosphate ablagern oder „verstekken“, wenn sie bei hoher Last betrieben werden. Wenn die Belastung reduziert und eine verbesserte Spülung der Metalloberfläche erreicht wird, dann werden die ausgefällten Phosphate wieder gelöst und sind im Kesselwasser feststellbar.

Chemie der Ablagerungsbildung

Kesselablagerungen werden traditionell mit Calcium- und Magnesiumhärte in Verbindung gebracht. Mit den komplizierteren Kesseln und höheren Betriebsdrücken spielen aber auch andere Substanzen wie Eisen, Kupfer, Silikat und Aluminium eine größere Rolle. Andererseits haben verbesserte äußere Aufbereitungsmethoden die Bedeutung der Härtebildner herabgesetzt.

Calcium, das im Kesselspeisewasser vorhanden ist, das Hydrogencarbonat, Carbonat, Sulfat Chlorid oder andere Anionen enthält, kann die folgenden Reaktionen im Kessel zeigen:

$$Ca^{2+} + 2HCO_3^- \rightarrow CaCO_3 \downarrow + CO_2 \uparrow + H_2O$$

$$Ca^{2+} + SO_4^{2-} \rightarrow CaSO_4 \downarrow$$

$$Ca^{2+} + SiO_3^{2-} \rightarrow CaSiO_3 \downarrow$$

Obwohl die tatsächlichen Reaktionen des Calciums und der oben gezeigten Anionen ausführlicher dargestellt werden könnten, illustrieren sie doch deutlich, daß sich Calciumcarbonat, Calciumsilikat und Calciumsulfat im Kesselwasser bilden können. Jede dieser Verbindungen schlägt sich als anhaftende Ablagerung nieder und baut eine kristalline Struktur an der Metalloberfläche auf, die den Wärmeübergang beeinträchtigt.

Magnesium zeigt die folgenden Reaktionen:

$$Mg^{2+} + 2OH^- \rightarrow Mg(OH)_2 \downarrow$$

$$Mg^{2+} + SiO_3^{2-} \rightarrow MgSiO_3 \downarrow$$

$$3Mg^{2+} + 2PO_4^{3-} \rightarrow Mg_3(PO_4)_2 \downarrow$$

Bruzit [$Mg(OH)_2$] wird normalerweise als Kesselschlamm vorgefunden. Wenn genügend Silikat im Kesselwasser vorhanden ist, wird es im Bruzit absorbiert und bildet Serpentin ($3MgO \cdot 2SiO_2 \cdot 2H_2O$). Diese Bildung kann wie folgt gezeigt werden:

$$3Mg^{2+} + 2SiO_3^{2-} + 2OH^- + H_2O \rightarrow$$
$$2MgSiO_3 \cdot Mg(OH)_2 \cdot H_2O \downarrow$$

Wichtig ist hier, daß Serpentin einen sehr weichen, nichthaftender Kesselschlamm bildet.

Magnesiumphosphat kann im Kesselwasser als basisches Magnesiumphosphat ($(Mg_3(PO_4)_2 \cdot Mg(OH_2)$) gebildet werden, wenn die Kesselanlage eine Phosphatbehandlung hat. Es ist ein unerwünschtes Bindemittel für Kesselablagerungen und wird in einem anderen Teil dieses Kapitels noch weiter erörtert.

Magnesiumsilikat wird normalerweise nicht in Kesselablagerungen vorgefunden, da bei einer genügenden Hydroxylionenkonzentration Bruzit ausfällt. Dasselbe trifft nicht für Calciumsilikat zu, das als harte Ablagerung auftritt, da Calciumhydroxid löslicher ist. Calciumsilikate wie z. B. Gyrolit ($2CaO \cdot 3SiO_2 \cdot H_2O$) oder Xonolith ($5CaO \cdot 5SiO_2H_2O$) sind sehr hart und beeinträchtigen den Wärmeübergang.

Eisensilikat oder Aluminiumsilikat sind Beispiele, die auch in Kesselablagerungen auftreten können. Sie sind ebenfalls hart, anhaftend, isolierend und schwierig zu beseitigen.

Komplexe Silikate gehören zu den härtesten Kesselablagerungen und zeigen die beste Wärmeisolation. Zu ihnen gehören:

Analzit	($Na_2O \cdot Al_2O_3 \cdot 4SiO_2 \cdot 2H_2O$)
Akmit	($Na_2O \cdot Fe_2O_3 \cdot 4SiO_2$)
Nephelin	($Na_2O \cdot Al_2O_3 \cdot 2SiO_2 \cdot H_2O$)
Natrolit	($Na_2O \cdot Al_2O_3 \cdot 3SiO_2 \cdot H_2O$)
Noselit	($5Na_2O \cdot 3Al_2O_3 \cdot 6SiO_2 \cdot 2SO_3$)

Die Bildung dieser komplexen Silikate findet bei sehr hohen Temperaturen durch Reaktionen an den Kesseloberflächen statt. Eine dünne „Eischalen"-Ablagerung von komplexen Silikatsteinen kann oft durch ihre isolierende Wirkung und Bildung in Bereichen hohen Wärmeübergangs Kesselrohrversagen verursachen.

Quarz (SiO_2) Ablagerungen können auch in Kesseln auftreten und bilden sich bei hohen Konzentrationen von Silikat im Kesselwasser. Quarzablagerungen sind sehr isolierend und schwierig zu beseitigen. Sie werden durch eine Begrenzung der Silikatkonzentration im Kesselwasser, sowie durch hohe Konzentrationen von Lauge und der Verwendung spezifischer organischer Dispergiermittel verhindert (wird nachstehend erläutert).

Ablagerungen in Kesseln stehen oft in Zusammenhang mit Eisen und anderen Metallen, die durch Verunreinigung des Zusatzwassers in den Kessel gelangen. Eisenhydroxid ist ein Beispiel einer Ablagerung, die durch im Zusatzwasser vorhandenes Eisenhydrogencarbonat gebildet werden kann:

$$Fe(HCO_3)_2 \xrightarrow{\text{Wärme}} Fe(OH)_2 \downarrow + 2CO_2 \uparrow$$

Der häufigste Ursprung von Metallionen in einer Kesselablagerung sind Korrosionsprodukte wie z. B. Magnetit (Fe_3O_4), Hämatit (Fe_2O_3), Kupfer(I)oxid (Cu_2O) und Kupfer(II)oxid (CuO). In Hochdruckkesseln mit hochreinem Speisewasser ist die Übertragung dieser Korrosionsprodukte vom Vorkesselsystem in den Kessel die hauptsächliche Ursache einer Ablagerung an Wärmeübergangsflächen.

Ablagerungsbindemittel

Obwohl Kesselstein oder Schlamm den größten Anteil der Kesselablagerungen ausmachen, sind Bindemittel, oft nur ein kleiner Teil des Volumens, die Ursache des Aufbaus der Ablagerungen. Ein Binder ist eine Substanz, welche die Anhäufung von Kesselablagerungen verursacht, und ist im allgemeinen für schwerwiegende Ablagerungsprobleme durch seine Gegenwart in sonst unschädlichen Schlämmen verantwortlich.

Die am häufigsten in Kesselwasser zu findenden Binder sind Eisenoxid, basisches Magnesiumphosphat, Silikat, Öl und andere organische Verbindungen (Gebundene Ablagerungen können überall im Kessel auftreten, in den Kesseltrommeln wie auch in Bereichen niedrigen Wärmeübergangs).

In den letzten Jahren hat sich das Potential einer Eintragung von Korrosionsprodukten in den Kessel erhöht, da moderne Dampfanlagen mehr Kondensat als Kesselspeisewasser verwenden. Dies führt häufig zu weiteren Ablagerungsproblemen durch die bindende Wirkung des Eisens.

Verwendung von Härtestabilisatoren

Härtestabilisatoren können in zwei Kategorien eingeordnet werden: Solche die stöchiometrisch mit Härtebildnern reagieren und ihre chemische Struktur ändern, und Mittel die die Wirkung des Härtebildners verändern. Die gewöhnlich verwendeten Produkte sind Carbonate, Phosphate und Chelate. Mittel die das Verhalten der Härtebildner ändern sind spezifische organische Mittel, Polymere und substöchiometrisch wirkende Sequestriermittel.

Stöchiometrisch wirkende Mittel

Historisch gesehen war das erste Produkt, das wirksam zur Verhinderung von Kesselablagerungen eingesetzt wurde, ein Carbonat in Form von kalzinierter Soda. Als Carbonatprogramm bekannt war es grundsätzlich darauf ausgerichtet, die folgende Reaktion zu verhindern:

$$Ca^{2+} + SO_4^{2-} \rightarrow CaSO_4 \downarrow$$

indem es wie folgt reagierte:

$$Ca^{2+} + CO_3^{2-} \rightarrow CaCO_3 \downarrow$$

Dieses Programm basierte darauf, die Löslichkeitsprodukte so einzustellen, daß Calciumcarbonat an Stelle von Calciumsulfat ausfällt.

$$(CO_3^{2-}) > \frac{\text{K Löslichkeitsprodukte } CaCO_3}{\text{K Löslichkeitsprodukte } CaSO_3} \times (SO_4^{2-})$$

Da die Löslichkeitsprodukte Funktionen der Temperatur sind, hängt das Verhältnis von CO_3^{2-} zu SO_4^{2-} vom Kesselbetriebsdruck ab. Abb. 12-6 zeigt ein Beispiel wie ein Carbonatprogramm eingestellt wurde. Solche Programme haben viele Nachteile, so z. B. ist es schwierig, Carbonatkonzentrationen bei höheren Temperaturen einzustellen, bei denen sie sich zersetzen und korrosives Kohlendioxid bilden. Außerdem verursachte Calziumcarbonat selbst Ablagerungen, obwohl diese einfacher zu beseitigen waren als die von Calciumsulfat.

Die mit dem Carbonatprogramm verbundenen Schwierigkeiten führten in den 20er Jahren zu Forschungen nach einem Alternativprogramm und führten letztlich zu R. E. Halls Entdeckung, daß Phosphat die notwendigen Verbesserungen schaffen würde.

Statt Calziumcarbonat bildet sich Calciumphosphat nach der folgenden Reaktion:

$$3Ca^{2+} + 2PO_4^{3-} \rightarrow Ca_3(PO_4)_2 \downarrow$$

Hall stellte in seiner ursprünglichen Arbeit fest, daß 1000 mg/l Sulfat in einem 10,5 bar Kessel ohne Calciumsulfatausfällung toleriert werden, wenn nur 4 mg/l Phosphat in Lösung vorhanden sind, ein Resultat der außergewöhnlich geringen Löslichkeit des Calciumphoshats.

Die heutige Verwendung von Phosphat in der inneren Kesselwasseraufbereitung schließt auch eine Regulierung der Alkalität ein, um die Bildung von Calciumhydroxyapatit durch die folgende Reaktion zu sichern:

$$10Ca^{2+} + 6PO_4^{3-} + 2\,OH^- \rightarrow 3Ca_3(PO_4)_2 \cdot Ca(OH)_2 \downarrow$$

Calciumhydroxyapatit ist ein relativ weicher, nichtanhaftender Kesselschlamm, der durch Abschlämmung vom Boden des Kessels entfernt werden kann.

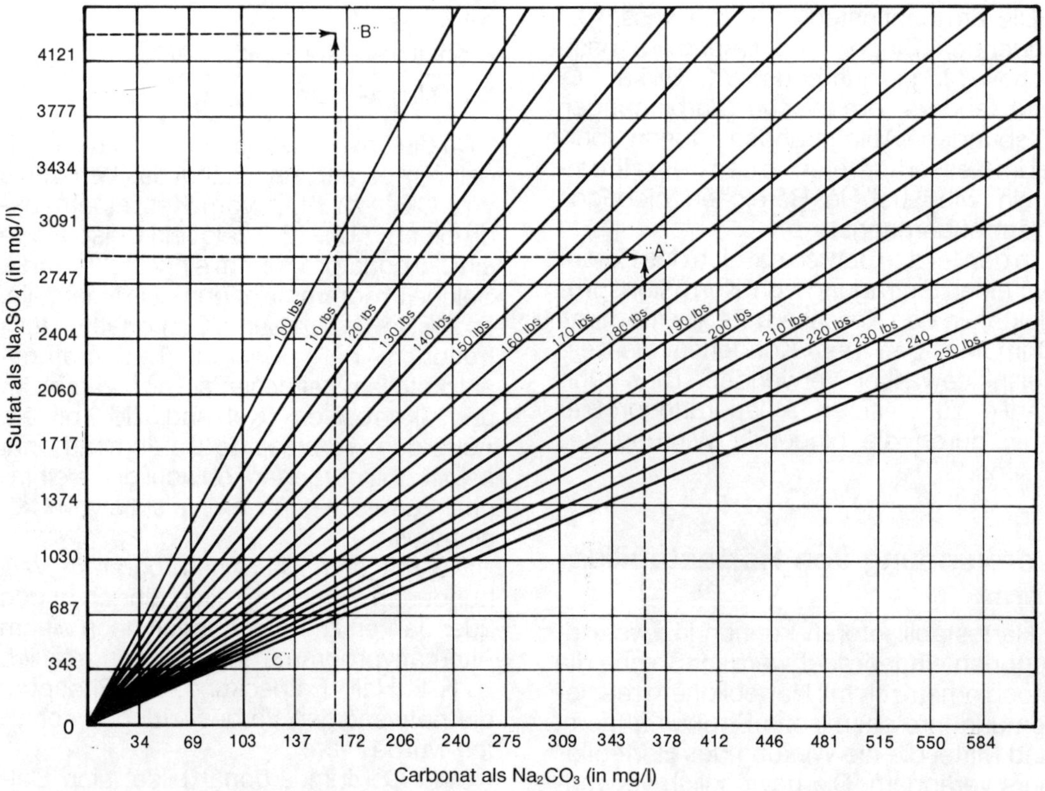

Abb. 12-6. Karbonat-Sulfat-Verhältnis für Kesselwasser.

Die in der inneren Kesselwasseraufbereitung verwendeten Phosphate sind: Orthophosphate wie Mononatriumphosphat (NaH_2PO_4), Dinatriumphosphat (Na_2HPO_4) und Trinatriumphosphat (Na_3PO_4), oder molekular dehydratisierte Polyphosphate wie Natriumtripolyphosphat ($Na_5P_3O_{10}$), Hexametaphosphat ($NaPO_3$) oder Tetrakaliumpyrophosphat ($K_4P_2O_7$).

Ganz abgesehen davon welches Phosphat verwendet wird, ist Orthophosphat (PO_4^{3-}) für die Bildung von Kalziumhydroxyapatit notwendig. Polyphosphate werden oft verwendet, da sie im Vorkesselbereich chemisch relativ stabil bleiben. Im Kessel hydrolysieren Polyphosphate dann zu Orthophosphaten.

Die dritten stöchiometrisch wirkenden Produkte sind Chelate. Chelatmittel reagieren mit zweivalenten und dreivalenten Kationen und bilden lösliche, wärmestabile Komplexe. Im Kesselwasser komplexierte Kationen sind unter anderem Calcium, Magnesium, Eisen und Kupfer. Später wird der Grad der Chelatbildung und die Stabilität des Komplexes erörtert.

Die zwei am häufigsten in der Kesselwasseraufbereitung verwendeten Chelatmittel sind Salze der Äthylendiaminotetraessigsäure (EDTA) und Nitrilotriessigsäure (NTA). Die Reaktionen von EDTA und NTA mit zweivalenten Kationen werden in Abb. 4-13 und 4-14 gezeigt.

Allgemein kann die Reaktion des Chelats mit einem Kation wie folgt ausgedrückt werden:

$$Ch + M \rightarrow ChM$$

Wobei Ch die Chelatmittelkonzentration, M die Kationenkonzentration und ChM die Komplexkonzentration ist. Eine

Stabilitätskonstante für das Chelatmittel kann dann definiert werden als:

$$(1) \qquad K_s = \frac{(ChM)}{(Ch)(M)}$$

Der Wert wird normalerweise als Logarithmus der oben gegebenen Gleichung ausgedrückt.

Die Stabilitätskonstante für ein Chelatmittel gibt die Stärke eines Chelatmittel-Kationenkomplexes unter gegebenen Bedingungen an. Wenn gleiche molare Konzentrationen von zwei gelösten Kationen mit einem Chelatmittel behandelt werden, würde das Kation mit der höheren Stabilitätskonstante mit einem größeren Teil des Chelatmittels reagieren als das Kation mit der niedrigeren Stabilitätskonstante; immer unter der Annahme, daß die ursprünglich in der Lösung vorhandene Chelatmittelkonzentration kleiner war als die Menge, die zur Reaktion mit allen zugefügten Kationen notwendig wäre.

Zur Anwendung von Chelatmitteln in der Kesselwasseraufbereitung ist es oft notwendig zu bestimmen, ob ein Kation komplexiert wird, oder ob es sich mit einem Anion verbindet und aus der Lösung ausfällt. Diese Frage kann geklärt werden, indem man die Stabilitätskonstante für ein Chelatmittel mit dem Löslichkeitsprodukt des in Frage stehenden Kations und Anions kombiniert. In Fortsetzung der oben angegebenen Reaktion kann nun der Fall betrachtet werden, wenn ein Anion (A) vorhanden wäre. Dann wäre das Löslichkeitsprodukt von MA:

$$(2) \qquad K_{sp} = (M)\,(A)$$

In der Kombination dieser Gleichung mit Gleichung (1) findet die Ausfällung statt, wenn $K_p \times K_s$ größer als 1 ist.

Eine häufiger verwendete Methode eine Ausfällung auszudrücken ist zu zeigen, daß der Logatithmus der Stabilitätskonstanten größer ist als der negative Logarithmus des Löslichkeitsproduktes. Tabelle 12-2 zeigt einige häufig gefundene Werte von Stabilitätskonstanten und Löslichkeitsprodukten.

Bei der Anwendung der Chelatmittelchemie für Kesselwasser sollte die thermische Stabilität des Chelatmittels und des Chelatmittelkomplexes bestimmt werden. EDTA und NTA, die zwei am häufigsten in der Kesselwasseraufbereitung verwendeten Chelatmittel zersetzen sich beide bei Temperaturen über 204° C. Es wurde schon berichtet, daß die EDTA Reaktion wie folgt ist:

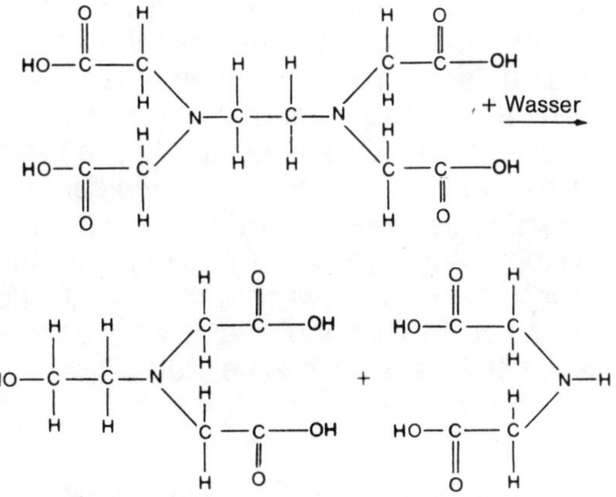

N-Hydroxyäthyliminodiessigsäure und Iminodiessigsäure, (IDA), die Zersetzungsprodukte von EDTA, sind zwar beides Chelatmittel, aber haben eine wesentlich geringere Wirkung als EDTA. NTA ist zwar bei höheren Temperaturen als EDTA stabil, jedoch sind seine Zersetzungsprodukte Triäthylamin und Kohlendioxid, keine Chelatmittel.

Tabelle 12-2. Verwendung von Chelatmitteln

	$\log_{10} K_{sc}$		Verbindung	$-\log_{10} K_{sp}$
	EDTA	NTA		
Ca^{++}	10.6	6.4(1)	$Ca_3(PO_4)_2$	30.0
		11.6(2)	$CaSO_4$	4.2
			$CaCO_3$	8.1
Fe^{++}	14.3	8.8	$Fe(OH)_2$	13.8
Fe^{+++}	25.1	15.9(1)	$Fe(OH)_3$	36.0
		24.3(2)	FeOOH	39.0
Cu^{++}	18.8	12.7	$Cu(OH)_2$	13.8

(1) $\log_{10}K_1$ (2) $\log_{10}K_1 \cdot K_2$

Die thermische Stabilität von NTA und EDTA hängt von der Temperatur, dem pH-Wert des Kesselwassers, der Anwesenheit oxidierender Mittel und Salze im Kesselwasser und dem verwendeten Chelat ab. Tests haben gezeigt, daß die Zersetzungsrate von freiem EDTA im Verhältnis zu seiner Konzentration steht und die Stabilität von gebundenem EDTA größer ist als die von freiem EDTA.

Auch mechanische Faktoren wie heiße Stellen und Verweilzeit im Kessel beeinflussen die Chelatmittelstabilität. Kesseldruck oder Temperatur können nicht allein zur Voraussage der Stabilität eines Chelatmittels dienen. Im allgemeinen kann NTA am wirksamsten bei einem Kesseldruck unter 63 bar verwendet werden, während EDTA bis zu 84 bar wirksam ist. Die Wirksamkeit von EDTA bei höheren Temperaturen resultiert aus der Wirkung des IDA von dem zwar berichtet wird, daß es bis zu 315° C stabil bleibt, aber es zersetzt sich sehr schnell bei 298° C.

Substöchiometrisch wirkende Produkte

Bisher beschränkte sich die Erörterung der Härtestabilisatoren auf Carbonate, Phosphate und Chelatmittel, also Chemikalien die stöchiometrisch mit steinbildenden Bestandteilen im Wasser reagieren. Polymere, spezifische organische Mittel und Schwellenwertsequestriermittel spielen auch eine wichtige Rolle in der modernen Chemie der Kesselwasseraufbereitung.

„Organische Mittel" sind eine Klasse von Chemikalien, die normalerweise natürlichen Ursprungs sind und Lignine, Tannine, Glukosederivate, Meeralgenderivate und Stärken miteinschließen. Die aktive Verwendung von organischen Mitteln in der Kesselwasseraufbereitung begann um die Jahrhundertwende, obwohl schon 1846 ein Patent für eine organische Behandlung gegeben wurde (Abb. 12-7). Organische Substanzen wie Kartoffelschalen, Sägemehl, Holzabfälle, Blätter und eine Reihe anderer Stoffe wurden den Kesseln beigegeben. Diese Substanzen wurden bald durch die vorher erwähnten chemischen „organischen Mittel" ersetzt.

Organische Mittel wirken durch Adsorption an den Ausfällungen, verhindern dadurch eine Agglomeration zu großen Partikeln und halten gleichzeitig die Partikel „weich" und relativ wenig anhaftend. Da spezifische natürliche Stoffe durch überziehen der Partikel wirken, sind sie brauchbar zur Verhinderung von Ablagerungen die durch Serpentin, Kalziumhydroxyapatit, Magnesiumphosphat, Bruzit, Ferrihydroxid und auf Silikatbasis verursacht werden.

Die meisten organischen Mittel sind gegen ein Verkohlen bei hohen Temperaturen anfällig, was wiederrum Ablagerungen verursachen kann. Lignine sind in thermischer Hinsicht relativ stabil und können Temperaturen über 315° C aushalten.

Bestimmte synthetische Polymere sind in einer Kesselwasserbehandlung wirksamere Härtestabilisatoren als natürliche organische Mittel. Polymere sind langkettige Moleküle mit sich wiederholenden Einheiten, wobei aktive Gruppen wie Karboxylgruppen am Rückgrat der Kette gebunden sind (Abb. 12-8). Diese Gruppen lagern sich an aktiven Stellen im wachsenden Härtekristall an. Die Gegenwart eines großen Polymermoleküls am wachsenden Kristall ändert dessen Wachstum wie auf dem Foto in Abb. 12-9 gezeigt wird. Das Resultat ist eine Deformation des Kristalls und eine Dispergierung der sich bildenden kolloiden Substanzen im Kesselwasser. Die Wirksamkeit eines Polymers wird durch seine Art, sein Molekulargewicht und seine Konzentration bestimmt (siehe Tabelle 12-3).

Andere Klassen von Chemikalien die als Härtestabilisatoren in Kesseln eingesetzt werden sind Schwellenwert-Sequestriermittel und spezifische Metallionendispergatoren. Schwellenwert-Sequestriermittel sind Chelatbildner, die in substöchiometrischen Konzentrationen Ausscheidungen von Härtesalzen verhindern. Spezifische Metallionendispergatoren wie z. B.

United States Patent Office.

S. D. ANTHONY AND D. BARNUM, OF NEW YORK, N. Y.

IMPROVEMENT IN PREVENTING INCRUSTATION OF STEAM-BOILERS.

Specification forming part of Letters Patent No. 4,903, dated December 22, 1846.

To all whom it may concern:

Be it known that we, Samuel D. Anthony and Daniel Barnum, both of the city, county, and State of New York, engineers, have by experiment and research discovered and applied to practical use a new and useful mode of preventing saline, calcareous, or other earthy matters from depositing themselves and incrusting on the furnaces and flues of steam-boilers, thereby preventing or very materially lessening the deleterious consequences of such incrustations both on the parts within the boiler and on the parts exposed to the action of the fires, thus adding to the safety and duration of the flues and lessening the consumption of fuel, for which discovery and its application to use we seek Letters Patent of the United States; and we do hereby declare that the said invention or discovery is fully and substantially set forth as follows:

Into a forty-horse boiler put about two gallons, by measure, of the clean sawdust made in converting mahogany timber, and in larger or smaller boilers a corresponding or proportionate quantity when about to refill the boilers, and use them with sea-water, and by any proper means introduce a similar quantity or proportion about every twelve hours while working sea-water. For sea-water commixed with the earthy impurities of a neighboring shore more than this proportion will be required, in some ratio to be determined by practice; but it will be safer to err in the excess than in the deficiency of the supply of sawdust. The boilers are then to be blown off in any usual manner. While in work it is, however, found in practice that this operation may be reduced both in the frequency and the quantity blown off at any one operation; and though we cannot as yet determine or state fully what are the operations that go on within the boiler, we can state that the practical results of these proceedings are that any scale already incrusted inside or burned on the fire-surface is soon removed, and the further formation of a new scale on either side of the metal is so extensively prevented that a saving of the fuel immediately takes place, and the wear and tear of the flues are diminished and their safety increased in the corresponding proportion.

We do not limit the use of this application to sea-water, as it will be equally useful with other water that holds foreign matters in solution or combination.

We are aware that many vegetable substances have been tried for similar purposes with varying results, and therefore we do not herein claim any general application of vegetable matters to produce these results; but

We do claim as new and as our own discovery by practical research and experiment and desire to secure by Letters Patent of the United States—

The application and use of mahogany sawdust for the purpose of preventing or lessening the formation of any injurious scale on the metal of which boiler-flues are formed, substantially as above described.

In witness whereof we have hereunto set our hands and seals this 13th day of August, 1846.

SAMUEL D. ANTHONY. [L. S.]
DANIEL BARNUM. [L. S.]

Witnesses:
W. Serrell,
Lemuel W. Serrell.

Abb. 12-7. Erstes Patent für eine Kesselwasserbehandlung.

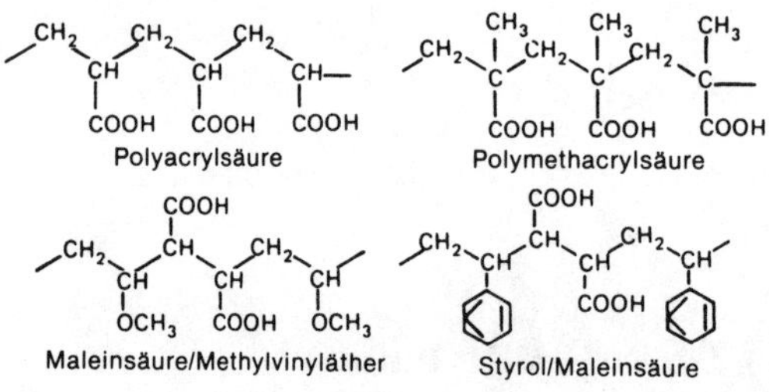

Abb. 12-8. Polymere Härtestabilisatoren.

Phosphonate sind wirksam, indem sie spezifische Metallionen dispergieren. Sie können zum Beispiel verwendet werden, um durch Eisen verursachte Ablagerungen zu verhüten.

Kontrollprogramme

Aufbereitungsprogramme für Kesselwasser kombinieren normalerweise verschiedene Härtestabilisatoren. Ziel ist immer, den Kessel frei von Ablagerungen zu halten. Das richtige Programm hängt von der Kesselauslegung, dem Betriebsdruck, den Bestandteilen des Zusatzwassers, der Art der äußeren Aufbereitung und den Betriebsmethoden ab. Die Grundlagen von verschiedenen Ablagerungskontrollprogrammen, Ausfällungs- und Löslichkeitsprogrammen werden weiter besprochen.

Ausfällungsprogramme

Bei diesen Programmen resultiert aus der chemischen Behandlung eine kontrollierte Ausfällung von Schlämmen an Stelle von Ablagerungen. Ausfällungsprogramme arbeiten auf Phosphat-Basis, wobei die gewünschten Schlämme Calciumhydroxyapatit und Serpentin sind. Sie sind relativ wenig anhaftend und können durch Bodenabschlämmung aus dem Kessel entfernt werden.

Phosphat das dem Kessel zur Bildung von Calciumhydroxyapatit beigegeben wird, soll so dosiert werden, daß eine Phosphat-Restkonzentration (als PO_4) zwischen 10 und 60 mg/l gehalten wird (30–50 mg/l ist am häufigsten). Die Alkalität wird normalerweise zwischen 150 und 600 mg/l (als OH^-) eingestellt, um die Bildung des gewünschten Schlammes zu sichern.

Magnesiumausfällung findet normalerweise mit dem Hydroxidion statt und absorbiert das im Kesselzusatzwasser natürlich vorhandene Silikat um Serpentin zu bilden. In manchen Anlagen in denen das Kesselzusatzwasser einen Mangel an Silikat aufweist, kann Silikat dem Kessel zugegeben werden, um die Ausfällung von Serpentin statt Bruzit oder basischem Magnesiumphosphat zu sichern. Wegen der Bindeeigenschaften kann basisches Magnesiumphosphat ein schwerwiegendes Problem in Kesseln darstellen, die Phosphat verwenden. Seine Bildung steht allgemein im Zusammenhang mit Silikatmangel, niedriger Alkalität oder Überdosierung von Phosphat. Die Magnesiumphosphatbildung wird am besten durch sorgfältige Kontrolle des Phosphatrestes, der Alkalität und der Silikatkonzentration im Kesselwasser verhindert.

Da ein Ausfällungsprogramm Schlämme bilden soll, kann die Verwendung von organischen Mitteln zu ihrer Konditionierung wirksam sein, um eine Ablagerung der Schlämme zu verhindern.

Polymere sind in einem Ausfällungsprogramm ebenfalls wertvoll. Sie wirken indem sie die Kristallstruktur der Härteablagerungen in Abwesenheit von Phosphat deformieren und indem sie schon gebildete Schlämme dispergieren. Polymere werden oft zusammen mit organischen Substanzen verwendet um Schlammkonditionierung, Kristallmodifikation und Dispergierung zu fördern.

Obwohl Chelatmittel am meisten in Löslichkeitsprogrammen verwendet werden, können sie auch als Zusatz zu Phosphat in einem Ausfällungsprogramm verwendet werden, da Chelatmittel die Bindung von Kesselschlämmen durch Metalle (z.B. Eisen und Kupfer) vermindert. Die Gegenwart von Chelatmittel im Kesselwasser während der Schlammbildungsreaktion schafft auch eine leichter dispergierbare Masse.

Die schädlichen Bindewirkungen des Eisens an Kesselschlämme macht den Erfolg oder Mißerfolg eines Ausfällungsprogramms oft von seiner Fähigkeit abhängig, die Eisenaufnahme zu vermindern. Obwohl Chelatmittel, wenn sie in einem Phosphatausfällungsprogramm verwendet werden zur Reduktion von durch Eisen verursachten Ablagerungen beitragen, können immer noch Probleme auftreten. Spezifische Eisendispergiermittel müssen dann verwendet werden.

In den meisten Fällen kombiniert ein Ausfällungsprogramm eine oder mehrere der substöchiometrischen Chemikalien mit dem Phosphat. Auf organische Konditionierungsmittel wird Wert gelegt, wenn ein Übermaß an Schlamm zum Problem in der Anlage wird. Wenn Kesselstein ein Problem ist, liegt die Hauptlast bei den

Tabelle 12-3. Einfluß des Molekulargewichtes auf die Härtestabilisierung

Polymer	Molekulargewicht	Konzentration (mg/l)	Ablagerungsschutz, %
Polyacrylsäure	20,000	3	52
Polyacrylsäure	10,000	3	61
Polyacrylsäure	5,000	3	71
Polymethacrylsäure	10,000	3	62
Polymethacrylsäure	5,000	3	68
Polymaleisäureanhydrid	10,000	3	85
Polymaleisäureanhydrid	5,000	3	98
Polymaleisäureanhydrid	5,000	2	97

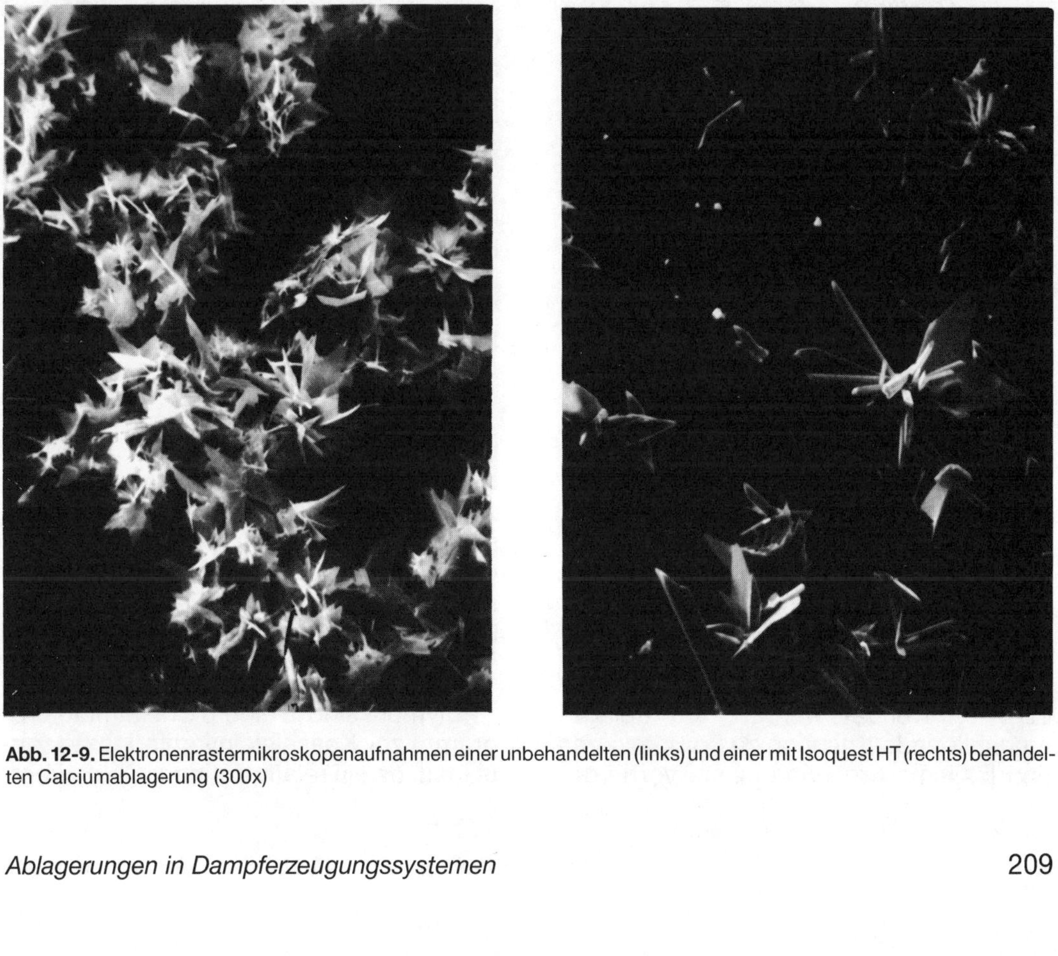

Abb. 12-9. Elektronenrastermikroskopenaufnahmen einer unbehandelten (links) und einer mit Isoquest HT (rechts) behandelten Calciumablagerung (300x)

Polymeren. Ist Eisen ein Problem, so kann ein spezifisches Eisendispergiermittel oder ein Chelatmittel Anwendung finden.

Neben der angemessenen chemischen Aufbereitung verlangt ein erfolgreiches Ausfällungsprogramm auch die wirksame Beseitigung von suspendierten Feststoffen. Wirksames Bodenabschlämmen ist wichtig, da andernfalls Schlamm vom Boden des Kessels (wo er sich absetzen sollte) in die heißen Bereiche des Kessels hinaufgezogen werden kann, wo er dann an heißen Rohroberflächen anbäckt. Eine wirksame Bodenabschlämmung muß regelmäßig betätigt werden. Erforderlich ist auch ein adäquates Abschlämmsystem (siehe Kapitel 10 zur Erörterung des Winkeleisens). Die Häufigkeit einer Bodenabschlämmung wird durch die Feststoffbelastung im Kessel und durch die Kesselauslegung bestimmt. Das Abschlämmen kann mehrmals pro Schicht bis zu einmal alle paar Tage notwendig werden. Ein guter Durchschnitt ist ein bis dreimal pro Tag für 15–20 Sekunden. Es ist wichtig, daß die Kesselkonstruktion der hauptsächliche Einflußfaktor ist. Übermäßiges Abschlämmen in bestimmten Kesseln, so z. B. in „A"-Kesseln, kann zu Wassermangel in den Rohren führen. Ganz abgesehen von der Kesselkonstruktion ist es immer wünschenswert, den Kessel bei der niedrigstmöglichen Belastung abzuschlämmen. Der Kesselhersteller sollte um Rat gefragt werden, wenn es Fragen hinsichtlich des richtigen Abschlämmens gibt. Mehrmaliges kurzes Abschlämmen ist wirkungsvoller als ein einziges Abschlämmen von insgesamt gleicher Zeitdauer.

Löslichkeitsprogramme

Die Verwendung von Chelatmitteln findet am häufigsten in Löslichkeitsprogrammen statt, wobei entweder NTA oder EDTA verwendet werden, um ablagerungsbildende Kationen zu komplexieren und löslich zu machen (siehe vorhergehenden Abschnitt über stöchiometrisch wirkende Produkte). Ein Überschuß von 3–20 mg/l des Chelatmittels wird normalerweise über die zur Reaktion notwendige Menge eingehalten.

Obwohl sowohl NTA als auch EDTA bereitwillig mit Calcium, Magnesium, Eisen und Kupfer reagieren, sind konkurrierende Anionen im Kesselwasser vorhanden. Calcium ist das am leichtesten komplexierte Kation. Der Phosphatrest ist das einzige der öfter anzutreffenden Anionen, das die stöchiometrische Calciumkomplexierung störend beeinflußt. Die Magnesiumkomplexierung im Kesselwasser ist wegen des konkurrierenden Hydroxyds (OH^-) und Silikats (SiO_2) nur selten vollständig. In Kesselwasser, mit genügend Silikat wird ein kleiner Teil des dem Kesselwasser zugegebenen Magnesiums durch NTA oder EDTA komplexiert. Eisenchelate werden hauptsächlich durch die Form des Eisens bestimmt. Obwohl die Stabilitätskonstante für Ferrieisen (Fe^{3+}) größer als die des Ferroeisens (Fe^{2+}) ist, ist das Löslichkeitsprodukt von Ferroeisen mit Hydroxid sehr viel größer als das von Ferrieisen (10^{-12} g mol/l im Vergleich zu 10^{-38} g mol/l) und wird daher leichter im Kesselwasser komplexiert. Selbst bei diesem Grad der Komplexierung besteht keine bedeutende Eisenlöslichkeit. Um bessere Komplexierung des Eisens zu erreichen, wird Hydrazin oft in einem Chelatprogramm verwendet, um Eisen-III-Ionen zu Eisen-II-Ionen zu reduzieren.

Die gemeinsame Verwendung eines organischen Schlammkonditionierungsmittels mit dem Chelatmittel hat sich als vorteilhaft erwiesen um einen sauberen Kessel zu erhalten, da Kesselwasserschlämme wie Serpentin normalerweise in einem mit Chelatmitteln behandelten Kessel auftreten. In gleicher Weise ist auch das Bodenabschlämmen notwendig, wenn eine Chelataufbereitung verwendet wird.

Polymere sind in einem Chelatmittelprogramm zur Kesselsteinverhinderung vorteilhaft, da ein relativ geringer Chelatüberschuß eingehalten wird. Außerdem kann ein Polymer dazu beitragen, die im Chelatmittelprogramm gebildeten Schlämme zu dispergieren. Es wurde berichtet, daß bestimmte Polymere außerdem die Stabilitätskonstante des Chelatkomplexes erhöhen können und zu stärkerer Chelatbindung führen.

Reine Chelate werden wegen ihrer möglichen Korrosivität nicht häufig verwendet. Obwohl Chelatmittel potentiell korrosiv sind, sind die meisten Fälle einer solchen Korrosion durch falsche Anwendung bedingt. Schwierigkeiten mit Chelatkorrosion tritt dann auf, wenn das Mittel direkt in den Kessel eingegeben wird. In solchen Fällen entwickeln sich hohe Konzentrationen von Chelat am Dosierpunkt zum Kessel.

Eine andere Art von Programmen verwendet Polymere, Metalldispergiermittel und organische Schlammkonditionierungsmittel, wobei die Kesselsteinbildung durch Störung des Kristallwachstums und durch Dispergieren der kleinen Partikel als kolloide Substanzen verhindert wird. Organische Mittel konditionieren den sich gewöhnlich bildenden Schlamm. Dieses Programm ist von der Verwendung spezifischer Metalldispergiermittel abhängig, um ein Binden der ausgefällten Produkte zu verhindern.

Wirtschaftliche Faktoren beeinflussen häufig die Wahl des Programms. Ein Chelatmittelprogramm ist z. B. zu teuer, wenn hartes Zusatzwasser verwendet wird. Wirtschaftliche Faktoren müssen mit der Technologie abgestimmt werden und die Wahl sollte niemals auf der Grundlage nur eines Faktors gemacht werden. So sollten z. B. Kessel, die mit besonderen Schlammproblemen kämpfen, oben aufgeführte Programme verwenden.

Andere Kesselablagerungsprobleme

Verunreinigungen

Kesselablagerungen werden nicht immer durch lösliche natürliche Verunreinigungen im Zusatzwasser verursacht. Trübung des Oberflächenwassers kann zum Teil durch eine Filtration oder Klärung beseitigt werden. Die restlichen schwebenden Feststoffe tragen zur Schlamm- und Kesselsteinbildung bei. Kolloides Silikat im Zusatzwasser löst sich normalerweise bei der Wassertemperatur und Alkalität des Kessels. Dies trägt dann zur Gesamtkonzentration von Silikat im Kesselwasser bei. Außerdem können Verunreinigungen wie Öl oder Prozeßsubstanzen durch Kondensatrückführung in den Kessel eintreten und dann zu Ablagerungen führen.

Obwohl Prozeßverunreinigungen manchmal direkt Kesselablagerungen bilden, verursachen sie häufiger ein Binden von Schlämmen oder bilden Verkohlungen an Wärmeübergangsflächen. Ist die Verunreinigung eine ölige Substanz, kann das Problem vermindert werden, indem eine hohe Konzentration von Hydratalkalität beibehalten und zusätzlich ein organisches Dispergiermittel verwendet wird. Die beste Lösung ist jedoch, dieses Problem vollständig zu verhindern und zwar entweder durch eine Behandlung des Kondensats, um die Verunreinigung zu beseitigen, oder indem man das Kondensat überwacht, kontrolliert und verwirft, wenn es verunreinigt ist.

Auskochen

Weist ein Kessel ölige oder fettige Ablagerungen auf, wird normalerweise ein „Auskochen" empfohlen. Bevor dieses Verfahren hier behandelt wird sollte festgestellt werden, daß dies auch bei neuen Kesseln, die von der Herstellung Schutzfette enthalten, notwendig ist, um eine Korrosion vor der Inbetriebnahme zu verhindern. Außerdem werden so Walzhaut oder Sinterteilchen entfernt.

Dieses Verfahren verwendet allgemein eine 1–5 %ige Lösung einer alkalischen Substanz, wie z. B. Trinatriumphosphat, Natriumhydroxid, kalzinierte Soda oder Natriumsilikat, zwischen 6 bis 24 Stunden bei Temperaturen zwischen 66° C und dem Siedepunkt.

Ein getrenntes Entfernen von Härteablagerungen mit Salzsäure oder einer anderen Säure nach dem Entfetten kann zur Entfernung von Ablagerungen sowie Oberflächenrost aus der Herstellung notwendig sein. Im Rahmen dieses Buches ist es nicht möglich, diese Maßnahmen im Detail zu besprechen.

Mineralische und metallische Ablagerungen

Der Rückgang der Leistung und potentielle Gefahren durch einen verschmutzten Kessel verlangen eine Reinigung, sobald dies entdeckt wird. Je nach den Bedingungen kann diese Reinigung im kontinuierlichen Betrieb oder durch Außerbetriebnahme stattfinden.

Ein Reinigen während des Betriebs ist häufig empfehlenswert für Kessel mit niedrigem oder mittlerem Druck, welche ein hohes Verhältnis zwischen Härtesalzen (Ca und Mg) und anderen Ablagerungsbestandteilen aufweisen, und in denen die Ablagerungsbildung nicht gleichmäßig ist. Die Reinigung während des Betriebs verwendet hohe Konzentrationen eines Chelatmittels mit Polymeren und organischen Schlammkonditionierern, bis eine Analyse einen Chelatmittelüberschuß anzeigt, wobei dann angenommen werden darf, daß der Chelatmittelbedarf der Kesselablagerungen gedeckt ist. Die Verwendung von Polymeren zur Zerstörung schon vorhandener Ablagerungen und zur Zersetzung ihrer Struktur ist in einem solchen Programm wichtig. Organische Substanzen sind vorteilhaft, da sie ein Wiederabsetzen der lösgelösten Ablagerungen verhindern. Es soll festgestellt werden, daß das Chelatmittel nicht notwendigerweise die gesamte Ablagerung auf einer stöchiometrischen Basis komplexiert. Die Struktur der Ablagerung wird durch das Chelatmittel geschwächt oder zerstört und der Niederschlag löst sich ab. Eine Reinigung im Betrieb soll durch häufiges Bodenabschlämmen begleitet werden und dauert im allgemeinen 30 bis 90 Tage. Die Möglichkeit einer Wiederablagerung und/oder Verstopfung gebietet, daß eine zu schnelle Ablagerungsbeseitigung während des Betriebs vermieden werden sollte.

Die Wahl einer Reinigungsmethode bei Betriebsstillstand wird durch die Art der zu beseitigenden Ablagerung bestimmt. Eine relativ schwache Säure wie Sulfaminsäure kann verwendet werden, um Ablagerung die große Anteile an Magnesium- oder Calcium haben, zu beseitigen. Es können jedoch komplizierte Reinigungsmethoden notwendig werden, wenn größere Mengen von Metalloxiden oder Silikaten vorhanden sind. Chelatmittel oder Säuren werden normalerweise für Metalloxid- oder Mineralablagerungen verwendet, während Fluoride bei Silikaten eingesetzt werden.

Es gibt keine Garantie gegen Kesselablagerungen, selbst wenn eine chemische Aufbereitung gut geplant ist und die Wasseraufbereitungsanlage gut funktioniert. Ablagerungen werden häufig durch mechanische Probleme verursacht, wobei der Grund dafür in der Betriebsweise des Kessels liegt. Überlastung, rapide Veränderungen in der Belastung, falsche Brennereinstellung und Fehler in der Kesselauslegung können ebenso die Ursachen von Korrosion und Ablagerungen sein.

Überhitzen

Aus mehreren Gründen können örtlich heiße Bereiche oder ein Überhitzen schädliche Wirkungen auf den Kessel haben. Wie in diesem Kapitel besprochen wurde, ist die schnelle Dampfbildung an der Wärmeübergangsfläche (Filmverdampfung) ein Hauptfaktor der zur Kesselsteinbildung beiträgt. In einem solchen Fall bleiben die im Kesselwasser gelösten Salze als Ablagerungen zurück.

An lokalen heißen Stellen kann sich eine Ansammlung von angebackenem Schlamm oder verkohlten organischen Stoffen zeigen. Diese Ablagerungen lassen den

Bereich noch empfindlicher gegen einen Verlust des Wärmeübergangs reagieren, und führen daher zum Versagen durch Überhitzen.

Korrosion ist ein anderes, durch Überhitzen verursachtes Problem. Bei einer chemisch bedingten Korrosion wird der wärmeinduzierte Konzentrationsgradient eine höhere Konzentration der korrosiven Bestandteile an der Rohroberfläche bedingen.

Direkte Flammenberührung ist eine der Hauptursachen für örtliches Überhitzen in einem Kessel (Abb. 12-10). Dies wird durch falsches Ausrichten der Brenner verursacht und kann besser festgestellt werden, wenn ein Kupfersalz der Verbrennungsluft beigegeben wird, so daß die Flamme eine sichtbare blaugrüne Farbe annimmt. Wenn Flammenanschlag beobachtet wird, sollten die Brenner neu ausgerichtet werden.

Überfeuerung eines Kessels kann ebenfalls heiße Stellen verursachen. Wenn der Kessel über der ausgelegten Kapazität betrieben wird, kann die Zirkulation des Kesselwassers ggf. nicht ausreichend sein um die Wärmeübergangsflächen ausreichend zu kühlen. In Gebieten mit der schlechtesten Zirkulation zeigt sich dann Überhitzen und Rohrversagen.

Nicht alle Zirkulationsschwierigkeiten sind auf Überfeuerung des Kessels zurückzuführen. Sie können sich in anderen Gebieten, wie zum Beispiel Bodenrohren, oder Steigrohren die an Fallrohren anliegen, entwickeln. In horizontalen Rohren kann es sein, daß das Wasser nicht den oberen Teil des Rohres benetzt, dagegen führt in vertikalen Rohren eine schlechte Zirkulation zur ungenügenden Benetzung der Wärmeübergangsflächen. Die letztgenannten Probleme rühren oft von einer niedrigen Belastung des Kessels oder von Fehlern in der Kesselauslegung her.

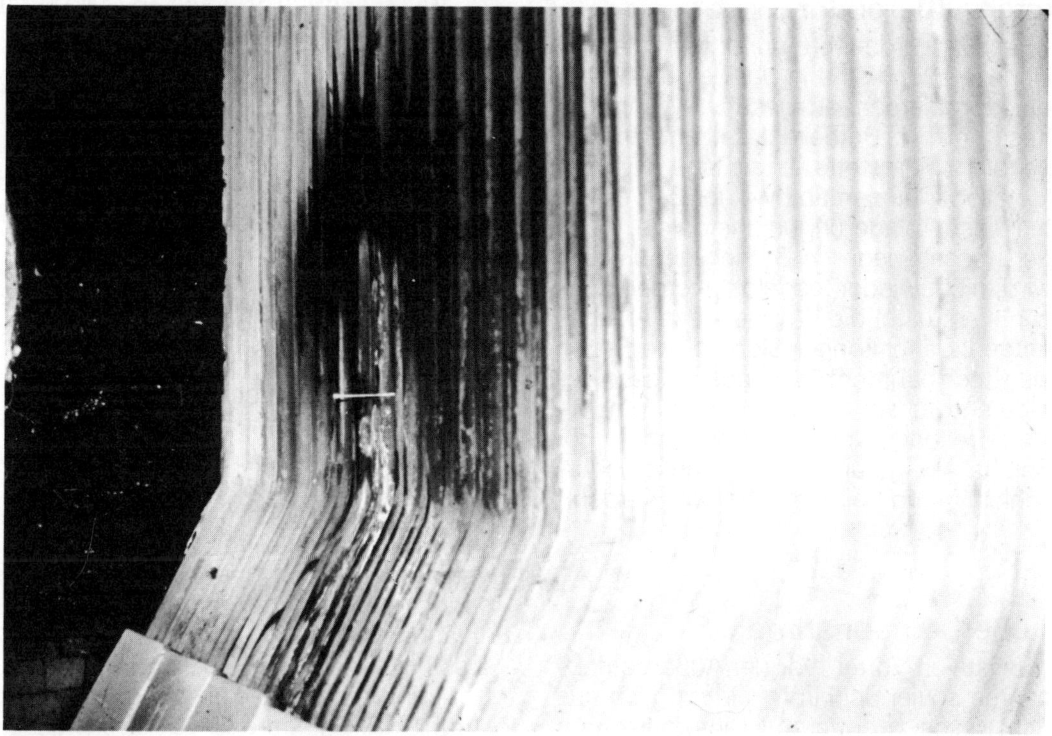

Abb. 12-10. Flammenanschlag

Ein Rohrversagen durch Überhitzen kann auch durch Wassermangel in den Steigrohren verursacht werden, d.h. Wasser wird nicht in ausreichender Menge an eine Stelle im Rohr des in Betrieb stehenden Kessels geleitet. Dies kann durch Ablagerungen, die sich am unteren Knick eines Schirmrohrs oder im unteren Sammler eines Wandrohres ansammeln, verursacht sein, oder auch durch zu niedrigen Trommelwasserstand.

Das Problem entsteht jedoch am häufigsten dann, wenn das Abschlämmen an der falschen Stelle, zur falschen Zeit, oder zu lange durchgeführt wird. Selbst in Kesseln mit großen Bodentrommeln können durch längeres Bodenabschlämmen bei hoher Belastung Probleme entstehen. Ein Weg diese Probleme zu vermindern, ist ein Winkelabschlämmeisen um den mit dem Abschlämmen verbundenen Druckabfall zu verteilen.

Intermittierender Einsatz

Kessel werden oft nur intermittierend eingesetzt und sind in der Folge Ablagerungsproblemen ausgesetzt. Wenn der Kessel nicht in Betrieb ist, setzen sich suspendierte Feststoffe ab und lagern sich an Metalloberflächen an. Mit der Zeit erhärten diese Ablagerungen und da sie, wenn der Kessel wieder in Betrieb genommen wird, nicht wieder losgelöst werden können, verkrustet die Wärme diese Ablagerungen. Daher können sich Ablagerungen also auch bei intermittierendem Kesselbetrieb entwickeln, selbst wenn ein Wasseraufbereitungsprogramm verwendet wird. Solche Ablagerungen sind häufig mehrschichtig und können sehr dick werden.

Außerbetriebnahme

Es ist von Vorteil, vor der Außerbetriebnahme soviel Schlamm wie möglich aus dem Kessel zu entfernen. Dies kann durch häufiges Abschlämmen für eine Zeit von 1 bis 3 Tagen vor der Außerbetriebnahme des Kessels geschehen. Das Abschlämmen sollte durch erhöhte Dosierungen eines Schlammkonditionierungsmittels ergänzt werden, um suspendierte Feststoffe am Absetzen zu hindern.

Wenn der Kessel außer Betrieb genommen wird, sollte er nicht entleert werden bis er auf atmosphärischen Druck abgekühlt ist. Eine Entleerung des heißen Kessels läßt suspendierte Feststoffe am heißen Metall anhaften. Nachdem der Kessel entleert ist, sollte er mit Hochdruckwasser gespült werden.

Nachgeschaltetes Dampf- und Kondensatsystem

Der hier besprochene Teil besteht aus Überhitzer, Turbinen, Dampfausrüstung und Kondensatleitungen. Ablagerungen können sich in diesen Bereichen durch Überreißen sowie durch Rohwasser- oder Prozeßverunreinigungen, Kondensatorenundichtigkeiten, falsche Behandlung des rückgeführten Kondensats und durch die Wanderung von Korrosionsprodukten bilden.

Ablagerungen an Turbinenschaufeln stören die ausgelegten Geschwindigkeit- und Druckprofile und verursachen Unwucht und Korrosion. Ablagerungen an den Dampfausrüstungen reduzieren den Wärmeübergang und können Funktionsstörungen an den Dampfklappen verursachen. Schlecht funktionierende Dampfklappen sind eine Hauptursache von verlorenem Dampf.

Ablagerungen an den Kondensatleitungen führen zu schwerer örtlicher Korrosion und zur Bildung von noch größeren Mengen sich ablagernder Korrosionsprodukte. Ein Versagen der Rückführleitungen führt in jedem Fall zum Verlust von wertvoller Wärme und qualitativ gutem Kondensat und kann im Endeffekt zum Anlagenstillstand führen. Überreißen wird ausführlich in Kapitel 13 behandelt. Manchmal kann eine Verunreinigung durch Öl, organische Substanzen oder Rohwasser auch von einer anderen Stelle stammen, wie z. B. von dampfbetriebenen Kolbenmotoren, Zucker aus Zuckerverdampfern und barometrischen Kondensatoren. Wenn möglich sollten diese Kondensatströme für eine anderweitige Verwendung abgeleitet oder getrennt behandelt und aufbereitet werden, um solche Probleme auf einem Minimum zu halten. Bei einer Rückführung ist es empfehlenswert, das Kondensat duch pH-, oder Leitfähigkeitsmessungen bzw. anderen spezifischen analytischen Methoden, bevorzugt gekoppelt mit einer automatischen Abflußeinrichtung zu überwachen. Gleichzeitige Probenahme von verschiedenen Kondensatströmen kann auch ein periodisches Verunreinigungsproblem aufzeigen.

Das rückgeführte Kondensat ist in vielen Industriebetrieben der Ausgangspunkt für Schwierigkeiten im Dampferzeugungsbetrieb. Gerade kleine Anlagen, notgedrungen schlechter überwacht als Großanlagen, sind so gefährdet. Die Einschaltung einer Fachfirma zur Feststellung der Ursache und deren Behebung durch eines der beschriebenen Programme oder die Verbesserung der Aufbereitungstechnik ist dann dringend geboten.

Kapitel 13
Das Überreißen von Kesselwasser

Beim Betreiben von Kesselanlagen ist es von außerordentlicher Wichtigkeit, den Dampf reinzuhalten, da selbst kleine Mengen von anorganischen Salzen im Wasser, die vom Kessel in den Dampf eingetragen werden, zu einem Ausfall der Überhitzer, zum Verlust der Turbinenleistung und zu anderen damit verbundenen Problemen führen. Außerdem erhöht sich auch die Gefahr einer Korrosion oder Erosionskorrosion in Dampfkondensatanlagen. Weiterhin kann das Mitreißen auch Verunreinigungen in Prozessen verursachen, die den Dampf direkt verwenden.

In mit Überhitzern ausgerüsteten Kesselanlagen kann das Mitreißen sehr schwerwiegende Folgen haben, da die mitgerissenen Substanzen Ablagerungen im Überhitzer bilden können und zu einem Überhitzen und zum Rohrversagen führen können. Feststoffmengen von mehr als 1,0 mg/kg führen zu Ablagerungen im Überhitzer, obwohl sie sich auch häufig schon bei weniger als 0,1 mg/kg bilden. Die Dampfreinheit wird äußerst kritisch, wenn Turbinen den Überhitzern folgen. Tabelle 13-1 gibt qualitative Hinweise auf Ablagerungsbildung auf Turbinen und Überhitzern.

Das Einbringen von gelösten Kesselwassersalzen in den Dampf wird durch ein Mitreißen kleiner Tröpfchen Kesselwasser in den die Trommel verlassenden Dampf und durch die Verflüchtigung von gelösten Salzen verursacht.

Tabelle 13-1. Information für Ablagerungsbildung

Na, mg/kg	Turbinen-ablagerung	Überhitzer ablagerung
$<0,01$	keine	keine
0,01-0,1	möglich	keine
0,1-1,0	ja	möglich
$>1,0$	ja	ja

Mechanisches Mitreißen ist hauptsächlich eine Funktion der Konstruktion der Dampfabscheider im Kessel sowie der Kesselfahrweise. Chemisch kann es noch, durch Bedingungen die ein Schäumen fördern, verstärkt werden, wodurch die Menge der gebildeten Tropfen, die dann in die Dampfabscheider eintreten, deutlich erhöht wird. Der Mitreißprozeß kann in zwei Kategorien eingeordnet werden; Spucken und Schäumen. Spucken zeigt sich im allgemeinen durch eine plötzliche Reduzierung des Kesseldrucks, bzw. durch einen plötzlichen Anstieg der Dampflast. Dadurch bilden sich Dampfblasen in der gesamten Wassermasse des Kessels. Erhöhtes Wasservolumen erhöht den Wasserstand in der Trommel und überflutet die Abscheider oder die Trokkenrohre. Spucken kann auch die Folge von übermäßig hohem Wasserstand nach einer schnellen Belastungsrücknahme oder durch falsche Fahrweise sein.

Schäumen ist die Ansammlung von Blasen an der Wasseroberfläche in der Dampftrommel, wodurch der Dampfentlastungsraum verringert wird und auf Grund verschiedener Mechanismen ein mechanisches Mitreißen die Folge ist. Dieses Mitreißen wird normalerweise durch richtige Kesselkonstruktion und eine darauf abgestimmte Fahrweise vermieden, ergänzend wirken die Verwendung von schaumverhindernden Mitteln in Situationen, in denen Schäumen zum Problem wird.

Natürlich können auch falsche Zusatzstoffe zum Kesselwasser oder zu hohe Konzentrationen auch der richtigen Dosiermittel zum Schäumen führen.

Erwägungen zur Auslegung und Konstruktion

Die Dampftrommel eines Kessels muß so ausgelegt sein, daß ein genügendes Volumen bei niedriger Geschwindigkeit gegeben ist, um eine Trennung des Wassers vom Dampf zu ermöglichen, bevor der Dampf den Kessel verläßt. Der Durchmesser der Trommel selbst muß die Beibehaltung einer Dampfleistung unter dem ausgelegten kritischen Wert zulassen, wobei dies 325 bis 375 t/h/m^2 Wasseroberfläche bei einem für den Betrieb notwendigen Wasserstand ist.

Kesseltrommeln können Umlenkbleche, Gitter, Netz- oder Winkelabscheider und/oder Zentrifugalabscheider haben, um die Trennung der Wassertropfen vom Dampf zu verbessern. Jedes Element der Ausrüstung muß dicht und sauber gehalten werden, wobei z. B. ein 8 mm Spalt zwischen Teilen von Deckblechen über den Erzeugerrohren genügend Wasser die Abscheider umgehen läßt, um deren Funktion nichtig zu machen. Ähnlich können auch Ablagerungen auf Gitter- oder Netzabscheider die Funktion dieser Einrichtungen empfindlich stören. Es ist daher wichtig, daß alle Trommelteile regelmäßig überprüft und in gutem Betriebszustand gehalten werden.

Es ist wichtig zu vermerken, daß ein mechanisches Mitreißen nur selten über die Länge der Trommel gleichmäßig ist. Die für die Dampfreinheit verwendeten Kontrollmethoden mit Probeentnahme müssen diesen Faktor mit in Betracht ziehen und es muß daher Dampf an verschiedenen Stellen in der Trommel gesammelt werden. Siehe die weitere Erörterung der Dampfprobenentnahme in diesem Kapitel.

Betriebliche Auswirkungen

Da die Größe der Dampftrommel festgelegt ist und nicht geändert werden kann, bestimmt der Wasserstand während des Betriebs den Raum für die Dampf-Flüssigkeitstrennung in der Trommel. Wenn dieser Stand übermäßig hoch ist, sind sowohl Volumen als auch Abscheidungsbereich vermindert und ein kontinuierliches Mitreißen kann die Folge sein, wobei ein Herabsetzen des Betriebswasserstands diese Situation korrigiert.

Der Betrieb von Dampftrommeln mit niedrigem Wasserstand sollte sorgfältig überprüft werden, da das Dampfabscheidungsvolumen erhöht ist, während die Ausdampffläche reduziert bleibt. Außerdem ist der Winkel und der Punkt des Eintritts der Dampf-Wassermischung aus den Siederohren von Wichtigkeit.

Mechanisches Überreißen in richtig ausgelegten Kesseln ist häufig Ursache eines Betriebs bei Dampferzeugungsbelastungen, die über den Auslegungsgrenzen liegen. Dies kann entweder kontinuierlich oder intermittierend geschehen, z. B. durch einen plötzlichen Dampfbedarf. Extreme Lastschwankungen führen zu plötzlich reduziertem Trommeldruck und folgendem heftigen Sieden mit einer Abgabe von Kesselwasser in dem Dampfentlastungsraum.

Ungleichmäßige Brennstoffeuerung kann eine übermäßige örtliche Dampferzeugung verursachen und zum Überreißen führen, auch wenn andere Betriebsfaktoren normal sind.

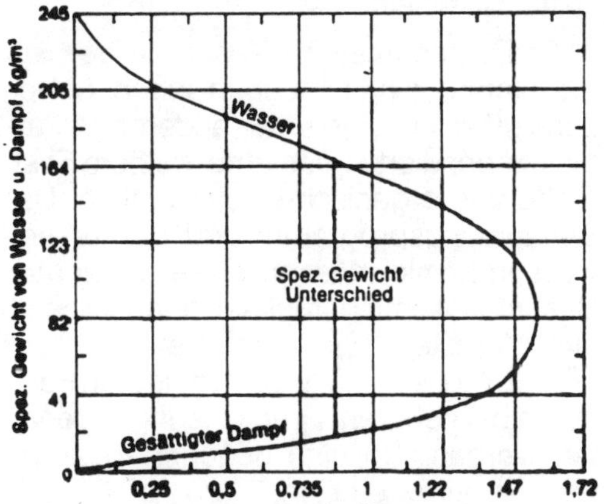

Abb. 13-1. Spezifisches Gewicht von Dampf und Wasser bei gesättigten Dampftemperaturen für normale bis kritische Drücke.

Der Dichteunterschied zwischen Dampf und Wasser verringert sich (Abb. 13-1) mit dem Anstieg von Betriebsdruck und Temperatur. Dieser geringe Dichteunterschied macht die Dampftrocknung noch schwieriger, besonders wenn die Trockner unter hohen Belastungen arbeiten. Dampf aus Hochdruckkesseln soll nur sehr geringe Mengen von im Kesselwasser gelösten Feststoffen aufweisen, um eine befriedigende Dampfqualität zu erhalten.

Wenn das Überreißen durch Schäumen verursacht wird, können verschiedene Methoden zur Verhinderung angewendet werden. Eine davon ist die Verwendung von schaumverhindernden Mitteln. Diese Methoden werden in den folgenden Abschnitten noch näher beschrieben.

Erwägungen zur Chemie

Die Trennung der Wassertropfen vom Dampf ist eine Funktion der Oberflächenspannung des Kesselwassers. Oberflächenspannung beeinflußt die Größe der an Wärmeübertragungsflächen gebildeten Dampfblasen und die Leichtigkeit, mit der sie sich verbinden und platzen. Eine niedrige Oberflächenspannung bildet nur kleine Blasen, die dazu neigen, sich in der Dampftrommel zu stabilisieren. Eine übermäßig hohe Menge kleiner Tropfen Kesselwassers tritt daher gleichzeitig an die Dampfabscheider.

Die Bestandteile im Kesselwasser, die die Gefahr eines mechanischen Mitreißens erhöhen, sind unter anderem Alkalität, suspendierte Feststoffe, gelöste Feststoffe und organische Detergentien. Das Behandlungsprogramm und die Kesselwasserchemie müssen diese genannten Bestandteile mit berücksichtigen. Da sich ein Mitreißen mit dem Betriebsdruck erhöht, müssen die gesamt gelösten Feststoffe bei höherem Druck niedriger gehalten werden, um eine gegebene Dampfreinheit beizubehalten.

Diese Voraussetzung bildet die Grundlage für Normen zur Kesselwasserqualität. Diese Grenzwerte sind nur teilweise anwendbar. Es zeigte sich, daß diese Normen in den meisten Fällen viele Ausnahmen hatten. Die Normen wurden als Richtlinien aufgestellt, innerhalb der Kessel betrieben werden konnten, um Dampf mit weniger als 1,0 mg/kg gesamtgelöster Feststoffen zu erzeugen. Dampf von solch minderer Qualität ist in modernen Anlagen mit Überhitzern oder Turbinen unbrauchbar. Diese Richtlinien sind nur ausreichend für den Niedrigdruckbetrieb, um unerwünschtes Mitreißen zu verhindern.

Die Höhe der gesamtgelösten Feststoffe wird allgemein durch Leitfähigkeitsmessungen in einer neutralisierten Probe des Kesselabschlämmwassers bestimmt und oft direkt als Mikrosiemens der spezifischen Leitfähigkeit ausgedrückt. Die Leitfähigkeit des Kesselwassers wird meistens durch die kontinuierliche Abschlämmung kontrolliert. Bestimmte Chemikalien (z. B. Hydrazin statt Sulfit) können gelöste Feststoffe im Kesselwasser reduzieren. Oft ist es auch wirtschaftlich erwünscht oder notwendig, die Kesselwasserfeststoffe zu reduzieren, indem sie durch Vorbehandlungssysteme aus dem Zusatzwasser entfernt werden oder ein größerer Prozentsatz des Kondensats zurückgeführt wird.

Die Gesamtalkalität des Kesselwassers ist eine Funktion der Zusatzwasseralkalität und alkalischen Aufbereitungschemikalien, die eventuell dem Wasser beigegeben wurden, um Ablagerungen oder Korrosion zu kontrollieren. Die Zusatzwasseralkalität zeigt sich normalerweise in Form von Carbonaten und Hydrogencarbonaten, die sich bei Kesseltemperaturen zersetzen, Kohlendioxyd freigeben und Hydroxidalkalität bilden. Die alkalischen Aufbereitungschemikalien sind meistens Natronlauge oder Ammoniak.

Die Alkalität des Kesselwassers kann wie folgt kontrolliert werden: durch erhöhtes Abschlämmen; durch eine Form der äußeren Entalkalisierung des Zusatzwassers, normalerweise durch Kalkbehandlung, Ionenaustausch im Wasserstoffzyklus, Entcarbonisierung durch Säurezugabe oder durch die Ausschaltung jeglicher alkalischer Chemikalieneinspeisung. Die wirksamste und wirtschaftlichste Methode ist dabei die Entalkalisierung durch Aufbereitung des Zusatzwassers, da dies oft den zusätzlichen Vorteil einer Senkung der gesamtgelösten Feststoffe bringt.

Suspendierte Feststoffe können im Kesselwasser vorhanden sein, einmal als Resultat einer Ausfällung von Kesselschlämmen wie Calciumhydroxyapatit und Serpentin, dann aber auch durch mit dem Speisewasser eingetragene Schwebstoffe oder Korrosionsprodukte. Verhütungsmaßnahmen sind hierbei ganz offensichtlich eine Vermeidung der Konzentration von suspendierten Substanzen, deren Entfernung aus dem Speisewasser, eine Aufbereitung mit einem Dispergier/Antischaummittel und/oder eine Verringerung der Korrosionsprodukte durch Kondensatreinigung oder aber eine verbesserte Korrosionskontrolle.

Jede organische, oberflächenaktive Substanz ist potentiell einem mechanischen Mitreißen förderlich. Zucker und Öl im Kesselwasser sind häufige Verursacher. Eine Verunreinigung eines Oberflächenzusatzwassers durch städtische oder industrielle Abwässer ist eine mögliche Quelle von Öl und oberflächenaktiven organischen Substanzen.

Der einzig befriedigende Weg, organische Materie als eine das Mitreißen fördernde Substanz auszuschalten, ist ihre Entfernung aus dem Speisewasser außerhalb des Kessels, oder wenn möglich, die Verhütung einer solchen Verunreinigung. Innere Aufbereitung mit spezifischen Schlammkonditionierungsmitteln kann zu einer beträchtlichen Minderung des Mitreißens führen, wenn Öl der Verursacher ist.

Verwendung von chemischen Antischaummitteln

Häufig kann eine Aufbereitungschemikalie dem Kesselwasser beigegeben werden, die den oberflächenaktiven Wirkungen von hohem gesamtgelösten Feststoffgehalt, Alkalität, Schwebstoffen, Ölen oder anderen organischen Stoffen entgegenwirkt und einen Betrieb ohne unzumutbare Mengen von Zusatzstoffen erlaubt. Ein solches Programm kann dabei sogar wirtschaftlicher sein als erhöhtes Abschlämmen oder eine zusätzliche externe Behandlung. Manchmal wird die Verwendung eines Antischaummittels notwendig, um einen Kessel mit spezifischer Auslegung zu betreiben, ohne viel Mitreißen zu verursachen. Antischaummittel reduzieren häufig den Brennstoffverbrauch bedeutend, da niedrigere Abschlämmraten bei gleichzeitiger Erzeugung von reinerem Dampf möglich sind.

Polyglykole und Polyamide sind die am häufigsten eingesetzten Antischaummittel. Sehr erfolgreich sind Polyglykole, sie haben weitgehend Anerkennung gefunden. In den Kessel werden sie direkt oder in die Speisewasserleitung mit niedrigen Dosierraten eingespeist und oft mit anderen Chemikalien zur Aufbereitung gemischt.

Bei den meisten Schaumproblemen kann die kontrollierte Verwendung eines Antischaummittels ein Mitreißen erfolgreich reduzieren. Es gibt jedoch Fälle, in denen ein chemisches Mittel keine Verbesserung bringt und das Mitreißen sogar noch verschlimmert. Die Entscheidung für eine Dosierung sowie die Auswahl eines spezifischen Antischaummittels sollen dabei jeweils streng auf der Basis von Dampfqualitätsmessungen gemacht werden.

Überreißen flüchtiger Substanzen

Die vorhergehende Erörterung beschäftigte sich ausschließlich mit dem mechanischen Mitreißen von Fremdstoff, was am häufigsten in Niedrigdruckkesseln zu finden ist. Wird jedoch Dampf bei hohen Drücken (>42 bar) erzeugt, werden viele der im Kesselwasser gelösten Feststoffe flüchtig und vom Kessel als gelöste Substanzen in den Dampf eingetragen.

Diese flüchtigen Substanzen können sich dann im gesamten Dampfsystem niederschlagen.

Das Überreißen flüchtiger Substanzen kann nicht durch mechanische oder betriebliche Veränderungen oder der Beigabe von chemischen Antischaummitteln verhindert werden. Abhilfe wird nur geschaffen durch eine Begrenzung der Konzentration der flüchtigen Feststoffe im Kesselwasser oder durch eine Änderung des pH-Wertes, ein Faktor, der die Flüchtigkeit beeinflußt.

Das Überreißen einiger Substanzen steigt stark bei ca. 42 bar Kesseldruck an und erhöht sich danach proportional zum Druck. Der wichtigste flüchtige Feststoff ist Kieselsäure, obwohl auch verflüchtigtes Natriumhydroxyd, Natriumchlorid und Natriumphosphat beträchtliche Mengen erreichen können, besonders bei höheren Drücken und Konzentrationen. Die Verdampfung solch gelöster Substanzen wie Ammoniak, Kohlendioxyd, Wasserstoffsulfid, Schwefeldioxyd und Morpholin, die normalerweise also gasförmig und hochflüchtig betrachtet werden, findet ebenfalls statt. Mit Ausnahme von Ammoniak und Morpholin sind diese Substanzen jedoch im allgemeinen nicht in Hochdruckkesselsystemen vorhanden oder zeigen, wenn sie vorhanden sind, sofort erkennbare Wirkungen. Sie können z. B. in Dampfsystemen korrodierend sein, aber nur selten direkte Ablagerungen verursachen. Vor kurzem wurde die Flüchtigkeit von Eisen und Kupfer in Hochtemperaturdampf festgestellt, wodurch sich die Bildung solcher Ablagerungen an Turbinenschaufeln ohne mechanisches Mitreißen erklären läßt.

Wie schon bemerkt, können Silikate sich verflüchtigen und sich an Turbinen bei Drücken von 42 bar und darüber absetzen. Daher ist ihre Gegenwart und der Grad ihrer Flüchtigkeit von großer Bedeutung, wenn der Dampf für den Antrieb von Turbinen gebraucht wird. Es ist allgemein anerkannt, daß eine Dampfqualität mit 20 ppb Silikat als SiO_2 oder darunter keine Siliziumdioxydablagerungen an Turbinenschaufeln verursacht. Wenn jedoch genügend Natrium im Dampf vorhanden ist, können sich komplexe Natriumsilikate bei dieser und auch schon niedrigeren Konzentrationen ablagern. Abb. 13-2 zeigt die Toleranzen von Silikat im Kesselwasser bei bestimmten Drücken und pH-Werten, um weniger als 20 ppb im Dampf durch flüchtiges Mitreißen zu erhalten. Es sollte hier der starke Einfluß des Kesselwasser-pH-Wertes beachtet werden.

Bei einem pH-Wert von 12 und 42 bar kann fast doppelt soviel Silikat im Kesselwasser toleriert werden als bei einem pH-Wert von 11. Höhere pH-Werte reduzieren daher Silikatablagerungen. Wegen der nachteiligen Wirkungen der notwendigen höheren Alkalität auf das Schäumen und eventueller Versprödung ist jedoch Vorsicht am Platze.

Eisen- und Kupferverunreinigung im Dampf können reduziert werden, indem

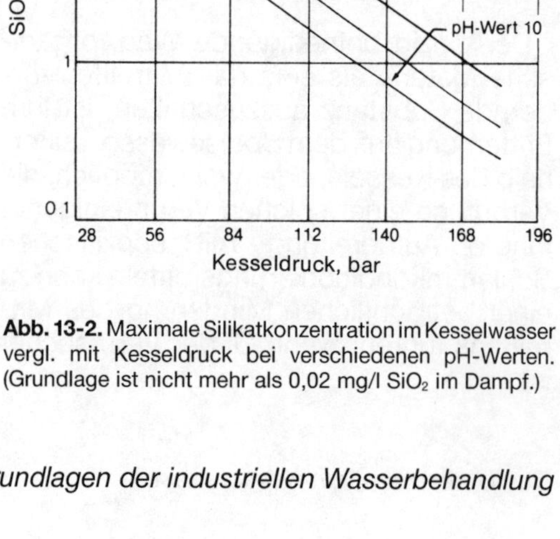

Abb. 13-2. Maximale Silikatkonzentration im Kesselwasser vergl. mit Kesseldruck bei verschiedenen pH-Werten. (Grundlage ist nicht mehr als 0,02 mg/l SiO_2 im Dampf.)

die Konzentration dieser Substanzen im Speisewasser herabgesetzt wird. Katalysiertes Hydrazin hat sich schon in der Reduktion der Aufnahme von Eisen und Kupfer im Niedrigtemperaturbereich und in seiner Wirkung auf die Reduktion von Eisen und Kupfer im Dampf als hochwirksam erwiesen.

Durch Dampf verursachte Ablagerungen

Auf Turbinen kann sich eine Ablagerung der Kesselwassersalze zeigen, entweder durch mechanisches Mitreißen oder flüchtig gehen oder durch beides.

Silikat ist eines der flüchtigeren Salze, die häufig in Kesselwasser anzutreffen sind. Seine Löslichkeit in überhitztem Dampf sinkt sehr rapide beim Abfall der Dampftemperatur und des Druckes und führt zu Ablagerung an der Stelle der Turbine, an der die Konzentration im Dampf die Löslichkeit überschreitet. Ablagerungen in Überhitzern werden durch mechanisches Mitreißen oder durch verschmutztes Einspritzwasser verursacht.

Die meisten der durch mechanisches Mitreißen mitgenommenen Salze haben genügend Löslichkeit im überhitzten Dampf, um sich zu lösen, während der Dampf durch den Überhitzer läuft. Beim Durchgang durch die Turbine, während Temperatur und Druck abfallen, lagert sich das Salz ab, sobald es seine Sättigungskonzentration übersteigt; eine Wirkung ähnlich der von Silikaten. So zum Beispiel hat auch Natriumsulfat seine Mindestlöslichkeit und mit Anstieg der Temperatur steigt seine Löslichkeit, wodurch die hohen Mengen Natriumsulfat in Ablagerungen von Hauptüberhitzern erklärbar sind. Salze wie z. B. Natriumchlorid sind mit Anstieg der Temperatur höher löslich. Sie lösen sich im Dampf, während die Tröpfchen austrocknen und die Temperatur sich im Überhitzer erhöht.

Andere mechanisch mitgerissene Substanzen mit niedriger Dampflöslichkeit können sich ablagern, während der Dampf durch den Überhitzer geht.

Substanzen mit niedriger Löslichkeit, im Dampf und bei Überhitzertemperaturen, können Partikel bilden, die an den Turbinenschaufeln anhaften, während sie die Turbine durchlaufen. Eisenoxyd ist dafür ein gutes Beispiel. Aluminiumoxyd hat eine relativ hohe Flüchtigkeit und kann, wenn es in genügender Konzentration im Kesselwasser vorhanden ist, im Dampf verflüchtigen und an den Turbinen ausfallen. Natriumhydroxid, durch Mitreißen oder Flüchtigkeit bedingt, beeinflußt Turbinenablagerungen nach Menge und Art beträchtlich. Es ist bekannt, daß Natriumsulfat und SO_2 aus Natriumsulfit die Ablagerungen an Turbinenschaufeln reduzieren. Silikat bleibt jedoch weiterhin das häufigste Ablagerungsproblem auf Turbinen.

Ablagerungsbeseitigung aus Überhitzern

Haben sich erstmal Ablagerungen in einem Überhitzer gebildet, ist ihre Beseitigung, obwohl sie wasserlöslich sind, außerordentlich schwierig und gefährlich. Bei einem entleerbaren Überhitzer ist es theoretisch möglich, das System nach dem Stillstand mit heißem Kesselwasser zu füllen oder mit heißem Kondensat von der Abflußsammelleitung rückzufüllen. Ein Einweichen mit einem dieser beiden Wässer sollte alle Ablagerungen lösen, es sei denn, die Anhäufung ist so groß, daß einige Rohre tatsächlich verstopft sind. Nach dem Einweichen wird der Apparat entleert und mit hochreinem Wasser gespült, bis die Abwasserleitfähigkeit kein Vorhandensein von gelösten Salzen anzeigt.

In nichtentleerbaren Überhitzern wird es komplizierter, da es nahezu unmöglich ist, alle Rohre sicher zu durchströmen. Eine Rückfüllung von den Abflußsammelrohren oder ein Ausspülen der einzelnen Rohre von Hand ist möglich, aber im Normalfall sind die notwendigen Hochdruckvolumen, die hohe Strömungsrate und das hochreine Wasser nicht erhältlich. Der Überhitzer kann auch mit heißem, hochreinem Speisewasser oder Kondensat durchflutet werden, nachdem der Apparat stillgelegt ist und bevor der Innendruck auf Umgebungsdruck abfällt, so daß keine Luft eingelassen wird. Hochreines Wasser kann dann zum Spülen der Überhitzer verwendet werden, wenn der Dampf kondensiert ist und alle Windungen mit Wasser gefüllt sind. Dieses Spülen muß gewährleisten, daß der Überhitzer frei von allen Ablagerungen ist.

Eine Reinigung mit Säurelösern ist für nichtentleerbare Überhitzer nicht zu empfehlen, wenn die Ablagerungen nicht wasserlöslich sind, da die Möglichkeit besteht, daß ein größerer Schaden durch die Reinigung als durch die Ablagerungen entsteht, wenn dies nicht sorgfältig und genau durchgeführt wird.

Reinigung der Turbinen

Wasserlösliche Ablagerungen können von Turbinenschaufeln durch Kondensatwaschen während des Betriebs oder Stillstands entfernt werden, wobei die Turbine ohne Belastung arbeitet und nur mit Sattdampf dreht. Wenn die Maschine vollkondensierend ist und intermittierend außer Betrieb genommen werden kann, werden lösliche Ablagerungen durch periodisches Waschen beseitigt, bevor sich gefährlich hohe Mengen ansammeln. Es muß sorgfältig darauf geachtet werden, daß die Turbine nicht beschädigt wird. Spezifische Verfahren und Maßnahmen sind ausgearbeitet worden, die streng befolgt werden sollten. Lauge kann beigegeben werden, um eine Silikatentfernung zu verbessern, obwohl dieses Verfahren zu einem Verlust von großen Mengen Kondensat führt. Im Kondensator werden spezifische Leitfähigkeit und/oder Silikat überprüft.

Einige Ablagerungen, die sich in Turbinen bilden, sind nicht wasserlöslich, z. B. Silikatablagerungen, und viele Turbinen können auch nicht zeitweilig außer Betrieb genommen werden. In solchen Fällen verlangt eine Reinigung die Öffnung des Mantels, Herausnahme des Rotors und danach eine mechanische Reinigung der Schaufeln durch Abstrahlen mit Sand oder anderem Material.

Messung der Dampfreinheit

Es ist schwierig, zur Bestimmung der Dampfreinheit genaue Proben zu entnehmen, da die sehr kleinen Wassertropfen im Sattdampf nur in bestimmten Rohrdurchmesser, in Strömungsrichtung innerhalb der Rohre, oder in der die Dampftrommel verlassenden Dampfleitung gleichmäßig verteilt bleiben. Danach sammeln sich Tröpfchen und bilden einen Dunst an den Rohrwänden. Einpunkt Pitotsche Röhren Probenapparate sind für genaue Analysen in Versorgungsrohren und Überhitzereinlaßrohren erforderlich. Standard Mehrlochdüsen sind für Dampfrohre von größerem Durchmesser notwendig. Besonders wichtig ist, daß die Düsen in bezug auf die Windungen im Rohr richtig installiert werden.

Eine Probeentnahme von überhitztem Dampf ist noch schwieriger, da sich in überhitztem Dampf lösliche Substanzen an den Wänden der Probeleitung ablagern können, die Temperatur reduziert wird, wodurch eine wirksame Probe vieler der wichtigsten Bestandteile verhindert wird. Daher sind spezielle Dampfprobendüsen besonderer Ausführung zur Abkühlung notwendig.

Das Messen von Verunreinigungen in einer Dampfprobe wurde bisher nur mit der gravimetrischen oder der Leitfähigkeitsmethode durchgeführt. Ihre geringe Empfindlichkeit beschränkt ihre Anwendung jedoch auf Kontrollfunktionen. Ionenaustausch oder Leitfähigkeitsmethoden werden am häufigsten für diesen Zweck verwendet.

Ein genaues Messen im Dampf wird heute normalerweise durch Natrium-Ionenmessung erreicht, wobei entweder Flammenphotometrie oder spezifische

Natriumionenelektroden verwendet werden. Kontinuierliche Messung durch Flammenphotometrie geschieht allgemein nur unter Testbedingungen.

Analyse der Dampfreinheit

Es ist technisch aufwendig alle im Dampf mitgeführten Substanzen zu bestimmen. Sachdienliche Information kann jedoch für ein spezifisches Problem, das eine genaue Feststellung der Ursache und die Entwicklung einer wirksamen Lösung zuläßt, gegeben werden.

Bevor hier verschiedene Methoden zur Messung der Dampfreinheit besprochen werden, sollte erwähnt werden, daß die Ergebnisse sorgfältig interpretiert werden müssen. Wenn die Ergebnisse einer Dampfreinheitsprüfung anzeigen, daß die Konzentrationszyklen im Kessel erhöht werden können, ohne ein Überreißen zu verursachen, sollte der Konzentrationsfaktor nur dann erhöht werden, wenn eine ablagerungsfreie Fahrweise gewährleistet werden kann. Oft ist es so, daß ein Kessel bei Außerbetriebnahme Ablagerungen aufweist, wenn allein die Dampfreinheit die Eindickung des Kesselwassers bestimmt. In solchen Fällen gleicht sich die Brennstoffeinsparung durch verringerte Abflut mit der durch die isolierende Wirkung der Kesselablagerungen verlorenen Brennstoffmenge aus.

Es gibt drei Aspekte einer Dampfreinheitsmessung:

a. Richtige Dampfprobennahme und Sammlung.

b. Präzise Bestimmung der Reinheit des Dampfes.

c. Gültige Auswertung der Daten der gesamten Dampfreinheitsanalysen.

Probenentnahme und Sammlung von Dampf

Das Problem liegt in der Tatsache, daß ein dynamisches Zwei- oder möglicherweise Drei-Phasen-System (Dampf-Flüssig-Fest), auf die absolute Zusammensetzung des Ganzen geprüft werden muß. Viele Jahre der Forschung in Bezug auf richtige Probenehmerkonstruktion führten zu Konstruktionen, die von der ASTM und ASME vorgeschrieben werden.

Nach der Festlegung der geeigneten Probeentnahmestelle, an der der Dampf gut durchmischt ist, stellt sich das nächste Problem, nämlich die Probe richtig zu entnehmen. Dazu muß die Rate, bei der die Probe entnommen wird, berechnet werden, um eine lineare Geschwindigkeit der durchströmenden Probe zu erhalten, welche gleich der des Mediums ist, welches den Probenehmer durchfließt. Diese Methode ist als isokinetische Probenahme bekannt. Probenentnahmen über oder unter diesem Geschwindigkeitsverhältnis von (1 : 1) führen zu Störungen und nichtrepräsentativen Proben aller Medien. Die Ergebnisse können 50 bis 100 % höher oder niedriger liegen als tatsächlich vorhanden. Dampffluß, Druck, Temperatur, Dampfleitungs-und Probenehmerdurchmesser müssen mit in Betracht gezogen werden. Die Probenentnahme ändert sich ebenfalls bei Laständerungen. Eine Probenentnahme von 500 ml pro Minute bei normaler Dampfströmung kann zur Dimensionierung der Löcher in der Probenleitung und der Kühlschlange verwendet werden.

Die Probeleitung selbst darf nicht zur Verunreinigung der Probe führen und muß für die Tests genügend stark sein. Die Leitungsgröße soll so klein wie möglich sein, um die Verweilzeit im Probenehmer und Sammler zu minimieren. Es sollte darauf geachtet werden, daß sich die Leitung in Strömungsrichtung neigt. Die Kühlschlangen sollten eine genügende Oberfläche haben, zur Kühlung für die Analyse ausreichen. Sie müssen in der Lage sein, die Probe unter vollem Druck zu kühlen. Wenn Proben in Flaschen für eine spätere Analyse gesammelt werden, sollte die Probe bei 25 – 30° C gehalten werden, um eine Vakuumbildung in der Probeflasche zu verhindern, was zu Verunreinigungen führen könnte. Wenn überhitzter Dampf analysiert werden soll, muß etwas von dem kondensierten gekühlten Dampf zurückgewonnen werden, um den Dampf so nah wie möglich am Probenehmer abzukühlen. Die für die Probenentnahme verwendeten Flaschen müssen besonders sauber sein, jegliche Verunreinigung führt zu falschen Ergebnissen.

Analyse der Probe

Die gewählte Methode wird durch die verlangte Empfindlichkeit und Präzision sowie durch die Kosten bestimmt. Es gibt grundsätzlich fünf Methoden, die Reinheit von Dampf zu messen:

a. Bestimmung der Feststoffe durch die nasse gravimetrische Analyse von großen Proben (4 Liter oder mehr)
b. Ionenaustausch
c. Leitfähigkeit
d. Natriumanalyse (Flammenphotometrie oder spezifische Ionenelektrode)
e. Radioaktiver Indikator

Die Methode a. ist umständlich, ungenau und zeitraubend, deshalb praktisch ohne Bedeutung. Methode e. gibt die optimale Präzision, ist aber teuer und kann nur selten richtig und sicher angewendet werden. Methode b. dient nur dazu, die durchschnittliche Dampfverunreinigung über mehrere Wochen hinweg zu bestimmen, und unterscheidet oft nicht zwischen flüchtigen Aminen, Ammoniak oder Kohlendioxyd oder den Substanzen, die für den Betriebsleiter von Interesse sind. Diese Methode erlaubt jedoch immerhin die Messung von niedrigen Konzentrationen der Summe aller Verunreinigungen.

Methode c., die älteste Methode, mißt die Fähigkeit des Kondensats, elektrischen Strom zu leiten. Die Kapazität oder Leitfähigkeit von reinem Kondensat ist äußerst niedrig (0,84 Mikroohm bei 100° C) und erhöht sich proportional mit der Konzentration der im Kondensat vorhandenen Ionen.

Für präzises, sinnvolles Arbeiten muß die Probe von Gasen wie flüchtigen Aminen, Ammoniak und Kohlendioxyd befreit werden. Ein heute weitgehend verwendetes Instrument ist der Larson-Lane Dampfanalysator, der schematisch in Abb. 13-3 gezeigt ist. Eine kompliziertere Ausführung, die für kritische, hochempfindliche Analysen verwendet wird, ist präzis und empfindlich genug, um 2-5 ppb gelöste Salze (1-2 ppb Natrium) zu entdecken.

Grundsätzlich wird die Dampfprobe kondensiert und bei 35° C in der ersten Kammer gekühlt, von der auch einige Gase entlüftet werden. Die Probe geht dann über einen H-Ionenaustauscher, der die Amine und Ammoniak zusammen mit anderen Kationen wie Natrium, Kalium, Kalzium, Magnesium usw. entfernt. Die Probe wird dann wieder auf 98,5° C erhitzt, wobei das verbleibende CO_2 aus dem sauren Eluat der Kationenaustauschsäule

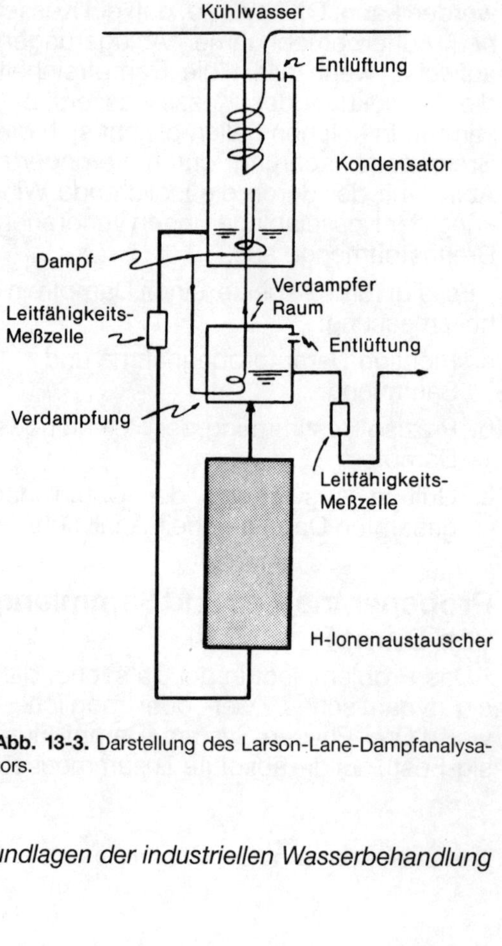

Abb. 13-3. Darstellung des Larson-Lane-Dampfanalysators.

ausgeschieden wird, und dann wird die Leitfähigkeit gemessen. Durch ausführliche Berechnungen wird es möglich, die Leitfähigkeit in ppb der gesamtgelösten Feststoffe im Kesselwasser umzurechnen. Eine Schätzung kann gemacht werden, wobei der Faktor 0,4 x Leitfähigkeit verwendet wird, nachdem die Leitfähigkeit des reinen Wassers bei 100° C (0,84 mohm) abgezogen wurde. Um den Hydroxydgehalt zu schätzen, wird der Unterschied zwischen der ersten und zweiten Zellmessung verwendet. Dieser Unterschied reflektiert aber auch die Gegenwart von Ammoniak, Aminen und Kohlendioxyden. Der erhaltene Vergleichswert gilt nur annähernd und ist nicht brauchbar, falls Änderungen in der Konzentration der Amine und Gase erwartet werden können, außer wenn große Mengen von Hydroxyd vorhanden sind. Die Ansprechzeit kann in einigen Fällen zum Problem werden, wie auch die Tendenz, Spitzenwerte als Resultat des Mischens in den verschiedenen Kammern ausgleichen. In einigen Fällen können auch Spuren von Gasen in der zweiten Zelle verbleiben.

Methode d., die Natriumspurenmessung, ist eine präzisere Methode mit einer Empfindlichkeit bis zu 0,1 ppb. Grundlage ist die Annahme, daß das Verhältnis des Natriums zu den gelösten Feststoffen im Dampf dasselbe sein wird wie im Kesselwasser, aus dem es kommt. Das genaue Verhältnis wird für jeden Test bestimmt und mehrere Male während des Tests überprüft. Normalerweise ist das Verhältnis von Feststoff zu Natrium im Bereich von 2,8 – 3,0 zu 1,0.

Der Flammenphotometer spricht bis auf 0,1 ppb Natrium an und hat die schnellste Ansprechzeit und eine nur minimale Misch/Dämpfungstendenz. Meßabweichung und Reproduzierbarkeit können zum Problem werden. Im Feldgebrauch ist das schwerwiegendste Problem die Verhinderung einer Verunreinigung der Flamme von außen, durch in der Luft mitgetragene Teilchen, die Natrium enthalten.

In der industriellen Anwendung kann der Natriumgehalt der Luft das Natrium im Dampf überschatten. Ein kontinuierliches Spülen der Brennerkammer mit gefilterter Luft ist notwendig. Eine Verunreinigung

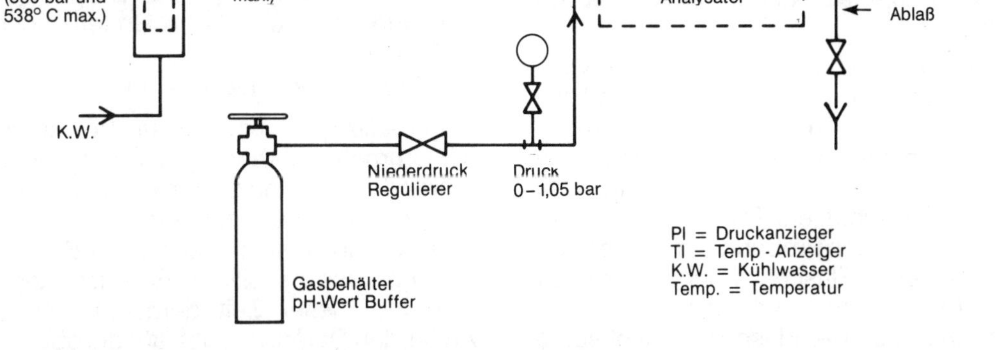

Abb. 13-4. Natrium-Ion-Analysator, Schema der Wasser und Gas-Strömung.

kann sich trotzdem einstellen. In einigen Fällen stellte sich die Verunreinigung mehr als Ursache der Geschwindigkeit und Richtung der Raumluft heraus, also durch Kesselbetriebsbedingungen verursacht.

Bei der Wahl des Platzes für diese Apparatur muß besonders sorgfältig vorgegangen werden, wobei die Wartung ein bedeutender Faktor ist und Schutz vor Verschmutzung geboten sein sollte.

Die spezifische Ionenelektrode bietet ebenfalls eine niedrige Empfindlichkeit (0,1 ppb Natrium) sowie geringe Verzögerungszeit. Die etwas längere Ansprechzeit kann dazu führen, daß die höchsten Spitzenwerte nicht berücksichtigt werden, zeigt aber dennoch bedeutende Abweichungen an. Das Gerät ist handlich, weniger teuer, einfach zu bedienen und zu warten, und schließt äußere Verunreinigungen so gut wie aus. Ein typisches System wird in Abb. 13-4 schematisch gezeigt. Der Sensor, ähnlich einer pH-Sonde, ist gegen Na^+ und H^+ und Spuren von Edelmetallen, die niemals im Dampf vorkommen, empfindlich.

Die obigen Ausführungen beziehen sich auf „vor Ort"-Probe-Analysengeräte. Viele Studien können mit der „Flaschenmethode" durchgeführt werden, wobei kondensierte Dampfproben in kleinen, besonders behandelten (dreifach in Säure gewaschenen) Behältern, für die spätere Analyse im Zentrallabor gesammelt werden. Obwohl diese Flaschenmethode zeitraubend ist und nur intermittierende Daten vermittelt, hat sie den Vorteil, daß auch andere Verunreinigungen als Natrium erfaßt werden können.

Es muß sorgfältig darauf geachtet werden, daß weder die Probe noch die Probenflasche verunreinigt wird. Ein umgekehrter Trichter kann übergestülpt werden, um die Flaschen während des Füllens zu schützen. Die Flasche sollte erst kurz vor der Probennahme geöffnet, mit mehreren Flaschenvolumen gespült (5 – 10), bis zum Überlaufen gefüllt werden, und auch der Flaschendeckel sollte im Kondensat gespült werden, bevor er wieder aufgesetzt wird. Markierung mit genauer Probenentnahmezeit und Quelle ist wichtig, um genaue Vergleiche der Probe in bezug auf Dampfmenge, Wasserstandsanzeiger und Kesselwassereigenschaften zu ermöglichen. Proben sollten vor, während und direkt nach jeder bedeutenden Änderung in der Betriebsweise abgenommen werden.

Bei allen Methoden einer solchen Probeanalyse sollten die Probeleitungen bei der vorgeschriebenen Probenentnahmerate für wenigstens 6 – 12 Std. gespült werden, um alle Verunreinigungen zu beseitigen. Während der tatsächlichen Probensammlung ist eine konstante Probenflußrate notwendig.

Durchführung der Analyse

Ein Analysenprogramm sollte vor Beginn der Tests aufgestellt werden, das bei Bedarf abgekürzt oder auch vollständig durchgeführt werden kann. Verschiedene Variablen sollten in Betracht gezogen werden:

a. Durchschnittliche Dampflast bei schwacher, mittlerer oder großer Last.
b. Dampflaständerungen, große und kleine, schnelle und langsame.
c. Wasserstand, durchschnittlich sowie an verschiedenen Punkten über und unter dem Durchschnitt.
d. Kesselwassereigenschaften, besonders gesamtgelöste Feststoffe.
e. Kondensatverunreinigung.
f. Veränderungen entlang der Dampftrommel (um ungleiche Dampfentlastung oder fehlerhafte Umlenkbleche festzustellen).
g. Aufbereitungschemikalien.

Anmerkung: Rußblasen und Bodenabschlämmen während dieser Zeit können störend wirken und sollten daher während der Probenahme unterbleiben.

Die Variablen sollten einzeln in Betracht gezogen und detaillierte Aufzeichnungen während dieser Zeit gemacht werden. Außer den Daten, die sich auf die obengenannten Variablen beziehen, sollten auch

Brennstoffveränderungen, Gasdruckabfall, Speisewassertemperaturveränderungen, Änderungen im Fluß oder der Quelle der Kondensatrückführung usw. ebenfalls mit in Betracht gezogen werden. Linienschreiber für die Dampfanalysatoren sollten für die „Vor Ort"-Tests verwendet werden. Bezugs- und Kontrollproben des Kesselwassers sollten an mehreren Stellen während des Tests abgenommen werden, besonders vor und nach jeder Veränderung, die eine bemerkenswerte Wirkung auf die Kesselwasserchemie hat. Neben der regelmäßigen Analyse sollten auch Natrium und gesamte Feststoffe überprüft werden, wenn Natriumspurenmessungen verwendet werden.

Kapitel 14
Hochdruckkesselanlagen

Hochdruckkessel (solche die über 42 bar, besonders aber jene, die über 68 bar betrieben werden) sind gegen Korrosion und Ablagerungen noch stärker anfällig als Anlagen, die bei niedrigem Druck arbeiten. Je höher Betriebsdrücke und Temperaturen, desto leichter treten die Probleme auf. Ein gründliches Verständnis der Gründe dafür verlangt die genaue Beachtung der im Dampf/Wassersystem herrschenden Bedingungen.

Phänomene der Förderung

Mit dem Anstieg des Kesseldrucks werden Wärme- und Masseübertragung durch den Kessel kritischer. Es könnte von Vorteil sein, die auftretenden Förderphänomene näher zu betrachten, bevor Probleme und Aufbereitungsmethoden für Hochdruckkessel erläutert werden.

Bei den in den Rohren herrschenden Strömungsbedingungen bilden sich drei ausgeprägte Arten der Strömung: die laminare Unterschicht, die Pufferschicht und die Masse des turbulenten Stroms (Abb. 14-1). Die laminare Schicht oder Unterschicht ist für die Wasseraufbereitung von hauptsächlicher Bedeutung, da sie an der Metall/Wassergrenzschicht liegt, an der Ablagerungen und Korrosion entstehen können. Die Dicke der laminaren Unterschicht wird zum Teil durch die Massegeschwindigkeit des zirkulierenden Wassers bestimmt. Die Strömung innerhalb dieses Films ist linear und seine chemische Beschaffenheit kann sich von der Hauptmasse des zirkulierenden Wassers stark unterscheiden.

Zwischen der laminaren Unterschicht und der turbulenten Hauptströmung besteht eine Pufferschicht, in der die Strömung teils linear und teils turbulent ist. Sie verbindet die laminare Unterströmung mit der turbulenten Strömung.

Die Arten der Strömung innerhalb dieser drei Zonen bestimmen die Methoden der Wärme- und Masseübertragung durch die Flüssigkeit. Da der Fluß in der laminaren Unterschicht linear ist, wird die Konduktion zur Übertragung von Wärme von der Rohrwand zur Pufferschicht verwendet. Masseübertragung durch Konzentrationsgradienten wird durch molekulare Diffusion bestimmt, da nur eine geringe Mischung in der laminaren Unterschicht vor sich geht.

In der Pufferschicht wird Wärme sowohl durch Konduktion als auch durch Konvektion übertragen, wobei die Masseübertragung durch molekulare und Wirbelstromdiffusion geschieht.

Wärme- und Masseübertragung innerhalb der turbulenten Hauptzone wird hauptsächlich durch Konvektion bzw. Wirbelstromdiffusion bestimmt.

Die laminare Unterschicht bietet den hauptsächlichen Widerstand gegen die Wärmeübertragung von der Rohrwand zur Masse des zirkulierenden Wassers.

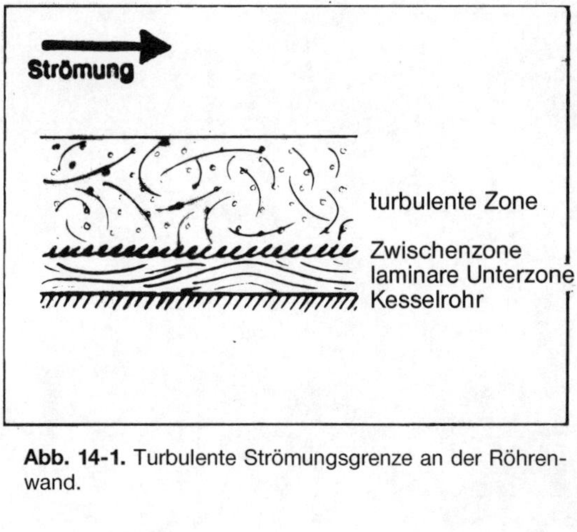

Abb. 14-1. Turbulente Strömungsgrenze an der Röhrenwand.

Der Temperaturgradient bewirkt, daß der Gehalt an gelösten Feststoffen im Kesselwasser in Richtung der beheizten Rohrwand ansteigt, ebenso der Siedepunkt des Wassers.

Abb. 14-2 beschreibt den laminaren Film an einem Kesselrohr, wobei die Masse des Wassers auf der Sättigungstemperatur für 98 bar (308,4° C) und einer sehr niedrigen Wärmeübertragungsrate, 2322 Wh/m^2, gehalten wird. Grundlegende und allgemein akzeptierte Wärmeübertragungsgleichungen zeigen die Wandtemperaturen mit 2° C über der Sättigung. Der Wasserfilm in direktem Kontakt mit der Oberfläche muß versuchen, diese Wandtemperatur, d. h. 2° C der Überhitzung zu erreichen. Verdampfung findet statt, während der Film Wärme absorbiert und mit Natriumhydroxyd konzentriert wird, wobei wiederum der Siedepunkt in dem Gebiet ansteigt. Die Verdampfung geht weiter, bis ein Zustand eines nichtsiedenden Gleichgewichts geschaffen ist. Eine spezifische Reihe von Gleichgewichtsbedingungen besteht in jeder Entfernung von der Rohrwand, wobei Temperatur und Konzentration mit größerer Entfernung abnehmen. Der wichtige Faktor ist, daß ein so geringer Temperaturanstieg, wie z. B. 2° C, zu einer Natriumhydroxydkonzentration von über 100.000 mg/l oder 10 Prozent NaOH führen kann, und daß der bestimmende Faktor der endgültigen Gesamtfeststoffkonzentration der durch die Wärmeübertragung bestimmte Temperaturgradient ist und *nicht* die Feststoffkonzentration in der Hauptmasse des Kesselwassers. Neben einer Ausfällung von Salzen während der Verdampfung beeinflußt die anfängliche Zusammensetzung des Kesselwassers die Endbeschaffenheit und Zusammensetzung, wenn das nichtsiedende Gleichgewicht erreicht ist.

Abb. 14-3 illustriert die verschiedenen Phasen der Wärmeübertragung in einem Dampfkessel. Abb. 14-4 vergleicht die Veränderung des Wärmeübertragungskoeffizienten (Log h) in Bezug auf den Temperaturunterschied zwischen der Rohrwand und der Flüssigkeit für den nichtsiedenden, im Kern siedenden und im Film siedenden Bereich.

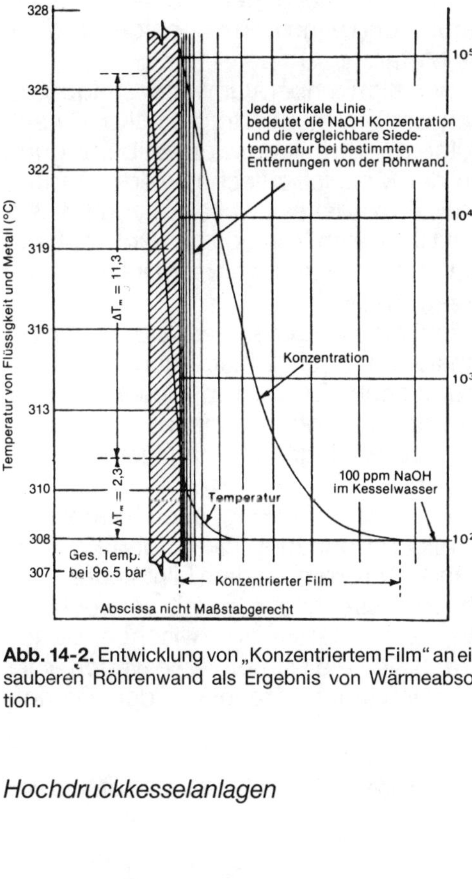

Abb. 14-2. Entwicklung von „Konzentriertem Film" an einer sauberen Röhrenwand als Ergebnis von Wärmeabsorption.

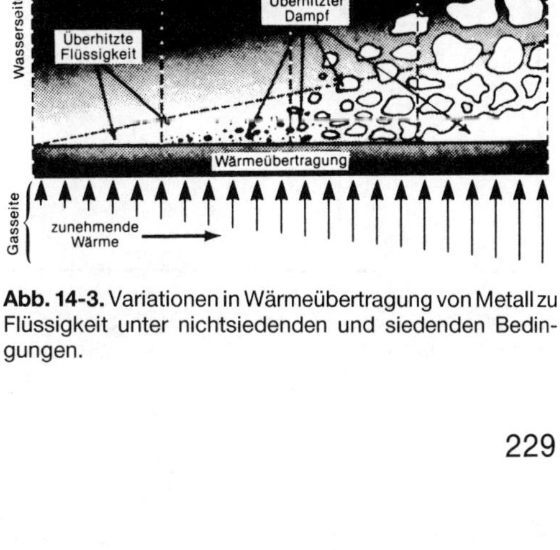

Abb. 14-3. Variationen in Wärmeübertragung von Metall zu Flüssigkeit unter nichtsiedenden und siedenden Bedingungen.

Im ersten Bereich mit Niedrigtemperaturunterschied ist die Flüssigkeit nahe der Wärmeoberfläche leicht überhitzt, obwohl keine Blasenbildung beginnt. Die isolierende Wirkung der laminaren Unterströmung in diesem Bereich verzögert einen bedeutenden Anstieg des Wärmeübertragungskoeffizienten, und die Überhitze der Flüssigkeit an der Rohroberfläche wird durch Konduktion gestreut.

Mit dem Anstieg der Temperaturdifferenz bilden sich Blasen an einer wachsenden Zahl von Stellen, die genügend Überhitze besitzen, um im Dampfzustand zu bleiben, während sie zum Hauptvolumen der Flüssigkeit befördert werden. Dies ist bekannt als Kernsieden. Die durch die Blasenbildung in der laminaren Unterschicht verursachte Bewegung ändert die Art der Wärmeübertragung durch diesen Film einer fast ausschließlich konduktiven Übertragung. Die Wärmeübertragung steigt mit der erhöhten Erzeugung von Blasen an der Rohroberfläche. Die durch die Blasenbildung erzeugte Bewegung ändert auch die Art der Masseübertragung von einer vornehmlich molekularen Diffusion zu einer teilweisen Wirbelstromdiffusion, die in Abwesenheit poröser Ablagerungen eine beträchtliche Konzentration von Kesselwassersalzen im laminaren Film verhindert.

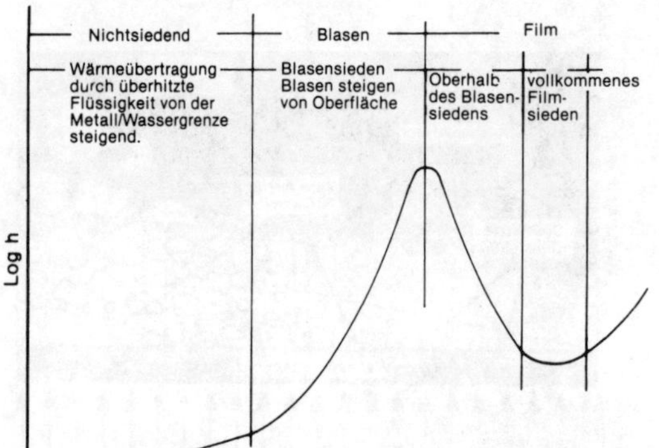

Abb. 14-4. Variationen im Wärmeübertragungskoeffizienten vgl. mit Temperatur.

Der Wärmeübertragungskoeffizient erhöht sich, bis ein Maximalwert erreicht ist, dann verläßt der Dampf die Oberfläche nicht mehr in kleinen Blasen. Diese Bildung geht so schnell vor sich und entsteht an so vielen Kernstellen, daß die Blasen nicht mehr gesamt, wie zuvor beim Kernsieden, von der Oberfläche gestreift werden. Feststoffe beginnen sich an der Oberfläche zu konzentrieren und der isolierende Effekt des Dunstfilms setzt den Wärmeübertragungskoeffizienten herab. Wenn die Blasen an der Oberfläche zusammenschließen, entwickelt sich ein Zustand, der als „Filmsieden" bekannt ist. Dieser Punkt des teils Kern-und teils Filmsiedens wird „Abweichung vom Kernsieden" (AKS) genannt.

Weiter erhöhter Temperaturunterschied über den AKS-Punkt hinaus trägt zum Dunstfilm an der Rohroberfläche bei und vervollständigt das Filmsieden. Der Wärmeübertragungskoeffizient wird noch niedriger und führt zum Überhitzen des Rohres. Eine Konzentration von ansonsten löslicher Materie beginnt sich an der Rohroberfläche zu sammeln, erhöht damit den Widerstand gegen die Wärmeübertragung und wirkt korrosionsfördernd auf das Metall.

Wenn die Temperatur weiter steigt, wird auch der Wärmeübertragungskoeffizient, infolge der Strahlungswärmeübertragung von der Metalloberfläche, wieder größer. In der Praxis ist es zweifelhaft, daß dieser Punkt je erreicht wird, da das Rohr äußerst überhitzt wäre und wahrscheinlich schon versagt hätte.

Wie schon vorgehend erläutert, kann ein Filmsieden auch Ablagerungsprobleme verursachen. Es wird in diesem Kapitel besonders betont, da dieses Problem in Hochdruckanlagen am häufigsten zu finden ist.

Dampfdeckenbildung, auch Dampfstraßenbildung genannt, wie in den Kapiteln 11 und 12 erörtert, ist dem Filmsieden ähnlich und wird häufig damit verwechselt. Der Hauptunterschied zwischen beiden ist, daß sich die Dampfdecke wegen einer unzureichenden Trennung der Dampf-

und Wasser-Mischung in einem horizontalen oder wenig geneigten Kesselrohr bildet. Filmsieden dagegen wird durch eine überschnelle Rate der Dampfbildung an einer Wärmeübertragungsoberfläche verursacht. Dampfdeckenbildung kann ebenfalls zum Versagen durch Feststoffkonzentration führen.

Korrosion unter der Ablagerung

Das Sieden von Wasser unter den Ablagerungen an den Rohren ist die häufigste Ursache einer Überkonzentration von Feststoffen an der Rohroberfläche. Wasser kann in fast alle Ablagerungen eintreten. Die Fähigkeit des Hauptvolumens der Flüssigkeit, das Gebiet, an dem sich Dampfblasen bilden, zu spülen, wird daher beeinträchtigt und führt zu einer weiteren Konzentration der Feststoffe. Ist die Kesselwasserkonzentration so, daß so aufkonzentriert entweder stark sauer oder stark basisch wird, dann zeigt sich im allgemeinen eine Korrosion unter der Ablagerung.

Abb. 14-5. Beispiele von Korrosion.

Korrosion

In Hochdruckkesseln hat die übermäßige Konzentration unter der Ablagerung, neben dem Filmsieden und anderen Ursachen von örtlicher Überkonzentration, zu einem Phänomen geführt, das als Korrosion bekannt ist. Eine Überkonzentration von Natriumhydroxyd zerstört den schützenden magnetischen Eisenoxydfilm (Magnetit-Fe_3O_4) und das Grundmetall wird dann, wie dargestellt, durch das konzentrierte Natriumhydroxyd angegriffen.

$$4\,NaOH + Fe_3O_4 \rightarrow$$

$$Na_2FeO_2 + 2\,NaFeO_2 + 2\,H_2O$$

$$2\,NaOH + Fe^0 \rightarrow Na_2FeO_2 + 2\,H^0$$

Korrosion zeigt sich durch Aushöhlungen und ist leicht erkennbar. Das Rohr verliert nicht an Biegsamkeit und dieser Vorgang der Aushöhlung, wenn er nicht aufgehalten wird, setzt sich fort, bis ein Dünnerwerden schließlich zum Rohrversagen führt (Abb. 14-5).

Saubere Kesselmetalloberflächen sind eine Voraussetzung für die Verhinderung eines Angriffs. Speisewasserhärte, Eisen- und Kupfergehalt sollten genügend niedrig bleiben. Unter idealen Bedingungen sollte das Speisewasser keine Härte enthalten, obwohl dies manchmal schwierig einzuhalten ist. Die Eisen- und Kupferkonzentrationen sollten so niedrig wie möglich gehalten werden.

In Kesseln, die mit über 42 bar betrieben werden, sind häufig Metalloxyde die Hauptbestandteile der Kesselablagerungen. Daher ist es wichtig, die Korrosion im Vorkessel- und Nachkesselbereich angemessen zu kontrollieren. Kondensataufbereitung verringert den möglichen Gehalt an Metalloxiden.

Die Reinigung von Hochdruckkesseln vor der Inbetriebnahme ist sehr kritisch und es ist wichtig, daß jedes Rohr und die dazugehörigen Speisewasser- und Kondensatsysteme gründlich gesäubert werden, da Eisen, Kupfer und Silikat zu Ablagerungen führen und eine Korrosion bei der Inbetriebnahme verursachen können.

Hydroxydreduzierung

Oft ist es einfach unmöglich, alle mechanischen und ablagerungsbildenden Ursachen einer Korrosion zu beseitigen oder zu korrigieren. Eine richtige Regulierung der Kesselwasserchemie kann eine freie Hydroxydkonzentration ausschalten oder verringern und damit den Angriff abwehren.

Systeme zur Beseitigung oder Reduktion der Hydroxydalkalität werden überwiegend in Kesseln. die mit 60 bar oder mehr betrieben werden, aber auch in 40 – 60 bar Kesselanlagen eingesetzt. Das Zusatzwasser wird durch Verdampfung oder Entmineralisierung aufbereitet, praktisch alle gelösten Feststoffe entfernt, und im allgemeinen ist der Prozentsatz des rückgeführten Kondensats hoch. In solchen Fällen hat das Kesselwasser trotz hoher Konzentrationszyklen nur sehr geringe Mengen an gelösten Feststoffen, wobei das System im wesentlichen gegen pH-Abweichungen ungepuffert ist. Die Art des Systems bestimmt sich daher durch die Beigabe kleiner Mengen Aufbereitungschemikalien, wobei diese Aufbereitungsmethoden in drei unten erläuterte Gruppen eingeteilt werden.

Koordinierte Phosphat-pH-Wert-Kontrolle

Auf der Grundlage früherer Arbeiten von S. F. Whirl und T. E. Purcell haben H. A. Klein, P. Goldstein und andere gezeigt, daß eine Berichtigung der Kesselwasserchemie, nämlich die Gewährleistung, daß die Phosphat-Alkali-Gleichgewichte die

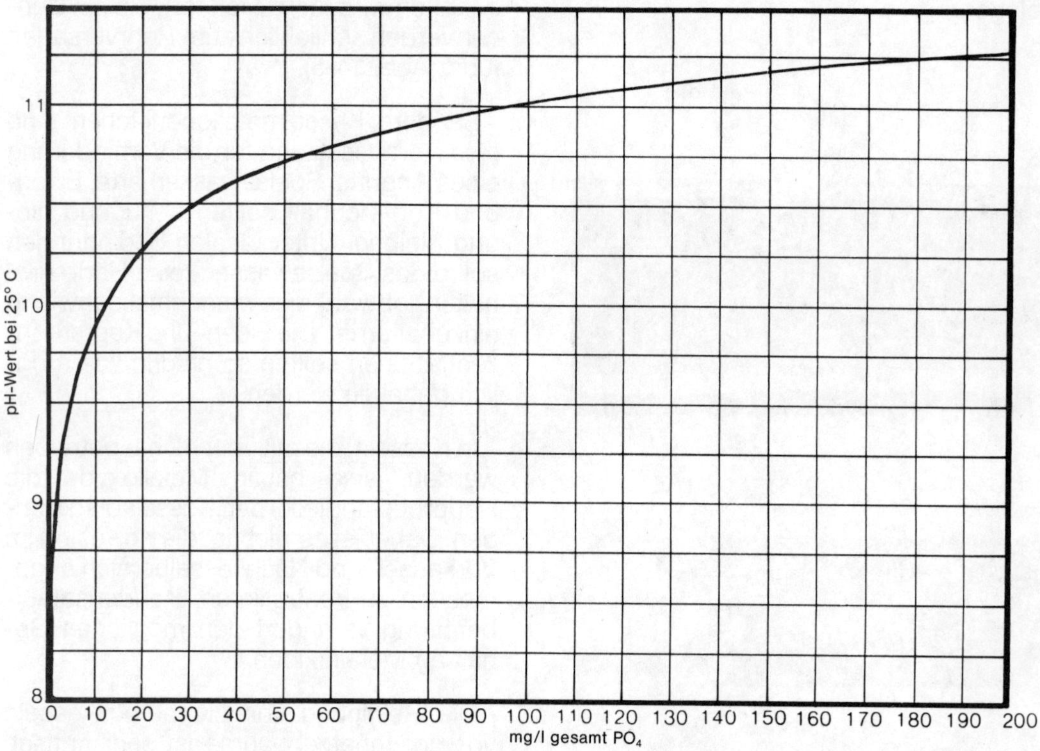

Abb. 14-6. Phosphatkonzentrationen vgl. mit ph-Wert für Trinatriumphosphatlösung.

stöchiometrischen Hydrolyse des Trinatriumphophates in etwa ausgleicht und eine Alkalikorrosion verhindert.

Diese sogenannte koordinierte Phosphat-pH-Wert-Kontrolle stützt sich auf die Dosierung von Orthophosphat-Mischungen, oder einer Mischung von Trinatrium und Dinatriumphosphat, um den pH-Wert in ansonsten ungepuffertem Wasser zu kontrollieren. Mononatrium-, Dinatrium- und Trinatriumphosphate können ermöglichen, dies durch ihre Fähigkeit zu $H_2PO_4^-$, HPO_4^{2-} und PO_4^{3-} zu hydrolysieren und ein Gleichgewicht zwischen diesen Arten in Verbindung mit der OH-Konzentration oder durch Ableitung mit dem pH-Wert zu bilden. Die hier angesprochenen Reaktionen sind wie folgt:

$$PO_4^{3-} + H_2O \rightleftarrows HPO_4^{2-} + OH^-$$

$$HPO_4^{2-} + H^-H_2O \rightleftarrows H_2PO_4^- + OH^-$$

$$H_2PO_4^- + H_2O \rightleftarrows 3\,H^+ + PO_4^{3-} + OH^-$$

In Wasser mit niedrigen anderen Konzentrationen an gelösten Feststoffen als Natriumphosphat kann das Gleichgewicht zwischen den verschiedenen Formen des Phosphations benutzt werden, um die Azidität oder Alkalität des Gesamtsystems zu kontrollieren. Das Verhältnis von einem Phosphat zum anderen kann kontrolliert werden, um jedes gewünschte Verhältnis von Natrium zu Phosphat (Na/PO_4) zu erhalten. Wenn alle Phosphate in der Trinatriumform vorhanden sind, dann ist das Na/PO_4-Verhältnis offensichtlich 3,0. Bei, oder gerade unter diesem Stand, wird kein freies Hydroxyd vorhanden sein. Der Ausdruck „freies" Natriumhydroxyd oder „freie Alkali" definiert die Menge Natriumhydroxyd in Lösung als Überschuß zu der Hydrolyse von Trinatriumphosphat nach folgender Gleichung entstand:

$$Na_3PO_4 + H_2O \rightleftarrows Na_2HPO_4 + NaOH$$

Abb. 14-6 zeigt die Beziehung zwischen der PO_4^{2-}-Konzentration und dem pH-Wert bei 25° C für eine reine Na_3PO_4-Lösung. Diese Kurve ist die Basis für eine koordinierte Phosphat-pH-Wert-Kontrolle.

Phosphat wird normalerweise bei 5 bis 10 mg/l gehalten, um bei höheren Drücken ein Schäumen zu verhindern und bei 15–25 mg/l im Bereich von 42–84 bar.

Kongruente Kontrolle

Ursprünglich nahm man an, daß freies Natriumhydroxyd ausgeschaltet würde, wenn man sicher stellte, daß die Phosphat-pH-Koordinaten der Trinatriumphosphat-Hydrolysekurve folgen.

Es zeigt sich aber weiterhin Alkali-Korrosion in Kesseln, deren Wasserchemie direkt nach diesem Prinzip berichtigt wurde. Verschiedene Erklärungen wurden dafür gegeben, wobei es am naheliegendsten ist, daß Feststoffe, die von der übersättigten Na_3PO_4-Lösung ausfallen, nicht aus reinem Trinatriumphosphat bestehen, d. h. daß sich als Ergebnis des konzentrierenden Effekts an der Rohroberfläche sowohl Trinatrium als auch Dinatriumphosphat an dem Rohr ablagern und einen Überschuß an Natriumhydroxyd in der überstehenden Flüssigkeit erzeugen. Die genaue Zusammensetzung des ausgefällten Phosphat hängt von der Temperatur ab, besitzt aber ein Na/PO_4-Verhältnis im Bereich von 2,85 zu 2,6 für Drücke von 84–210 bar. Ein Verhältnis von 2,6 gilt für alle Trommeltypkessel als sicher.

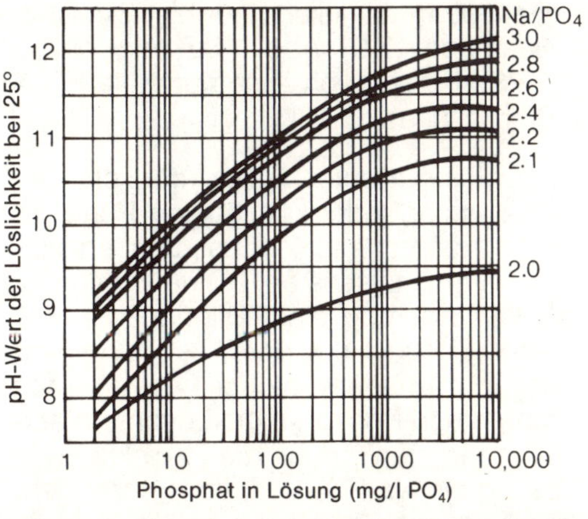

Abb. 14-7. pH-Wert der Orthophosphatlösung mit verschiedenen mol-Verhältnissen von Sodium zu Phosphat.

Diese zeitweilige Ablagerung von normalerweise wasserlöslichen Chemikalien während des gewöhnlichen Betriebs wird als „Schwund" bezeichnet. Wird die Dampfleistung bedeutend reduziert oder der Kessel abgestellt, so lösen sich die abgelagerten Chemikalien wieder im Kesselwasser. Eine Reihe von Substanzen zeigt diese Eigenschaft. Natriumphosphat ist im Kesselbetrieb in dieser Hinsicht von größtem Interesse.

Bei Temperaturen überhalb 117° C zeigt Trinatriumphosphat eine rückläufige Löslichkeit, und genau diese Eigenschaft ermöglicht diesen Schwund (siehe Abb. 14-6). Der Phosphatschwund ist auch unerwünscht, da durch ihn die Rohrwandtemperaturen steigen und es zum Versagen führen kann, ähnlich wie durch andere Ablagerungen.

Phosphatausfällung und die Bildung von freiem Natriumhydroxyd kann ebenfalls stattfinden, wenn Kesselwasser im Dampfdeckenbereich ganz verdampft ist oder sich sehr stark in oder unter einer porösen Oberflächenablagerung konzentriert.

Die kongruente Kontrolle, eingesetzt beim Verdacht auf Phosphatverbergen, ist ähnlich der koordinierten Phosphat-pH-Wert-Kontrolle. Hier wird das $NaPO_4$-Verhältnis gezielt auf einem spezifischen Wert gehalten; gewöhnlich 2,6 bis 2,8 statt „etwas unter 3,0". Abb. 14-7 zeigt einige pH-PO_4-Kurven von Dinatrium-(Na/PO_4= 3,0) Phosphat.

Mit diesen Kurven ist es möglich, das Verhältnis an jedem beliebigen Punkt zu kontrollieren. Das Konzept des spezifischen Verhältnisses bei 2,6 gewährleistet die Verhinderung einer Bildung konzentrierter Lösung bei der Ausfällung von Phosphat. In einem solchen Fall verlassen Natrium und Phosphat die Lösung in solchen Mengen, daß die verbleibende Lösung ein Na/PO_4-Verhältnis unter dem ursprünglichen Verhältnis hat, d. h. ohne freies Hydroxyd oder Natriumhydroxyd.

Die moderne Speisewasseraufbereitung für Hochdruckkessel ermöglicht einen korrosionsfreien, störungsfreien Dauerbetrieb mit salzfreiem Speisewasser und nur geringen Mengen an Konditionierungsmitteln. Es wird zwischen der Konditionierung des Speisewassers mit flüchtigen Alkalisierungsmitteln (alkalische Fahrweise), mit Oxidationsmitteln (neutrale Fahrweise) und mit Alkalisierungsmitteln und Oxidationsmitteln (Kombi-Fahrweise) für Durchlaufkessel unterschieden.

Für Hochdruck-Umlaufkessel, in der Industrie häufiger anzutreffen als Durchlaufkessel, werden flüchtige und feste Alkalisierungsmittel empfohlen. Die Anforderungen für diese Fahrweisen und Kesseltypen sind in der „VGB-Richtlinie für Kesselwasser und Dampf von Dampferzeugern über 68 bar zulässigen Betriebsdruck" zusammengestellt. (VGB; Techn. Vereinigung d. Großkraftwerksbetreiber e.V. Aug. 1988 –VGB-R 450L–)

Speisewasseraufbereitung

Bei allen inneren chemischen Aufbereitungen verlangen moderne Hochdruckkessel eine genaue Kontrolle der Speisewasserqualität. Trommelkessel, die bei über 140 bar betrieben werden, verlangen Speisewasser mit Gesamteisenmengen von weniger als 10 ppb/l, weniger als 5 ppb/l Kupfer und eine Gesamthärte von weniger als 1 ppb/l. Durchlauf oder Universaldruckkessel verlangen ein Speisewasser von noch höherer Qualität.

Ionenaustauscheranlagen für das Speisewasser werden zur Erzeugung des verlangten hochreinen Speisewassers verwendet. Dampf- oder Stickstoffdecken werden eingesetzt, um Stillstandskorrosion zu verhindern. Kondensat wird vor der Wiederverwendung in der Kondensataufbereitung von Fremdstoffen und Korrosionsprodukten befreit.

Während die obengenannten Verfahren zum großen Teil auf moderne Wärmekraftwerke beschränkt sind, werden sie doch schon verbreitet im Bereich der industriellen Wasseraufbereitung verwendet; vor allem mit dem wachsenden Einsatz von hohem Druck, Zwangszirkulation und Abhitzekesseln in Industrieanlagen und dem Trend, Hochdruckkessel für eine zusätzliche Elektrizitätserzeugung in Industrieanlagen zu installieren.

Kapitel 15
Einspeisung und Kontrolle von Aufbereitungschemikalien

Die Zielsetzungen eines guten Wasseraufbereitungsprogramms sind:

- Kontrolle und Verminderung der Korrosion
- Verhinderung von Ablagerungen unlöslicher Salze
- In Schwebe halten, Dispergierung und Unschädlichmachen der Schwebstoffe.

Im Kühlwasser kommt dazu noch die Bekämpfung der mikrobiologischen Verschmutzung.

Angestrebt wird: Erreichen maximalen Wärmeübergangs, Vermeidung von unvorhergesehenen Stillständen, von Versagen einzelner Ausrüstungsteile und der Gesamtanlage sowie Vermeidung unnötiger Kosten.

Aufbereitungschemikalien sind nur von optimalem Nutzen, wenn sie in der richtigen Art und Weise und der korrekten Menge, d. h. mit dem gewollten Überschuß, dosiert werden.

Verantwortlich für ein Programm ist letztendlich immer der Betriebsleiter, dessen Arbeit durch die richtige Auswahl an Dosier- und Überwachungsgeräten erleichtert wird.

In Bezug auf chemische Aufbereitungsprogramme muß der Ausdruck „Kontrolle" näher definiert werden, da es hier zwei Arten gibt:

1.) Die eigentliche Kontrolle des Aufbereitungsprogramms in Bezug auf Wirksamkeit, d. h. Produktüberschuß oder Menge, pH-Wert, usw. Bei der Erörterung der Dosierung soll dies die „chemische Kontrolle" genannt werden.
2.) Eine Kontrolle der Einrichtungen, durch die die Chemikalien dosiert werden, d. h. von Hand, automatisch, kontinuierlich oder als Schockdosierung, usw. Dies wird als „Dosierregelung" bezeichnet. Eine „chemische Kontrolle" des Programms kann daher entweder durch manuelle oder automatische „Dosierregelung" eines passenden Chemikalien-Einspeisemechanismus erreicht werden.

Die chemische Kontrolle besteht aus analytischen Tests. Die Konzentrationen von Inhibitor, Sauerstoffbindemittel, Laugenkonditionierer usw. werden in der Anlage festgestellt. Veranlaßt werden die Tests vom Betriebsleiter oder dem Fabriklabor. Die Ergebnisse werden zur Berichtigung der Einspeisemechanismen verwendet. Die chemische Kontrolle geschieht also meist von Hand, aber auch eine mechanische Vorrichtung zur Regelung der Einspeisung kann verwendet werden.

Viele verschiedene Dosier- und Kontrollgeräte sind erhältlich. Die Auswahl wird bestimmt durch das chemische Programm, die Betriebsparameter, usw. Wichtig sind jedoch die Kosten und die Wirtschaftlichkeit, sie müssen für jede Anwendung genau überprüft werden. Die Wünsche des Wasserverbrauchers sind ebenfalls ein Faktor, so daß der Auswahlbereich einfach oder auch kompliziert sein kann.

Die folgenden Abschnitte beschreiben sowohl Dosier- als auch Kontrolleinrichtungen, die in der Kühl- und Kesselwasseraufbereitung Verwendung finden.

Konzepte der Dosierung

Die Dosierart für Chemikalien muß sowohl dem Gebrauch als auch dem System, in das es eingespeist wird, angepaßt sein. Die hier erörterten Dosierarten sind: diskontinuierliche, stoßweise, kontinuierliche und Schockeinspeisung.

Diskontinuierliche Dosierung

Es handelt sich um eine Ein/Aus-Dosierung und zwar über eine längere Zeitspanne, wobei Chemikalien in festgesetzten Intervallen bis zum Schwellenwert der Behandlung zudosiert werden. Sie wird normalerweise in Durchflußsystemen mit hohen Durchflußmengen verwendet, in denen wirtschaftliche Faktoren eine kontinuierliche Dosierung nicht zulassen. Die eingespeisten Chemikalien können auch Dispergiermittel oder Chlor für die mikrobiologische Behandlung einschließen. Wegen der relativ großen Menge von Chemikalien wird bei der diskontinuierlichen Einspeisung meistens eine Pumpe Verwendung finden.

Stoßdosierung

Dies ist die Zugabe von Chemikalien über die notwendige Menge hinaus, um noch eine bestimmte Zeitspanne die gewünschte Konzentration zu erhalten. Wenn Zusatzwasser zugegeben wird, um Verluste auszugleichen, fällt die Chemikalienkonzentration allmählich auf einen zu niedrigen Stand ab und eine erneute Einspeisung wird nötig. Diese Methode ist allgemein auf die Anwendung in geschlossenen Kühlsystemen begrenzt, wird aber auch manchmal in kleineren Niederdruckkesseln gefunden. Ein geschlossener Dosierbehälter ist hier das Grundgerät der Einspeisung. In geschlossenen Kühlsystemen sind auch Pumpen zu finden.

Kontinuierliche Dosierung

Sie ist die am häufigsten anzutreffende Methode der Einspeisung. Die Regelung einer konstanten Chemikalienzugabe kann von Hand oder automatisch erfolgen, wobei die Dosiermenge in Abhängigkeit eines Meßwertes wie pH-Wert oder Durchfluß dann automatisch eingestellt wird. Dosierer, die sich in kurzen Zeitspannen aus- und einschalten, müssen im Vergleich zu den vorher erwähnten Methoden auch als kontinuierlich angesehen werden.

Kontinuierliches Einspeisen wird in offenen Umwälzkühlwasseranlagen und auch in Dampferzeugungsanlagen zur Einspeisung von Korrosionsinhibitoren, Dispergatoren, Sauerstoffbindemitteln, Schlammkonditionierern, Stabilisatoren usw. verwendet. Normalerweise wird bei dieser Art der Einspeisung eine Pumpe eingesetzt, es können aber auch Bypaß- oder Tropfeneinspeiser verwendet werden. Für bestimmte chemische Produkte (Kühlwasserinhibitoren und Dispergatoren) gibt eine Dosierung im direkten Verhältnis zur Zusatzwassermenge eine bessere chemische Kontrolle.

Die kompliziertere automatische Bedarfsdosierung regelt die Zugabe der Chemikalien durch direktes Ansprechen auf seine gemessene Konzentration im System. Ein Beispiel dafür ist die automatische pH-Kontrolle in offenen Rückkühlanlagen. Die Einspeise- und Kontrollgeräte werden noch näher in den folgenden Abschnitten behandelt.

Schockdosierung

Dies ist eine Sonderform der Stoßdosierung bei der Anwendung von Mikrobioziden in Rückkühlanlagen. Diese Art der Einspeisung bringt dadurch den größten Nutzen, daß der Abtötungseffekt auf das mikrobiologische Wachstum durch die hohe Chemikalienkonzentration gefördert wird. Die Häufigkeit der Anwendung kann stark variieren. Handelsübliche Mikrobiozide sowie Chlor werden auf diese Art eingespeist. Als Geräte zur Schockdosierung dienen manchmal einfache Eimer, mit denen das Mikrobiozid in das Turmbekken geschüttet wird, aber Impulsdosierer, Pumpen oder Chlorgasdosiergeräte sind hier im Gebrauch.

Dosiereinrichtungen für Chemikalien

Die meisten Kühlwasser- und Kesselwasseraufbereitungsprodukte sind Flüssigkeiten oder aus Feststoffen hergestellte Lösungen. Die Pumpe wird daher am häufigsten als Dosiergerät eingesetzt. Der folgende Abschnitt beschreibt kurz die Dosierer, die benötigt werden, wenn flüssige, feste oder gasförmige Produkte Verwendung finden.

Dosierpumpen

Verdrängungsdosierpumpen sind die häufigsten Einspeisegeräte, da für die relativ kleinen Mengen, welche genau dosiert werden müssen, praktisch alle anderen Pumpenarten unbrauchbar sind.

Die Grundtypen dieser Dosierpumpen sind Kolben- und Membranpumpen. Die Membranpumpe wird entweder hydraulisch oder mechanisch betrieben. Bei der Wahl jeder Pumpe müssen Saugleistung, Austrittsbedingungen und Fertigungsmaterialien mit berücksichtigt werden. In vielen Kühlwasseranwendungen müssen auch Bedingungen wie Saughöhe aus dem Chemikalienbehälter und/oder Austritt in die Atmosphäre in Betracht gezogen werden.

Die Chemikalien-Dosierpumpe fördert sehr präzise ein genaues Volumen, ihr

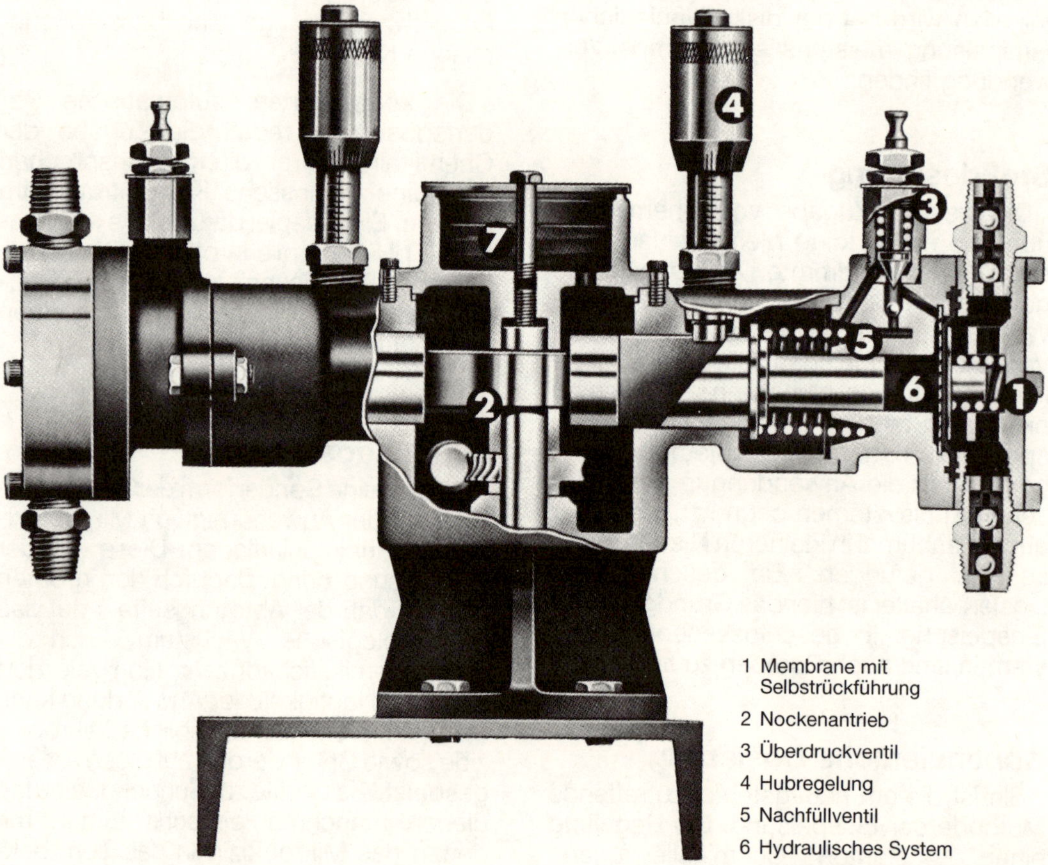

1 Membrane mit Selbstrückführung
2 Nockenantrieb
3 Überdruckventil
4 Hubregelung
5 Nachfüllventil
6 Hydraulisches System
7 Hydraulisches Reservoir

Abb. 15-1. Hydraulisch aktivierte Duplexmembranpumpe.

Fördervolumen kann leicht eingestellt werden. Bei einer automatischen Kontrolle werden pneumatische oder elektrische Signale verwendet, zum Verstellen von Hub oder Hubfrequenz (Pumpengeschwindigkeit).

Abb. 15-1 ist eine Querschnittszeichnung durch eine hydraulische Duplex-Membranpumpe, die Drücke bis zu 140 bar erzeugen kann.

Abb. 15-2 zeigt eine typische Kolbenpumpe, Abb. 15-3 eine mechanische Membranpumpe, welche mit einer pneumatischen Hublängenverstellung ausgerüstet ist.

Da diese Pumpen nach dem Prinzip der Verdrängung arbeiten, sind normalerweise Überdruckventile notwendig zum Schutz der Pumpe und des Leitungssystems. Rückschlagventile oder Rückflußverhinderer sollten ggf. bei freiem Austritt verwendet werden, um die Siphonwirkung zu brechen und den Pumpenbetrieb zu sichern. Zusätzlich können in besonderen Installationen auch Bodenventile, Einspritzapparaturen, Hohlwellen, Siebe oder Schlammfänger notwendig werden. Diese Bestandteile werden in Abb. 15-4 A bis 15-4 E gezeigt.

In vielen Fällen werden vorgefertigte Anlagen, ähnlich wie in Abb. 15-5 gezeigt, verwendet. Diese Geräte, die häufig für Kesselwasseraufbereitungsprodukte benutzt werden, können wie das in der Abbildung gezeigte Gerät sehr einfach sein, oder aber auch speziell auf eine Anlage zugeschnitten und mit mehreren Tanks, Pumpen, Rührapparaten, Motorenstartern usw., ausgerüstet sein. Ihre Vielseitigkeit macht die Dosierpumpe für alle Arten und Größen von Kühl- oder Dampferzeugungsanlagen verwendbar.

Abb. 15-2. Typische Simplexkolbenpumpe.

Abb. 15-3. Mechanisch aktivierte Membranpumpe.

Abb. 15-4 A. Stop- und Düsengerät.

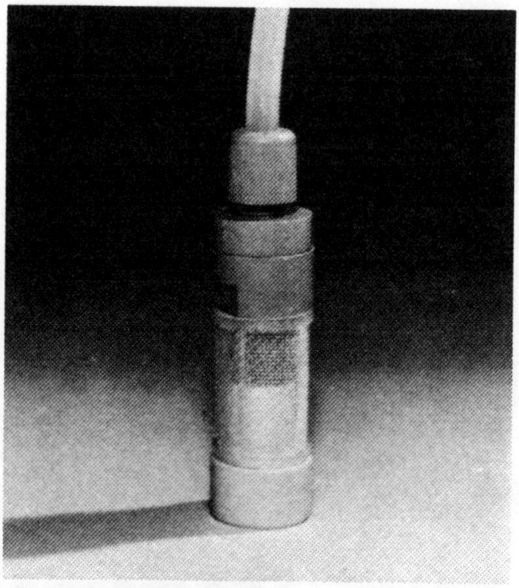

Abb. 15-4 B. Bodenventil

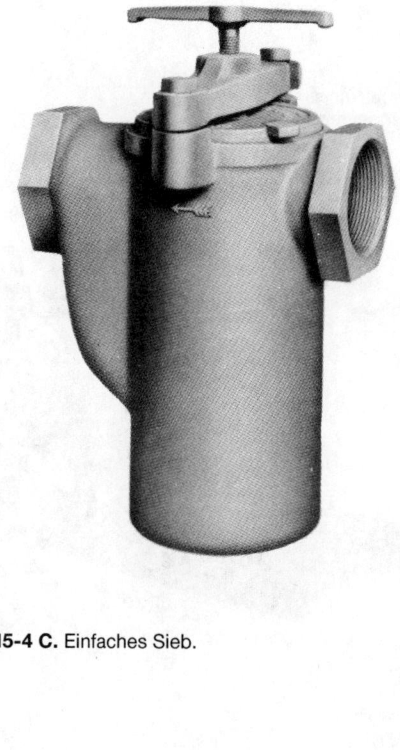

Abb. 15-4 C. Einfaches Sieb.

Abb. 15-4 D. Rückflußsperrventil

Abb. 15-4 E. Membran-Druckentlastungsventil aus PVC.

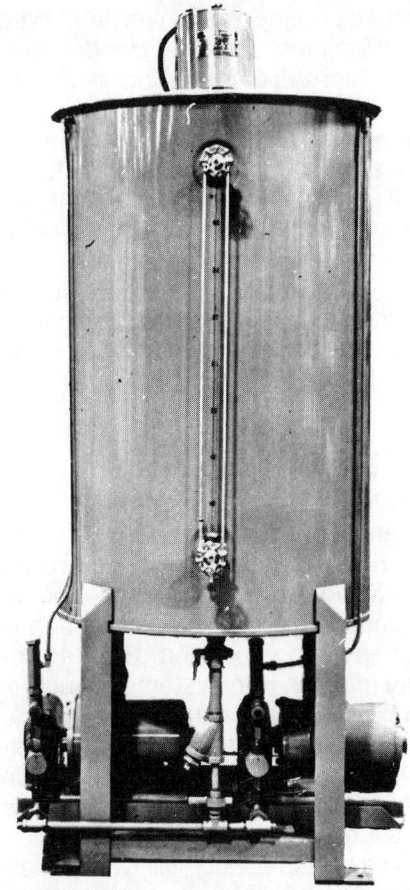

Abb. 15-5. Gesamtdosieranlage

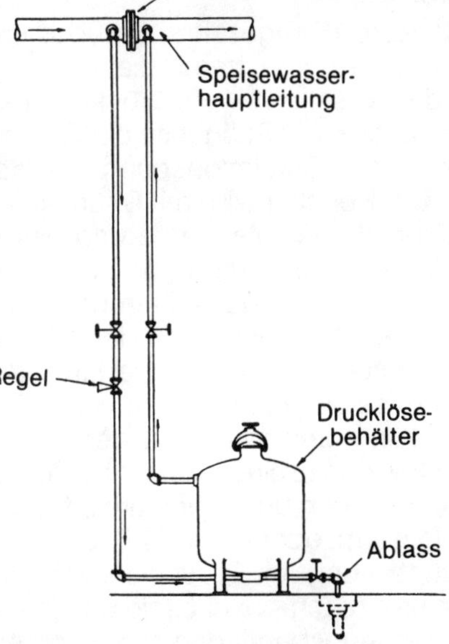

Abb. 15-7. Bypassdosiergerät

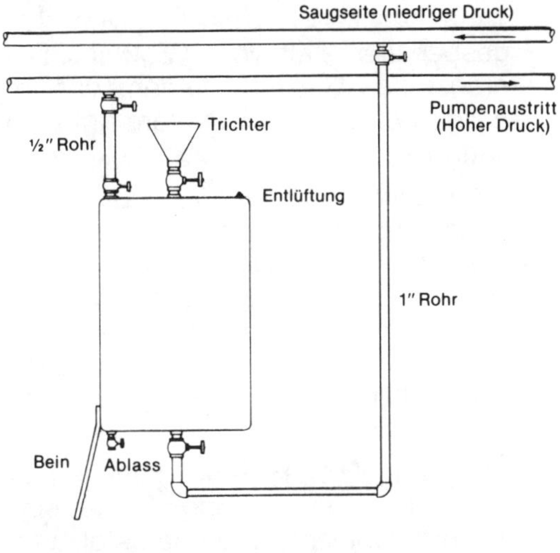

Abb. 15-6. Stoßeinspeisungsinstallation

Abb. 15-8. Unterdruck-Chlorgasdosierer

Stoßdosierer

Der in Abb. 15-6 gezeigte Stoßdosierer besteht aus einem Chemikaliendruckbehälter, der zwischen einem Druckdifferential wie Druck- und Saugseite der Speisewasser- oder Zirkulationspumpe installiert ist. Der Behälter wird mit Chemikalien gefüllt und die Ventile werden so eingestellt, daß ein Wasserfluß von der Hochdruck- zur Niedrigdruckseite möglich ist. Der Fluß des Wassers durch den Chemikalienbehälter leert diesen, wodurch das Chemikal selbst eingespeist wird. Das Druckgefälle kann zwischen der Druck- und der Saugseite einer Pumpe bestehen, zwischen Zufuhr und Rückführleitungen im Kühlsystem, oder auch als Bypass von der Hauptleitung mit Drosselblende. Das System ist einfach, zuverlässig und in vielen Anwendungsbereichen angemessen.

Verschiedene Dosiergeräte

Die Tropfeneinspeisung wird in manchen offenen Umwälzsystemen gefunden, wobei sehr kleine Systeme ein Kapillarsystem verwenden können, während andere Methoden benutzt werden, um einen konstanten Druck auf eine feststehende Öffnung zu erhalten, wodurch dann ein konstanter Fluß erreicht wird. Alle Tropfeneinspeisgeräte können verstopfen und sind schwierig zu überwachen.

Aufbereitungschemikalien, die nur langsam löslich oder nur in besonderer gepreßter Form erhältlich sind, können mit dem in Abb. 15-7 gezeigten Bypass-Dosierer dosiert werden.

Chlorung

Chlor ist ein gefährlicher Arbeitsstoff, daher wird sorgfältige Planung bei der Auswahl, Auslegung und Konstruktion, der Installation und des Betriebs einer Chloreinspeisung verlangt.

Bei der Verwendung von Chlor ist eine ganze Anzahl von baulichen und sicherheitstechnischen Vorschriften zu beachten (Merkblätter der Berufsgenossenschaft Chemie: Chlorungsanlagen).

Wenn Hypochloritlösungen verwendet werden sollen, können Pumpen und Impulseinspeiser eingesetzt werden. Wird aber gasförmiges Chlor verwendet, verlangt die Chlorung eine besondere Dosierungsmethode.

Ein typischer Unterdruck-Chlorgasdosierer wird in Abb. 15-8 gezeigt. Zirkulierendes Kühlwasser wird oft zur Wasserversorgung der Unterdruck-Chlorgasdosierer verwendet. Chlorgas fließt nicht, wenn kein Unterdruck vorhanden ist. Um Kosten zu reduzieren, kann das Chlor durch Schockdosierung ins System gegeben werden.

Säure-/Lauge-Dosierung

Die Verwendung von Säuren und Laugen verlangt angemessene Einspeisegeräte und Kontrollen. Die gefährlichen und korrosiven Eigenschaften dieser Chemikalien, besonders der Säuren, machen diese Einspeisung zu einem Sonderproblem. Die meisten Kühlsysteme brauchen Säure zur pH-Korrektur und daher wird sie häufiger verwendet als Lauge. Schwefelsäure wird normalerweise eingesetzt, da sie gut erhältlich und preiswerter als andere Säuren ist.

Eine Säureeinspeisung wird normalerweise automatisch durch das pH-Kontrollgerät reguliert. Folgende Vorsichtsmaßnahmen werden gewöhnlich in Betracht gezogen.

a. Tagesbehälter. Einspeisung vom Tagesbehälter statt vom Großtank begrenzt das Gesamtvolumen, das im Falle eines Unfalls ins System eintreten kann.

b. Verdünnung. Säure wird häufig verdünnt, um ein Mischen und die pH-Regulierung zu verbessern. Wenn nötig, sollten Warngeräte eingesetzt werden, die einen Verlust des Verdünnungswassers anzeigen, wodurch ggf. dann eine weitere Säuredosierung gestoppt werden kann.

c. Sicherung. Die pH-Sonde kann mit einer „Flußunterbrechungs-Schaltung" in der Probeleitung ausgerüstet werden, um anzuzeigen, wenn der Durchfluß unterbrochen ist. Zeitmesser können ebenfalls benutzt werden, um Alarm zu geben, wenn Säure während einer ungewöhnlich langen Zeitspanne eingespeist wird.

Regelmethoden

Wie schon vorher definiert, bezieht sich der Ausdruck „Regelung" in diesem Abschnitt auf die spezifischen Mittel, mit denen die Dosiereinrichtungen geregelt werden. Es gibt hierzu nur zwei Möglichkeiten, entweder von Hand oder automatisch. Zur Automatisierung bestehen aber mehrere Möglichkeiten. Die Automatik kann elektrisch oder pneumatisch sein, sie kann Hub, Geschwindigkeit oder Häufigkeit kontrollieren.

Die Ziele eines Aufbereitungsprogramms werden entweder durch eine automatische oder manuelle Regelung erreicht. Eine Automatisierung kann wirtschaftlich von Vorteil sein, da Arbeitskraft, Brennstoff und Chemikalienkosten reduziert werden. Bis zu einem gewissen Grad wird dies aber durch die höheren Anschaffungskosten einer solchen Ausrüstung ausgeglichen.

Automatisch geregelte Programme verwenden fast ausschließlich Dosierpumpen als Dosiereinrichtung. Das Regelgerät kann dabei elektrische oder pneumatische Signale geben, die eine Pumpe ein- oder ausschalten, bzw. seine Hublänge oder Geschwindigkeit einstellen. Die zwei hauptsächlichen Kontrollparameter sind pH-Wert und Leitfähigkeit, jedoch werden auch Durchfluß und die Zeit als Kontrollgröße verwendet.

Automatische Leitfähigkeitsmessung

Die Leitfähigkeitsmessung wird sowohl in Kühlsystemen, als auch in Dampferzeugungsanlagen eingesetzt um den Konzentrationsindex durch Abflut zu regulieren. In den meisten Fällen öffnet und schließt ein elektrisches Signal ein Ventil, wenn ein festgesetzter Wert im Kontrollgerät erreicht wird, das die Leitfähigkeit einer Wasserprobe mit einer Elektrode mißt.

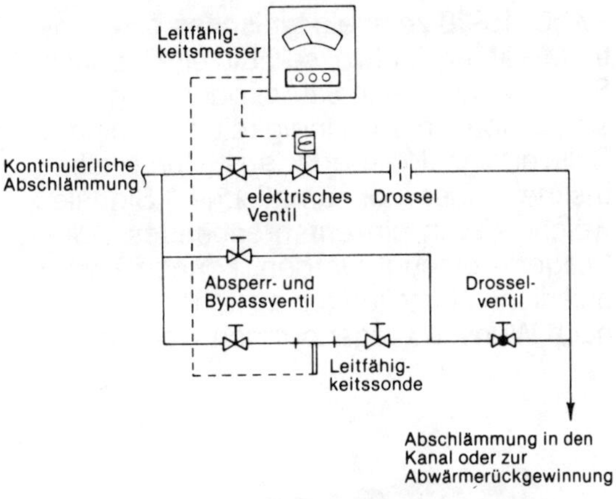

Abb. 15-9. Automatisch gesteuerte kontinuierliche Kesselabschlämmung.

Abb. 15-9 zeigt eine typische Anwendung der Leitfähigkeitsmessung in einem Kessel. Das System reduziert das kontinuierliche Kesselabschlämmen und ist damit in bezug auf Brennstoff und Aufbereitungschemikalien kostensparend.

Bei der Kühlwasseraufbereitung wird das Signal auch häufig dazu verwendet, die Beigabe von Inhibitoren und Dispergatoren zu regeln. Da eine Beziehung zwischen Abschlämmung und Zusatzwasser besteht, ist die Einspeisung solcher Mittel proportional zum Gesamtzusatzwasser. Daher ist es auch möglich, die Produkteinspeisung auf der Grundlage des Abschlämmsignals durchzuführen. Wenn es für eine bestimmte Anwendung nötig wird, kann die Kontrolle auch durch kontinuierliche Drosselung geschehen.

Automatische pH-Regelung

Eine pH-Wert-Überwachung geschieht im Kesselwasser wie auch im Kühlwasser, aber eine Regelung erfolgt jedoch nur in Kühlwassersystemen. Es ist wichtig, in einem Umwälzsystem den richtigen pH-Wert einzuhalten, um die Zielsetzung des Programms zu erreichen. Obwohl es häufig schwierig ist, den pH-Wert manuell gleichmäßig zu halten, wird es automatisch, besonders unter den normalerweise gleichmäßigen Bedingungen in einem Rückkühlsystem, sehr einfach erreicht.

Abb. 15-10 zeigt ein typisches pH-Kontrollgerät für Kühlwasser. Ein elektrisches Signal schaltet eine Säure- oder Laugedosierpumpe, in Abhängigkeit von einem Sollwertsignal, ein oder aus. Durch elektrische oder pneumatische Signale, welche durch ein entsprechendes Kontrollgerät erzeugt werden, können kontinuierliche Einstellungen an den Pumpen je nach Wunsch vorgenommen werden.

Automatische, Proportionale Durchflußregelung

Zusatz- oder Speisewasserzufuhr bestimmen oft die Bedingungen und Anforderungen an Kühlwasserkorrosionsinhibitoren und Dispergatoren sowie bestimmte Kesselwasserprodukte. Daher wird eine Chemikalieneinspeisung proportional zum Durchfluß durchgeführt. Das gebräuchlichste System für diese Methode ist der in Abb. 15-11 gezeigte Durchflußmesser, Kontaktgeber und Zeit-

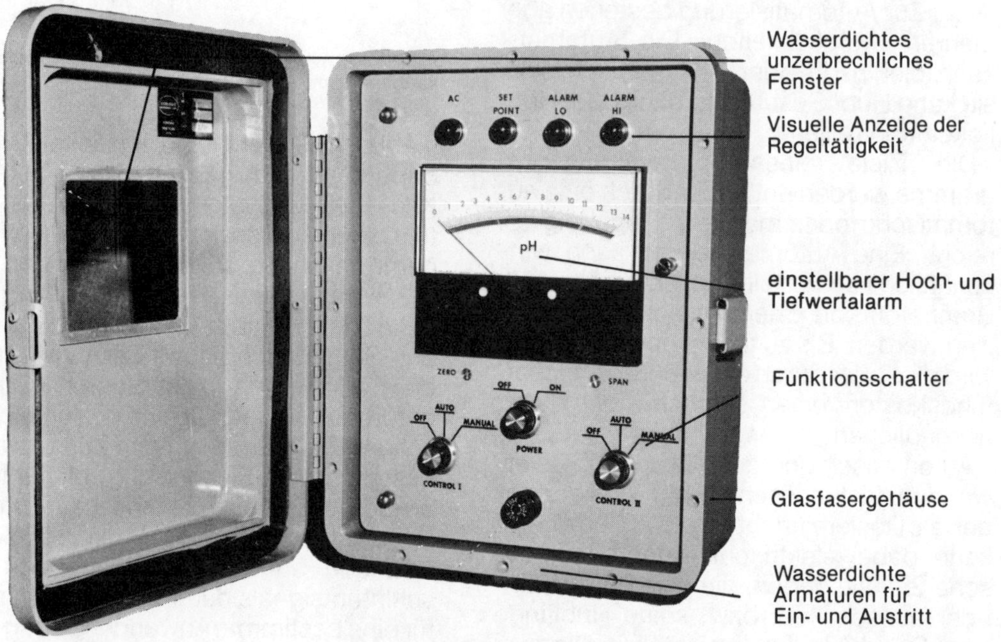

Abb. 15-10. Typisches pH-Wert-Meß- und Steuergerät für Kühlwasser.

Abb. 15-11. Dosiersystem besteht aus Meßgerät, Impulsgeber und Zeitschaltuhr.

schalter. Der in der Zusatz- oder Speisewasserleitung installierte Durchflußmesser erzeugt einen elektrischen Kontakt, nachdem ein Sollvolumen von Wasser durchgelaufen ist. Dieser Kontakt aktiviert einen Zeitschalter, der die Einspeisepumpe für eine festgelegte Zeitspanne einschaltet und die richtige Menge an Chemikalien zudosiert. In verschiedenen Geräten werden die Meßimpulse auf einem Zähler angezeigt, wodurch eine bessere Anpassung ermöglicht wird. Sind die notwendigen Impulse erreicht, dann werden Zeitmesser und Pumpe aktiviert.

Eine kontinuierliche proportionale Durchflußregelung kann auch durch Verwendung eines Gerätes erreicht werden, welches direkt ein Signal im Verhältnis zum Durchfluß erzeugt. Das folgende elektrische oder pneumatische Signal kann dann den Hub oder die Geschwindigkeit einer Pumpe regeln.

Automatische Zeitschaltung

Die meisten Stoßdosierer sowie diskontinuierliche Einspeisevorrichtungen können durch eine einfache, programmierbare Zeituhr automatisiert werden, die eine Pumpe (oder einen Chlorapparat) regelmäßig für eine bestimmte Zeitspanne einschalten. Selbst in komplizierteren Systemen spielt die Zeituhr für mikrobiologische Programme eine große Rolle.

Zusätzliche automatische Regelverfahren

In Kühlwassersystemen können Analysengeräte verwendet werden, welche die Produktkonzentrationen im System direkt messen und die Einspeisung entsprechend regeln. Korrosionshibitoren auf Chromatbasis können auf diese Art überwacht werden. Andere Analysengeräte für Hydrazin, Härte, gelösten Sauerstoff usw., finden sich in Kesselanlagen, werden jedoch selten für eine automatische Kontrolle verwendet.

Kesselchemikaliendosierung

Die meisten Kesselwasserchemikalien werden kontinuierlich mit manueller Kontrolle eingespeist. Regelmäßige Tests sind die Grundlagen für Veränderungen der Pumpengeschwindigkeit oder der Produktlösungskonzentration. In den meisten Anlagen wird die täglich notwendige Menge der Chemikalien verdünnt, und kontinuierlich über 24 Stunden eingespeist. Dosiereinrichtungen für Kesselchemikalien unterscheiden sich je nach Art der eingespeisten Produkte und der Dosierstelle im System. Sehr häufig wird mehr als ein Produkt oder eine Kombination durch einen Dosierer eingespeist, wobei dies nur angebracht ist, wenn diese Produkte miteinander verträglich sind, und an derselben Stelle eingespeist werden können, ohne negative Auswirkungen auf die Leistung eines Aufbereitungsprogramms zu haben. Wenn Produkte miteinander vermischt werden, geht die chemische Kontrolle bis zu einem gewissen Grad verloren.

Die Förderleitung der Einspeisepumpe wird direkt zum gewünschten Punkt im System geleitet, wobei der Eintritt unterhalb der Oberfläche der Flüssigkeit liegt. Einspritz- oder Verteilungsrohre sollten je nach Bedarf verwendet werden.

Sauerstoffbindemittel wie Natriumsulfit oder Hydrazin sollten in den Sammelbereich des Entgasungserhitzers oder, wenn nicht vorhanden, in einen Kondensatsammler eingespeist werden. In beiden Fällen sollte sorgfältig darauf geachtet werden, daß der Sauerstoffbinder weit genug vor dem Kessel eingegeben wird, um eine genügende Reaktionszeit zu gewährleisten.

Chelatmittel sollten durch Einspritzrohre in die Speisewasserleitung unterhalb der Speisewasserpumpe, und nach der Zugabe des Sauerstoffbinders eingespeist werden. Bei der Einspeisung von Chelatmitteln wird im allgemeinen eine Edelstahlausrüstung bevorzugt.

Dispergiermittel, Antischaummittel, Lauge und neutralisierende Amine können in den Sammelteil des Entgasers in die Speisewasserleitung oder direkt in den Kessel eingespeist werden.

Phosphate werden normalerweise direkt in den Kessel dosiert. Polyphosphate können in den Kessel oder in den Vorkesselbereich eingegeben werden. Orthophosphate müssen direkt in den Kessel eingespeist werden, um eine vorzeitige Reaktion in der Speisewasserleitung zu verhindern.

Filmbildende Amine sollten direkt in die Dampfsammelleitung eingegeben werden; dies wird bevorzugt, obwohl manche filmbildenden Amine auch in den Kessel oder den Vorkesselbereich dosiert werden können.

Neben der Wahl des richtigen Punktes der Einspeisung ist auch Sorgfalt für die Vorbereitung der verdünnten Lösungen notwendig. Die chemische Beschaffenheit des Verdünnungswassers und die Temperatur müssen berücksichtigt werden, um Ausfällungs- oder Zersetzungsprodukte zu vermeiden. Wenn der Produktbedarf groß ist, können flüssige Produkte in ihrer konzentrierten Form direkt aus den Fässern oder Großbehältern gepumpt werden.

Abb. 15-12 illustriert ein typisches Dampferzeugungssystem für mittleren Druck. Sauerstoffbinder, Lauge und Schlammkonditionierer werden in den Sammelbereich des Entgasers eingespeist. Zusätzliche Pumpen dosieren einen Härtestabilisator in die Speisewasserleitung und ein filmbildendes Amin in den Dampfsammler.

Abb. 15-13 zeigt ein Foto eines Testschranks für die Kesselwasserqualität mit

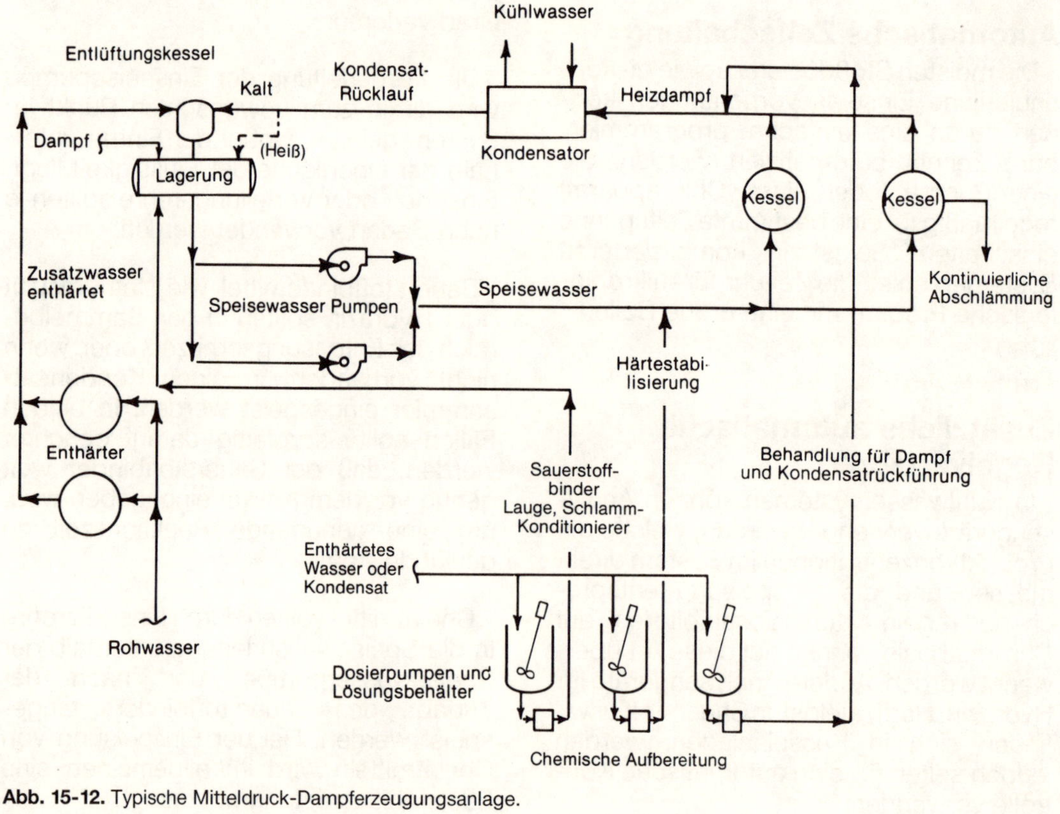

Abb. 15-12. Typische Mitteldruck-Dampferzeugungsanlage.

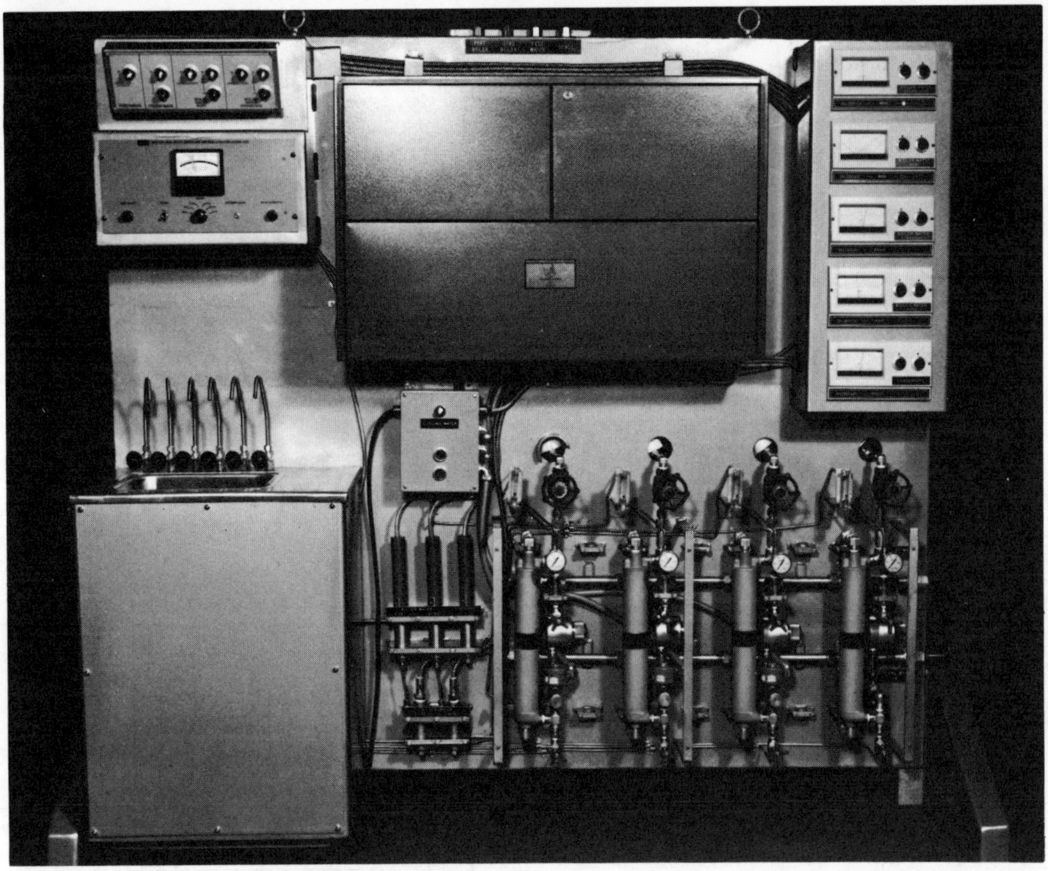

Abb 15-13. Typische Anlage für die Wasseranalyse.

Probenvorbereitungsausrüstung und Überwachungseinrichtungen für die kontinuierliche Kontrolle der Wasserqualität.

Chemikaliendosierung in offenen Rückkühlsystemen

Die meisten modernen Produkte zur chemischen Behandlung von Kühlwasser sind Flüssigkeiten, die unverdünnt mit Pumpen kontinuierlich eingespeist werden.

Abb. 15-14 zeigt eine typische Dosiereinrichtung. Die Behandlungschemikalien können direkt an einer Stelle mit guter Durchmischung in das Kühlturmbecken gegeben werden.

Die gebräuchlichsten Systeme verwenden manuelles, kontinuierliches Einspeisen der Chemikalien direkt aus den Versandbehältern, wie in Abb. 15-15 gezeigt. Bei größeren Systemen und erhöhtem Verbrauch lassen sich Großanlieferungen wirtschaftlich durchaus rechtfertigen.

Die Automatisierung von offenen Rückkühlsystemen kann als eine logische Weiterentwicklung betrachtet werden und viele Regelsysteme verwenden ein Modul- oder Bausteinkonzept.

Dabei ist es schwierig zu sagen, welcher Schritt der erste in der Automatisierung von offenen Rückkühlsystemen sein sollte, da der Nutzen einer automatischen pH-Wert- und Leitfähigkeitskontrolle beträchtlich ist. Wenn ein Leitfähigkeitsmesser zur Abschlämmkontrolle verwendet wird, ist es oft möglich, dasselbe Signal zur Beigabe von Inhibitoren und Dispergatoren zu verwenden. Die Leitfähigkeitskontrolle ist nicht anwendbar, wenn Kon-

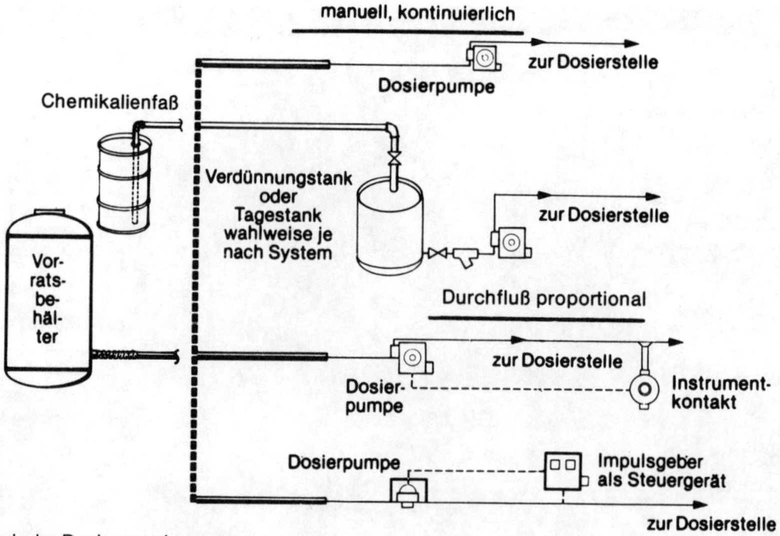

Abb. 15-14. Typische Dosieranordnungen.

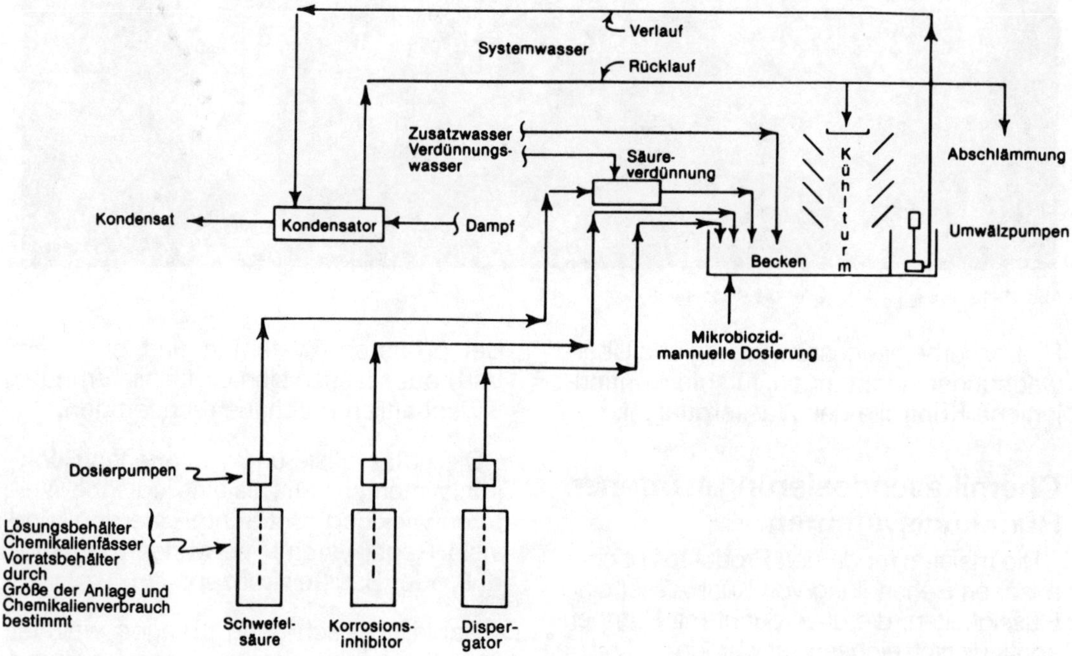

Abb. 15-15. Typisches offenes Rückkühlsystem.

densat aus einer Anlage mit Heiz/Kühlzyklus in das System eintritt und dadurch das Zirkulationswasser verdünnt, wenn größere, nicht regulierte Verluste des Kühlwassers bestehen, oder wenn mit hoher Eindickung gefahren wird. Abb. 15-16 illustriert dieses System. Der nächste Schritt ist häufig eine Automatisierung des Mikrobiozidprogramms durch zeitgesteuerte Chlorung oder Mikrobioziddosierung wie in Abb. 15-17 gezeigt.

In Anlagen, in denen eine Leitfähigkeitsregelung der Inhibitordosierung sowie der Dispergatordosierung nicht verwendet werden kann, wird auch eine Dosierung proportional der Zusatzwassermenge eingesetzt. Ein Strömungsmesser, Kontaktgeber und Zeitschalter steuern die Einspeisung von Inhibitoren und Dispergatoren, während der pH-Wert die Säuredosierung, und die Leitfähigkeit die Abschlämmung regelt.

Abb. 15-18 stellt eine Annäherung an eine perfekte Automatisierung dar. Hier wird eine Gesamtbehandlung automatisch durchgeführt.

Die richtige Einspeisung und Steuerung der Aufbereitungschemikalien sind ein wesentlicher Teil des Gesamtprogramms. Es gibt dabei die verschiedensten Ausrüstungen, um die Zielsetzungen eines solchen Programms zu erreichen.

Im allgemeinen wird ein einfaches System den Bedürfnissen einer guten chemischen Kontrolle gerecht, wobei in den meisten Fällen ein automatisiertes System bereitgestellt werden kann, um dieselben Ergebnisse mit geringeren Betriebskosten zu erhalten, wenn dies anwendbar und Wunsch des Anlagenbetreibers ist.

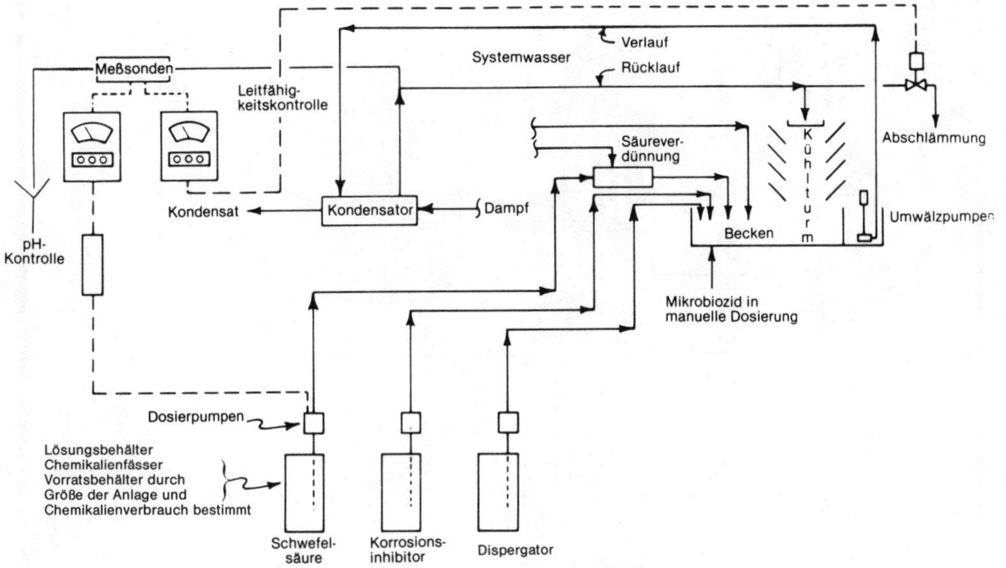

Abb. 15-16. Typisches offenes Rückkühlsystem. Automatische pH-Wert- und Leitfähigkeitsregelung.

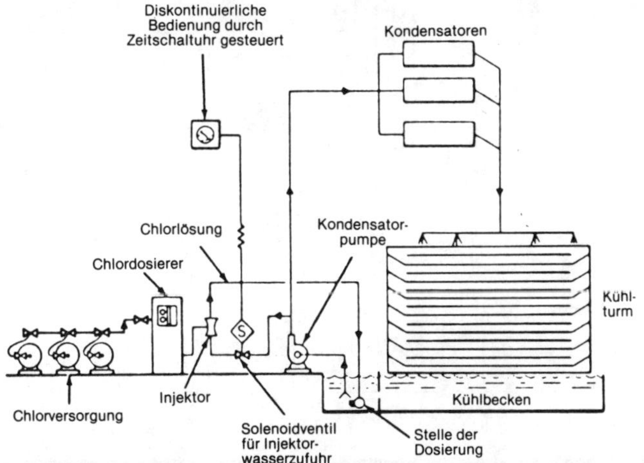

Abb. 15-17. Chlorierungssystem für Kühlwasser mit automatischer Ein- und Ausschaltung.

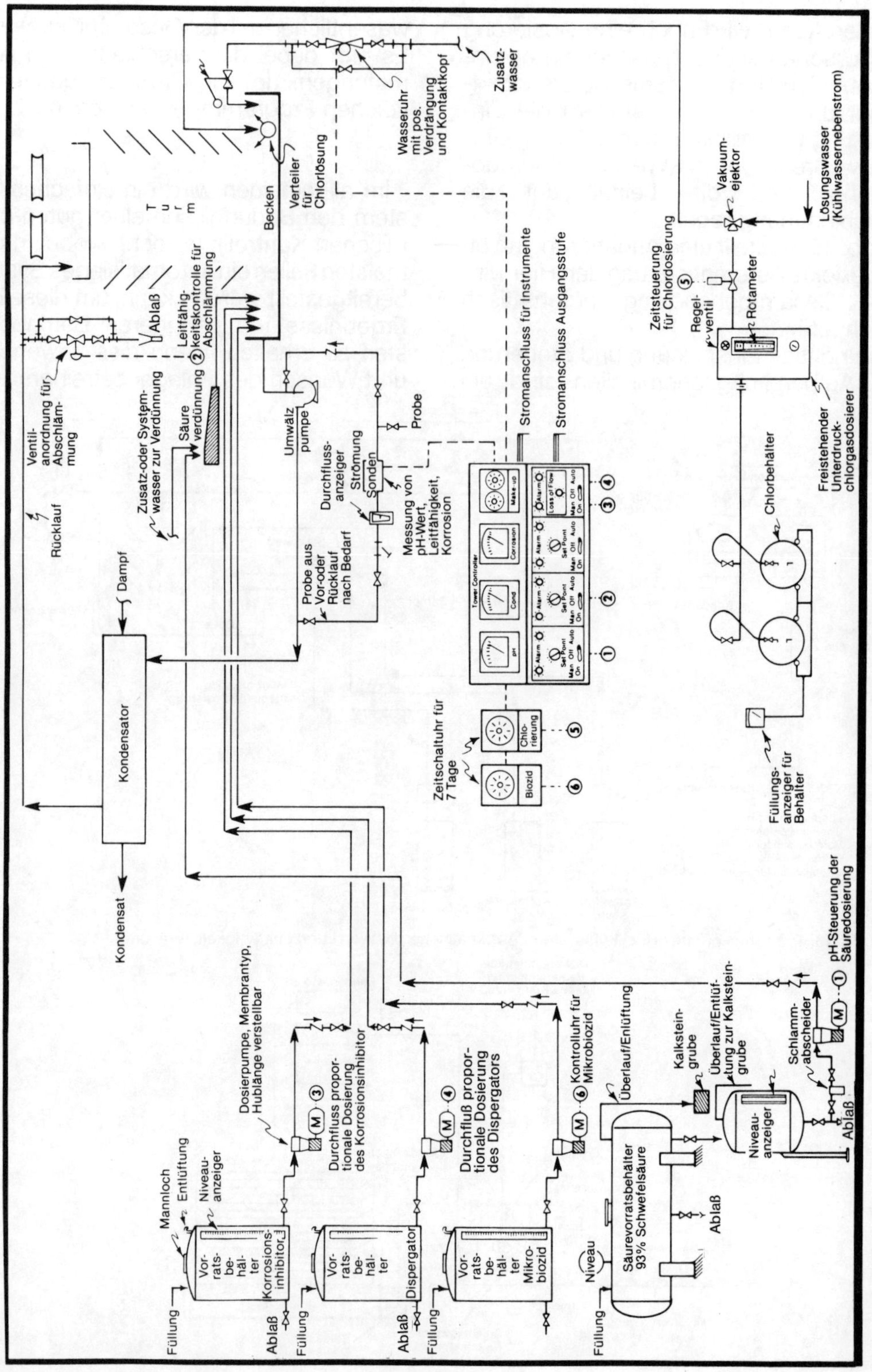

Abb. 15-18. Automatische Kühlwasserregelung und Dosiersystem.

Glossar

Die hier folgenden Ausdrücke sind nicht streng semantisch interpretiert, sondern freier gehalten, um Definitionen zu ermöglichen, die sich besonders auf die Wasserbehandlung beziehen.

Ablagerungen: Eine Ausscheidung aus einer Lösung direkt auf eine begrenzte Fläche.

Anmerkung: Ablagerung ist eine Ausscheidung, die normalerweise ihre physikalische Form behält, wenn mechanische Mittel zu ihrer Beseitigung von der Oberfläche verwendet werden. Eine Ablagerung, die anhaftend sein kann, aber nicht sein muß, ist normalerweise kristallin und dicht, häufig laminar und manchmal von säulenartiger Struktur. Ablagerungen auf Eisen oder Stahl, der in einer Sauerstoff enthaltenden Atmosphäre erhitzt wurde, bestehen hauptsächlich aus magnetischem Eisenoxyd Fe_3O_4.

Ablauf: Die Lösung, die aus der Ionenaustauschsäule austritt.

Abrieb: Das Reiben eines Teilchens gegen ein anderes in einem Harzbett; Reibungsverschleiß, der die Größe von Harzteilchen beeinflußt.

Abstrom: Herkömmliche Fließrichtung von Lösungen, die in der Ionenaustauschersäule behandelt werden, d. h. oben an der Säule eintreten und unten abfließen.

Adsorbens: Ein synthetisches Harz, das geladene Partikel anziehen und halten kann.

Adsorption: Die Bindung von geladenen Partikeln an die chemisch aktiven Gruppen an der Oberfläche und in den Poren eines synthetischen Harzes.

Alkalität: Der Ausdruck der gesamten basischen Anionen (Hydroxylgruppen) in einer Lösung. Der Ausdruck bezieht sich insbesondere in der Wasseranalyse auf die Hydrogencarbonat-, Carbonat- und (manchmal) die Borat-, Silikat- und Phosphatsalze, die mit Wasser reagieren und alkalische Gruppen bilden.

Anion: Ein negativ geladenes Ion.

Anionen-Austausch: Verdrängung eines negativ geladenen Teilchens durch ein anderes an einer Anionaustausch-Substanz.

Anschwellen: Die Ausdehnung/Quellung eines Ionenaustauscherbettes, wenn reaktive Gruppen am Harz in bestimmte Formen verändert werden.

Äquivalente Pro Million (EPM): Eine Einheit des chemischen Äquivalentgewichts der aufgelösten Substanz pro Million Gewichtseinheiten der Lösung. Die Konzentration in EPM wird berechnet, indem man die Konzentration in mg/l durch das chemische Summengewicht der Substanz oder des Ions teilt.

Bemerkung: Diese Einheit wird auch „Milliäquivalent pro Liter" oder „Milligrammäquivalent pro Kilogramm" genannt. Der zweite Ausdruck ist präzis, aber der erste ist falsch, wenn das spezifische Gewicht einer Lösung nicht genau 1,0 ist.

Aufstrom: Der Betrieb eines Ionenaustauschers, in dem Lösungen unten in den Behälter eingegeben werden und oben wieder abgezogen werden.

Austauschgeschwindigkeit: Die Geschwindigkeit, mit der ein Ion aus dem Austauscher von einem anderen Ion verdrängt wird.

Basenaustausch: Die Fähigkeit, Kationen auszutauschen, die sich bei bestimmten unlöslichen, natürlich auftretenden Substanzen (Zeolithen) zeigt, die bei synthetischen Harzen zu einem hohen Grad an Spezifizität und Wirksamkeit entwickelt wurde.

Bett: Das Ionenaustauschharz in einer Säule.

Bettausdehnung: Die durch Rückspülung erhaltene Wirkung: Die Harzpartikel werden getrennt und steigen in der Säule auf. Die Ausdehnung des Bettes durch größeren Abstand und Raum zwischen den Harzpartikeln, kann durch eine Regulierung des Rückspülstroms gesteuert werden.

Bettiefe: Die Höhe des Harzmaterials in der Säule, nachdem der Austauscher entsprechend für den Betrieb vorbereitet wurde.

Hydrogencarbonatalkalität: Die Gegenwart von Hydroxyl (OH^-)-Ionen in einer Lösung, bedingt durch die Hydrolyse von Carbonaten oder Hydrogencarbonaten. Wenn diese Salze mit Wasser reagieren, wird eine starke Base und eine schwache Säure gebildet, und die Lösung ist alkalisch.

Biochemischer Sauerstoffbedarf (BSB): Die Menge Sauerstoff, die für die biologische und chemische Oxydation von Substanzen im Wasser unter Testbedingungen notwendig ist.

Biologische Ablagerungen: In Wasser gebildete Ablagerungen von Organismen oder den Produkten ihres Metabolismus.

Anmerkung: Die biologischen Ablagerungen können aus mikroskopischen Organismen wie Schleimen, oder aus makroskopischen wie Schiffbohrmuscheln, oder aus Muscheln bestehen. Schleime bestehen allgemein aus gallertartigen oder fadenförmigen Ablagerungen.

Biologische Tests: Untersuchung mit dem Zweck, die Gegenwart, Art, Anzahl oder Wirkungen von Organismen im Industriewasser zu bestimmen.

Brackwasser: Ein Wasser, das einen gelösten Feststoffgehalt von etwa 1.000 bis 30.000 mg/l hat.

Chargenbetrieb: Die Verwendung von Ionenaustauscherharzen zur Behandlung einer Lösung in einem Behälter, wobei die Ionen durch Rühren der Lösung und folgendes Abgießen der behandelten Flüssigkeit entfernt werden.

Chemischer Sauerstoffbedarf (CSB): Die Menge Sauerstoff, ausgedrückt in mg/l, die unter bestimmten festgelegten Bedingungen in der Oxydation von organischen und oxydierbaren anorganischen Substanzen im Wasser verbraucht wird.

Chemische Stabilität: Widerstand gegen chemische Veränderung der Ionenaustauscherharze, selbst in Kontakt mit aggressiven Lösungen.

Chlorbedarf: Die Chlormenge in mg/l, die notwendig ist, um unter festgelegten Bedingungen die Ziele einer Chlorung zu erreichen.

Deionat: Durch Vollentsalzung hergestelltes Wasser.

Dissoziation: Siehe Ionisierung.

Druckverlust: Die Abnahme des Flüssigkeitsdrucks in Verbindung mit dem Durchgang einer Lösung durch ein Bett von Filtermaterial; eine Messung des Widerstands eines Filters gegen den Fluß der Flüssigkeit, die durch es hindurchgeht.

Durchbruch: Die erste Erscheinung in der vom Ionenaustauscher abfließenden Lösung von nichtabsorbierten Ionen, die denen ähnlich sind, die die Wirkung des Harzbettes erschöpfen. Durchbruch ist ein Anzeichen dafür, daß das Harz regeneriert werden muß.

Durchflußgeschwindigkeit: Das Volumen einer Lösung, die innerhalb einer gegebenen Zeit durch eine bestimmte Menge Harz fließt. Wird im allgemeinen in l pro Min./liter Harz, oder Milliliter pro Min./ml Harz oder als l. pro Quadratmeter Harz pro Min. ausgedrückt.

Durchsickern: Das Phänomen, bei dem einige der zufließenden Ionen nicht absorbiert oder ausgetauscht werden und im Ablauf auftauchen, wenn Wasser durch ein nicht genügend regeneriertes Harzaustauscherbett geleitet wird.

Durchsatzvolumen: Die Menge an Wasser, die durch ein Austauscherbett geht, bevor das Harz erschöpft ist.

Dynamisches System: Ein Ionenaustauschbetrieb mit einem Durchfluß des zu behandelnden Wassers.

Elektrische Leitfähigkeit: Der Kehrwert des spezifischen Widerstandes. Gemessen zwischen gegenüberliegenden Seiten eines ein Zentimeter großen Würfels einer wässerigen Lösung bei einer bestimmten Temperatur. In Siemens/cm bzw. μ-Siemens/cm.

Elektrolyt: Eine chemische Verbindung, die in Wasser dissoziiert oder ionisiert, um eine Lösung mit elektrischer Leitfähigkeit zu bilden, eine Säure, eine Base oder ein Salz.

Entionisierung: Ein allgemeiner Ausdruck für die Beseitigung von allen geladenen Bestandteilen oder ionisierbaren Salzen (organischen und anorganischen) aus der Lösung.

Erschöpfung: Zustand, in dem das Harz nicht länger zum wirksamen Ionenaustausch fähig ist; die zum Austausch verfügbaren Ionen sind erschöpft. Der Erschöpfungspunkt wird willkürlich bestimmt durch: a) Konzentration von Ionen im Ablauf in mg/l; b) Minderung der Qualität der Abflußlösung, bestimmt durch eine Leitfähigkeitsbrücke, die den elektrischen Widerstand des Wassers mißt.

Farbdurchbruch: Die Verfärbung der durch ein Ionenaustauschmaterial gehenden Flüssigkeit; ein Spülen von Spuren gefärbter organischer Reaktionszwischenprodukte aus den Harzporen.

Flüchtige Materie: Die Materie, die unter Testbedingungen vom festen oder flüssigen in den gasförmigen Zustand übergeht.

Freier Mineralsäureüberschuß: Die quantitative Fähigkeit von wässrigen Medien, mit Hydroxylionen bis zu einem pH-Wert von 4,3 reagieren zu können.

Freier verfügbarer Chlorüberschuß: Bestehen aus Hydrochloritionen (OCl^-), unterchloriger Säure (HOCl) oder beiden.

Freiraum: Der Raum über dem Harzbett einer Ionenaustauschsäule, der die Ausdehnung des Bettes während der Rückspülung erlaubt.

Frischwasser: Wasser, das weniger als etwa 1.000 mg/liter gelöster Substanzen enthält.

Gelöste Feststoffe: Die Substanzen – mit Ausnahme von Gasen – die in Wasser unter Bildung einer einphasigen, homogenen Flüsskeit gelöst sind.

Gesamtfeststoffgehalt: Die Summe der festen und der gelösten Substanzen.

Gesamthärte: Eine Eigenschaft des Wassers, allgemein ausgedrückt als Gesamtkonzentration von Calzium- und Magnesiumionen.

Anmerkung: Ursprünglich wurde Härte verstanden als die Fähigkeit eines Wassers, Seife auszufällen. Seife wird hauptsächlich durch gewöhnlich im Wasser vorhandenen Calcium- und Magnesiumionen ausgefällt, kann aber auch durch Ionen anderer mehrvalenter Metalle, wie der von Eisen, Mangan und Aluminium und durch Wasserstoffionen ausgefällt werden.

Ursprünglich wurde die Härte gemessen an der Seifenmenge, die nötig war, um einen dauerhaften Schaum zu erzeugen. Die Messung wurde normalerweise mit einer Wasserprobe durchgeführt, deren Alkalität berichtigt wurde, um die Wirkung der Wasserstoffionen auszuschalten.

Härte wird grundsätzlich als chemische Äquivalente von Metallionen ausgedrückt, die in der Lage sind, Seife auszufällen. Es wird gewöhnlich als äquivalente Menge Calciumcarbonat ausgedrückt.

Gesamtrestchlor: Das gesamte vorhandene Restchlor, unabhängig von der Art.

Gleichgewichtsreaktion: Die Wechselwirkung von ionisierbaren Verbindungen, wobei die erhaltenen Produkte dazu neigen, wieder in die Substanzen, aus denen sie gebildet wurden, zu zerfallen, und zwar bis ein Gleichgewicht erreicht wird, bei dem sowohl Reaktanten als auch Produkte in einem genau definierten Verhältnis vorhanden sind.

Glührückstand: Rest, der nach Glühen der festen und der gelösten Materie verbleibt.

Hydraulische Umschichtung: Die Neuverteilung von Harzpartikeln in einem Ionenaustauscher. Während das Rückspülwasser aufwärts durch das Harzbett fließt, werden die Teilchen bewegt und die größeren Partikel setzen sich ab, während die kleineren in das Oberteil des Bettes aufsteigen.

Hydroxyl: Ausdruck für den anionischen Rest OH^-, der für die Alkalität einer Lösung verantwortlich ist.

Ion: Jedes Partikel, daß kleiner als kolloidal ist und entweder negativ oder positiv elektrisch geladen ist.

Ionenaustausch (Feste Phase): Ein umkehrbarer Prozeß, worin Ionen zwischen einem Feststoff und einer Flüssigkeit ausgetauscht werden, ohne das größere strukturelle Veränderungen des Feststoffes auftreten.

Ionisierung: Die Trennung von Molekülen in geladene Teilchen, meist in wässriger Lösung.

Ionisierungskonstante: Ausdruck in absoluten Einheiten des Ausmaßes der Dissoziation zu Ionen einer chemischen Verbindung in Wasser.

Jackson Candle Turbidity: Ein empirisches Maß der Trübe auf der Grundlage der Messung einer Wassersäulentiefe, die gerade genügt, um die Spiegelung einer brennenden Standardkerze, die vertikal beobachtet wird, auszulöschen.

Kanalbildung: Spalten und Kanäle im Bett wegen falscher Bedienungsverfahren, wobei die zu behandelnde Lösung den Weg des geringsten Widerstandes geht, durch diese Kanäle läuft und nicht die aktiven Substanzen in anderen Teilen des Bettes berührt.

Kapazität: Die Adsorptionsfähigkeit der Ionenaustauschsubstanzen, die als Gramm-Milliäquivalente pro Gramm, Gramm-Milliäquivalente pro Milliliter usw. ausgedrückt werden können, die Zähler dieser Brüche das Gewicht der adsorbierten Ionen, und die Nenner das Gewicht oder Volumen des Adsorbens ausdrücken.

Kation: Ein positiv geladenes Ion.

Kesselwasser: Ein Ausdruck für eine repräsentative Probe des zirkulierenden Kesselwassers, nachdem der erzeugte Dampf abgetrennt wurde, bevor eintretendes Speisewasser oder beigegebene Chemikalien zugemischt werden und seine Beschaffenheit und Zusammensetzung beeinflussen.

Korrosionprodukte: Das Ergebnis einer chemischen oder elektrochemischen Reaktion zwischen einem Metall und seiner Umgebung.

Anmerkung: Ein durch die Wirkung des Wassers hervorgerufenes Korrosionsprodukt, wie z. B. Rost, besteht im allgemeinen aus unlöslichem Material, das an oder nahe der korrodierten Stelle abgelagert wird; Korrosionsprodukte können jedoch eine beträchtliche Entfernung von der Stelle, an der das Material einem Korrosionsangriff ausgesetzt ist, abgelagert werden.

Kugelgestalt: Bezieht sich auf die Kugeleigenschaften und den Ganzkorngehalt eines Harzes.

Langelier-Index: Eine Methode der Voraussage, ob ein Wasser dazu neigt, Calciumcarbonat zu lösen oder auszufällen. Wenn ein Wasser Calciumcarbonat ausfällt, kann sich eine Härteablagerung bilden. Wenn das Wasser Calciumcarbonat löst, so hat es eine korrosive Neigung. Um den Langelier-Index zu berechnen, braucht man den tatsächlichen pH-Wert des Wassers und den Langelier-Sättigungs-pH-Wert (pHs). Der Langelier-Sättigungs-pH-Wert wird bestimmt durch die Beziehung zwischen Calciumhärte, der Gesamtalkalität, der Gesamtfeststoffkonzentration und der Wassertemperatur. Der Langelier-Index wird dann durch den Zusammenhang pH –pHs bestimmt. Abb. G-1 ist ein Diagramm, das zur Bestimmung des Langelier-Index verwendet wird. Die Auswertung erhaltener Ergebnisse wird unten veranschaulicht:

pH-pHs	**Tendenz des Wassers**
positiver Wert	niederschlagsbildend
negativer Wert	korrosiv
Null	weder niederschlagsbildend noch korrosiv (neutral)

Es sollte auch bemerkt werden, daß die Gegenwart von gelöstem Sauerstoff im Wasser ein „neutrales“ Wasser korrosiv machen kann.

Vorsicht ist geboten, wenn der Langelier-Index zum Schutz gegen Korrosion oder Ablagerungen verwendet wird, da es Faktoren gibt, die ihn für diese Anwendung ungeeignet machen. Dazu gehören

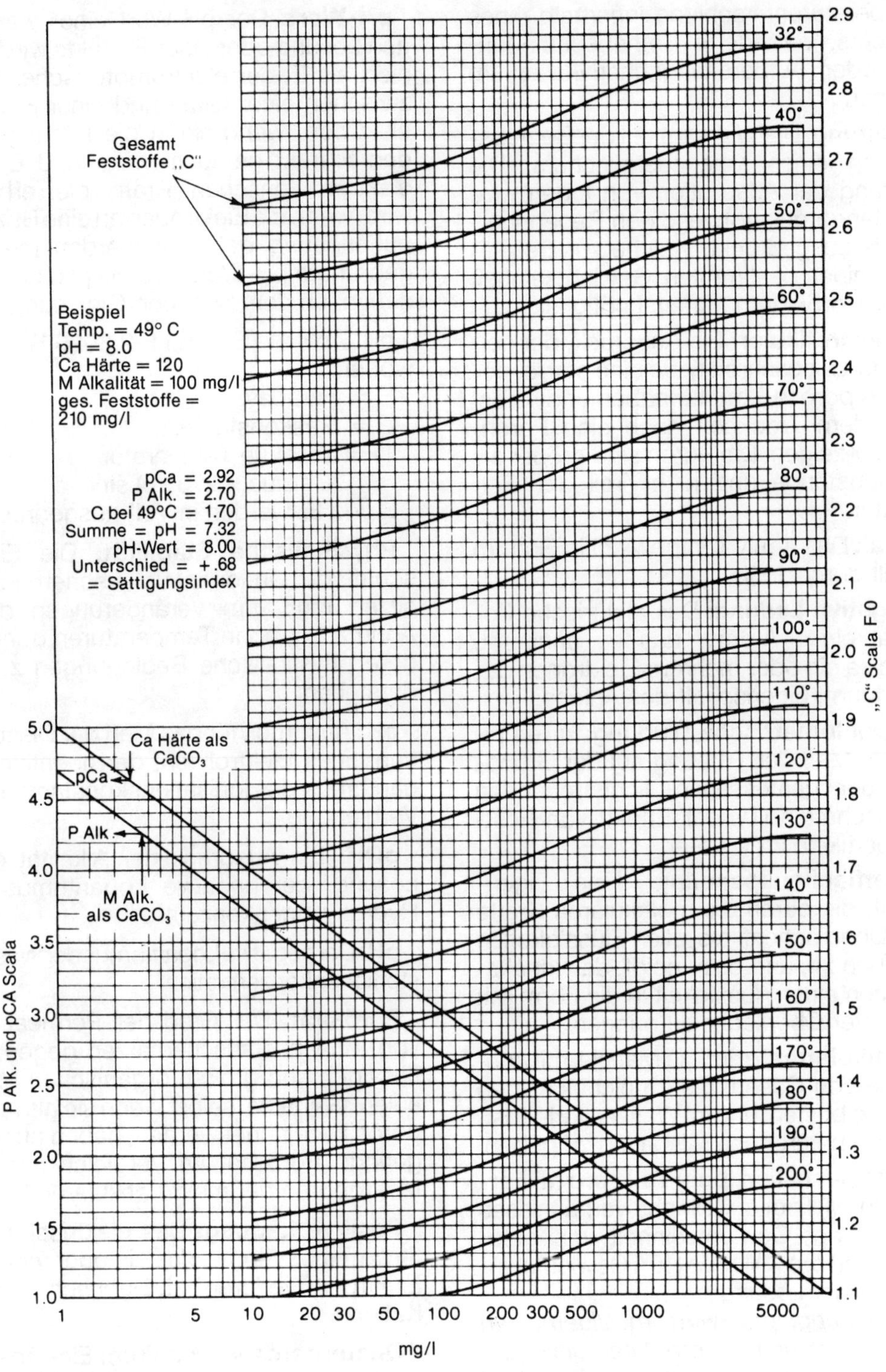

Abb. G-1. Langelier Sättigungsindex.

Temperaturunterschiede innerhalb eines Systems, veränderte Betriebsbedingungen oder Aufbereitungschemikalien im Wasser.

Leistung: Die Wirksamkeit der Betriebsleistung eines Ionenaustauschers. Die Leistung der Adsorption von Ionen wird als Menge des notwendigen Regeneriermittels ausgedrückt, welche zur Beseitigung einer bestimmten Gewichtseinheit von adsorbiertem Material nötig ist.

Makroretikular: Ein Ausdruck, der solche Harze beschreibt, die eine starre, polymere poröse Struktur haben und selbst nach dem Trocknen noch eine Porenstruktur zeigen. Die Poren sind größer als Atomabstände und nicht Teil der Gelstruktur.

Mval: Das Äquivalentgewicht in Gramm geteilt durch 1000.

Negative Ladung: Das elektrische Potential eines Atoms, das es annimmt, wenn es ein oder mehrere Elektronen dazugewinnt; Eigenschaft des Anions.

Nephelometrische Trübung: Ein empirisches Maß der Trübung auf der Grundlage der gemessenen, lichtstreuenden Eigenschaften (Tyndall-Effekt) von Feststoffpartikeln im Wasser.

Oberflächenspannung: Eine Eigenschaft, die durch die molekularen Kräfte des Oberflächenfilms aller Flüssigkeiten gegeben ist, und dazu neigt, das Inhaltsvolumen einer Flüssigkeit in die Form mit minimaler Oberfläche zu bringen.

Partikulatmaterie: Die Materie, mit Ausnahme von Gasen, die im nichtflüssigen Zustand besteht und im Wasser verteilt ist, um eine heterogene Mischung zu geben.

Parts per billion (ppb) Teile pro Milliarde: Ein Maß des Gewichtsverhältnisses gleich einer Gewichtseinheit von gelöstem Stoff pro Milliarde (10^9) Gewichtseinheiten einer Lösung.

Anmerkung: ppb wird im allgemeinen einem Mikrogramm pro Liter gleichgesetzt, aber dies ist nicht genau. Ein ppb ist gleich einem Mirkogramm gelösten Stoffes pro kg einer Lösung.

pH-Wert: Der pH-Wert einer wässerigen Lösung oder eines Extrakts wird definiert als E, der elektromotorischen Kraft zwischen einer Glas- und einer Bezugselektrode, wenn sie in die Lösung oder den Extrakt getaucht wird, und E_s, der elektromotorischen Kraft, die erhalten wird, wenn die Elektroden an eine Bezugspufferlösung getaucht werden (der zugeordnete pH-Wert wird als pH_s bezeichnet), nach der folgenden Gleichung:

$$pH = pH_s + (E - E_s)\, F/2.3026\, RT$$

wobei

F = Faraday,
G = Gaskonstante,
T = absolute Temperatur (Celsius + 273,16) sind.

E und E_s werden in Volt ausgedrückt.

Physikalische Stabilität: Die Eigenschaft, die ein Ionenaustauscherharz besitzen muß, um Veränderungen durch Abnutzung, hohe Temperaturen oder andere physikalische Bedingungen zu widerstehen.

pK: Ausdruck für das Maß der Dissoziation eines Elektrolyten; der negative Logarithmus der Ionisationskonstante einer Verbindung.

pOH: Ein Ausdruck der Alkalität einer Lösung; der negative Logarithmus der Hydroxylionenkonzentration.

pH: Der negative Logarithmus der Wasserstoffionenkonzentration.

Porösität: Der Grad der Permeabilität von Ionenaustauscherharzen gegenüber flüssigen und großen organischen Molekülen. Gelharze, selbst wenn sie als hochporös bezeichnet werden, haben nur eine geringe Porösität im Vergleich mit den Makroporen der makroretikularen Harze.

Positive Ladung: Das elektrische Potential eines Atoms, das ein oder mehrere Elektronen verloren hat; Eigenschaft eines Kations.

Quaternäres Ammonium: Eine spezifische basische Gruppe ($-N(CH_3)_4^+$), von denen die Austauscheraktivität bestimmter Anionenaustauscherharze abhängt.

Regenerierung: Wiederherstellung der Aktivität eines Ionenaustauschers, indem die von der behandelten Lösung adsorbierten Ionen durch Ionen, die anfänglich am Harz adsorbiert wurden, ausgetauscht werden.

Regenerierungsmittel: Die Lösung, die zur Wiederaktivierung eines Ionenaustauschers verwendet wird. Säuren bringen einen Kationenaustauscher wieder in seine Wasserstofform zurück; Salzlösungen können verwendet werden, um einen Kationenaustauscher wieder in die Natriumform überzuführen. Der Anionenaustauscher wird durch Behandlung mit einer alkalischen Lösung wieder regeneriert.

Restchlor: Die Menge von verfügbarem Chlor im Wasser zu einer beliebigen festgelegten Zeit nach der Beigabe von Chlor.

Rohwasser: Unbehandeltes Wasser.

Ryznar Stabilitätsindex: Eine empirische Methode, um die niederschlagsbildende Tendenz von Wasser vorherzusagen, auf der Grundlage von Betriebsergebnissen mit Wasser bei verschiedenen Sättigungsindizien; wobei:

Stabilitätsindex = 2pHs-pH
pHs = Langelier-Sättigungs-pH.

Dieser Index wird oft in Verbindung mit dem Langelier-Index verwendet, um die Genauigkeit einer Vorhersage der Niederschlags- oder Korrosionstendenz eines Wassers zu verbessern. Die folgende Tabelle zeigt, wie dieser Index zu verwenden ist.

Ryznar Stabilitätsindex	Tendenz des Wassers
4,0-5,0	schwerer Niederschlag
5,0-6,0	leichter Niederschlag
6,0-7,0	wenig Niederschlag oder Korrosion
7,0-7,5	Korrosion: ausgeprägt
7,5-9,0	Korrosion: schwer
9,0 und höher	Korrosion

Salzspaltung: Die Umwandlung von Salzen in ihre entsprechenden Säuren.

Säulenbetrieb: Herkömmliche Verwendung von Ionenaustauschharzen in Säulen, durch die die zu behandelnde Lösung entweder abwärts oder aufwärts fließt.

Schlamm: Eine in Wasser gebildete Sedimentierung.

Anmerkung: Die in Wasser gebildete Sedimentablagerung kann alle im Wasser mitgetragenen gelösten Feststoffe einschließen. Schlamm haftet normalerweise nicht genügend zusammen, um seine physikalische Form zu behalten, wenn mechanische Mittel zu seiner Beseitigung von der Oberfläche verwendet werden, aber er kann anbacken und hart anhaftend sein.

Sole: Wasser, das mehr als 30.000 mg/l gelöste Feststoffe enthält.

Spülung: Folge der Regenerierung; ein Auswaschen der überschüssigen Regenerierungslösung.

Statisches System: Die chargenweise Verwendung von Ionenaustauscherharzen, wobei (da der Ionenaustausch eine Gleichgewichtsreaktion ist) ein definitiver Endpunkt mit festgesetzten Verhältnissen der Ionenverteilung zwischen dem Harz und der Lösung erreicht wird.

Sulfonsäuren: Eine spezifische Säuregruppe (SO_3H), welche die Austauscherwirkung bestimmter Kationenaustauscherharze bestimmt.

Trübung: Verminderung der Transparenz des Wassers durch Feststoffe.

Umgekehrte Entionisierung: Die Verwendung eines Anionenaustauschers und eines Kationenaustauschers – in dieser Reihenfolge – um alle Ionen aus der Lösung zu entfernen.

Verdrängung: Entfernen von adsorbierten Ionen von einem Ionenaustauschmaterial durch die Verwendung von Lösungen, die andere Ionen in relativ hohen Konzentrationen enthalten.

Vernetzung: Der Grad der Bindung von Polymerketten untereinander zur Bildung einer unlöslichen dreidimensionalen Harzmatrix.

Wassergebildete Ablagerungen: Jegliche Ansammlung von unlöslichem Material, welches aus dem Wasser gebildet wird, oder durch die Reaktion von Wasser an mit dem Wasser in Berührung stehenden Flächen.

Anmerkung: Ausscheidungen, die durch oder aus dem Wasser in allen seinen Phasen gebildet werden, können weiter eingeteilt werden in Ablagerungen, Schlamm, Korrosionsprodukt oder biologische Ablagerungen. Die Gesamtzusammensetzung einer Ablagerung oder eines Teils einer Ablagerung kann durch eine chemische oder spektrographische Analyse bestimmt werden; die tatsächlich als chemische Substanzen vorhandenen Bestandteile können durch das Mikroskop oder durch eine Röntgenstrukturanalyse identifiziert werden. Organismen werden durch mikroskopische oder biologische Methoden bestimmt.

Wasserstoffzyklus: Ein vollständiger Zyklus eines Kationenaustausches, wobei der Adsorbent in Wasserstofform oder in der freien Säureform benutzt wird.

Zeolith: Natürlich vorkommende wasserhaltige Silikate, die nur einen begrenzten Basenaustausch aufweisen.

Zulauf: Die Lösung, die in den Ionenaustauscher eintritt.

Zyklus: Ein vollständiger Gang eines Ionenaustausches, wobei z. B. ein vollständiger Zyklus eines Kationenaustausches folgendes mit einschließt: Erschöpfung des regenerierten Bettes, Rückspülung, Aufbereitung und Spülung zur Beseitigung von überschüssigen Regenerierchemikalien.

Anhang

Abb. A-1.	Periodische Tafel der Elemente (Stand 1971)
Abb. A-2.	Senkung der Calciumhärte
Abb. A-3.	Senkung der Magnesiumhärte
Abb. A-4.	Alkalitätsverhältnisse
Abb. A-5.	Wirkung von löslichen Carbonaten zur Senkung von Calciumcarbonathärte bei Kalt- und Heißverfahrenenthärtung
Abb. A-6.	CaO- und $Ca(OH)_2$-Gehalt und Dichte von Kalkmilch
Abb. A-7.	Leistungsberechnung von Ionenaustauschern
Abb. A-8.	Filterwiderstand von Kiesfiltern in Abhängigkeit der Korngröße und Filtergeschwindigkeit
Abb. A-9.	Löslichkeit von O_2 und N_2 der Luft bei 1 bar in reinem Wasser
Abb. A-10.	Durch die Leitfähigkeit gelöster Gase vorgetäuschter Salzgehalt im Wasser
Abb. A-11.	Spezifische Leitfähigkeiten von Lösungen
Abb. A-12.	Voraussage der Calciumhärte und Carbonat-Alkalität des Heißverfahrens.
Tabelle A-1.	Gewöhnliche Chemikalien zur Wasseraufbereitung
Tabelle A-2.	Wasseräquivalente
Tabelle A-3.	Geläufige Umrechnungsfaktoren für Ionenaustauschberechnungen
Tabelle A-4.	Fließgeschwindigkeit
Tabelle A-5.	Kapazität und Regenerierungsniveau
Tabelle A-6.	Koagulierungsreaktion
Tabelle A-7.	Chemische Reaktionen im Kalkmilch-, Kalksoda- und Calciumchloridverfahren
Tabelle A-8.	Chemische Anforderungen – Heißkalksoda
Tabelle A-9.	Analyse des behandelten Wassers – Kalkmilch
Tabelle A-10.	Senkung von Calciumalkalität – Kalkmilch
Tabelle A-11.	Senkung von Calcium- und Magnesiumalkalität – Kalkmilch
Tabelle A-12.	Senkung von Alkalität und nichtcarbonater Härte – Kalkmilch-Soda
Tabelle A-13.	Zusammenhang zwischen Hydrogencarbonatkohlensäure, Carbonathärte, freier zugehöriger Kohlensäure und dem pH-Wert der entsprechenden Gleichgewichtswässer
Tabelle A-14.	Löslichkeit verschiedener Verbindungen
Tabelle A-15.	Strömungswiderstände in Rohrleitungen bei Förderung von reinem kalten Wasser
Tabelle A-16.	Molekular- und Äquivalentgewichte der wichtigsten Verbindungen.

Periode	Gruppe 0	Gruppe I	Gruppe II	Gruppe III	Gruppe IV	Gruppe V	Gruppe VI	Gruppe VII	Gruppe VIII
		a b	a b	a b	a b	a b	a b	a b	
1	0 n	1 H 1,00797							
2	2 He 4,0026	3 Li 6,939	4 Be 9,0122	5 B 10,811	6 C 12,01115	7 N 14,0067	8 O 15,9994	9 F 18,9984	
3	10 Ne 20,183	11 Na 22,9898	12 Mg 24,312	13 Al 26,9815	14 Si 28,086	15 P 30,9738	16 S 32,064	17 Cl 35,453	
4	18 Ar 39,948	19 K 39,102	20 Ca 40,08	21 Sc 44,956	22 Ti 47,90	23 V 50,942	24 Cr 51,996	25 Mn 54,9380	26 Fe 27 Co 28 Ni 55,847 58,9332 58,71
		29 Cu 63,54	30 Zn 65,37	31 Ga 69,72	32 Ge 72,59	33 As 74,9216	34 Se 78,96	35 Br 79,909	
5	36 Kr 83,80	37 Rb 85,47	38 Sr 87,62	39 Y 88,905	40 Zr 91,22	41 Nb 92,906	42 Mo 95,94	43 Tc [99]	44 Ru 45 Rh 46 Pd 101,07 102,905 106,4
		47 Ag 107,870	48 Cd 112,40	49 In 114,82	50 Sn 118,69	51 Sb 121,75	52 Te 127,60	53 J 126,9044	
6	54 Xe 131,30	55 Cs 132,905	56 Ba 137,34	57–71 Lantha- niden*)	72 Hf 178,49	73 Ta 180,948	74 W 183,85	75 Re 186,2	76 Os 77 Ir 78 Pt 190,2 192,2 195,09
		79 Au 196,967	80 Hg 200,59	81 Tl 204,37	82 Pb 207,19	83 Bi 208,980	84 Po [210]	85 At [210]	
7	86 Rn [222]	87 Fr [223]	88 Ra [226,05]	89-103 **) Actiniden	104 Ku [257]	105 Ha [261]			

***) Lanthaniden**

57 La 138,91	58 Ce 140,12	59 Pr 140,907	60 Nd 144,24	61 Pm [147]	62 Sm 150,35	63 Eu 151,96	64 Gd 157,25	65 Tb 158,924	66 Dy 162,50	67 Ho 164,930	68 Er 167,26	69 Tm 168,934	70 Yb 173,04	71 Lu 174,97

****) Actiniden**

89 Ac [227]	90 Th 232,038	91 Pa [231]	92 U 238,03	93 Np [237]	94 Pu [242]	95 Am [243]	96 Cm [247]	97 Bk [247]	98 Cf [249]	99 Es [254]	100 Fm [253]	101 Md [256]	102 No [254]	103 Lr [257]

Die Zahl vor jedem Element ist die Ordnungszahl (Kernladungszahl), die unter dem Element das Atomgewicht, bei instabilen Elementen die Massenzahl des längstlebigen bekannten Isotops.

Abb. A-1. Periodische Tafel der Elemente (Stand 1971).

LÖSLICHKEITEN VON CALCIUMCARBONAT-KALKMILCH

Das Kalkmilch-(oder Kalksoda-)verfahren kann verschiedene Reaktionsprodukte ergeben, abhängig von der Zusammensetzung des unbehandelten Wassers und von den Dosierungen der zugegebenen Chemikalien. Die Dosierungen der zugegebenen Chemikalien, die benötigt werden, begründen sich auf die folgenden Grundsätze:

Entfernung von freiem Kohlendioxid: Kalkmilch entfernt freies Kohlendioxid und bildet Calciumcarbonat.

Entfernung von Calcium: Kalk reagiert mit Calciumalkalität und bildet Calciumcarbonat. Sodaasche reagiert mit der Nicht-Carbonathärte und bildet Calciumcarbonat. Die Löslichkeit von Calciumcarbonat wird durch die Anwesenheit von den gewöhnlichen Calcium^{2+}) oder gewöhnlichen Carbonat (CO_3^{2-})-Ionen beeinflußt, wie die folgende Kurve zeigt.

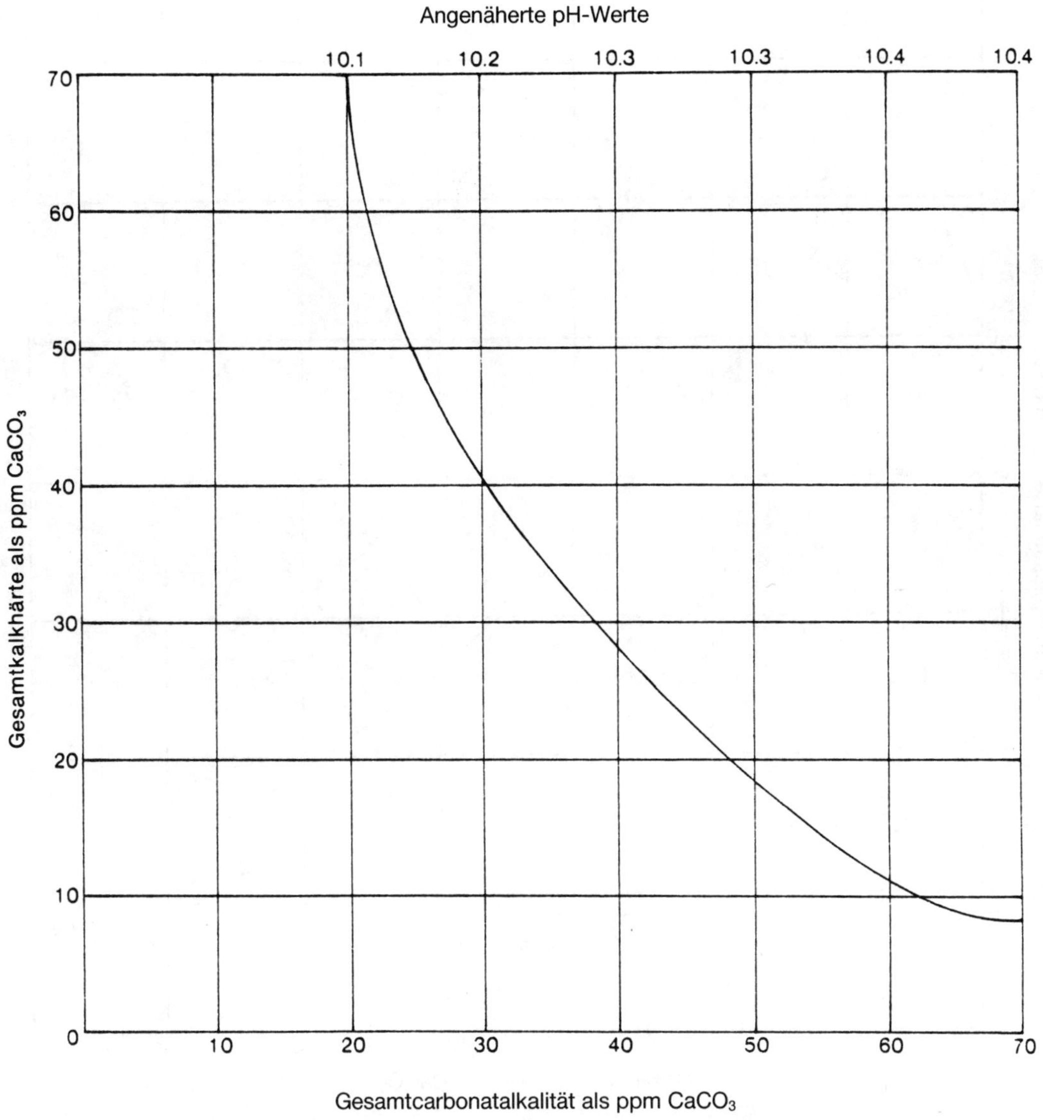

Abb. A-2. Senkung der Kalkhärte.

LÖSLICHKEITEN VON MAGNESIUMHYDROXID-KALKMILCH

Entfernung von Magnesium: Wenn Calcium als Calciumcarbonat ausgefällt wird, wird eine gewisse Menge von Magnesium als Magnesiumhydroxid mitgerissen. Zur Berechnung darf man einen Durchschnitt von ca. 10 % der Magnesiumhärte annehmen. Um die Magnesiumhärte weiter zu senken, werden zusätzliche Dosierungen von Kalk (oder Kalk und Sodaasche) benötigt. Die Löslichkeit von Magnesiumhydroxid wird durch die Anwesenheit der gewöhnlichen Ionen von Magnesium (Mg^{2+}) oder Hydroxyl (OH^-) beeinflußt, wie die folgende Kurve zeigt:

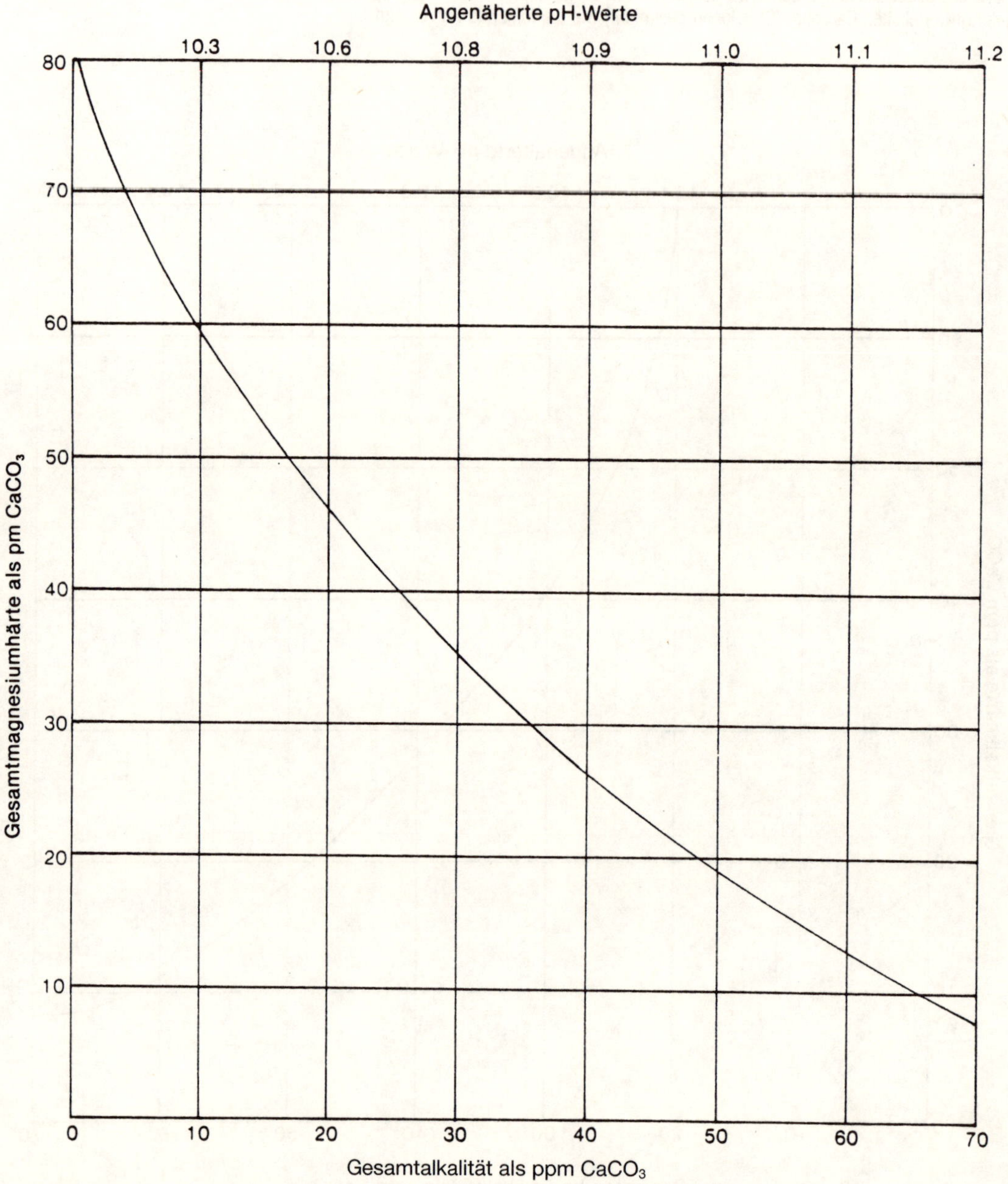

Abb. A-2. Senkung der Magnesiumhärte.

(Besondere Berechnungen sind nötig, wenn Phosphationen anwesend sind)

Alk. A. (M-Alkalität) = alle Hydrogencarbonate + alle Carbonate = alle Hydroxide.

Alk. B. (P-Alkalität) = ½ Carbonate, alle Hydroxide.

1. Wenn Alk. B. M ist, ist Alk. A. nur Hydrogencarbonate. Keine Carbonate oder Hydroxide.

2. Wenn Alk. B. weniger als ½ Alk. A. ist, sind nur Hydrogencarbonate und Carbonate anwesend. **Keine Hydroxide.**
   a. Alk. B. X 2 = Carbonate.
   b. Alk. A. – Carbonate = Hydrogencarbonate.

3. Wenn Alk. B. genau ½ Alk. A. ist, ist die gesamte Alkalität Carbonate. **Keine Hydrogencarbonate oder Hydroxide.**

4. Wenn Alk. B. mehr als ½ Alk. A. ist, ist Alkalität nur Carbonate und Hydroxide.
   a. 2. Alk. B. – Alk. A. = Hydroxide.
   b. Alk. A. – Hydroxide = Carbonate.

5. Wenn Alk. A. = Alk. B., ist die gesamte Alkalität Hydroxidalkalität.

6. Hydrogencarbonate und Hydroxide bestehen nicht zusammen. Auch besteht Kohlendioxid (CO_2) nicht zusammen mit Carbonaten.

Abb. A-4. Alkalitätsverhältnisse

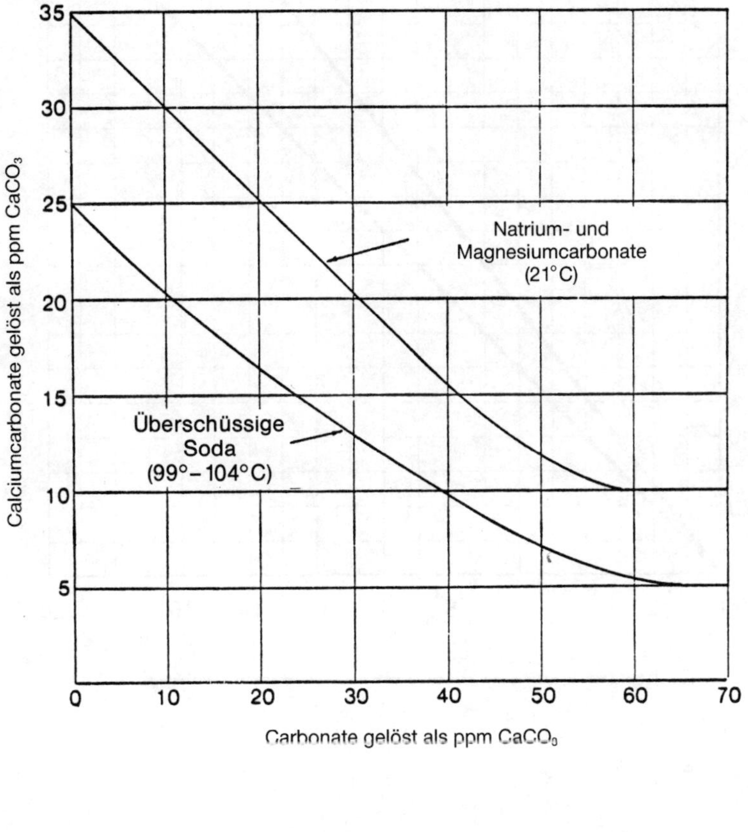

Abb. A-5. Wirkung von löslichen Carbonaten zur Senkung von Calciumcarbonathärte bei Kalt- und Heißverfahrenenthärtung.

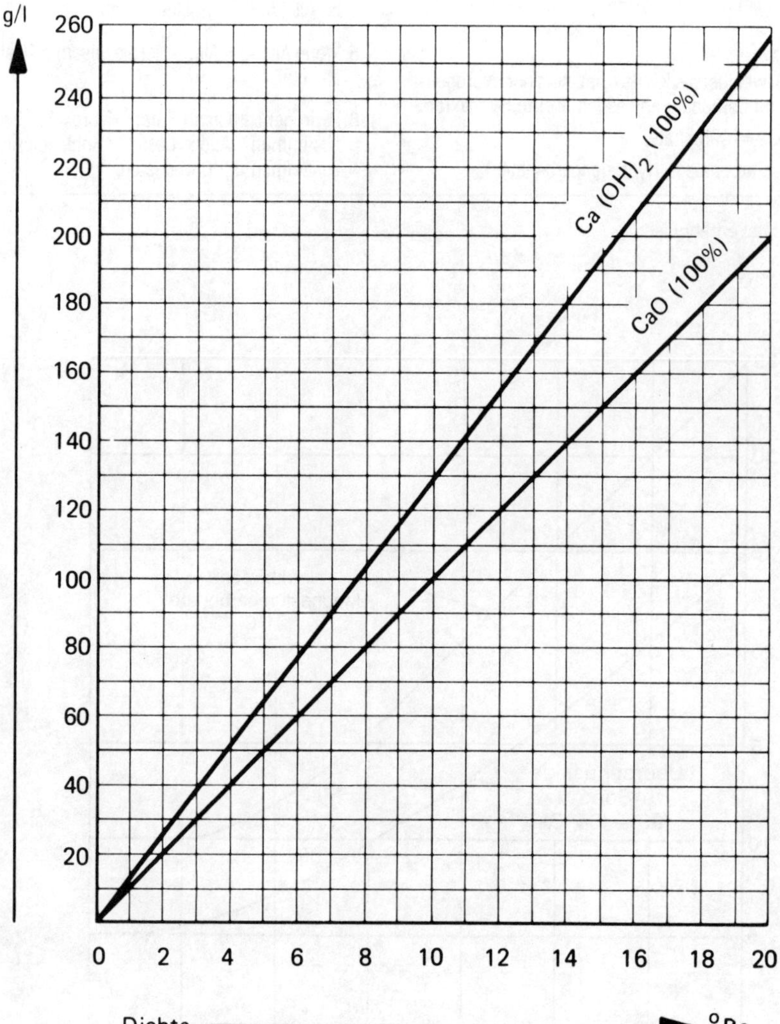

Abb. A-6. CaO- und $Ca(OH)_2$-Gehalt und Dichte von Kalkmilch.

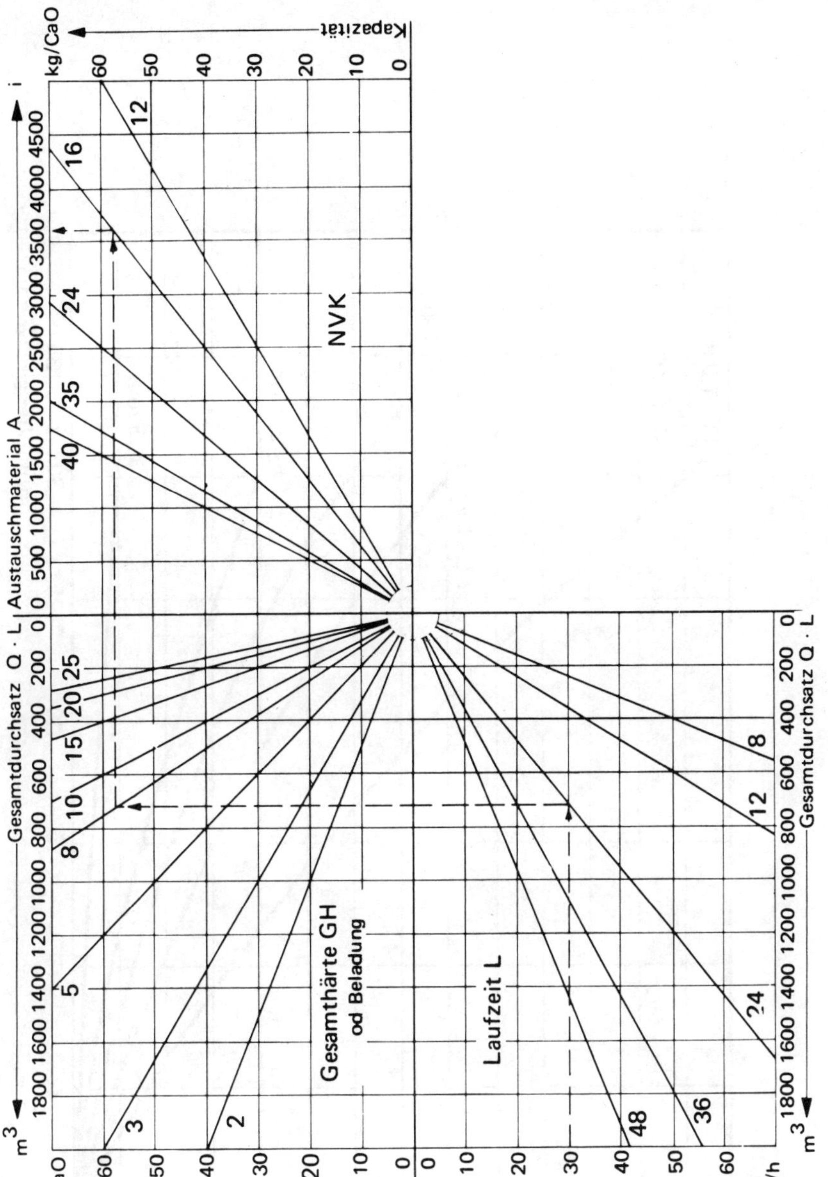

Beispiel

Q . . . . 30 m^3/h
L . . . . 24 h
GH . . . . 8 °d
NVK . . . . 16 g CaO/l_A
Dann ist die benötigte Austauschermenge = 3600 l

Abb. A-7. Leistungsberechnung von Ionenaustauschern.

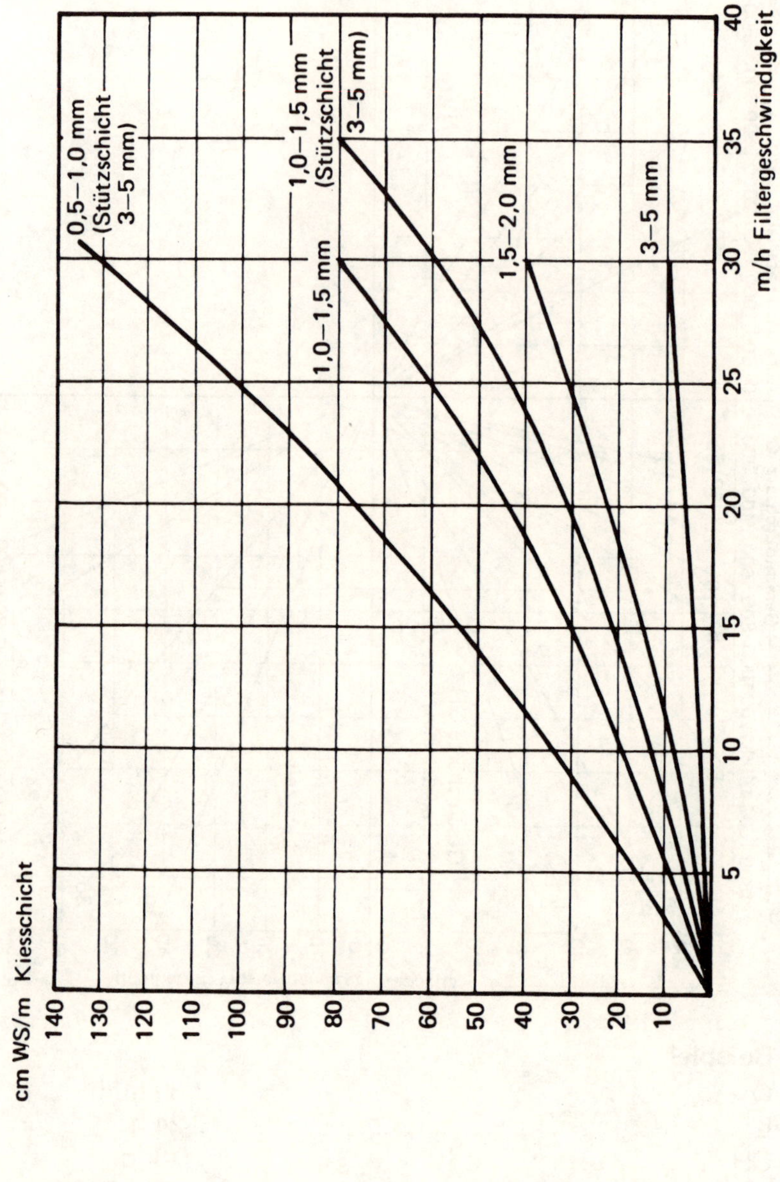

Abb. A-8. Filterwiderstand von Kiesfiltern in Abhängigkeit der Korngröße und Filtergeschwindigkeit.

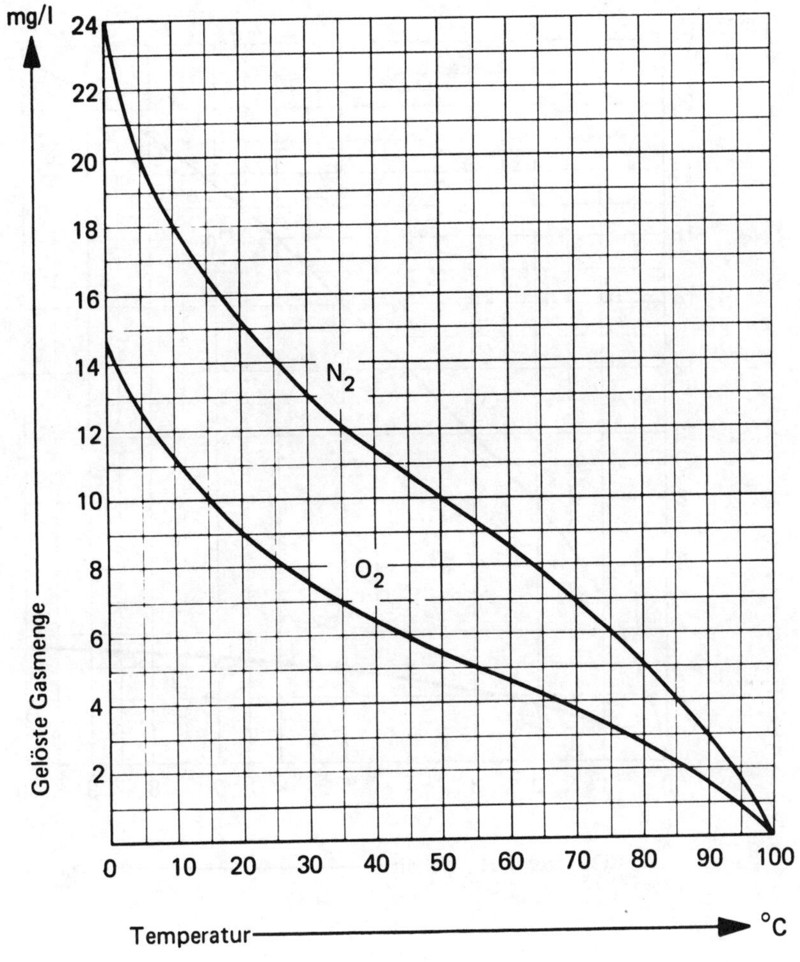

Abb. A-9. Löslichkeit von O_2 und N_2 der Luft bei 1 bar in reinem Wasser.

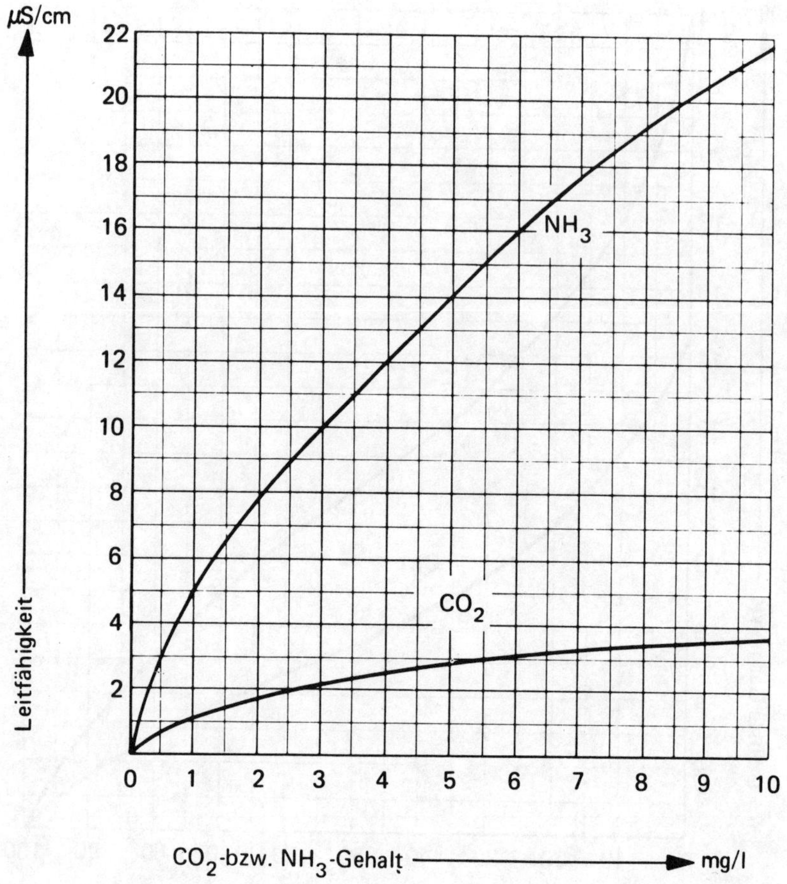

Abb. A-10. Durch die Leitfähigkeit gelöster Gase vorgetäuschter Salzgehalt im Wasser.

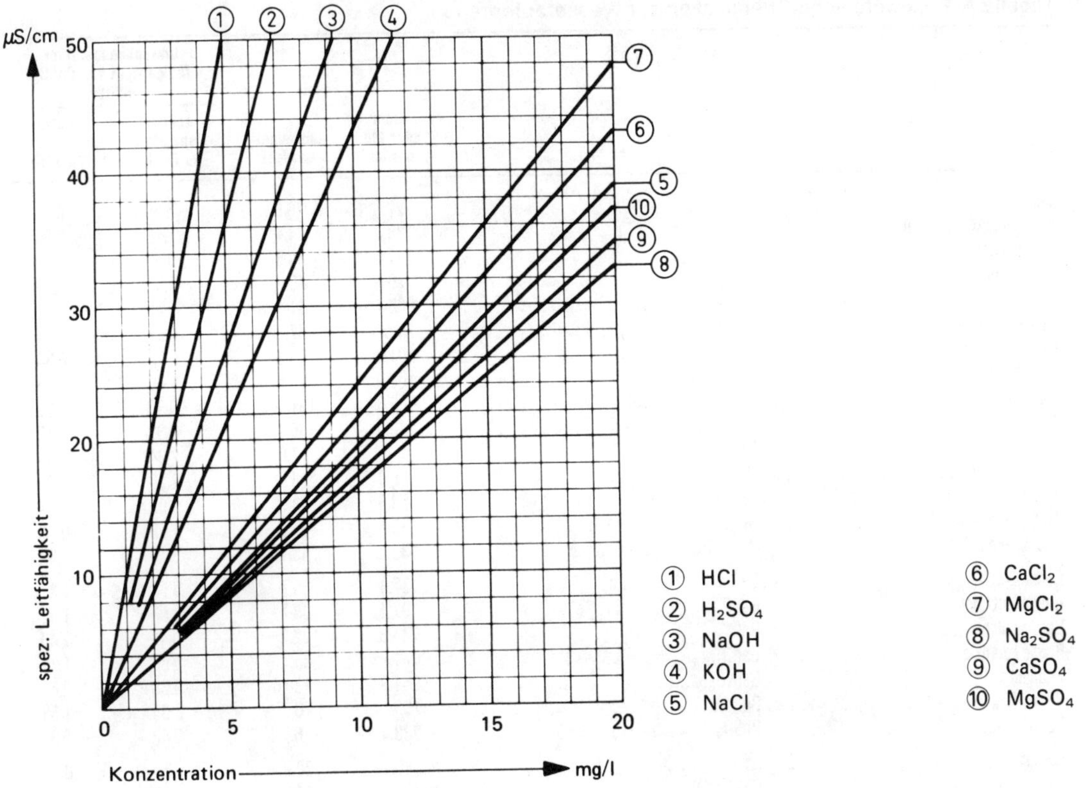

Abb. A-11. Spezifische Leitfähigkeiten von Lösungen.

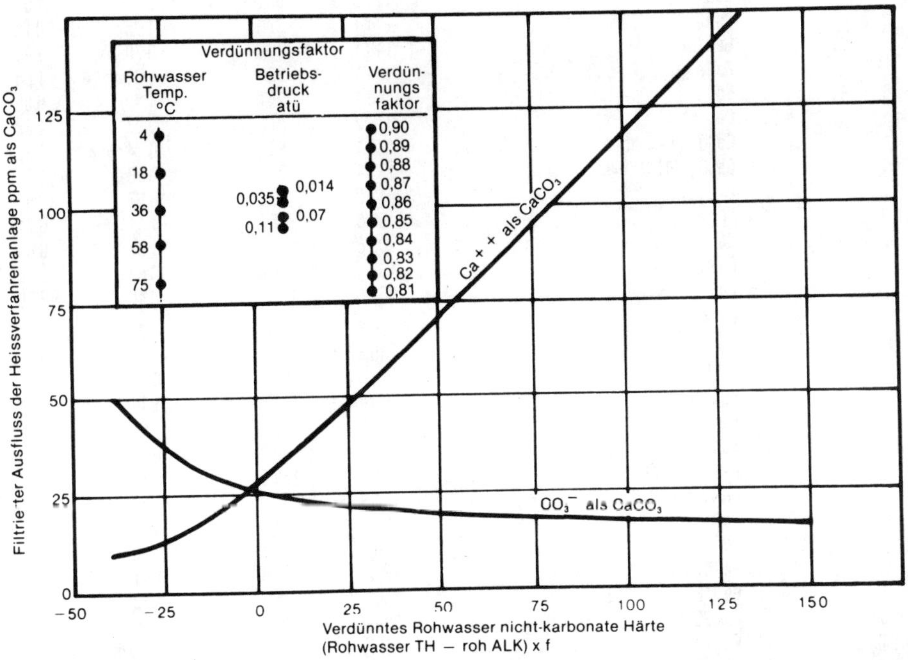

Abb. A-12. Voraussage der Calciumhärte und Carbonat-Alkalität des Heißverfahren-Ausfluß.

Tabelle A-1. Gewöhnliche Chemikalien zur Wasseraufbereitung

Stoff	Formel	Atom- oder Mol-gewicht	Äquivalent-gewicht	Umrechnungsfaktor Molgewicht von $CaCO_3$ als 100. Äquivalenz Stoff zu $CaCO_3$	Äquivalenz $CaCO_3$ zu Stoff
Aluminium	Al	27.0	9.0	5.56	0.18
Aluminiumchloridhydrat	$AlCl_3$	133.	44.4	1.13	0.89
Aluminiumchloridhydrat	$AlCl_3 \cdot 6H_2O$	241.	80.5	0.62	1.61
Aluminiumhydrat	$Al(OH)_3$	78.0	26.0	1.92	0.52
Aluminiumsulfat	$Al_2(SO_4)_3 \cdot 18H_2O$	666.4	111.1	0.45	2.22
Aluminiumsulfat	$Al_2(SO_4)_3$ (wasserfrei)	342.1	57.0	0.88	1.14
Aluminiumoxid	Al_2O_3	101.9	17.0	2.94	0.34
Natriumaluminat	$Na_2Al_2O_4$	163.9	27.8	1.80	0.55
Alaunammonium	$Al_2(SO_4)_3(NH_4)_2SO_4 \cdot 24H_2O$	906.6	151.1	0.33	3.02
Alaunkalium	$Al_2(SO_4)_3K_2SO_4 \cdot 24H_2O$	948.8	156.1	0.32	3.12
Ammonia	NH_3	17.0	17.0	2.94	0.34
Ammonium (Ion)	NH_4	18.0	18.0	2.78	0.86
Ammoniumchlorid	NH_4Cl	53.5	53.5	0.93	1.07
Ammoniumhydroxid	NH_4OH	35.1	35.1	1.42	0.70
Ammoniumsulfat	$(NH_4)_2SO_4$	132.	66.1	0.76	1.32
Barium	Ba	137.4	68.7	0.73	1.37
Bariumkarbonat	$BaCO_3$	197.4	98.7	0.58	1.97
Bariumchlorid	$BaCl_2 \cdot 2H_2O$	244.3	122.2	0.41	2.44
Bariumhydroxid	$Ba(OH)_2$	171.	85.7	0.59	1.71
Bariumnitrat	$Ba(NO_3)_2$	261.3	130.6	0.38	2.60
Bariumoxid	BaO	153.	76.7	0.65	1.53
Bariumsulfat	$BaSO_4$	233.4	116.7	0.43	2.33
Kalzium	Ca	40.1	20.0	2.50	0.40
Kalziumbikarbonat	$Ca(HCO_3)_2$	162.1	81.1	0.62	1.62
Kalziumkarbonat	$CaCO_3$	100.08	50.1	1.00	1.00
Kalziumchlorid	$CaCl_2$	111.0	55.5	0.90	1.11
Kalziumhydroxid	$Ca(OH)_2$	74.1	37.1	1.35	0.74
Kalziumhypochlorit	$Ca(ClO)_2$	143.1	35.8	0.70	1.43
Kalziumnitrat	$Ca(NO_3)_2$	164.1	82.1	0.61	1.64
Kalziumoxid	CaO	56.1	28.0	1.79	0.56
Kalziumphosphat	$Ca_3(PO_4)_2$	310.3	51.7	0.97	1.03
Kalziumsulfat	$CaSO_4$ (wasserfrei)	136.1	68.1	0.74	1.36
Kalziumsulfat	$CaSO_4 \cdot 2H_2O$ (Gips)	172.2	86.1	0.58	1.72
Kohlenstoff	C	12.0	3.00	16.67	0.06
Chlor (Ion)	Cl	35.5	35.5	1.41	0.71
Kupfer (II)	Cu	63.6	31.8	1.57	0.64
Kupfer (II) sulfat	$CuSO_4$	160.	80.0	0.63	1.60
Kupfer (II) sulfat	$CuSO_4 \cdot 5H_2O$	250.	125.	0.40	2.50
Eisen (II)	Fe"	55.8	27.9	1.79	0.56
Eisen (III)	Fe"'	55.8	18.6	2.69	0.37
Eisen (II) karbonat	$FeCO_3$	116.	57.9	0.86	1.16
Eisen (II) hydroxid	$Fe(OH)_2$	89.9	44.9	1.11	0.90
Eisen (II) oxid	FeO	71.8	35.9	1.39	0.72
Eisen (II) sulfat	$FeSO_4$ (wasserfrei)	151.9	76.0	0.66	1.52
Eisen (II) sulfat	$FeSO_4 \cdot 7H_2O$	278.0	139.0	0.36	2.78
Eisen (II) sulfat	$FeSO_4$ (wasserfrei)	151.9	151.9	Oxidierung	
Eisen (III) chlorid	$FeCl_3$	162.	54.1	0.93	1.08
Eisen (III) chlorid	$FeCl_3 \cdot 6H_2O$	270.	90.1	0.56	1.80
Eisen (III) hydroxid	$Fe(OH)_3$	107.	35.6	1.41	0.71
Eisen (III) oxid	Fe_2O_3	160.	26.6	1.88	0.53
Eisen (III) sulfat (Ferrisul)	$Fe_2(SO_4)_3$	399.9	66.7	0.75	1.33
Eisen (II) oder Eisen (III)	Fe or Fe	55.8	55.8	Oxidierung	
Fluor	F	19.0	19.0	2.63	0.38

Tabelle A-1. Gewöhnliche Chemikalien zur Wasseraufbereitung

Stoff	Formel	Atom- oder Mol-gewicht	Äquivalent-gewicht	Umrechnungsfaktor Molgewicht von $CaCO_3$ als 100. Äquiva-lenz Stoff zu $CaCO_3$	Äquiva-lenz $CaCO_3$ zu Stoff
Wasserstoff (Ion)	H.	1.01	1.01	50.0	0.02
Jod	I	127.	127.	0.40	2.54
Blei	Pb	207.	104.	0.48	2.08
Magnesium	Mg	24.3	12.2	4.10	0.24
Magnesiumbikarbonat	$Mg(HCO_3)_2$	146.3	73.2	0.68	1.46
Magnesiumkarbonat	$MgCO_3$	84.3	42.2	1.19	0.84
Magnesiumchlorid	$MgCl_2$	95.2	47.6	1.05	0.95
Magnesiumhydroxid	$Mg(OH)_2$	58.3	29.2	1.71	0.58
Magnesiumnitrat	$Mg(NO_3)_2$	148.3	74.2	0.67	1.48
Magnesiumoxid	MgO	40.3	20.2	2.48	0.40
Magnesiumphosphat	$Mg_3(PO_4)_2$	262.9	43.8	1.14	0.88
Magnesiumsulfat	$MgSO_4$	120.4	60.2	0.83	1.20
Mangan (II)	Mn"	54.9	27.5	1.82	0.55
Mangan (III)	Mn"'	54.9	18.3	2.73	0.37
Manganchlorid	$MnCl_2$	125.8	62.9	0.80	1.26
Mangandioxid	MnO_2	86.9	21.7	2.30	0.43
Manganhydroxid	$Mn(OH)_2$	89.0	44.4	1.13	0.89
Mangan (III) oxid	Mn_2O_3	158.	26.3	1.90	0.53
Mangan (II) oxid	MnO	70.9	35.5	1.41	0.71
Stickstoff (Valenz 3)	N"'	14.0	4.67	10.7	0.09
Stickstoff (Valenz 5)	N""'	14.0	2.80	17.9	0.06
Sauerstoff	O	16.0	8.00	6.25	0.16
Phosphor (Valenz 3)	P"'	31.0	10.3	4.85	0.21
Phosphor (Valenz 5)	P""'	31.0	6.20	8.06	0.12
Kalium	K.	39.1	39.1	1.28	0.78
Kaliumkarbonat	K_2CO_3	138.	69.1	0.72	1.38
Kaliumchlorid	KCl	74,6	74.6	0.67	1.49
Kaliumhydroxid	KOH	56.1	56.1	0.89	1.12
Silberchlorid	AgCl	143.3	143.3	0.35	2.87
Silbernitrat	$AgNO_3$	169.9	169.9	0.29	3.40
Silika	SiO_2	60.1	30.0	0.83	0.60
Silikon	Si	28.1	7.03	7.11	0.14
Natrium	Na	23.0	23.0	2.18	0.46
Natriumbikarbonat	$NaHCO_3$	84.0	84.0	0.60	1.68
Natriumbisulfat	$NaHSO_4$	120.0	120.0	0.42	2.40
Natriumbisulfit	$NaHSO_3$	104.0	104.0	0.48	2.08
Natriumkarbonat (wasserfrei)	Na_2CO_3	106.	53.0	0.94	1.06
Natriumkarbonat	$Na_2CO_3 \cdot 10H_2O$	286.	143.	0.35	2.86
Natriumchlorid	NaCl	58.5	58.5	0.85	1.17
Natriumhypochlorid	NaClO	74.5	37.3	0.67	1.49
Natriumhydroxid	NaOH	40.0	40.0	1.25	0.80
Natriumnitrat	$NaNO_3$	85.0	85.0	0.59	1.70
Natriumnitrat	$NaNO_2$	69.0	34.5	0.73	1.38
Natriumoxid	Na_2O	62.0	31.0	1.61	0.62
Trinatriumphosphat	$Na_3PO_4 \cdot 12H_2O$ (18.7% P_2O_5)	380.2	126.7	0.40	2.53
Trinatriumphosphat (wasserfrei)	Na_3PO_4 (43.2% P_2O_5)	164.0	54.7	0.91	1.09
Dinatriumphosphat	$Na_2HPO_4 \cdot 12H_2O$ (19.8% P_2O_5)	358.2	119.4	0.42	2.39
Dinatriumphosphat (wasserfrei)	Na_2HPO_4 (50% P_2O_5)	142.0	47.3	1.06	0.95
Mononatriumphosphat	$NaH_2PO_4 \cdot H_2O$ (51.4% P_2O_5)	138.1	46.0	1.09	0.92
Mononatriumphosphat (wasserfrei)	NaH_2PO_4 (59.1% P_2O_5)	120.0	40.0	1.25	0.80
Metaphosphat (wasserfrei)	$NaPO_3$ (69% P_2O_5)	102.0	34.0	1.47	0.68

Tabelle A-1. Gewöhnliche Chemikalien zur Wasseraufbereitung

Stoff	Formel	Atom- oder Mol-gewicht	Äquivalent-gewicht	Umrechnungsfaktor Molgewicht von $CaCO_3$ als 100. Äquiva-lenz Stoff zu $CaCO_3$	Äquiva-lenz $CaCO_3$ zu Stoff
Natriumsulfat (wasserfrei)	Na_2SO_4	142.1	71.0	0.70	1.42
Natriumsulfat	$Na_2SO_4 \cdot 10H_2O$	322.1	161.1	0.31	3.22
Natriumthiosulfat	$Na_2S_2O_3$	158.1	158.1	0.63	1.59
Natriumtetrathionat	$Na_2S_4O_6$	270.2	135.1	0.37	2.71
Natriumsulfit	Na_2SO_3	126.1	63.0	0.79	1.26
Schwefel (Valenz 2)	S''	32.1	16.0	3.13	0.32
Schwefel (Valenz 4)	S''''	32.1	8.02	6.25	0.16
Schwefel (Valenz 6)	S''''''	32.1	5.34	9.36	0.11
Schwefeldioxid	SO_2	64.1	32.0		
Zinn	Sn	119.			
Wasser	H_2O	18.0	9.00	5.56	0.18
Zink	Zn	65.4	32.7	1.53	0.65
SÄURERADIKALE					
Bikarbonat	HCO_3	61.0	61.0	0.82	1.22
Karbonat	CO_3	60.0	30.0	0.83*	.60
Kohlendioxid	CO_2	44.0	44.0	1.14	.44
Chlorid	Cl	35.5	35.5	1.41	.71
Jodid	I	126.9	126.9	0.39	2.54
Nitrat	NO_3	62.0	62.0	0.81	1.24
Hydroxid	OH	17.0	17.0	2.94	0.34
Phosphat	PO_4	95.0	31.7	1.58	0.63
Phosphor (III) oxid	P_2O_5	142.0	23.7	2.11	0.47
Sulfid	S	32.1	16.0	3.13	0.32
Sulfat	SO_4	96.1	48.0	1.04	0.96
Schwefeltrioxid	SO_3	80.1	40.0	1.25	0.80
SÄUREN					
Wasserstoff	H	1.0	1.0	50.00	0.02
Essigsäure	$HC_2H_3O_2$	60.1	60.1	0.83	1.20
Kohlensäure	H_2CO_3	62.0	31.0	1.61	0.62
Salzsäure	HCl	36.5	36.5	1.37	0.73
Salpetersäure	HNO_3	63.0	63.0	0.79	1.26
Phosphorsäure	H_3PO_4	98.0	32.7	1.53	0.65
Schweflig Säure	H_2SO_3	82.1	41.1	1.22	0.82
Schwefelsäure	H_2SO_4	98.1	49.0	1.02	0.98
Wasserstoffsulfit	H_2S	34.1	17.05	2.93	0.34
Mangansäure	H_2MnO_2	104.9	52.5	0.95	1.05

* In Ionenaustauschreaktionen wird angenommen, daß Karbonat als monovalentes Ion reagiert.

Tabelle A-2. Wasseräquivalente.

UMRECHNUNGSTABELLE (bis zur 3. Stelle)	**Teile $CaCO_3$ pro Million (ppm)**	**Teile $CaCO_3$ pro Hundert tausend (p/100 000)**	**Grain $CaCO_3$ pro Gallone US (gpg)**	**Englische Grad oder °Clark**	**Französische Grad - Französisch**	**Deutsche Grad - °Deutsch**	**Milliäquivalent pro Liter oder Äquivalent pro Million**
1 Teil pro Million	1.0	0.1	0.0583	0.07	0.1	0.0560	0.020
1 Teil pro Hunderttausend	10.0	1.0	0.583	0.7	1.0	0.560	0.20
1 Grain/pro Gallone US	17.1	1.71	1.0	1.2	1.71	0.985	0.343
1 Englisches oder Clark Grad	14.3	1.43	0.833	1.0	1.43	0.800	0.286
1 Französisches Grad	10.0	1.0	0.583	0.7	1.0	0.560	0.20
1 Deutsches Grad	17.9	1.79	1.04	1.24	1.79	1.0	0.37
1 Milliäquivalent pro Liter oder 1 Äquivalent pro Million	50.0	5.0	2.92	3.50		2.80	1.0

Wasseranalyse Umrechnungstabelle (bis zur 3. Stelle)	**Teile pro Million (ppm)**	**Milligramm pro Liter (mg/1)**	**Gramm pro Liter (g/1)**	**Teile pro Hunderttausend (p/100 000)**	**Grain pro Gallone US (gr./gal. US)**	**Grain pro Gallone GB (gr./gal. GB)**	**Kilograin pro Cubicfluss (kgr./ft.$_3$)**
1 Teil pro Million	1.0	1.0	0.001	0.1	0.0583	0.07	0.0004
1 Milligramm pro Liter	1.0	1.0	0.001	0.1	0.0583	0.07	0.0004
1 Gramm pro Liter	1000.0	1000.0	1.0	100.0	58.3	70.0	0.436
1 Teil pro Hunderttausend	10.0	10.0	0.01	1.0	0.583	0.7	0.00436
1 Grain pro Gallone US	17.1	17.1	0.017	1.71	1.0	1.2	0.0075
1 Grain pro Gallone GB	14.3	14.3	0.014	1.43	0.833	1.0	0.0062
1 Kilograin pro Cubicfluss	2294.0	2294.0	2.294	229.4	134.0	161.0	1.0

Bemerkung: In der Praxis werden Proben zur Wasseranalyse nach Volumen gemessen, nicht nach Gewicht, und Korrekturen zu Unterschieden in spezifischem Gewicht werden fast nie durchgeführt. Azs diesem Grund werden Teile pro Million mit Milligramm pro Liter gleichgestellt, und darum sind die obigen Verhältnisse für praktische Zwecke gültig.

Tabelle A-3. Geläufige Umrechnungsfaktoren für Ionenaustauschberechnungen.

Zur Umrechnung von	**zu**	**durch ... multiplizieren**
Kapazität		
kgr./ft.^{3} (als $CaCO_3$)	g CaCO/l	1.28
kgr./ft.^{3} (als $CaCO_3$)	g $CaCO_3$/l	2.29
kgr./ft.^{3} (als $CaCO_3$)	äg/l	0.0458
g $CaCO_3$/l	kgr./ft.^{3} (als $CaCO_3$)	0.436
g $CaCO_3$	kgr./ft.^{3} (als $CaCO_3$)	0.780
Flussrate		
US gal. pm/ft^3	BV/h	8.02
US gal. pm/ft^3	m/h	2.45
US gal. pm	m^3/h	.227
BV/min.	US gal. pm/ft^3	7.46
Drucksenkung		
poi/ft.	mH_2O/m Harz	2.30
	g/cm^2/m	230
Konzentration des Regenerierungsmittels		
lbs./ft.^{3}	g/l	16.0
Konzentration		
lbs./ft.^{3}	g/l	16.0
Spülungsanforderungen		
US gal./ft^3	BV	0.134

Tabelle A-4. Flußrate*

		Gal. (US) / ft. ^{3} / min.	Gal. (GB) / ft. ^{3} / min.	Pfund H_2O / ft. ^{3} / min.
1 Bettvolumen/min.	1	7.48	6.24	62.4
1 Gal. (US) / ft.^{3} / min.	0.134	1	0.833	8.33
1 Gal. (GB) / ft.^{3} / min.	0.161	1.20	1	10
1 Pfund H^2O / / ft.^{3} / min.	0.016	0.12	0.10	1

*Um Flußrate pro Volumen zu Flußrate pro Einheitsfläche umzurechnen, wird die Flußrate pro Einheitsvolumen durch das Harzvolumen multipliziert, und dann durch die Querschnittsfläche dividiert.

Tabelle A-5. Kapazität** und Regenerierungsniveau

	m äg. / ml	Pfund äg. / ft^3	kgr. als $CaCO_3$ / ft.^{3}	g CaO / l	g $CaCO_3$ / l
1 Milliäquivalent/ml	1	0.0624	21.8	28	50
1 Pfundäquivalent/ft.^{3} / min.	16.0	1	349	449	801
1 Kilograin (als $CaCO_3$)/ft.^{3}	0.0459	0.00286	1	1.28	2.29
1 Gramm CaO/Liter	0.0357	0.00223	0.779	1	1.79
1 Gramm $CaCO_3$/Liter	0.0200	0.00125	0.436	0.560	1

**Kapazität auf der Basis von Trockengewicht kann wie folgt berechnet werden:

$$\text{g-mäq./g Trockenharz} = 6.240 \times \frac{\text{g -mäq./ml}}{\text{Naßkonzentration in Pfund/ft.}^3 \times \text{\% Feststoffe}}$$

Tabelle A-6. Koagulierungsreaktion

$$\begin{aligned}
Al_2(SO_4)_3 + 3\,Ca(HCO_3)_2 &= 2Al(OH)_3 + 3CaSO_4 + 6CO_2 \\
Al_2(SO_4)_3 + 3Na_2CO_3 + 3H_2O &= 2Al(OH)_3 + 3Na_2SO_4 + 3CO_2 \\
Al_2(SO_4)_3 + 6NaOH &= 2Al(OH)_3 + 3Na_2SO_4 \\
Al_2(SO_4)_3\,(NH_4)_2SO_4 + 3Ca(HCO_3)_2 &= 2Al(OH)_3 + (NH_4)_2SO_4 + 3CaSO_4 + 6CO_2 \\
Al_2(SO_4)_3 \cdot K_2SO_4 + 3Ca(HCO_3)_2 &= 2Al(OH)_3 + K_2SO_4 + 3CaSO_4 + 6CO_2 \\
Na_2Al_2O_4 + Ca(HCO_3)_2 + 2H_2O &= 2Al(OH)_3 + CaCO_3 + Na_2CO_3 \\
FeSO_4 + Ca(OH)_2 &= Fe(OH)_2 + CaSO_4 \\
4Fe(OH)_2 + O_2 + 2H_2O &= 4Fe(OH)_3 \\
Fe_2(SO_4)_3 + 3Ca(HCO_3)_2 &= 2Fe(OH)_3 + 3CaSO_4 + 6CO_2
\end{aligned}$$

Tabelle A-7. Chemische Reaktionen im Kalkmilch, Kalksoda-, und Kalziumchloridverfahren.

	CO_2	+ $Ca(OH)_2$	= $CaCO_3$	+ H_2O	
	*$Ca(HCO_3)_2$	+ $Ca(OH)_2$	= 2 $CaCO_3$	+ 2 H_2O	
	*$CaSO_4$	+ Na_2CO_3	= $CaCO_3$	+ Na_2SO_4	
	*$CaCl_2$	+ Na_2CO_3	= $CaCO_3$	+ 2 $NaCl$	
	*$Ca(NO_3)_2$	+ Na_2CO_3	= $CaCO_3$	+ 2 $NaNO_3$	
	*$Mg(HCO_3)_2$	+ 2 $Ca(OH)_2$	= $Mg(OH)_2$	+ 2 $CaCO_3$	+ 2 H_2O
*$MgSO_4$	+ Na_2CO_3	+ $Ca(OH)_2$	= $Mg(OH)_2$	+ $CaCO_3$	+ Na_2SO_4
*$MgCl_2$	+ Na_2CO_3	+ $Ca(OH)_2$	= $Mg(OH)_2$	+ $CaCO_3$	+ 2 $NaCl$
$Mg(NO_3)_2$	+ Na_2CO_3	+ $Ca(OH)_2$	= $Mg(OH)_2$	+ $CaCO_3$	+ 2 $NaNO_3$
	*$Ca(OH)_2$	+ Na_2CO_3	= $CaCO_3$	+ 2 $NaOH$	
H_2SO_4	+ $Ca(OH)_2$	+ Na_2CO_3	= $CaCO_3$	+ Na_2SO_4	+ 2 H_2O
	$NaCO_3$	+ $CaCl_2$	= $CaCO_3$	+ 2 $NaCl$	
	$MgCO_3$	+ $CaCl_2$	= $CaCO_3$	+ $MgCl_2$	
	$NaCO_3$	+ $CaSO_4$	= $CaCO_3$	+ Na_2SO_4	
	$MgCO_3$	+ $CaSO_4$	= $CaCO_3$	+ $MgSO_4$	
	$Al(SO_4)_3$	+ $Ca(HCO_3)_2$	= 2 $Al(OH)_3$	+ 3 $CaSO_4$	+ 6 CO_2
$Al_2(SO_4)_3$	+ 3 Na_2CO_3	+ 3 $Ca(OH)_3$	= 2 $Al(OH)_3$	+ 3 Na_2SO_4	+ 3 $CaCO_3$
	$Fe(SO_4)_3$	+ 3 $Ca(HCO_3)_2$	= 2 $Fe(OH)_3$	+ 3 $CaSO_4$	+ 6 CO_2
$Fe_2(SO_4)_3$	+ 3 Na_2CO_3	+ 3 $Ca(OH)_2$	= 2 $Fe(OH)_3$	+ 3 Na_2SO_4	+ 3 $CaCO_3$

***Auch Kalkmilch, heiß**

Tabelle A-8. Chemische Anforderungen – Heißkalksoda

Die Kalzium- und Karbonatalkalität (als $CaCO_3$) des behandelten (filtrierten) Wassers kann vorausgesagt werden, auf der Basis der nicht-karbonaten Härte des verdünnten Wassers. Die Gesamtanalyse des behandelten Wassers kann vorausgesagt werden, auf der Basis von einer angenommenen Magnesiumhydroxid-Löslichkeit von 5 ppm (als $CaCO_3$).

Der Verbrauch an reinem hydriertem Kalk in Pfund (US) pro 1000 Gallonen behandelten Wassers ist

$$\frac{A + Mg}{160}$$

wo A = verdünnte Alkalität, ppm $CaCO_3$
Mg = verdünntes Magnesium, ppm $CaCO_3$

Die Kalkart die verwendet wird beeinflußt den Verbrauch mit den folgenden Faktoren (statt 160 zu verwenden):

93% hydrierter Kalk – 150
Gebrannter Kalk CaO, 90 % – 190
Dolomitenkalk – 100

Wie besprochen haben Kalk und Soda beschränkte Anwendung. Da die Hauptverwendung Kesselwasser ist, vollenthärtetes Wasser wichtig. Normalerweise wird das durch die Verwendung von in Verbindung mit z. B. Kalkmilchentkarbonisierung erreicht. Aber wie im Kaltverfahren kann Soda zugegeben werden um Alkalität zur Senkung von Nichtkarbonathärte zu erreichen.

Die Resultate wenn Soda der Kalkbehandlung beigefügt wird zeigt Abb. A-5.

Wie gezeigt, wird nicht-karbonate Härte durch die Anwesenheit von überschüssiger Solvay-Soda gesenkt. Durch Kontrolle der Solvay-Soda-Speisung kann der Grad der Senkung gesteuert werden.

Der Verbrauch an Soda (technisch 98%) in Pfund pro 1000 Gallonen behandeltes Wasser ist:

$$\frac{\text{NKH entfernt} + \text{Überschuß}}{113}$$

wo nkH entfernt = verdünnte nicht-karbonate Härte die entfernt werden soll, mg/l $CaCO_3$.
Überschuß = überschüssige Soda wie in Abb. A-5 (benötigt um Härte unter 25 mg/l als $CaCO_3$ zu senken).

Kalkverbrauch wird wie vorher beschrieben berechnet.

Wenn Natriumalkalität anwesend ist, kann weitere Alkalitätssenkung erreicht werden durch Zugabe von Kalziumchlorid oder Kalziumsulfat. Dieses Verfahren (heiß oder kalt) vermindert nicht die gesamten gelösten Feststoffe; es ersetzt lediglich Chloride (oder Sulfate) anstelle der Alkalität. Abb. A-12 wird auch verwendet um die Wirkungen dieses Verfahrens zu berechnen. Der Ausgangspunkt ist das gewünschte Niveau der Alkalität des behandelten Wassers, wo 20 – 25 mg/l Karbonate, als $CaCO_3$, die praktische untere Grenze darstellt. Die Wirkungen der Kalkbehandlung sind vorausgesagt.

Die Ziffer wird an der Ordinate (filtrierter Ablauf der Heißverfahrenanlage mg/l $CaCO_3$) bei der gewünschten Alkalität festgelegt, und dann wird die Kreuzungsstelle mit der Karbonat-Kurve (CO_3) markiert. Der Wert auf der Abszisse ist die benötigte Nichtkarbonathärte des verdünnten unbehandelten Wassers (A).

Man bewegt die Ziffer in der vertikalen Richtung und markiert die Kreuzungsstelle mit der Kalzium-Kurve (Ca). Dieser Wert, an der Ordinate abzulesen, ist die Kalkhärte des behandelten Wassers.

Die benötigte Kalzium (-chlorid oder -sulfat) ist der algebraische Unterschied zwischen der kalkbehandelten verdünnten Karbonathärte und der (A), die oben verlangt wird. Es wird allgemein angenommen, daß Magnesiumhydroxid in 5 mg/l anwesend (berechnet als $CaCO_3$) Natrium ändert sich nicht, aber Chlorid (oder Sulfat) steigt gleichmäßig mit der Härtesenkung.

Der Verbrauch an Chemikalien in Pfund (US) pro 1000 Gallonen behandeltes Wasser ist:

$$\text{Kalziumchlorid (100\%)} = \frac{\text{NKH zugegeben}}{92}$$

Tabelle A-8. Chemische Anforderungen – Heißkalksoda.

wo nkH zugegeben = mg/l Kalzium - chlorid zugegeben nach obiger Berechnung, ppm $CaCO_3$

$$\text{Kalziumsulfat (100\%)} = \frac{\text{NKH zugegeben}}{60}$$

wo nkH zugegeben = mg/l Kalziumsulfat zugegeben nach obiger Berechnung, mg/l $CaCO_3$

Silikatabsenkung ist ein wesentlicher Vorteil von Heißverfahrenenthärtung. Sie wird erreicht durch Rezirkulierung von Schlamm vom Boden der Einheit zum oberen Ende, bei einer Rate von 5–10% der Kapazität, mit Hilfe einer Umwälzungspumpe.

Der Mechanismus der Silikatentfernung ist vermutlich ein mehrstufiger Vorgang, mit Adsorption von SiO_2. Die Magnesium-Niederschläge stammen von Magnesium im unbehandelten Wasser oder von zusätzlichem Magnesiumoxid. Alterung des Magnesiumoxids ist der Hauptgrund für Schlammrezirkulierung.

Die benötigte Magnesium-Niederschlagsmenge für verschiedene Silikatmengen in unbehandeltem Wasser, auf der Basis von der Silikatmenge in dem Eintrittswasser. Die Quellen für dieses Magnesium sind das unbehandelte Wasser und Dolomitenkalk (ungefähr 32% Magnesiumoxid) oder Magnesiumoxid.

Wenn Dolomitenkalk verwendet wird, entspricht die verbrauchte Menge der größeren die zur Enthärtung benötigt wird im Vergleich zu der, die für Silikatsenkung benötigt wird.

Für Silikat ist der Verbrauch an Dolomitenkalk in Pfund (US) pro 1000 Gallonen behandeltes Wasser:

$$\frac{\text{MgO - MgR}}{96}$$

wo MgO = Magnesium benötigt zur Senkung von Silikat, mg/l $CaCO_3$

Der Verbrauch an Magnesiumoxid in Pfund (US) pro 1000 Gallonen behandeltes Wasser ist:

$$\frac{\text{MgO - MgR}}{300}$$

Tabelle A-9. Analyse des behandelten Wassers – Kalkmilch

Dosierungen und Wirkungen von Koagulierungsmitteln: Gewöhnlich wird ein Koagulierungsmittel im Kalkmilchverfahren zur Wasserenthärtung verwendet. Das Koagulierungsmittel fördert Absetzung der im Verfahren gebildeten Feststoffe. Auch beeinflußt es die Alkalität und den Gehalt an freiem Kohlendioxid in der Analyse des unbehandelten Wassers. Der Einfluß auf den Gesamtsulfatgehalt wird auch gegeben.

Analyse des behandelten Wassers: Die Analyse des behandelten Wassers ist die Basis für alle Berechnungen. Die Analyse des unbehandelten Wassers wird erhalten durch die folgenden Änderungen (in Abhängigkeit von dem verwendeter Koagulierungsmittel) in der Alkalität und dem Gehalt an freiem Kohlendioxid in der Analyse des unbehandelten Wassers. Der Einfluß auf den Gesamtsulfatgehalt wird auch gegeben. Dosierungsbeispiele sind wie im folgenden:

Unter Verwendung von:	Analyse des unbehandelten Wassers	MODIFIZIERTE ANALYSE (20 mg/l) Aluminiumsulfat	(30 mg/l) Eisen (II)-sulfat	(10 mg/l) Eisen (III)-sulfat	(10 mg/l) Natriumaluminat (88%)
Alkalität als $CaCO_3$ ausgedrückt	Nr. mg/l	Minus 9 mg/l	Minus 8 mg/l	Minus 8 mg/l	Plus 5 mg/l
Freies Kohlendioxid als CO_2 ausgedrückt	Nr. mg/l	Plus 8 mg/l	Plus 7 mg/l	Plus 6 mg/l	Minus 5 mg/l
Sulfate als $CaCO_3$ ausgedrückt	Nr. mg/l	Plus 9 mg/l	Plus 8 mg/l	Plus 8 mg/l	Keine

Der Ausdruck „ursprünglich" wie hier im Text verwendet bedeutet die Ziffern in der Analyse des behandelten Wassers.

Bestimmung der Begriffe: Durch Untersuchung der Analyse des behandelten Wassers kann die An- oder Abwesenheit der folgenden Bestandteile und die Menge der anwesenden wie folgt bestimmt werden:

Kalziumalkalität	= Kalziumhärte oder Alkalität, der geringere Wert (wenn gleich, einer von beiden)
Magnesiumalkalität	= Magnesiumhärte, wenn Alkalität gleich oder mehr als Gesamthärte
Magnesiumalkalität	= Alkalität – Kalziumhärte, wenn Alkalität weniger als Gesamthärte
Natriumalkalität	= Alkalität – Gesamthärte
Nicht-karbonate Kalziumhärte	= Kalziumhärte – Kalziumalkalität
Nicht-karbonate Magnesiumhärte	= Magnesiumhärte – Magnesiumalkalität
Gesamte Nichtkarbonathärte	= Gesamthärte – Alkalität

Bemerkung: Wenn eine Berechnung wie oben Null oder eine negative Zahl ergibt, ist diese Substanz nicht anwesend.

Tabelle A-10. Senkung von Kalziumalkalität – Kalkmilch

Ablaufzusammensetzung: Die Behandlung zur Senkung von Kalziumalkalität entfernt freies Kohlendioxid, senkt die Kalziumalkalität auf 35 mg/l, und entfernt etwa 10 % der Magnesiumhärte (die Senkung an Magnesiumhärte ist meistens etwas weniger als 10 % wenn die Magnesiumhärte des Wassers gering ist, und etwas mehr als 10 % wenn sie hoch ist.) Die Zusammensetzung des behandelten Wassers ist wie folgt:

	(1) Freies Kohlendioxid	= Kein
*	(2) Kalziumhärte	= (Ursprüngliche Kalziumhärte + 35 mg/l) – ursprüngliche Kalziumalkalität
	(3) Magnesiumhärte.	90 = der urspünglichen Magnesiumhärte
	(4) Gesamthärte	= die Summe von (2) und (3)
**	(5) Alkalität	= (Ursprüngliche Alkalität + 35 mg/l) – ursprüngliche Kalziumalkalität – 10 % der ursprünglichen Magnesiumhärte

*5 Fall 1: Die Gleichung wie im Text stimmt wenn die ursprüngliche Magnesiumalkalität gleich oder mehr als 10 % der ursprünglichen Magnesiumhärte darstellt.

Fall 2: Wenn keine ursprüngliche Magnesiumalkalität anwesend ist, wird 10% der ursprünglichen Magnesiumhärte in Kalziumhärte überführt, und diese Menge soll dem Ergebnis von (2) addiert werden bevor (4) berechnet wird.

Fall 3: Wenn ursprüngliche Magnesiumalkalität anwesend ist, aber in einer Menge weniger als 10 % der urspünglichen Magnesiumhärte, dann ist die Menge, die in Kalziumhärte überführt wird, 10 % der ursprünglichen Magnesiumhärte – die ursprüngliche Magnesiumalkalität, und diese Menge soll dem Ergebnis von (2) addiert werden bevor (4) berechnet wird.

**5 Fall 1: Die Gleichung wie im Test stimmt wenn die ursprüngliche Magnesiumalkalität gleich oder mehr ist als 10 % der ursprünglichen Magnesiumhärte.

Fall 2: Wenn keine ursprüngliche Magnesiumalkalität anwesend ist, wird „10 % der ursprüngliche Magnesiumhärte" aus der Gleichung ausgelassen.

Fall 3: Wenn ursprüngliche Magnesiumalkalität anwesend ist, aber in einer Menge von weniger als 10 % der ursprüngliche Magnesiumhärte, dann soll die ursprüngliche Magnesiumalkalität anstelle von „10 % der ursprünglichen Magnesiumhärte" in die Gleichung eingesetzt werden.

Prüfung von berechneten Zusammensetzungen des behandelten Wassers: Die Nichtkarbonathärte und die Natriumalkalität sollen sich nicht ändern.

Alkalität und pH des Wassers: Das behandelte Wasser wird 35 mg/l Karbonatalkalität enthalten. Überschüssige Alkalität, höher als 35 mg/l, ist Bikarbonatalkalität. Der pH-Wert des behandelten Wassers steht zwischen 9.0 und 10.2.

Benötigte Kalkdosierungen: Die Dosierungen an technischen hydriertem Kalk (93 % $Ca(OH)_2$) oder technischem chemischen Kalk (90 % CaO) in Pfund (US), die pro 1000 Gallonen (US) benötigt werden sind wie im folgenden:

	93 % hydratisierter oder Kalk	90 % chemischer Kalk
	– Pfund pro 1000 Gal. –	
Freies Kohlendioxid als mg/l CO_2.	X .0151	X .0118
Kalziumalkalität als mg/l $CaCO_3$.	X .00663	X .00519
nicht-karbonate Magnesiumhärte entfernt als mg/l $CaCO_3$.	X .00663	X .00519
Magnesiumalkalität entfernt als mg/l $CaCO_3$	X .01326	X .01038

Tabelle A-11. Senkung von Kalzium- und Magnesiumalkalität – Kalkmilchverfahren

Zusammensetzung des Ablaufwassers: Die Behandlung mit Kalk zur Senkung von Kalzium- sowohl als Magnesiumalkalität entfernt freies Kohlendioxid, senkt die Magnesiumhärte auf ein Niveau in Einklang mit den gewünschten Merkmalen des Ablaufwassers und Wirtschaftlichkeit der Behandlung. Dieses Niveau, in der einstufigen Behandlung, wechselt in Abhängigkeit von der Zusammensetzung der modifizierten Wasseranalyse und den gewünschten Ergebnissen.
Für alle Fälle, siehe Abb. A-£. Wenn das Niveau auf das die Magnesiumhärte zu senken ist bestimmt worden ist, ist die Zusammensetzung des Ablaufwassers wie folgt:

(1) Freies Kohlendioxid . . . . = Keines
(2) Kalziumhärte. . . . . = 35 mg/l
(3) Magnesiumhärte . . . . = Jede gewünschte Menge bis zu Minimum*
(4) Gesamthärte. . . . . = Summe von (2) und (3)

***Minimale wirtschaftliche Magnesiumhärte kann wie folgt bestimmt werden:**

Wenn Natriumalkalität in der modifizierten Wasseranalyse anwesend ist in einer Menge von:

62 mg/l oder weniger
Gesamtalkalität — endgültige Magnesiumhärte = Natriumalkalität
für Magnesiumhärte

für mehr als 62 mg/l
endgültige Magnesiumhärte . . . . 8 mg/l

Wenn Nichtkarbonathärte in der modifizierten Wasseranalyse anwesend ist in einer Menge von:

weniger als 80 mg/l

endgültige
Gesamtalkalität für Magnesiumhärte
Nichtkarbonathärte

80 mg/l oder mehr

endgültige Magnesiumhärte . . . . = Nichtkarbonathärte

Prüfung von berechneten Zusammensetzungen des Ablaufwassers: Die Nichtkarbonathärte und die Natriumalkalität sollen sich nicht ändern.

Alkalität und pH des Ablaufwassers: Wenn die Behandlung so ausgeführt wird daß keine Alkalität in dem Ablaufwasser verbleibt, ist die Alkalität nur Karbonatalkalität. Wenn sie so ausgeführt wird daß Alkalität anwesend ist kann die Menge an Alkalität aus Abb. A-4. bestimmt werden, und der Rest ist Karbonatalkalität. Der pH-Wert des Ablaufwassers ist etwa 10,2 wenn keine Alkalität anwesend ist. Bei Anwesenheit von jeglicher Alkalität kann der ungefähre pH-Wert auch aus Abb. A-4 bestimmt werden.

Benötigte Kalkdosierungen: Die Dosierungen an technischen hydriertem Kalk (93 % $Ca(OH)_2$) oder technischem chemischen Kalk (CaO) in Pfund (US), die pro 1000 Gallonen (US) benötigt werden, sind wie folgt:

	93 % hydratisierter Kalk – Pfund pro 1000 Gal. –	**oder 90 % chemischer Kalk** – Pfund pro 1000 Gal. –
Freies Kohlendioxid als mg/l CO_2	X .0151	X .0118
*Alkalinität als mg/l $CaCO_3$	X .00663	X .00519
Magnesiumalkalität als mg/l $CaCO_3$ zu entfernen	X .00663	X .00519
Alkalität im Ablaufwasser bezeichnet als mg/l $CaCO_3$	X .00663	X .00519

*Wenn Natriumalkalität anwesend ist, und wenn Magnesiumhärte nicht unter 80 mg/l zu senken ist, kann die Kalkdosierung durch eine Menge verringert werden, die einer Hälfte der anwesenden Natriumalkalität gleichwertig ist, und das Ablaufwasser wird Bikarbonat gleichwertig mit der halben Natriumalkalität enthalten.

Tabelle A-12. Senkung von Alkalität und Nichtkarbonathärte – Kalkmilch-Soda-Verfahren

Klassifizierung: Nichtkarbonathärte enthaltende Gewässer können in drei Klassen getrennt werden:

Klasse 1 - enthält

Freies Kohlendioxid
Kalziumalkalität
Nichtkarbonathärte - Ca
Nichtkarbonathärte - Mg

Klasse 2 - enthält

Freies Kohlendioxid
Kalziumalkalität
Magnesiumalkalität
Nichtkarbonathärte - Mg

Klasse 3 - entfällt

Freies Kohlendioxid
Nichtkarbonathärte – Ca
Nichtkarbonathärte - Mg

Klasse 1, Fall 1: **Zusammensetzung des Ablaufwassers:** Behandlung zur Senkung von Kalziumalkalität auf 35 mg/l und Entfernung von aller oder einem Teil der Nichtkarbonathärte - Ca ergibt ein Ablaufwasser mit der folgenden Zusammensetzung:

(1) Freies Kohlendioxid .... = Keines
(2) Kalziumhärte .... = Jede gewünschte Menge bis hinunter zu 35 mg/l
(3) Magnesiumhärte .... = 90% der ursprünglichen Magnesiumhärte
(4) Gesamthärte .... = Summe von (2) und (3)
(5) Alkalität .... = 35 mg/l

Prüfung von berechneten Zusammensetzungen des Ablaufwassers: Die Nichtkarbonathärte soll gesenkt werden, oder die Natriumalkalität soll erhöht werden, durch eine Menge gleichwertig mit der zugegebenen Soda (als $CaCO_3$ ausgedrückt).

Alkalität und pH des Ablaufwassers: Die 35 mg/l Alkalität sind Karbonatalkalität. Der pH-Wert ist etwa 10,2.

Benötigte Chemikaliendosierungen: Die Dosierungen an technischem hydriertem Kalk (93% $Ca(OH)_2$) oder technischem chemischen Kalk (90% CaO) und technischer Soda (98% Na_2CO_3) in Pfund (US) benötigt werden, sind wie folgt:

	93% hydratisierter Kalk	90% chemischer Kalk	98% Soda
	Pfund pro 1000 Gal.		
Freies Kohlendioxid als mg/l CO_2	X ,0151	X ,0118	Keines
Alkalität als mg/l $CaCO_3$	X ,00663	X ,00519	keine
10% Magnesiumhärte als mg/l $CaCO_3$	X ,00663	X ,00519	X , 00901
Nichtkarbonathärte – Ca-berechnet als mg/l $CaCO_3$ zu entfernen	keine	keine	X ,00901

Klasse 1, Fall 1: **Zusammensetzung des Ablaufwassers:** Behandlung zur Senkung von Kalziumhärte auf 35 mg/l und Senkung von Nichtkarbonathärte - Mg auf gewünschte Mengen (siehe Abb. A-3) ergibt ein Wasser mit der folgenden Zusammensetzung:

(1) Freies Kohlendioxid .... = Keines
(2) Kalziumhärte .... = Jede gewünschte Menge bis hinunter zu 35 mg/l
(3) Magnesiumhärte .... = Gewünschte Menge (Abb. A-3)
(4) Gesamthärte .... = Summe von (2) und (3)
(5) Alkalität .... = 35 mg/l + Zahl mg/l an Alkalität im Ablaufwasser.

Prüfung von berechneten Zusammensetzungen des Ablaufwassers: Die Nichtkarbonathärte soll gesenkt werden oder die Natriumalkalität soll erhöht werden, durch eine Menge gleichwertig mit der zugegebenen Soda (als $CaCO_3$ ausgedrückt).

Alkalität und pH des Ablaufwassers: Die Alkalität ist die Menge die aus Abb. A-3 bestimmt wird, und der Rest der Alkalität ist Karbonatalkalität. Der ungefähre pH-Wert kann auch aus Abb. A-3 bestimmt werden.

Benötigte Chemikaliendosierungen: Die Dosierungen an technischem hydriertem Kalk (93% $Ca(OH)_2$) oder technischem chemischen Kalk (90% CaO) und technischer Soda (98% Na_2CO_3) in Pfund (US), die pro 1000 Gallonen (US) benötigt werden, sind wie folgt:

	93% hydratisierter Kalk	90% chemischer Kalk	98% Soda
	Pfund pro 1000 Gal.		
Freies Kohlendioxid als mg/l CO_2	X ,0151	X ,0118	Keines
Alkalität als mg/l $CaCO_3$	X ,00663	X ,00519	keine
10% Magnesiumhärte als mg/l $CaCO_3$	X ,00663	X ,00519	X , 00901
Nichtkarbonathärte – Ca-berechnet als mg/l $CaCO_3$ zu entfernen	keine	keine	X ,00901

Tabelle A-12. Senkung von Alkalität und Nichtkarbonathärte – Kalkmilch-Soda-Verfahren

Klasse 2. **Zusammensetzung des Ablaufwassers:** Behandlung zur Senkung von Kalziumalkalität auf 35 mg/l; Senkung von Magnesiumalkalität und Entfernung von nicht-karbonater Magnesiumhärte ergibt ein Wasser mit der folgenden Zusammensetzung:

(1) Freies Kohlendioxid .... = Keines
(2) Kalziumhärte .... = 35 mg/l
(3) Magnesiumhärte .... = Gewünschte Menge (Abb. A-3)
(4) Gesamthärte .... = Summe von (2) und (3)
(5) Alkalität .... = 35 mg/l + Zahl mg/l an Alkalität im Ablaufwasser –

Prüfung von berechneten Zusammensetzungen des Ablaufwassers: Die Nichtkarbonathärte soll gesenkt werden, oder die Natriumalkalität soll erhöht werden, durch eine Menge gleichwertig mit der zugegebenen Soda (als $CaCO_3$ ausgedrückt).

Alkalität und pH des Ablaufwassers: Die Alkalität des Ablaufwassers kann aus Abb. A-4 bestimmt werden, die übrige Alkalität ist Karbonatalkalität. Der ungefähre pH-Wert kann aus Abb. A-4 bestimmt werden.

Benötigte Chemikaliendosierungen: Die Dosierungen an technischem hydriertem Kalk (93 % $Ca(OH)_2$) oder technischem chemischen Kalk (90 % CaO) und technischer Soda (98 % Na_2CO_3) in Pfund (US), die pro 1000 Gallonen (US) benötigt werden, sind wie folgt:

	93 % hydratisierter Kalk	90 % chemischer Kalk	98 % Soda
	Pfund pro 1000 Gal.		
Freies Kohlendioxid als mg/l CO_2	X ,0151	X ,0118	Keines
Alkalität als mg/l $CaCO_3$	X ,00663	X ,00519	keine
Magnesiumalkalität als mg/l $CaCO_3$	X ,00663	X ,00519	keine
Nichtkarbonathärte als mg/l $CaCO_3$ zu entfernen	X ,00663	X ,00519	X ,00901
Natriumalkalitätanstieg als mg/l $CaCO_3$	X , 00663	X ,00519	X ,00901

Klasse 3, Fall 1: **Zusammensetzung des behandelten Wassers:** Behandlung zur Senkung von Nichtkarbonathärte (Ca) ergibt ein Wasser mit der folgenden Zusammensetzung:

(1) Freies Kohlendioxid .... = Keines
(2) Freie Mineralsäure.............. = Keine
(3) Kalziumhärte .... = Jede gewünschte Menge bis hinunter zu 35 mg/l
(4) Magnesiumhärte .... = 90 % der ursprünglichen Magnesiumhärte
(5) Gesamthärte .... = Summe von (3) und (4)
(6) Alkalität .... = 35 mg/l

Prüfung von berechneten Zusammensetzungen des Ablaufwassers: Die Nichtkarbonathärte soll gesenkt werden oder die Natriumalkalität soll erhöht werden durch eine Menge gleichwertig mit der zugegebenen Soda (als $CaCO_3$ ausgedrückt).

Alkalität und pH-Wert des Ablaufwassers: Die 35 mg/l Alkalität ist Karbonatalkalität. Der pH-Wert ist etwa 10,2.

Benötigte Chemikaliendosierungen: Die Dosierungen an technischem hydriertem Kalk (93 % $Ca(OH)_2$) oder technischem chemischen Kalk (90 % CaO) und technischer Soda (98 % Na_2CO_3) in Pfund (US), die pro 1000 Gallonen (US) benötigt werden, sind wie folgt:

	93 % hydratisierter Kalk	90 % chemischer Kalk	98 % Solvay-Soda
	Pfund pro 1000 Gal.		
Freies Kohlendioxid als mg/l CO_2	X ,0151	X ,0118	Keines
Mineralsäure als mg/l $CaCO_3$	X ,00663	X ,00519	X ,00901
10 % Magnesiumhärte als mg/l $CaCO_3$	X ,00663	X ,00519	X ,00901
Nichtkarbonathärte – Ca – als $CaCO_3$ zu entfernen	keine	keine	X ,00901

Tabelle A-12. Senkung von Alkalität und Nichtkarbonathärte – Kalkmilch-Soda-Verfahren

Klasse 1, Fall 1: **Zusammensetzung des Ablaufwassers:** Behandlung zur Senkung von Kalziumhärte auf 35 g/ml und Senkung von Magnesiumhärte auf die gewünschte Mengen (Abb. A-2) ergibt ein Ablaufwasser mit der folgenden Zusammensetzung:

nung von nicht-karbonater Magnesiumhärte ergibt ein Wasser mit der folgenden Zusammensetzung:

(1) Freie Mineralsäure . . . . = Keine
(2) Freies Kohlendioxid . . . . = Keines
(3) Kalziumhärte . . . . = 35 mg/l
(4) Magnesiumhärte . . . . = Gewünschte Menge (Abb. A-3)
(5) Gesamthärte . . . . = Summe von (3) und (4)
(6) Alkalität . . . . = 35 mg/l + Zahl mg/l an Alkalität im Ablaufwasser.

Prüfung von berechneten Zusammensetzungen des Ablaufwassers: Die Nichtkarbonathärte soll gesenkt werden, oder die Natriumalkalität soll erhöht werden durch eine Menge gleichwertig mit der zugegebenen Soda (als $CaCO_3$ ausgedrückt).

Alkalität und pH-Wert des Ablaufwassers: Die Alkalität des behandelten Wassers kann aus Abb. A-4 bestimmt werden, die übrige Alkalität ist Karbonatalkalität. Der ungefähre pH-Wert kann aus Abb. A-4 bestimmt werden.

Benötigte Chemikaliendosierungen: Die Dosierungen an technischem hydriertem Kalk (93 % $Ca(OH)_2$) oder technischem chemischen Kalk (90 % CaO) und technischer Soda (98 % Na_2CO_3) in Pfund (US), die pro 1000 Gallonen (US) benötigt werden, sind wie folgt:

	93 % hydratisierter Kalk	**90 % chemischer Kalk**	**98 % Solvay-Soda**
	Pfund pro 1000 Gal.		
Freies Kohlendioxid als mg/l CO_2	X ,0151	X ,0118	Keines
Mineralsäure als mg/l $CaCO_3$	X ,00663	X ,00519	X ,00901
Magnesiumhärte als mg/l $CaCO_3$ zu entfernen	X ,00663	X ,00519	X ,00901
Alkalität im Ablaufwasser als mg/l $CaCO_3$ zu entfernen	X ,00663	X ,00519	X ,00901
Kalziumhärte als mg/l $CaCO_3$	keine	keine	X ,00901

Tabelle A-13. Zusammenhang zwischen Hydrogenkarbonatkohlensäure, Karbonathärte, freier zugehöriger Kohlensäure und dem pH-Wert der entsprechenden Gleichgewichtswässer.

Hydrogen-karbonat CO_2 mg/l	KH °d	freie zugehörige CO_2 mg/l	pH-Wert	Hydrogen-karbonat CO_2 mg/l	KH °d	freie zugehörige CO_2 mg/l	pH-Wert
10,24	0,65	0,0	—	219,2	13,7	32,53	7,34
30,08	1,91	0,25	8,59	224,0	14,0	35,04	7,32
35,1	2,23	0,34	8,53	228,8	14,3	37,68	7,29
39,4	2,55	0,44	8,48	234,4	14,65	40,75	7,27
50,1	3,18	0,69	8,38	240,0	15,00	44,11	7,25
55,13	3,5	0,84	8,33	244,8	15,30	46,98	7,23
61,1	3,82	0,99	8,30	249,6	15,60	50,18	7,21
66,4	4,15	1,19	8,27	254,7	15,92	53,60	7,19
71,3	4,46	1,37	8,22	260,0	16,25	57,30	7,17
76,8	4,80	1,61	8,19	264,9	16,56	60,76	7,15
81,6	5,10	1,83	8,17	270,4	16,9	64,80	7,13
86,4	5,40	2,10	8,12	275,2	17,2	68,36	7,11
91,6	5,73	2,39	8,09	280,0	17,5	72,06	7,10
96,8	6,05	2,72	8,06	285,6	17,85	76,38	7,08
101,9	6,37	3,06	8,03	291,2	18,2	80,94	7,07
108,0	6,75	3,54	7,99	296,0	18,5	84,85	7,05
112,0	7,00	3,86	7,97	300,8	18,8	89,28	7,04
116,8	7,30	4,32	7,94	305,6	19,1	93,70	7,02
122,4	7,65	4,85	7,91	310,4	19,4	97,97	7,01
128,0	8,00	5,52	7,87	321,6	20,1	108,15	6,98
132,4	8,28	6,05	7,85	326,4	20,4	112,58	6,97
137,5	8,60	6,81	7,81	331,2	20,7	117,58	6,96
142,5	8,91	7,55	7,79	336,0	21,0	122,58	6,95
148,0	9,25	8,54	7,75	340,8	21,3	127,36	6,94
152,3	9,55	9,42	7,72	346,4	21,65	132,94	6,93
158,4	9,9	10,63	7,68	352,0	22,0	138,68	6,91
163,2	10,2	11,67	7,66	356,8	22,3	143,66	6,90
169,6	10,6	13,48	7,62	361,6	22,6	149,04	6,89
173,1	10,82	14,45	7,59	366,4	22,9	154,48	6,88
179,2	11,2	16,32	7,55	372,0	23,25	160,00	6,88
183,3	11,46	17,60	7,53	377,6	23,6	166,52	6,87
188,8	11,8	19,52	7,50	382,4	23,9	171,12	6,86
193,6	12,1	21,22	7,47	387,2	24,2	176,72	6,85
198,4	12,4	23,22	7,44	392,0	24,5	181,92	6,84
203,5	12,72	25,34	7,41	397,6	24,85	188,00	6,83
209,6	13,1	27,95	7,38	403,2	25,2	194,20	6,83
214,4	13,4	30,02	7,36	408,0	25,5	199,50	6,82

Tabelle A-14. Löslichkeit verschiedener Verbindungen.

Verbindung (Handelsware)	Löslichkeit g* wasserfreie Substanz in 1 Liter Wasser bei 20 °C	bei 100 °C
Aluminiumsulfat $Al_2(SO_4)_3 \cdot 18\ H_2O$	363	895
Ätznatron $NaOH$	1070	3410
Calciumchlorid $CaCl_2 \cdot 6\ H_2O$	745	1590
Calciumkarbonat $CaCO_3$	0,015	0,037
Calciumhydrogencarbonat $Ca(HCO_3)_2$	1,100 (in CO_2-gesättigtem Wasser)	
Calciumsulfat $CaSO_4 \cdot 2\ H_2O$	2,0	1,62
Eisenchlorid $FeCl_3 \cdot 6\ H_2O$	919	5370
Magnesiumchlorid $MgCl_2 \cdot 6\ H_2O$	542	727
Magnesiumkarbonat $MgCO_3$	0,084	0,062
Magnesiumhydroxid $Mg(OH)_2$	0,009	—
Natriumchlorid $NaCl$	358	392
Diammonhydrogenphosphat $(NH_4)_2HPO_4$	686	—
Dinatriumhydrogenphosphat $Na_2HPO_4 \cdot 12\ H_2O$	77	104
Trinatriumphosphat $Na_3PO_4 \cdot 10\ H_2O$	110	1080
Natriumtripolyphosphat $Na_5P_3O_{10}$	150	—
Soda $Na_2CO_3 \cdot 10\ H_2O$	215	445
Natriumhydrogenkarbonat $NaHCO_3$	95,7	—
Natriumsulfat Na_2SO_4	532	423
Natriumsulfit Na_2SO_3	266	266
Kaliumpermanganat $KMnO_4$	63,8	—

Tabelle A-15. Strömungswiderstände in Rohrleitungen bei Förderung von reinem kalten Wasser.

NW		V = m/sek 0,20	0,30	0,40	0,50	0,60	0,70	0,80	0,90	1,00	1,10	1,25	1,50	1,75	2,00	2,50	3,00
20	Q	0,23	0,34	0,45	0,57	0,68	0,79	0,91	1,02	1,13	1,24	1,41	1,70	1,98	2,26	2,83	3,40
	h	0,45	1,00	1,69	2,55	3,60	4,90	6,20	7,90	9,65	11,5	14,6	20,8	27,8	36,0	54,0	78,0
25	Q	0,35	0,52	0,70	0,87	1,04	1,22	1,39	1,57	1,74	1,91	2,18	2,61	3,04	3,48	4,35	5,22
	h	0,35	0,76	1,33	2,00	2,79	3,78	4,95	6,10	7,40	8,90	11,35	16,0	21,5	27,8	41,5	60,0
32	Q	0,61	0,91	1,22	1,52	1,83	2,13	2,43	2,74	3,04	3,35	3,80	4,56	5,32	6,09	7,61	9,13
	h	0,25	0,55	0,96	1,55	2,00	2,73	3,50	4,45	5,35	6,40	8,10	11,6	15,8	20,0	30,0	43,5
40	Q	0,87	1,31	1,75	2,18	2,62	3,06	3,50	3,93	4,36	4,80	5,46	6,55	7,65	8,74	10,9	13,1
	h	0,19	0,40	0,70	1,07	1,49	2,00	2,60	3,12	3,96	4,75	6,05	8,55	11,5	14,8	22,4	31,7
50	Q	1,48	2,22	2,96	3,71	4,45	5,19	5,93	6,67	7,41	8,15	9,27	11,1	13,0	14,8	18,5	22,2
	h	0,14	0,31	0,54	0,80	1,15	1,55	2,00	2,45	3,00	3,62	4,60	6,55	8,70	11,3	17,1	24,3
65	Q	2,79	4,19	5,59	6,98	8,38	9,78	11,2	12,6	14,0	15,4	17,5	21,0	24,4	27,9	34,9	41,9
	h	0,10	0,22	0,39	0,59	0,81	1,09	1,41	1,80	2,19	2,60	3,30	4,70	6,25	8,00	12,1	17,5
80	Q	3,65	5,77	7,70	9,63	11,5	13,5	15,4	17,3	19,2	21,2	24,1	28,9	33,7	38,5	48,1	57,8
	h	0,08	0,17	0,30	0,45	0,62	0,84	1,09	1,38	1,66	2,00	2,53	3,60	4,80	6,25	9,40	13,3
100	Q	5,74	8,61	11,5	14,4	17,2	20,1	23,0	25,8	28,7	31,6	35,9	43,1	50,2	57,4	71,8	86,1
	h	0,06	0,13	0,23	0,35	0,48	0,65	0,83	1,05	1,28	1,53	1,95	2,78	3,65	4,78	7,10	10,4
125	Q	8,83	13,3	17,7	22,1	26,5	30,9	35,3	39,8	44,2	48,6	55,2	66,3	77,3	88,3	110	133
	h	0,046	0,10	0,17	0,26	0,36	0,49	0,63	0,80	0,97	1,17	1,48	2,08	2,79	3,55	5,40	7,70
150	Q	12,7	19,1	25,4	31,8	38,2	44,5	50,9	57,3	63,6	70,0	79,5	95,4	111	127	159	191
	h	0,036	0,078	0,14	0,20	0,28	0,38	0,50	0,62	0,75	0,90	1,16	1,62	2,18	2,80	4,25	6,05
200	Q	24,3	36,4	48,6	60,7	72,9	85,0	97,2	109	121	134	152	182	213	243	304	364
	h	0,025	0,055	0,094	0,14	0,20	0,27	0,35	0,43	0,52	0,62	0,80	1,14	1,52	1,98	3,00	4,25
250	Q	36,6	54,9	73,2	91,5	110	128	145	165	183	201	229	274	320	366	457	549
	h	0,019	0,041	0,070	0,11	0,15	0,20	0,25	0,32	0,40	0,48	0,61	0,87	1,15	1,48	2,22	3,15
300	Q	54,2	91,3	108	136	163	190	217	244	271	298	339	407	474	542	678	813
	h	0,016	0,033	0,057	0,085	0,12	0,16	0,21	0,27	0,33	0,39	0,49	0,54	0,90	1,20	1,80	2,50
350	Q	65,2	97,8	130	163	196	228	261	293	326	359	407	489	570	652	815	978
	h	0,013	0,027	0,047	0,070	0,10	0,14	0,18	0,22	0,27	0,31	0,41	0,59	0,77	1,00	1,49	2,15
400	Q	90,0	135	180	225	270	315	360	405	450	495	582	675	787	900	1125	1350
	h	0,011	0,023	0,040	0,060	0,083	0,115	0,15	0,19	0,23	0,27	0,35	0,50	0,65	0,85	1,26	1,80
450	Q	108	162	216	270	324	378	432	486	540	594	675	810	945	1080	1350	1621
	h	0,010	0,020	0,035	0,053	0,074	0,10	0,13	0,16	0,20	0,24	0,30	0,42	0,56	0,73	1,07	1,55
500	Q	134	200	267	334	401	467	534	601	660	735	835	1002	1169	1336	1670	2003
	h	0,008	0,018	0,030	0,045	0,065	0,087	0,12	0,145	0,17	0,21	0,26	0,37	0,49	0,64	0,94	1,40
600	Q	206	309	412	514	617	720	823	925	1030	1132	1286	1543	1801	2058	2572	3087
	h	0,007	0,016	0,024	0,036	0,050	0,070	0,090	0,115	0,14	0,17	0,21	0,30	0,39	0,50	0,75	1,08
700	Q	280	419	559	699	839	978	1118	1258	1398	1537	1747	2096	2446	2795	3494	4193
	h	0,006	0,012	0,020	0,031	0,043	0,057	0,076	0,096	0,115	0,14	0,18	0,25	0,32	0,43	0,63	0,90
800	Q	365	547	730	912	1095	1277	1460	1642	1825	2007	2201	2737	3194	3650	4562	5475
	h	0,005	0,010	0,017	0,026	0,037	0,050	0,065	0,080	0,10	0,12	0,15	0,21	0,27	0,36	0,54	0,77
900	Q	461	692	923	1153	1384	1514	1845	2076	2306	2537	2883	3460	4036	4613	5766	6919
	h	0,004	0,009	0,015	0,023	0,032	0,042	0,056	0,070	0,084	0,10	0,13	0,18	0,24	0,31	0,46	0,67
1000	Q	569	953	1137	1421	1706	1990	2274	2559	2843	3127	3554	4264	4975	5686	7107	8529
	h	0,0035	0,008	0,013	0,020	0,028	0,037	0,050	0,063	0,075	0,090	0,115	0,16	0,21	0,27	0,40	0,58
1100	Q	688	1033	1377	1721	2065	2409	2754	3098	3442	3786	4302	5163	6023	6884	8605	10326
	h	0,003	0,007	0,012	0,018	0,025	0,033	0,044	0,055	0,066	0,079	0,10	0,14	0,18	0,24	0,36	0,50
1200	Q	820	1230	1640	2050	2460	2870	3280	3689	4099	4509	5124	6149	7174	8199	10248	12298
	h	0,0028	0,006	0,010	0,016	0,022	0,030	0,040	0,050	0,060	0,070	0,090	0,13	0,17	0,22	0,33	0,39

Q = Durchflußmenge (m^3/h) für Rohrquerschnitte nach DIN 2448
h = Strömungswiderstand m WS/100 m Rohrleitung
Die Widerstandshöhen gelten etwa für neue Rohre aus Grauguß, bei neuen gewalzten Stahlrohren können die Werte auf das 0,8fache abgemindert werden, für ältere, angerostete Gußrohre ohne Inkrustierungen sind die Tabellenwerte um 20–30% zu erhöhen.

Tabelle A-16. Molekular- und Äquivalentgewichte der wichtigsten Verbindungen.

Verbindung	Formel	Molekular-Gewicht	Äquivalent-Gewicht
Säuren und Säureradikale			
Kohlensäure	H_2CO_3	62,0	31,0
Kohlendioxid	CO_2	44,0	22,0
Kieselsäure	H_2SiO_3	78,1	39,0
Siliziumdioxid	SiO_2	60,1	30,0
Salpetersäure	HNO_3	63,0	63,0
Stickstoffpentoxid	N_2O_5	108,0	54,0
Schwefelsäure	H_2SO_4	98,1	49,0
Schwefeltrioxid	SO_3	80,1	40,0
Schweflige Säure	H_2SO_3	82,1	41,0
Schwefeldioxid	SO_2	64,1	32,0
Salzsäure	HCl	36,5	36,5
Chlor	Cl	35,5	35,5
Phosphorsäure	H_3PO_4	98,0	32,7
Phosphorpentoxid	P_2O_5	142,0	23,7
Basen und Basenradikale			
Aluminiumhydroxid	$Al(OH)_3$	78,0	26,0
Aluminiumoxid	Al_2O_3	101,9	17,0
Ammoniumhydroxid	NH_4OH	35,0	35,0
Ammoniak	NH_3	17,0	17,0
Hydrazinhydrat	$N_2H_4 \cdot H_2O$	50,0	12,5
Hydrazin	N_2H_4	32,0	16,0[1]
Bariumhydroxid	$Ba(OH)_2$	171,4	85,7
Bariumoxid	BaO	153,4	76,7
Eisen(III)-hydroxid	$Fe(OH)_3$	106,9	35,6
Eisen(III)-oxid	Fe_2O_3	159,7	26,6
Calciumhydroxid	$Ca(OH)_2$	74,1	37,0
Calciumoxid	CaO	56,1	28,0
Magnesiumhydroxid	$Mg(OH)_2$	58,3	29,2
Magnesiumoxid	MgO	40,3	20,2
Natriumhydroxid	$NaOH$	40,0	40,0
Natriumoxid	Na_2O	62,0	31,0
Anionen			
Hydrogenkarbonat	HCO_3^-	61,0	61,0
Chlorid	Cl^-	35,5	35,5
Karbonat	CO_3^{2-}	60,0	30,0
Nitrat	NO_3^-	62,0	62,0
Nitrit	NO_2^-	46,0	46,0
Sulfat	SO_4^{2-}	96,1	48,0
Sulfit	SO_3^{2-}	80,1	40,0
Phosphat	PO_4^{3-}	95,0	31,7

[1]) gegen O_2

Verbindung	Formel	Molekular-Gewicht	Äquivalent-Gewicht
Salze			
Aluminiumsulfat	$Al_2(SO_4)_3$	342,1	57,0
Aluminiumsulfat, krist.	$Al_2(SO_4)_3 \cdot 18\ H_2O$	666,4	111,1
Ammoniumsulfat	$(NH_4)_2SO_4$	132,1	66,0
Bariumkarbonat	$BaCO_3$	197,4	98,7
Bariumsulfat	$BaSO_4$	233,4	116,7
Bariumchlorid	$BaCl_2$	208,3	104,2
Eisenchlorid	$FeCl_3$	162,2	54,1
Eisenchlorid, krist.	$FeCl_3 \cdot 6\ H_2O$	270,3	90,1
Eisensulfat	$FeSO_4$	151,9	76,0
Kaliumpermanganat	$KMnO_4$	158,0	31,6[2])
Calciumkarbonat	$CaCO_3$	100,1	50,0
Calciumhydrogenkarbonat	$Ca(HCO_3)_2$	162,1	81,0
Calciumchlorid	$CaCl_2$	111,0	55,5
Calciumnitrat	$Ca(NO_3)_2$	164,1	82,0
Calciumsulfat	$CaSO_4$	136,1	68,1
Calciumsilikat	$CaSiO_3$	116,1	58,1
Magnesiumkarbonat	$MgCO_3$	84,3	42,2
Magnesiumhydrogenkarbonat	$Mg(HCO_3)_2$	146,3	73,2
Magnesiumchlorid	$MgCl_2$	95,2	47,6
Magnesiumnitrat	$Mg(NO_3)_2$	148,3	74,2
Magnesiumsulfat	$MgSO_4$	120,4	60,2
Magnesiumsilikat	$MgSiO_3$	100,4	50,2
Natriumkarbonat	Na_2CO_3	106,0	53,0
Natriumhydrogenkarbonat	$NaHCO_3$	84,0	84,0
Natriumaluminat	$NaAlO_2$	82,0	82,0
Natriumchlorid	$NaCl$	58,4	58,4
Natriumfluorid	NaF	42,0	42,0
Natriumnitrat	$NaNO_3$	85,0	85,0
Natriumsulfat	Na_2SO_4	142,0	71,0
Natriumsulfit	Na_2SO_3	126,0	63,0
Natriumsilikat	Na_2SiO_3	122,0	61,0
Trinatriumphosphat	Na_3PO_4	164,0	54,7
Trinatriumphosphat, krist.	$Na_3PO_4 \cdot 10\ H_2O$	344,2	114,7
Dinatriumhydrogenphosphat	Na_2HPO_4	142,0	71,0
Natriumdihydrogenphosphat	NaH_2PO_4	120,0	120,0
Diammoniumhydrogenphosphat	$(NH_4)_2HPO_4$	132,1	66,0
Natriumhexametaphosphat	$(NaPO_3)_6$	612,0	612,0
Natriumtripolyphosphat	$Na_5P_3O_{10}$	367,9	73,6

[2]) in saurer Lösung

Anerkennung

Wir möchten uns bei all denen bedanken, die zu diesem Buch Ratschläge, Anregungen, Informationen oder Fotos beigesteuert haben.

Kapitel 2

Abb. 2-2.	Ecodyne Corporation, Graver Water Division
Abb. 2-3, 4.	Power special report – „Water Treatment“
Abb. 2-5, 6.	Neptune Microfloc, Inc.
Abb. 2-7, 8.	Parkson Corporation
Abb. 2-9.	Academic Press – *Demineralization by Ion Exchange* by Samuel B. Applebaum
Abb. 2-10.	Power special report – „Water Treatment“
Abb. 2-11, 13, 14.	McGraw-Hill Book Company – *Water Conditioning for Industry* by Sheppard T. Powell
Abb. 2-15.	Power special report – „Water Treatment“
Abb. 2-16.	The De Laval Separator Co.
Abb. 2-17, 18, 19.	Neptune Microfloc, Inc.
Abb. 2-20, 21.	The Rohm & Haas Company
Abb. 2-25, 26, 27.	Academic Press – *Demineralization by Ion Exchange* by Samuel B. Applebaum
Abb. 2-28, 29.	Power special report – „Water Treatment“
Abb. 2-30, 31.	Industrial Water Engineering
Tabelle 2-4.	McGraw-Hill Company – *Water Conditioning for Industry* by Sheppard T. Powell
Tabelle 2-7, 8, 9, 10.	Academic Press – *Demineralization by Ion Exchange* by Samuel B. Applebaum

Kapitel 3

Abb. 3-1, 2, 3.	Reinhold Publishing Corporation – *Corrosion and its Prevention in Waters* by G. Butler, M. A., Ph. D., an H. C. K. Ison, A. I. M.
Abb. 3-4.	McGraw-Hill Book Company *Corrosion, Causes and Prevention* by Frank N. Speller, D. Sc.
Abb. 3-5.	Reinhold Publishing Corporation – *Corrosion and its Prevention in Waters* by G. Butler, M. A.
Abb. 3-6.	John Wiley & Sons, Inc. – *The Corrosion Handbook* by Herbert H. Uhlig, Ph. D.
Abb. 3-7.	John Wiley & Sons, Inc. – *Principles of Unit Operations* by Alan S. Foust, Leonard A. Wenzel, Curtis W. Clump, Louis Maus, and L. Bryce Andersen
Abb. 3-8.	McGraw-Hill Book Company – *Corrosion, Causes and Prevention* by Frank N. Speller, D. Sc.
Abb. 3-9.	National Association of Corrosion Engineers
Abb. 3-10.	Reinhold Publishing Corporation – *Corrosion and its Prevention in Waters* by G. Butler, M. A., Ph. D., and H. C. K. Ison, A. I. M.
Abb. 3-11, 12.	National Association of Corrosions Engineers
Abb. 3-13, 14.	John Wiley & Sons, Inc. – *The Corrosions Handbook* by Herbert H. Uhlig, Ph. D.
Abb. 3-16, 19.	National Association of Corrosion Engineers
Abb. 3-17, 18.	John Wiley & Sons, Inc. – *The Corrosion Handbook* by Herbert H. Uhlig, Ph. D.
Abb. 3-20.	Reinhold Publishing Corporation – *Corrosion and its Prevention in Waters* by G. Butler, M. A., Ph. D., and H. C. K. Ison, A. I. M.
Abb. 3-24.	Materials Performance.

Kapitel 4

Abb. 4-2.	McGraw-Hill Book Company – Carrier System Design Manual

Kapitel 5

Abb. 5-1.	McGraw-Hill Book Company – *Elements of Biology* by Paul B, Weisz
Abb. 5-2, 3, 4, 5, 6, 7.	Harper & Row Publishers, Inc. – *Morphology of Plants* by Harold C. Bola
Abb. 5-8, 9, 10.	W. H. Freemann and Company – *Modern Microbiology* by Wayne W. Umbreit
Abb. 5-11.	Reinhold Publishing Corporation – *Corrosion and its Prevention in Waters* by G. Butler, M. A., Ph. D., and H. C. K. Ison, A. I. M.
Abb. 5-12, 13, 14, 15, 16.	National Association of Corrosion Engineers
Abb. 5-20, 21.	La Motte Chemical – *Chemistry and Control of Modern Chlorination* by A. T. Palin
Abb. 5-22.	McGraw-Hill Company – *Human Physiology* by Arthur J. Vander, James H. Sherman and Dorothy S. Luciano

Kapitel 6

Abb. 6-2.	Partek Corporation of Houston
Abb. 6-4.	The Elliot Company (Division of Carrier Corporation)

Kapitel 7

Abb. 7-1, 2, 3, 4, 5, 6.	Power special report – „Cooling Towers“
Abb. 7-7, 8.	The Marley Company
Abb. 7-9, 10, 11, 12, 13, 14, 15, 16, 17.	Power special report – „Cooling Towers“
Abb. 7-19.	The Permutit Company, Inc.
Abb. 7-21, 22.	Power special report – „Heat Exchangers“
Abb. 7-23.	Power special report – „Cooling Towers“
Abb. 7-24, 25, 26.	The Trane Company
Abb. 7-27.	ASHRAE 1975 Equipment Handbook

Kapitel 10

10-2, 3, 4.	McGraw-Hill Book Company – *Water Conditioning for Industrie* by Sheppard T. Powell
Abb. 10-5.	Power special report – „Steam Generation“
Abb. 10-7, 8, 9, 10, 11, 12, 13.	Power special report – „Steam Generation“

Kapitel 11

Abb. 11-1.	Combustion Engineering, Inc. – *Combustion Engineering* by Glenn R. Fryling, M. E.
Abb. 11-6, 7.	NUS Corporation (Cyrus Wm. Rice Division)
Abb. 11-9.	McGraw-Hill Book Company – *Water Conditioning for Industry* by Sheppard T. Powell
Abb. 11-10, 11.	NUS Corporation (Cyrus Wm. Rice Division)
Abb. 11-12, 13.	McGraw-Hill Book Company – *Water Conditioning for Industry* by Sheppard T. Powell
Abb. 11-14, 15, 16, 17.	Combustion Engineering, Inc. – *Combustion Engineering* by Glenn R. Fryling, M. E.

Kapitel 12

Abb. 12-2.	McGraw-Hill Book Company – *Water Conditioning for Industry* by Sheppard T. Powell
Abb. 12-3.	The Babcock & Wilcox Company – *Steam, Its Generation und Use*
Tabelle 12-2.	NUS Corporation (Cyrus Wm. Rice Division)

Kapitel 13

Abb. 13-1.	The Babcock & Wilcox Company – *Steam, Its Generation and Use*
Abb. 13-2.	NUS Corporation (Cyrus Wm. Rice Division)
Abb. 13-3.	Industrial Water Engineering

Kapitel 14

Abb. 14-2, 3.	Proceedings of the 12th International Water Conference
Abb. 14-7.	Proceedings of the American Power Conference, 1961

Kapitel 15

Abb. 15-1.	Crane Co. – Chempump Division
Abb. 15-3.	Pennwalt Corporation, Wallace & Teirnan Division
Abb. 15-4A, 4B.	Precision Control Products
Abb. 15-4C	Hayward Manufacturing Co., Inc.
Abb. 15-4D, 4E.	Precision Control Products
Abb. 15-7.	McGraw-Hill Book Company – *Water Conditioning for Industry* by Sheppard T. Powell
Abb. 15-8.	Capital Controls Co., Inc.
Abb. 15-10.	Ecologic Instrument Corporation
Abb. 15-11.	Precision Control Products
Abb. 15-17.	Van Nostrand Reinhold – *Handbook of Chlorination* by G. C. White

Glossar

Abb. G-1, G-2.	McGraw-Hill Book Company – *Carrier System Design Manual*

Anhang

Abb. A-1.	Sargent-Welch Scientific Company
Abb. A-2, 3, 4.	The Permutit Company, Inc.
Abb. A-5.	McGraw-Hill Book Company – *Water Conditioning for Industry* by Sheppard T. Powell
Abb. A-7, 8, 9, 10, 11	Handbuch Wasser, Vereinigte Kesselwerke A.G.
Abb. A-12.	The Permutit Company, Inc.
Tabelle A-1, 2, 3, 4, 5.	The Rohm and Haas Company
Tabelle A-6, 7, 9, 10, 11, 12.	The Permutit Company, Inc.
Tabelle A-13, 14, 15, 16.	Handbuch Wasser, Vereinigte Kesselwerke A.G.

Bibliographie

Kapitel 1
Wasser und seine Verunreinigungen

Drew Chemical Corporation,
Ameroid Engineer's Manual of Marine Boiler and Feed Water Treatment (1972).

Kapitel 2
Wasseraufbereitungsverfahren

Applebaum, Samuel B.,
Demiralization by Ion Exchange Academic Press (1968).

Degremont,
Water Treatment Handbook, Societe Generale d'Epuration et d'Addainissement, 1973.

Environmental Protection Agency,
Water Quality Criteria 1972.

Nordell, Eskel,
Water Treatment for Industrial an Other Uses, Reinhold Publishing, New York (1961).

Powell, Sheppard T.,
Water Conditioning for Industry, McGraw-Hill Book Company (1954).

The Permutit Company,
„Water and Waste Treatment Data Book" (1961).

Kapitel 3
Korrosionsschutz in Kühlwassersystemen

Albaya, H. C., Bessone J. B., Taberner, P. M., Cobo, A. O.
„Naval Brass Condenser Tube Corrosion", *Corrosion* (Vol. 30, No. 12, December, 1974).

Butler, G. and Ison, H. C. K.
Corrosion and Its Prevention in Waters, New York: Reinhold Publishing, 1966.

Byars, Harry G., Gallop, B. R.
„An Approach to the Reporting and Evaluation of Corrosion Coupon Exposure Results", NACE Annual Meeting, Paper 61, 1972.

Carrier System Design Manul – Part 5, Water Conditioning,
Carrier Air Conditioning Company, New York: 1963.

Corrosion In Action,
International Nickel Company, New York: 1955.

Griffen, R. W.
„Water Management Saves Money in Refinery Cooling Systems", *Oil and Gas Journal* (November 1974).

Harpel, William L., Donohue, J. M.
„Effective Inhibitors Replace Chromates", Cooling Tower Institute Annual Meeting, January, 1973.

Hartman, M., Loughlin, Robert W.
„Inhibition of Mild Steel Corrosion by Organic Polymers", *Material Protection and Performance* (Vol. II, No. 2, February, 1972).

Jelinek, Robert V.
„How Oxidative Corrosion Occurs", Chemical Engineering (August, 1958).

Keeney, Bill R.
„Acid Corrosion Inhibition Using Metal Halide-Organo Inhibitor Systems", NACE Annual Meeting, Paper 106, 1972.

Kelly, T. E., Kise, M. A., Steketee, F. B.
„Zinc Phosphate Combinations Control Corrosion in Potable Water Distribution Systems", *Materials Protection and Performance* (April, 1973).

Korpics, C. J.
„Aromatic Triazoles Inhibit Corrosion of Copper and Copper Alloys", *Materials Protection and Performance* (February, 1975).

Lizlous, E. A.
„Molybdates as Corrosion Inhibitors in the Presence of Chlorides“, NACE Annual Meeting, April, 1975.

McCoy, James W.,
The Chemical Treatment of Cooling Water, New York: Chemical Publishing Company (1974).
NACE Basic Corrosion Course, 5th Printing, Houston: 1974.

Nathan, C. C.,
Corrosion Inhibitors, NACE, Houston: 1973.

Spelle, F. N.
Corrosion Causes and Prevention, New York: McGraw-Hill Book Company, Inc., 1951.

Sussman, Sidney
„Domestic Water Systems Nonchemical Factors in Corrosion Control“, *Material and Performance* (Vol. 12, No. 4, April, 1973).

Uhlig, H. H.
Corrosion Handbook, London: John Wiley & Sons, 1948.

Von Koeppen, A., Emerle, G. A., Metz, B. A.
„Pollution Control Applied to Cooling Water Treatment, *„Materials Protection and Performance“* (Vol. 12, No. 7, July, 1973).

Weber, J.
„Corrosion and Deposits in Cooling Systems – Their Causes and Prevention“, *Combustion,* (December, 1973).

Zecher, David C.,
„Corrosion Inhibition by Surface Active Chelants“ NACE Annual Meeting, April, 1975.

Zeis, L. A., Paul, G. T.
„Here's How to Minimize Stress-Corrosion Cracking“, American Institute of Chemical Engineers 78th Annual Meeting, Ammonia Plants Symposium, August, 1974.

Kapitel 4
Ablagerungen in Kühlwassersystemen

Beecher, J. S., Dinkel, C. C.
„Antifoulants for Enhancing Performance of Corrosion Inhibitors and Biocides“, Liberty Bell Corrosion Course, September, 1966.

Curtis, S. D., Silverstein, R. M.
„Chemicals That Keep Water Systems Clean“, *Actual Specifying Engineer* (Juli, 1971).

Curtis, S. D., Silverstein, R. M.
„Corrosion and Fouling of Cooling Waters“, *Chemical Engineering Progress (July, 1971).*

Donahue, John M.
„Cooling Water Treatment – Where Do We Stand“ *Materials Protection and Performance* (Vol. II, No. 6, June, 1972).

Feitler, Herbert
„Cooling Water Scale Control: The Scale Meter and the Critical pH of Scaling“, Presented at NACE Annual Meeting, Paper 24, 1972.

Gibson, George
„Minimizing Iron and Copper Deposition“, American Power Conference Annual Meeting, April, 1975.

Goodmann, R. M., Schiller, A. M.
„Evaluation of a Novel Polyacrylate Type Antiscalant Using A Dynamic Scale Test Apparatus“, Cooling Tower Institute Annual Meeting, January, 1976.

Hales, William W.
„Control Cooling Water Deposition“, International Water Conference, October, 1969.

Hwa, C. M.
„Use of Phosphates for Treating Cooling Water systems“, *Materials Protection and Performance* (Vol. 10, No. 12, December, 1971).

Lees, Ronald D., Twiford, J. Larry
„Polyelectrolytes As Cooling Water Antifoulants“, Cooling Tower Institute Annual Meeting, January, 1969.

Midkiff, W. S., Foyt, H. Pressley
„Amorphous Silica Scale in Cooling Waters", Cooling Tower Institute Annual Meeting, January, 1976.

Newman T. R.
„Canadian Patent Process For Dispersing Solids in Aqueous Systems," No. 775, 525.

Parlante, Robert
„Improving the Quality of Recirculating Water".

Puckorius, Paul R.
„Controlling Deposits in Cooling Water Systems", NACE Annual Meeting, Paper 45, 1972.

Ralston, P. H.
„Inhibiting Water-Formed Deposits With Threshold Compositions", NACE Annual Meeting, Paper 43, 1972.

Ryznar, John W.
„A New Index for Determining Amount of Calcium Carbonate Scale Formed By a Water", *Journal of the American Water Works Association* (Vol. 36, No. 4, April, 1944).

Scanley, L. S.
„Acrylic Polymers as Drilling Mud Additives", *World Oil* (July, 1959).

Schweitzer, G. W.
„How Phosphonates Control Scale and Corrosion in Cooling Water Systems", *Heating/Piping/Air Conditioning* (May, 1971).

Sexsmith, D. R., Petrey, E. Q.
„Laboratory Evaluation and Applikation of Onstream Cleaning in Open Recirculation Water Cooling Systems", *Materials Protection and Performance* (Vol. 10, No. 6, June, 1971).

Sexsmith, D. R., Dinkel, C. C.
„Polymers In Water Treatment", Internal Drew Chemical Symposium.

Sexsmith, D. R., Beecher, J. S., Savinelli, E. A.
„The Use of Polymers For Scale Control in Desalination Evaporators", International Water Conference, 1971.

Silverstein, R. M., Corwin, S. H.
„Fouling in Cooling Water – Causes, Prevention, and Cures".

Varsanike, Richard G.
„The Nature and Control of Calcium Orthophosphate Deposition in Cooling Water Systems", NACE Annual Meeting, April, 1975.

Weber, J.
„Corrosion and Deposits in Cooling Systems – Their Causes and Prevention", *Combustion* (December, 1973).

Welder, G. E., Rumpf, R. R.
„Dynamic Deposit Monitor – A Unit for Determining the Rate of Deposit Buildup in Cooling Systems and Evaluation Inhibitor Performance", International Water Conference, November, 1975.

Wohlberg, Cornel, Buckholz, Jerry R.
„Silica in Water in Relation to Cooling Tower Operation", NACE Annual Meeting, April, 1975.

Kapitel 5
Mikrobiologische Kontrolle

Bold, H. C.
Morphologie of Plants, New York: Harper & Row, 1967.

Donohue, J. M.
„Cooling Water Treatment – Where Do We Stand?" *Materials Performance,* (June, 1972).

Evans III, F. L.
Ozone in Water and Wastewater Treatment, Ann Arbor: An Arbor Science, 1975.

Grainge, J. W. and Lund, E.
„Quick Culturing and Control of Iron Bacteria", *Journal of the American Water Works Association* (May, 1969).

Grier, J. C. and Christensen, R. J.
„Biocides Give Flexibility in Water Treatment", *Hydrocarbon Processing* (November, 1975).

Kelly, B. J.
„Microbiological Control Treatment and the Environment", *Materials Performance* (June, 1972).

Kroeber, E., Wolff, W. H., Weaver, R. L.
Biology, Boston: D. C. Heath and Company, 1960.

McCoy, J. W.
The Chemical Treatment of Cooling Water, New York: Chemikal Publishing Company, 1974.

National Association of Corrosion Engineers,
„Basic Corrosion Course", Houston, 1974.

Palin, A. T.
Chemistry and Control of Modern Chlorination, Chestertown, Maryland: La Motte Chemical, 1973.

Parrish, F. K.
„Keys to the Water Quality Indicative Organisms of the Southeastern United States", U. S. Environmental Protection Agency, 1975.

Powell, S. T.
Water Conditioning for Industry, New York: McGraw-Hill, 1954.

Salle, A. J.
Fundamental Principles of Bacteriology, New York: McGraw-Hill, 1967.

Smith, R. L.
Ecology and Field Biology, New York: Harper & Row, 1966.

Umbreit, W. W.
Modern Microbiology, San Francisco: W. H. Freeman, 1962.

Vander, A. J., Sherman, J. H., Luciano D.
Human Physiology, New York: McGraw-Hill, 1970.

Weisz, P. B.
Elements of Biology, New York: McGraw-Hill, 1965.

Warren, C. E.
Biology and Water Pollution Control, Philadelphia: W. B. Saunders Company, 1971.

Nichtveröffentlichte technische Berichte

Baher, R. J.
„A Focus an Chlorine in Industrial Water Treatment", Presented at the International Water Conference, 1971.

Burkhalter, L. C.
„A Report on In-Place Spray Treatment of Cooling Towers at the Paducah Gaseous Diffusion Plant", Paper presented at Cooling Tower Institute meeting.

Hogan, C. A.,
„Methods in Microbiology", Drew Chemical Corporation, 1974.

Johnson, D. R. and Rhoades,
„Chlorination of Condenser Waters", Presented at the 11th Mid-Year Meeting of the American Petroleum Institute.

O'Connell, Jr., W. J.
„Characteristics of Microbiological Deposits in Water Circuits", Presented at the 11th Mid-Year Meeting of the American Petroleum Institute.

Schumann, P.
„Microbiocides-Sales Introductory Manual", Drew Chemical Corporation, 1973.

Shair, S.
„Industrial Microbiocides for Open Recirculation Cooling Water Systems", Presented at the International Water Conference, 1970.

Technical Sub-Committee No. 3 Report,
„Wood Maintenance for Water Cooling Towers", Cooling Tower Institute, 1959.

Waldo, J. F., Donohue, J. M., Shema, B. F.
„Biological Control in Cooling Systems New Developments and Pollution Considerations", Presented at the International Water Conference, 1971.

Kapitel 6
Reinigungsverfahren für industrielle Kühlwassersysteme

Axsom, J. F.
„Onstream Cleaning Pays Off", *Materials Performance* (August, 1973).

DiFilippo, A. J.
„Air Bumping and Back Flushing of Heat Exchangers", Drew Chemical Corporation, Technical Bulletin 74-2, 1974.

Hoppe, T. C. and Woodson, R. D.
„Chemical and Mechanical Cleaning of Condenser Systems for Electric Generation", Paper presented at International Water Conference.

Kapitel 7
Offene Verdunstungssysteme

Beecher, J. S., Dinkel, C. C.
„Antifoulants For Enhancing Performance of Corrosion Inhibitors und Biocides", Liberty Bell Corrosion Course, September, 1966.

Briggs, John L.
„Silicate Treatment: Corrosion Protection in Soft Water Open Cooling Systems", *Materials Performance* (January, 1974).

Butler, G. and Ison, H. C. K.
Corrosion and its Prevention in Waters, New York: Reinhold Publishing, 1966.

Carrier System Design Manual – Part 5, Water Conditioning, Carrier Air Conditioning Company, New York: 1963.

Curtis, S. D., Silverstein, R. M.
„Corrosion and Fouling of Cooling Waters", *Chemical Engineering Progress* (July, 1971).

DeMonbrun, J. R.
„Factors to Consider in Selecting a Cooling Tower", *Chemical Engineering* (Sept. 9, 1968).

Equipment Handbook for American Society of Heating, Refrigeration, and Air Conditioning Engineers, ASHRAE, New York, 1975.

Faust, A. et al.
Principles of Unit Operations, New York, 1960.

Griffen, R. W.
„Water Management Saves Money in Refinery Cooling Systems", *Oil and Gas Journal* (November, 1974).

Hall, Stephen S. J.
„Water Systems Essential to Maintaining Hotel Services", *Motel Management Review.*

Harpel, William L., Donahue, J. M.
„Effective Inhibitors Replace Chromates", Cooling Tower Institute Annual Meeting, January, 1973.

Lane, R. W.
„The Case For Chromate in Cooling Tower Treatment", *Materials Protection and Performance* (Vol. 12, September, 1973).

McCoy, James W.
The Chemical Treatment of Cooling Water, New York: Chemical Publishing Company, 1974.

Midkiff, W. S., Foyt, H. Pressley
„Amorphous Silica Scale in Cooling Waters", Cooling Tower Institute Annual Meeting, January, 1976.

Powell, Shepard T.
Water Conditioning for Industry, New York: McGraw-Hill Book Company, Inc. 1954.

„Power Special Report – Cooling Towers",
Power Magazine (March, 1963).

„Power Special Report – Cooling Towers", *Power Magazine* (March, 1973).

„Power Special Report – Heat Exchangers", *Power Magazine* (June, 1970).

Ralston, P. H.
„Inhibiting Water-Formed Deposits With Threshold Compositions", NACE Annual Meeting, Paper 43, 1972.

Schweitzer, G. W.
„How Phosphonates Control Scale and Corrosion in Cooling Water Systems", *Heating/Piping/Air Conditioning* (May, 1971).

Sexsmith, D. R., Petrey, E. Q.
„Laboratory Evaluation and Application of Onstream Cleaning in Open Recirculating Water Cooling Systems", *Materials Protection and Performance* (Vol. 10, No. 6, June, 1971).

Silverstein, R. M., Corwin, S. H.
„Fouling in Cooling Water-Causes, Prevention and Cures".

Silverstein, Ronald M., Curtis, Spencer D.
„Controlling Contaminants in Cooling Water", *Chemical Engineering* (August 9, 1971).

Trane Air Conditioning Manual,
The Trane Company, LaCrosse, Wisconsin (March, 1953).

Weber, J.
„Corrosion and Deposits in Cooling Systems – Their Causes and Prevention", *Combustion* (December, 1973).

Wohlberg, Cornel, Buckholz, Jerry R.
„Silica in Water in Relation to Cooling Tower Operation", NACE Annual Meeting, April, 1975.

Kapitel 8
Durchfluß-Systeme

Bostwicke, T. W.
„Report on the Use of Iron Sulfate For Condenser Tube Corrosion Control", Prepared for the American Society of Mechanical Engineers, Condenser Tube Research Committee, December, 1958.

Briggs, John L.
„Silicate Treatment: Corrosion Protection in Soft Water, Open Cooling Systems", *Materials Performance* (January 1974).

Brooks, W. B.
„Sea Water As An Industrial Coolant", Presented at Cooling Tower Institute Annual Meeting, 1967.

Carrier System Design Manual – Part 5, Water Conditioning, New York: Carrier Air Conditioning Company, 1963.

Hall, Stephen S. J.
„Water Systems Essential to Maintaining Hotel Services", *Motel Management Review.*

Feitler, Herbert
„Cooling Water Scale Control: The Scale Meter and the Critical pH of Scaling", Presented at NACE Annual Meeting, Paper 24, 1972.

Hatch, G. G.
„Reducing Corrosion in Domestic Systems, Polyphosphate Inhibitors in Potable Waters", *Materials Protection* (November, 1969).

Kelly, T. E., Kise, M. A., Stekette, F. B.
„Zinc/Phosphate Combinations Control Corrosion in Potable Water Distribution Systems", *Materials Protection and Performance* (Vol. 12, No. 4, April, 1973).

Lehrmann, Leo, Shuldener, Henry L.
„The Role of Sodium Silicate in Inhibiting Corrosion by Film Formation on Water Piping", *Journal of American Water Works Assoc.* (Vol. 43, No. 3, March 1951).

McCoy, James W.
The Chemical Treatment of Cooling Water, New York: Chemical Publishing Co., 1974.

Meyers, J. R., Obrecht, M. F.
„Deposit an Corrosion Problems in Potable Water Systems of Buildings", Presented at NACE Annual Meeting, Paper 91, 1971.

Newman, T. R.
„Canadian Patent Process For Dispersing Solids in Aqueous Systems", No. 775,525.

Obrecht, Malvern F.
„The Forms of Corrosion in Potable Water Piping", *Heating/Piping/Air Conditioning* (June 1973 and July 1973).

Obrecht, Malvern F.
„Performance and Selection of Materials for Potable Water Service", *Heating/Piping/Air Conditioning* (August, 1973).

Obrecht, Malvern F.
„Potable Water Systems in Buildings: Deposit and Corrosion Problems", *Heating/Piping/Air Conditioning* (May 1973).

Obrecht, Malvern F., Quill, Lawrence
„How Temperature and Velocity of Potable Water Affekt Corrosion of Copper and Copper Alloys".

Powell, Sheppard T.,
Water Conditioning for Industry, New York: McGraw-Hill Book Company, Inc. 1954.

Ralston, P. H.
„Inhibiting Water-Formed Deposits With Threshold Compositions“, Presented at NACE Annual Meeting, Paper 43, 1972.

Ryznar, John W.
„A New Index for Determining Amount of Calcium Carbonate Scale Formed By a Water“, *Journal of the American Water Works Association* (Vol. 36, No. 4, April, 1944).

Schuldener, Henry L., Lehrman, L.
„Influence of Bicarbonate Ion on Inhibition of Corrosion by Sodium Silicate in a Zinc-Iron System“, *Journal of American Water Works Association* (Vol. 49, No. 11, November, 1957).

Schuldener, Henry L., Sussman, Sidney
„Silicate as a Corrosion Inhibitor in Water Systems“, *Corrosion* (July, 1960).

Schweitzer, G. W.
„How Phosphonates Control Scale and Corrosion in Cooling Water Systems“, *Heating/Piping/Air Conditioning* (May, 1971).

Stanford, J. R., Watson, J. D.
„Barium Sulfate Inhibition in Oil Field Waters“, *Materials Performance* (July, 1974).

Sussman, Sidney
„Domestic Water Systems Nonchemical Factors in Corrosion Control“, *Material and Performance* (Vol. 12, No. 4, April, 1973).

Weber, J.
„Corrosion and Deposits in Cooling Systems – Their Causes and Prevention“, *Combustion* (December, 1973).

Kapitel 9
Geschlossene Systeme

Bain, A. G. and Bonnington
„The Hydraulic Transport of Solids by Pipeline“, New York: Pergamon Press, 1970.

Cohen, P.
„Water Cooling Technology of Power Reactors“, New York: Gordon and Breach, 1969.

Taylor, C. F.
„The Internal Combustion Engine in Theory and Practice“, Volume II, Boston: MIT Press, 1968.

„Trane Air Conditioning Manual“,
The Trane Company, La Crosse, Wisconsin: 1953.

Kapitel 10
Dampferzeugung

Andrade, R. C. and Phelan, J. V.
„The Case for Automatic Boiler Blowdown Controls“, *Plant Engineering* (January, 1976).

Herman, K. W. and Gelosa, L. R.
„Water Treatment for Heating and Process Steam Boilers“ and „Water Treatment for High Pressure Boilers“, *Power Engineering* (Reprint).

Kapitel 11
Korrosionsschutz von Dampferzeugungsanlagen

American Society for Testing Materials, Designation D 935-49.

Beecher, J. S.,
„Corrosion and Deposit Control in Industrial and Utility Boilers“, Metropolitan New York Section of The National Association of Corrosion Engineers, Chemists Club, New York City, November 12, 1975.

Berk, A. A., Natl. Dist. Heating Assoc., 38, 273-86 (1947).

Berk, A. A., and Nigon, J. U.S. Dept. of Interior, Techn. Paper 714 (1948).

Berk, A. A., and Rogers, N. E. Bureau of Mines, Washington, D. C.
„Embrittlement Cracking in Waters Containing Potassium Salts“.

Bregman, J. I.
Corrosion Inhibitors, The Macmillan Co., New York (1963).

Butler, G. and Ison, H. C. K.
Corrosion and its Prevention in Waters, (Reinhold Publishing Corp., New York, NY)

Champion, F. A.
Corrosion Testing Procedures (John Wiley & Sons, Inc.).

Collins, L. F.,
„Heating, Piping, Air Conditioning“, 17, 36-41 (1945).

Evans, Ulick R.,
The Corrosion and Oxidation of Metals: Scientific Principles and Practical Applications (Edward Arnold Publishers Ltd., London).

Evans, U. R.,
„Metallic Corrosion, Passivity and Protection“, p. 546, New York, Longmans, Green & Co., 1946.

Fukui, S. and Atsukawa M.,
„Experimental Studies of Caustic Corrosion“, Nagasaki, Japan: Mitsubishi Shipbuilding and Engineering Co., Ltd., n. d.

Gelosa, L. R. and Phelan, J. V.,
„Choosing the Best Oxygen Scavenger“, Power Engineering (July, 1974).

Herman, K. W. and Beecher, J. S.
„Boiler Water Treatment – Plus“ Revision of paper presented at 6th Annual Liberty Bell Corrosion Course, September 17-19, 1968 sponsored by NACE and Drexel Institute of Technology.

Herman, K. W. and Gelosa, L. R.
„Water Treatment for Heating and Process Steam Boilers“ and „Water Treatment for High Pressure Boilers“, Power Engineering (May and April, 1973).

Hopps, G. L., Getz, M. E., Berk, A. A.,
„Trace Concentrations of Octadecylamine And Some Of Its Degradation Products“ (The American Society of Mechanical Engineers Annual Meeting, New York, NY – November 30-December 5, 1958).

Jacklin, C.,
„Experimental Boiler Studies of the Breakdown of Amines“, reprinted from Transactions of the ASME, Vol. 77, No. 4; May, 1955.

LaQue, F. L. and Copson, H. R.,
Corrosion Resistance of Metals and Alloys (Reinhold Publishing Corp., New York).

Maguire, J. J.,
„How Filming Amines Prevent Steam and Return Line Corrosion“, Power Engineering, 54, 61 (1950).

Nathan, C. C.,
„Corrosion Investigations Related to Adsorption Studies“, *Corrosion,* 12, 161 (1956).

Obrecht, M. F.
„Cause and Cure of Corrosion in Steam-Condensate Cycles“, *Effluent and Water Treatment Journal* (1964) May, June, July, August.

Phelan, J. V. and Mandel, SB.,
„Cutting Condensate Corrosion with Catalyzed Hydrazine“. *Chemical Engineering* (September 1974).

Schuck, J. J., Nathan, C. C. and Metcalf, J. R.,
„Corrosion Inhibitors for Steam Condensate Systems“, *Materials Protection and Performance* (October 1973).

Sexsmith, D. R., Savinelli, E. A., Herman, K. W.
„The Use of Catalyzed Hydrazine In Steam Generating Systems“ (presented at 1972 International Water Conference October 24, 1972, Pittsburgh, P.a.).

Speller, Frank,
Corrosion, Causes and Prevention (McGraw-Hill Book Co., Inc., New York).

Splittgerber, A.,
Vom Wasser, 16, 177-82 (1949).

Straub, F. G., Proc.,
Midwest Power Conference, 295-6, Chicago, (1948).

Uhlig, Herbert H.,
Corrosion and Corrosion Control (John Wiley & Sons, Inc., New York).

Uhlig, Herbert H.,
The Corrosion Handbook (John Wiley & Sons, Inc., New York).

Ulmer, R. C. and Wood, J. W.,
„Inhibitors for Eliminating Corrosion in Steam and Condensate Lines", Industrial and Engineering Chemistry (August 1952).

Ulmer, R. C.,
Power Plant Engineering (October, November 1947).

White, Robert E.,
Residual Condensate, Condensate Behavior, and Siphoning in Paper Driers (TAPPI Vol. 39, No. 4, April 1956).

White, Robert E. and Higgins, Thomas W.,
„Effect of Fluid Properties on Condensate Behavior" (TAPPI, Vol. 41, No. 2, February 1958).

Wilkes, J. F., Denman, W. L., Obrecht, M. F.,
Filming Amines – Use and Misuse In Power Plant Water – Steam Cycles (presented before the 17th annual meeting of the American Power Conference, sponsored by the Illinois Institute of Technology, March 30, 31 and April 1, 1955).

Wilson, H. and Smith, B.,
„Paper Mill Condensate Treatment Using Filming Amine and Sodium Zeolite Polishing".

Tanzola, W. A. and Weidman, J. G.,
„Film Forming Corrosion Inhibitors Also Aid Heat Transfer", Paper Industry (1954).

Kapitel 12 Ablagerungen in Dampferzeugungssystemen

Andrade, R. C., Phelan, J. V.,
„The Case for Automatic Boiler Blowdown Controls". Plant Engineering (January 1976).

Baumbach, J. A.
„Beyond Chelants – A New Concept In Boiler Water Chemical Treatment".

Beecher, Jesse S.,
„Corrosion and Deposit Control in Industrial and Utility Boilers", Metropolitan New York Section of The National Association of Corrosion Engineers, Chemists Club, New York City, November 12, 1975.

Bell, W. E., Rice, R. C. and Clark, R. J.,
„Chelating Agents in the Treatment of Boiler Feedwater", presented at the 30th Annual Meeting of the International Water Conference (1969).

Blake, D. M., Engle, J. P. and Lesinski, C. A.,
„The Use of Chelating Agents in Chemical Cleaning", Proceedings of the 23rd Annual Conference, Engineering Society of Western Pa., pp. 135-140.

Chaberek, S., Martell, A. E.,
„Organic Sequestering Agents", John Wiley & Sons, Inc., New York, 1959.

Deal, R. L., Hasselbroek, D. J. and Slicker, J. L.,
„Role of Chelating Agents in Boiler Corrosion", Proceeding of the 27th Annual Water Conference, Engineering Society of Western Pa., p. 133 (1966).

Denman, W. L.,
„Carbonate Cycle Boiler Water Treatment – Solubility of Calcite and Anhydrite in Boiler Water at Temperature up to 250° C. Prep. Div. of Water, Air and Water Chemistry, 8 (No. 2), pp. 69-77 (1968).

Denman, Wayne L., Edelson, M. Robert and Salutsky, Murrel L.,
„Boiler Scale Control In The Carbonate Cycle With Synthetic Polymers".

Denman, W. L. and Salutsky, M. L.,
„Boiler Scale Control with Polyacrylates and Polymethacrylates", *Power* (1968), 112 (9), 80-3.

Dow Chemical Co.,
„Keys to Chelation", Technical Bulletin, Midland, Michigan (1959).

Dwyer, F. P. and Mellor, D. P., editors,
Chelating Agents ans Metal Chelates, Academic Press, New York, 1964.

Edwards, J. C. and Merriman, W. R.,
„Use of Chelating Agents for Continuous Internal Treatment of High Pressure Boilers", Proceedings of the 24th Annual Water Conference, Engineering Society of Western Pa., pp. 35-47.

Edwards, J. C. and Rozas, E. A.,
„Boiler Scale Prevention with EDTA Chelating Agents", Proceedings of The American Power Conference, Volume XXIII (1961) pp. 575 ff.

Friedle, L. G.,
„Operating Experience With EDTA in Continuous Internal Treatment of 1325 psi Boilers", Proceedings of The American Power Conference, Vol. XXVII, pp. 801-806 (1966).

Hall, R. E.; Smith, G. W.; Jackson, H. A.;
„A Physicochemical Study of Scale Formation and Boiler Water Conditioning", Carnegie Institute of Technology, Pittsburgh, Pa., 1927, pages 27-29.

Hamer, P., Jackson, J., Thurston, E. F.,
Industrial Water Treatment Practice Butterworth, Inc.).

Herman, K. W. and Beecher, J. S.
„Boiler Water Treatment – Plus" Revision of paper presented at 6th Annual Liberty Bell Corrosion Course, September 17-19, 1968 sponsored by NACE and Drexel Institute of Technology.

Herman, K. W. and Gelosa, L. R.
„Water Treatment for Heating and Process Steam Boilers" and „Water Treatment for High Pressure Boilers", *Power Engineering* (May and April, 1973).

Ireland, G. H.,
„The Effect of Surface Active Agents on the Formation of Boiler Scale", *Corrosion Prevention & Control,* October, 1958.

Jacklin, C.,
„Chelating Agents for Boiler Treatment and Actual Use", 27th Annual Proceeding of the American Power Conference. 1965.

Janacek, K. F.,
„Treated Sewage as Boiler Make-Up". *Industrial Water Engineering.*

Jenkins, S. H.,
„The Composition of Sewage and Its Potential Use as a Source of Industrial Water", *Chemistry in Industry,* December 15, 1962.

Laurence, P. S.,
„Operating Experience with NTA In A High Makeup Industrial Boiler", presented at International Water Conference, Pittsburgh, Pa., October 21, 1965.

Lux, J. A.,
„Chelating Agents for Boiler Treatment – A Manufacturer's Viewpoint", Proceedings of the American Power Conference, Vol. XXVII, pp. 817-824 (1965).

Martell, A. E. and Calvin, M.
Chemistry of the Metal Chelate Compounds, Prentice-Hall, Inc., Englewood Cliffs, NJ, 1952.

Merriman, W. R.,
„Boiler Treatment with Chelants", Proceedings of the Engineering and Operation Sections Southeastern Electric Exchange (1964).

Merriman, W. R.,
„Continuous Boiler Treatment With EDTA: A Progress Report", A paper presented at the 25th Annual Meeting of the International Water Conference of The Engineers' Society of Western, Pa., September 30, 1964.

Merriman, W. R. and Philipp, C. T.,
„New and More Efficient Solution to Water Side Deposits Promised by EDTA". *Power Engineering* (April 1965).

Nordell, Eskel,
Water Treatment for Industrial and Other Uses (Reinhold Publishing Corp., New York).

Osborn, O., Wilson, J. S., Fried, A. R. Jr., and Pryor, W. M. Jr.,
„The Development of a Method In-Service High Pressure Boiler Cleaning Phase I Synthesis and Screening Program", March, 1973.

Partridge, E. P.,
„Formation and Properties of Boiler Scale, Engineering Research Bulletin, University of Michigan, 15 (June 1930).

Phelan, J. V. and Gelosa, L. R.,
„How To Control Boiler Iron Deposits“, *Chemical Engineering* (March 1975).

Powell, Sheppard T.,
Water Conditioning for Industry (McGraw-Hill Book Company).

Rice, J. K.,
„The Use of Chelating Agents in Industrial Boilers“, Proceedings of The American Power Conference, Vol. XXVI, pp. 814 (1964).

Roosen, J. J. and Levergood, J. V.,
„Use of a Chelating Agent for Water Treatment for a High Make-up, 900 psig Boiler“, Proceedings of The American Power Conference, Vol. XXVII, pp. 790-800 (1965).

Schroeder, W. C. and Berk, A. A.,
„Intercrystalline Cracking of Boiler Steel and Its Prevention“, Bureau of Mines Bulletin No. 443.

Sillen, L. G. and Martell, A. E., compilers,
„Stability Constants of Metal-ion Complexes“, Special Publication No. 17, The Chemical Society, Burlington House, London, 1964, p. 634.

Slicker, J. L.,
„Continuous Boiler Treatment with EDTA: In-Service Cleaning“, Presented at 26th Annual Meeting of the International Water Conference, Engineering Society of Western Pa. (1965).

Smith, R. L.,
The Sequestration of Metals, Chapman & Hall, Ltd., London, 1959.

Swanson, D. A.,
„The Use of Polymeric Materials with Phosphate and Chelation Type Boiler Water Treatment“, 28th Annual International Water Conference.

Venezky, David L.,
„Thermal Stability of Ethylenedinitrilotetraacetic Acid and its Salts; Part 3 – Oxygen Effect on the Thermal Decomposition of Tetrasodium Ethylenedinitrilotetraacetate in Aqueous Solutions, Naval Research Laboratory, Washington, D. C., April 22, 1971.

Venezky, D. L.,
„Thermal Stability of EDTA and Its Salts“, Proc. Int. Water Conf., 32nd Annual, 1971, pages 37–46.

Venezky, D. L. and Moniz, W. B.,
„The Thermal Stability of Nitrilotriacetic Acid and its Salts in Aqueous Solutions“, NRL Report 7192, Nov. 17, 1970.

Venezky, David L. and Moniz, William B.,
„Nuclear Magnetic Resonance Study of the Thermal Decomposition of Ethylenedinitrilotetraacetic Acid and Its Salts in Aqueous Solutions, *Analytical Chemistry,* Vol. 41, Page 11, January 1969.

Walker, J. L. and Stephens, J. R.,
„A Comparative Study of Chelating Agents: Their Ability To Prevent Deposits In Industrial Boilers“, Presented to the International Water Conference of the Engineers' Society of Western Pa., Pittsburgh, Pa., on October 31, 1973.

Walker, J. L. and Stephens, J. R.,
„An Experimental Study of the Competition between NTA and Precipitating Anions for Calcium and Magnesium“, 34th Annual Proceedings of the American Power Conference, 1972.

Welsh, J. N.,
„Reducing Boiler Sludge With a Silica Equilibrium“, Power Generation (1949) March.

Yatsimirskii, K. B.; and Vasilev, V. B.;
„Instability Constants of Complex Compounds“ (translated from the Russian), New York, Consultant's Bureau, 1960, page 185.

Kapitel 13
Überreißen von Kesselwasser

Andrade, R. C., Phelan, J. V.,
„The Case for Automatic Boiler Blowdown Controls“. *Plant Engineering* (January 1976).

Beecher, Jesse S.,
„Corrosion and Deposit Control in Industrial and Utility Boilers“, Presented at Metropolitan New York Sec-

tion of The National Association of Corrosion Engineers, Chemists Club, New York City, November 12, 1975.

Brister, P. M., Raynor, F. G. and Pirsch, E. A.,
„The Influence of Boiler Design and Operating Conditions on Steam Contamination", Presented at the Annual Meeting, Atlantic City, N. J., November 25–30, 1951, of the American Society of Mechanical Engineers.

Coulter, E. E., Pirsch, E. A. and Wagner, E. J., Jr.,
„Selective Silica Carry-Over in Steam", *Trans. ASME,* 78, 869-73 (May, 1956).

Herman, K. W. and Gelosa, L. R.
„Water Treatment for Heating and Process Steam Boilers" and „Water Treatment for High Pressure Boilers", *Power Engineering.*

Jonas, Otakar
„Survey of Steam Turbine Deposits", Presented at the International Water Conference, Pittsburgh, Pa., October 30–31, November 1, 1973.

Kaufman, C. E., Marcy, V. M. and Trautman, W. H.,
„The Behavior of Highly Concentrated Boiler Water", Proc. of the 6th Annual Water Conf., 1945, pp. 23–49.

Klein, H. A.,
„The Influence of Water Level Differential on Carryover", Water Technology Section – KDL, Research and Product Development Department, Combustion Engineering, Inc., January 10, 1964.

McConomy, T. A.,
„Controlling Turbine Deposits With Sodium Sulfite", Presented at the 25th American Power Conference, Chicago, 1963.

O'Neal, A. J., Jr.,
„The Dollar Value of Protecting Steam Turbines Against Fouling".

Place, P. B.,
„Steam Purity Determination, I. Evaluation of Test Results", *Combustion,* April, 1954.

Place, P. B.,
„Steam Purity Determination, II. Methods of Sampling and Testing", *Combustion,* May, 1954.

Place, P. B.,
„Steam Purity Determination, III. Interpretation of Test Results", *Combustion,* July, 1954.

Place, P. B.,
„Steam Sampling Regulation of Boiler Blowdown for Control of Foaming", *Combustion,* September, 1949.

Place, P. B.,
„Steam Sampling and Testing", *Combustion,* 1954.

Place, P. B.,
„Test Methods for Checking Water Level in Boiler Drums, *Combustion,* 1949.

Sohre, John S.,
„Causes and Cures for Silica *Deposits in Steam Turbines".*

Straub, Frederick G.,
„Steam Turbine Blade Deposits". Engineering Experiment Station Bulletin, University of Illinois, No. 364, June 1946.

Zahirsky, R. W.,
„Effective Steam Purity Sampling".

Kapitel 14 Hochdruckkesselanlagen

Ball, E. E., Herman, K. W. and Rec, J. J.,
„Boiler and Feed Water Treatment for High Performance Marine Steam Propulsion Plants. Pres., Institute Marine Eng., Glasgow (January 1975).

Beecher, Jesse S.,
„Corrosion and Deposit Control in Industrial and Utility Boilers", Metropolitan New York Section of The National Association of Corrosion Engineers, Chemists Club, New York City, November 12, 1975.

Berl, E. and Van Taack, F.,
„The Action of Caustic and Salts on Steel under Conditions of High Pressure and the Protective Effect of Sodium Hydroxide and Magnesium Chlorid", Forschungsarbeiten auf dem Gebiet des Ingenieurwesens 330, 1930.

Bloom, M. C.,
„A Survey of Steel Corrosion Mechanisms Pertinent to Steam Power Generation", Proc. Ann. Water Conf., Eng. Soc. W. Pa., 21, 1–12 (1960).

Coulter, E. E., Pirsch, E. A. and Wagner, E. J., Jr.,
„Selective Silica Carryover in Steam", *Trans. ASME,* 78, 869-73 (May, 1956).

Daniels, G. C.,
„Prevention of Turbine-Blade Deposits", ASME Paper 48-SA-25; abstracted in Mech. Eng., 70, 694–95. (1948) August.

Gelosa, L. R. and Phelan, J. V.,
„Choosing the Best Oxygen Scavenger" *Power Engineering* (July, 1974).

Hall, R. E.,
„Precision Control of Boiler-Water Conditions", Proc. Ann. Water Conf., Eng. Soc. W. Pa., 9, 81–85 (1948).

Herman, K. W. and Gelosa, L. R.
„Water Treatment for Heating and Process Steam Boilers" and „Water Treatment for High Pressure Boilers", *Power Engineering* (May and April, 1973).

Kirsch, H.,
„Phosphate-Containing Deposits in High Pressure Steam Generators", Mitteilungen der Großkesselbesitzer, 89, 80–88 (1964) April.

Klein, H. A.,
„Use of Coordinated Phosphate Treatment to Prevent Caustic Corrosion in High Pressure Boilers", *Combustion,* 34, 45–52 (1962) October.

Lux, J. A.,
„Boiler Water Quality Control in High-Pressure Steam Power Plants". Paper presented at the National Power Conference, Baltimore, September 25, 1962.

Marcy, V. M. and Halstead, S. L.,
„Improved Basis for Coordinated Phosphate-pH Control of Boiler Water", *Combustion,* 35, 45–47 (1964) January.

Noll, D. E.,
„The Evolution of Boiler Water Chemistry", „Industrial Water Engineering", March, 1968.

Noll, Douglas E.,
„Factors That Determine Treatment for High-Pressure Boilers", Proceedings of American Power Conference, Vol. 26, 1964.

Partridge, E. P. and Hall, R. E.,
„Attack on Steel in High-Capacity Boilers as a result of Overheating due to Steam Blanketing", Trans. A.S.M.E., vol. 61, 1939, p. 597.

Ravich, M. I. and Shcherbakova, L. A.,
„Nature of the Solid Phase Which Crystallizes from Aqueous Solutions of Trisodium Orthophosphate at High Temperatures", Izvest. Sektora Fiz-Khim. Anal., Inst. Obshchei i Neorg. Khim., Akad. Nauk S.S.S.R., 26, 248–58 (1955); cited in Chem. Abstracts, 50, 3055i (1956).

Rivers, H. M.,
„Concentrating Films: Their Role in Boiler Scale and Corrosion Problems", Proceedings of the Annual Water Conference, Eng. Soc. of W. Pa., 12, 131–137 (1951).

Straub, F. G.,
„Hide-out of Sodium Phosphate in High Pressure Boilers", Trans. A.S.M.E., vol. 72 1950, pp. 479–489.

Ulmer, R. C. and Whitney, J. H.,
„Cause and Control of Iron Oxide Deposits in High Pressure Boilers".

Whirl, S. F. and Purcell, T. E.,.
Protection Against Caustic Embrittlement by Coordinated Phosphate pH Control", Proc. Ann. Water Conf., Eng. Soc. W. Pa., 3, 45– 60–B, (1942).

Kapitel 15
Einspeisung und Kontrolle von Aufbereitungschemikalien

Nordell, Eskel,
Water Treatment for Industrial And Other Uses, Reinhold Publishing, New York, (1961).

Powell, Sheppard, T.,
Water Conditioning for Industry, McGraw-Hill Book Company, (1954).

Stichwortverzeichnis

Abfall aus Aufbereitungsverfahren Tab. 2-3, 8
Abflut, 121
Abgasvorwärmer, Economizer, 157
Ablagerungen – Außerbetriebnahme, 214
Ablagerungen – intermettierender Betrieb, 214
Ablagerungen auf Turbinen, 169
Ablagerungen auf Turbinen dch. im Dampf lösliche Stoffe, 221
Ablagerungen im nachgeschalteten Dampf-Kondensatsystem, 214, f
Ablagerungen in Dampferzeugern, 196, ff
Ablagerungen in Dampferzeugern, Vorkesselteil, 196
Ablagerungen in Kesseln, Chemie der Ablagerungsbildung, 201
Ablagerungen in Kesseln, Härte, Kesselstein, Schlamm, 200
Ablagerungen in Kühlsystemen, 63
Ablagerungs-Kontrollprogramme, Ausfällungsprgr., 208
Ablagerungs-Kontrollprogramme, Löslichkeitsprgr., 210
Ablagerungsbindemittel, 202, ff
Abschlämmsysteme, Abflut v. Dampferzeugern, 158, ff

Acrolein, 103
Algen, 81
Ammoniumsalze, quarternäre, 101
Analyse von Dampfproben, 222, ff
Angriff am Wasserspiegel, 46
Anodische Polarisation, 34
Aufbereitungschemikalien, Einspeisung, Kontrolle, 236
Aufstromfilter, Abb. 2-16, 18
Auskochen von Dampfkesseln, 211
Azole, aromatische, 56

Bakterien, 80,84,85,86
Benzoate, 54
Biozide, nichtoxidierend, 100
Blasensieden, 229

Calciumcarbonat, Ablagerungen vor und in Kesseln, 196
Calciumcarbonat-Ablagerungen, 64
Calciumorthophosphat-Ablagerungen, 66
Calciumsulfat-Ablagerungen, 65
Carboxymethylzellulose, 63
Chelate, 55,75
Chemikalien zur Wasseraufbereitung, Tab. 2-4, 12
Chemikaliendosierung, 15
Chemikaliendosierung f. Dampfkessel, 245
Chemikaliendosierung in offenen Rückkühlsystemen, 247
Chemische Behandlung offener Kühlsysteme, 125, ff

Chlor, 95, ff
Chlordioxid, 99
Chlorisocyanurate, 99
Chlorung, 242
Chromat-Orthophosphat, 58
Chromat-Polyphosphat, 58
Chromate, 53
Chromglucosate, 57

Dampferzeugung, 154, ff
Dampferzeugungsanlagen – Korrosionschutz, bei Stillstd., 190, ff
Dampferzeugungsanlagen – Korrosionschutz, im Betrieb, 172, ff
Dampfkondensatoren, 169
Dampfreinheit – Analyse, 223
Dampfreinheit – Messung, 222, ff
Dampfreinheit – Probenahme, Sammlung, 223
Dampfstraßenbildung, Dampfdeckenbildung, 230
Dampftrommeln, Einbauten, 165, ff
Dosiereinrichtungen, 238, ff
Dosierung, 236
Dosierung, diskontinuierlich, 237
Dosierung, kontinuierlich, 237
Dosierung, stoßweise, 237
Druckfilter, Abb.2-13 S.17, 15
Durchlauf-Kühlsysteme, 142
Durchlauf-Kühlsysteme – Härtestabilisierung, 144
Durchlauf-Kühlsysteme – Korrosionsschutz, 142, ff
Durchlauf-Kühlsysteme – Mikrobiologische Behandlung, 146
Durchlauf-Kühlsysteme – Umweltschutz, 148

Eindickung, 121
Entaluminierung, 45
Entgaser – Kesselspeisewasser, 155, ff
Enthärtung – Kühlwasser, 68
Entkohlung durch Wasserstoff, 188
Entmanganisierung, 26
Entmineralisierungsverfahren, Enteisenung, 24
Entmineralisierungsverfahren, alternative, 24
Entspannungsbehälter, 160
Entzinkung, 44
Erdoberfläche, Zusammensetzung Tab.1-1, 1
Erosion, 42

Filmsieden, 229
Filterauswahl Abb. 2-12, 16
Filtration, 15
Formen der Korrosion – gleichmäßiger Angriff, 41

Galvanische Reihe v. Metallen u. Legierungen, 31
Geschlossene-Kühlsysteme, 149, ff

Geschlossene-Kühlsysteme – Ablagerungen, 152
Geschlossene-Kühlsysteme – Korrosion, 150, f
Geschlossene-Kühlsysteme – Mikroorganismen, 152
Graphitierung, 44
Großkälteanlagen -Kompressorbetrieb, 129

Härtestabilisatoren, 74
Härtestabilisatoren, Chelate, EDTA, NTA, 204, ff
Härtestabilisatoren, stöchiometrisch wirkend, 203
Härtestabilisatoren, substöchiometrisch wirkend, 206
Heißentcarbonisierung, 13
Hide-out-Effekt, 201
Hochdruck-Kesselwasser – Hydroxylalkalität – Phosphate, 232
Hochdruckkessel – Fahrweise, alkalisch, Kombi-, neutral, 234
Hochdruckkesselanlagen, 228, ff
Holzfäule, 88, ff
Hydrazin als Sauerstoffbindemittel, 174, ff
Hydrazin, Korrosionsschutz im Kesselbereich, 183
Hypochloride, 99

Inhibitoren, Wirksamkeit, 60,61
Inhibitoren, substöchiometrisch, 74, ff
Ionenaustausch, 19,25
Ionenaustausch – Belüfter, Entgaser,Abb. 2-23, 22
Ionenaustausch – Enthärtung, Abb. 2-20, 21
Ionenaustausch – Mischbett, Abb. 2-25,26, 23
Ionenaustausch – Vollentsalzung, Abb. 2-21, 21
Ionenaustauschharzsysteme Tab. 2-5, 20

Kalk-Soda-Verfahren, 13
Kalkmilch od. Kalkmilch/Soda, 25
Kalkmilch z. Korrionschutz, 54
Kalkmilchentcarbonisierung, 11
Kälteanlagen – Absorber, 130
Kathodische Polarisation, 32
Kavitation, 43
Kernsieden, 230
Kesselanlagen, 160, ff
Kesselanlagen, Flammrohrkessel, 161
Kesselanlagen, Wasserrohrkessel, 161
Kesselspeisewasseraufbereitung, Ziele der, 170, f
Klärung, 4,25
Klimaanlagen – Kühlsysteme, 129
Klimaanlagen – Wasserkonditionierung, 132
Kohlefiltration, 19
Kohlendioxid, Eliminierung,Reduzierung im Dampfbetrieb, 178, ff
Komplex-Bildner, 55
Konservierung – Langzeit Stillegung, 194
Konservierung, Naß-, Trocken-, Stickstoff-, 190, ff
Konstruktionmaterial, Edelstähle, 48
Konstruktionmaterial, Eisen, 47,48
Konstruktionmaterial, Nichteisen-Metalle, 49,50
Konzentrationsindex, 122, ff
Korrosinsschutz in Kühlwassersystemen, 30
Korrosion – Ammoniak, 36
Korrosion – Chemische Faktoren, 34
Korrosion – Chlor, 37
Korrosion – Kohlendioxid, 36
Korrosion – Mikroorganismen, 37
Korrosion – Physikalische Faktoren, 37
Korrosion – Physikalische Faktoren, Metallurgie, 40
Korrosion – Physikalische Faktoren, Strömungsgeschw., 38
Korrosion – Physikalische Faktoren, Temperatur, 38
Korrosion – Physikalische Faktoren, Wärmeübertragung, 38
Korrosion – Physikalische Faktoren, rel. Flächenverhältn., 38
Korrosion – Physikalische Faktoren, ungleiche Metalle, 40
Korrosion – Sauerstoff, 36
Korrosion – Schwefelwasserstoff, 36
Korrosion – Suspendierte Stoffe, 37
Korrosion – Zusammensetzung des Wassers, 34
Korrosion – gelöste Salze, 36
Korrosion – pH-Wert, 35
Korrosion dch. Sieden unter Ablagerungen, 231
Korrosion unter Ablagerungen, 45,86,88
Korrosionsinhibitoren, kathodische, anodische, 50
Korrosionsreaktionen, 31
Korrosionsschutz – Dampf-Kondensat-System, 177
Korrosionsschutz, Dampferzg., Inhibitoren, neutralisierend, 180
Korrosionsschutz,Dampferzg., filmbildende Amine, 182

Kühlbecken, 113
Kühlturmanlagen, industrielle, 114
Kühlturmbetrieb, 121, ff
Kühltürme, Naturzug, Hyperboloid, 119
Kühltürme, zwangsbelüftet, 115, ff
Kühlturmkonstruktion – Druckbelüftung – Saugzug, 115, ff
Kühlturmkonstruktion-Gegenstrom-Querstrom-Kreuzstrom, 115, ff
Kupferkorrosion in Kesselanlagen, 184
Kupfersalze – Biozid, 103

Lamellenabscheider, Abb. 2-5, 2-7, 11
Laugenversprödung, 184
Laugenversprödung v. unlegierten Kesselstahl, 190
Ligninsulfonate, 76
Lochfraßkorrosion, 42
Luftwäscher – Filter -Konstruktion, 133, ff

Magnesiumsalze-Ablagerungen, 66
Maleinsäureanhydrid – Copolymere, 76
Manganzeolith, 25
Mehrmedien-Filterkonstruktionen, Abb. 2-17, 18
Mehrmedien-Filterkonstruktionen, Abb. 2-18,19, 19
Merkaptobenzthiazol, 56
Meßverfahren, mikrobiologisch, 91, ff
Methylenbisthiocyanat, 102
Mikrobiologische Behandlung, 79

Mikrobiozide, Dosierung, 104
Mikrobiozide, Wirkungsmechanismus, 93,94
Mikroorganismen im Kühlwasser, 79
Molybdate, 56

Natriumsulfit als Sauerstoffbindemittel, 173
Naturumlaufkessel, 162, ff
Nitrate, 55
Nitrite, 53

Orthophosphate, 56
Oxidation, 25
Ozon, 99

Parallelplattenklärer, Abb. 2-8, 12
Passivität, 34
Phenole, chlorierte, 100
Phosphatester, 77
Phosphatschwund, 234
Phosphonate, 56,77
Pilzbehandlung trockener Kühlturmteile, 105
Pilze, 82
Polyacrylate, Polymethacrylate, 76
Polykondensation, 70
Polymaleinsäureanhydrid, 77
Polymere – Dispergiermittel, 70,72
Polymere – Flockungsmittel, 71
Polymere – Härtestabilisierung, 72
Polymere – Ladungsart, 70
Polymere – nichtionische, 72
Polymere zur Wasserbehandlung, 69, ff
Polyphosphat-Cyanoferrat, 59
Polyphosphat-Silikat, 59
Polyphosphate, 51,76
Probenahme, isokinetisch, 223
Prozeßverschmutzungen, 67

Rechteckklärer, Röhrenabsetzer, Abb. 2-6, 11
Regelung proportional d. Durchfluß, automatisch, 244
Regelung von Dosiereinrichtungen, 243
Reinigen v. Dampfkesseln im Betrieb u. Stillstand, 212

Reinigung von Turbinen, 222
Reinigung von Überhitzern, 221
Reinigungsverfahren, 106
Reinigungsverfahren – Kühlsysteme – On-stream, 109, 111
Reinigungsverfahren – Kühlsysteme, chemische, 109, ff
Reinigungsverfahren – Kühlsysteme, physikalische, 106, ff
Richtlinie f. Kessel-,Kesselspeisewasser,Dampf (VGB), 234
Rißkorrosion, 46
Rosaminsalze – Biozid, 103

Salzablagerungen, 64
Sarkosinat-Metallkomplex, Abb. 3-21, 55

Sauerstoff im Kesselwasser, 172
Säure/Laugedosierung, 242
Säureangriff an Dampfkesseln, 188
Säuredosierung – Kühlwasser, 68
Schäumen von Dampfkesseln, 216
Schlammkontaktflockungsanlagen, Abb. 2-3, 2-4, 9,10
Schleimbindung, 67
Schnellentcarbonisierung, 13
Schockdosierung, 237
Schwefelverbindungen, organische, 101
Schwerkraftfilter, Abb. 2-14 S. 15, 17
Sequestriermittel, 74
Silikagel z. Trocknung v. Kesseln, 194
Silikat – Flüchtigkeit – Dampfdruck -pH-Wert, 220, f
Silikatablagerungen, 65
Silikate, 54
Spaltkorrosion, 46
Spannungsrißkorrosion an Kesseln, 187
Spannungsrißkorrosion an Kondensatoren, 186
Spannungsrißkorrosion an Turbinen, 186
Speisewasseraufbereitung, Grundverf. Abb.2-2, 7
Sprühbecken, 113
Spucken v. Dampfkesseln, 216
Stärke, 63
Stillegung, geschlossene, 194
Stillegung, offene, 194
Stillstandkorrosion an Kesseln u. Anlagenteilen, 190, ff

Stoßkorrosion, 43
Strömung, laminar, turbulent in Kesselrohren, 228, ff
Synergetische Mischungen, 57

Tannine und Lignine, 55
Teilstromaufbereitung – Kühlwasser, 68
Testwärmeaustauscher, 74,75
Theorie der Korosion, 30
Triäthanolaminphosphat, 57
Tropfenabscheider, 119
Turbinen, 168

Überdosierung v. Flockungsmittel, 71
Überhitzer, 167
Überhitzung – Korrosion, 212, f
Überreißen – Antischaummittel, 219
Überreißen – Chemie des Speise- u. Kesselwassers, 218
Überreißen – Trommelkonstruktion – Betriebsweise, 217
Überreißen flüchtiger Substanzen, 219, f
Überreißen von Kesselwasser, 216, ff
Umweltschutz – Biozide, 105

Vakuumentlüfter Abb. 2-24, 23
Verdunstungs-Wärmeaustauscher, 131
Verdunstungskühlung, 113, ff
Verfahren z. Entfernung gasförmiger Verunreinig., 29
Verfahren z. Entfernung ionischer Verunreinig., 28

Verfahren z. Entfernung nichtionischer Verunreinig., 29
Verminderung der Alkalität, 26
Verminderung der Alkalität, Chlorid-Ionenaust., 27
Verminderung der Alkalität, Kationenaust.im H-Zykl, 26
Verminderung der Alkalität, Säuredosierung, 26
Verminderung der Alkalität, geteilte Aufber., 26
Verunreinigungen d. Wassers – Ablagerungen, 66,67
Verweilzeit, 121
Vinylpolymerisation, 69
Vorbehandlung, 60

Wärmeübergang in Kesselrohren, 228, ff
Wärmeübertragungskoeffizient – Temperaturdifferenz, 230
Wasseraufbereitungsverfahren, äußere, 4
Wasserprobleme in der Industrie, 3
Wasserstoffüberspannung v. Metallen, 33
Wasserstoffversprödung, 188
Wasserverteilsysteme – Kühltürme, 118, ff
Wasserwirtschaftliche Bilanz BRD 1987, 4

Zink, 53
Zink-Chromatgemische, 58
Zink-Phosphonate, 59
Zink-Polyphosphat-Chromat, 59
Zink-Tannine, Zink-Lignine, 59
Zinnverbindungen, organische, 100
Zwangsdurchlaufkessel, 165
Zwangsumlaufkessel, 162, ff

Notizen

Notizen

Notizen

Notizen